集成电路系列丛书·集成电路制造

三维集成电路制造技术

主　编：王文武
副主编：罗　军　　殷华湘　　曹立强
　　　　霍宗亮　　李俊峰　　刘丰满
　　　　杨　涛　　李永亮　　王晓磊

電子工業出版社
Publishing House of Electronics Industry
北京·BEIJING

内容简介

目前，集成电路器件特征尺寸越来越接近物理极限，集成电路技术已朝着三维集成、提升性能/功耗比的新技术路线发展。本书立足于全球集成电路技术发展的趋势和技术路线，结合中国科学院微电子研究所积累的研究开发经验，系统介绍了三维集成电路制造工艺、FinFET和纳米环栅器件、三维NAND闪存、新型存储器件、三维单片集成、三维封装等关键核心技术。

本书注重技术的前瞻性和内容的实用性，可供集成电路制造领域的科研人员和工程技术人员阅读使用，也可作为高等学校相关专业的教学用书。

图书在版编目（CIP）数据

三维集成电路制造技术 / 王文武主编．—北京：电子工业出版社，2022.7
（集成电路系列丛书．集成电路制造）
ISBN 978-7-121-43902-5

Ⅰ．①三…　Ⅱ．①王…　Ⅲ．①集成电路工艺　Ⅳ．①TN405

中国版本图书馆CIP数据核字（2022）第123709号

责任编辑：张　剑　柴　燕　　　　特约编辑：田学清
印　　刷：河北迅捷佳彩印刷有限公司
装　　订：河北迅捷佳彩印刷有限公司
出版发行：电子工业出版社
　　　　　北京市海淀区万寿路173信箱　邮编 100036
开　　本：720×1000　1/16　印张：23.5　字数：489千字
版　　次：2022年7月第1版
印　　次：2023年5月第2次印刷
定　　价：139.00元

凡所购买电子工业出版社图书有缺损问题，请向购买书店调换。若书店售缺，请与本社发行部联系，联系及邮购电话：（010）88254888，88258888。

质量投诉请发邮件至 zlts@phei.com.cn，盗版侵权举报请发邮件至 dbqq@phei.com.cn。

本书咨询联系方式：zhang@phei.com.cn。

“集成电路系列丛书·集成电路制造”编委会

“集成电路系列丛书”主编序言

培根之土 润苗之泉 启智之钥 强国之基

王国维在其《蝶恋花》一词中写道：“最是人间留不住，朱颜辞镜花辞树”，这似乎是人世间不可挽回的自然规律。然而，人们还是通过各种手段，借助各种媒介，留住了人们对时光的记忆，表达了人们对未来的希冀。

图书，尤其是纸版图书，是数量最多、使用最悠久的记录思想和知识的载体。品《诗经》，我们体验了青春萌动；阅《史记》，我们听到了战马嘶鸣；读《论语》，我们学习了哲理思辨；赏《唐诗》，我们领悟了人文风情。

尽管人们现在可以把律动的声像寄驻在胶片、磁带和芯片之中，为人们的感官带来海量信息，但是图书中的文字和图像依然以它特有的魅力，擘画着发展的总纲，记录着胜负的苍黄，展现着感性的豪放，挥洒着理性的张扬，凝聚着色彩的神韵，回荡着音符的铿锵，驰骋着心灵的激越，闪烁着智慧的光芒。

《辞海》把书籍、期刊、画册、图片等出版物的总称定义为“图书”。通过林林总总的“图书”，我们知晓了电子管、晶体管、集成电路的发明，了解了集成电路科学技术、市场、应用的成长历程和发展规律。以这些知识为基础，自20世纪50年代起，我国集成电路技术和产业的开拓者踏上了筚路蓝缕的征途。进入21世纪以来，我国的集成电路产业进入了快速发展的轨道，在基础研究、设计、制造、封装、设备、材料等各个领域均有所建树，部分成果也在世界舞台上拥有一席之地。

为总结昨日经验，描绘今日景象，展望明日梦想，编撰“集成电路系列丛书”（以下简称“丛书”）的构想成为我国广大集成电路科学技术和产业工作者共同的夙愿。

2016年，“丛书”编委会成立，开始组织全国近500名作者为“丛书”的第一部著作《集成电路产业全书》（以下简称《全书》）撰稿。2018年9月12日，《全书》首发式在北京人民大会堂举行，《全书》正式进入读者的视野，受到教育界、科研界和产业界的热烈欢迎和一致好评。其后，《全书》英文版 *Handbook of Integrated Circuit Industry* 的编译工作启动，并决定由电子工业出版社和全球最大的科技图书出版机构之一——施普林格（Springer）合作出版发行。

受体量所限，《全书》对于集成电路的产品、生产、经济、市场等，采用了千余字“词条”描述方式，其优点是简洁易懂，便于查询和参考；其不足是因篇幅紧凑，不能对一个专业领域进行全方位和详尽的阐述。而“丛书”中的每部专著则因不受体量影响，可针对某个专业领域进行深度与广度兼容的、图文并茂的论述。“丛书”与《全书》在满足不同读者需求方面，互补互通，相得益彰。

为更好地组织“丛书”的编撰工作，“丛书”编委会下设了12个分卷编委会，分别负责以下分卷：

☆ 集成电路系列丛书·集成电路发展史论和辩证法

☆ 集成电路系列丛书·集成电路产业经济学

☆ 集成电路系列丛书·集成电路产业管理

☆ 集成电路系列丛书·集成电路产业教育和人才培养

☆ 集成电路系列丛书·集成电路发展前沿与基础研究

☆ 集成电路系列丛书·集成电路产品、市场与EDA

☆ 集成电路系列丛书·集成电路设计

☆ 集成电路系列丛书·集成电路制造

☆ 集成电路系列丛书·集成电路封装测试

☆ 集成电路系列丛书·集成电路产业专用装备

☆ 集成电路系列丛书·集成电路产业专用材料

☆ 集成电路系列丛书·化合物半导体的研究与应用

2021年，在业界同仁的共同努力下，约有10部“丛书”专著陆续出版发行，献给中国共产党百年华诞。以此为开端，2021年以后，每年都会有纳入“丛书”的专著面世，不断为建设我国集成电路产业的大厦添砖加瓦。到2035年，我们的愿景是，这些新版或再版的专著数量能够达到近百部，成为百花齐放、姹紫嫣红的“丛书”。

在集成电路正在改变人类生产方式和生活方式的今天，集成电路已成为世界大国竞争的重要筹码，在中华民族实现复兴伟业的征途上，集成电路正在肩负着新的、艰巨的历史使命。我们相信，无论是作为“集成电路科学与工程”一级学科的教材，还是作为科研和产业一线工作者的参考教材，“丛书”都将成为满足培养人才急需和加速产业建设的“及时雨”和“雪中炭”。

科学技术与产业的发展永无止境。当2049年中国实现第二个百年奋斗目标时，后来人可能会在21世纪20年代书写的“丛书”中发现这样或那样的不足，但是，他们仍会在“丛书”著作的严谨字句中，看到一群为中华民族自立自强做出奉献的前辈们的清晰足迹，感触到他们在质朴立言里涌动的满腔热血，聆听到他们的圆梦之心始终跳动不息的声音。

书籍是学习知识的良师，是传播思想的工具，是积淀文化的载体，是人类进步和文明的重要标志。愿“丛书”永远成为培育我国集成电路科学技术生根的沃土，成为润泽我国集成电路产业发展的甘泉，成为启迪我国集成电路人才智慧的金钥，成为实现我国集成电路产业强国之梦的基因。

编撰“丛书”是浩繁卷帙的工程，观古书中成为典籍者，成书时间跨度逾十年者有之，涉猎门类逾百种者亦不乏其例：

《史记》，西汉司马迁著，130卷，526500余字，历经14年告成；

《资治通鉴》，北宋司马光著，294卷，历时19年竣稿；

《四库全书》，36300册，约8亿字，清360位学者共同编纂，3826人抄写，耗时13年编就；

《梦溪笔谈》，北宋沈括著，30卷，17目，凡609条，涉及天文、数学、物理、化学、生物等各个门类学科，被评为“中国科学史上的里程碑”；

《天工开物》，明宋应星著，世界上第一部关于农业和手工业生产的综合性著作，3卷18篇，123幅插图，被誉为“中国17世纪的工艺百科全书”。

这些典籍中无不蕴含着“学贵心悟”的学术精神和“人贵执着”的治学态度。这正是我们这一代人在编撰“丛书”过程中应当永续继承和发扬光大的优秀传统。希望“丛书”全体编委以前人著书之风范为准绳，持之以恒地把“丛书”的编撰工作做到尽善尽美；为丰富我国集成电路的知识宝库不断奉献自己的力量；让学习、求真、探索、创新的“丛书”之风一代一代地传承下去。

王阳元

2021年7月1日于北京燕园

前　言

集成电路是电子信息产业的基础，已成为衡量一个国家或地区综合竞争力的重要标志。近60年来，集成电路以微缩的方式保持着晶体管集成数量大约每两年翻一番的发展速度，从而支撑着电子信息产业乃至全球经济的快速发展。在以人工智能、移动通信、大数据、物联网等为代表的新一代信息技术发展趋势中，基于新型材料与器件创新的集成电路技术仍是不可或缺的强大基石，以满足对高效能计算、大容量存储、极低功耗通信的需求。未来，集成电路技术仍将持续演进，器件尺寸微缩、三维集成以及架构创新等，将推动芯片能效比持续提高，从而带来计算能力指数级提升和网络应用爆发式增长。

为了助力我国集成电路领域的人才培养，对广大科研和产业一线工作者提供有益参考，我们撰写了本书，以期分享在三维集成电路制造技术方面积累的研究和开发经验，以及在前沿技术探索和研究生教育中的实践感悟。

本书注重技术的前瞻性和内容的实用性。首先，本书立足于全球集成电路技术发展的趋势和路线图，并结合最新的文献报道，对目前主流的逻辑和存储技术，以及未来的发展趋势做出了详细介绍。其次，结合编者前期的研发经验，本书详细介绍工艺流程和器件结构，以期打通从书本知识到工程实践的“最后一公里”。本书第1章对全书内容进行了概述，并提供了集成电路制造工艺与器件领域的文献资料和研究报告链接，以期帮助读者在本书出版后可以继续获得最新技术的更新。第2章全面介绍了模型仿真、图形化、薄膜、刻蚀、离子注入与热退火、清洗、化学机械平坦化等集成电路工艺技术的原理、应用和挑战。第3章和第4章分别介绍了目前主流逻辑芯片制造中使用的FinFET和纳米环栅器件涉及的关键工艺技术和重要挑战。第5章和第6章围绕三维NAND闪存和新型存储器件，分别介绍了先进存储技术中的关键工艺模块、发展现状及技术挑战。最后，面向未来集成电路三维集成发展路径，第7章和第8章中分别介绍了三维单片集成和三维封装技术，探讨了高性能、低功耗的器件级和系统级集成创新方法。

本书的编写得到了分卷主编赵海军博士、分卷责任编委卜伟海博士的关切与指导，特别是在组织编撰和沟通协调方面给予了极大支持，并对本书撰写原则和内容提出了宝贵的意见和建议。此外，还要感谢吴汉明院士、季明华博士、罗正忠教授、卜伟海博士4位专家的认真审查，以及提出的非常细致、有建设性的修改意见，这为本书的专业性、严谨性提供了保障。

本书由王文武担任主编，罗军、殷华湘、曹立强、霍宗亮、李俊峰、刘丰满、杨涛、李永亮和王晓磊担任副主编。本书的出版还得到了中国科学院微电子研究所集成电路先导工艺研发中心、系统封装与集成研发中心、新技术开发部等部门的大力支持，同时感谢以下同事的付出和努力：王启东、王桂磊、毛淑娟、卢一泓、白国斌、刘金彪、孙鹏、李俊杰、张欣、张永奎、张青竹、周娜、项金娟、洪培真、姚大平、贺晓彬、徐昊、高建峰、熊文娟、戴风伟。

由于集成电路发展日新月异，编者时间和水平有限，因此书中难免存在不足和疏漏之处，欢迎读者批评指正。

编　者

☆☆☆作 者 简 介☆☆☆

王文武博士，现任中国科学院微电子研究所副所长、研究员、博士生导师。2006 年于日本东京大学获得工学博士学位。长期致力于集成电路先进工艺与器件技术研究，带领团队参与了 22nm、14nm、5nm 工艺集成电路先导技术研发工作，获中国科学院杰出科技成就奖（研究集体）、北京市科学技术一等奖、中国电子信息科技创新团队奖、国务院政府特殊津贴等科技奖励和荣誉。先后主持多项国家级科研任务，包括国家科技重大专项、863 计划、国家自然科学基金重大科研仪器研制/重点/面上等项目（课题）。在 IEEE EDL/TED、APL 等国际权威期刊、会议上发表学术论文 200 多篇，授权发明专利 57 项。担任国家“极大规模集成电路制造装备及成套工艺”科技重大专项专家组成员，国家重点研发计划“重大科学仪器设备开发”重点专项专家组成员，智能传感功能材料国家重点实验室学术委员会委员，北京集成电路装备创新中心专家委员会特聘专家等。

目　　录

第1章 绪 论

集成电路是电子信息产业的基础，自20世纪50年代诞生以来，已经逐渐成为衡量一个国家或地区综合竞争力的重要标志。目前，以美国、韩国、中国台湾等国家和地区的企业为代表的集成电路先进技术节点已经发展到5nm及以下，相比之下，我国大陆地区最先进的芯片制造技术是14nm技术节点，较国际顶尖水平落后3代。为了促进我国集成电路技术的发展，我们编写了本书，期望可以为集成电路领域的科研人员、专业技术人员和研究生提供借鉴和参考。据此，绪论部分将从集成电路发展历程、三维集成技术发展趋势，以及面临的挑战予以综述，并在最后对本书的整体内容进行概述。

1.1 集成电路发展历程

1.1.1 晶体管的发明

晶体管是集成电路的基础，在集成电路发展史中发挥了重要作用。晶体管是一种可以放大电子信号的半导体器件，其命名人是贝尔实验室（Bell Telephone Laboratories）的皮尔逊（Gerald Pearson），其英文名来源于跨导和变阻器的英文缩写组合。

历史上第一个关于晶体管的专利，是由物理学家林费尔德（Julius Edgar Lilienfeld）于1925年10月22日在加拿大申请的[1]，但他并没有发表过与该器件相关的论文，因此，该专利也没有得到工业界的广泛关注。

第一个晶体管是由贝尔实验室的科学家们发明的[2]。在20世纪30年代，贝尔实验室的科学家们尝试将超高频波应用于电话通信，而当时作为探测元件的真空管无法在高频下工作，因此，他们开始探索半导体材料Si的特性。巴丁（John Bardeen）、布拉顿（Walter Houser Brattain）和肖克利（William Shockley）在贝尔实验室发明了一种新的信号放大方法：在半导体探测器上增加第三个电极，用来控制通过 Si 的电流。该器件可以实现与真空管相同的放大作用，并且只需要极低的功耗和极小的器件尺寸。

最初，为了抑制 Si 的凝结过程，布拉顿在水中进行了实验，意外地实现了很高的放大效果；但是在使用蒸馏水替代水后，观察到的放大效果却又变得很小。巴丁和布拉顿在此鼓舞下，又对不同的材料和条件进行了实验，发现在 Ge 中可以实现更高的放大效果。但是，Ge 只适用于极低频率，不能满足电话通信应用的需要。此后，他们尝试用 Ge 氧化物代替液体进行实验，又是一次意外的发现，当他们不小心去除氧化层后，实现了电压放大效果，这是因为接触电极穿透 Ge 后消除了表面电子的阻碍效果。1947 年 12 月 16 日，布拉顿和巴丁实验成功点接触型 Ge 三极管，这是世界上第一个晶体管。

1956 年，贝尔实验室的巴丁、布拉顿和肖克利被授予诺贝尔物理学奖，以向 “their researches on semiconductors and their discovery of the transistor effect” 致敬[3]。此外，基于上述工作，巴丁建立了量子力学的重要分支——表面物理的研究。

肖克利等人也曾尝试通过调制半导体的导电性能制造场效应控制的放大器件，但是由于表面态等问题而放弃。后来，贝尔实验室的阿特拉（Mohamed Atalla）和康（Dawon Kahng）在 1959 年发明了金属-氧化物-半导体（Metal-Oxide-Semiconductor，MOS）结构，促使场效应晶体管在集成电路制造中广泛应用[4]。

1.1.2 集成电路

通过在单片半导体衬底上集成制造大量的晶体管、二极管、电阻器、电容器等元器件，可以实现完整功能的复杂电路，即集成电路。与分立元件的形成电路相比，集成电路能够极大地降低成本、提升可靠性，因此，其获得了显著的应用优势，已经成为电子信息产业的基础。

将几个元器件集成为一个特定功能器件的方法最早可以追溯到 1920 年的一种真空管，但是其设计初衷并不是电路的集成化，而是由于当时德国的无线接收器是按照真空管的数量来收取税费的，集成在一个真空管中可以实现“避税”。最早的集成电路的概念是在 1949 年提出的，德国工程师雅各比（Werner Jacobi）申请了一项半导体放大器专利[5]，采用电路集成的理念设计了一种包含 5 个晶体管的三级放大器。雅各比在专利中提出该放大器可以用于制造小型、低价的助听器，但是这个设计并没有很快得到应用。

集成电路早期概念的另一位提出者是英国的雷达科学家杜莫（Geoffrey Dummer)。自1952年起，杜莫公开提出宣传集成电路的想法，并于1956年尝试制造，但是没有成功[6]。此后，达林顿（Sidney Darlington）和樽井康夫（Yasuro Tarui）又进一步提出了类似的芯片设计，只是此时的集成电路还是非电气隔离的[7]。

1958年7月，美国得克萨斯州达拉斯市德州仪器公司的基尔比（Jack Kilby）在单片Ge半导体衬底上制造了第一块集成电路。该集成电路包括一个Ge晶体管、电阻等，并通过导线连接在一起。2000年，基尔比因发明集成电路而获得诺贝尔物理学奖[8]。

集成电路大规模制造的实现还要归功于早期Si工艺技术的发展。美国仙童半导体公司（Fairchild Semiconductor International，Inc.）的赫尔尼（Jean Hoerni）在1959年发明了表面钝化工艺，通过热氧化过程形成稳定的Si表面，为后续集成电路平面制造工艺奠定了基础[9]。为了让每个晶体管互不影响地工作，贝尔实验室的阿特拉发明了隔离技术[10]，有效地分离了二极管和晶体管，并在1959年由美国史普拉格电子公司（Sprague Electric Company）的列文虎克（Kurt Lehovec）将该技术应用到单个晶圆上的晶体管隔离[11]。同年，仙童半导体公司的诺伊斯（Robert Noyce）申请了基于Si平面工艺的集成电路专利[12]。他在Si表面利用Al金属互连不同的晶体管，同时利用氧化层将Si与金属隔离，这种器件制备方法成为集成电路制造的主流技术。

1959年，贝尔实验室的阿特拉和康发明的MOS场效应晶体管具有易于微缩、低功耗等优点，使高密度集成电路的制造成为可能[4]，几乎所有现代芯片都是基于MOS场效应晶体管的集成电路。集成电路与分立电路相比，在成本和性能两个方面具有重要优势。一方面，因为芯片及其所有元器件都可以通过图形化在相同条件下批量制备，大大降低了单个元器件的成本，且具有极高的工艺稳定性。另一方面，集成电路具备体积小、开关速度快、功耗低的优点。但是，相对来讲，集成电路的设计和制造对设备要求很高，因此研发和生产的成本很高，这也决定了只有在预期产量很高时，集成电路才具有商业化的可行性。

1.1.3 摩尔定律和PPAC

1965年，时任仙童研究开发主任的摩尔（Gordon Moore）受邀在*ELECTRONICS*杂志35周年刊上撰文，发表了一篇题为*Cramming more components onto integrated circuits*的短文章[13]，对未来十年集成电路产业发展做出了一个疯狂的预测：器件的复杂度或器件密度将随时间指数增长，到1975年，在一个1/4in^2（平方英寸$1in^2=645.16mm^2$）的半导体上的元器件数量将达到65000个。

在1975年的国际电子器件会议（International Electron Devices Meeting,

IEDM）上，已经加入 Intel 公司（Intel Corporation）的摩尔对上述发展速度进行了修正[14]，预测单位面积集成的元器件数量将继续以每年翻倍的速度持续到 1980 年，而在此之后，将会略微放缓，变为每两年翻一番。基于摩尔定律和丹纳德缩放比例定律（Dennard's Scaling Law），时任 Intel 执行总裁的豪斯（David House）提出了摩尔定律的另外一种表述，即芯片性能每 18 个月翻一番。

虽然摩尔定律不是通过严谨的逻辑证明的，但他的预测自 1975 年以来得到了很好的延续和发展，并被冠以定律之名，如图 1-1 所示。也可以认为摩尔定律是一种自证预言。无论如何，摩尔定律已经被半导体行业广泛接受，指导产业的快速发展，并翻天覆地地改变了人类的数字生活：个人计算机运算速度越来越快，芯片的价格越来越低，内存容量不断增加，传感器性能不断改进，甚至数码相机中像素的数量都按照指数增多。这些信息电子技术对生产力和经济增长提供了强大的推动力，促进了产业和社会变革。

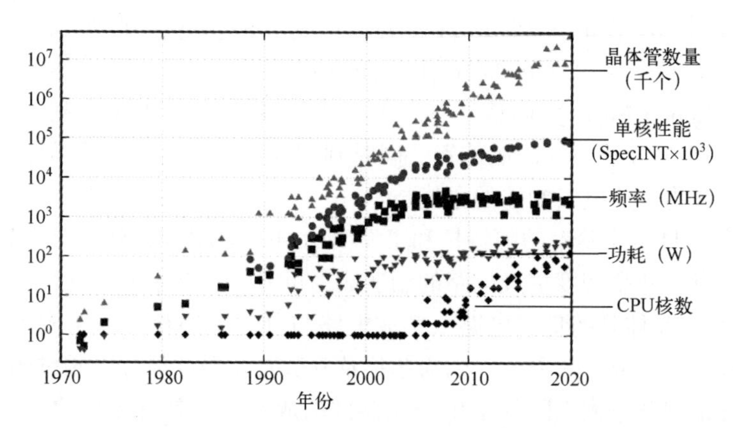

图 1-1　自 1972 年以来的集成电路集成度的发展一直符合摩尔定律[15]

但是，摩尔定律在发展过程中也存在危机和挑战。2005 年 4 月，摩尔曾表示这种预测不可能无限期地持续下去，必然会陷入“指数陷阱”。随着器件尺寸微缩，摩尔定律面临着晶体管尺寸存在物理极限的问题。随着器件栅长缩小到 10nm 以下，特征尺度只有几个原子的长度，量子力学效应将导致器件功能失效。Intel 公司前首席执行官科再奇（Brian Krzanich）在 2015 年提出，摩尔定律在 1975 年的修订其实就是发展减速的先例，这是“摩尔定律在发展过程中的自然结果”。因此，集成电路的产业模式发生了巨大的变化，由过去自下而上（指由基本器件性能决定系统产品设计）的发展理念，向以应用需求为导向的自上而下的理念转变。

但是，从微处理器中晶体管数量的发展来看，摩尔定律仍保持着延续发展态势。2020年，中国台湾地区的台积电公司（Taiwan Semiconductor Manufacturing Company，TSMC）和韩国的三星电子（Samsung Electronics）公司最先进的制程已经达到5nm。根据2020年的国际器件和系统路线图（International Roadmap for Devices and Systems，IRDS）报告综述[16]，延续摩尔定律将继续在更优的电路架构、特征尺寸的微缩、高良率和更大的单元基础上发展。报告中提出，延续摩尔定律的目标是在2~3年的时间内实现以下PPAC 4个方面的提升。

（1）性能（Performance，P）：工作频率等效提升15%以上。判断芯片性能的一种通用指标是工作频率/计算速度。器件做得越小，在芯片上放置得越紧密，芯片的速度就越高，这主要是因为通过电路的电信号传输距离变得更短了。此外，也可以通过改变沟道材料、对沟道施加应力等方法来提升计算速度。微处理器芯片性能还可以通过芯片上可执行的指令数来表示，如以每秒百万条指令测算。

（2）功率（Power，P）：在给定性能的条件下，获得30%以上开关能耗的降低。芯片性能的另一个重要方面是在器件工作过程中的功耗。根据丹纳德缩放比例定律的要求，随着器件尺寸缩小，功率密度将不断增大，为了将功率值限制在120~130W范围内，工作频率不能超过6GHz。因此，自2000年以来，集成电路的功耗已成为重要的设计约束，半导体公司将晶体管的设计工作集中于降低功耗。

（3）面积（Area，A）：实现30%以上的芯片特征面积的降低。芯片的特征尺寸可以作为定义制造复杂性的指标，从1992年开始，集成电路先进技术节点的命名通常与最紧密金属层的最小间距尺寸有关。最早的定义为最紧密金属层间距的一半。在20世纪70至90年代的大部分时间里，栅极长度和最紧密的金属层间距尺寸基本相同。因此，可以用节点数字表示其密度和性能特征，随着新一代技术的引入，这些数字减小到上一代相应尺寸的70%。在20世纪90年代末期，消费者对个人计算机的需求对集成电路的发展提出了更高要求。因此，为了响应这些消费者的需求，微处理器技术的引入由3~4年周期加速到2年周期。此外，任何新技术中的栅极长度都被系统地减少到上一代的60%，以便生产出可在更高频率下工作的晶体管。在这个竞争激烈的时期，有一些公司开始对半节距（Half-Pitch）和栅极长度（Gate Length）进行平均，以获得更小数字的技术节点，从而吸引消费者。总体来说，这一个阶段的技术节点的更迭基本符合70%的微缩规律。进入21世纪以后，栅极间距（Gate Pitch）的微缩开始成为电路集成度提升的重要限制。同时，晶体管的微缩发展速度不及90年代，因为晶体管设计的主要重点已从速度转向限制功耗。特别是近几年的发展，节点定义与实际的特征尺寸和面积微缩已经发生了明显的偏离，对于3nm的器件，最紧密的金属间距仍将保持18nm以上。表1-1所示为16nm以下器件微缩特征尺寸微缩预测。

表 1-1　16nm 以下器件微缩特征尺寸微缩预测[17]

技　术　代	金属间距/nm	栅极间距/nm
16/14nm	64	90
10nm	45	64
7nm	32	45
5nm	24	30
3nm	18	20

(4) 成本（Cost，C）：芯片成本增加不超过 30%，也就是每个芯片单元的成本降低 15%以上。在 1996 年之前的近 50 年中，半导体芯片的价格持续下降。例如，1958 年，一个质量低劣的 Si 晶体管价值大约为 10 美元，而现在 10 美元可以买到具有超过两千万个晶体管的芯片。首先，特征尺寸的减小、Si 晶圆直径的增加，都有利于将更多芯片同时制备在 Si 衬底上，从而降低单个芯片的价格。例如，1997 年，在 8in Si 晶圆上将特征尺寸从 0.35μm 减小到 0.25μm，芯片的数量就可以由 150 增加到 275，而从成本的角度来看，以几乎相同的制造成本可以生产两倍数量的芯片。其次，价格降低的另一个原因是半导体产品市场的快速增长，这种增长导致芯片制造公司的产量和经济规模很庞大，从而可以忽略人员、设备、技术研发等投入在单个芯片上的成本。

为了实现上述微缩目标，利用了新工艺、新材料、新结构创新，如应力沟道、高 κ 金属栅、鳍式场效应管（FinFET）等，未来还将通过高迁移率沟道、栅极全环绕场效应晶体管（Gate-All-Around FET，GAAFET）等，进一步推动低功耗、低成本、高集成度、高性能的综合提升，延续摩尔定律的发展。毫无疑问，从集成电路功能和性能的综合考虑，摩尔定律将一直有效。

1.1.4　技术代演化

从集成电路复杂度或规模来看，早期的集成电路，由于晶体管和晶圆尺寸的限制，每个芯片上只有 2000 个晶体管。相比之下，2020 年单个微处理器芯片上的晶体管数量已经达到数十亿个，集成度升高了 7 个量级。

从晶体管尺寸微缩角度来看，Si 基平面工艺的发展为集成电路产业打下了坚实基础。自 20 世纪 60 年代以来，整个集成电路产业在技术创新驱动下按照摩尔定律预测实现了指数级飞速发展。集成电路产业技术创新先后经历了丹纳德缩放比例定律指导的几何微缩，利用新结构、新材料、新工艺的等效微缩，以及三维功耗微缩等 3 个阶段。

(1) 几何微缩阶段（1975—2002 年）：早期的晶体管微缩技术，通过减小平面内的器件尺寸，实现晶体管性能的提升。整个半导体电子行业主要在“自下而上”的技术驱动模式下发展，通过开发新的技术节点，提供更高性能的晶体管，从而在保持现有系统架构不变的前提下，提供更大的存储容量和更快的计算速度。在器件集成度每两年翻一番的发展速度下，系统集成的厂商根本无法做到可比拟的性能提升效果，整个行业的进步主要是由器件性能决定的。但是，几何微缩阶段面临着几个基本的限制和挑战，如短沟道效应（Short Channel Effect，SCE）、隧穿泄漏电流等。

（2）等效微缩阶段（2003—2024 年）：在只减小器件水平方向的尺寸的同时，通过引入新材料和新原理，满足摩尔定律的性能提升要求。例如，应力 Si 技术，通过在沟道材料中引入应力，调制能带结构，从而提升载流子迁移率，可以在相同器件尺寸下获得更高的驱动电流；高 κ 金属栅技术，为了解决栅介质厚度微缩带来的漏电问题，通过引入高 κ 介质材料，在相同的等效氧化层厚度（Equivalent Oxide Thickness，EOT）和栅控能力下，栅介质漏电可以降低 3 个量级，有效改善了器件功耗和可靠性；FinFET 技术，通过改变传统的平面器件结构，使用鱼鳍式的多栅结构，可以有效改善短沟道效应，在相同面积下可有效提升器件集成密度；Ge/SiGe 高迁移率沟道材料技术，通过改变沟道材料，进一步提升器件驱动电流。

同时，半导体产业的发展模式也发生了巨大的变化，纯设计和纯代工的合作模式逐渐成为主流，系统集成厂商正逐步掌握技术进步节奏。系统需求从产品设计周期开始就逐渐渗入到产品设计、开发、制造的全链条中。因此，新产品的根本驱动力不再是存储容量和计算速度，而是根据智能互连等应用需求生产出相应的存储和计算元件。

（3）三维功耗微缩阶段（预计 2025 年及以后）：晶体管演变成完全三维（3-dimension，3D）的器件结构，通过异质集成和功耗降低实现综合性能的提升。2020 年，器件特征尺寸已经达到几纳米的量级，水平方向的微缩已经达到极限。对器件密度要求较高的存储器件，在 2014 年开始就在垂直方向上进行集成发展。可以借鉴曼哈顿、东京、中国香港等人口密集地区的发展模式，为了解决生存空间的问题，建造高楼大厦是提升集成密度的唯一途径。在集成电路中，可以通过向垂直方向发展，对晶体管进行 3D 堆叠。此外，在 2003—2005 年，丹纳德缩放比例定律指导的集成度和工作频率的快速提升，最终导致芯片功耗超过 100W 的容限，自此转向多核处理器发展，在继续提升晶体管集成度的同时保持工作频率在几吉赫兹的范围内不再提升。这些客观因素决定了未来的集成电路将从 2D 向 3D 方向发展，同时通过优化最大工作频率降低功耗。

1.2　三维集成技术发展趋势

面向未来信息技术的深入发展，预期主要制造技术将继续向着1nm及以下技术节点演进，实现集成度的持续攀升和PPAC综合发展。通过核心器件的结构创新、三维集成等技术的突破，逐步向完全3D的新结构、新技术和新系统过渡，实现系统与工艺的协同优化，推动模拟、功率、感知、光电等混合信号处理的多功能扩展创新。同时，持续发挥关键材料在集成电路技术发展中的重要支柱作用，在衬底材料、关键工艺材料等领域突破创新。

1.2.1　先进制造技术

随着集成电路制造技术的进步，人们已经能制造出电路结构相当复杂、集成度很高、功能各异的集成电路，关键制造技术包括从薄膜生长到图形转移等复杂技术，如器件模拟、光刻、薄膜、刻蚀、离子注入与热退火、清洗及湿法刻蚀、化学机械平坦化（Chemical and Mechanical Planarization，CMP）等。这些工艺技术在几十年的发展过程中不断成熟完善，从微米到几十纳米的器件制备中，都得到了广泛应用，特别是面向三维集成技术的发展需要，集成电路制造技术也在不断创新发展。

- 光刻技术：为了做出尺寸更小的图形，需要不断降低曝光波长和增大光刻机的数值孔径（Numerical Aperture，NA），也可通过多次曝光等先进技术实现。利用具有更高折射系数液体的浸没式光刻技术，将系统的数值孔径增大到1以上。通过把一层掩模版上的图形拆分到多个掩模版中，利用多次曝光和刻蚀来实现一层设计的图形，可以实现低于光刻分辨率的更小尺寸图形化。极紫外（Extreme Ultra-violet，EUV）光刻通过形成13.5nm波长的极紫外线，可以在降低工艺复杂度的同时，有效提升光刻分辨率，在7nm及以下技术节点中将得到广泛应用。
- 薄膜工艺：化学气相沉积（Chemical Vapor Deposition，CVD）方法可以在异质表面生成所需要的薄膜并具有较好的填充性，可以制备常用的绝缘材料、半导体材料、导电材料等。原子层沉积（Atomic Layer Deposition，ALD）由于其自限制的生长特性，能为CMOS器件持续微缩发展伴随产生的后栅沟槽填充问题提供最佳的解决方案。外延生长工艺的$Si_{1-x}Ge_x$应变技术，已经成为提升器件性能的关键工艺技术。物理气相沉积（Physical Vapor Deposition，PVD）方法仍然是FinFET等器件后段薄膜沉积，以及硅通孔（Through Silicon Via，TSV）技术的有效工艺方法。

- 刻蚀技术：在 FinFET 器件的栅极刻蚀，以及垂直纳米线的沟道尺寸和水平纳米线栅长控制等工艺中，原子层刻蚀（Atomic Layer Etching，ALE）具有很大的应用潜力。同时，随着器件进一步微缩及新材料的涌现，Ⅲ-Ⅴ族、二维材料等新型沟道材料的 ALE 方法逐渐成为新的研究热点。
- 离子注入：利用低温注入技术，可以有效解决栅诱导漏极漏电（Gate-induced drain leakage，GIDL）、短沟道效应、带间隧穿效应（Band To Band Tunneling，BTBT）等器件漏电的问题。相比常规的室温或低温注入，热注入技术可以提高 Fin 非晶化的阈值，使 FinFET 沟道在注入过程中保持单晶材料的特性。
- 快速热退火技术：升温速率更快的尖峰退火（Spike Annealing）可以进一步降低退火过程的热预算（Thermal Budget），可以用于超浅结的形成。特别地，激光退火技术满足了在集成电路发展过程中不断压缩热预算的需求，将热退火的时间从秒降至毫秒、微秒甚至纳秒量级。同时作为一种局部加热技术，激光退火可以避免在快速升温过程中由于应力造成的晶圆损伤甚至破片现象。
- 清洗工艺：主要包括前端及后端光刻胶去除、干法刻蚀后聚合物去除、高选择比关键膜层与关键结构的湿法刻蚀、晶向选择性的湿法刻蚀、高深宽比及三维结构的清洗等。
- CMP 工艺：在晶体管结构从平面二维发展到立体三维的过程中，在 Fin 结构形成后，需要沉积一层较厚的非晶 Si，需要通过 CMP 工艺进行平坦化处理，以便后续制造假栅结构。

1.2.2　新型三维逻辑器件

在逻辑集成电路方面，预测将经历以下发展阶段。

（1）2021—2023 年，晶体管尺寸持续微缩。使用 EUV 光刻实现关键尺寸减小，优化 FinFET 几何尺寸和源漏接触结构，引入 SiGe 高迁移率材料、更高电导率的互连金属材料，利用 ALD 与刻蚀工艺等先进制造技术，提升工艺稳定性、器件可靠性，并进一步发展设计工艺协同优化（Design Technology Co-Optimization，DTCO）技术，提升器件整体效能。上述技术是在短期内低成本实现集成电路集成度和性能提升的有效手段[18]。

（2）2024—2029 年，器件结构将不断发展创新。现有 2.5D 的 FinFET 将面临越来越严重的栅控和微缩挑战，完全 3D 的 GAA 器件有望在 3/2nm 技术节点引入成为主流的基础器件[19]。首先，GAA 器件具有完全包围住的栅极结构，可将栅极的静电控制能力发挥到极致，有效改善器件开关性能。其次，通过垂直方向堆叠的 GAA 器件，可以增大驱动电流密度，从而更高效地提升集成度。再次，通过 GAA 器件的进一步三维设计和堆叠，可以形成层叠互补晶体管和垂直晶体管等结构，最终实现三维逻辑。最后，GAA 器件和 Ge、Si 等高迁移率沟道材料结合可以实现更高能效，延伸技术生命力。

（3）2030—2035 年，将在基础材料、器件结构、工作机理，以及三维集成技术方面取得变革性突破。以晶体管为基本单元，结合不同基础材料和不同功能器件，在垂直方向进行器件-器件三维堆叠的集成方案成为必由之路[20]。发展单片三维集成电路或异质集成等方法，实现逻辑-逻辑、逻辑-存储、逻辑-模拟等不同堆叠方式，获得更低系统功耗和复杂电路功能，最终达成三维的器件、设计、系统融合，实现三维大规模集成（3D Very Large Scale Integration，3D VLSI）。

1.2.3 新型三维存储器件

在集成电路存储器方面，主流的动态随机存储器（Dynamic Random Access Memory，DRAM）、非易失性存储器（Non-Volatile Memory，NVM）将通过器件微缩、垂直层数增加等技术，进一步提升存储容量。同时，为了避免由于物理尺寸减小引起的电荷随机起伏，基于非电荷控制的新兴存储技术将快速发展。其中，铁电存储器（Ferroelectric Random Access Memory，FRAM）具有高速、低功耗、高可靠性的优点，有望在低功耗、人工智能等领域得到应用[21]；磁随机存储器（Magnetic Random Access Memory，MRAM）将发展新的工作机制[22]，有望取代传统嵌入式闪存和逻辑电路中的三级静态缓存等；相变随机存储器（Phase Change Random Access Memory，PCRAM）[23]、阻变随机存储器（Resistance Random Access Memory，RRAM）[24]等也将利用结构简单等优点，在 X-Point 等新架构中得到更好的应用。此外，面向高性能计算、人工智能等应用的未来存储器技术，将结合三维 VLSI 集成方案，发展存算一体/近存计算等非冯·诺依曼的新型计算体系架构。因具备高电子迁移率、低亚阈值摆幅、低关态电流等优异特性，以及沉积工艺温度低的特点，沟道材料 IGZO（In-Ga-Zn-O）在三维存储和集成技术中具有很大发展潜力，近年来得到了广泛研究和关注。

1.2.4 三维封装技术

自 1958 年集成电路发明以来，封装作为集成电路产业的核心环节，一直被认为是辅助角色。但近年来，随着平面 SoC 工艺开发遇到瓶颈，人们开始将目光投向三维封装技术，期待其为集成电路产业注入新的发展动力。在三维集成、超高密度、超大带宽互连等方向的发展中，三维封装技术扮演着越来越重要的角色，已经成为半导体行业的竞争焦点。为了进一步满足高性能计算、高密度存储等日益增长的带宽、密度及功能集成的需求，以TSV为核心的Si转接板及2.5D/3D集成技术成为实现芯片与芯片、芯片与封装基板间高密度互连的关键技术。扇出封装技术因具备高性能、低成本的优势，是三维封装技术的核心，多种类型的扇出封装技术不断涌现，以应对更加复杂的三维集成需求。封装基板是三维封装技术的重要组成部分。随着芯片I/O数量不断增加，封装有机基板在超细线路、叠层、埋入等方面取得了长足进步，以实现多引脚化、缩小封装产品体积、改善电性能及散热性、超高密度或多芯片互连与集成的目的。作为“超越摩尔定律”的首选方案和主要手段，三维封装技术将与集成电路设计、晶圆制造协同发展，不断助推芯片及系统集成技术的发展。

1.3 三维集成技术面临的挑战

由于云计算、物联网、信息融合系统等应用的广泛前景，系统级的功能需求和能耗限制等，器件工艺和设计的深度协同作用愈发重要[25]。从系统级来看，处理器核数的增加仍是主要的性能提升手段，同时结合先进的散热技术，处理器的工作频率也可以适当提升。从工艺技术角度来看，集成度的提升在水平方向达到极限后，将进一步向着垂直方向的三维堆叠发展，存储容量继续成倍增长。为了实现上述技术目标，三维集成技术仍将面临诸多挑战。

在逻辑器件方面，目前FinFET是主流器件结构。通过减小Fin间距、增加Fin高度可以有效增大驱动电流密度，但是，伴随存在边缘电容和串联电阻等寄生效应的不利影响也不容忽视。互连结构急需同时满足高电导率和低介电常数的要求。超陡的亚阈值摆幅器件，如隧穿晶体管、负电容晶体管等是应对功耗限制的重要潜在技术。借助垂直方向的GAA器件的三维堆叠可以在降低光刻技术需求的前提下，进一步降低器件特征尺寸，提升集成度。在成本方面，三维集成方案将遇到严峻的散热挑战，并且需要兼顾优化复杂的制造过程，以及更加难以控制的良率和成本。此外，10nm及以下结构的刻蚀和薄膜沉积也会成为重大挑战。

在存储器件方面，为了满足不断减小的电容尺寸，需要继续对栅介质层的EOT进行微缩，通过引入更高介电常数的材料缩小结构特征尺寸。为了实现更高的存储密度，金属间距需要接近光刻极限，并且要提高高深宽比、孔洞的刻蚀选择比和刻蚀速率，以及在孔洞中有效地填充不同的材料层。同时，三维闪存（3D-NAND）将面临更多的复杂和特殊的制造需求。为了实现更高性能的存储技术，扩展静态随机存储器（Static Random Access Memory，SRAM）和NAND功能，需要发展新兴存储器的关键元件及新型存储器和选择器，如PCRAM、

RRAM、MRAM 等。

在材料方面，在 FinFET 和 GAA 等器件结构中引入 Ge/SiGe 等高迁移率沟道材料，同时将面临高 κ 电介质集成、减少源漏接触电阻、降低界面缺陷、掺杂和阈值调控等技术难题。Cu 互连电阻和可靠性的材料与工艺改善，在互连结构中存在较大的尺寸效应的影响，材料表面的粗糙度会由于电子散射对电阻率产生不利影响。纳米尺寸的图形化、刻蚀和填充具有挑战性。同时，要考虑 Cu 向介质层的扩散从而影响电迁移（Electromigration，EM）寿命的问题。

在三维封装方面，需要研究与 Si 技术兼容的 TSV 材料和工艺，改进芯片堆叠的工艺以适应未来的缩小，以及密集型互连的填充。面向未来可穿戴设备的需求，还需要提升封装器件的柔性变形性能、对生物系统的兼容性等。

1.4 阅读指引

本书将围绕三维集成电路制造技术进行介绍，其中第 2 章将对三维集成电路制造基础进行概述，介绍器件物理及仿真、图形化工艺、薄膜工艺、刻蚀工艺、离子注入和热退火工艺、清洗工艺、化学机械平坦化工艺等方面。第 3~8 章将分别对三维 FinFET 器件技术、纳米环栅器件技术、三维 NAND 闪存技术、三维新型存储技术、三维单片集成技术、三维封装技术等进行详细介绍。

集成电路技术不断发展、快速迭代，为了帮助读者更好地了解相关产业的最新进展，获得前沿技术的更新，我们为读者提供了一些领域内的重要学术会议、学术期刊，以及报告资源，供读者学习参考。

1. 学术会议

IEEE International Electron Devices Meeting（IEDM）;
IEEE Symposium on VLSI Technology and Circuits（VLSI）;
IEEE International Memory Workshop（IMW）;
IEEE International Solid-State Circuits Conference（ISSCC）;
International Reliability Physics Symposium Proceedings（IRPS）;
Electronic Components and Technology Conference（ECTC）。

2. 学术期刊

IEEE Electron Device Letters;
IEEE Transactions on Electron Devices;
IEEE Journal of Solid-State Circuits;

Solid-State Electronics;
ECS Journal of Solid State Science and Technology;
Japanese Journal of Applied Physics;
Applied Physics Letters。

3. 报告资源

IEEE International Roadmap for Devices and Systems™;
IEEE Heterogeneous Integration Roadmap。

参考文献

[1] LILIENFELD J E. Method and apparatus for controlling electric currents: USA, US1745175 [P]. 1930-01-28.

[2] AMERICAN PHYSICAL SOCIETY. Invention of the First Transistor [EB/OL]. (2000-11) [2021-02-02]. https://www.aps.org/publications/apsnews/200011/upload/nov00.pdf.

[3] NOBEL MEDIA AB 2021. The Nobel Prize in Physics 1956 [EB/OL]. [2021-02-02]. https://www.nobelprize.org/prizes/physics/1956/summary/.

[4] 施敏，伍国珏. 半导体器件物理 [M]. 3 版. 耿莉，张瑞智，译. 陕西：西安交通大学出版社，2008.

[5] JACOBI W. Halbleiterverstärker: German, DE833366 [P]. 1952-05-15.

[6] KILBY J S. Invention of the integrated circuit [J]. IEEE Transactions on Electron Devices, 1976, 23 (7): 648-654.

[7] CHOI H, OTANI T. Failure to launch: Tarui Yasuo, the quadrupole transistor, and the meanings of the IC in postwar Japan [J]. IEEE Annals of the History of Computing, 2011, 34 (1): 48-59.

[8] NOBEL MEDIA AB 2021. The Nobel Prize in Physics 2000 [EB/OL]. (2000-10-10) [2021-02-22]. https://www.nobelprize.org/prizes/physics/2000/summary/.

[9] LOJEK B. History of semiconductor engineering [M]. New York: Springer, 2007.

[10] WOLF S. A review of IC isolation technologies [J]. Solid State Technology, 1993, 35 (3): 97.

[11] KURT L. Multiple semiconductor assembly: USA, US3029366A [P]. 1962-04-10.

[12] Engineering and Technology History Wiki. Oral-History: Robert N. Noyce [DB/OL]. (2021-02-16) [2021-02-22]. https://ethw.org/Oral-History:Robert_N._Noyce.

[13] MOORE G E. Cramming more components onto integrated circuits [J]. Electronics, 1965, 38 (8).

[14] MOORE G E. Progress in digital integrated electronics [C] //IEEE, International Electron

Devices Meeting (IEDM), Washington, 1975: 35-40.

[15] 48 Years of Microprocessor Trend Data [DB/OL]. (2020-07) [2021-02-22]. https://github.com/karlrupp/microprocessor-trend-data.

[16] IEEE IRDS. International Roadmap for Devices and Systems 2020 update MORE MOORE [R/OL]. (2020-05-28) [2021-01-31]. https://irds.ieee.org/images/files/pdf/2020/2020IRDS_MM.pdf.

[17] TŐKEI Z. End of Cu roadmap and beyond Cu [C] //IEEE, International Interconnect Technology Conference/Advanced Metallization Conference (IITC/AMC), San Jose, 2016: 1-58.

[18] BADAROGLU M, XU J, ZHU J, et al. PPAC scaling enablement for 5nm mobile SoC technology [C] // IEEE, European Conference on Solid-State Device Research (ESSDERC), Leuven, 2017: 240-243.

[19] VELOSO A, HUYNH BAO T, ROSSEEL E, et al. Challenges and opportunities of vertical FET devices using 3D circuit design layouts [C] //IEEE, SOI-3D-Subthreshold Microelectronics Technology Unified Conference (S3S), Burlingame, 2016: 1-3.

[20] RACHMADY W, AGRAWAL A, SUNG S, et al. 300mm heterogeneous 3D integration of record performance layer transfer germanium PMOS with silicon NMOS for low power high performance logic applications [C] //IEEE, International Electron Devices Meeting (IEDM), San Francisco, 2019: 29.7.1-29.7.4.

[21] LUO J, YU L, LIU T, et al. Capacitor-less stochastic leaky-FeFET neuron of both excitatory and inhibitory connections for SNN with reduced hardware cost [C]// IEEE, International Electron Devices Meeting (IEDM), San Francisco, 2019: 6.4.1-6.4.4.

[22] LU Y, ZHONG T, HSU W, et al. Fully functional perpendicular STT-MRAM macro embedded in 40nm logic for energy-efficient IoT applications [C]//IEEE, International Electron Devices Meeting (IEDM), Washington, 2015: 26.1.1-26.1.4.

[23] LIANG J, JEYASINGH R G D, CHEN H Y, et al. A 1.4μA reset current phase change memory cell with integrated carbon nanotube electrodes for cross-point memory application [C]//IEEE, Symposium on VLSI Technology (VLSIT), Kyoto, 2011: 100-101.

[24] CHEN H, YU S, GAO B, et al. HfO_x based vertical resistive random access memory for cost-effective 3D cross-point architecture without cell selector [C]//IEEE, International Electron Devices Meeting (IEDM), San Francisco, 2012: 20.7.1-20.7.4.

[25] CARBALLO J, CHAN W J, GARGINI P A, et al. ITRS 2.0: Toward a re-framing of the Semiconductor Technology Roadmap [C] //IEEE, International Conference on Computer Design (ICCD), Seoul, 2014: 139-146.

第2章

三维集成电路制造基础

2.1 三维器件模型

传统平面 CMOS 器件由于栅极漏电和亚阈值斜率的增加而严重限制了其尺寸微缩。相比于平面晶体管，FinFET 栅长尺寸可有效微缩，这得益于多栅结构具备更强的栅控能力，减少了亚阈值区源极和源极之间的耦合，有效抑制了短沟道效应。

在小尺寸三维多栅器件中，量子效应显著影响了载流子器件的静电特性和输运特性。研究三维器件模型需要利用量子力学概念，考虑电子能量量子化对载流子分布、有效质量和迁移率的影响。三维多栅器件中沟道的厚度和/或宽度达到或小于 10nm 时，在输运方向上自由移动的载流子，受到沟道几何尺寸的限制，形成能量子带。沟道中的电子分布与经典理论的预测有很大不同。特别地，反型层也不一定出现在 Si 沟道的表面上，而是出现体反型现象。量子限制效应带来了迁移率和阈值电压特性的改变。

因此，在三维器件仿真中，必须引入量子修正模型。一方面，完全基于量子模型的方法不断被开发；另一方面，对经典模型也在积极进行修正。从目前的进展来看，完全基于量子模型的非平衡格林函数方法具有较高的精度，主要用于学术研究。而密度梯度修正的漂移扩散模型则在工业界广泛使用。对漂移扩散模型本身的研究在 20 世纪 80 年代就已经完成，后面的大量工作在于开发合适的迁移率经验模型，以提高模拟的精度，甚至可以扩大漂移扩散模型的应用范围。迁移率模型可以分为弱场模型、表面模型和强场模型。一个完整的迁移率模型一般由弱场迁移率和表面迁移率组成，按照电场强度进行修正。

2.2 三维器件光刻工艺

光刻技术对于集成电路制造的发展起着非常关键的作用。光刻技术的不断革新，使得光刻工艺的极限尺寸逐渐减小，单位面积所集成的晶体管数量越来越多，从而使集成电路芯片的集成度越来越高。

光刻工艺在集成电路制造中的具体作用是图形的制备和转移。在集成电路制造中，需要将设计的图形逐层转移至衬底，形成立体结构的芯片，而每层图形的形成，都离不开光刻工艺。具体流程是先将设计图形制备到掩模版上；通过光刻工艺将掩模版上的图形转移至光刻胶上，得到有图形的光刻胶薄膜；再以光刻胶为掩模对衬底进行刻蚀或离子注入；最后将所用光刻胶完全去除，在最终器件上不会留下光刻工艺过程中的任何物质。

2.2.1 光刻工艺原理

光刻工艺的主要实现方式是利用光化学反应把掩模版上的图形转移至光刻胶上。具体过程是先在衬底表面涂覆一层可感光的光刻胶薄膜，该薄膜可通过光线照射来改变自身性质；通过曝光工艺，掩模版上未被图形掩蔽区域的光刻胶化学性质发生变化；然后通过显影工艺，使光刻后的图形显影出来。

光刻工艺的主要步骤分为：晶圆预处理、涂胶、涂胶后烘烤、曝光、曝光后烘烤、显影、显影后烘烤等。

1. 晶圆预处理

晶圆预处理的主要作用是将晶圆表面由亲水性转化为疏水性，从而增强晶圆与光刻胶之间的黏附性，防止显影后出现光刻胶图形脱落的现象。晶圆预处理工艺所使用的化学品为六甲基二硅胺（hexamethyldisilazane，HMDS）[1]。HMDS 腔体结构图如图 2-1 所示，当晶圆传入腔体后，底部热板会对 Si 片进行加热，同时对腔体进行抽真空处理；真空值达到要求后，HMDS 由氮气携带至腔体中，和 Si 片表面进行反应；反应结束后，先使用氮气对腔体进行充气，将剩余的 HMDS 完全替换后，再打开腔体。

2. 涂胶

光刻胶一般是通过旋转涂胶的方式进行涂覆的。涂胶腔体由可旋转的载片台、稀释液喷嘴、光刻胶喷嘴、去边液喷嘴、晶背清洗系统、下排系统等组成。

图 2-2 所示为涂胶腔体结构图。

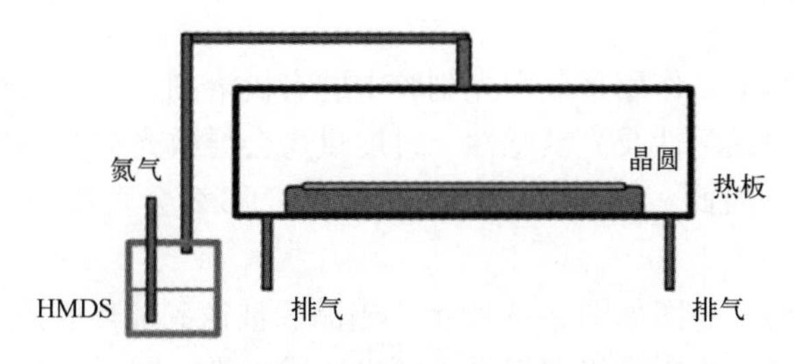

图 2-1　HMDS 腔体结构图

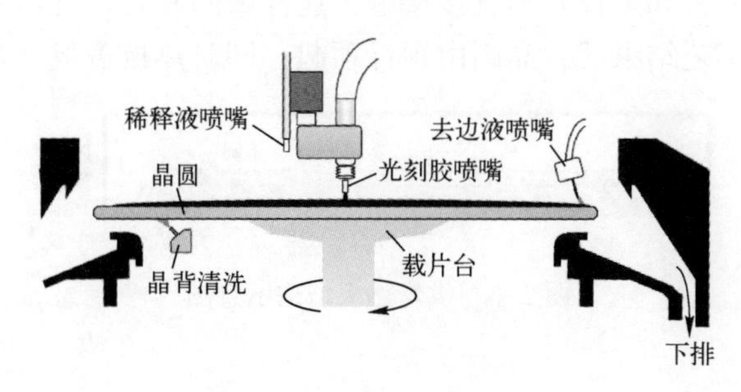

图 2-2　涂胶腔体结构图

在涂胶工艺中，首先，将晶圆传送至载片台，载片台通过真空吸附的方式，将晶圆固定在载片台上。其次，将稀释液喷嘴移动至晶圆中心位置喷洒稀释液，稀释液的主要作用是节省光刻胶用量，使光刻胶更容易涂覆于晶圆表面，稀释液喷洒结束后，晶圆进行高速旋转，使晶圆表面均被稀释液润湿。再次，将光刻胶喷嘴移到晶圆中心位置开始喷涂光刻胶，同时晶圆进行高速旋转，离心力使光刻胶布满整个晶圆。这个转速称为滴胶转速，该转速将直接影响光刻胶成膜的均匀性，因此，光刻胶的成膜均匀性一般通过调整该转速来提高。然后，进入成膜阶段，晶圆以固定速度高速旋转，转速直接决定光刻胶薄膜的厚度，该转速称为主转速。一般通过调整主转速来改变光刻胶薄膜的厚度。最后，对涂完胶后的晶圆进行边缘清洗和背面清洗。在涂胶过程中，光刻胶受到离心力的作用会快速布满整个晶圆，多余的光刻胶会被甩出；晶圆在高速旋转的过程中，在晶圆边缘会形成很强的气流，光刻胶被甩出的瞬间会凝固，在边缘形成许多光刻胶液滴；也有部分光刻胶顺着晶圆边缘流到背面，形成背面光刻胶沾污。这些多余的光刻胶如果不去除，会形成缺陷影响产品良率。在该步骤中，去边液喷嘴会移动到合适位置，喷洒去边液来对晶圆边缘进行清洗。同时，晶背清洗系统开始喷洒清洗液，对晶背残留的光刻胶进行清洗。

3. 涂胶后烘烤

涂胶后烘烤的主要作用是蒸发光刻胶中的有机溶剂，同时烘烤条件会影响光刻胶与晶圆之间的黏附性及光敏感性，过度烘烤会导致光刻胶的敏感度降低，最终影响图形尺寸。因此，如果热板均匀性较差，那么会直接影响整片的线宽均匀性。

烘烤热板结构示意图如图 2-3 所示。当晶圆被送到加热腔体后，热板盖板会关闭，以防在加热过程中有机蒸气进入环境造成污染；同时，晶圆降下来落在定位销下面的垫片上，和热板并不直接接触，这样做的好处是可以防止晶背的污染物黏在热板上；工艺结束后，晶圆由顶针顶起，同时热板盖板打开。

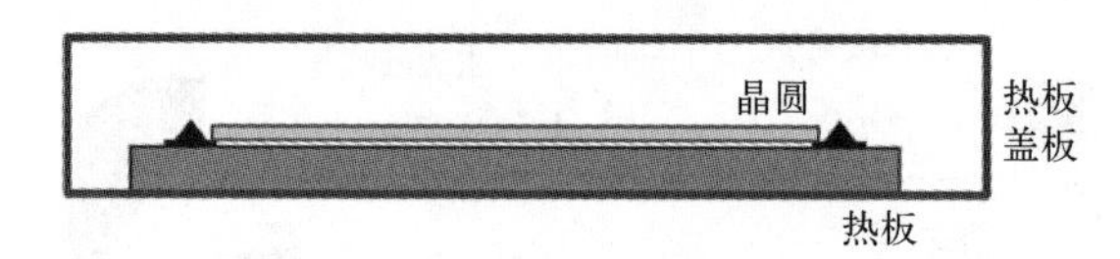

图 2-3　烘烤热板结构示意图

4. 曝光

曝光是将掩模版上的图形转移至晶圆表面光刻胶的过程。在曝光过程中，曝光光源发出的光先抵达掩模版表面；掩模版表面分为透光区和非透光区，光线会穿过透光区及透镜系统，抵达晶圆上的光刻胶层使光刻胶感光，从而将掩模版上的图形转移至光刻胶层。曝光也直接影响光刻的最终结果，包括套刻偏差、图形尺寸等，因此曝光在整个光刻工艺中非常重要。曝光主要分为两个部分：晶圆对准及晶圆曝光。本节主要介绍目前主流的投影式曝光系统[2]。

由于光刻图形需要和前层图形套刻对准，因此在曝光之前，需要对掩模版及晶圆进行位置校准。光刻机先进行掩模版位置校正，通过掩模版上的对准标记来对掩模版进行定位；之后通过晶圆上的对准标记来定位晶圆的具体位置。以离轴对准系统为例，对准系统采用的是 He-Ne 激光。激光穿过照明系统及透镜系统，照射在晶圆上的对准标记 W2 上，晶圆上的对准标记为平行的线条，激光会产生反射式衍射。衍射图像会通过透镜系统在掩模版表面成像，通过测量并调整晶圆上的对准标记和掩模版上的对准标记的位置偏差，将掩模版上的对准标记和 Si 片上的相对准。离轴对准标记形式如图 2-4 所示。

对准结束后会对晶圆进行曝光，曝光能够达到的最小图形是光刻的重要参数。光刻所能达到的最小分辨率为

$$R=k_1\frac{\lambda}{\mathrm{NA}} \tag{2-1}$$

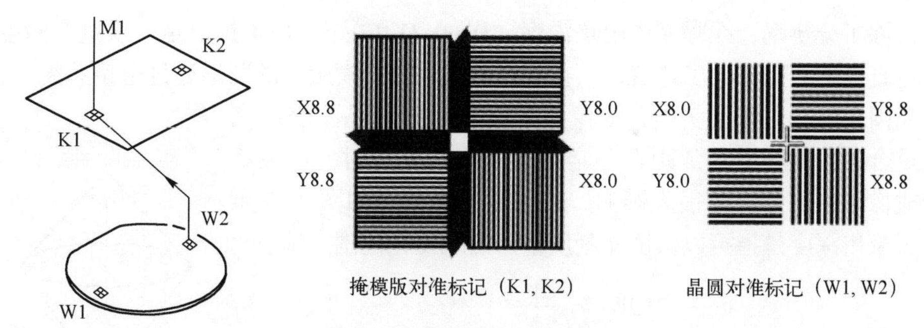

图 2-4　离轴对准标记形式

式中，R 为光刻分辨率；k_1 为工艺常数；λ 为曝光波长；NA 为光刻机透镜的数值孔径，其定义为

$$\mathrm{NA} = n\sin\theta \tag{2-2}$$

式中，θ 为曝光光源的最大入射角；n 为物镜和晶圆之间材料的折射率。从式（2-1）中可以看出，为了做出尺寸更小的图形，最有效的办法就是降低曝光波长，增大光刻机透镜的数值孔径。光刻机所使用的曝光波长经历了从 436nm 到 13.5nm 的演进；同时，光刻机透镜的数值孔径突破了 1 的极限，使用浸没式光刻技术达到了 1.35。表 2-1 中列出了每代曝光波长对应的最小分辨率。

表 2-1　光刻机曝光波长和数值孔径的发展

最小分辨率/nm	曝光波长/nm	数值孔径	技术节点/nm
800	436	0.44	800
350	365	0.56	350
110	248	0.75	110
65	193	0.93	45
38	193（浸没式）	1.35	14
16	13.5	0.33	7

除了使用更小的曝光波长和更大的数值孔径，工艺常数 k_1 也可以影响光刻分辨率。因为曝光波长和数值孔径都是光刻机的固定参数，一般无法突破。为了在现有的条件下达到更小分辨率，人们想尽办法将 k_1 从 0.5 减小到 0.25 以下。这些努力主要包括以下几个方面。

- 照明系统优化：采用离轴照明、双极照明、环形照明等。
- 掩模版优化：使用相移掩模版、光学邻近效应校正、增加亚分辨率辅助图形等。
- 光刻胶优化：采用更薄的光刻胶、使用抗反射涂层等。
- 工艺优化：采用多重曝光技术、负显影技术等。

除了分辨率，在曝光中聚焦深度（Depth Of Focus，DOF）也是一项重要参数，它将直接影响光刻的工艺窗口。在曝光时，要将掩模版上的图形通过透镜系统成像在晶圆表面。但在现实中，成像的平面不可能和晶圆表面完全重合。因此，要求焦距在一定聚焦范围内变化时，对最终的成像结果不会造成很大影响。聚焦深度示意图如图 2-5 所示。聚焦深度是指可以保证光刻质量的焦距变化范围，即

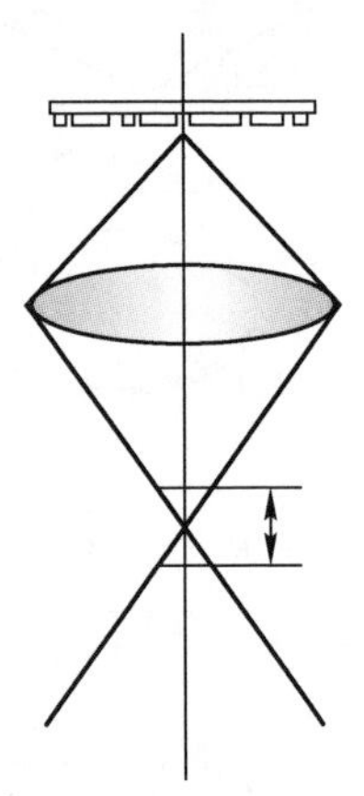

图 2-5　聚焦深度示意图

$$\mathrm{DOF}=k_2\frac{\lambda}{\mathrm{NA}^2} \tag{2-3}$$

式中，DOF 为聚焦深度；k_2 为常数因子；λ 为曝光波长；NA 为数值孔径。不同于光刻分辨率，DOF 越大，光刻的工艺窗口就越大。因此，希望尽可能大地提高聚焦深度。而从式（2-3）中可以看出，增大聚焦深度的方法是增大曝光波长或减小数值孔径。而这样做会降低光刻分辨率，因此，需要平衡分辨率和聚焦深度的关系，得到具有稳定工艺窗口的最小分辨率。

5. 曝光后烘烤

曝光后烘烤（Post Exposure Bake，PEB）对于不同种类的光刻胶作用不同，目前主流的光刻胶可分为酚醛树脂类的 i 线光刻胶（曝光波长为 365nm）和用于深紫外曝光的化学放大型光刻胶。

酚醛树脂类光刻胶的 PEB 并非是不可或缺的步骤，但这一步可以改善光刻胶图形边缘的驻波效应，并增强光刻胶与晶圆的黏附性。如图 2-6 所示，由于驻波效应，曝光光源射入光刻胶后，在晶圆和光刻胶界面产生反射，反射回来的光和入射光发生干涉。如果直接进行显影，那么会形成如图 2-6 所示的波浪形侧壁。而通过 PEB，感光剂会在光刻胶中扩散，从而减少驻波效应。

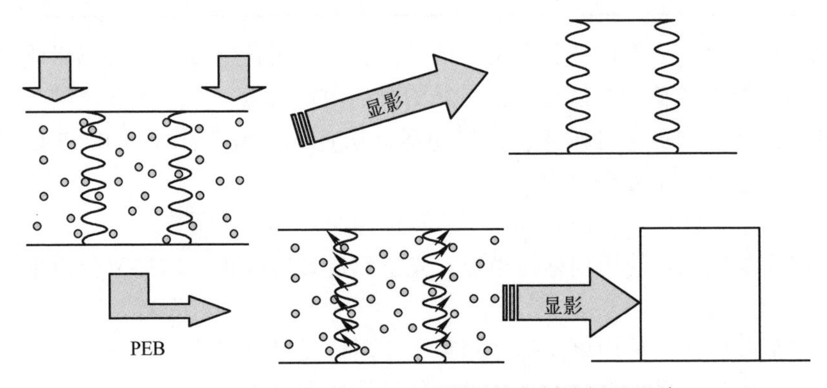

图 2-6　有 PEB 和无 PEB 显影后的光刻胶侧壁形貌

对于化学放大型光刻胶，光刻胶中含有一种起保护作用的化学成分——光致酸产生剂（Photo Aciel Generator，PAG），以防止光刻胶溶解于显影液中。在深紫外曝光中，光致酸产生剂在光刻胶中产生了一种酸。之后经过烘烤，这些酸作为催化剂使光刻胶发生反应，去除其中的保护成分，并且在这一过程中还会产生更多的催化剂。化学放大型光刻胶反应系统示意图如图 2-7 所示。

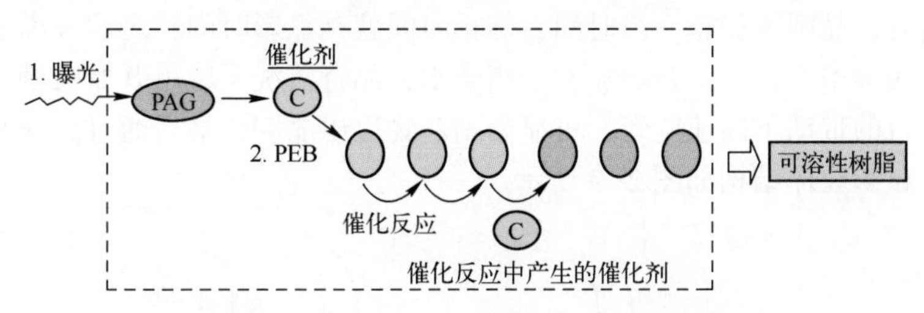

图 2-7　化学放大型光刻胶反应系统示意图

PEB 会使化学放大型光刻胶发生剧烈反应，因此 PEB 的时间和温度对最终图形尺寸影响很大。当达到所需要的尺寸时，必须立即停止反应才能够保证线宽的尺寸。因此，一般用作 PEB 的热板都是特殊设计的，使晶圆能够在 20s 内冷却到室温。

图 2-8 所示为 PEB 热板结构图。PEB 热板是由一块热板和一块冷板构成的。当晶圆送入热板时，顶针落下开始反应；一旦到达反应时间，顶针迅速把晶圆顶起，同时冷板移入，将晶圆取走，催化反应迅速停止。

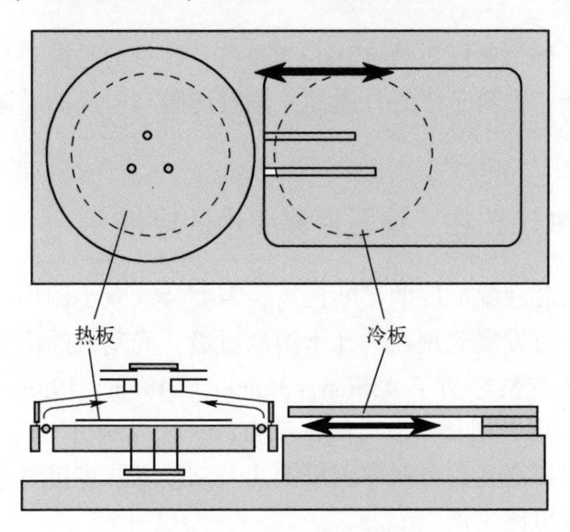

图 2-8　PEB 热板结构图

6. 显影

显影是用显影液将光刻胶中可溶解区域溶解的过程。目前常规的显影液是四甲基氢氧化铵（TMAH）。在显影中，晶圆被送进显影腔体，载片台通过真空吸附的方式，将晶圆固定在载片台上；显影液喷嘴扫过整个晶圆，在晶圆上布满显影液；这时，晶圆将静止一段时间，静止时间就是显影时间；之后去离子水喷嘴将移动至晶圆中心位置，开始喷洒去离子水，晶背清洗系统也开始喷洒，同时晶圆在载片台的带动下高速旋转，将显影副产物甩出晶圆；最后通过高速旋转将晶圆甩干。显影腔体结构如图 2-9 所示。

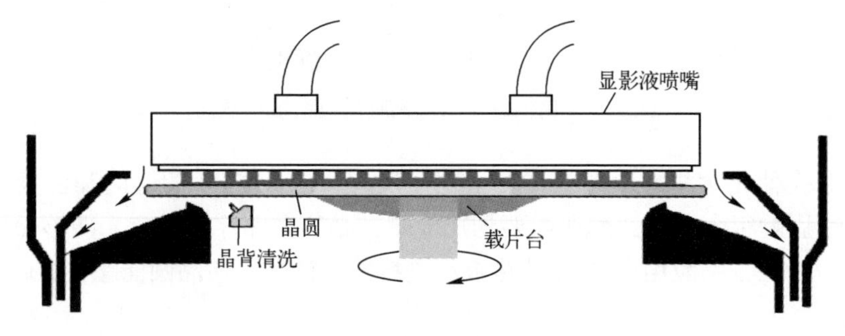

图 2-9　显影腔体结构

7. 显影后烘烤

显影后烘烤又称为坚膜烘烤（Hard Bake），其目的是蒸发掉光刻胶中残留的有机溶剂、显影液、去离子水等，提高光刻胶薄膜与衬底的黏附性和光刻胶的抗刻蚀性[3]。

2.2.2　先进光刻工艺在三维器件集成中的应用

随着集成电路芯片集成度的不断提高，需要持续减小图形尺寸。图形尺寸从原来的微米量级一直发展到现在的几十纳米量级，光刻机的不断发展发挥了极为重要的作用。曝光波长经历了 436nm、365nm、248nm、193nm、13.5nm 这几代发展，但到 193nm 后，很长一段时间都没有新一代光刻机出现。为了在现有光刻机的基础上进一步提高光刻分辨率，浸没式光刻技术、多重曝光技术等先进工艺技术被应用于集成电路生产。

1. 浸没式光刻技术

提高光刻分辨率的方法主要包括减小曝光波长或增大数值孔径。

$$\mathrm{NA}=n\sin\theta=n\cdot\frac{\text{透镜的半径}}{\text{透镜的焦距}} \tag{2-4}$$

式中，n 为物镜和晶圆之间介质的折射率。在传统的“干法”光刻系统中，若介质是折射系数为 1 的空气，则 NA 的理论最大值为 1。采用具有更高折射率液体的浸入技术可使系统的 NA>1。水的折射率高达 1.44，因此，使用水为浸入液可以进一步增大 NA[4]。

在浸没式光刻机中，水被填充到物镜和晶圆之间，如图 2-10 所示。在光刻机曝光时，水随着光刻机在晶圆表面做步进-扫描运动。为保持水中无气泡和颗粒，在去离子水到达物镜之前先进行预处理，将去离子水中的杂质和气泡清除掉；通过水循环系统，一直保持物镜之间的循环状态。

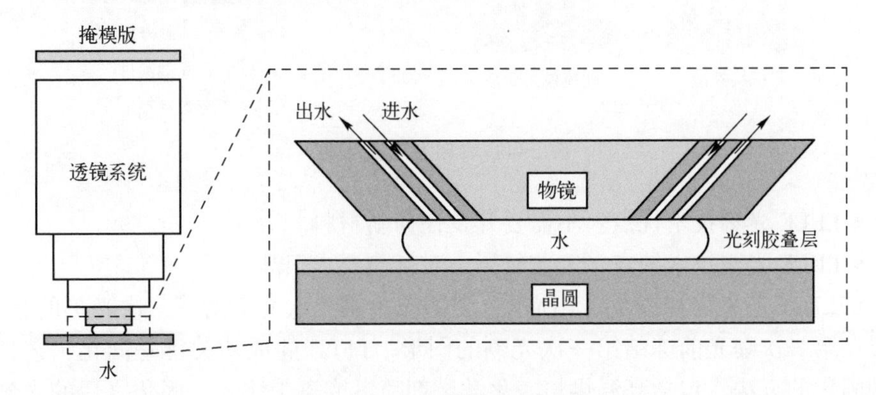

图 2-10　浸没式光刻机结构图

2. 双重曝光技术

双重曝光技术（Double Patterning）作为一种有效的光刻分辨率增强技术被广泛应用于 22nm、20nm、14nm 技术节点。当前主流的 1.35NA 的 193nm 浸没式光刻机能够提供 36~40nm 的金属间距分辨率，可以满足 28nm 技术节点的要求，如果小于该尺寸，那么需要双重曝光甚至多重曝光技术。双重曝光或多重曝光技术的原理是通过把一层掩模版上的图形拆分到多个掩模版中，利用多次曝光和刻蚀来实现原来一层设计的图形。

双重曝光技术实现的主要方式有以下三种。

- 曝光-刻蚀-曝光-刻蚀（Litho-Etch-Litho-Etch，LELE）
- 曝光-冻结-曝光-刻蚀（Litho-Freeze-Litho-Etch，LFLE）
- 自对准双重成像技术（Self-Aligned Double Patterning，SADP）

LELE 工艺步骤如图 2-11 所示。它是指把设计版图拆分放置在两块掩模版上。第一次光刻使用第一块掩模版，光刻完成后，进行刻蚀，把光刻胶上的图形转移到下面的硬掩模上。硬掩模通常是 CVD 生成的无机薄膜材料。这样，第一块掩模版上的图形就被存储在硬掩模上了，不会受到第二次光刻的影响。然后完成第二块掩模版的曝光显影，通过刻蚀把第二块掩模版上的图形转移到硬掩模上。这时，硬掩模上就结合了两次光刻的图形。最后，把硬掩模上的图形转移到目标层。

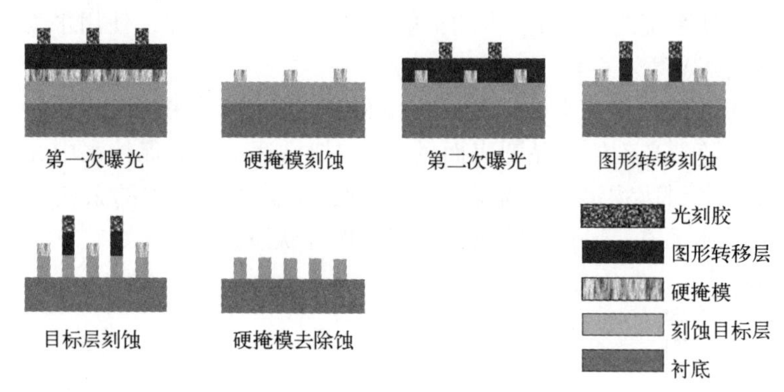

图 2-11　LELE 工艺步骤

- LELE 光刻技术优点：不需要开发任何新材料。
- LELE 光刻技术缺点：工艺复杂，对套刻要求很高。

LFLE 工艺步骤如图 2-12 所示，为了减少第二次光刻对第一次光刻的影响，需要在第二次曝光前冻结第一次光刻的图形。LFLE 的成功关键是固化工艺，有各种固化的方法，包括高温烘焙、化学试剂喷淋或离子注入。固化之后的光刻胶图形不再受第二次光刻的影响。根据光刻胶的不同，固化的机制可以是去除光刻胶图形中的光活性成分，也可以是在光刻胶表面形成一个保护层。

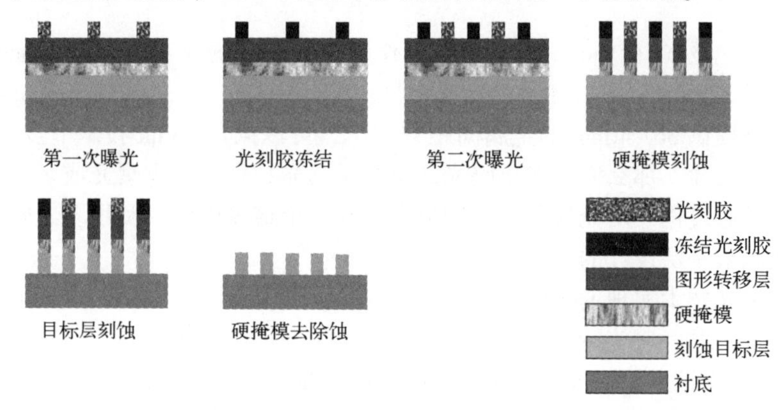

图 2-12　LFLE 工艺步骤

- LFLE 光刻技术优点：工艺简单，所有工艺均可以在光刻内部完成。
- LFLE 光刻技术缺点：需要开发新的光刻胶冻结技术，对套刻要求很高。

SADP 具有完全不同的思路：第一次光刻完成后，相继使用非光刻工艺步骤来实现对光刻图形的空间倍频。使用第二次光刻和刻蚀把多余的图形去掉。因此，SADP 工艺的难度主要是如何对光刻、刻蚀和薄膜沉积等工艺进行集成。其具体步骤如图 2-13 所示。

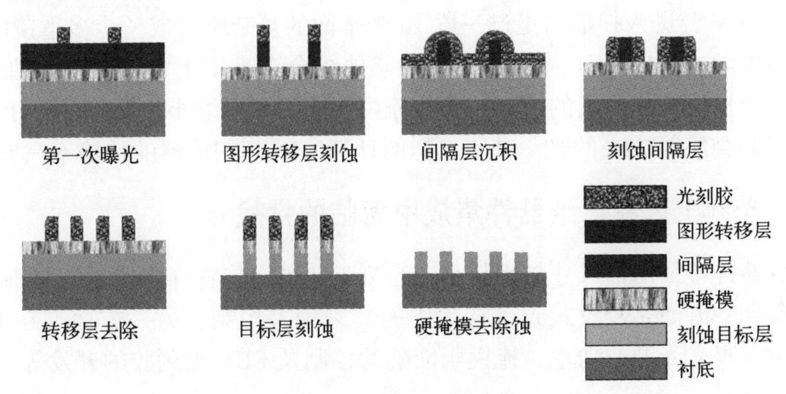

图 2-13　SADP 工艺步骤

- SADP 光刻技术优点：只需要一次光刻，对套刻要求较低。
- SADP 光刻技术缺点：必须符合一定规则的设计才能使用；需要增加一道切割工艺把线条分开。

随着特征尺寸的进一步减小，双重曝光技术已经无法满足更高技术节点的需求，因此，三重曝光技术及自对准四重成像技术（Self-Aligned Quadruple Patterning，SAQP）将被应用于 10nm 以下技术节点。但这也将大大增加工艺复杂度，并使工艺成本大幅上升。

3. 极紫外（EUV）光刻

浸没式曝光和双重曝光技术均被应用在 10nm 技术节点工艺中。多重曝光技术将被应用于更高技术节点中，同时将增加工艺成本及工艺的复杂性。而 EUV 光刻的出现，将以一次光刻代替双重曝光甚至多重曝光，这将在很大程度上降低工艺难度，节约制造成本。

EUV 光刻的工艺步骤是在真空环境中进行的，因为几乎所有物质都能够吸收极紫外线。液滴发生器是一个小的容器，在实际使用过程中，Sn 被装入液滴发生器并被加热。然后一系列的 Sn 液滴会从液滴发生器中流出来，经过一个过滤器后进入“源”的真空室。液滴的直径是 25μm，而下降的速率高达 50 000 次/秒。在容器里面有一个摄像头，液滴经过真空室某个位置的时候，摄像头会“告诉”下方的激光器发射一个激光脉冲到真空室里面，这称为前脉冲。前脉冲激光击中圆形 Sn 液滴，将其变成薄饼形。然后激光单元又会激活，称为主脉冲。主脉冲会击中薄饼形的 Sn 液滴并将其汽化。这时候，Sn 蒸气会变成等离子体并发射 13.5nm 波长的极紫外线。所以该技术的关键是准确地击中 Sn 液滴，这决定了有多少激光的能量可以转变为极紫外线，称之为转换效率。一旦生成了极紫外线，激光就会打到采集器的多层镜上，并在采集器中反弹后穿过中间焦点单元，进入扫描器。EUV 会进入扫描器走过一段 10 个平面的复杂组合或一个多重镜的组合，把适当亮度的光打向 EUV 光罩。然后极紫外线会在光罩上“走”过，在投影光刻里，它会反射多达六层的镜子，并将掩模版上的图形缩小投影到晶圆上。每个多层镜子都会反射 70%的光。基于多样的计算，EUV 扫描器的传输率只有 4%。

2.2.3 光刻工艺在三维器件集成中面临的挑战

随着器件特征图形尺寸越来越小，光刻工艺也面临着许多挑战，目前主要包括两方面：一方面是浸没式光刻技术中的套刻偏差控制；另一方面是在 EUV 光刻技术中，曝光光源的功率、掩模版缺陷的控制及 EUV 光刻胶的开发等。

1. 套刻偏差

在光刻中，第二层掩模曝光的图形必须和第一层掩模曝光的图形准确地套叠在一起，称为套刻。假设图 2-14 中的虚线框为第一层掩模经曝光后的图形，实线框为第二层掩模经曝光后的图形，理论上讲，这两层图形的中心点应该完全重合，但实际上，由于系统误差和偶然误差的存在，这两层图形的位置发生了偏离，也就是通常所说的套刻偏差。

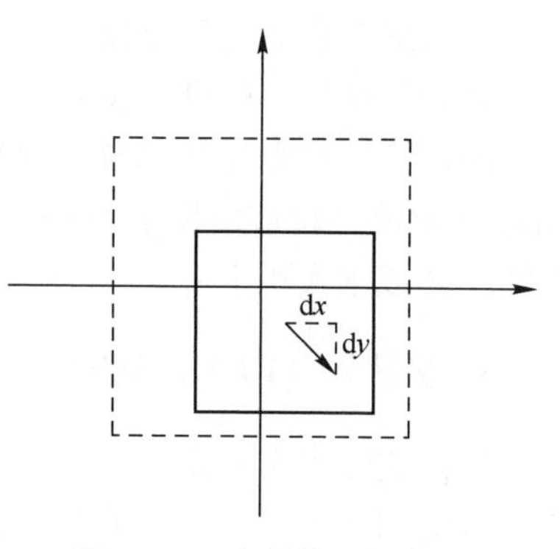

图 2-14 套刻偏差示意图

为了保证设计在上下两层的电路能可靠连接，当前层中的某一点与参考层中对应点之间的套刻偏差必须小于图形最小间距的 1/3。而当双重曝光技术应用于生产后，套刻偏差将直接影响图形的尺寸，如图 2-15 所示。

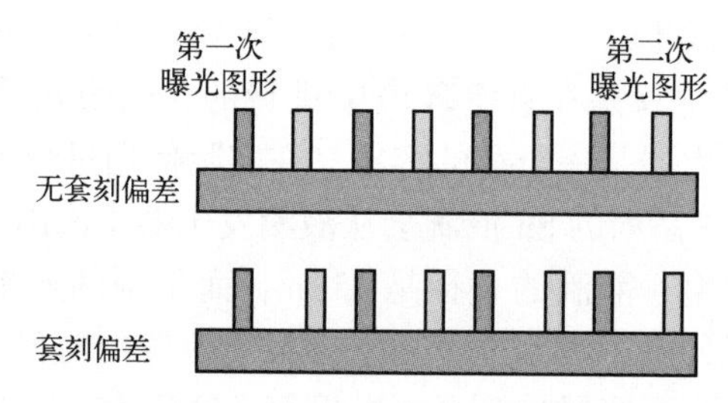

图 2-15 套刻偏差会导致二次曝光技术图形间距变化

在实际工艺过程中，引起套刻偏差的因素有很多。大致可以将这些因素分为工艺过程引起的偏差、光刻机引起的偏差、掩模引起的偏差及测量上引起的偏差四类。目前，降低套刻偏差的主要方法是使用测量结果对曝光工艺进行补偿，在曝光过程中进行偏差修正。偏差修正涉及两方面内容，分别是偏差修正模式及偏差量测量准确性。

偏差修正模式目前主要使用线性修正、高阶修正及对每个曝光场进行独立修正等。

线性修正的主要思想是基于套刻测量所得到的数据，在线性模型的系统下计算出修正参数并及时反馈给光刻机，让其进行修正。线性修正的优势在于其相对简单，不会对产能造成影响，但精度也许并不能达到工艺要求。

当通过一阶的线性修正仍然无法满足我们所需要的套刻精度时，就需要通过采集更多的测量数据采用高阶修正的模型进行修正。高阶修正的过程与线性修正类似，通过测量有限个数的曝光场套刻偏差，将偏差按照各场位置，采用多项式近似的方法进行高阶拟合，从而得到每场的场内偏差补偿量。高阶修正虽然可以提高套刻精度，但势必会对产能造成影响。从这个角度来说，需要在生产中寻找一个套刻精度和产能的平衡点，在满足所要求的套刻精度的前提下提高产能。

不管是线性修正还是高阶修正，都建立在以下这样的前提下。

光刻胶图形和晶圆参考图层的偏差可以通过一定的数学模型来描述。而在实际中，造成套刻偏差的原因是多种多样的，不能仅通过一组模型参数就准确地描述出来。面对这样的状况，可以对每个曝光场进行独立修正。相对于前两种办法，独立修正拥有较高的套刻精度，但在应用中难度较大。首先，独立修正要对晶圆上的所有曝光场进行测量，非常耗时，降低产能。其次，要想发挥独立修正的优势，必须为光刻机提供所有组合下的修正参数，如果光刻机的对准特性发生了变化，那么必须立刻重新测量，以获得最新的修正参数[5]。

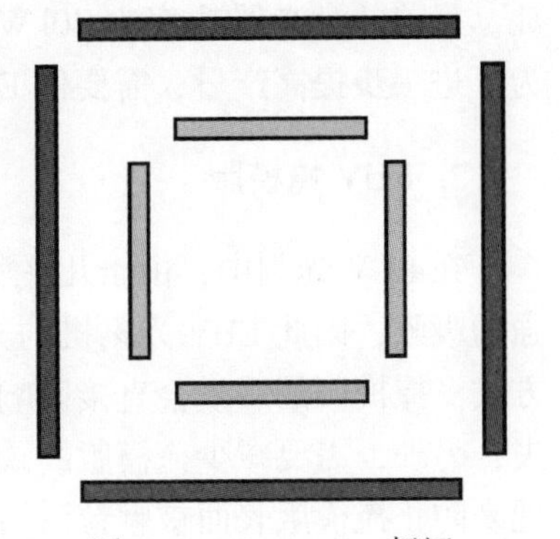
图 2-16　Bar in Bar 标记

偏差量测量方面主要是对测量标记进行优化，目前使用的测量标记包括以下 3 种方式：Bar in Bar 标记，如图 2-16 所示；AIM 标记，如图 2-17 所示；Blossom 标记，如图 2-18 所示。

Bar in Bar 标记主要适用于 90nm 以上技术节点的套刻工艺。

AIM 标记采用 DBO（Diffraction Based Overlay）方式，本身利用光学衍射原理，相对于基于图像识别的 IBO（Image Based Overlay）精度更高。

图 2-17　AIM 标记

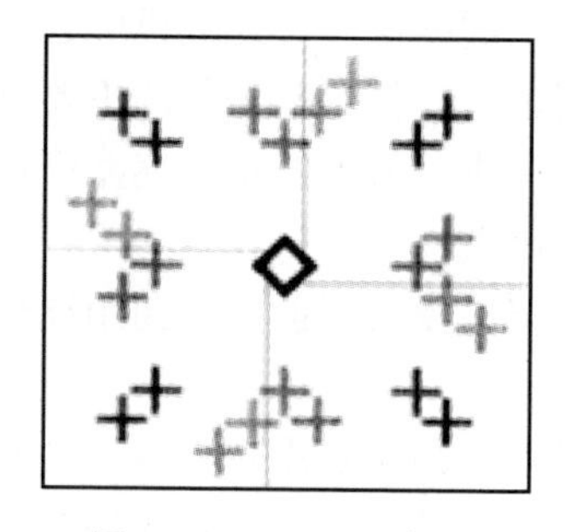
图 2-18　Blossom 标记

Blossom 标记广泛用于 32nm 以下技术节点，它把不同层的套刻标记集成到一个标记之中（可以多达 28 层）。该标记对于关键光刻层和目前常见的双重曝光中的套刻偏差控制有很重要的意义。

2. EUV 光源

EUV 光源的功率也就是传送到扫描机以实现晶圆曝光的 EUV 光子数量的测量值。光源功率将直接影响设备的产量，目前使用的 250 W 光源功率是达成每小时 125 片晶圆生产量的必要条件。而影响功率的关键因素包括 CO_2 激光器功率、激光的转换效率、激光的收集效率及激光剂量损耗。EUV 功率为

$$\text{EUV 功率}=\text{激光器功率}\times\text{转换效率}\times(1-\text{剂量损耗}) \quad (2-5)$$

因此，为了提高光源功率，需要提高激光器功率、转换效率及降低剂量损耗。目前的激光器功率为 40kW，转换效率约 6%，剂量损耗控制在 10% 左右。为了进一步提高产量，需要使 EUV 功率达到 400W 以上[6]。

3. EUV 掩模版

在 EUV 光刻中，由于几乎所有的光学材料都对 13.5nm 波长的极紫外线有很强的吸收，因此 EUV 光刻机的光学系统只能使用反光镜，EUV 掩模版也是反射方式。掩模版的质量会直接影响成像质量及工艺窗口，并且需要尽量减少光的损失；另外，需要减少掩模版的缺陷。目前在光刻系统中，会对掩模版进行贴膜处理来防止掩模版表面被颗粒沾污。如图 2-19 所示，在掩模版膜的保护下，颗粒不会落到掩模版表面。因为掩模版膜和掩模版表面有一定距离，会使颗粒的成像面不在晶圆表面，也就不会在晶圆上形成缺陷。但在 EUV 光刻中，贴膜会吸收光的能量，导致曝光剂量损耗。因此，需要找到一种合适的贴膜材料来降低损耗。

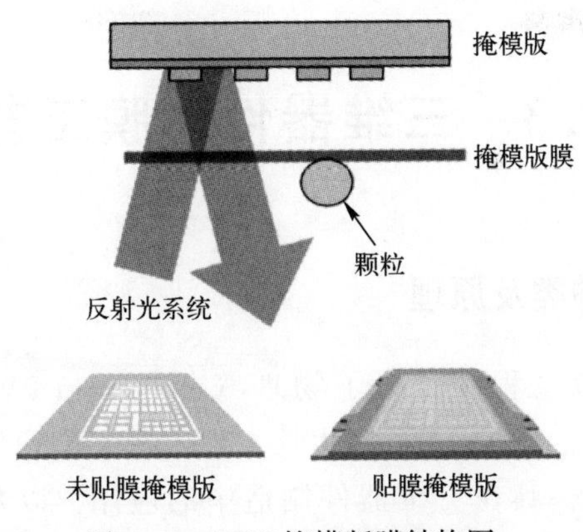

图 2-19　EUV 掩模版膜结构图

4. EUV 光刻胶

由于 EUV 光刻需要使用较低的曝光剂量，且曝光时会发生二次电子散射效应，EUV 光刻图形的边缘粗糙度（Line Edge Roughness，LER）表现比深紫外线刻更差。因此，新的 EUV 光刻胶必须进一步降低 LER[7]。

分辨率、边缘粗糙度和敏感度是 EUV 光刻胶的主要参数。由于 EUV 曝光功率较低，因此需要采用曝光速度更快的光刻胶，从产能角度来看，需要将光刻胶的感光剂量控制在 10mJ/cm^{2}以下。

图 2-20 所示为 LER、分辨率、光刻胶敏感度三者之间的关系。同一种化学放大型光刻胶的这三个参数无法同时改进。在光刻胶中加中和剂可以降低光刻胶的 LER，但是需要更多的光子数来激发光化学反应，光刻胶敏感度就会降低。与此类似，如果光刻胶很敏感，单位面积上曝光所需要的光子数较少，那么散粒噪声较大，从而导致 LER 较大。

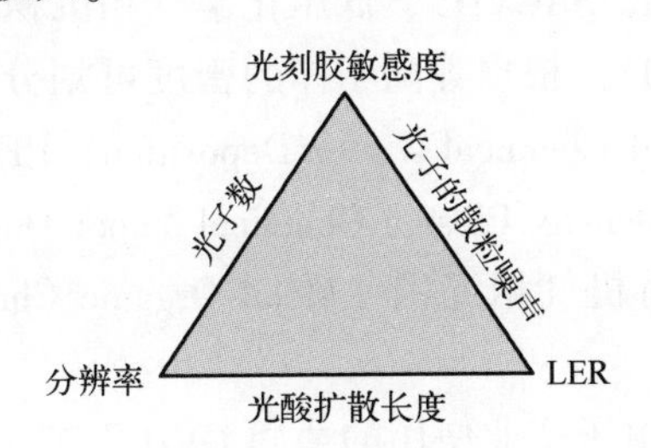

图 2-20　LER、分辨率、光刻胶敏感度三者之间的关系

EUV 光刻胶目前需要同时提高光刻胶敏感度、分辨率，改善 LER，才能满足 EUV 光刻量产需求[8]。

2.3 三维器件薄膜工艺

2.3.1 薄膜工艺种类及原理

在三维器件制造过程中，除了物理气相沉积（PVD）、化学气相沉积（CVD），原子层沉积（ALD）与外延生长工艺已成为重要的薄膜工艺。本节将介绍这四种工艺的原理，其在三维器件制造中的应用，以及这四种工艺面临的挑战。

1. 薄膜 CVD

CVD 工艺通过气体或蒸气的化学反应在晶圆表面沉积一层不挥发的固体薄膜，是半导体工业应用最广泛的获取多种薄膜的方法。通常 CVD 工艺包含以下步骤。

- 反应源以气态方式（包括蒸气）输送到晶圆表面。
- 反应源吸附到晶圆表面。
- 通过晶圆表面的热、等离子等催化作用使反应源发生化学反应。
- 生成的气相副产物离开晶圆表面。
- 反应剩余的固体物质沉积到晶圆表面。

CVD 根据反应压力大小可划分为常压化学气相沉积（Atmospheric Pressure Chemical Vapor Deposition，APCVD）、次常压化学气相沉积（Sub-Atmospheric Chemical Vapor Deposition，SACVD）、低压化学气相沉积（Low Pressure Chemical Vapor Deposition，LPCVD）；根据等离子体的密度可划分为等离子体增强化学气相沉积（Plasma Enhanced Chemical Vapor Deposition，PECVD）和高密度等离子体化学气相沉积（High Density Plasma Chemical Vapor Deposition，HDPCVD）；根据前躯体的使用有金属有机气相沉积（Metal Organic Chemical Vapor Desposition，MOCVD）等。

APCVD 是最早被微电子产业使用的薄膜 CVD 工艺，其设备结构简单，且有较高的沉积速率[9]。但由于反应器必须在物质反应的传输区域，反应源必须均匀地传输到晶圆表面的每个部分，因此 APCVD 存在颗粒较多、台阶覆盖性能较差等问题。

SACVD 是 APCVD 改良后的一种工艺，其反应压力通常略低于大气压。目前最常用的 SACVD 主要应用是高填充比工艺（High Aspect Ratio Process，HARP）

沉积 SiO_2[10]，该反应通常使用的反应源为正硅酸乙酯（TEOS）和 O_3。SACVD 可以在浅槽隔离（Shallow Trench Isolation，STI）和金属前绝缘层（Pre-Metal Dielectric，PMD）等工艺中沉积一层覆盖性能优异的 SiO_2 薄膜。

LPCVD 是微电子产业应用比较广泛的工艺，其可以批量获得均匀的非晶 Si、多晶 Si、SiO_2、Si_3N_4 等薄膜。由于 LPCVD 生长的薄膜有杂质少、台阶覆盖性能好等优势，因而在集成电路中大量使用。但是，一般 LPCVD 工艺温度较高，通常在 550 ℃以上。

等离子体辅助的 CVD 工艺包括 PECVD 和 HDPCVD[11]。PECVD 的原理是借助射频或微波技术使反应源的气体电离，形成具有高活性的等离子体，在晶圆表面发生化学反应。PECVD 化学反应需要的温度低，成膜速率快，可以调节膜层应力。而对于小于 0.8μm 的间隙，用传统 PECVD 填充 HARP 工艺会出现夹断（Pinch-Off）和空洞等问题。为解决该问题可引入 HDPCVD 工艺。该工艺的特点是在一个反应腔内同时进行沉积和刻蚀工艺，通常沉积工艺是由 SiH_4 和 O_2 在等离子体作用下完成的，而刻蚀工艺是由 Ar 和 O_2 的溅射完成的[12]。在 90nm 及以上技术节点通过 HDPCVD 工艺通常可以获得填充优良、缺陷较少的 SiO_2 薄膜。

MOCVD 将金属源材料汽化后通过管道输送到生长区域，通过热、等离子或光等作用，反应源发生化学反应，在晶圆表面沉积一层金属或金属化合物薄膜。MOCVD 是一种目前仍在探索中的半导体精细加工技术。目前最广泛的 MOCVD 技术采用Ⅲ族或Ⅱ族元素的有机化合物与Ⅴ族或Ⅵ族元素的有机化合物或氢化物等进行化学反应，在衬底上进行气相外延生长各种Ⅲ-Ⅴ主族、Ⅱ-Ⅵ副族化合物半导体，以及它们的多元薄层单晶材料。随着化合物半导体器件（如 GaAs、InP 化合物集成电路器件、C 及 GaN 蓝光 LED）市场的不断扩大，MOCVD 工艺技术也得到了越来越广泛的应用。各类 CVD 工艺及成膜特点总结如表 2-2 所示。

表 2-2　各类 CVD 工艺及成膜特点总结

各类 CVD 工艺	优　点	缺　点	应　用
APCVD	反应速度快，沉积速度快，低温	有颗粒污染，产出率低	低温 SiO_2（掺杂或不掺杂）
LPCVD	薄膜纯度高，均匀性好，台阶覆盖性能好	高温，薄膜的应力通常较大，沉积速率低，需要真空系统支持	高温 SiO_2（掺杂或不掺杂）、Si_3N_4、多晶 Si
PECVD 和 HDPCVD	低温，快速沉积，较好的台阶覆盖性能，较好的台阶填充性能	要求射频系统，高成本，大多数膜层呈现压应力，薄膜纯度较差（含 H 等物质）和颗粒污染	通常应用到金属上的低温 SiO_2、ILD-1、IMD，钝化层等
MOCVD	能在低温下生长高纯薄膜材料，准确控制薄膜厚度，可以灵活地改变反应物的组分和比例	设备价格昂贵，采用有机金属化合物为源，对人体和环境有危害，对原材料要求苛刻	可以制备 TiN 及多种化合物半导体，如 GaAs/GaInAs、SiGe、GaInAsP/InP 等

2. 薄膜 ALD

ALD 是一种单原子层沉积工艺，由 Suntola 及其合作者于 1977 年在芬兰发明。它可以定义为基于表面自限制特性的顺序气相反应，即以循环的方式，通过将气相前驱源脉冲交替地通入反应腔，在衬底上发生化学吸附并反应生成沉积薄膜，不同前驱源脉冲之间由惰性气体分离开，以避免前驱源之间的气相反应。它是化学气相沉积的一种，非常适用于亚单层厚度薄膜的制造与生产，可在非常复杂的形状或物体上实现高质量的、无针孔的、完全保型的覆盖或填充，这种能力在众多薄膜生长技术中是独一无二的。因此，使用 ALD 工艺生长的材料具有非常广泛的应用，涵盖从化学催化剂、平板显示到微电子等领域。随着时间的推移，研究人员对 ALD 的研究有了更为浓厚的兴趣，最主要的推动力就是其在微电子领域集成电路尺寸的不断微缩中的应用前景[13]。

使用 ALD 生长薄膜材料，包括以下四个步骤的循环[13]。

- A 前驱源通入反应腔，与基底发生化学反应，反应只会发生在表面有活性基团的位置，全部活性基团反应完毕后，即使有再多的 A 前驱源通入反应腔，也不会再反应，因此，ALD 反应过程具有自限制性。
- 惰性气体吹扫腔体或抽空腔体，用于去除多余的未发生反应的 A 前驱源与反应生成的可挥发性副产物。
- B 前驱源通入反应腔，与基底发生自限制化学反应；或者对基底进行特殊处理来重新激活基底表面，为再次通入的 A 前驱源提供可供反应的活性基团。
- 惰性气体吹扫腔体或抽空腔体。

以上四个步骤组成一个反应循环，前三步通常被称为 ALD 反应循环中的半循环[14]。生长速率可用 GPC（Grow-Per-Cycle）来描述，即厚度/循环次数。ALD 的表面反应具有自限制性，这种自限制性决定了 ALD 反应成为一个表面控制的过程。因此，气体流量、基底或工艺温度等工艺参数对反应的影响不大，使得 ALD 具有较大的工艺窗口。可通过控制 ALD 的反应循环次数精确地控制膜厚，实现超薄膜的沉积，薄膜厚度生长范围可延伸至纳米量级甚至几个原子层。表面控制过程使得 ALD 生长的薄膜具有优异的台阶覆盖性能及保型性，可填充高深宽比及更复杂的图形结构。

3. 外延生长工艺

集成电路制造需要找寻新的出路以延续摩尔定律发展。新工艺技术、新材料和新器件技术应运而生。新技术领域中最为广泛应用到实际产品中的是应变 Si 技术。应变 Si 技术通过引入应力提高载流子迁移率，从而提升驱动电流，增强器件性能；新材料包括 SiGe、Ge、Ⅲ-Ⅴ族化合物等沟道材料；还有一些不同晶向［如（110）、(111）等］衬底、浅槽隔离、接触刻蚀阻挡层（Contact Etch Stop Layer，CESL）技术、应力记忆技术（Stress Memorization Technique，SMT）、应力金属栅、应力接触金属、嵌入式 SiGe 源漏（Embedded-SiGe，e-SiGe S/D）、嵌入式 SiC 源漏（Embedded-SiC，e-SiC S/D）等应变技术和工艺[15,16]。其中，为应对器件尺寸微缩带来的短沟道效应等问题，应变 Si/SiGe 技术发挥了重要作用。而生长 Si/SiGe 的外延生长工艺也被提上日程。外延是一种薄膜生长技术，在单晶衬底上沉积薄的单晶薄膜，外延生长的薄膜通常称为外延层。它按照结构可分为两类：同质外延和异质外延。同质外延（Homoepitaxy）结构中外延层和衬底的材料相同，如 Si 衬底上外延生长 Si 材料，如图 2-21（a）所示；异质外延（Heteroepitaxy）结构中外延层和衬底的材料不同，如 Si 衬底上生长 Ge、GaN 等材料，如图 2-21（b）所示。其中，异质外延在集成电路制造领域应用广泛。

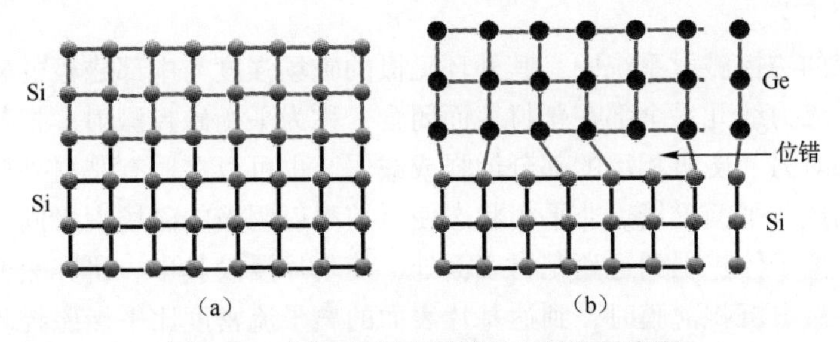

图 2-21　同质外延和异质外延结构示意图

按照输送原子的方式，外延可分为气相外延（VPE）、液相外延（LPE）和固相外延（SPE）。其中，液相外延和固相外延只适用于制备衬底片；而气相外延技术成熟，能准确控制薄膜厚度、杂质浓度和晶体的完整性，而且生长效率高，在 Si 工艺中一直占据主导地位。

在集成电路制造领域中最常使用的是 SiGe 外延生长设备。其设备主要包括应用材料公司（Applied Materials，AMAT）的减压化学气相沉积腔 Centura RP Epi（型号）和先晶半导体设备公司的单片减压外延反应腔。目前主流 200mm 和 300mm 技术领域都有不同设计特点的设备。按照技术发展，300mm 的设备工艺要领先于 200mm 的设备工艺。

4. 薄膜 PVD

PVD 工艺被广泛应用在常规金属互连工艺中，它主要有两种方法，一种是真空蒸镀，另一种是溅射。真空蒸镀中的电子束蒸发在早期集成电路工艺中被广泛应用，但由于其本身工艺的缺点，在先进集成电路工艺节点中逐渐被溅射技术代替。

溅射沉积用高能粒子（通常是电场加速的正离子）轰击固体靶材表面，使靶材表面的原子或分子（团）被撞击出来，进而结合或凝聚在基材上形成薄膜。为了改善辉光放电的效率和稳定性，提高薄膜的沉积速率，降低基片的温度，通常采用磁控溅射。

磁控溅射在溅射装置中的靶材附近加入磁场，受洛伦兹力的影响，垂直方向分布的磁力线将电子约束在靶材表面附近，延长其在等离子体中的运动轨迹，增加电子运动的路径，提高电子与气体分子的碰撞概率，以增加气体原子的离化率，使得轰击靶材的高能离子增多，轰击被沉积基片的高能电子减少。

磁控溅射又可以根据工作方式分为直流磁控溅射、射频磁控溅射、反应磁控溅射等多种方式。随着集成电路技术的发展，为了使薄膜在更小尺寸的槽和孔中具有更好的台阶覆盖性能，开发了金属化等离子体磁控溅射、自离子化等离子体磁控溅射等工艺。

在传统的磁控溅射系统中，其外环磁极的磁场强度与中部磁极的磁场强度相等或相近，磁力线几乎全部在靶材表面闭合，称为平衡磁控溅射。把某一磁极的磁场强度相对另一磁极相反的部分增强或减弱，也可以在原有靶材外侧增加一约束磁场，构成非平衡磁场。非平衡状态使磁控溅射阴极的磁场大量向靶材外侧发散，可将等离子体扩展到远离靶材表面处，使基片浸没其中。研究表明，在利用非平衡磁控溅射沉积薄膜时，到达基片表面的离子流密度比平衡磁控溅射多出一个量级[17]，使得等离子体直接干涉基片表面的沉积薄膜过程，从而为改善薄膜的性能和填充行提供了可能。

自离子化等离子体磁控溅射利用非平衡磁控溅射的原理，在靶材上施加比普通磁控溅射更大的溅射功率，从而增加入射离子的能量，导致从靶材上溅射下来的不仅包括靶材金属原子，还包括大量金属离子。在下一步溅射过程中，部分金属离子也参与溅射过程，从而溅射出更多的金属离子［见图 2-22（a)］。在极端情况下，根据金属的原子量和金属键强度，部分金属甚至可以实现完全的自溅射来维持[18]。在非平衡磁场的引导下，金属离子沿着磁力线流向基片，在基片上施加负的偏置电压，正的金属离子沿着垂直路径朝基片运动，从而可以实现对薄膜在高深宽比间隙底部和侧壁的填充，实现较好的台阶覆盖性能。

对于先进集成电路工艺，由于特征尺寸的缩小，溅射进入高深宽比的通孔和狭窄沟道的能力受到限制。为了克服这一困难，发展了离子化金属等离子体溅射技术［见图 2-22（b)］。在压力为 20~40mTorr 的射频等离子体中，直流磁控溅射出来的金属原子被离子化，在 Si 片自偏压或偏置电压的作用下，正的金属离子沿着垂直路径朝 Si 片运动，从而提高薄膜在高深宽比间隙底部和侧壁的台阶覆盖性能。

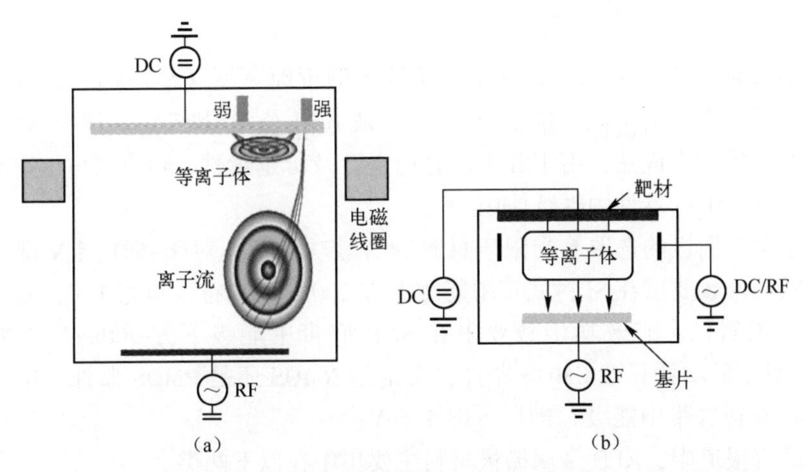

图 2-22　自离子化等离子体磁控溅射和离子化金属等离子体磁控溅射

2.3.2　薄膜工艺在三维器件集成中的应用

1. CVD 工艺在三维器件集成中的应用

在三维器件中，随着器件尺寸的缩小，对微细加工及多层薄膜的要求越来越高，由于 CVD 工艺可以在异质表面生成所需要的薄膜，并且具有较好的填充性，因此其应用越来越广泛。CVD 工艺可以制备常用的绝缘材料，如 Si_3N_4、SiO_2，也可以制备半导体材料，如非晶 Si，同时可以制备导电材料，如 W、Al、金属硅化物等。

三维存储器件在衬底之上的存储叠层横向及纵向均延伸，并交织着多层导体层及绝缘体层。由于温度限制，这些绝缘体层大多由 CVD 工艺来实现，同时由于 CVD 工艺良好的填充性能，部分金属也由 CVD 工艺来实现，如应用于晶圆级堆叠器件互连的 TSV 金属 W 填充。该技术通常先通过 MOCVD 形成一层 TiN 隔离薄膜，之后同样采用 CVD 工艺生成金属 W 薄膜（或用大马士革结构镀 Cu)。

2. ALD 工艺在三维器件集成中的应用

CMOS 技术进入 22nm 技术节点以后，三维器件成为技术的主流。随着技术代向更小节点发展，器件的尺寸越来越小，后栅工艺中高 κ 栅介质及金属栅极的填充遇到非常大的挑战。传统的 PVD 工艺有其固有的局限性，对于大的深宽比结构，不能实现对整个图形结构均匀有效地填充和覆盖，影响器件性能。ALD 工艺由于其自限制的生长特性、超薄膜控制能力、优异的薄膜均匀性及台阶覆盖性能，能为 CMOS 器件持续微缩发展伴随产生的后栅沟槽填充问题提供最佳的解决方案。

HfO_2具有较高的 κ 值（20~25）及较大的带隙宽度（5.7eV），其作为高 κ 栅介质，已经制备出了高性能器件[19]，并被 Intel 公司量产[20]。使用 ALD 生长 HfO_2工艺已经非常成熟，由于其工艺的稳定性及可延续性，可在 22nm 技术节点及以下三维 CMOS 器件中继续使用。

对于金属栅极的选取，受限于材料的有效功函数。对于高性能 N 型三维器件，有效功函数要求在 Si 衬底带中能级上方 200meV 左右，即 4.4eV；对于高性能 P 型三维器件，有效功函数要求在 Si 衬底带中能级下方 200meV 左右，即 4.8eV；对于低功耗三维 CMOS 器件，无论是 NMOS 还是 PMOS 器件，单一有效功函数（Si 衬底带中能级）即可，即 4.6eV[21]。

在已有报道中，ALD 金属栅极材料主要集中在以下两类。

（1）TiN、TiAlN、HfAlC、TaN、HfN、AlN、TiC_xN_y、TiC-TiN 等[22-25]，这些金属材料的有效功函数在 4.6~5.0eV，适用于 PMOS 器件。

（2）关于 ALD 制备 N 型金属的研究报道相对较少。比利时微电子研究中心（IMEC）的 Ragnarsson 等人[26]使用 ALD 生长 N 型金属栅极材料 TiAl，实现保型覆盖的、低的、开启电压的体硅 FinFET 器件；韩国浦项科技大学的 Cho 课题组[27]使用有机钽源 TBTDET 及 CH_4/H_2等离子体，通过调整工艺参数，可实现最低有效功函数为 4.37eV；中科院微电子研究所的赵超课题组使用热型 ALD 方法，系统地研究了 N 型金属栅材料 TiAlC[28-31]和 TaAlC[32,33]。使用 $TiCl_4$及 TEA 源制备的 TiAlC，其有效功函数在 4.24~4.46eV 之间可调，适用于 22nm 及以下技术节点的三维器件集成。

3. 外延生长工艺在三维器件集成中的应用

2012 年，Intel 公司对外发布产业化应用的 22nm 的 FinFET 器件，标志着集成电路技术的巨大变化。随后，平面双栅、FinFET、垂直双栅、三栅、Ω 栅及环栅器件等新的结构层出不穷，FinFET 器件标志着三维器件时代到来，极大地延续了摩尔定律。

Intel 公司作为全球集成电路技术的引领者，于 2003 年发布了其采用 90nm 工艺制作的使用应变 Si 技术的新款处理器[34]，最高工作频率达到 3.4GHz，其中，NMOS 采用高张应力的 Si_3N_4薄膜用于 CESL，PMOS 首次将 $Si_{1-x}Ge_x$技术应用于源漏区域进行替换，这也是 $Si_{1-x}Ge_x$源漏替换的第一代工艺，此时采用的 Ge 浓度是 $x=17\%$[35]。随后，在 2004 年的 IEDM 上，美国超威半导体（Advanced Micro Devices，AMD）公司发表了新型应变 Si 技术 DSL（Dual Stress Liner）在微处理器中的实际应用结构。已经证实，基于 Power PC 架构的由美国国际商业机器（International Business Machines，IBM）公司开发的 64 位微处理器和 AMD 出品的“Athlon 64”，工作频率分别提高了 7%和 12%[36]。

2004 年，Intel 公司和日本东芝公司（Toshiba Corporation）在 IEDM 上分别推出了用于 65nm 技术节点的第二代应变 Si 技术，Intel 公司采用第二代 SiGe 应变技术来改善 PMOS 的性能，在沿用 90nm 技术节点的基础上，为了获得较大的形变，对源漏外延区域的几何形状做了调整，另外，Ge 浓度提高到了 23%，使沟道的应变显著提升了 60%以上；而 NMOS 采用张应力的 Si_3N_4工艺，沟道获得的应变达到 80%以上，电流的驱动能力改善达到 20%。而在 2007 年，Intel 公司公布的 45nm 技术节点第一次采用了高 κ 金属栅技术，应变技术又有了新的发展，第三代 SiGe 技术中 Ge 浓度达到了 30%，同时源漏在沟道平面的形状由圆形变为更靠近沟道的尖角 Σ 形状，同时结合高 κ 金属栅技术的 PMOS 驱动电流比 65nm 技术代提升了 51%。2009 年，Intel 公司推出的 32nm 工艺延续了 45nm 中的 SiGe 应变技术，但是还是使用了提升源漏及后栅（Gate-Last）工艺，假栅移除后，对 PMOS 沟道的应变增强，性能比 45nm 同样有提升。到 2011 年，Intel 公司率先发布了首款产业化应用的三维 FinFET 器件，在 PMOS 中源漏仍然采用 SiGe 技术，但是从平面生长工艺变为三维生长工艺，同时，SiGe 中 Ge 浓度提高到 50%[37]。

在设计 FinFET 器件时需要考虑 Fin 的高度、宽度，以及选区外延时 Fin 的形貌控制，嵌入式 SiGe 源漏技术工艺简单、成本低、性能提升明显，而且与现有 CMOS 的 Si 技术兼容性好、应用领域广泛，仍然是目前研究的热点和重点。其中，SiGe 源漏的形貌对沟道的应变影响很大。

目前，采用 $Si_{1-x}Ge_x$应变技术提升器件性能成为半导体先导工艺中的关键工艺技术，$Si_{1-x}Ge_x$薄膜应变技术首先由 IBM 公司提出并应用于半导体器件。对于 $Si_{1-x}Ge_x$薄膜技术增强载流子的迁移率按照应变产生的机理，伴随嵌入式 $Si_{1-x}Ge_x$材料在 PMOS 晶体管源漏结构上对沟道施加的高应力，CMOS 中的 PMOS 晶体管载流子迁移率可以得到很大的提高；高组分的 Ge 选择性外延生长在 SiGe 源漏区域用来提升器件的迁移率，进而改善 PMOS 的性能。

根据国际器件和系统路线图（IRDS）的预测，$Si_{1-x}Ge_x$材料从引入一直到 22nm 及以下技术节点都有着重要的应用和工业生产价值，平面双栅、垂直双栅、三栅、Ω 栅、环栅器件都可以应用 $Si_{1-x}Ge_x$材料，因此，对 $Si_{1-x}Ge_x$材料的研究具有重要意义。

4. PVD 工艺在三维器件集成中的应用

溅射工艺在传统平面器件金属化工艺中得到了广泛应用，包括金属硅化物工艺中的 Ti、Co、NiPt 的沉积及表面的 TiN 保护层，接触孔、互连通孔中黏附层和阻挡层 Ti/TiN 的沉积，Al 金属互连层中的黏附层和阻挡层 Ti/TiN，Cu 互连层中的扩散阻挡层及种子层，后段 TiN 硬掩模层，以及 Bond Pad 中的 Al PAD 工艺等。

在传统平面器件中，源漏形成低阻硅化物提供了接触孔到沟道的电流路径［见图 2-23（a）］。而在三维器件中，由于尺寸的缩减，通孔的接触区几乎与源漏的面积相等，电流将直接垂直穿过源漏区，界面接触电阻成为关键因素，所以在最新的 FinFET 器件中，并不会在整个源漏区形成硅化物，只在通孔接触的底部形成硅化物［见图 2-23（b）］。三维器件的中道工艺（Middle End Of Line，MOL）主流采用 Ti 作为源/漏接触金属，由于溅射沉积的 Ti 具有非常低的接触电阻和很好的可靠性，因此目前在 FinFET 器件中仍然采用改进过的金属化等离子体（Ionized Metal Plasma，IMP）溅射技术。

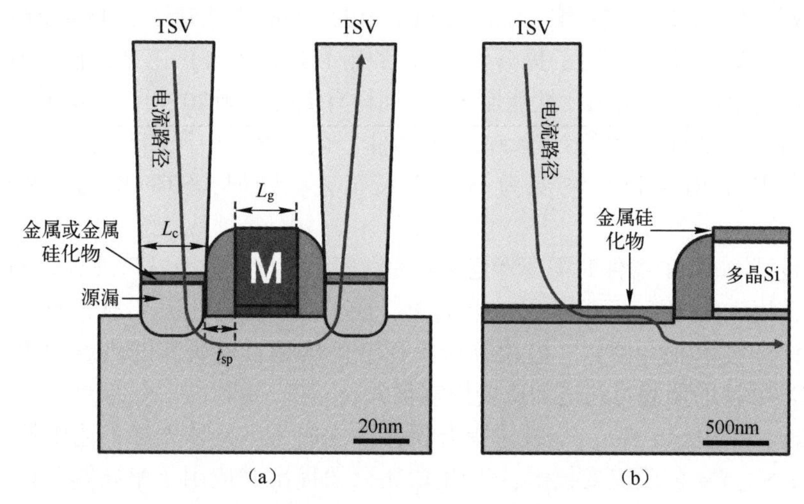

图 2-23　接触机制对比[38]

由于器件尺寸的进一步微缩，双大马士革 Cu 互连对溅射沉积工艺提出了更高的要求，需要实现更高的台阶覆盖性能和更薄的厚度，以便为后续电镀填充工艺留下足够的工艺窗口。虽然有研究者在不断提出新的方法，包括 CVD、ALD 的方法沉积扩散阻挡层和种子层，但截至目前，PVD 溅射沉积仍然是 FinFET 器件后段沉积扩散阻挡层和种子层的唯一有效方法。为了提高扩散阻挡层的台阶覆盖性能，工业界 TaN/Ta 的磁控溅射设备采用自离子化等离子体（Self Ionized Plasma，SIP）和 IMP 相结合的工艺。在种子层沉积工艺中，为了提高可靠性，采用掺有一定 Mn 浓度的 Cu 靶材[39]，在溅射设备上采用改进过的 SIP 工艺。

TSV 中的深孔填充技术是三维集成的关键技术，也是难度较大的一个环节，通常采用 PVD 溅射工艺制备 TSV 电镀前的扩散阻挡层和种子层。通过对 SIP 工艺的不断改进，可以在深宽比为 10:1 的通孔内制作出连续的扩散阻挡层和种子层。

溅射由于其优异的材料性能和简单的制备工艺，在新型存储器中得到了广泛应用，可以沉积 RRAM 的阻变层、电极层，MRAM 的磁性隧道结堆叠薄膜等。此外，还可以在单片三维集成的工艺中沉积各种功能材料。

2.3.3　薄膜工艺在三维器件集成中面临的挑战

1. CVD 工艺在三维器件集成中的挑战

晶圆加工所沉积的薄膜必然具有下列特性参数：薄膜的台阶覆盖性能，一定深宽比结构的填充能力，薄膜的纯度及密度、应力、电学性能、黏附性等。通孔填充中的绝缘层沉积是其中的难点，因为其在三维器件中占有较大成本。要想在三维结构中沉积具有优良特性的绝缘层，沉积的薄膜必须满足纳米量级薄膜厚度的精准控制，且对薄膜关键层次的均匀性有较高要求，对薄膜应力需要精准控制，对薄膜缺陷具有高标准的要求。

通常，氧化物绝缘层可以使用 SiH_4 和氧化性的气体（如 N_2O 或 O_2），或者 TEOS 通过 CVD 工艺沉积获得。如果 TSV 在芯片制造之后进行绝缘和填充，那么需要谨慎选择沉积温度。通常的 PECVD 温度为 400℃，而如果薄膜在三维器件键合后进行，那么通常要求更低的沉积温度以防止键合层开裂。

绝缘层薄膜在一些领域应用，如 CMOS 图像传感器和存储器等，要求更低的沉积温度，但是低温薄膜通常杂质较多、绝缘性能较差，这就需要对薄膜工艺和设备进行优化。阿尔卡特（Alcatel）公司和其他的一些设备制造商最近开发了这类低温氧化物沉积技术。IMEC 曾报道，使用 Parylene 前驱体，在室温下进行沉积，可作为 TSV 的高效有机绝缘层。

2. ALD 工艺在三维器件集成中的挑战

随着集成电路特征尺寸不断缩小，CMOS 器件由平面结构演变为三维 FinFET 器件结构，后续取而代之的将是更复杂的三维结构，如垂直纳米线、堆叠纳米片等，填充的形状由 Fin 变为悬空的纳米线结构，需要完全的保型覆盖填充，这对填充提出了更高的要求；同时栅结构的填充沟槽尺寸将越来越小，要求高 κ 栅介质及金属栅材料的厚度越来越薄，尤其是金属栅材料，在具有满足器件要求的有效功函数的同时减薄厚度，这将是越来越大的挑战。

3. 外延生长工艺在三维器件集成中的挑战

对于三维器件，SiGe 薄膜一般采用选择性外延生长的方式。SiGe 薄膜的选择性调试是非常关键且具有难度的，对工艺的影响因素有很多，如反应温度、压力、气体分压、图形密度及 SiGe 生长前处理工艺等，都可以影响甚至导致选择性外延失败，同时为了实现选择性，外延生长过程需要通入 HCl，而 HCl 和反应气体的配比也会对选择性外延有明显影响。

三维器件集成的 PMOS 的源漏 SiGe 及 NMOS 的源漏 Si 的选择性工艺要比平面工艺复杂得多。因为其选择性不仅要考虑对介质层（SiO_2/Si_3N_4）的选择性，还要考虑在三维的 Fin 上不同晶向薄膜的生长速率、选择性及对应变的保持。同时，在现阶段 GAAFET 中，沟道一般选择堆叠纳米线或堆叠纳米片形式，如何在不同材料叠加的沟道边缘成功实现选择性源漏的生长也是目前要克服的问题之一。

在源漏选择性外延过程中，经常出现不连续的岛状生长，一般是因为在 Fin 或假栅刻蚀制备后，表面的有机团簇没有完全去除干净，所以外延前的表面清洗及外延腔体内表面前处理优化都是十分必要的。例如，减压外延设备前处理一般通过高温烘烤去除 Si 表面的自然氧化层，主要采用 800～1100℃的高温在 H_2 氛围里将自然氧化层去除。高温处理过程自然增加了工艺过程的热预算，尤其是对于尺寸较小的三维 Fin，高温处理过程会破坏 Fin 的顶端形貌，而过低的烘烤温度又不能进行有效的表面清洁，会导致不连续的三维岛状生长或直接导致生长失败。目前先进的外延设备采用生长腔体外加表面处理腔体等方法，额外增加一个携带低温等离子体发生装置处理来降低烘烤工艺过程的热预算。

与刻蚀时会遇到的“负载效应”一样，在实际生长过程中，晶圆表面会设计不同功能的区域，这必然会出现不同的图形疏密。而薄膜在不同疏密表面的生长速率、选择性必然会存在差别，这不仅影响选择性外延的生长质量，而且直接影响后续集成的器件性能。目前这方面也有一些研究，在实际三维器件应用中，需要结合具体条件优化工艺，抑制“负载效应”。

4. PVD 工艺在三维器件集成中的挑战

溅射沉积工艺由于其自身的特点，不可能在复杂结构的表面均匀沉积薄膜，但随着集成电路的发展，器件尺寸的不断微缩，给溅射沉积工艺在源漏接触和后段双大马士革 Cu 互连带来了巨大的挑战。

对于三维 FinFET 器件，源漏区域呈现钻石形状甚至方形的立体形状，采用全覆盖接触（Wrap-Around Contact，WAC）可以增加源漏接触面积，从而改善接触电阻[40]。传统溅射沉积工艺难以获得复杂形状的保型覆盖，为了获得更好的接触性能，采用其他工艺代替该工艺是必然的。

随着器件的进一步微缩，给三维器件后段双大马士革 Cu 互连线的电迁移（Electromigration，EM）等可靠性问题带来了巨大的挑战。在 7nm 及以下技术节点中，双大马士革 Cu 互连技术面临着解决互连线电阻和工艺可制造性/可靠性之间的权衡矛盾。传统溅射沉积 TaN 扩散阻挡层厚度进一步减薄，将导致扩散阻挡层性能降低、种子层不连续。IBM、IMEC、AMAT、Lam Research 等公司都在这方面做了大量的研究工作，也提出了很多潜在的替代方案。但用 CVD 或 ALD 工艺完全代替 PVD 溅射沉积工艺的方法还存在很多不确定的问题。在实践中，大部分采用 ALD 或 CVD 与 PVD 工艺相结合的方法形成扩散阻挡层和种子层，以满足填充和可靠性的要求。

2.4　三维器件刻蚀工艺

2.4.1　刻蚀工艺原理

刻蚀是一种去除沉积在衬底上的薄膜或直接去除部分衬底的微加工方法。它通常是在光刻工艺之后进行的。在集成电路制造早期，主要采用湿法刻蚀工艺实现图形转移。湿法刻蚀的主要缺点是掩模层下方的横向钻蚀（Undercut）现象［见图 2-24（a)］，该现象会使刻蚀图形的分辨率降低。因此，随着时间的推移，对图形尺寸的控制要求越来越高，干法刻蚀成为大规模集成电路制造的首选方法。相对湿法刻蚀，干法刻蚀具有各向异性的侧壁剖面［见图 2-24（b)］，图形尺寸精确可控，可以抑制最小光刻胶脱落或黏附问题，获得优异的片内、片间、批次间的刻蚀均匀性，实现较低的化学制品使用和处理费用等优势。当然，干法刻蚀也有一些缺点，如选择比相对湿法刻蚀要低、设备费用昂贵及等离子体损伤等。

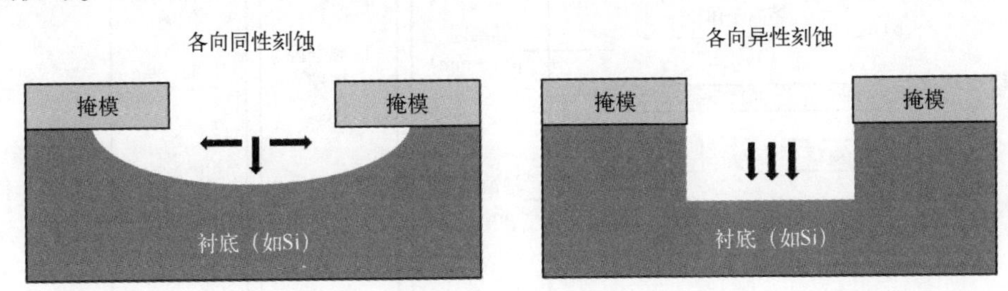

图 2-24　刻蚀形貌

干法刻蚀采用等离子体的方式进行刻蚀。我们通常见到的物质基本上以固体、液体或气体三种形态中的任意一种形态存在。等离子体属于物质的第四种形态，它是由离子、中性粒子、自由电子、活性自由基等多种不同性质的粒子组成的电中性集合体。术语“电浆”也就是“等离子体”，是由朗缪尔（Langmuir Irving，1932 年诺贝尔化学奖获得者）在 1928 年命名的，指的是由辉光放电得到的具有特殊性质的电离气体[41]。这种物质具有许多独特的物理、化学性质，主要有：温度高、粒子动能大；作为带电粒子的集合体，具有类似金属的导电性能；化学性质活泼，容易发生化学反应；发光特性，可以用作光源。

正是因为等离子体的这些特殊性质，其被用来刻蚀集成电路的细微特征图形已经有近 40 年的历史了。等离子刻蚀可以将光刻定义好的图形“精细”转移到 Si、SiO_2、Si_3N_4或金属等膜层结构上，从而实现复杂的集成电路制作。在现阶段，等离子体刻蚀占集成电路制造上千道复杂工序中的 20%以上。

等离子体在刻蚀工艺中发挥着重要作用，其作用机制的复杂性体现在三个方面：空间尺度、时间尺度和多场耦合（见图 2-25）。在空间尺度上，宏观上是反应腔室，微观上划分为鞘层区、刻蚀结构及表面原子运动；在时间尺度上，有用于衡量刻蚀速率的刻蚀工艺时间，微观离子的特征时间，包括中性基团输运时间、射频电源周期、电子运动特征时间、原子碰撞特征时间；多场耦合，包括等离子体流场、中性气体流场、温度场、电磁场。这种复杂性反映了等离子的干法刻蚀面临的诸多问题和挑战。

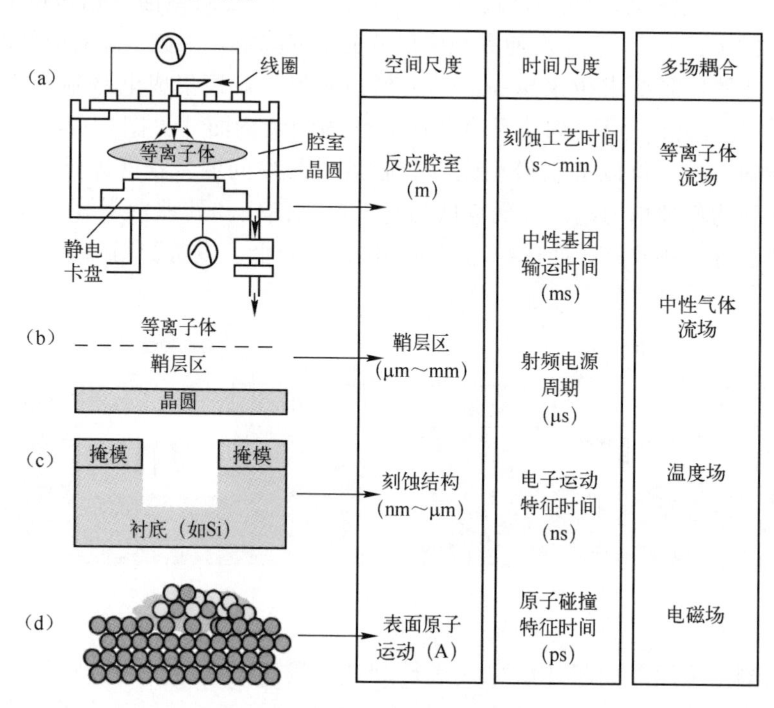

图 2-25　等离子体维度分析

在等离子体干法刻蚀系统中，刻蚀主要是通过化学作用或物理作用，或者化学和物理的共同作用来实现的（见图 2-26）[1]。在化学机理的刻蚀中，等离子体产生的反应元素（自由基和反应原子）与 Si 片表面的物质发生反应，反应产生的挥发物被真空泵抽走，这是一个各向同性刻蚀的反应过程。对于物理机理的刻蚀，等离子体产生的带能粒子（轰击的正离子）在强电场的作用下向硅片表面加速，通过溅射刻蚀工艺去除未被保护的硅片表面材料，这个过程具有很强的方向性。大多数等离子体干法刻蚀同时使用物理和化学共同作用来控制刻蚀形貌和选择比。

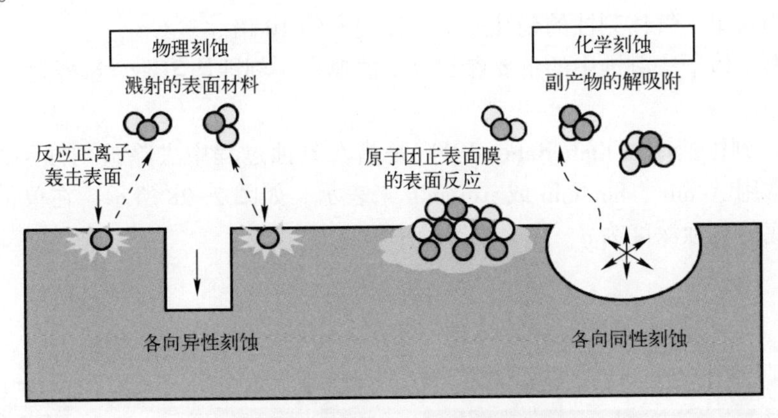

图 2-26　等离子体干法刻蚀原理图

一方面，各向异性等离子体刻蚀由垂直于表面的正离子在鞘层区电场的作用下加速轰击暴露于等离子体表面的晶圆。在等离子体中，带正电荷和负电荷的粒子密度相等，总体呈电中性，但是在等离子体的边界，即等离子体与电极的交界处，由于电子跑向电极的速率比离子大得多，因此会形成一个电负性的空间电荷区，这个区域的电子密度在接近边界表面时快速减小，而等离子体中的正离子的空间电荷密度增大。这个空间电荷区就是鞘层区，其厚度是德拜长度的数倍，如图 2-27 所示。

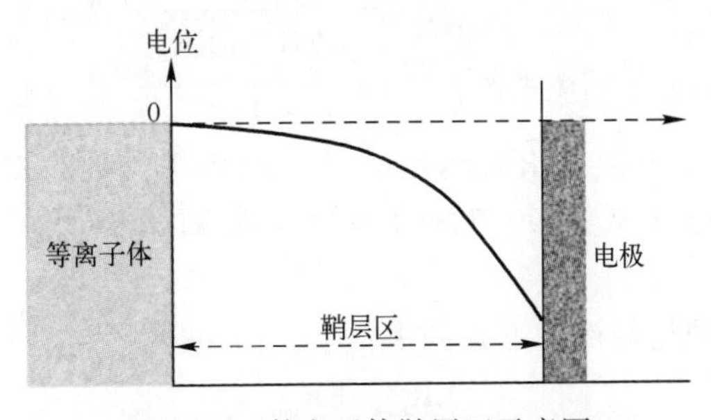

图 2-27　等离子体鞘层区示意图

另一方面，等离子体的化学反应依赖活性自由基的表面反应。等离子体中最低的电子温度，实质上高于中性气体和离子的温度。电子温度大约为 20 000～100 000℃，而离子温度约为 1700℃，中性自由基和分子温度则一般低于 700℃[42]。于是，这些高能电子能产生活性自由基和离子，并且能够增强无法通过其他方式实现的化学反应。分解过程中产生的自由基通常比母体气体更具有活性，这些自由基能够进一步增强表面反应和等离子体中的化学过程。

事实上，仅存在物理性轰击或化学反应材料的刻蚀速率都不是足够高，而将二者结合起来能够极大地增加刻蚀速率，以 Si 刻蚀为例，采用 XeF_2 和 Ar 组合气体刻蚀相对单一气体刻蚀的刻蚀速率可以提升约 10 倍。

等离子体干法刻蚀中的重要参数有刻蚀速率、刻蚀均匀性、选择比、各向异性度等。

（1）刻蚀速率（Etch Rate，ER）是指在刻蚀过程中去除被刻蚀层的速度，单位通常用 Å/min、nm/min 或 μm/min 来表示。如图 2-28 所示，在单位时间 T 内，衬底的刻蚀深度为 d，那么刻蚀速率为

$$\mathrm{ER}=\frac{d}{T} \tag{2-6}$$

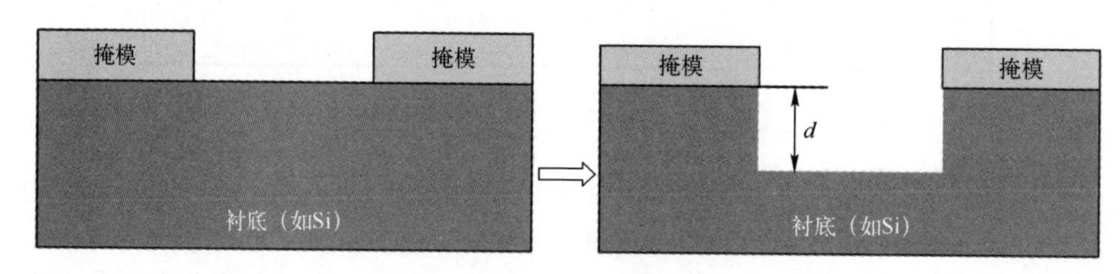

图 2-28　刻蚀速率示意图

（2）刻蚀均匀性（uniformity）在大规模量产中至关重要，一般而言，刻蚀均匀性必须考虑晶圆的片内均匀性，也要考虑不同批次之间的均匀性。目前，有两种方式来描述刻蚀均匀性。第一种方式是三倍标准方差，计算方法如下：

$$3\sigma = 3\sqrt{\frac{\sum_{i=1}^{n}(\mathrm{ER}_i - \overline{\mathrm{ER}})^2}{n-1}} \tag{2-7}$$

式中，n 为测量点的数目；$\overline{\mathrm{ER}}$ 为测量的刻蚀速率平均值；ER_i 为每个点的刻蚀速率测量值。3σ 的含义是 99.7% 的刻蚀速率测量值会在 $\overline{\mathrm{ER}}\pm 3\sigma$ 这个范围之内。

第二种描述刻蚀均匀性的方式如下：

$$\mathrm{uni}\% = \frac{\mathrm{ER}_{\max}-\mathrm{ER}_{\min}}{2\overline{\mathrm{ER}}}\times 100\% \tag{2-8}$$

式中，ER_{max}和ER_{min}分别是测量出的最大和最小刻蚀速率。一般来说，刻蚀均匀性控制在 3%以内比较好。但在某些情况下，如刻蚀层对底层（停止层）的选择比较高，那么刻蚀均匀性就不那么重要了。刻蚀均匀性可以通过设备的硬件设计（进气方式、电极设计、射频源设计等）及刻蚀工艺参数（气体流量、压力、射频功率等）的选择来调节。

（3）选择比指不同材料刻蚀速率的比值关系。以图 2-28 为例，若 Si 刻蚀速率为ER_{Si}，掩模刻蚀速率为ER_{mask}，那么选择比为

$$SEL=\frac{ER_{Si}}{ER_{mask}} \tag{2-9}$$

在刻蚀工艺中，一般要求被刻蚀层的刻蚀速率高于衬底和掩模层。高选择比意味着只去除了希望被刻蚀的膜层，在三维器件制造中，高选择比是非常重要的，它能确保关键尺寸和侧壁形貌，减少底部的损伤。

（4）各向异性度是用来定义刻蚀速率各向异性情况的值，其计算方法如下：

$$A=1-\frac{ER_L}{ER_V} \tag{2-10}$$

式中，ER_L和ER_V分别代表横向和纵向刻蚀速率。如果横向刻蚀速率为 0，那么这种刻蚀是完全各向异性刻蚀，各向异性度为 1。反之，如果各向异性度为 0，那么横向和纵向刻蚀速率相同，这种刻蚀是完全各向同性刻蚀。

2.4.2　刻蚀工艺在三维器件集成中的应用

ALE 主要在三维 FinFET 器件的栅极刻蚀、垂直纳米线的沟道尺寸控制和水平纳米线栅长控制，以及介质材料的刻蚀中精确控制接触孔及侧墙中具有应用价值。

Lam research 于 2017 年研究出一种 ALE 刻蚀 Si 的方法，采用脉冲等离子体 ALE 工艺，显示出比常规连续刻蚀优越得多的性能。常规刻蚀从 25%到增加 100%过刻蚀，栅极刻蚀后，依然在密集的 Fin 两侧有多晶 Si 残留，而相同过刻蚀的 ALE 只需要 25%的过刻蚀即可让多晶刻蚀彻底干净而无残留，这要得益于 ALE 优异的微负载效应表现，即在密集 Fin 和空旷区，刻蚀速率几乎相等[43]。

中国科学院微电子所先后研究出湿法[44]和干法（见图 2-29）ALE 工艺[45]，均可以精确控制各向同性选择性刻蚀 SiGe 的量，并制备出垂直纳米线结构，均显示出优越的自限制特点，刻蚀精度都达到了 0.5nm 量级，可以应用于水平或垂直纳米线器件。

Lam research 联合美国科罗拉多矿业学院、荷兰埃因霍温科技大学等科研机构，研究了SiO_2的 ALE 工艺，该工艺采用CF_x沉积与 Ar 能量精确轰击相结合循

环刻蚀的方式，刻蚀精度达到 0.3~0.4nm 量级[46]。该方法有望应用于具有挑战的自对准接触孔（SAC）和侧墙刻蚀。

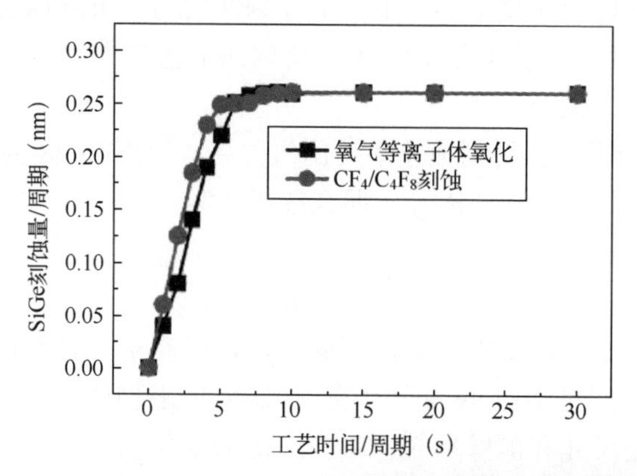

图 2-29　干法 ALE 工艺在垂直纳米线制备中的应用

随着器件进一步微缩及新材料的涌现，ALE 新型沟道材料如Ⅲ-Ⅴ族，二维材料如 MoS_2 等逐渐成为新的研究热点。

2.4.3　刻蚀工艺在三维器件集成中面临的挑战

14nm 技术节点以下，器件将进入三维领域，主要包括 FinFET 器件和栅极全环绕结构的纳米线（Nanowire）或纳米片（Nanosheet）。相对于平面器件，三维器件的刻蚀工艺更具挑战。本节主要对这些挑战及一般的应对方案进行简要介绍。

1. FinFET 工艺的刻蚀挑战

Fin 刻蚀是形成三维沟道的关键一步，所有 Fin 的刻蚀高度完全一致将有利于后续 STI 的控制，但是若采用常规的刻蚀工艺，则会产生刻蚀高度不一致的问题，这是刻蚀微负载效应导致的，也称为反应离子刻蚀滞后效应（RIE Lag Effect）[47]。如图2-30（a）所示，开口尺寸小的槽刻蚀相对偏浅，相对开阔的槽刻蚀相对较深。其产生机制如图2-30（b）所示，在相对浅和深的槽刻蚀过程中，掩模消耗部分离子、中性活性基团被侧壁吸收和偏压产生的离子能量底部弱化这三个效应体现得比相对深的槽更为显著，因此，需要新的刻蚀工艺来弱化或完全解决该问题。目前主要的解决方案为采用脉冲等离子体（Pulse Plasma）弱化上述三种效应，减少RIE的滞后效应，提高刻蚀深度的一致性。

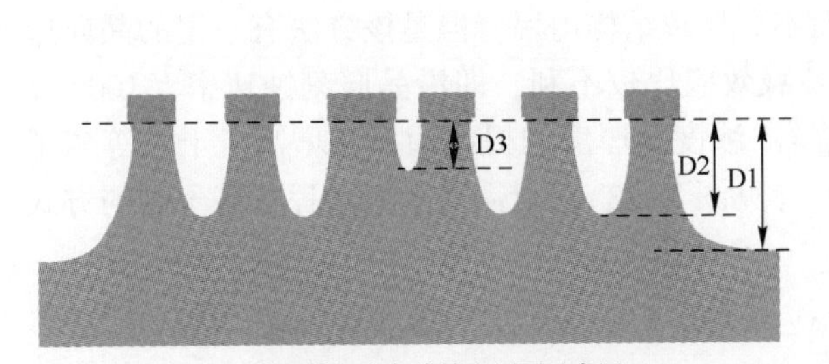

（a）典型的深度负载效应剖面示意图

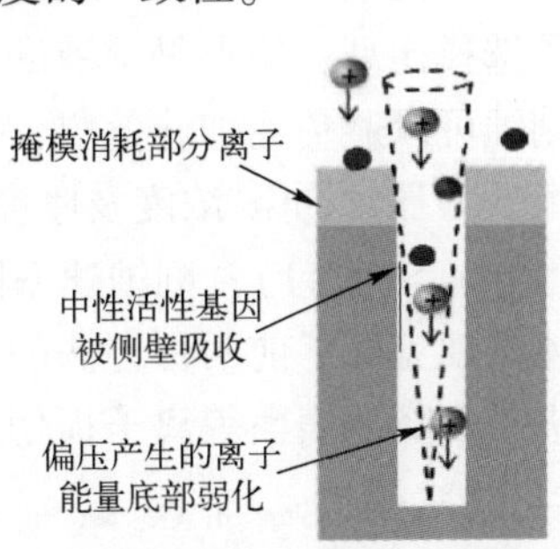

（b）负载效应产生机制示意图[47]

图2-30 刻蚀深度负载效应

对于平面器件，FinFET三维结构的沟道由栅极包围，导致栅极刻蚀时面临比平面结构更多的挑战。首先Fin顶部是相对较小的结构，更容易被等离子体损伤，如图2-31（a）所示，另外，因为三维结构的存在，更容易面临如下诸多挑战：如何在保证刻蚀形貌陡直的前提下，尽可能避免源漏损伤，以及保证栅极和Fin交接的拐角处无多晶残留，具体如图2-31（b）所示。应对这些挑战，脉冲等离子体的ALE被认为是较好的解决方案，细节将在下一节讲述。

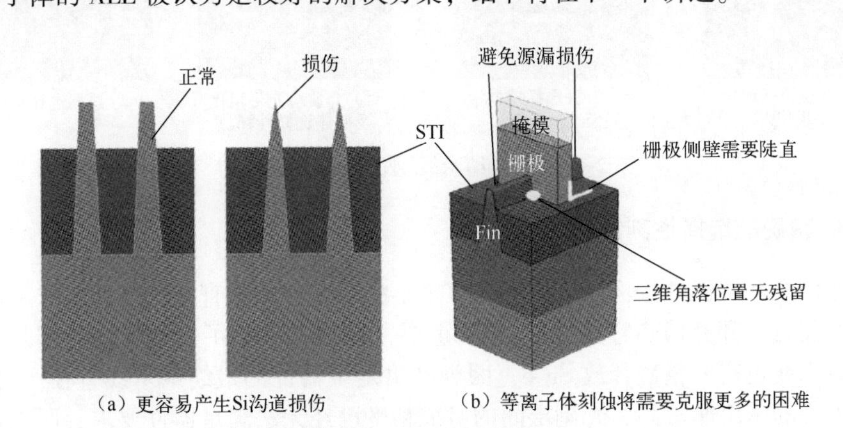

（a）更容易产生Si沟道损伤　（b）等离子体刻蚀将需要克服更多的困难

图2-31 栅极刻蚀挑战

2. 栅极全环绕器件的刻蚀挑战

GAAFET 被认为是最有希望取代 FinFET 成为 3nm 以下技术代的结构，其制备的复杂性要高于 FinFET，其有别于 FinFET 的制备工艺流程如图 2-32 所示[48]，主要的挑战有内侧墙的制备[49]［见图 2-32（a）～（d）］，这一部分将在 4.3.2 节进行详细介绍。其中，SiGe 高选择比刻蚀进行 Si 纳米线释放是刻蚀面临的一种主要挑战［见图 2-32（g）］，该工艺主要采用湿法选择性刻蚀，该方法的优点是选择比高，缺点是溶液的毛细管效应容易导致结构的坍塌。高温 HCl 气态反应刻蚀可以避免毛细管效应，从而不会导致结构坍塌，但是该方法有一定的晶向选择性，且对 SiGe 浓度及厚度的负载效应比较不利，即沿晶向刻蚀速率（100）>（110）>（111），刻蚀速率随着 Ge 浓度及厚度的提高而显著增高。干法等离子体刻蚀克服了前两种方法的缺点（见图 2-33），但需要采用远程等离子源的方式进一步降低表面等离子损伤。

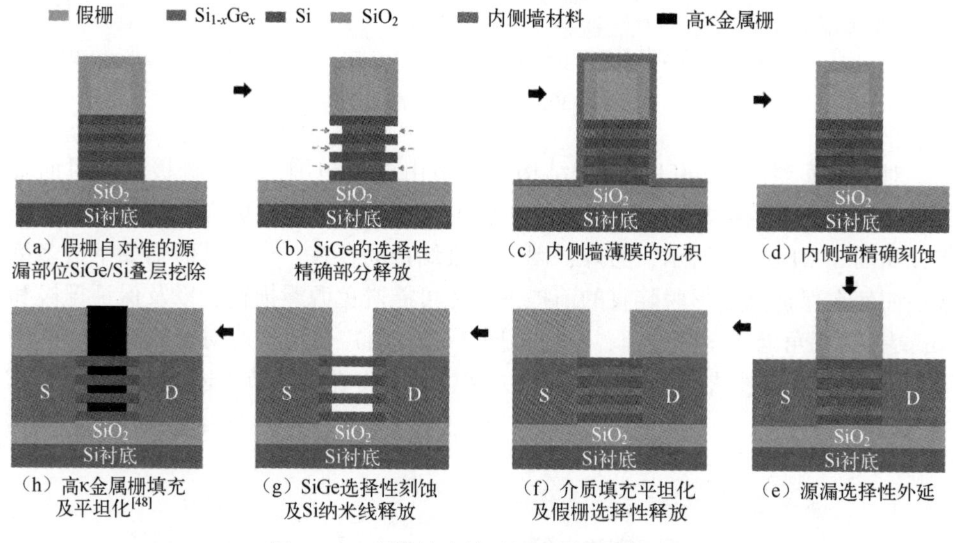

图 2-32　环栅纳米线/纳米片的关键工艺

3. 精确的选择性刻蚀

栅极全环绕器件按沟道方向分为水平堆叠纳米线和垂直纳米线。就水平堆叠纳米线而言，部分精确释放 SiGe 非常重要，因为其决定了器件的最终栅长；而垂直纳米线也需要精确释放 SiGe，因为其决定了器件的最终纳米线直径。另外，三维器件的密度非常高，光刻层间的对准精度已经无法满足器件要求，所以需要通过结构的高选择比及精确刻蚀进行自对准，其中，SAC 就是一个典型的具有挑战的工艺。因此，对于如上的精确及高选择比刻蚀要求，高精度的原子层的刻蚀研究变得十分迫切及必要。

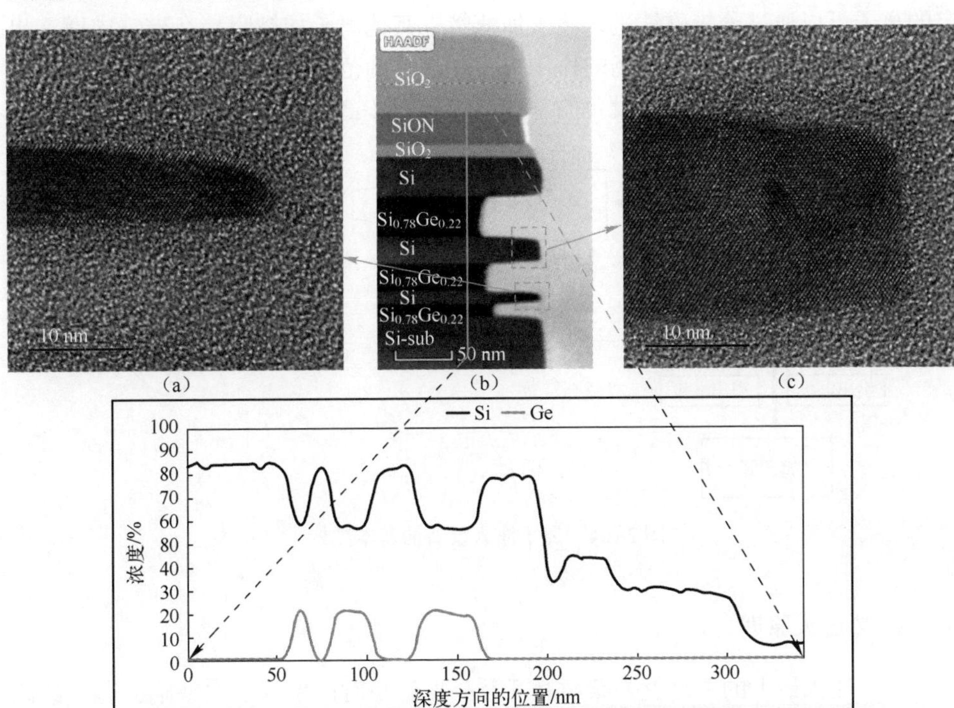

图 2-33　$CF_4/O_2/He$ 干法选择性刻蚀 SiGe 的结果[48]

2.5　三维器件离子注入与热退火工艺

2.5.1　离子注入与热退火原理

1. 离子注入原理

相比扩散技术，离子注入是一种可以通过离子筛选和加速实现杂质精确掺杂的工艺。为了实现离子筛选和注入的功能，一台离子注入设备主要包括以下几个部分：离子源、引出电极、分析磁铁、加速和扫描系统、工艺腔室等[50]。离子源用来电离生成反应用的离子，其原材料既可以是气态（如 BF_3、PH_3、AsH_3 等），又可以是相应的固体化合物材料。以气态源为例，反应气体在腔室内电离后，在引出电极的作用下从电离腔室引出进入分析磁铁。进入分析磁铁后，由于原子量和电荷的差异，在洛伦兹力的作用下，入射离子在空间内被分离，只有特定的离子可以通过分析磁铁进入离子加速管，其他离子均被阻挡在磁铁内壁。出射的离子被聚焦整形后在电场的作用下实现在晶圆范围内的扫描，从而获得片内均匀的杂质分布。离子注入设备的基本结构如图 2-34 所示。

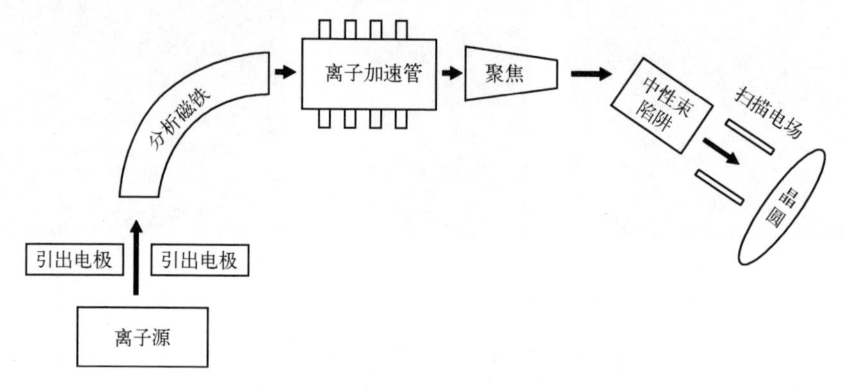

图 2-34　离子注入设备的基本结构

2. 热退火原理

离子注入最大的不足就是杂质激活及晶格修复时产生的二次缺陷，这些缺陷是不利于杂质电激活的，有可能给器件特性带来极为不利的影响。杂质退火是离子注入掺杂模块中的一个关键步骤，人们针对退火技术做了很多的工作，研究其对缺陷的形成和消除的影响。采用长时间的高温炉管退火虽然可以修复缺陷以获得理想的结晶，但是又会带来杂质扩散深度等其他问题。因此，在集成电路制造工艺中，人们需要针对器件设计的需求，选择不同的退火方法。

2.5.2　离子注入与热退火工艺在三维器件集成中的应用

1. 离子注入在三维器件集成中的应用

离子注入是集成电路制造技术中最关键且最核心的工艺技术之一，它的工艺可控性强，既可以准确调节掺杂杂质的数量，又可以通过改变注入能量来调节杂质在衬底中的位置，从而实现杂质分布的精确控制[51]。

在 CMOS 集成电路的制备中，会经历至少 12 次以上的离子注入工艺，用于阱、源漏、沟道等多个功能模块的形成（见图 2-35）。随着器件集成度的提高和关键尺寸的不断缩小，对离子注入的要求也越发严格，重点集中在对扩散深度的控制、固溶度提高及损伤的降低等方面。当器件从平面 MOSFET 进一步演进到 FinFET 和纳米线等三维结构时，三维器件内的掺杂均匀性作为一个新的项目也要被考虑进来。这些新的需求推动了一系列新的技术成果向产业转化[52]。

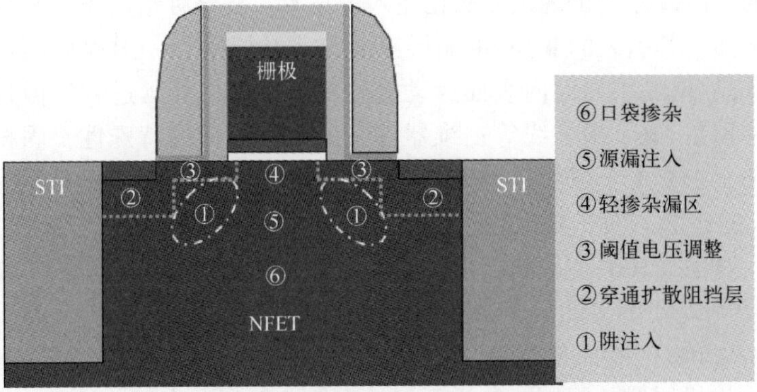

图 2-35　离子注入在 CMOS 集成电路中的应用

低温注入技术：器件漏电一直是集成电路发展过程中面临的关键挑战之一，栅诱导漏极漏电（Gate-Induced Drain Leakage，GIDL）、短沟道效应（Short Channel Effect，SCE）、带间隧穿效应（Band To Band Tunneling，BTBT）等都是漏电的成因，都与注入过程中形成的射程末端缺陷有关。

在源漏注入工艺中，非晶化技术可以有效提高杂质激活度，减少非晶/单晶的界面缺陷，从而降低扩展区电阻，改善缺陷引入的 PN 结漏电。在注入时，入射的 Ge 等大质量的杂质离子在 Si 衬底内引发的级联碰撞会对衬底造成一定程度的损伤，产生大量的缺陷，这些缺陷的产生与注入过程中衬底内部温度有很强的相关性。一方面，它会影响注入过程中级联碰撞的损伤生成机制；另一方面，它又会影响由于注入本身引入的缺陷动态退火过程。注入生成损伤的数量和对应缺陷的尺寸都会随着 Si 片本身温度的升高而变大，形成的非晶/单晶层界面也会伴随衬底温度的升高向表面移动，形成一个固相外延过程。当在 100℃ 以下的低温进行注入时，由于注入本身造成的动态退火机制被大幅度抑制，因此更利于缺陷的积累而形成非晶层。在低温下，通过透射电子显微镜（Transmission Electron Microscope，TEM）可以发现非晶/单晶层界面更清晰，缺陷密度更低[53]。

在三维 FinFET 器件的制备中，低温注入另一个重要的应用就是用来降低器件接触区的电阻率。在金属硅化物生长前，向接触区注入杂质，随后与金属硅化物一同退火，相比常温或热注入，低温注入在改善杂质 B 原子的激活度方面更有优势。与源漏时的情况类似，在低温时，可以获得厚度更均匀的非晶层，且非晶/单晶层界面更平滑，质量更高，退火后经过固相外延过程，几乎不会有衍生缺陷产生。这些缺陷本就是影响杂质在衬底中激活度的一个重要因素，因而，衬底激活度提升。低温注入不仅适用于 Si 衬底器件，而且在 SiGe 高迁移率衬底中也被证实有效。

热注入技术：一般来说，注入过程中的非晶层对于提高激活度、改善器件性能是有益的，所以才会出现预非晶化注入等技术。在这种情况下，扩展区注入仅限于一个平面，其引入的非晶/单晶层界面与非晶层平行，退火后的重结晶过程是通过从非晶/单晶层界面向表面运动进行的，即固相外延过程。但是对于一些立体结构特别是 Fin、纳米线等三维器件，由于其结构的特殊性，固相外延过程要更加复杂。它有 1 个顶部和 2 个侧面，共 3 个注入面，而用于重结晶的籽晶层仅位于 Fin 的底部，而非晶化的 Si 原子至少要经过 2 次无畸变键合才能完成固相外延过程。对于（100）晶面，相对容易实现，而对于（110）或（111）晶面，每个 Si 原子则需要更多的原子或团簇形成无畸变键，这使得各个晶面的重结晶速率不同。（100）晶面最快而（111）晶面最慢，且重结晶后的 Si 材料会受（111）晶面堆垛层错的限制。这样不仅效率低，而且在小尺寸的 Fin 顶部无法实现充分的重结晶，仅保留多晶的特性，严重降低了载流子的迁移率，使扩展区电阻升高。因此，在这种情况下必须尽量抑制非晶层的产生，热注入就是最有效的方法之一[54]。

相比常规的室温或低温注入，热注入时，Si 片在靶材的加热下可以保持一个较高的衬底温度。这种方法可以提高 Fin 非晶化的阈值，使 Fin 结构在注入过程中保持单晶材料的特性，这实际上是一种损伤生成与动态退火导致缺陷消除之间的平衡：高能粒子注入衬底后破坏晶格，产生各类缺陷，直至产生一个连续的非晶层，扩展区注入就会将 Fin 结构充分非晶化。非晶化的形成是缺陷积累与缺陷扩散和湮灭竞争的结果，对于给定的离子和衬底温度，必须在一定阈值下才能非晶化，形成连续的非晶层。而这个阈值又受温度、离子质量、剂量率等因素影响。在注入过程中，温度的升高有益于点缺陷的移动，在动态退火作用下湮灭缺陷，从而提高非晶化的阈值。因而，对于纳米量级的三维器件，热注入对抑制缺陷，改善结漏电具有更积极的效果。

随着器件尺寸的不断缩小，越来越多的新型掺杂工艺被应用于三维器件的研制，如 CVD 原位掺杂技术、单原子层沉积掺杂等工艺，但这些技术大多基于薄膜沉积工艺进行，在实现选择性掺杂时工艺相对更复杂。因而，离子注入技术在 7/5nm 阶段仍将承担注入的掺杂工艺。结合三维器件本身的结构特点，进一步提高器件掺杂的保型，降低表面电荷效应，最大限度减少损伤和缺陷，提高杂质激活度都是未来离子注入技术面临的重要挑战。

2. 退火技术在三维集成中的应用

在现代半导体集成电路制造过程中，特别是对高速低功耗的逻辑器件而言，由于器件中的各个功能模块都在尺寸上依据等比例缩小的原则不断微缩，因而 PN 结的结深势必相应缩小。为了控制注入后的杂质再分布，一般多采用快速热退火（Rapid Thermal Processing，RTP）方式。这种退火方式一般在几秒或几十秒内迅速升温至1000℃以上，并在目标温度维持数秒后迅速降温，使杂质进入晶格位置并修复缺陷，这种方式后来又演进为升温速率更快的尖峰退火，进一步降低了退火过程的热预算，这种方式一直在平面MOSFET工艺中被用于超浅结的形成。由于此时热预算在超浅结的结深控制中已占据最主要的位置，因此业内始终致力于寻求新的技术来进一步降低工艺的热预算。

激光退火技术：激光退火在半导体器件中的应用最早可以追溯到1970—1980年，但是由于其设置复杂，难以集成到大规模集成电路生产上，因而一直到65nm技术节点，退火热预算需要进一步降低的问题凸显出来，该技术才被导入大规模生产。激光退火技术满足了在集成电路发展过程中不断压缩热预算的需求，将热退火的时间从秒量级降至微秒、毫秒甚至纳秒量级，采用激光激发可以获得比闪光退火更快的加热速率，同时它是一种局部加热技术，避免了在快速升温过程中由于应力造成的晶圆损伤甚至破片现象[55]。

激光退火系统的基本结构如图2-36所示，其基本原理是通过投影光学技术，采用连续波或脉冲激光器产生激光，并将激光调制到一个固定波长，使其在Si衬底（或其他衬底）中具有较高的吸收系数，从而对照射到的吸收区进行加热。通过波长选择，激光可以在表面附近被全部吸收，因而，仅靠近表面的区域被加热，底部和其他未照射到的区域几乎不受影响。在这个过程中，由于大量能量瞬间被倾泻在Si片表面一个极小的面积上，因而该区域的温度可以达到1300℃以上，接近Si的熔点。这种快速的升温加热过程与闪光退火非常类似，区别在于激光光斑面积小得多，同一时间仅处理Si片上的一个局部区域，而闪光退火则照射整个晶圆。激光处理时，晶圆大部分区域都作为散热器，加速热传导，确保工艺完成后温度快速下降。在工艺过程中，峰值温度、升温时间都可以通过调节激光强度、扫描速度或脉冲宽度来实现。

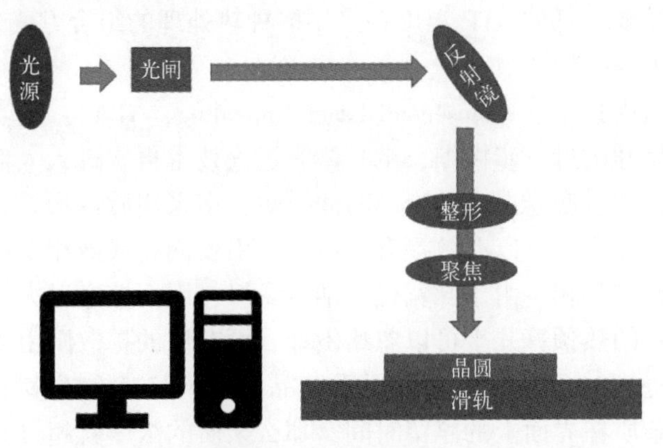

图2-36　激光退火系统的基本结构

毫秒激光退火技术：在规模化集成电路制造过程中，为了压缩尖峰退火的热预算，毫秒退火技术最先被用来改善平面 MOSFET 上多晶 Si 栅极和源漏极的激活度。毫秒退火包括毫秒激光退火和毫秒闪光退火两类，都可以实现衬底的表面区域快速加热。通过调节优化功率密度，无论是激光退火还是采用辐照的闪光退火都可以较好地匹配，从而实现相同的激活效果。由于高温毫秒激光退火可以在衬底表面实现亚熔融态，可以在有限的杂质扩散情况下获得更高的杂质固溶度，所以这种激活效果远优于传统的 RTP 或尖峰退火技术。在这种技术的推动下，人们得以重新定义 RTP 技术在退火工艺中的应用，将以往的杂质激活功能转移到毫秒激光退火上，更多地用来进行掺杂杂质扩散深度控制，不再要求尖峰退火技术向更高温度发展，而是形成了毫秒激光退火与温度相对适中的 RTP 技术的工艺组合。

注入过程中会在衬底内产生大量的间隙原子和空位，称为点缺陷。其中，间隙原子与掺杂杂质原子（B 或 P）相结合在 RTP 高温作用下会产生增强扩散效应，使杂质向衬底深处迅速扩散，扩散深度难以控制。如果在 RTP 处理前引入毫秒激光退火技术，那么这些缺陷多数会被激光退火过程湮灭，最大限度削弱后续 RTP 退火时的增强扩散效应。

由于毫秒激光退火可以实现亚熔融态，因此其可以获得非常高的杂质固溶度。这个固溶度远大于其在平衡态时的固溶度，但这种状态并不是一成不变的，在经过后续的 RTP 退火之后，一部分杂质就会发生失活。即使这样，自由载流子浓度也比单用 RTP 处理时高很多，不过，这种情况的前提是 RTP 的温度处于相对较低的水平，当 RTP 峰值温度超过一定值时，它会在达到目标温度时产生足够多的自由载流子，并将已存在的非平衡态的激活杂质激活，最终达到平衡态，并导致一定程度的杂质扩散。所有这些都会削弱激光尖峰退火（Laser Spike Annealing，LSA）与激活的效果，杂质激活与精确扩散控制之间的尺寸微缩和解耦合都会导致需要更低的 RTP 温度并采用多种热处理的组合方式来实现，如 LSA+RTP 或 RTP+Flash 等[56]。

纳秒激光退火技术（Nanosecond Laser Annealing，NLA）：随着器件结构的不断演变和关键尺寸的进一步微缩，纳秒激光退火技术再次进入人们的视线。相比毫秒激光退火，纳秒激光退火的处理时间更短，多采用脉冲形式，脉宽在纳秒量级，单脉冲能量较高，可以有效提升固溶度，引发固相或液相反应。退火后形成亚稳态的结晶或非晶相。由于脉宽仅在纳秒量级，因而熔融退火过程的热预算相对其他退火方式的热预算几乎可以忽略不计，而杂质的扩散则由熔融层的深度和淬火速率（亚稳态过程）控制。如果重结晶过程生长一个或多个单原子层所需的时间远少于杂质在界面上的停留时间，那么杂质的浓度就超过其平衡态时的固溶度。一般来说，激光对于非晶层进行熔融热处理时，尽可能把握在熔融层越过非晶/单晶层界面的位置，使部分与非晶层相邻的单晶也发生熔化，确保获得一个近乎没有缺陷的晶体结构。

激光退火在三维新型结构器件上的应用：纳秒激光退火的单脉冲能量高、处理时间短、热预算低的特点对于工艺上一些需要高温处理的温度敏感结构具有重要意义。例如，在 CMOS 工艺的堆叠栅结构中，高温会导致阈值电压的波动，并有可能引起界面氧化物的再生长，因此，在高 κ 介质工艺完成后一般都无法再进行高温热处理工艺，限制了工艺模块的进一步优化。而纳秒激光退火则可以在不对器件性能造成伤害的前提下引入高温热处理工艺，这样就可以在金属栅成型后再次对掺杂区进行激活处理，进一步提高杂质激活度。

2.5.3 离子注入与热退火工艺在三维器件集成中面临的挑战

FinFET 和纳米线等三维器件结构的引入有效改善了器件的栅控能力，为摩尔定律的进一步向下延伸提供了更多的选择。同时，考虑到器件在同一平面内的集成度已接近极限，为了提升集成度，在布局上更多地向三维集成技术发展，从传统的平面排布上升到多个层次的集成，有效提高了晶圆上单位面积的器件数量，这种结构也对掺杂模块（掺杂及退火）提出了更高的要求。

对于掺杂工艺，鉴于器件结构按片内单层向三维叠层的演变趋势发展，越来越多的新工艺被应用于三维器件的研制，如 CVD 原位掺杂技术、单原子层沉积掺杂等工艺，都有望作为离子注入技术的补充。综合多方面因素，掺杂技术在三维器件的研制过程中在以下几个方面仍将面临挑战。

1. 保型掺杂的实现

尽管等离子体掺杂技术带来了更优异的保型效果，但是由于等离子体注入时存在表面电荷效应，仍可能影响表面掺杂的均匀性，且可能会对微结构表面造成等离子体损伤，中性束注入可能是解决这一问题的方案之一。

2. 损伤降低

损伤降低是注入工艺持续改进的目标之一，鉴于离子注入过程引入的缺陷难以完全避免，因而可以考虑采用热注入或先进退火等技术最大限度地降低缺陷的产生率。

3. 高迁移率材料的掺杂

在三维器件中，高迁移率材料被认为是沟道材料的首选，在以往的技术中，都采用选择性外延来生长高迁移率材料，但这种技术一直存在界面缺陷和表面粗糙度等问题，纳秒激光退火技术或许可以提供一种新的解决方案。例如，先利用光学掩模向源漏或沟道注入 Ge、Sn 等元素，再利用纳秒激光退火技术，这样被注入的区域 Ge（Sn）与 Si 衬底熔融后可以形成合金材料，从而实现局部应变。

4. 热预算控制

由于激光退火技术具有超低的热预算控制能力，因此其在未来新型器件的热处理工艺中所占的比例会越来越高。同时，激光退火技术在不断完善的过程中，例如，在加工时，具有光刻图形的晶圆出现的图形化效应有可能限制退火时的峰值温度，造成一定程度的温度波动，需要特别针对激光处理工艺进行芯片布局的优化或增加吸收层等方式平衡片内不同区域的加热温度。

2.6 三维器件清洗工艺

2.6.1 清洗及湿法刻蚀工艺原理

由于 Si 片上关键尺寸持续缩小，Si 片表面在进行工艺之前必须是洁净的。控制污染最有效的途径是尽可能防止 Si 片受到各种污染。然而，如果 Si 片表面已经被污染，那么污染物必须通过清洗去除。Si 片清洗的目的是去除各种表面污染物，包括颗粒、有机物、金属和自然氧化层等，如图 2-37 所示。在工艺流程中，每个工艺步骤都是 Si 片表面上潜在的污染源（见表 2-3），因此清洗工艺贯穿整个集成电路制造工艺，占总工艺步骤的 20%以上。

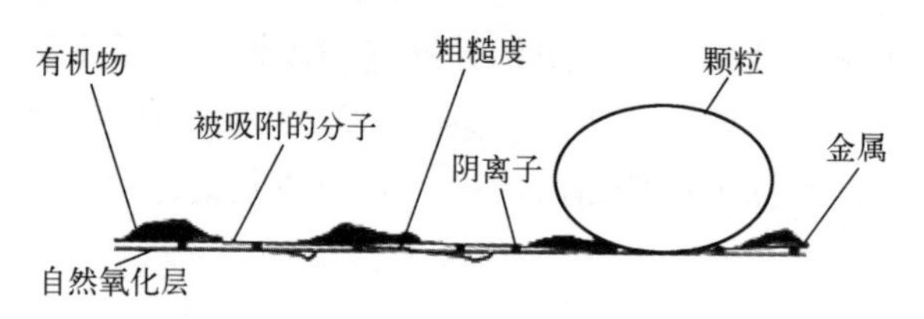

图 2-37　常见的晶圆表面污染物类型

表 2-3　集成电路制造中常见的污染物类型、可能的污染源和影响

污染物类型	可能的污染源	可能的影响
颗粒	化学液、气体（特种气体）、设备、环境、作业员等	降低栅氧击穿电压、降低良率等

续表

污染物类型	可能的污染源	可能的影响
有机物	光刻胶、环境、塑料容器、作业员等	阻碍刻蚀、降低栅氧质量等
金属	设备（注入机、等离子体刻蚀机等）、化学液、金属容器等	结漏电、降低击穿电压、降低可靠性等
自然氧化层	湿气、溶解氧、化学液等	增加接触电阻、降低 SiO_2 质量等
粗糙度	化学液、衬底、清洗条件等	降低栅氧击穿电压、降低迁移率等

为了去除上述各种可能的污染物，清洗工艺需要贯穿整个制造工艺，是紧密连接前后工艺必不可少的环节。例如，去除有机物污染，保证金属连接正常、防止污染下一个机台；去除金属污染，保证少子寿命、减少结构性缺陷；去除颗粒污染，保证下一个机台的洁净度、光刻准确度；去除自然氧化层污染，保证外延质量、氧化质量等。为了去除上述各种可能的污染物，前段湿法清洗的常用化学液如表 2-4 所示。

表 2-4　前段湿法清洗的常用化学液

污　染　物	名　　称	化学液组成及描述	分子式
颗粒	SPM（SC-3）	硫酸/过氧化氢	H_2SO_4/H_2O_2
	APM（SC-1）	氨水/过氧化氢/去离子水	$NH_4OH/H_2O_2/H_2O$
有机物	SPM（SC-3）	硫酸/过氧化氢	H_2SO_4/H_2O_2
	APM（SC-1）	氨水/过氧化氢/去离子水	$NH_4OH/H_2O_2/H_2O$
金属	HPM（SC-2）	盐酸/过氧化氢/去离子水	$HCL/H_2O_2/H_2O$
	SPM（SC-3）	硫酸/过氧化氢	H_2SO_4/H_2O_2
	DHF	氢氟酸/去离子水	HF/H_2O
自然氧化层	DHF	氢氟酸/去离子水	HF/H_2O
	BHF（BOE）	氢氟酸/氟化铵/去离子水	$HF/NH_4F/H_2O$

湿法清洗可以看作一个湿法刻蚀的过程，即用化学的方法刻蚀或去掉不需要的物质和膜层。自半导体制造业诞生以来，湿法刻蚀就与 Si 片制造紧密联系在一起。虽然目前技术代湿法刻蚀已经大部分被干法刻蚀取代，但它在漂去 SiO_2、去除残留物、表层剥离、高选择比刻蚀及大尺寸图形刻蚀应用等方面仍然起着重要且不可替代的作用。

一批 Si 片，通常是 25 片，有时多至 50 片，放置在合适的化学液里，用浸泡的方式进行槽式批次湿法刻蚀；也可以每次 1 片，用喷射化学液的方式进行单片刻蚀。与干法刻蚀相比，湿法刻蚀有以下几个显著的优点。

- 产能高：湿法刻蚀既可以槽式批量作业，又可以单片多腔体作业，大部分工艺在常压和非高温条件下进行，省去抽真空充气升温等过程。

- 成本较低：机台相对干法设备较为便宜，常用化学液价格不高。
- 工艺稳定：相比其他工艺，影响湿法刻蚀工艺的因素只有温度、浓度、时间、搅动、批数等，工艺较为稳定。
- 高选择比：相对干法刻蚀工艺，大部分湿法刻蚀工艺对需要保护的膜层有很高的选择比，对器件不会带来等离子体损伤。

同时，湿法刻蚀有着各向同性的特点，存在横向刻蚀的缺点，使得半导体制造中对特征尺寸要求严格的工艺主要采用干法等离子体刻蚀。此外，它还存在化学液处理费用较高、工艺中水的用量较多、环境不友好等缺点。

常用的湿法刻蚀工艺有：Si 的湿法刻蚀、SiO_2膜层的湿法刻蚀、Si_3N_4的湿法刻蚀、Al 膜层的湿法刻蚀，以及其他高选择比刻蚀等。

2.6.2 清洗工艺在三维器件集成中的应用

在典型的 45nm 平面逻辑芯片的制造工艺中，清洗的相关工艺及步骤如表 2-5 所示，清洗工艺中 70%步骤为湿法清洗，30%步骤为干法清洗。

表 2-5　45nm 制程清洗的相关工艺及步骤

清洗步骤	步骤数
后段湿法清洗	22
后段等离子体清洗	22
后段金属溅射前清洗	21
前段湿法去胶清洗	15
前段等离子体清洗	15
前段关键清洗	10
前段后段去颗粒清洗	10
前段后段 CMP 后清洗	14
总计	129

随着特征尺寸的缩小，三维器件集成中的清洗工艺更加复杂，清洗步骤更多。总体来说，三维器件清洗的应用分为三类，分别如图 2-38、图 2-39、图 2-40 所示。

除了上述清洗步骤，还包括前段及后段光刻胶去除、高选择比关键膜层与关键结构的湿法刻蚀、炉管热氧化前关键清洗、注入后清洗、化学机械平坦化（CMP）后清洗、外延前关键清洗、金属溅射前清洗等。

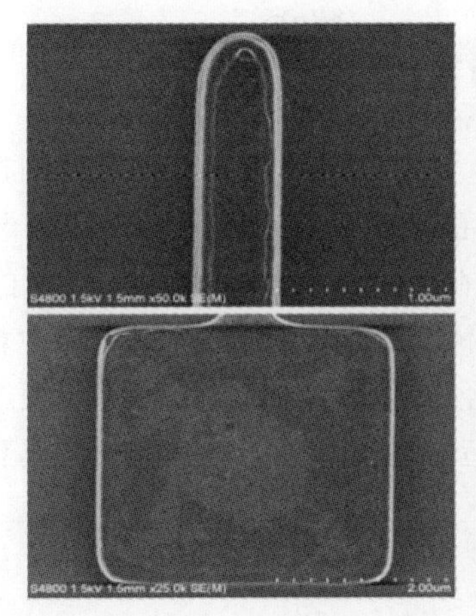
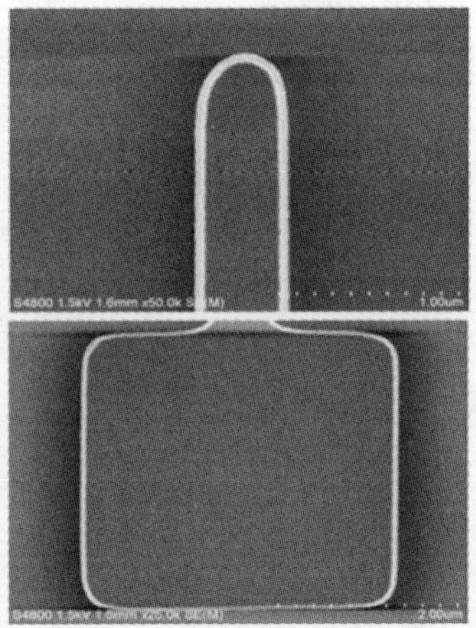

图 2-38　干法刻蚀后聚合物去除

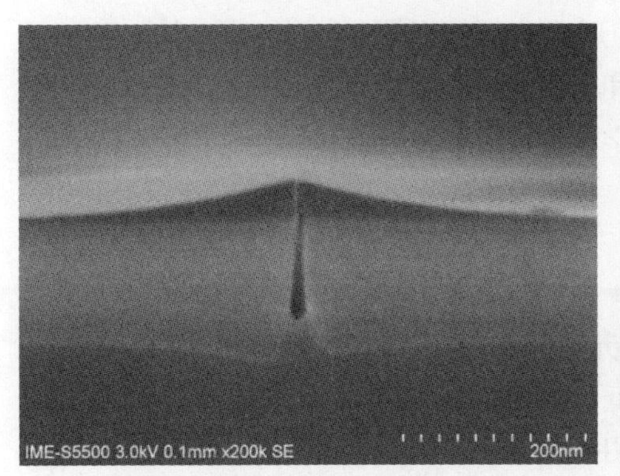

图 2-39　晶向选择性的湿法刻蚀工艺

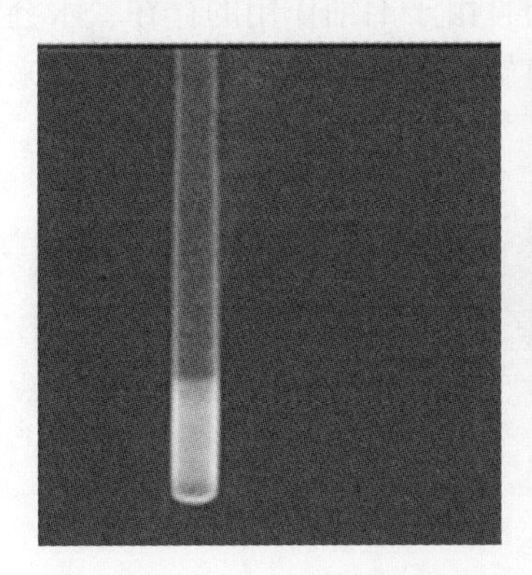
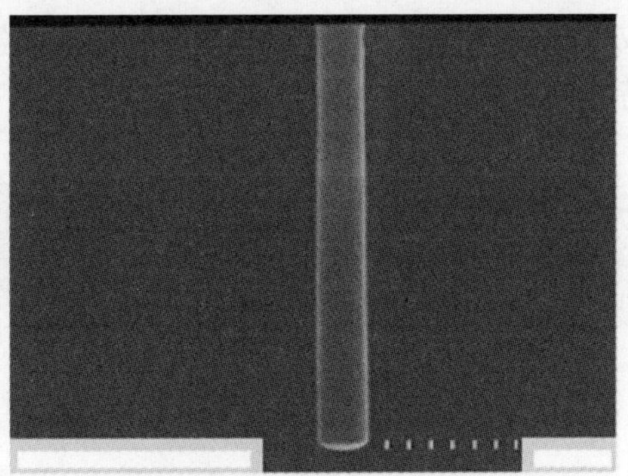

图 2-40　高深宽比及三维结构的清洗

2.6.3 清洗工艺在三维器件集成中面临的挑战

随着大规模集成电路向更高集成度、可靠性、成品率发展，特别是三维集成电路制造技术的发展，对 Si 片表面沾污的要求越来越严格。传统的湿法清洗采用大量的酸碱化学液、有机溶剂和水，在去掉沾污的同时消耗大量的资源。此外，废液、废水的处理和排放可能造成环境污染，清洗过程中的多种有毒、有害化学液可能对作业员有潜在伤害，而且经过湿法清洗之后，还需要经过干燥过程才能进入下一工艺。目前，三维器件制造的清洗工艺主要面临的挑战有以下几个方面。

1. 尺寸问题

由于特征尺寸越来越小，清洗溶液中所含的酸碱物质（如 H_2SO_4、NH_4OH 和 H_2O_2等）造成的表面微粗糙及结构变形成为重要的缺陷。特别是当特征尺寸持续减小到纳米量级时，由于表面张力和毛细作用增大，化学液进入微小尺寸的精细三维结构变得更加困难，清洗后化学液和沾污物质从三维结构中清除、水的干燥等同样变得越来越困难。

2. 材料及结构问题

由于线宽越来越小，因此半导体单元密度增大、热量上升等问题也随之严重，此时，不得不引进新材料，特别是低介电常数的材料。而目前清洗的方法为先使用 O_2电解，将残留光刻胶灰化，再用化学清洗法清洗，如果基底材质为低 κ 材质，那么 O_2电解将会破坏低 κ 材质本身所含有的 C、F 或其他有机成分。化学清洗法本身的高刻蚀性也会破坏低 κ 材质，而且由于毛细作用的存在，水会对结构造成塌陷变形（见图 2-41）。清洗后的高速旋转干燥等工艺也可能会带来纳米线等特殊结构的断裂和塌陷。

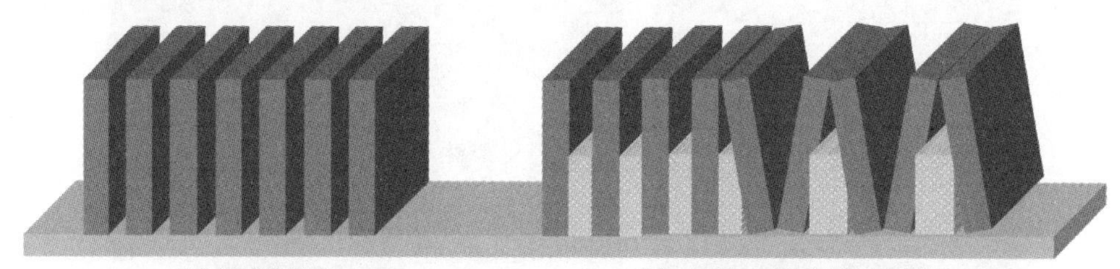

（a）要求的构型　　（b）由毛细作用引起的构型塌陷

图 2-41　干燥过程的毛细作用造成的构型塌陷

3. 环保问题

大量使用水和各种高纯度化学液，造成了水资源的浪费和环境的污染，化学废液和废水的处理价格昂贵。

2.7　三维器件化学机械平坦化工艺

2.7.1　化学机械平坦化工艺原理

在摩尔定律的推动下，集成电路线宽不断微缩。在此过程中，光刻工艺对晶圆表面的平整度要求日益迫切，化学机械平坦化（CMP）技术应运而生。CMP由 IBM 公司在 20 世纪 80 年代开始应用于集成电路制造，是晶圆在抛光液、抛光垫化学和机械的共同作用下，将晶圆表面材料凸起结构一次性磨平的全局平坦化技术。

图 2-42 给出了 CMP 技术实现过程示意图。CMP 工艺过程可分为宏观和微观两个维度。宏观角度，需要平坦化的晶圆被吸附、固定在抛光头内。在 CMP时，旋转的抛光头以一定压力压在旋转的抛光垫上进行相对运动。同时，不间断供应抛光液，通过抛光头与抛光垫的相对运动实现平坦化。微观角度，在抛光垫表面沟槽输运与离心力的共同作用下，使抛光液均匀分布在抛光垫上，在晶圆和

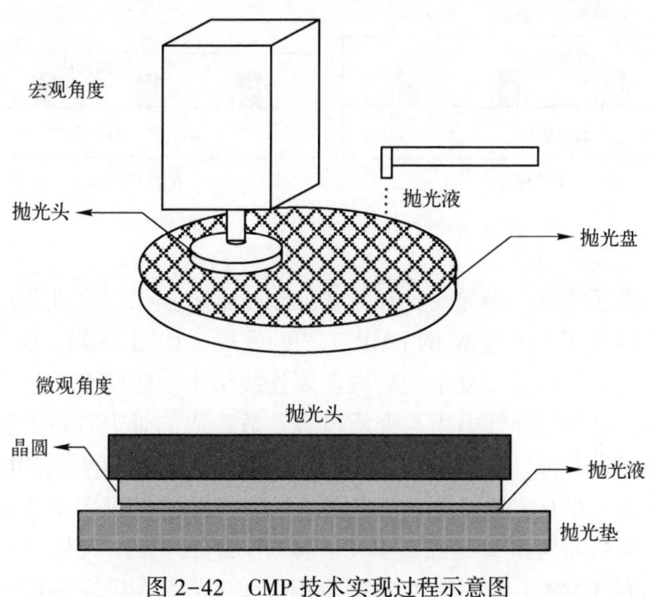

图 2-42　CMP 技术实现过程示意图

抛光垫之间形成抛光液薄层。抛光液中的氧化剂会与晶圆表面材料发生化学反应，使其表面发生改性，在抛光液中的微纳米氧化物颗粒的吸附解离或精细磨削作用下，将晶圆表面改性材料薄层去除，露出新的待移除材料。上述微观过程不断循环，达到对晶圆表面凸起材料平坦化的目的。

2.7.2 化学机械平坦化工艺在三维器件集成中的应用

CMP 工艺是获得高性能集成电路的重要应用技术之一，是推动集成电路沿摩尔定律发展的重要推动力。下面介绍 CMP 工艺引入和发展的重要技术节点，如表 2-6 所示。

表 2-6 CMP 工艺引入和发展的重要技术节点

技术节点	时间	用途	引入原因
0.8μm	1990 年	ILD CMP	多层金属连线
0.35μm	1995 年	STI CMP	提高隔离密度
		W CMP	更高良率
0.13μm	2001 年	Cu CMP	减小 RC 延迟
45/32nm	2007 年	RMG CMP	形成高 κ 金属栅结构

20 世纪 90 年代初期，由于多层金属布线的需要，CMP 工艺最早应用于介质隔离（Inter-Layer Dielectric，ILD）技术，即使用 ILD 技术的 CMP 工艺磨平晶圆隔离金属 Al 线的凸起表面 SiO_2 结构，如图 2-43 所示。

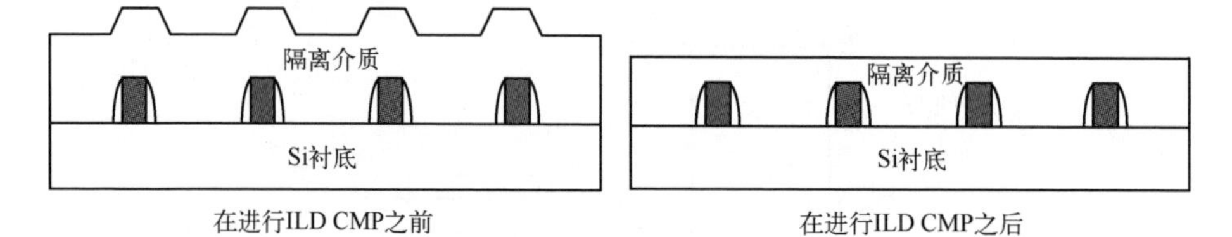

图 2-43 ILD 技术的 CMP 工艺示意图

随着器件密度的进一步提高，在 0.35μm 技术节点下，产业界引入了 STI 与 W 连线结构，催生了 STI 与 W 的 CMP 工艺的发展，如图 2-44、图 2-45 所示。

高密度的电路集成需要复杂的后段金属连线引出。伴随金属连线的层与单层布线密度增加，由金属导线电阻与介质电容参数造成的延迟日益严重，限制了集成电路性能的充分发挥。金属 Cu 比常规连线的金属 Al 具有更低的电阻，是理想的金属连线材料，在 0.13μm 技术节点引入。但产业界经过多年摸索，一直没有找到合适的干法刻蚀气体来刻蚀金属 Cu，以形成可挥发的气体产物。通过大马士革工艺，Cu 的 CMP 工艺获得了成功应用，将 Cu 引入后段多层金属连线，如

图 2-46 所示。同时搭配低介质常数的 SiO_2 介质，极大地降低了多层金属布线的 RC 延迟，使集成电路的性能得到了充分发挥。

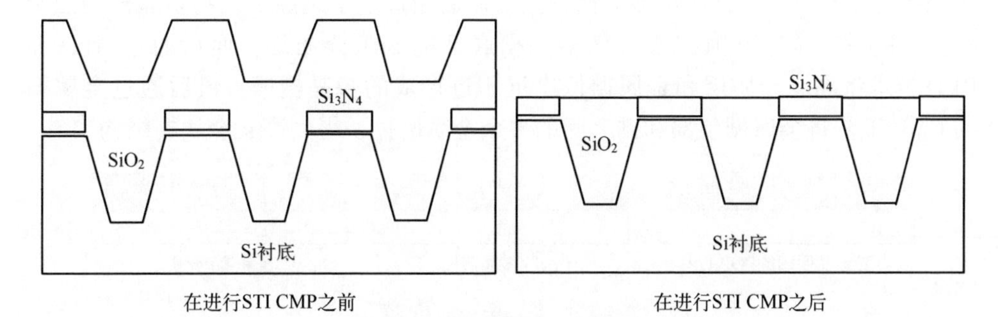

图 2-44　STI 的 CMP 工艺示意图

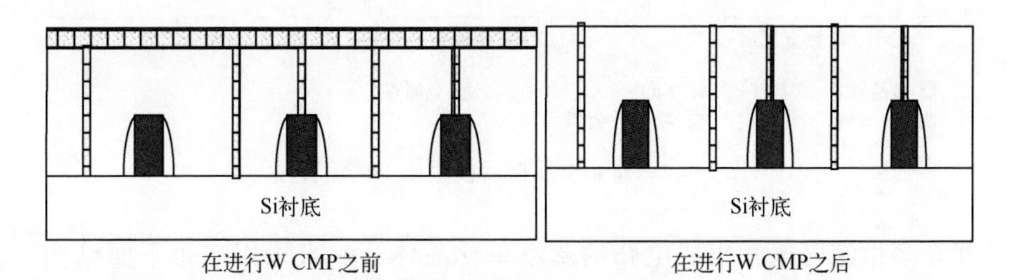

图 2-45　W 的 CMP 工艺示意图

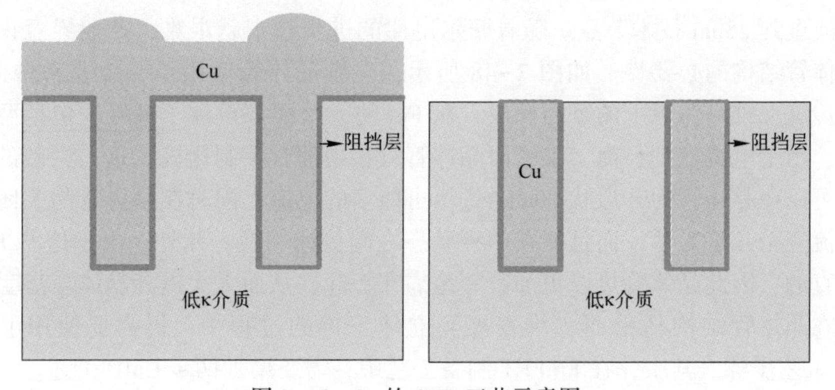

图 2-46　Cu 的 CMP 工艺示意图

在低功耗、高性能需求的驱动下，集成电路晶体管的多晶 Si/SiO_2 组合已经不能满足性能持续提升的需求。产业界在 45nm 技术节点下引入了高 κ 金属栅结构，取代传统的 SiO_2 介质和多晶 Si 栅，以有效降低器件的漏电，并进一步提升器件的集成度[57,58]。在形成高 κ 金属栅结构的过程中，引入了两步重要的 CMP

工艺。

图 2-47 给出了高 κ 金属栅后栅集成工艺流程图。在传统形成多晶栅后，通过一道 CMP 工艺，即打开多晶假栅的 POP（Poly Opening Polish）工艺，将多晶栅顶部的介质层磨开，露出多晶栅顶层；而后通过化学刻蚀工艺将多晶栅刻蚀干净；并进一步通过刻蚀方法去除多晶栅底部的 SiO_2 介质层；而后通过 ALD 和 PVD 技术将高 κ 介质层和金属栅依次沉积进形成的多晶栅槽；最后通过金属栅的 CMP 工艺将金属栅顶部和栅之间的多余金属磨掉，得到高 κ 金属栅结构[59,60]。

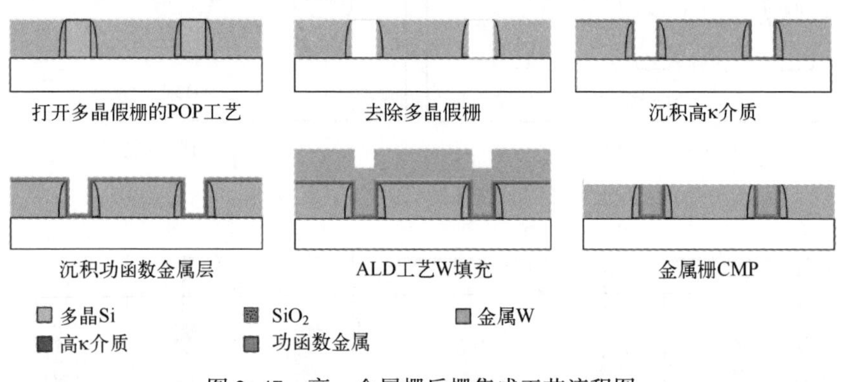

图 2-47　高 κ 金属栅后栅集成工艺流程图

半个多世纪以来，集成电路的基本单元晶体管一直采用二维平面结构。在 0.35μm 技术节点引入了 STI 结构，0.13μm 技术节点成功应用了 Cu 互连，以及 45nm 技术节点研发了高 κ 金属栅组合后，采用二维平面晶体管的集成电路一路微缩演进到 28nm 技术节点。随着摩尔定律的进步越来越艰难，产业界意识到三维晶体管结构的必要性。如图 2-48 所示，三维晶体管使用了一个非常薄的 Fin 取代传统二维晶体管上的平面栅极，在 Fin 的三个面都设计了栅极，包括两侧和顶部，用于电流控制，而二维平面晶体管只在顶部有控制栅极。这一突破的关键在于可以在晶体管为开启状态时通过尽可能多的电流，同时在晶体管为关闭状态将电流降至几乎为零，而且能在两种状态之间极速切换。此外，由于这些 Fin 都是垂直的，因此晶体管可以更加紧密地靠在一起，从而大大提高晶体管密度。

在晶体管结构从平面二维发展到立体三维的过程中，仍需要使用上述的 CMP 工艺步骤。其中，在 FinFET 制备工艺中，需要增加两步 CMP 工艺。一步是在 Si Fin 形成后，需要沉积一层较厚的非晶 Si，这需要对非晶 Si 进行 CMP，以便后续制造 Fin 上的假栅结构，如图 2-49 所示。

在 SAC 工艺中，需要增加另一步 CMP 工艺。如图 2-50 所示，在完成金属的 CMP 工艺后，需要对金属栅进行部分反刻蚀，露出部分空腔，然后通过 CVD 的方式沉积一层 Si_3N_4，对金属栅进行保护；然后通过 Si_3N_4 的 CMP 工艺，将沉积的介质层磨平，直至露出两侧的 SiO_2 隔离层，使得控制栅的空腔中填满了 Si_3N_4；后续再进行 ILD 的沉积与自对准的开孔工艺。

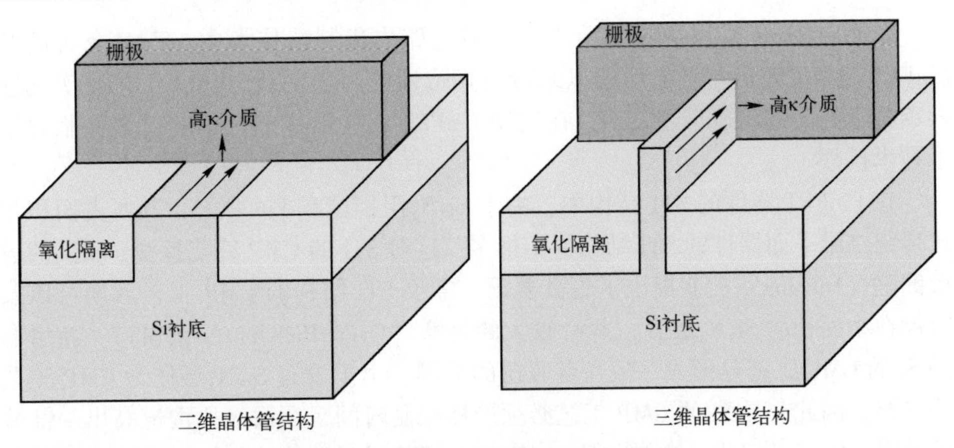

图 2-48　二维和三维晶体管结构示意图

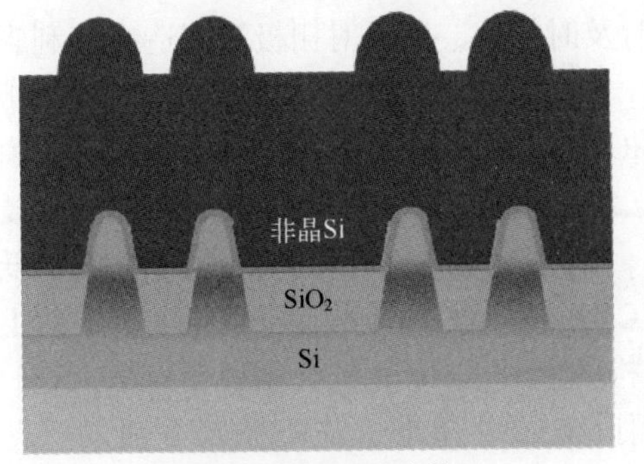

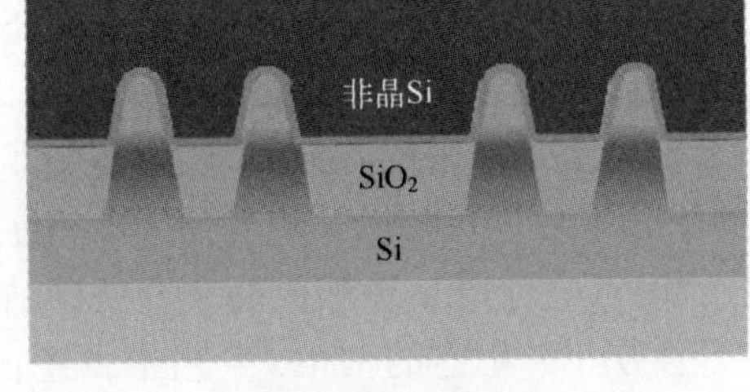

图 2-49　FinFET 非晶 Si CMP 工艺示意图

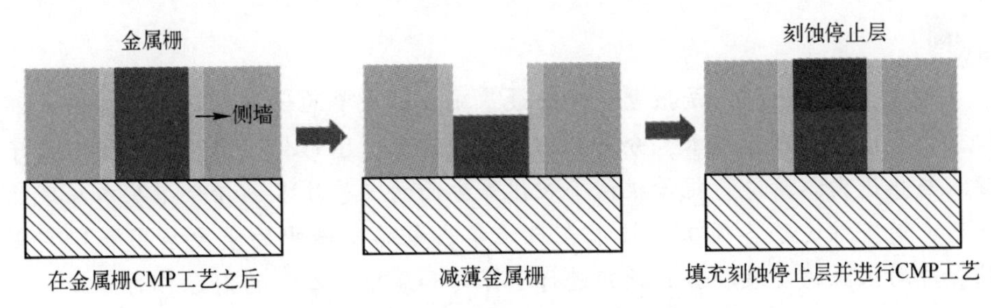

图 2-50　FinFET Si_3N_4 CMP 工艺示意图

2.7.3 化学机械平坦化工艺在三维器件集成中面临的挑战

在面向22nm及以下技术节点的集成电路先进制造技术中，高κ金属栅及FinFET是自CMOS晶体管发明以来最具颠覆性的两项创新。CMP工艺是实现这两项技术的关键制造工艺之一，在实现FinFET结构器件中，CMP工艺面临着如下技术挑战。

在FinFET器件的STI结构中，由于Si_3N_4阻挡层在Fin顶部，其所占面积相比传统二维平面器件的STI结构要小很多，这对STI的CMP终点探测、SiO_2的蝶形凹陷（Dishing）控制提出了更高要求，需要STI结构的CMP工艺后期可以及时停在小面积的Si_3N_4层上，并有较大的过磨（Over-Polish）工艺窗口。新增非晶Si的CMP工艺是形成一致高度假栅的关键。由于没有Si_3N_4层作为CMP工艺停止层，因此非晶Si的CMP工艺必须严格控制时间，在栅极比沟道高出一部分的前提下实现平坦化。这对非晶Si的CMP工艺材料移除速率，以及该速率在晶圆内的均匀性控制、缺陷控制提出了极高要求。在制造自对准孔的Si_3N_4层CMP工艺中，需要在两侧露出隔离介质SiO_2时及时停住，避免对栅极高度造成不利影响；同时尽量减小隔离介质的蝶形凹陷，为后续接触的CMP工艺留有足够的工艺窗口。在此过程中，需要使用Si_3N_4/SiO_2高选择比抛光液，并严格控制工艺窗口和缺陷。随着技术节点的继续推进，三维FinFET器件一直可以应用到5nm技术代。除上述带来的CMP工艺调整之外，接触互连的材料将由传统的W向更低电阻率的Co进行转换，需要研发Co的CMP抛光液、清洗液与相应工艺。除上述CMP工艺之外，在形成高κ金属栅结构的POP CMP工艺、金属栅CMP工艺，以及多层Cu互连的CMP工艺中，还面临着尺寸微缩、缺陷控制方面的工艺挑战。

集成电路制造技术是微电子学中最基础、最主要的研究领域之一。本章围绕三维集成电路制造技术，分别介绍了模型仿真、图形化、薄膜、刻蚀、离子注入与热退火、清洗、化学机械平坦化等方面的工艺技术。在介绍基本原理的同时，着重综述了各项工艺技术在三维集成电路制造中的重要应用和研究现状，并对未来的发展趋势和挑战进行了探讨和展望。本章的内容作为后续先进器件和集成技术的基础，为其他章节的学习提供了必要的知识储备和参考。

参考文献

[1] QUIRK M，SERDA J. 半导体制造技术 [M]. 韩郑生，译. 北京：电子工业出版社，2004.

[2] 高存贞. 超大规模集成电路微细加工技术 [M]. 北京：国防工业出版社，1981.

[3] 史西蒙. 超大规模集成电路工艺学 [M]. 上海：上海交通大学出版社，1987.

[4] WEI Y，BRAINARD R L. Advanced processes for 193-nm immersion lithography [M]. Bellingham：SPIE press，2009.

[5] 韦亚一. 超大规模集成电路先进光刻理论与应用 [M]. 北京：科学出版社，2016.

[6] FU N，LIU Y，MA X，et al. EUV lithography：state-of-the-art review [J]. Journal of Microelectronic Manufacturing，2019，2 (2)：1-6.

[7] ALI M A，GONSALVES K，GOLOVKINA V，et al. High sensitivity nanocomposite resists for EUV lithography [J]. Microelectronic Engineering，2003，65 (4)：454-462.

[8] WANG X，TSENG L T，ALLENET T，et al. Progress in EUV resists status towards high-NA EUV lithography [C] //The international Society for Optics and Photonics，Extreme Ultraviolet (EUV) Lithography XI，San Jose，2020：113230C.

[9] OTANI T，HIRATA M. High rate deposition of silicon nitride films by APCVD [J]. Thin Solid Films，2003，442 (1-2)：44-47.

[10] XU Q，WANG G，XIONG W，et al. Novel gap filling technique of shallow trench isolation structure in 16/14nm FinFET using sub-atmospheric chemical vapor deposition [J]. Journal of Materials Science：Materials in Electronics，2020，31：9796-9802.

[11] VASSILIEV V Y，SUDIJONO J，CUTHBERTSON A. Trends in void-free pre-metal CVD dielectrics [J]. Solid State Technology，2001，44 (3)：129-136.

[12] 应用材料（中国）公司. 高密度等离子体化学气相淀积（HDP CVD）工艺 [J]. 中国集成电路，2007，2：65-67.

[13] PUURUNEN R L. Surface chemistry of atomic layer deposition：A case study for the trimethylaluminum/water process [J]. Journal of Applied Physics，2005，97 (12)：9.

[14] GEORGE S，OTT A，KLAUS J. Surface chemistry for atomic layer growth [J]. The Journal of Physical Chemistry，1996，100 (31)：13121-13131.

[15] KUHN K J. CMOS scaling for the 22nm node and beyond：Device physics and technology [C] //IEEE，Symposium on VLSI Technology (VLSIT)，Kyoto，2011：1-2.

[16] WANG G. Investigation on SiGe Selective Epitaxy for Source and Drain Engineering in 22nm CMOS Technology Node and Beyond [M]. Singapore：Springer，2019.

[17] 张以忱. 真空镀膜技术与设备 [M]. 北京：冶金工业出版社，2014.

[18] POSADOWSKI W M，RADZIMSKI Z J. Sustained self-sputtering using a direct current magnetron source [J]. Journal of Vacuum Science & Technology A：Vacuum，Surfaces，and Films，1993，11 (6)：2980-2984.

[19] RAGNARSSON L Å, LI Z, TSENG J, et al. Ultra low-EOT (5 Å) gate-first and gate-last high performance CMOS achieved by gate-electrode optimization [C]// IEEE, International Electron Devices Meeting (IEDM), Baltimore, 2009: 1-4.

[20] MISTRY K, ALLEN C, AUTH C, et al. A 45nm logic technology with high-k+ metal gate transistors, strained silicon, 9 Cu interconnect layers, 193nm dry patterning, and 100% Pb-free packaging [C] //IEEE, International Electron Devices Meeting (IEDM), Washington, 2007: 247-250.

[21] COLINGE J P. The SOI MOSFET: from Single Gate to Multigate [M] //COLINGE J P. FinFETs and Other Multigate Transistors. Boston, MA, Springer: US. 2008: 1-48.

[22] DEKKERS H F, LIMA L P B, VAN ELSHOCHT S. Conductivity Improvements of Atomic Layer Deposited Ta_3N_5 [J]. ECS Transactions, 2013, 58 (10): 195.

[23] LEE A, FUCHIGAMI N, PISHAROTY D, et al. Atomic layer deposition of $Hf_xAl_yC_z$ as a work function material in metal gate MOS devices [J]. Journal of Vacuum Science & Technology A: Vacuum, Surfaces, and Films, 2014, 32 (1): 01A118.

[24] JEON S, PARK S. Fabrication of Robust Triple-$Ti_{1-x}Al_xN$ Metal Gate by Atomic Layer Deposition [J]. Journal of The Electrochemical Society, 2010, 157 (12): 1101.

[25] HEO S C, CHOI C. Plasma atomic layer deposited TiN metal gate for three dimensional device applications: Deposition temperature, capping metal and post annealing [J]. Microelectronic Engineering, 2012, 94: 11-13.

[26] RAGNARSSON L Å, CHEW S, DEKKERS H, et al. Highly scalable bulk FinFET Devices with Multi-V_T options by conductive metal gate stack tuning for the 10-nm node and beyond [C] //IEEE, Symposium on VLSI Technology (VLSIT), Honolulu, 2014: 1-2.

[27] CHO G H, RHEE S W. Plasma-Enhanced Atomic Layer Deposition of TaC_xN_y Films with tert-Butylimido Tris-diethylamido Tantalum and Methane/Hydrogen Gas [J]. Electrochemical and Solid State Letters, 2010, 13 (12): 426.

[28] XIANG J, DING Y, DU L, et al. Growth mechanism of atomic-layer-deposited TiAlC metal gate based on $TiCl_4$ and TMA precursors [J]. Chinese Physics B, 2016, 25 (3): 037308.

[29] XIANG J, ZHANG Y, LI T, et al. Investigation of thermal atomic layer deposited TiAlX (X= N or C) film as metal gate [J]. Solid-State Electronics, 2016, 122: 64-69.

[30] XIANG J, DING Y, DU L, et al. Investigation of N type metal TiAlC by thermal atomic layer deposition using $TiCl_4$ and TEA as precursors [J]. ECS Journal of Solid State Science and Technology, 2016, 5 (5): P299.

[31] XIANG J, LI T, ZHANG Y, et al. Investigation of TiAlC by atomic layer deposition as N type work function metal for FinFET [J]. ECS Journal of Solid State Science and Technology, 2015, 4 (12): P441.

[32] XIANG J, WANG X, LI T, et al. Investigation of Thermal Atomic Layer Deposited TaAlC with Low Effective Work-Function on HfO_2 Dielectric Using $TaCl_5$ and TEA as Precursors [J]. ECS Journal of Solid State Science and Technology, 2016, 6 (1): 38.

[33] XIANG J, LI T, WANG X, et al. Thermal Atomic Layer Deposition of TaAlC with $TaCl_5$ and TMA as Precursors [J]. ECS Journal of Solid State Science and Technology, 2016, 5 (10): P633.

[34] THOMPSON S, ANAND N, ARMSTRONG M, et al. A 90nm logic technology featuring 50nm strained silicon channel transistors, 7 layers of Cu interconnects, low k ILD, and $1um^2$ SRAM cell [C]// IEEE, International Electron Devices Meeting (IEDM), San Francisco, 2002: 61-64.

[35] MISTRY K, ARMSTRONG M, AUTH C, et al. Delaying forever: Uniaxial strained silicon transistors in a 90nm CMOS technology [C] //IEEE, Symposium on VLSI Technology (VLSIT), Honolulu, 2004: 50-51.

[36] THOMPSON S, SUN G, WU K, et al. Key differences for process-induced uniaxial vs. substrate-induced biaxial stressed Si and Ge channel MOSFETs [C]//IEEE, International Electron Devices Meeting (IEDM), San Francisco, 2004: 221-224.

[37] RADAMSON H H, HE X, ZHANG Q, et al. Miniaturization of CMOS [J]. Micromachines, 2019, 10 (5): 293.

[38] YU H, SCHAEKERS M, PETER A, et al. Titanium Silicide on Si: P With Precontact Amorphization Implantation Treatment: Contact Resistivity Approaching 1×10^{-9} $Ohm-cm^2$ [J]. IEEE Transactions on Electron Devices, 2016, 63 (12): 4632-4641.

[39] CAO L, ZHANG L, HO P S, et al. Scaling effects on microstructure and electromigration reliability for Cu and Cu (Mn) interconnects [C] //IEEE, International Reliability Physics Symposium Proceedings (IRPS), Waikoloa, 2014: 5A. 5. 1-5A. 5. 5.

[40] MAO S, LUO J. Titanium-based ohmic contacts in advanced CMOS technology [J]. Journal of Physics D: Applied Physics, 2019, 52 (50).

[41] LANGMUIR I. Oscillations in ionized gases [J]. Proc Natl Acad Sci USA, 1928, 14 (8): 627.

[42] 施敏，李明逵．半导体器件物理与工艺 [M]. 3 版．王明湘，赵鹤鸣，译．苏州：苏州大学出版社，2014.

[43] HUARD C M, ZHANG Y, SRIRAMAN S, et al. Atomic layer etching of 3D structures in silicon: Self-limiting and nonideal reactions [J]. Journal of Vacuum Science & Technology A: Vacuum, Surfaces, and Films, 2017, 35 (3): 031306.

[44] YIN X. Study of Isotropic and Si-Selective Quasi Atomic Layer Etching of $Si_{1-x}Ge_x$ [J]. ECS Journal of Solid State Science and Technology, 2020, 9 (3): 034012.

[45] LI J, LI Y, ZHOU N, et al. A Novel Dry Selective Isotropic Atomic Layer Etching of SiGe for Manufacturing Vertical Nanowire Array with Diameter Less than 20nm [J]. Materials, 2020, 13 (3): 771.

[46] GASVODA R J, VAN DE STEEG A W, BHOWMICK R, et al. Surface Phenomena During Plasma-Assisted Atomic Layer Etching of SiO_2 [J]. ACS Applied Materials & Interfaces, 2017, 9 (36): 31067-31075.

[47] JUN H, QUANBO L, ERMIN C, et al. Challenges and solutions for 14nm FinFET etching [C] //IEEE, China Semiconductor Technology International Conference, Shanghai, 2015: 1-4.

[48] LI J, WANG W, LI Y, et al. Study of selective isotropic etching $Si_{1-x}Ge_x$ in process of nanowire transistors [J]. Journal of Materials Science: Materials in Electronics, 2020, 31 (1): 134-143.

[49] LI J, LI Y, ZHOU N, et al. Study of Silicon Nitride Inner Spacer Formation in Process of Gate-all-around Nano-Transistors [J]. Nanomaterials, 2020, 10 (4).

[50] 北京市辐射中心. 离子注入原理与技术 [M]. 北京: 北京出版社, 1982.

[51] RIMINI E. Ion implantation: basics to device fabrication [M]. Boston, MA, Springer: US, 2013.

[52] VELOSO A, DE KEERSGIETER A, MATAGNE P, et al. Advances on doping strategies for triple-gate FinFETs and lateral gate-all-around nanowire FETs and their impact on device performance [J]. Materials Science in Semiconductor Processing, 2017, 62: 2-12.

[53] YANG Y, BREIL N, YANG C, et al. Ultra low p-type SiGe contact resistance FinFETs with Ti silicide liner using cryogenic contact implantation amorphization and solid-phase epitaxial regrowth (SPER) [C] //IEEE, Symposium on VLSI Technology (VLSIT), Honolulu, 2016: 1-2.

[54] MIZUBAYASHI W, ONODA H, NAKASHIMA Y, et al. Heated ion implantation technology for highly reliable metal-gate/high-k CMOS SOI FinFETs [C]//IEEE, International Electron Devices Meeting (IEDM), Washington, 2013: 20.5. 1-20.5. 4.

[55] SKORUPA W, SCHMIDT H. Subsecond annealing of advanced materials: annealing by lasers, flash lamps and swift heavy ions [M]. Switzerland: Springer International Publishing, 2013.

[56] HUET K, MAZZAMUTO F, Tabata T, et al. Doping of semiconductor devices by Laser Thermal Annealing [J]. Materials Science in Semiconductor Processing, 2017, 62: 92-102.

[57] CHAU R, DATTA S, DOCZY M, et al. High-κ/metal-gate stack and its MOSFET characteristics [J]. IEEE Electron Device Letters, 2004, 25 (6): 408-410.

[58] GUSEV E P, NARAYANAN V, FRANK M M. Advanced high-κ dielectric stacks with polySi and metal gates: Recent progress and current challenges [J]. IBM Journal of Research and Development, 2006, 50 (4.5): 387-410.

[59] WANG G, XU Q, YANG T, et al. Application of atomic layer deposition tungsten (ALD W) as gate filling metal for 22nm and beyond nodes CMOS technology [J]. ECS Journal of Solid State Science and Technology, 2014, 3 (4): 82.

[60] YANG T, ZHAO C, XU G, et al. HfSiON high-κ layer compatibility study with tetramethyl ammonium hydroxide (TMAH) solution [J]. Electrochemical and Solid State Letters, 2012, 15 (5): H141.

第3章

三维 FinFET 器件技术

3.1 三维 FinFET 器件

随着金属-氧化物-半导体场效应晶体管（Metal-Oxide-Semiconductor Field-Effect Transistor，MOSFET）特征尺寸的不断缩小，短沟道效应（Short Channel Effects，SCE）、强场效应、量子效应等变得越来越显著，导致器件漏电流、功耗增大及器件特性恶化。传统基于平面的 MOSFET 已经难以同时满足降低功耗、提升性能和增加集成度等多方面的严格要求，器件面临亚阈值摆幅（Subthreshold Swing，SS）增大、源漏穿通电流和栅介质隧穿漏电流急剧增加、驱动性能严重退化等多方面的严峻挑战。随着 MOSFET 栅长进一步缩小至深亚微米量级以下，器件很难获得良好的沟道静电完整性（Electrostatic Integrity，EI），进而产生严重的亚阈值摆幅退化、漏致势垒降低（Drain Induced Barrier Lowering，DIBL）和漏电流控制困难等问题，导致器件漏电流和功耗增加，严重影响电路的正常工作。

为了解决上述平面器件面临的问题，三维多栅器件结构得到了广泛研究，图 3-1 所示为平面晶体管和 FinFET 器件。1999 年，美国加州伯克利大学的胡正明（Zhengming Hu）团队提出了绝缘层上硅（Silicon On Insulator，SOI）的双栅 FinFET 器件，由于其具有较高的工艺集成易用性与优异的短沟道效应抑制能力，因此引起了学术界和产业界的广泛关注[1,2]。早期学术界研究的 FinFET 器件多以 SOI 为衬底，主要是因为在 SOI 衬底上器件的制备流程更简单。而大规模集成电路制造产业界主要从切合主流制造工艺实现的角度出发，研究多栅器件的微缩优势及低成本工艺集成方案。考虑到与现有基于体硅衬底制备技术的兼容性，在体硅衬底上实现多栅 FinFET 器件在主流集成工艺上更具优势。三星电子公司于 2003 年首次发布了集成在体硅衬底上的 FinFET 器件，初步证明了 FinFET 器件与体硅工艺具有较好的兼容性[3]；Intel 公司首先将双栅 FinFET 器件进化到半包裹的三栅结构[4]；中国科学院微电子研究所同期也做了早期探索[5]。面向大规模集成，Intel 公司于 2006 年首先在体硅 FinFET 器件上同时集成了高κ金属栅和应变 SiGe 技术，以提高 FinFET 器件的驱动性能。这表明 FinFET 器件可以较好与主流先进工艺兼容，适用于高性能逻辑电路。经过近 10 年的持续研究与开发，Intel 公司在 2012 年首次大规模量产了第一代体硅 FinFET 技术，应用于其先进逻辑工艺和系统级芯片（System-On-a-Chip，SOC）[6]。

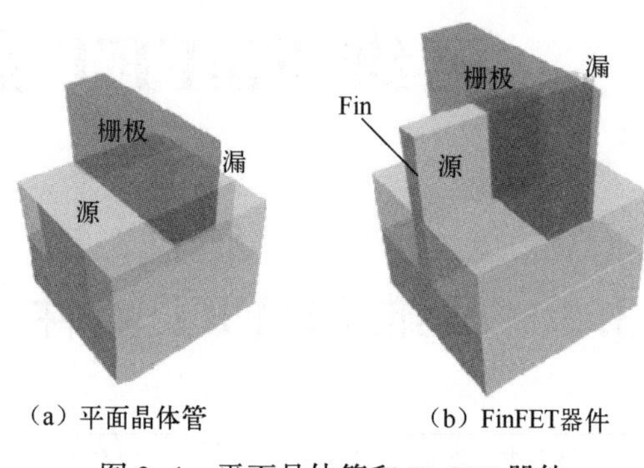

（a）平面晶体管　（b）FinFET器件

图 3-1　平面晶体管和 FinFET 器件

3.1.1　器件原理

传统 MOSFET 器件主要通过等比例缩小规则提升器件性能和单位面积晶体管的密度，同时通过缩小栅极长度和施加应力来提高沟道迁移率、器件驱动性能和电路开关速度。但是，当栅极达到约 20nm 长度时，晶体管性能会受到严重的短沟道效应影响，即器件处于关闭状态，源极和漏极之间也存在较大泄漏电流。为了更好地获得对通道电流的控制，一种方法是将通道提升到 Si 平面以上，从而形成凸起的“鳍”（Fin）。栅极通过三个侧面环绕在凸起的 Fin 沟道上，而不像平面器件一样仅在其顶部形成栅极。较大表面积的栅极和较薄的 Fin 沟道形成可更好地控制电场，从而减小关闭状态下的漏电流。

早在 1984 年人们就曾提出通过增加一个背栅来改善器件的亚阈值特性[7]，并很快得到实验验证：在 SOI 衬底上形成的双栅[8]和环栅[9]器件表现为体反型的特征，与单栅器件相比具有改善的亚阈值特性和驱动性能。随后人们发展了多种形式的多栅器件[10]：①FinFET[11-13]，其栅极从 Fin 的两个侧面控制沟道，而 Fin 的上表面留有硬掩模，它是严格意义上的垂直双栅器件；②三栅器件[4]，栅极从上表面和侧表面共三个面同时控制沟道；③Pi-Gate[11]，栅极在控制三个面的同时延伸一定的深度至介质中；④Omega-Gate[10]，栅极延伸到沟道底表面一部分；⑤GAA[9]，栅极从四个面全包围沟道；⑥Bulk Tri-Gate[3]，栅极包围沟道的三个面，但底面与体硅衬底相连。

为了更好地分析和表征各类器件的栅控特性强弱，研究人员采用泊松方程的分析方法，引入本征长度 λ 的概念。该参数通过描述源漏电势向器件沟道区域的作用距离，反映漏极电压对导电沟道最大电势的调控机制。为了获得更好的亚阈值特性，器件的栅极长度必须比 λ 长，且 λ 越小越有利于器件的微缩。不同栅极形状器件的 λ 对比如表 3-1 所示[14]。可见，通过减小栅极介质的厚度、沟道的宽度和厚度（或纳米线直径）、采用高 κ 材料等方法可以减小 λ。与单栅相比，双栅、三栅和环栅器件可以大幅度地减小 λ、改善亚阈值特性，具有更强的栅控性能。此外，三维 FinFET 器件相比 GAA 器件，虽然牺牲了部分栅控性能，但是其具有更加简单的制备工艺和实现方式，较小的器件 variation，因此在先进技术节点可得到产业界大规模应用[10]。

表 3-1　不同栅极形状器件的 λ 对比

单栅	$\lambda_1=\sqrt{\dfrac{\varepsilon_{Si}}{\varepsilon_{ox}}t_{Si}t_{ox}}$
双栅	$\lambda_2=\sqrt{\dfrac{\varepsilon_{Si}}{2\varepsilon_{ox}}t_{Si}t_{ox}}$
三栅	$\lambda_3\approx\sqrt{\dfrac{\varepsilon_{Si}}{4\varepsilon_{ox}}t_{Si}t_{ox}}$
环栅	$\lambda_o=\sqrt{\dfrac{2\varepsilon_{Si}t_{Si}^2\ln\left(1+\dfrac{2t_{ox}}{t_{Si}}\right)+\varepsilon_{ox}t_{Si}^2}{16\varepsilon_{ox}}}$

注：ε_{Si} 和 ε_{ox} 分别是沟道和栅极介质的介质常数；t_{Si} 和 t_{ox} 分别是沟道和栅极介质的厚度。

体硅 FinFET 器件的三维结构示意图如图 3-2 所示。该结构的主要特点是在体硅衬底上形成一定倾角的三维 Si Fin 结构，类似鱼的背鳍。体硅 FinFET 器件具有与 Si 衬底相连的三维 Si Fin，通过浅沟槽介质实现栅极与衬底、Fin 与 Fin 之间的隔离，露出顶部的 Si Fin，形成器件的实际导电沟道区。栅极从三面环绕包裹 Fin 沟道，侧墙用来隔离栅极与源漏的接触，在源漏区域进行选择性外延生长，既可以增大源漏接触面积，减小接触电阻，又可以通过源漏应变技术对 Fin 沟道施加应力，提高器件的迁移率。栅极三面环绕包围 Si Fin 沟道形成多栅电极，其膜层结构为多层高κ金属栅。为了清晰地展现核心器件结构，该图中未展示分别与栅极和源漏连接的金属接触。

从该结构示意图可以看出体硅 FinFET 器件的结构特点：①该器件能有效利用三栅抑制短沟道效应；②建立在普通体硅衬底上，能够充分利用有源区和栅电极面积，相同面积提供更大的驱动电流；③能与平面制备器件兼容，非常容易制成 CMOS 器件与电路，容易规模应用；④并联三面栅与槽栅结构可使饱和电流增加，并相应降低栅极绝缘层厚度；⑤相对抬高的源漏区域，有利于超浅结及硅化物的形成。

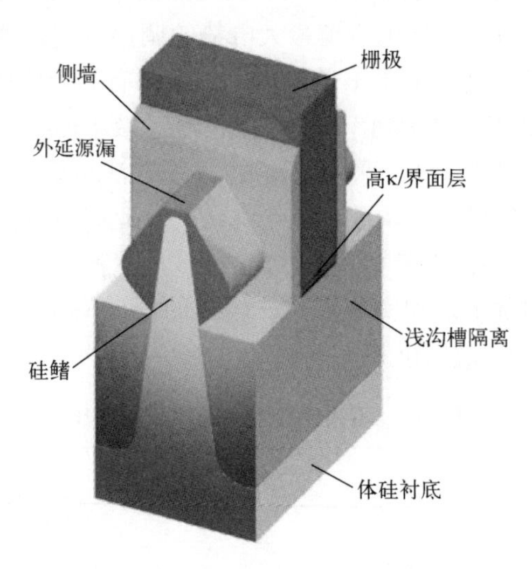

图 3-2　体硅 FinFET 器件的三维结构示意图

3.1.2　结构设计与工艺仿真

确定体硅 FinFET 器件的几何结构后需要进行工艺设计才能完成由理论到实验的过程，而在工艺设计前需要进行结构与工艺参数设计。在半导体工艺开发、参数调试及验证阶段采用的工艺与器件仿真研究主要基于工业界标准的商业软件，如新思科技公司（Synopsys）提供的 TCAD Sentaurus 软件平台[15]。TCAD 仿真是先进工艺技术在开发过程中必不可少的重要环节，可以对器件的基本工艺参数和电学性能进行预研，准确合理地设定实验分离条件，并大大降低工艺研发成本、缩短周期，还可以快速解决在工艺研发过程中遇到的工艺集成问题和电学性能问题。

与传统平面器件不同，三维 FinFET 器件从工艺到器件仿真设计需要优化改变 Fin 宽（F_w）、Fin 高（F_h）、栅氧化层厚度、掩埋氧化层厚度及各种工艺流程和参数（如掺杂剂量、注入能量、角度、退火温度等）。器件仿真得到直流和交流特性，包括 DIBL、亚阈值摆幅、I_{on}/I_{off}行为和截止频率等。

由于 FinFET 结构是三维的，如图 3-3 所示，需要复杂的沟道轮廓来调整阈值电压，因此无法使用常规的一维或二维仿真器对其进行仿真。三维仿真需要密集的网格或网格点，因此需要大量时间和计算机内存资源用于工艺仿真[16]。首先仅对器件的四分之一进行仿真，在工艺仿真结束时，对结构进行两次镜像以构成完整的器件。在默认情况下，初始网格定义是在工艺模拟开始时从掩模版布局文件中获取的。掩模保持在 *X*–*Z* 平面中，并且生长方向在负 *Y* 轴上。对于计算效率模型，将平衡点缺陷浓度和双重 Pearson 模型与默认模型参数一起用于扩散和离子注入。过程仿真中包括所有必要的热步骤。

工艺仿真完成后，继续进行器件仿真。漂移扩散模型与量子力学模型修正的局部密度近似（Modified Local Density Approximation，MLDA）一起用于器件仿真，该模型能够计算 $Si-SiO_2$ 界面附近的受限载流子分布，同时用于空穴和电子的反型和积累。MLDA 模型能够进行直流、瞬态和交流分析，使用 Jain and Roulston 模型可以模拟由于重掺杂导致的带隙变窄效应，这两种模型均使用其默认模型参数。低场迁移率模型包括掺杂和温度相关的 Aurora 迁移率模型，以及具有默认模型参数的 Lombardi 表面散射模型。Caughey–Thomas 迁移率模型用于高场（沿电流方向）状态。由于栅长极短，因此在高场状态下使用取决于闸门长度的速度模型来描述准弹道效应。以上模型的参数均需要通过实验数据或非经验量子模型仿真结果进行校准。

下面以体硅 FinFET 器件为例，研究器件电学性能受 Fin 几何尺寸、沟道及源漏掺杂的影响。为了实现理想三维多栅全耗尽沟道的器件优势，需要对器件参数进行全面研究。通过 TCAD 仿真研究 Fin 器件可以更好地理解其性能与器件和工艺参数的关系，并分别进行相应的优化设计。图 3–3 分别介绍了防穿通阻挡层掺杂优化、Fin 宽和 Fin 高优化，以及栅长优化。

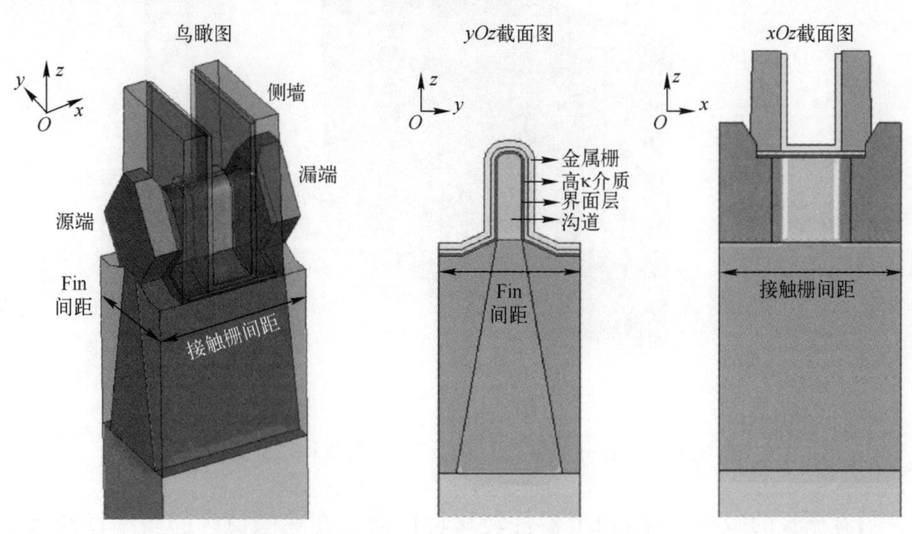

图 3–3　仿真中采用的三维 FinFET 器件结构

1. Fin 几何参数优化

三维 FinFET 器件的几何参数是器件设计时首先需要考虑的一个关键参数，而且器件几何参数的设计也要依托工艺技术所能设计的最高水平。随着晶体管特征尺寸的不断微缩，FinFET 器件的几何参数趋向于栅长（L_g）减小、Fin 宽（F_w）减小和 Fin 高（F_h）增加。产生这一趋势的主要原因有：大规模集成电路集成度的不断提升需要更小几何尺寸的单元器件；小尺寸器件产生的短沟道效应需要具有更强栅控能力的优化结构来抑制；小尺寸器件的驱动电流需要一定的沟道截面积来维持。利用 Sentaurus TCAD 仿真 nFinFET 器件，定义器件的简化模型由源区接触（SC）、源区（S）、栅氧化层（Gox）、导电沟道（Channel）、漏区（D）、漏区接触（DC）、Si 衬底（Body）和 STI 隔离氧化物（Box）构成，如图 3-4 所示。整体仿真设计趋向于研究 FinFET 器件 Fin 的几何参数对器件特性的影响，主要包括 Fin 宽和 Fin 高，以及器件的物理栅长。仿真设计采用体硅 FinFET 器件结构，器件设计参数参考 2015 年的国际半导体技术蓝图（ITRS）和 2017 年的国际器件和系统路线图（IRDS），以及 2014 年 Intel 公司发表的第二代 FinFET 器件[16]。

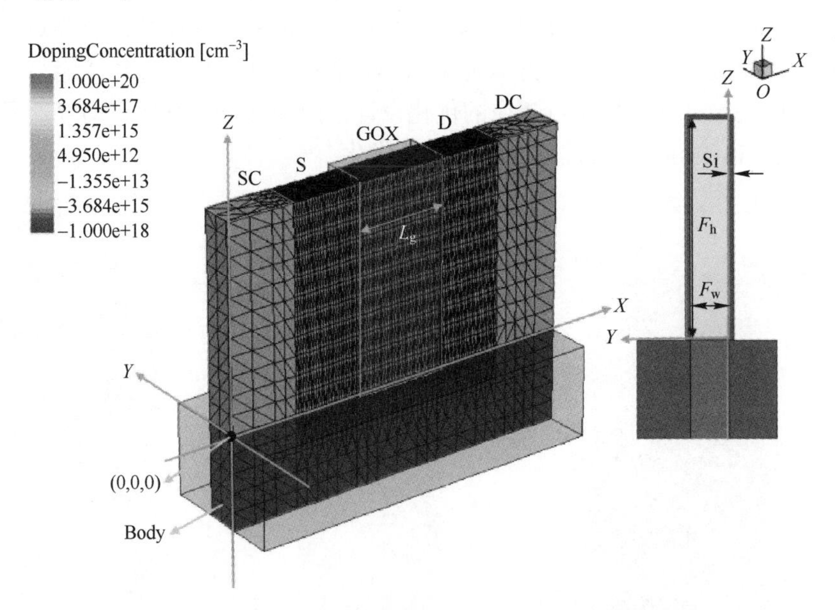

图 3-4　三维 nFinFET 器件的结构示意图和二维截面图

随着栅长的减小，nFinFET 器件转移特性曲线在亚阈值区的斜率逐渐减小，表明器件的短沟道效应更加明显，如图 3-5 所示。同时，器件的关态电流随着栅长的减小明显增大，这表明器件的电学性能受到短沟道效应的影响而降低。从

图 3-5 也可以看出，改变 nFinFET 器件的 F_w 和 F_h 均会影响器件的转移特性，但 F_w 相比 F_h 对器件转移特性的影响更大，这是因为 FinFET 器件栅极侧壁对于导电沟道的控制能力更强，减小 F_w 有利于促进导电沟道由“表面反型”向“体反型”过渡。图 3-6 的仿真结果显示，在不同 L_g 条件下，F_w 对阈值电压 V_{th}、漏致势垒降低系数 σ、亚阈值摆幅 SS 和开关比 I_{on}/I_{off} 的影响中，V_{th} 随着 L_g 的减小而减小，随着 F_w 的增加而减小。L_g 产生的影响反映了典型的晶体管阈值滚降（Roll-Off）特性，而 F_w 的影响是 Fin 两侧的自对准双栅控制沟道的能力相对减弱，从能带的角度分析则是 F_w 的增加导致沟道中的导带下拉，即源到沟道之间的势垒高度减小，沟道易反型，所以阈值电压减小。对于漏致势垒降低系数 σ，L_g 的减小导致 σ 增加，F_w 的减小导致 σ 降低，所以 L_g 带来的短沟道效应可以通过减小 F_w 来抵消。对于 SS，L_g 的减小导致 SS 增加，F_w 的减小导致 SS 减小，这可以通过优化器件的设计使 nFinFET 器件的 SS 逐渐减小到极限值 60mV/dec，这也有助于降低短沟道效应的影响。对于 I_{on}/I_{off}，L_g 的减小导致 I_{on}/I_{off} 减小，F_w 的减小导致 I_{on}/I_{off} 增加，这有助于提升器件的电学性能。

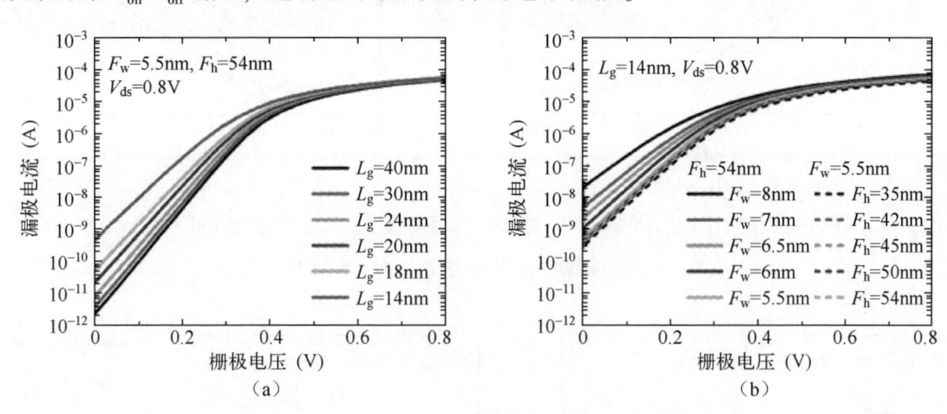

图 3-5　L_g、F_w、F_h 对 nFinFEET 器件转移特性的影响

通过仿真研究 nFinFET 器件 Fin 的几何参数 F_w、F_h 和 L_g 对晶体管特性和电学性能的影响，可以发现 FinFET 器件的短沟道效应随着栅长的减小越来越明显，所以目前国际主流的晶体管设计方案采用优化 F_w 和 F_h 来进一步提升器件的栅控能力。FinFET 器件一个重要的电学性能就是开关比（I_{on}/I_{off}），这不仅表征了器件开关速度的大小，同时代表了器件的电流驱动性能。随着 L_g 的减小，以及 F_w 和 F_h 的增加，器件的开关比呈现减小的趋势，L_g 和 F_w 对开关比的影响程度更大，F_h 的影响相对较小，但是 F_h 的增加可以显著提升器件的驱动性能，如图 3-7 所示。所以，目前 FinFET 器件随着 L_g 的减小，Fin 的设计趋向于减小 F_w 和增加 F_h，一方面提升了器件抑制短沟道效应的能力，另一方面保证了在不显著降低器件电

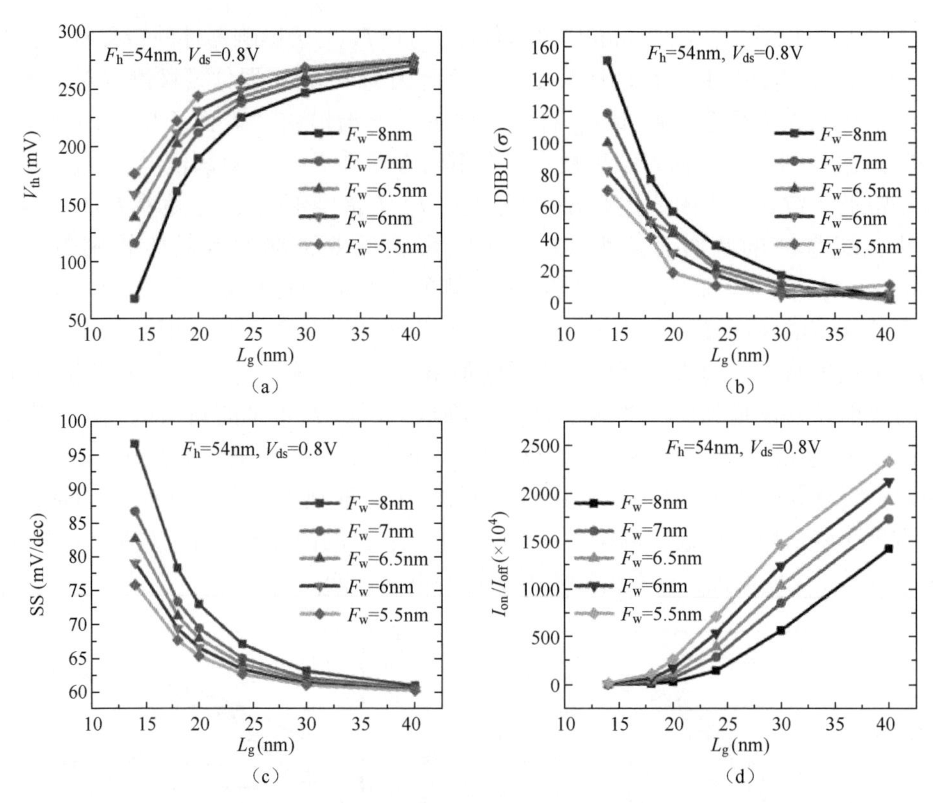

图 3-6　在不同 L_g 条件下，F_w 对器件阈值电压 V_{th}、漏致势垒降低系数 σ、亚阈值摆幅 SS 和开关比 I_{on}/I_{off} 的影响

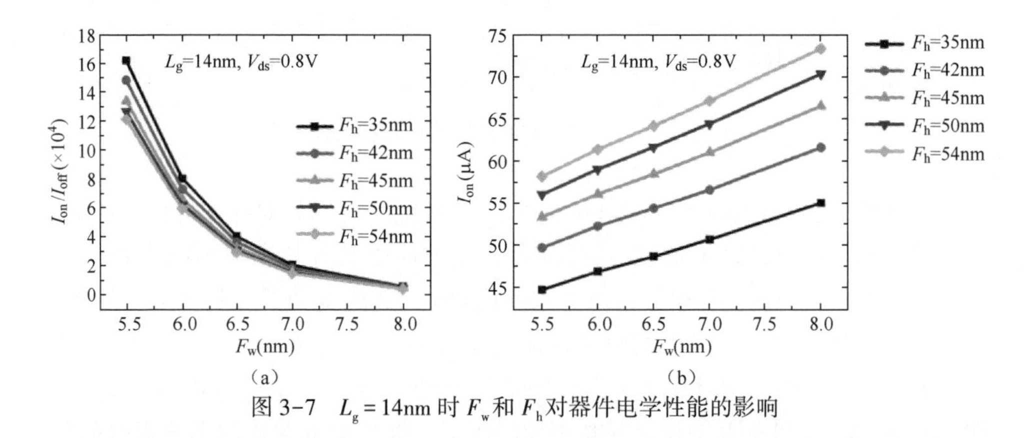

图 3-7　$L_g = 14$nm 时 F_w 和 F_h 对器件电学性能的影响

学性能的前提下增加沟道的横截面积，从而增加器件的驱动电流。而且 Fin 几何参数的改变也会改变器件内部电势的分布，从而影响器件的电学性能。这也解释了在 ITRS 和 IRDS 关于 FinFET 器件的设计中，F_w 不断减小和 F_h 不断增加的优

化思路。

2. 防穿通阻挡层掺杂优化

相对于平面器件，FinFET 器件具有多栅结构和较薄的沟道厚度，可以有效增强栅控，减小短沟道效应。然而，由于工艺原因，Fin 的底部宽度较大，且没有环栅（底栅）调控，容易在 FinFET 器件底部形成本底穿通漏电通道。针对此问题，一个比较容易实现的工艺优化方法是通过离子注入形成防穿通阻挡层（Punch-Through Stopper Layer，PTSL）来抑制穿通漏电流[17]。PTSL 离子注入可以分别在刻蚀 Fin 前、刻蚀 Fin 后、STI CMP 后、STI 减薄后进行，如图 3-8 所示。

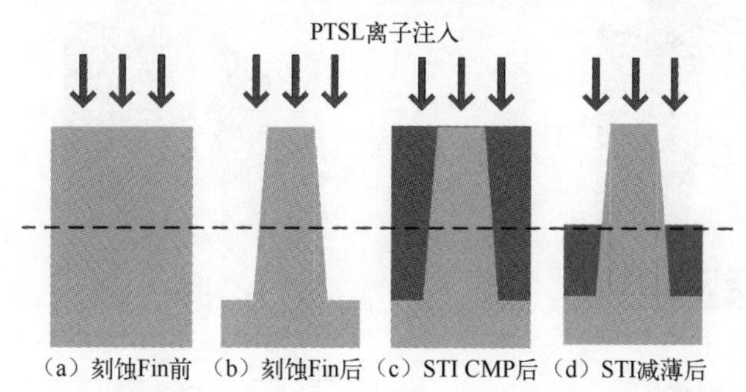

图 3-8　PTSL 离子注入可以集成在工艺流程中的位置

仿真结果如图 3-9 所示，可以看出，图（a）可以相对准确地控制离子注入形成的杂质轮廓及位置，而且杂质轮廓在 Fin 内分布均匀，但是其需要较高的注入能量才能到达寄生 Fin 的位置，这将不可避免地在沟道 Fin 区域内留下“带尾”，而且经历的高温工艺最多，PTSL 离子向沟道区域扩展得最多。图（b）更适合在 STI 底部形成杂质轮廓，抑制 STI 底部寄生器件开启。图（c）准确控制离子注入的位置有赖于 STI 介质 CMP 的控制，如果 Fin 上留有介质，那么将对选择离子注入的能量带来麻烦，而且离子注入可能会使 STI 介质刻蚀速率改变，为精确控制 Fin 高带来困难。图（d）更容易形成具有自对准特性的 PTSL，因为杂质离子主要通过 STI 介质散射到寄生 Fin 的位置，这种方法需要的注入能量较低，尤其适合 Fin 顶部有硬掩模的情形，通过介质散射到寄生 Fin 处的离子形成杂质轮廓而通过 Fin 顶部注入沟道区域的离子可以被有效阻挡。可以看到第四种方式注入形成 PTSL 具有较好的效果。

PTSL 离子注入的能量及剂量会影响形成的杂质离子轮廓，进而影响器件的亚阈值特性。如图 3-10 所示，为了得到较好的亚阈值特性（SS_{lin}和 SS_{sat}），应该尽量降低 PTSL 离子注入的能量；然而我们必须同时考虑随着 PTSL 的能量减小，因随机掺杂波动（Random Dopant Fluctuation，RDF）造成的阈值电压统计涨落会相应增大。在 PTSL 离子注入能量为 20keV 时，造成的阈值电压的标准方差 $\sigma-V_t$ 约为 20mV。参考 Intel 公司发布的不同技术代 $\sigma-V_t$ 变化趋势[3]，可以看到从 130~32nm 平面工艺技术代，随着沟道掺杂浓度的增大，相应的 RDF 造成的阈值电压增大（从 10mV 增大至 35mV），而对于 22nm 和 14nm FinFET 技术代，相应的 $\sigma-V_t$ 已减小至 20mV 以下，这体现了低沟道掺杂 FinFET 器件在减小阈值电压方面的优势。因此，对于 PTSL 离子注入的能量和剂量设计，应该在满足亚阈值特性和漏电流的要求下，适当降低 PTSL 掺杂浓度，以减小因为 RDF 造成的阈值电压。

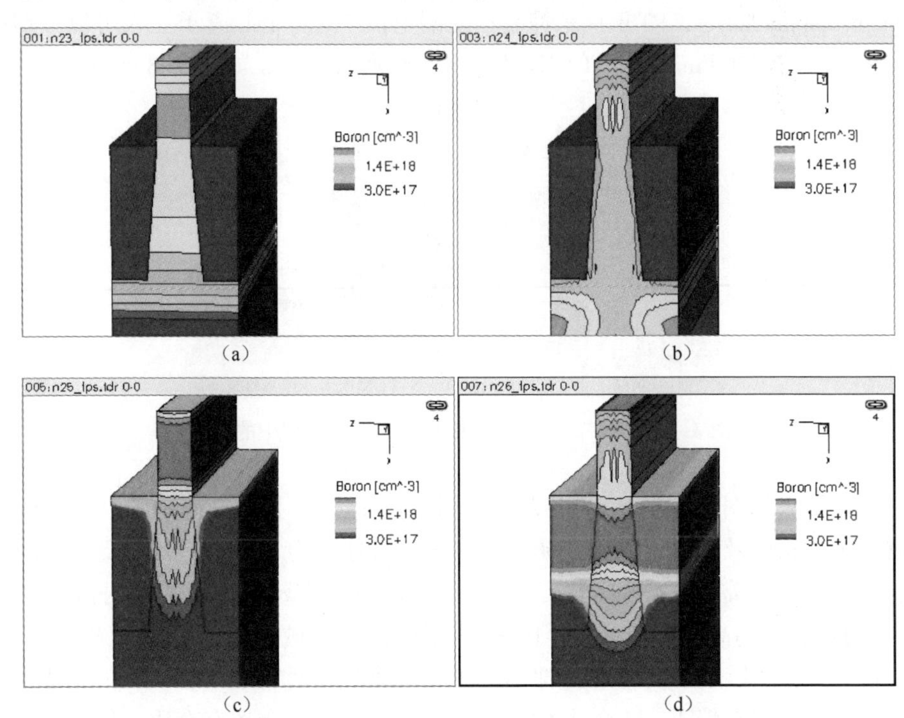

图 3-9　在不同的工艺流程处进行 PTSL 离子注入，产生的离子轮廓对比

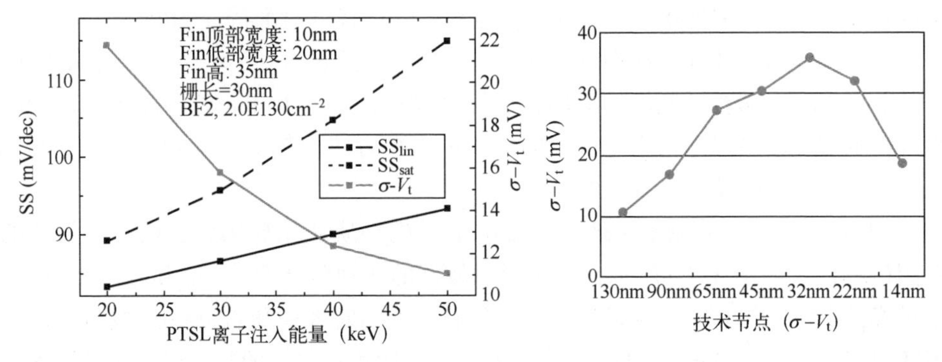

图 3-10　PTSL 离子注入能量与 SS 参数和 $\sigma-V_t$（RDF 导致）的关系；右图为 Intel 公司的参考数据

3. 源漏掺杂优化

对 FinFET 器件而言，并不需要像平面器件那样利用超低能离子注入形成超浅结，因为超薄 Fin 本身结构就使得器件具有超浅结的特性。形成源漏扩展区可以使用离子注入的方法，或者选择原位掺杂外延工艺。

对 NMOS 器件而言，选择原位掺杂外延工艺可以形成源漏扩展区，而原位掺杂外延工艺和具体工艺参数、设备能力密切相关，尤其是原位掺杂 As 的外延工艺受限于 As 的固溶度比较低，很难达到较高的 As 原位掺杂浓度。如果源漏扩展区掺杂浓度不够高，那么会导致源漏扩展区寄生电阻增大，进而影响器件的驱动电流 I_{on}。如图 3-11 所示，仿真结果表明源漏扩展区原位掺杂浓度低至 $2\times10^{19}\text{cm}^{-3}$，器件的驱动电流会比掺杂浓度为 $2\times10^{20}\text{cm}^{-3}$的情况减小约 36%。

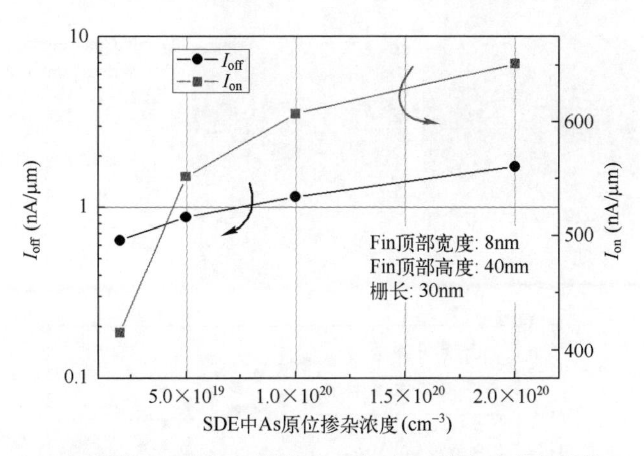

图 3-11　NMOS 源漏扩展区利用原位掺杂工艺的 As 掺杂浓度与器件 I_{on}/I_{off} 的关系

因此，对于 NMOS 器件，在不具备较高的原位掺杂外延工艺的情况下，需要使用低能量大倾角离子注入形成 NMOS 的源漏扩展区。其中，对于三维 Fin 结构，离子注入的角度决定了能否形成较好的保型均匀掺杂。如图 3-12 所示，在相同的源漏扩展区的离子注入能量和剂量条件下（As，$1.5\times10^{15}\text{cm}^{-2}$，3keV），随着倾角的角度增大（0°，15°，30°，45°），形成的源漏扩展区的保型性越好，顶部 Fin 器件与底部 Fin 器件的有效栅长的差别越小，二者的阈值电压及驱动性能更接近，便于优化整体器件性能。

对于 PMOS 器件，通过离子注入形成源漏扩展区时，B 原子容易在 Si 中扩散，对温度比较敏感。如图 3-13 所示，通过 TCAD 仿真证实在离子注入 B/BF_2 时，借鉴平面工艺中的 Ge 预非晶化注入条件（B，$6\times10^{14}\text{cm}^{-2}$，10keV，30°），可以一定程度上减缓 B 原子的横向扩散，改善短沟道器件的亚阈值特性，由 SS_{lin}

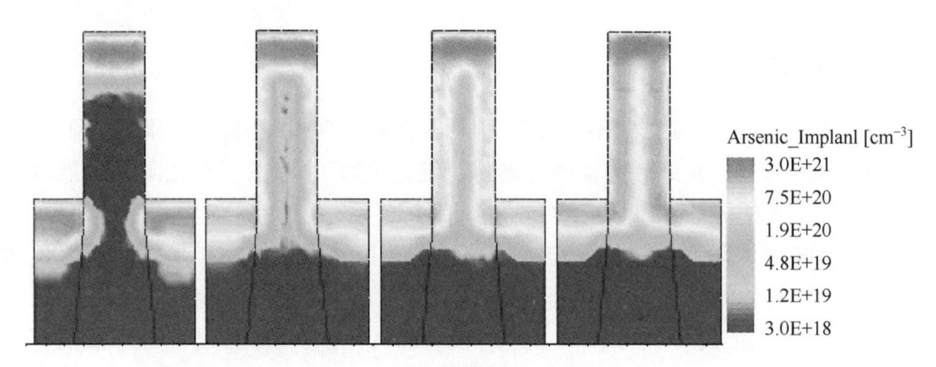

图 3-12　源漏扩展区离子注入采用不同的倾角（0°，15°，30°，45°）产生的杂质分布

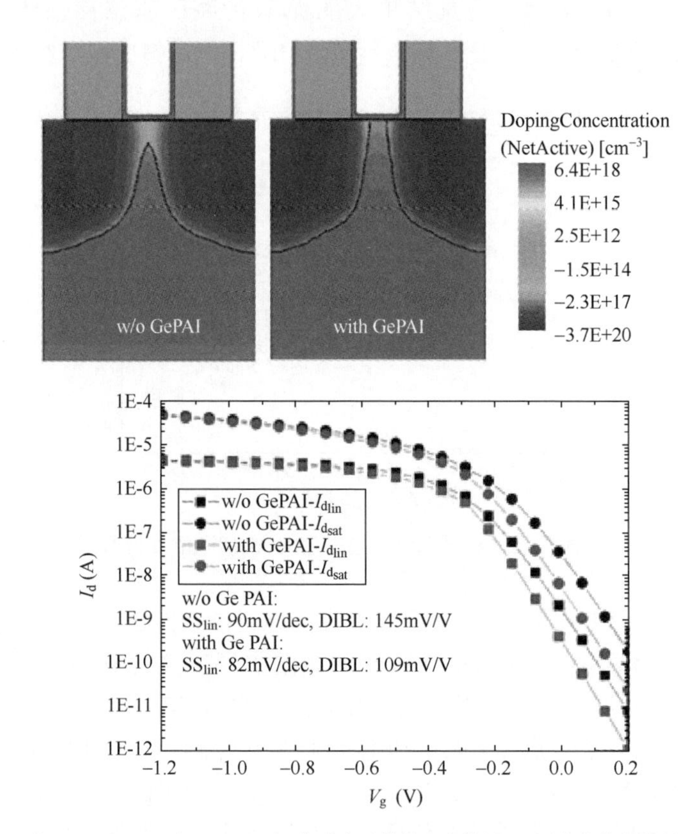

注：with GePAI 和 w/o GePAI 分别表示使用和未使用 Ge 预非晶化的结果

图 3-13　PMOS 源漏扩展区离子注入，Ge 注入会抑制杂质 B 原子的横向扩散并改善器件的亚阈值特性

=90mV/dec，DIBL=145mV/V 改善至 SS_{lin}=82mV/dec，DIBL=109mV/V。对于 PMOS 器件，源漏扩展区离子注入后，要严格控制后续的高温过程，以防止源漏

之间的结穿通。由于具备高浓度的原位掺杂 B 外延工艺，且外延 SiGe 同时在沟道产生压应力，因此对于 PMOS 器件，使用低温原位掺杂 B 外延工艺形成源漏扩展区是比较合理的选择。

3.2　三维 FinFET 关键技术模块

FinFET 器件可以在 MOSFET 器件持续微缩的情况下提供提高性能和降低功耗的解决方案，但由于技术架构的变革，相比平面 MOSFET 器件制造具有很大的挑战。例如，采用自对准双重成像技术（Self-Aligned Double Patterning，SADP）和自对准四重成像技术（Self-Aligned Quadruple Patterning，SAQP）用于创建 Fin 结构。在这些方法中，将隔离物沉积在牺牲结构的侧墙上，然后通过刻蚀将其去除。最终去除隔离物，留下所需的 Fin。在整个过程中，必须严格控制每个 Fin 的高度和宽度，因为这些关键尺寸会影响器件性能。因此，需要良好的刻蚀选择性，以去除 Fin 和栅极拐角上的残留物。如果控制不当，那么用于除去该残留物的高能离子可能会损坏裸露的表面。薄而脆弱的 Fin 和栅极结构也是湿法清洁工艺的一个挑战：必须尽可能彻底地去除颗粒，而不造成材料损失，并且在晶圆干燥过程中保证不会塌陷。除此之外，栅极形成将带来额外的困难，并且栅极的每个方面都必须满足严格的要求，晶体管才能正常工作，关键步骤是用具有低电阻率的导电材料填充栅极。在理想情况下，可以沉积 W 金属而不留下任何空隙，随着结构变窄，这将变得越来越困难。

目前，产业界已经开发出了一系列解决方案，这些解决方案共同使 FinFET 器件可以投入生产。FinFET 器件于 2011 年首次商业化，现在所有领先的制造商都在生产，并且可以持续到 5nm 技术代。先进的沉积、刻蚀和清洁等技术解决方案都起着至关重要的作用。

中国科学院微电子研究所研发的体硅 FinFET 器件制备流程及关键工艺模块如图 3-14 所示。相比平面 MOSFET 器件制备流程，大约有 50%的工艺模块进行了重新开发，其余 50% 的工艺模块需要进行相应的工艺调整和优化。体硅 FinFET 器件的主要工艺步骤包括：侧墙转移光刻、体硅 Fin 刻蚀、体硅 Fin 刻蚀后的修复和圆化、浅槽隔离（Shallow Trench Isolation，STI）的填充平坦化、浅槽隔离回刻、穿通阻挡层的注入及过渡栅的形成等。下面分别对主要工艺模块进行详细讲述。

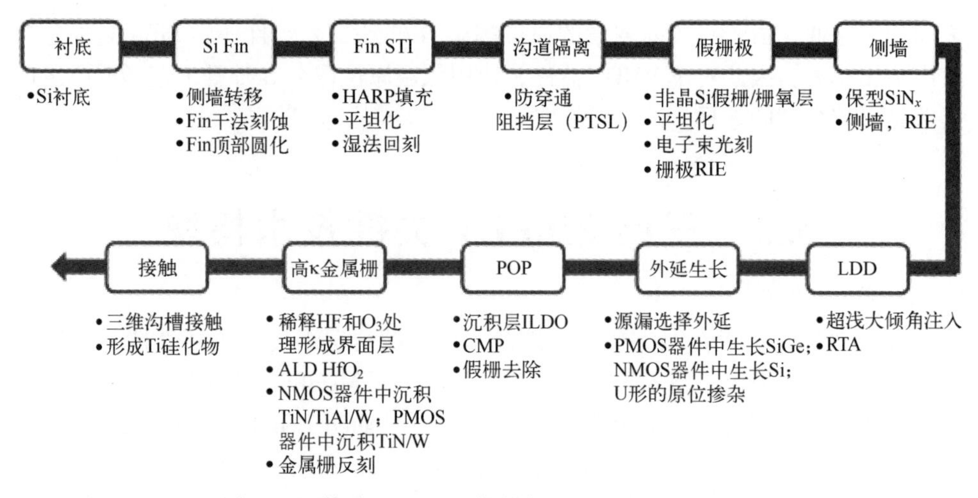

图 3-14　体硅 FinFET 器件制备流程及关键工艺模块

3.2.1　体硅 Fin 制备工艺

Fin 的制备是形成 FinFET 器件最为关键的技术之一。在体硅上形成 Fin 结构有多种方法。为了提高形成 Fin 的密度，业界通常使用双重成像技术（Double Patterning，DP），即将一套高密度的电路图形分解成两套分立的、密度低一些的图形，然后将它们印制到目标晶圆上。从目前的发展来看，实现双重图形的方法大致分为三类：SADP、二次刻蚀双重图形（Dual-Etch Double Patterning，DEDP）和单刻蚀双重图形（Single-Etch Double Patterning，SEDP）。

其中，SADP 方法也称为侧墙转移光刻方法（Spacer Transfer Lithography），具有效率高和成本低的优势，通常形成 Fin 结构的具体流程如图 3-15 所示：首先，在衬底上依次沉积氧化层、非晶 Si 层和 SiN$_x$，以 SiN$_x$层为硬掩模来刻蚀非晶 Si，形成支撑侧墙的台阶；接着，沉积侧墙材料 SiN$_x$并完成侧墙刻蚀，将支撑侧墙的台阶材料非晶 Si 露出，用四甲基氢氧化铵（TMAH）溶液湿法去除非晶 Si，留下纳米尺度 SiN$_x$侧墙，由于氧化层的存在，Si 衬底被保护住不被 TMAH 刻蚀；再以侧墙结构为掩模，刻蚀氧化层和 Si 衬底，在衬底上形成 Fin 结构；最后，用稀释的氢氟酸（DHF）溶液去除氧化层及上面的侧墙结构，形成体硅 Fin 结构。

图 3-16 所示为采用优化的侧墙转移光刻方法制备出 Fin 的电镜结果。图（a）和图（b）是刻蚀完 Fin 后的截面扫描电子显微镜（Scanning Electron Microscope，SEM）图（带有顶部的硬掩模），图（c）是刻蚀完 Fin 后的 SEM 顶视图。可以看出侧墙转移光刻方法形成的 Fin 比较对称，其高度约为 77nm，侧墙的垂直度约为 85°，顶部还有较厚的硬掩模，具有继续刻蚀形成更好 Fin 的工艺容量。

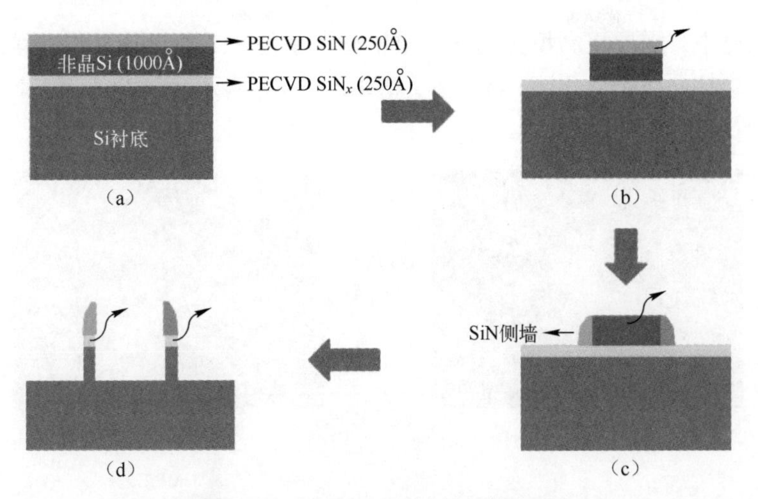

图 3-15 形成 Fin 结构的具体流程

图 3-16 采用优化的侧墙转移光刻方法制备出 Fin 的电镜结果

在刻蚀完体硅 Fin 并去除顶部硬掩模之后，一般需要通过热氧生长一层薄的氧化层，修复等离子体刻蚀造成的 Fin 表面损伤；同时圆化 Fin 顶部的尖角，避免器件中的尖角效应（Corner Effect）引起的器件可靠性方面的问题。通常这层薄氧化层可以保留作为下一步填充氧化的种子层（Seed Layer），可大幅提高氧化物填充的均匀性。

3.2.2 浅槽隔离

浅槽隔离是实现规模集成电路的重要技术之一，在集成电路制造中，通常采用两种隔离方法：PN 结隔离和用 SiO_2膜作为绝缘材料的 STI 工艺。其中，STI 工艺是目前集成电路制造中广泛应用的隔离方法，该方法通常用 SiO_2作为隔离介质对相邻器件进行隔离，该隔离方法与 PN 结隔离方法相比，制备出的器件具有漏电流较小、击穿电压较高、隔离区与衬底之间的寄生电容小、不受外界偏压影响等优点。与传统的平面 STI 工艺不同，三维 FinFET 器件将沟道竖立，Fin 与 Fin

之间间隔更小，需要更高填充比的介质填充。制备 STI 工艺的主要流程为：高填充比工艺（High Aspect Ratio Process，HARP）SiO_2填充、CMP 工艺、Fin 刻蚀及 STI 刻蚀等，如图 3-17 所示。

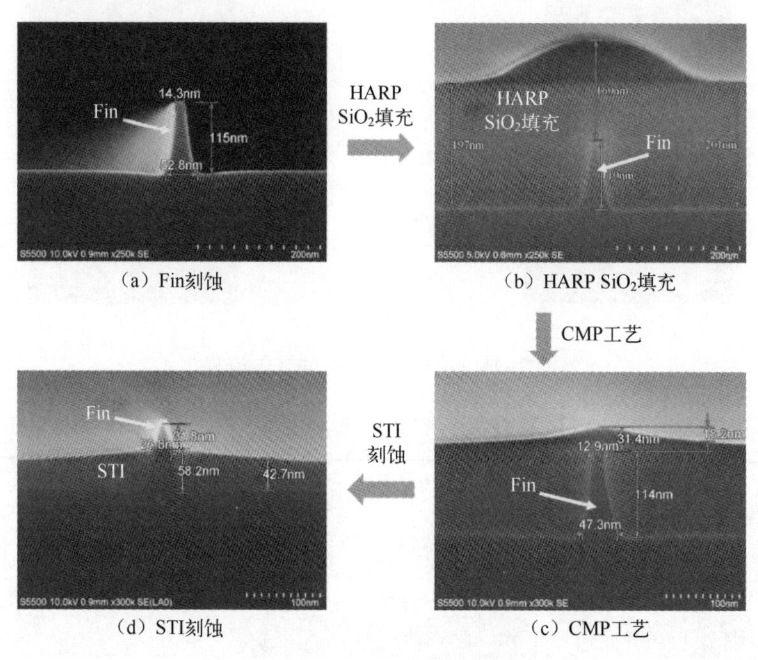

（a）Fin刻蚀　（b）HARP SiO_2填充　（c）CMP工艺　（d）STI刻蚀

图 3-17　Fin STI 制备流程

三维 FinFET 器件需要 HARP SiO_2介质填充，目前主流技术采用低温 HARP 是在次常压化学气相沉积（Sub-Atmospheric Chemical Vapor Deposition，SACVD）的基础上改进得来的。它是 45nm 以下技术节点在 STI 填充工艺上取代高密度等离子体化学气相沉积（High Density Plasma Chemical Vapor Deposition，HDPCVD）的主流工艺技术。该方案通过大流量的硅酸乙酯和 O_3反应来实现 STI SiO_2填充。在高填充比的 SiO_2填充之前，通常在 Fin 的表面形成一层薄氧化层作为种子层，可提高三维图形填充的均匀性。

FinSTI 制备流程中采用 CMP 工艺使顶部平坦化，并采用高温退火使形成的 SiO_2更加致密，避免由于介质层致密度的下降加剧漏电和击穿的风险。同时，更加致密的 STI 使后续一系列湿法清洗工艺中的可控性增强，避免由于工艺处理过程中的过度损耗而失去绝缘隔离的作用。经过高温退火后，STI 刻蚀的目的是露出具有高深宽比的 Si Fin 的顶部，与此同时尽量减少 STI 厚度的损失，因为过多的损失不仅会影响 STI 沟槽的深宽比，还会影响隔离性能，进而导致器件漏电流增大。

3.2.3　三维栅极与侧墙结构

与平面器件的栅极刻蚀不同，FinFET 器件对栅极工艺有更高、更复杂和苛刻的要求，如图 3-18 所示。在 FinFET 器件的栅极刻蚀过程中，首先刻蚀 Fin 的顶部，然后刻蚀 Fin 顶部以下的栅极部分。这就要求在刻蚀 Fin 顶部以下的栅极部分时，Fin 的顶部不能受到损伤或破坏。此外，在 FinFET 器件的栅极刻蚀过程中，同样要求刻蚀剖面陡直，Fin 侧墙和拐角处不能有多晶 Si 残留。在对刻蚀工艺条件进行调节时，要同时满足栅极剖面陡直，Fin 侧墙、拐角处没有残留和 Fin 顶部没有损伤是极具有挑战性的，原因在于栅极剖面陡直，Fin 侧墙、拐角处没有残留要求刻蚀能力较强、刻蚀聚合物适中或较少；而 Fin 顶部没有损伤要求刻蚀能力较弱、刻蚀聚合物较多、选择比很高。要想实现 Fin 刻蚀工艺，只能在二者之间寻找平衡。总之，在形成三维假栅时，除了要求栅极的尺寸及结构陡直，还要求兼顾 Fin 顶部满足特定的栅氧介质厚度，对隔离氧化层的厚度损失也必须控制在一定范围之内，另外，为了满足后续侧墙刻蚀工艺的要求，对栅极刻蚀工艺步骤中硬掩模厚度的损失也必须有严格的控制。

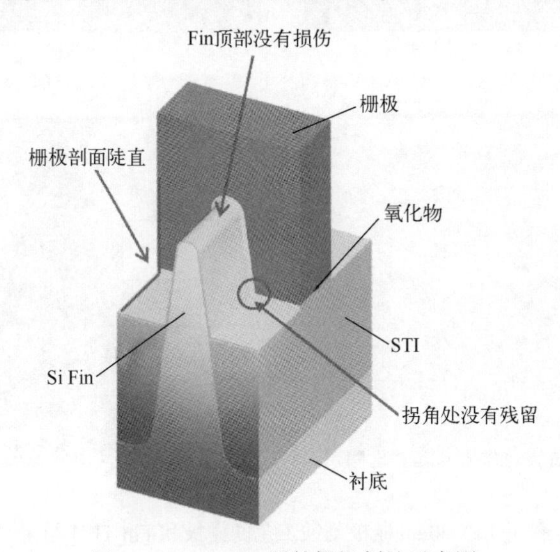

图 3-18　FinFET 器件栅极刻蚀示意图

在栅极刻蚀过程中，若单纯用 $SiO_2/SiN_x/SiO_2$（Oxide-Nitride-Oxide，ONO）做硬掩模刻蚀栅极，则难以获得硬掩模对光阻的高刻蚀选择比，因此刻蚀后的 ONO 会消耗过多，且刻蚀出的栅极线条有严重的粗糙度问题，ONO 刻蚀后传递下去的线宽会变大。目前，研究人员提出了在 ONO 硬掩模上加一层非晶 Si 的工艺，有效地解决了 ONO 消耗过多和线条粗糙度问题，而且通过控制顶层非晶 Si

的刻蚀线宽，最终可以获得足够小的栅极线宽。非晶 Si 假栅实现平坦化后，分别借助等离子体增强化学气相沉积（Plasma Enhanced Chemical Vapor Deposition，PECVD）和低压化学气相沉积（Low Pressure Chemical Vapor Deposition，LPCVD）工艺沉积氧化层和 SiN_x层，从而形成不同尺寸假栅刻蚀的硬掩模堆叠层。

图 3-19 所示为通过优化栅极刻蚀工艺获得陡直栅极结构和没有损伤 Fin 结构的透射电子显微镜（Transmission Electron Microscope，TEM）结果。刻蚀形成 30nm 宽的 Fin 线条，顶部宽度和底部宽度基本一致，侧墙非常陡直、光滑，粗糙度非常小，刻蚀 Fin 之后没有损伤到 Fin 的顶部。

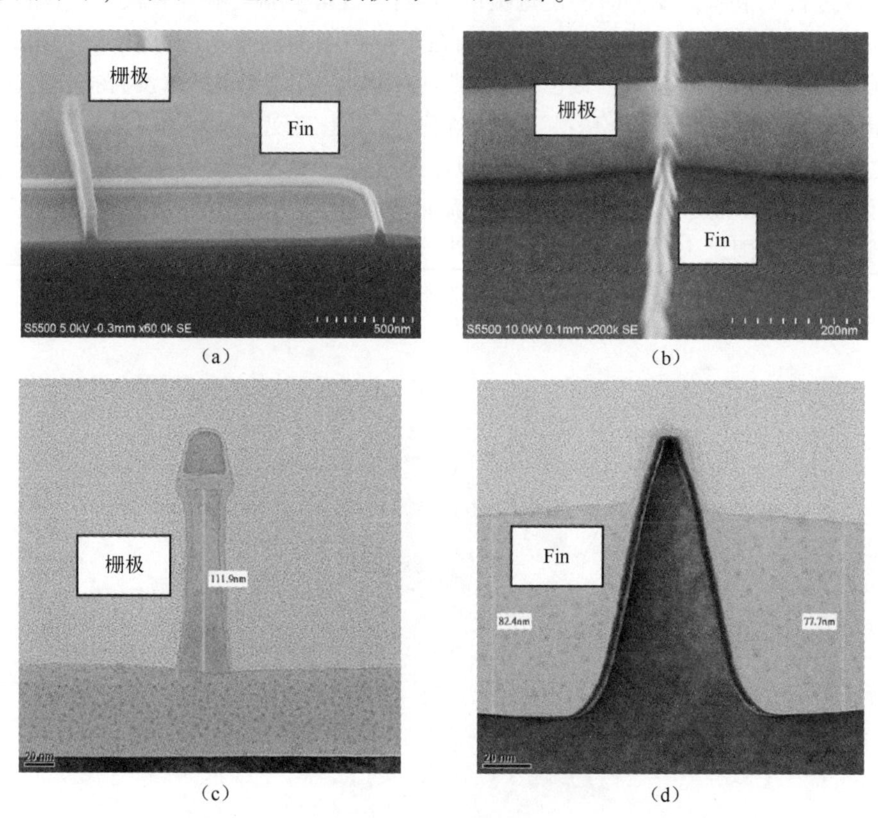

（a） （b）

（c） （d）

图 3-19 30nm 栅极刻蚀工艺的栅极和 Fin TEM 结果

在 FinFET 制造工艺中，假栅外侧侧墙结构严重影响后续进行离子注入浅掺杂的效果，对器件的电学性能影响很大。因此，它的质量好坏也直接影响最终制备出的器件性能。侧墙成形包括侧墙 1（spacer1）和侧墙 2（spacer2），spacer1 用在离子注入轻掺杂（Lightly Doped Drain，LDD）之前，而 spacer2 用在源漏重掺杂之前。在 FinFET 制造工艺中，spacer1 在工艺流程中的主要作用是决定轻掺杂注入离子与沟道间的距离，它的尺寸决定了轻掺杂的宽度，而轻掺杂会直接影响器件的开关性能。如果尺寸太小，那么轻掺杂将失去该有的作用；如果尺寸太大，那么不利于 FinFET 器件尺寸减小。

侧墙的形成工艺主要包括介电材料层沉积和刻蚀。在沉积工艺中，一般地，首先沉积一层 SiO_2 薄层作为侧墙刻蚀的阻挡层材料，然后沉积 SiN_x 作为侧墙材料。在三维器件的侧墙刻蚀工艺中，其难点是保证刻蚀后假栅侧墙保留有足够厚度的 SiN_x 侧墙，而在 Fin 上则要清除 SiN_x 膜层，并且要保证 Fin 的完整性，这也提高了刻蚀工艺的难度。利用栅极和 Fin 的高度差，通过调整不同材料的刻蚀选择比，达到工艺目标。假栅 spacer1 刻蚀前后 SEM 图对比如图 3-20 所示。从图 3-20 中可以看出，形成形貌良好的 spacer1 后，对 Fin 基本没有损伤。

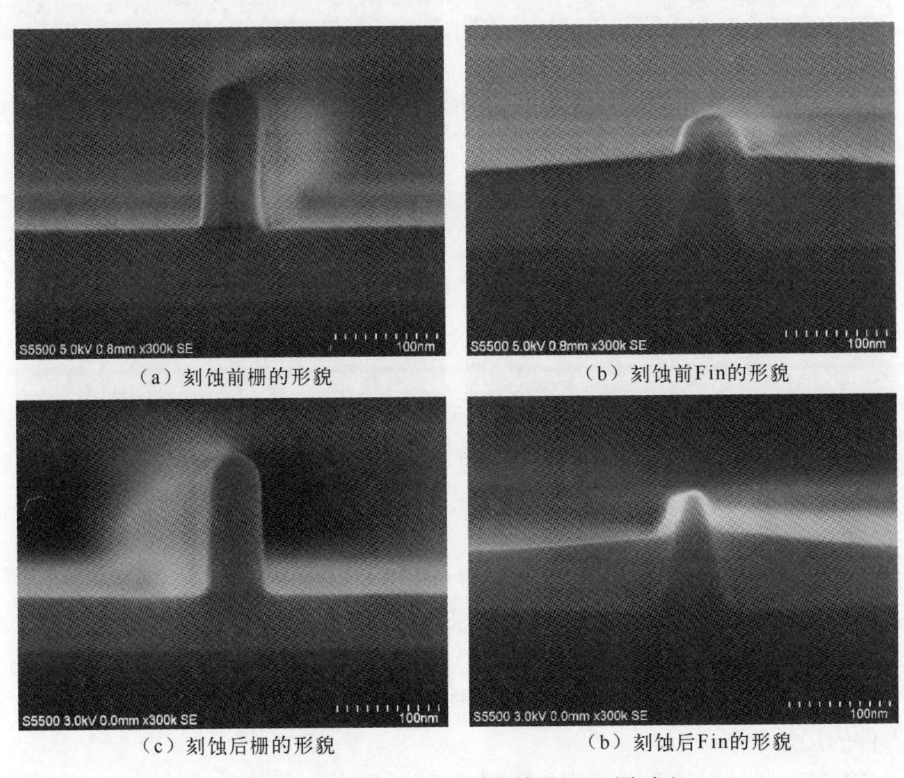

（a）刻蚀前栅的形貌　（b）刻蚀前Fin的形貌

（c）刻蚀后栅的形貌　（b）刻蚀后Fin的形貌

图 3-20　假栅 spacer1 刻蚀前后 SEM 图对比

在 FinFET 制造工艺中，spacer2 在工艺流程中的主要作用是形成重掺杂的源漏区。与 spacer1 的形成工艺类似，spacer2 制备工艺也主要包括介电材料层沉积和刻蚀。在沉积工艺中，同样首先沉积一层 SiO_2 薄层作为侧墙刻蚀的阻挡层，然后沉积 SiN_x 作为侧墙材料。同样在刻蚀过程中保证刻蚀后侧壁留有足够厚度的 SiN_x 侧墙，而在 Fin 上则要清除 SiN_x 膜层，并且保证 Fin 的完整性。假栅 spacer2 刻蚀前后 SEM 图对比如图 3-21 所示。从图 3-21 中可以看出，形成形貌良好的

spacer2 后，对 Fin 基本没有损伤。

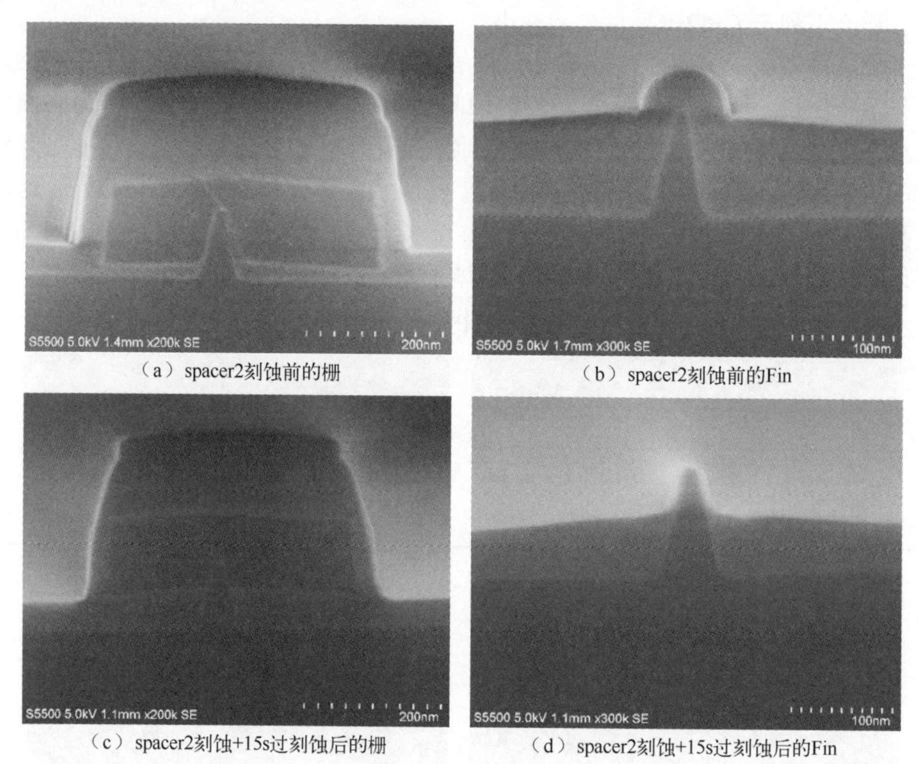

（a）spacer2刻蚀前的栅　（b）spacer2刻蚀前的Fin

（c）spacer2刻蚀+15s过刻蚀后的栅　（d）spacer2刻蚀+15s过刻蚀后的Fin

图 3-21　假栅 spacer2 刻蚀前后 SEM 图对比

3.2.4　外延与沟道应变工程

随着器件特征尺寸的缩小，产业界采用应力技术来提高器件的驱动电流，或者采用 SiGe 或 Ge 沟道来提高器件沟道中的载流子迁移率，以提高器件电学性能。同时，在源漏区外延将增加源漏区与接触层（Contact）的接触面积，这将降低器件的接触电阻。

MOSFET 驱动电流和迁移率之间的关系如下：[18]

$$I_D=\frac{W\mu_{eff}C_{ox}}{2L}(V_G-V_T)^2=\frac{W\mu_{eff}K_{ox}\varepsilon_0}{2L}(V_G-V_T)^2 \tag{3-1}$$

式中，I_D为器件的驱动电流；W 和 L 分别表示栅宽和栅长；μ_{eff}为沟道载流子有效迁移率；C_{ox}为栅氧化层电容；V_G为 MOS 器件栅压；V_T为阈值电压。在器件尺寸微缩的过程中，由于栅长 L 不断减小，为了抑制源漏穿通和短沟道效应，当适当提高沟道掺杂浓度时，会导致μ_{eff}衰退和 V_T升高。因此，如果要继续保持或进一步提升器件性能，那么需要通过应变 Si 技术对沟道诱生应变来增强μ_{eff}，以弥补沟道高掺杂引起的库仑散射、栅介质变薄引起的有效电场强度提高和界面散射增强等因素带来的迁移率退化。

MOSFET 器件沟道引入应变的方法有很多，可以通过不同衬底和不同工艺技术来实现。按照应变在晶圆上的作用区域进行分类，可以分为全局应变（Global Strain）和局部应变（Local Strain）。其中，晶圆衬底应变技术（Substrate-induced Strain）就是全局应变技术的一种。此外，如果按照沟道平面上应力的作用方向划分，那么可以分为双轴应变（Biaxial Strain）和单轴应变（Uniaxial Strain）。而工艺引入应变（Process-Induced Strain Engineer Technology）是集成电路制造工艺中最主要的应变增强技术之一。按照应变对外的应力的表现类型可以分为张应力（Tensile）和压应力（Compressive），NMOS 和 PMOS 器件的沟道应变增强机理不同，需要施加不同类型的外部应力。

在诸多工艺引入应变技术当中，PMOS 器件采用的是 SiGe 源漏技术，因其具备集成工艺和 Si 兼容、成本低、对器件性能提升明显、应用领域广泛等特点成为研究的热点和重点。采用 SiGe 源漏应变技术，不仅能显著提高 CMOS 器件中的 PMOS 空穴迁移率，还能在不同程度上改善其他电学性能，如增加跨导、增强驱动电流、降低漏源电阻和沟道电阻、降低静电泄漏（Electro-Static Discharge, ESD）等。

FinFET 器件中的源漏选择性外延工艺根据器件类型在源漏区上外延一层特定的材料，而其他区域如侧墙、隔离区则不能生长外延材料。通常在 PMOS 器件源漏区上外延一层 SiGe 对沟道提供压应力，以提高载流子迁移率并降低源漏接触电阻；在 NMOS 器件上外延一层 Si 或 SiC 以降低源漏接触电阻。源漏选择性外延要求在源漏区即 Si 上生长外延层材料，而在介质层上则不希望生长外延层材料。选择性生长主要是通过控制外延材料在某种材料上的生长速率与刻蚀速率的关系来实现的，即需要调试工艺使源漏区的外延层材料的生长速率大于刻蚀速率，而在介质层上则需要外延层材料的生长速率小于刻蚀速率。

在 SiGe 薄膜外延过程中，在单晶衬底上沉积介质薄膜 SiO_2 和 SiN_x 并开有窗口时［见图 3-22（a）］，外延薄膜会全部生长在单晶衬底和介质薄膜表面，这种外延生长称为非选择性外延（Non-Selective Epitaxial Growth, NSEG），如图 3-22（b）所示。非选择性外延生长的 SiGe 薄膜有两种类型：一种是在单晶衬底上生长的晶体 SiGe 薄膜，另一种是在介质薄膜表面生长的多晶 SiGe。而选择性外延（Selective Epitaxial Growth, SEG）在外延生长过程中通入刻蚀性气体 HCl，通过调节 HCl 和其他反应气体的配比，达到 HCl 对沉积的多晶 SiGe 的刻蚀速率大于生长的单晶 SiGe 的刻蚀速率，并完成单晶 SiGe 的选择性外延生长，如图 3-22（c）所示。在集成电路 SiGe 源漏应变技术中，主要使用的是选择性外延工艺。

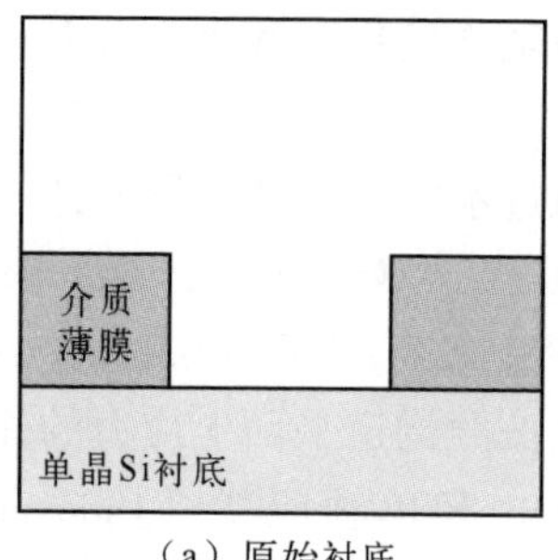

（a）原始衬底

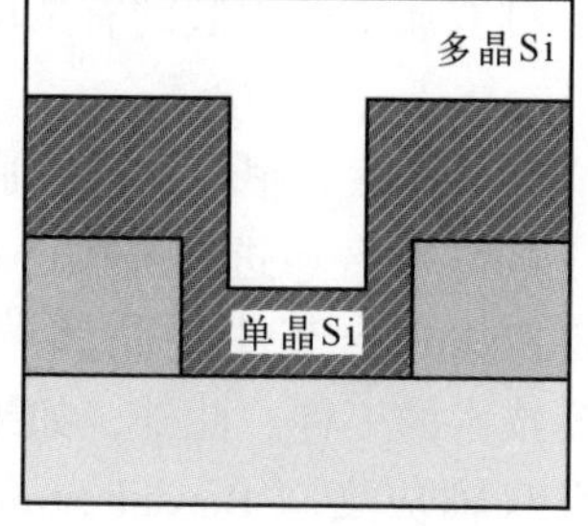

（b）非选择性外延

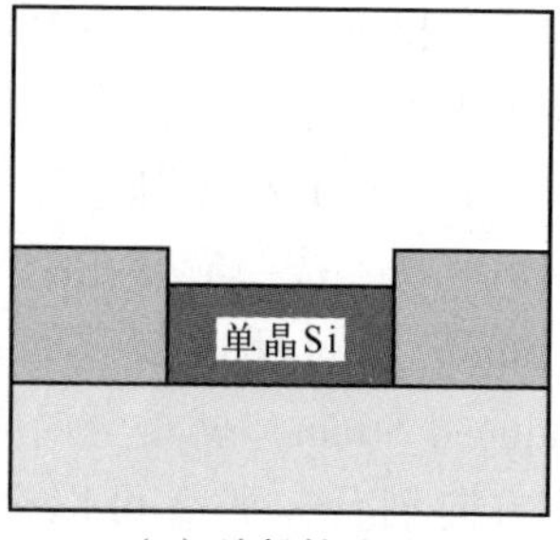

（c）选择性外延

图 3-22　选择性外延与非选择性外延结构示意图

目前，主要的 SiGe 薄膜外延制备技术可分为两大类：分子束外延（Molecular Beam Epitaxy，MBE）和 CVD。分子束外延是一种很好的晶体薄膜生长技术，在反应中通过源分子的热蒸发或电子束激发得到所需要的粒子，然后在适当加热的衬底上进行外延生长，可以实现低温 SiGe 薄膜的超薄生长。但是分子束外延设备大多为单片设计，要求高真空度，产出比较慢。而且分子束外延设备昂贵，它的维护和源的补充也是大规模生产所不能接受的，因此，分子束外延技术不适合大规模工业生产应用。而 CVD 工艺外延生长 SiGe 材料可以实现全低温的工艺，并有效防止在表面清洁处理过程中衬底图形的变形。其中，超高真空化学气相沉积（Ultra-High Vacuum Chemical Vapor Deposition，UHVCVD）工艺需要设备维持高的真空度和较低的生长温度，外延生长速率很慢，适用于超薄膜层的外延；而低温远程等离子体化学气相沉积选择性外延 SiGe 薄膜的生产能力强、设备结构简单、便于维护，特别适合在集成电路大规模工业生产中应用。

SiGe 薄膜的外延工艺过程如图 3-23 所示，主要使用的 Si 源有：SiH_4、Si_2H_6、SiH_2Cl_2（DCS）、$SiHCl_3$和 $SiCl_4$；常用的 Ge 源（采用 H_2稀释成一定浓度）有：GeH_4和 Ge_2H_6。如果要进行 P 型或 N 型掺杂，那么可以使用的掺杂剂有：H_2稀释的 B_2H_6和 PH_3（AsH_3）。SiGe 选择性外延工艺过程中的选择性主要是通过 HCl 气体实现的，此外，通入的 HCl 气体也是石英腔体的清洁气体，用于清洁腔体表面累积生长的薄膜。在所有的反应中都需要一直通入稀释保护气体 N_2或 H_2。设备反应所使用的 HCl、N_2和 H_2在进入腔体前必须进行二次纯化，以避免水汽中的氧污染，影响 SiGe 薄膜的质量。

常规的外延集成工艺为在形成 Fin、浅槽隔离、栅极堆栈、侧墙后进行源漏轻掺杂注入形成源漏区，在源漏区选择性外延 SiGe，然后形成 spacer2 并进行源漏注入及退火，最后形成高掺杂的源漏。

在实际的应用中，干法刻蚀后的 Si Fin 受到等离子体的轰击，不能经受在外延工艺中的高温。图 3-24（a）所示为经过干法刻蚀及 SiO_2填充后的 Si Fin 的形貌，这时的 Si Fin 顶部没有受到任何损伤，但是在后续外延工艺前的高温烘烤作用下，Fin 顶部的形貌会有所损伤［见图 3-24（b）］。在生长后 SiGe 薄膜两侧变成圆形，不是呈一定晶向排列的钻石形，特别是 Si Fin 的顶部损失严重，会使 Fin 的尺寸变化和之前的源漏掺杂受到破坏，影响器件性能。

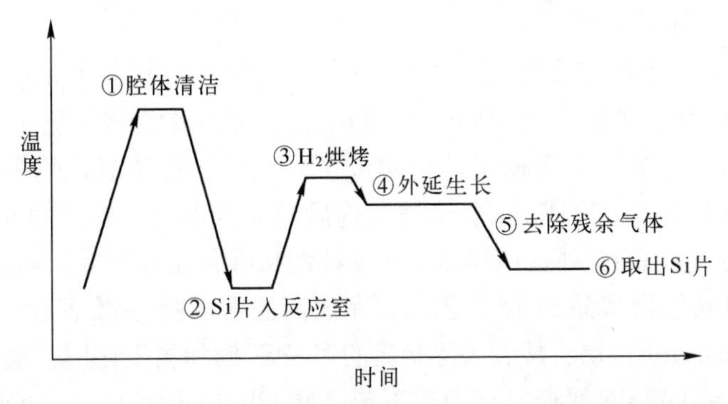

图 3-23　SiGe 薄膜的外延工艺过程

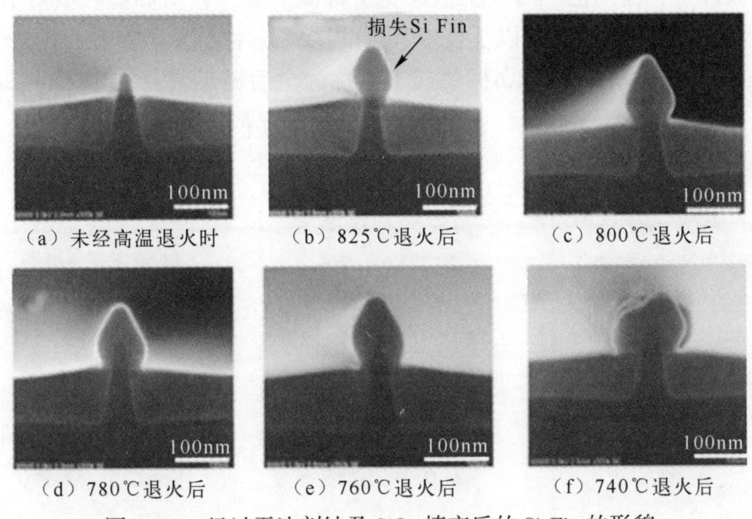

（a）未经高温退火时　（b）825℃退火后　（c）800℃退火后

（d）780℃退火后　（e）760℃退火后　（f）740℃退火后

图 3-24　经过干法刻蚀及 SiO_2 填充后的 Si Fin 的形貌

3.2.5　三维高κ金属栅技术

高κ金属栅（High κ Metal Gate，HKMG）是现代 CMOS 集成电路制造工艺中最重要的技术之一。采用高介电常数（Dielectric Constant，常用符号κ表示）材料作为栅极介质层，既可以保持等效氧化层（Equivalent Oxide Thickness，EOT）持续微缩，又可以保持一定的栅介质物理厚度，从而有效降低栅极的隧穿漏电。适用于主流逻辑器件的高κ介质材料基本选择标准包括：介电性质、缺陷化学、与沟道材料 Si 的化学匹配性及栅介质漏电流等。科学界对潜在的高κ介质材料进行了大量的探索和研究。在众多材料中，HfO_2具有较合适的带隙（约 5.8eV）、较高的介电常数（约 25）、较好的热动力学及化学稳定特性，以及相对 Si 衬底较合适的能带偏移（Band-Offset）。因此，Hf 基氧化物被选择用于主流 CMOS 逻辑器件栅介质层材料。2007 年起，高κ介质作为栅氧化层被正式应用于 45nm 技术节点及以下的逻辑器件。

高κ金属栅有多种集成工艺，主要分为先栅工艺（Gate First）和后栅工艺（Gate Last）两种，如图 3-25 所示，后栅工艺也可以称为替代栅工艺（Replacement Metal Gate，RMG）。先栅工艺的集成工艺流程与传统氧化物多晶 Si 栅工艺流程类似，在有源区上形成高κ金属栅结构后再完成源漏工艺，由于后续源漏掺杂退火应用到高温工艺，所以对高κ金属栅特性和可靠性有严重影响。后栅工艺首先使用传统的氧化物多晶 Si 栅工艺，在完成高温源漏掺杂激活后，再形成 PMD（Pre-Metal Dielectric）层，接着去除暴露的多晶 Si 栅和栅氧化层，最后形成高κ金属栅。由于真正的高κ金属栅是在中道工艺（Middle End Of Line，MOL）之后形成的，所以被称为后栅工艺。后栅工艺避免了源漏高温工艺对高κ金属栅的影响，具有明显的性能优势，是 28nm 以下技术节点的主要技术方法。后栅工艺又分为先高κ和后高κ两种。后高κ、后金属栅集成工艺称为全后栅工艺（Full Gate Last）。

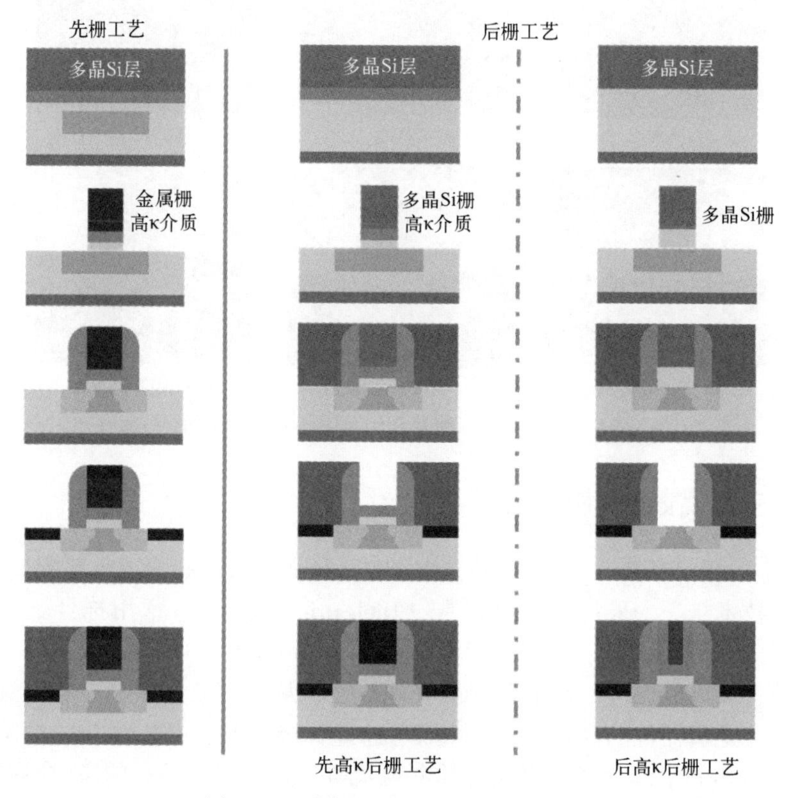

图 3-25　先栅工艺和后栅工艺示意图

28nm 技术节点后，全后栅工艺被固定在整个制造流程中。同时，对于 PMOS 和 NMOS 器件，金属栅工艺选择不同的功函数材料。因此，基于不同的金属功函数层，出现了不同的金属栅集成工艺技术，包括先制备 NMOS（NMOS first）和先制备 PMOS（PMOS first）金属栅叠层集成方案。

高κ介质作为替代 SiO_2 的栅介质，目前获得了广泛研究。其中，HfO_2 薄膜由于具有优异的性能而获得了广泛研究和应用。HfO_2 具有高介电常数（20~25）、大的禁带宽度（5.8eV），与 Si 具有大的导带能带偏移（1.4eV），与多晶 Si 栅和金属栅（TaN、TiN 等）电极具有良好的热力学稳定性。然而 HfO_2 的结晶温度较低，通过在 HfO_2 中掺入 N 原子或 Si 原子可以提高其结晶温度。ALD HfO_2 薄膜的反应前驱体是 TEMAH 和 H_2O，生长温度一般控制在 300~400℃。PVD HfO_2 薄膜是采用 Ar 等离子体轰击 HfO_2 靶材实现的。与 PVD HfO_2 相比，ALD HfO_2 的均匀性更好，填孔能力更强，界面没有等离子体造成的损伤，所以实验中更倾向于采用 ALD 工艺制备 HfO_2。ALD TiN 用热生长方法生长 TiN，反应前驱体是 $TiCl_4$ 和 NH_3，生长温度控制在 400℃。与 ALD HfO_2 生长过程类似，PVD TiN 是采用 Ar 等离子体轰击 Ti 靶材实现的。由于 PVD TiN 在生长过程中薄膜会受到等离子体的损伤，所以形成的薄膜质量较差，而 ALD TiN 虽然可以避免这一问题，得到高质量的薄膜，但是其生长速率很慢，2nm 的薄膜需要生长大约 40min。随着膜厚度的增加，生长时间会长到让人无法忍受，而且如此长时间的将样品置于 400℃ 环境中，样品经历的热预算会大大增加，不利于 EOT 的减小。所以通常的做法是在 HfO_2 上先沉积一层 2~3nm 厚的 ALD TiN，之后需要用到 TiN 的地方采用的是 PVD TiN，这样一来既得到了高质量的器件，又节约了时间成本。图 3-26 和图 3-27 分别给出了 NMOS 电容和 PMOS 电容结构示意图及高κ金属栅结构的 TEM 图。

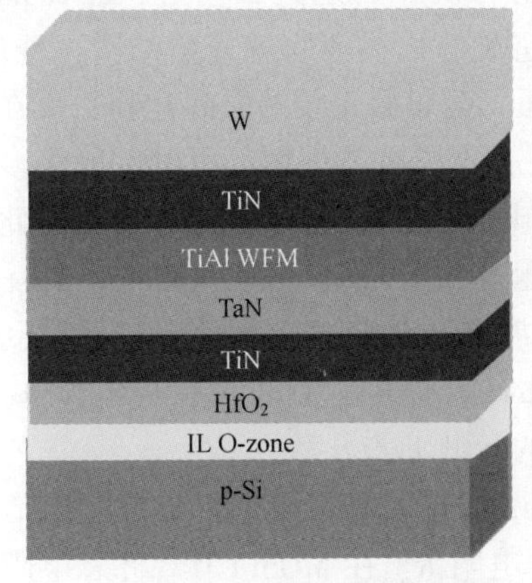

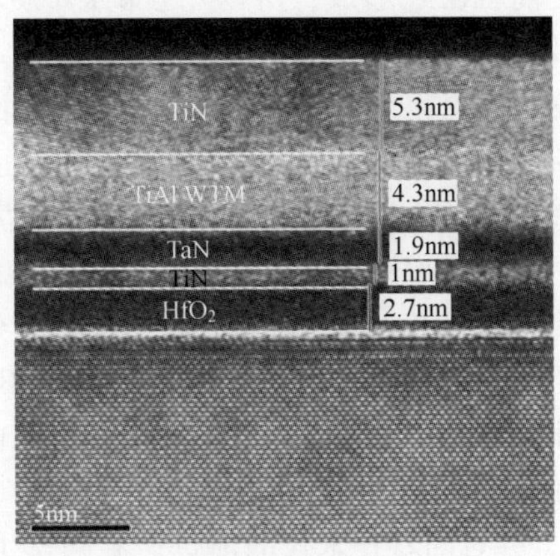

（注：WFM 为功函数金属层；IL O-zone 为 O_3 氧化形成的界面层）

图 3-26　NMOS 电容结构示意图及高κ金属栅结构的 TEM 图

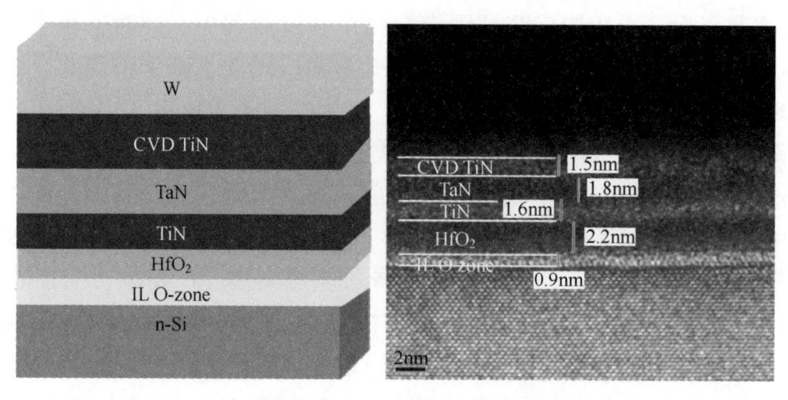

图 3-27　PMOS 电容结构示意图及高κ金属栅结构的 TEM 图

3.2.6　低阻接触技术

引入金属硅化物工艺是为了减小晶体管栅、源漏区的寄生电阻，因为金属硅化物与 Si 的接触满足：①低电阻率（Specific Resistivity）；②与 N 型、P 型 Si 接触的低接触电阻率（Contact Resistivity）；③高热稳定性；④可加工性（Processibility）强；⑤与标准 Si 工艺兼容等。在应用于 CMOS 技术的平面器件自对准金属硅化物工艺（Self-Aligned-Silicidation）中，最常见的硅化物包括 $TiSi_2$、$CoSi_2$和 NiSi。

随着器件尺寸的不断缩小，高κ金属栅已经成为 45nm 以下技术节点的必备技术。然而该技术却使得金属/半导体接触技术面临严峻的挑战，给工艺集成带来了困难。一方面，因为源漏硅化物在介质隔离（Inter-Layer Dielectric，ILD）沉积之前就已经形成，所以一旦高κ介质材料沉积后退火工艺（Post Deposition Anneal，PDA）温度过高（超过 550℃），超薄硅化物薄膜就开始结团，硅化物/Si 接触特性退化，器件性能下降。另一方面，金属栅无须形成硅化物，仅在部分 I/O 器件、eFuse 或电阻等器件的多晶 Si 上需要形成硅化物，所以一般将多晶 Si 和源漏有源区分开来形成金属硅化物。后硅化物（Silicide-Last）工艺由此应运而生，即在源漏上刻蚀接触孔后，仅在接触孔中形成硅化物。Silicide-Last 工艺不仅能够缓解高κ金属栅介质退火热预算与源漏硅化物 NiSi 弱热稳定性之间的矛盾，还能省略硅化物阻挡层（Salicide Block，SAB）工艺，且可与局域互连（Local InterConnect）相结合，是极具潜能的新型工艺方案。

在 CMOS 进入 32nm 技术节点以后，源漏寄生电阻 $R_{s/d}$已经超过沟道电阻 $R_{channel}$，并且随着技术代的演进，源漏寄生电阻 $R_{s/d}$在 MOSFET 器件总电阻中的比重越来越大，将直接影响器件性能的提升。源漏寄生电阻 $R_{s/d}$主要包括两个组成部分：源/漏区扩展电阻 R_{ext} 和源漏接触电阻 R_c。R_c 在 16/14nm 技术节点 FinFET 器件的总电阻中占据 21% 的比重，并且由于在 10nm、7/5nm 技术代 FinFET 器件中接触面积会变得越来越小，此比重将持续增大，预测 R_c 在 5nm 技术代 FinFET 器件总电阻中的比重将达到 40%！因此迫切需要采用新的技术来进一步降低 R_c，以提升器件性能。

R_c 取决于源漏接触电阻率 ρ_c 与接触面积 A_c（A_c = 宽度 W×长度 L_c），即

$$R_c = \frac{\rho_c}{W \times L_c} \tag{3-2}$$

当 FinFET 器件栅长 L_g 缩小至 15nm，L_c 仅为 10nm 时，源漏接触面积不超过 $0.5 \times 10^{-14} cm^2$。所以如果不能研发先进的源漏接触技术相应地降低 ρ_c，那么接触电阻将在器件总电阻中占据主导地位，成为器件尺寸缩小的一大限制因素。

CMOS 工艺发展到 16/14nm 技术代，产业界普遍采用三维 FinFET 结构，由于接触栅间距（Contacted Poly Pitch，CPP）锐减，器件电流的纵向路径远大于水平路径，因此三维技术代中金属硅化物的选择标准不再是平面器件工艺中的低电阻率和易选择性去除，而由接触电阻率和薄膜稳定性主导。基于新的选择标准，进入三维 FinFET 技术节点后，$TiSi_x$ 将成为源漏金属硅化物的主流。$TiSi_x$ 非常稳定，不会出现沿缺陷快速扩散导致漏电急剧增加的现象。首先，Ti/TiN 长期以来一直作为接触层薄层使用，而且金属 Ti 与 Si 的肖特基势垒高度约为 0.5~0.6eV，易与源漏形成低接触电阻率。其次，$TiSi_x$ 的热稳定性高，能够承受高温；最后，Ti 与 Si 固相反应过程中 Si 是主导扩散原子，避免了类似 Ni 入侵（Ni encroachment）的问题，可靠性高。

国际上基于 $TiSi_x$ 的先进接触技术方面已经取得了重大进展，其中代表性工作可分为：①引入 Ge 预非晶化注入（Pre-Amorphization Implantion，PAI）技术促进 Ti 的硅化反应，降低制备硅化物的温度[19, 20]；②采用固相外延生长（Solid Phase Epitaxy Regrowth，SPER）提高杂质激活浓度[21]；③开发具有超高保型性的 Ti 沉积工艺（Conformal Ti Deposition）[22]。

基于 Ge PAI+Ti（Ge）硅化物的 CMOS 源漏接触方案如图 3-28 所示，采用 Ge PAI 使 NMOS 和 PMOS 器件的源漏表面产生局部非晶化，在热退火过程中完成 Ti 的硅化反应（锗硅化反应）及非晶层的修复。PAI 之所以能够有效降低 Ti/Si:P 和 Ti/SiGe:B 的接触电阻率，是因为其促进了 Ti/Si:P 和 Ti/SiGe:B 反应。

基于接触式注入的 CMOS 源漏接触方案如图 3-29 所示，通过向高掺杂的 Si（渗 P）和 SiGe（掺 B）分别注入 P 和 B 原子，并结合纳秒激光退火技术来实现杂质激活浓度的提升。需要指出的是，P 和 B 原子的注入通常在低温下（-100℃）进行，以使器件源漏表面产生局部非晶化。采用该方案后，NMOS 器

件的 Ti/Si:P 的接触电阻率达到 $1.2\times10^{-9}\Omega/cm^2$；PMOS 器件的 Ti/SiGe:B 的接触电阻率达到 $5.9\times10^{-9}\Omega/cm^2$[23]，满足 16/14nm 技术代对接触电阻率的要求。其原理在于非晶 Si 中的杂质在 SPER 过程中能够突破平衡固浓度的限制，获得超越平衡固浓度的激活值。

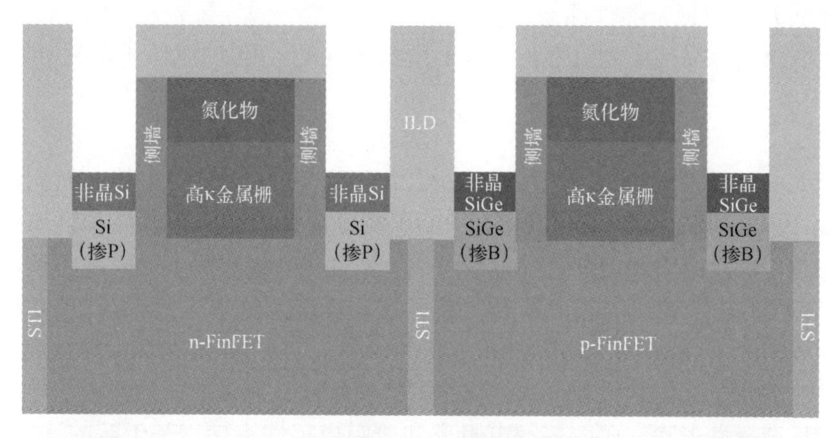

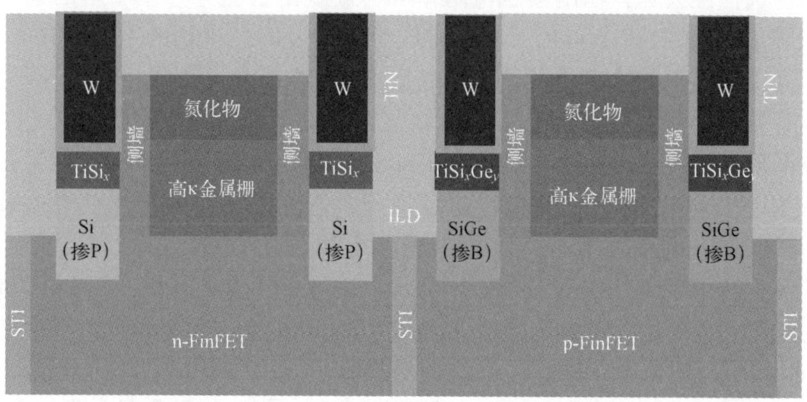

图 3-28　基于 Ge PAI+Ti（Ge）硅化物的 CMOS 源漏接触方案[20]

图 3-30 所示为采用预非晶化工艺的 $TiSi_x$ 制备流程，首先 Si 片经清洗工艺后采用 PECVD 沉积一层几纳米厚的 SiO_2，然后进行离子注入工艺。SiO_2 一方面减少注入损伤，另一方面抑制 P 原子的外扩散。接着采用高温（约 1050℃）的尖峰退火（Spike Annealing）工艺完成杂质激活。经 DHF 湿法刻蚀去除 SiO_2 后，对样品表面通过离子注入进行不同程度的 PAI 处理。采用 DHF 对样品表面进行清洗，进行 Ti/TiN 的 PVD 和快速热退火工艺形成 Ti 硅化物。

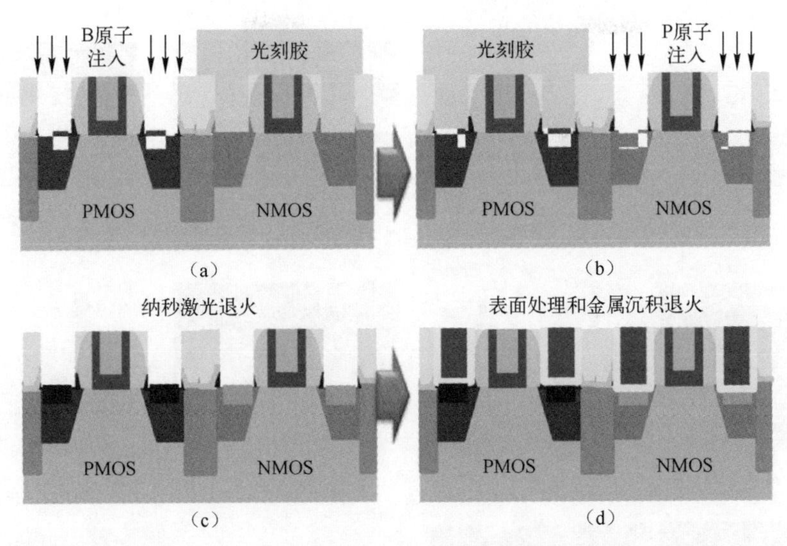

图 3-29　基于接触式注入的 CMOS 源漏接触方案[21]

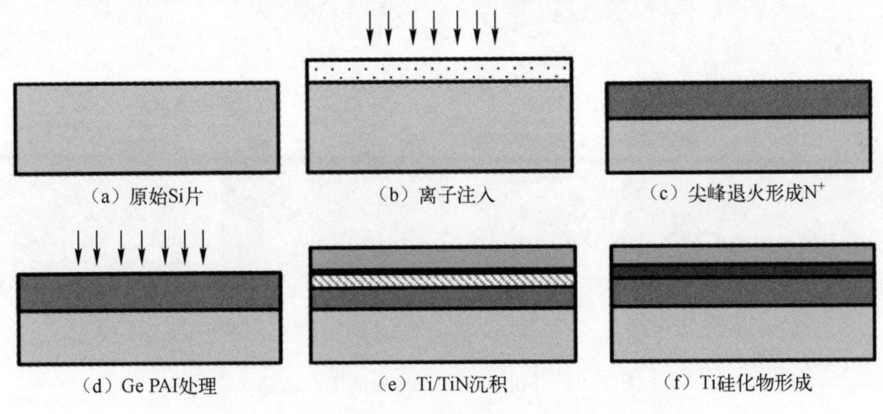

图 3-30　采用预非晶化工艺的 $TiSi_x$ 制备流程

3.3　集成工艺与特性优化

3.3.1　工艺集成与器件特性

在基于 Si 衬底的晶圆上制备 FinFET 器件的制造工艺流程如图 3-31 所示，具体的工艺描述如下。

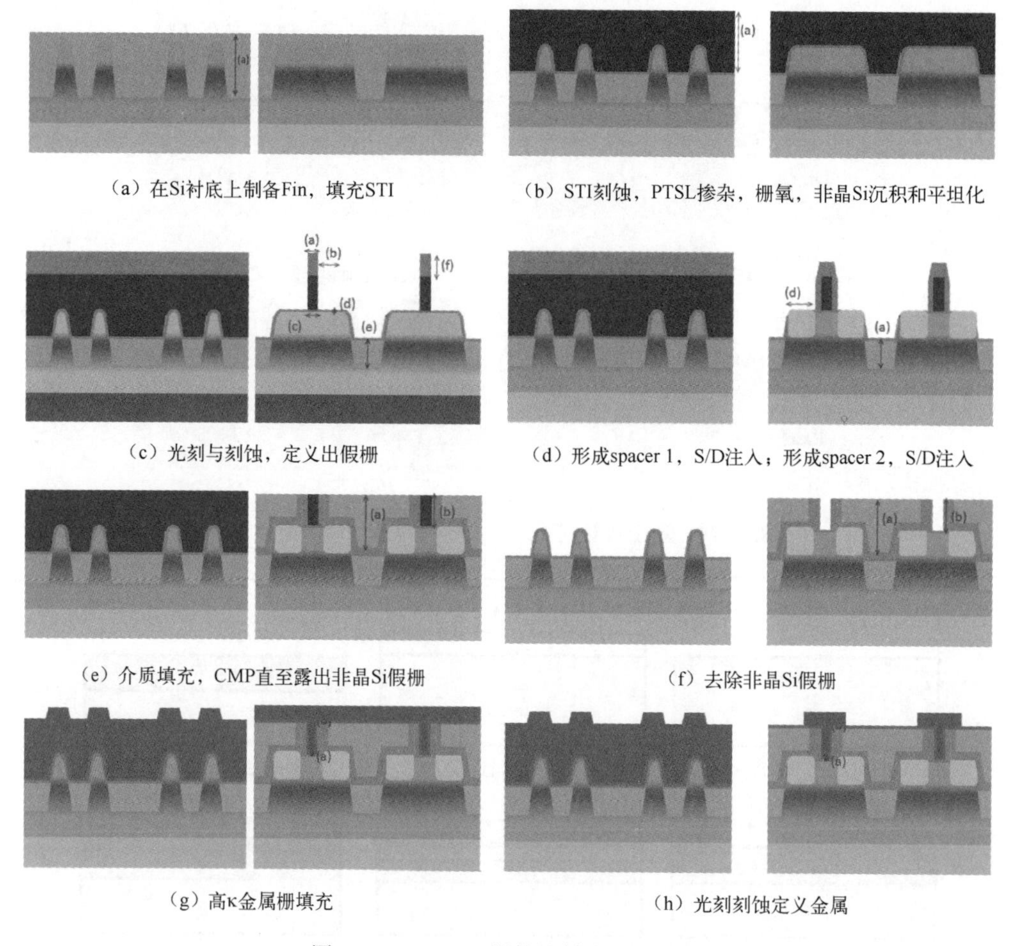

（a）在Si衬底上制备Fin，填充STI

（b）STI刻蚀，PTSL掺杂，栅氧，非晶Si沉积和平坦化

（c）光刻与刻蚀，定义出假栅

（d）形成spacer 1，S/D注入；形成spacer 2，S/D注入

（e）介质填充，CMP直至露出非晶Si假栅

（f）去除非晶Si假栅

（g）高κ金属栅填充

（h）光刻刻蚀定义金属

图 3-31　FinFET 器件的制造工艺流程

(1) 形成阱（Well）区：首先在 Si 片上利用热氧化方法生长一层薄的阱氧层，该层用于离子注入时对 Si 表面的保护。然后通过光刻的方法在 Si 片上定义好阱区位置，在深阱注入中，PMOS 有源区注入 P 原子，NMOS 有源区注入 B 原子，将光刻胶灰化并清洗干净后，立即进入高温炉管进行退火推阱（温度约为 1150℃，时间约为 60min）。进行合适的热处理后，去除表面氧化层，分别形成 P 阱和 N 阱。

(2) 形成 Fin 结构：用比较高效的侧墙转移光刻方法形成 Fin 结构。形成非晶 Si 的中间材料（Core Material），用作后续形成 Fin 结构的硬掩模。在形成 P 阱的 Si 片上形成一层用作刻蚀阻挡层的 SiO_2 薄膜后，在上面生长沉积非晶 Si，然后进行光刻和干法刻蚀，灰化光刻胶后形成非晶 Si 中间材料。在非晶 Si 中间材料上沉积 SiN_x或 SiO_2，通过干法刻蚀工艺形成侧墙，去除非晶 Si 形成的中间材料后，形成 Fin 结构的硬掩模。利用干法刻蚀，在 Si 片上形成 Fin 结构。

（3）形成浅槽隔离：采用具有高填充比工艺 SiO_2填充在 Fin 结构的 Si 片，进行一次退火后，采用 CMP 工艺和 SiO_2回刻（Etch Back）工艺刻蚀去除部分 SiO_2，形成 STI。

（4）形成假栅结构：通过热氧化法在 Fin 上形成栅氧，沉积 STI。

（5）源漏外延：在器件源漏区选择性外延 SiGe，其中，Ge 和 Si 原子的比例约为 0.3∶0.7，为沟道提供应力。

（6）形成源漏区：栅条形成时，进行第一层侧墙沉积及刻蚀之后对 NMOS 和 PMOS 区域分别进行 LDD 注入，在第二层侧墙完成之后，对 NMOS 和 PMOS 区域分别进行重掺杂（HDD）源漏注入，并进行杂质激活。

（7）后栅高 κ 金属栅制备工艺：具体制备工艺流程如下：沉积一层厚的氧化层，经 CMP 工艺后，暴露出“假栅”（Dummy Gate），然后选择性去掉非晶 Si 假栅材料，最后利用 ALD 工艺逐层沉积高 κ 绝缘介质和金属栅，并刻蚀多层金属栅。

（8）最终制备：填充层间绝缘介质层，形成接触孔与金属电极，最终制备出 FinFET 器件。

图 3-32（a）所示为 N 型 FinFET 器件的金属栅形貌图，从图中可以看出，形成器件的物理栅长 L_g为 23.2nm。由于栅槽空间太小，导致高 κ 金属栅部分金属没有充分填充而形成空洞。经过优化最终成功制备出的 Fin 形貌良好，没有出现过度损耗的情况［见图 3-32（b）］。

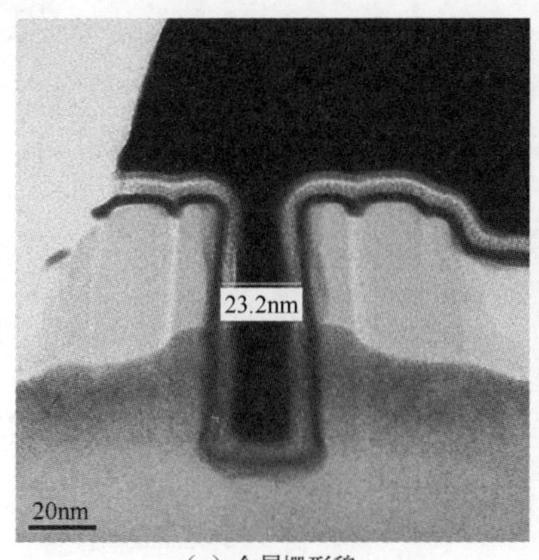

（a）金属栅形貌

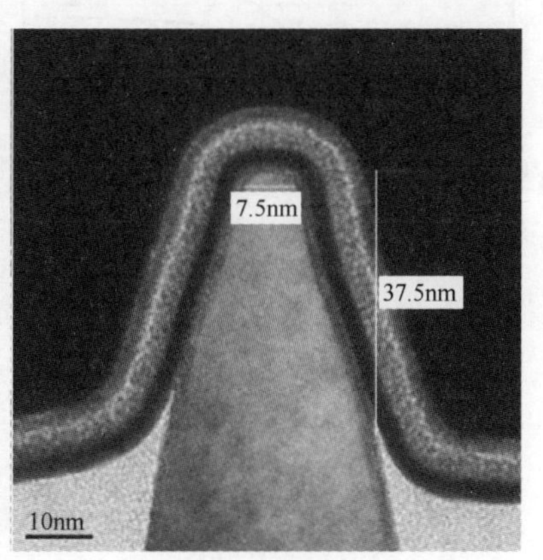

（b）Fin形貌

图 3-32　N 型 FinFET 器件金属栅和 Fin 形貌

图 3-33 所示为得到的器件转移特性曲线，对器件进行电学性能分析，其中，L_g 分别为 100nm、40nm、30nm、25nm。从图中可以看出，随着栅长的减小，阈值电压向负方向移动，使得 N 型 FinFET 器件向耗尽模式转变。由于栅长减小，沟道区中由栅压控制的电荷随之减少，同时随漏电压增大，漏端反偏空间电荷区延伸到沟道区的状况会变得更加严重，从而会使栅压控制的体电荷变得更少。从阈值电压变化来看，栅长越短，阈值电压漂移量越大。但是，阈值电压相对变化量很小，可见 N 型 FinFET 器件对短沟道效应的抑制能力很强。

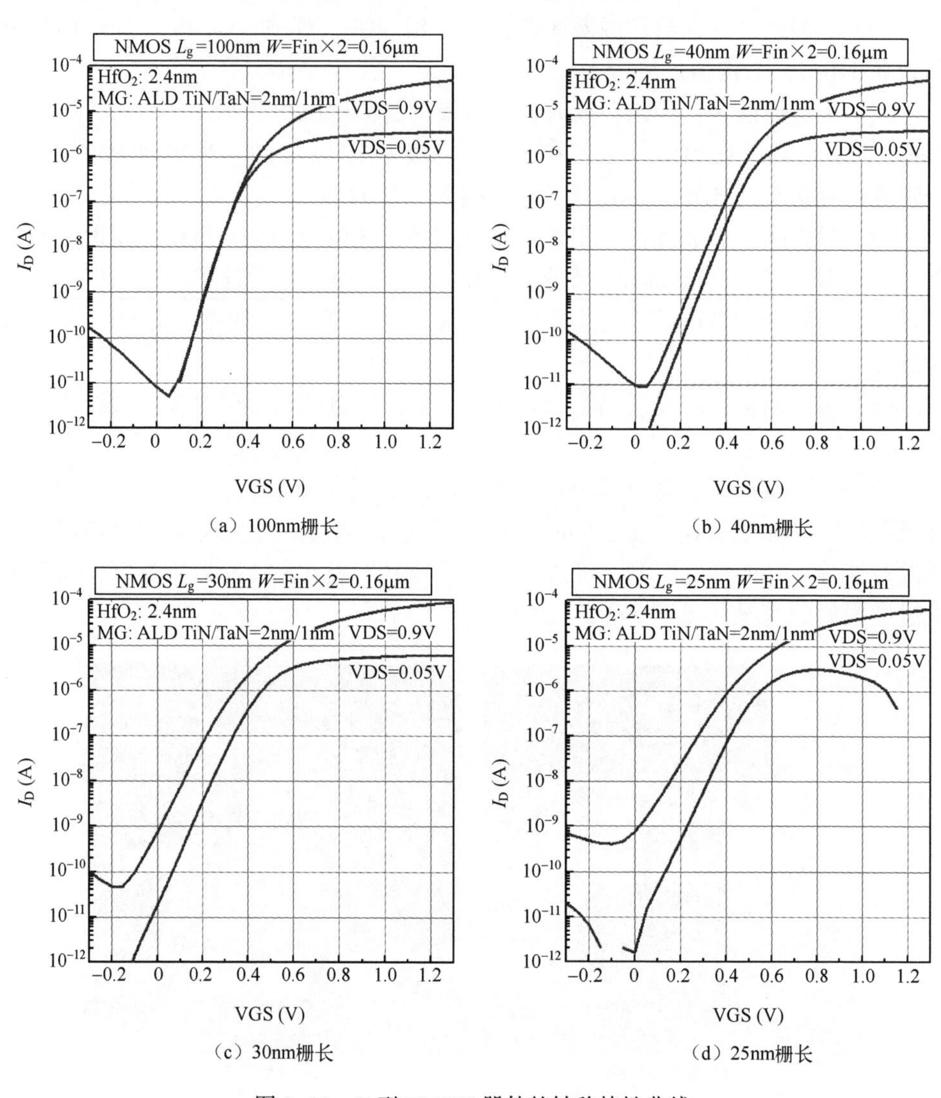

图 3-33　N 型 FinFET 器件的转移特性曲线

对不同栅长 L_g 器件所得到的输出特性曲线进行分析（见图 3-34），随着栅长的增大，漏端电流 I_D 随之减小。其输出特性曲线基本接近理想值，短沟道效应控制较好。

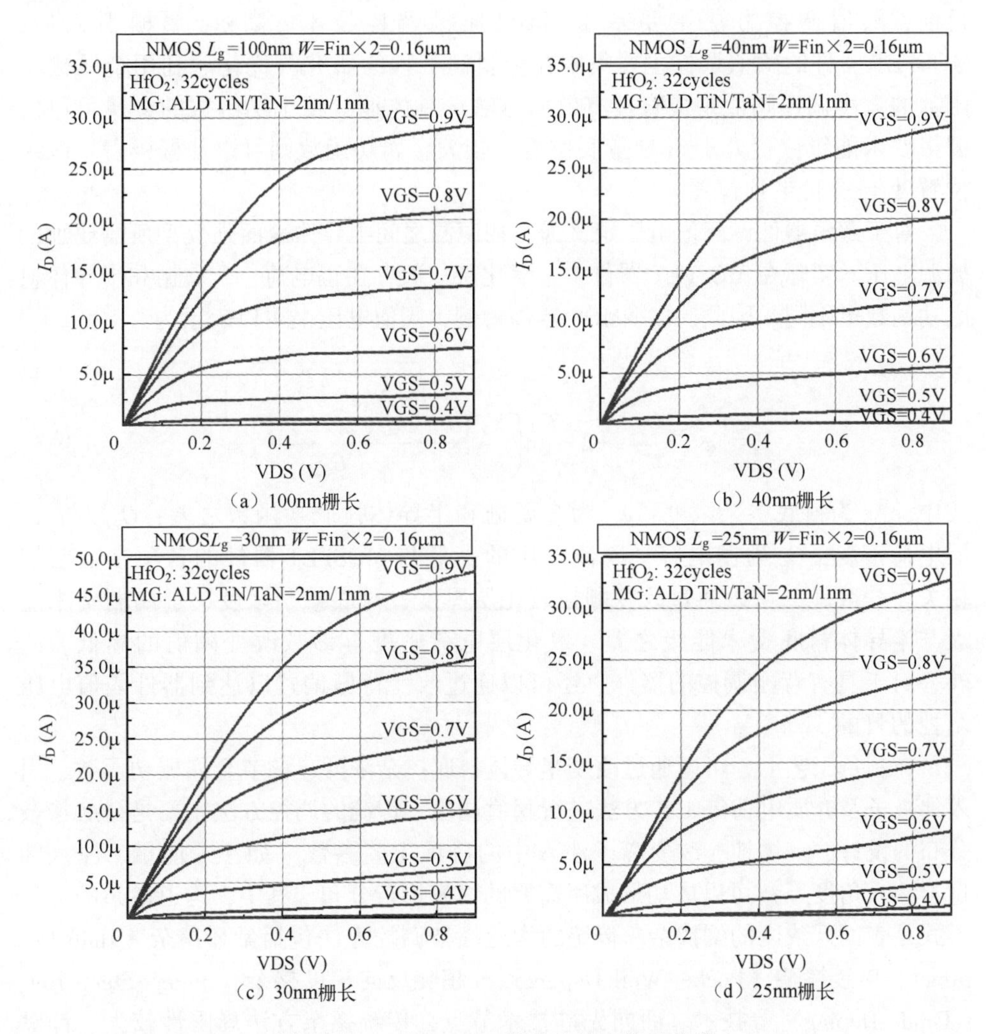

（a）100nm栅长　（b）40nm栅长　（c）30nm栅长　（d）25nm栅长

图 3-34　N 型 FinFET 器件的输出特性曲线

3.3.2　特性优化技术

1. 阈值调控

器件性能的提升对整个集成电路至关重要[24, 25]，其中一个核心的器件参数为 MOSFET 的阈值电压（Threshold Voltage，V_t）。实现对器件阈值电压的调控，可以使器件适用于不同的工作范围，实现多阈值调控。较低阈值电压的器件适用于高性能和高速器件，较高阈值电压的器件适用于低功耗的逻辑器件。目前，阈值调控方法主要基于高κ金属栅调控技术。高κ金属栅引入后，MOSFET 器件的阈值调控主要集中在金属栅工程的研究与优化。利用金属栅功函数的大小调控阈值是最直接有效的方法。具体地，较小功函数的金属可以使栅极费米能级位置处于 Si 导带底位置，较大金属功函数则可以使栅极费米能级位置处于 Si 价带顶位置。

对于逻辑器件，阈值电压定义为：在源漏之间半导体表面强反型所需要加的栅源电压。实际在 MOSFET 器件中，氧化层一般存在正电荷，金属栅和半导体衬底功函数也不同。因此，以 NMOS 器件为例，阈值电压 V_t 可以表示为

$$V_t=\left(\varphi_{ms}+\frac{Q_{ox}}{C_{ox}}\right)+2\frac{kT}{q}\ln\left(\frac{N_A}{n_i}\right)+\frac{\sqrt{4qN_A\varepsilon_s\frac{kT}{q}\ln\left(\frac{N_A}{n_i}\right)}}{C_{ox}} \tag{3-3}$$

式中，N_A 为衬底掺杂浓度；φ_{ms} 为金属栅和半导体衬底功函数之差；Q_{ox} 为氧化层电荷密度；C_{ox} 为栅电容。阈值电压的高低与 MOSFET 器件的各项参数密切相关。一般地，可以通过改变栅极氧化层厚度、衬底掺杂浓度、金属栅费米能级与半导体衬底费米能级之差、氧化层电荷密度等参数改变阈值的高低。此外，对于具有背栅调控的器件，还可以通过改变背栅偏置以达到器件阈值电压调控的目的。

在制备工艺上，可以通过改变半导体衬底掺杂浓度、调节金属栅功函数、引入偶极子及介质电荷等工艺方法进行阈值调控。传统的调控方法主要是衬底掺杂分布的设计。具体地，改变离子注入中的各项工艺参数（如注入能量、注入剂量、注入角度等）可以成功形成所需要的衬底掺杂分布。其中，沟道掺杂的常见形式是表面低浓度的倒掺杂。传统的沟道掺杂调控方法包括晕环掺杂（Halo Doping）、口袋掺杂（Pocket Well Doping）及超陡反向梯度掺杂（Super-Steep RetroGrade Doping）等技术。面向先进技术节点，传统掺杂方法局限性较大。针对先进技术节点下的 FinFET 器件，衬底掺杂引起的掺杂原子随机涨落对器件性能影响巨大。目前主流工艺基本不采用 Fin 注入掺杂工艺进行阈值调控。在高κ金属栅背景下，金属栅功函数调控成为主流方法。

根据影响阈值电压和平带电压的因素，相对应的工艺调控方法可分为：①金属栅叠层厚度调控（Metal Gate Stack）；②栅极和介质材料界面优化修饰（Surface Modification）；③栅/栅介质界面引入正或负静电偶极子（Dipole Formation）；④栅极进行电荷掺杂（Charge Doping）等。

对于逻辑器件，在众多栅极金属功函数材料中，PVD 及 CVD 工艺生长的 TiN 具有较大的带中至带边的功函数范围，被广泛用于 PMOS 金属栅填充。同时，PVD 工艺生长的 TiAl 材料具有较低的功函数，被用于 NMOS 金属栅材料。

在实际的高κ金属栅工艺中，薄膜叠层设计较复杂，包括高κ介质层、金属帽层（Capping Layer）、刻蚀阻挡层（Etch－Stop Layer）、金属功函数层（Work Function Metal Layer）、势垒层（Barrier Layer）及接触金属层（Contacted Metal Layer）。目前，逻辑器件的金属栅一般固定选择几种功函数金属或金属氮化物，包括 TiN、TaN、TiAl、TiAlC 等。一般地，TiN 具有相对较高的功函数，TaN、TiAl 及 TiAlC 具有较低的功函数。同时，这些金属功函数与其膜层厚度密切相关。如图 3－35 所示，将不同厚度的 TiN、TiAl、TiAlC 及 TaN 薄膜组合，可以获得较大范围的功函数。因此，对于 MOSFET 器件多阈值的调控，可通过调整栅极金属功函数层厚度以调控有效功函数，达到控制阈值电压的目的。

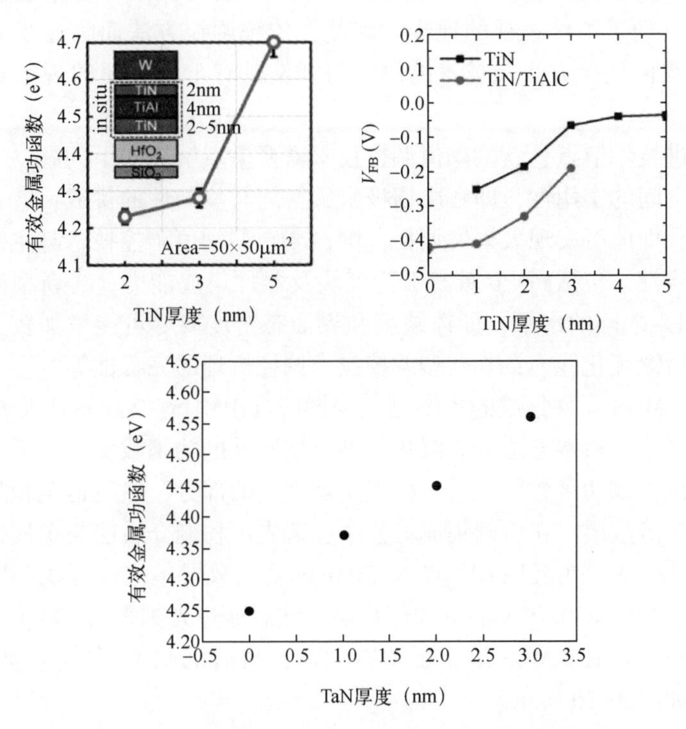

图 3-35　有效金属栅功函数与膜层厚度关系[26]

除了上述基本的金属栅膜层厚度功函数调控方法，多种基于高κ金属栅的新型调控方法陆续被提出，用于调节器件阈值。当前所报道的新型调控方法主要包括两大类，栅极和介质材料界面优化修饰（Surface Modification），以及栅/栅介质界面引入正或负静电偶极子（Dipole Formation）。界面静电偶极子调控方法的主要原理是在高κ介质/SiO_2氧化层界面或金属栅/高κ介质界面形成稳定的静电偶极子，用以调控阈值电压。而界面优化修饰调控方法的主要原理是在外界气流粒子作用下改善金属栅/高κ介质界面的质量，从而改变金属栅内部成键形式，达到调控器件阈值的目的。这些调控方法的特点是在不增加金属栅膜层厚度的前提下有效地控制器件阈值电压。

随着 FinFET 器件持续进入 14nm、10nm 技术节点，金属栅的填充空间越来越严苛。特别是进入 5nm 以下技术节点后，晶体管的实际栅长尺寸将小于16nm。替代栅技术是 CMOS 技术中调节器件阈值的关键模块。在金属栅填充栅槽过程中，所有金属叠层在栅长空间范围内都是双倍叠加的。进入7/5nm 技术节点，可供金属叠层填充的空间将极大地受限于实际物理栅长。面对传统金属栅膜层结构与受限的填充尺寸之间存在的巨大矛盾与挑战，栅槽填充的工艺挑战愈发显著，到了不可忽视的地步。因此，传统调控方法面临逐步失效的严峻挑战。新型阈值调控方法及技术的研究与开发具有十分重要的现实意义与科学意义。

面向先进技术节点，新型阈值调控技术需要重点解决如下问题：①新型调控技术对栅极空间的实用性，即解决栅极窄仄空间与均匀性的挑战；②新型调控技术的有效性，即能否实现大幅度调控范围；③新型阈值调控技术与主流 CMOS 制造工艺的兼容性，包括高κ金属栅工艺模块及器件集成能力；④新型调控技术对高κ金属栅引入缺陷的水平，即体缺陷和界面态密度要尽可能增加较少；⑤新型调控技术的后续优化能力；⑥新型调控技术调控机理的完善性等。

FinFET CMOS 器件集成的主要难点为同时在 PMOS、NMOS 上形成具有不同功函数的金属栅。通常方法为先沉积一种类型器件的功函数层，再通过光刻图形化刻蚀去除沉积该功函数层在另一种类型器件上的部分，然后再沉积另一种类型器件所需的功函数层。在后栅集成工艺中，首先沉积栅介质层与金属栅功函数层的缓冲层 ALD TiN，在沉积 CVD TiN（PMOS 功函数层）之前沉积一层 ALD TaN 作为后续湿法刻蚀 CVD TiN 的刻蚀停止层，然后通过光刻露出 NFET 区，并通过湿法刻蚀去除覆盖在 NMOS 区上的 CVD TiN，最后沉积 W 完成金属栅的形成。其制备流程如图 3-36 所示。

图 3-37 所示为通过半导体参数测试仪测得的 40nm 栅长 FinFET CMOS 器件的转移特性曲线和输出特性曲线。从图 3-37 中可以看出，制备出的 NMOS 器件驱动电流达到 347μA/μm，PMOS 器件的驱动电流达到 224μA/μm。并且制备

出的 N 型和 P 型 FinFET 器件的阈值电压对称，具备规模电路生产和应用的潜质。

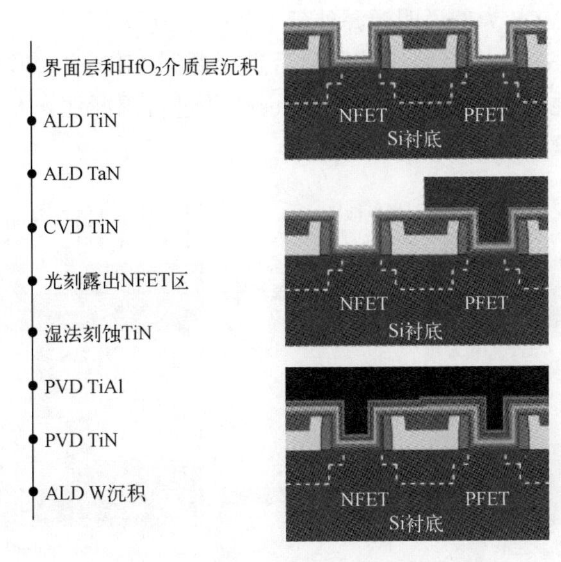

图 3-36 体硅 Fin CMOS 金属栅制备流程

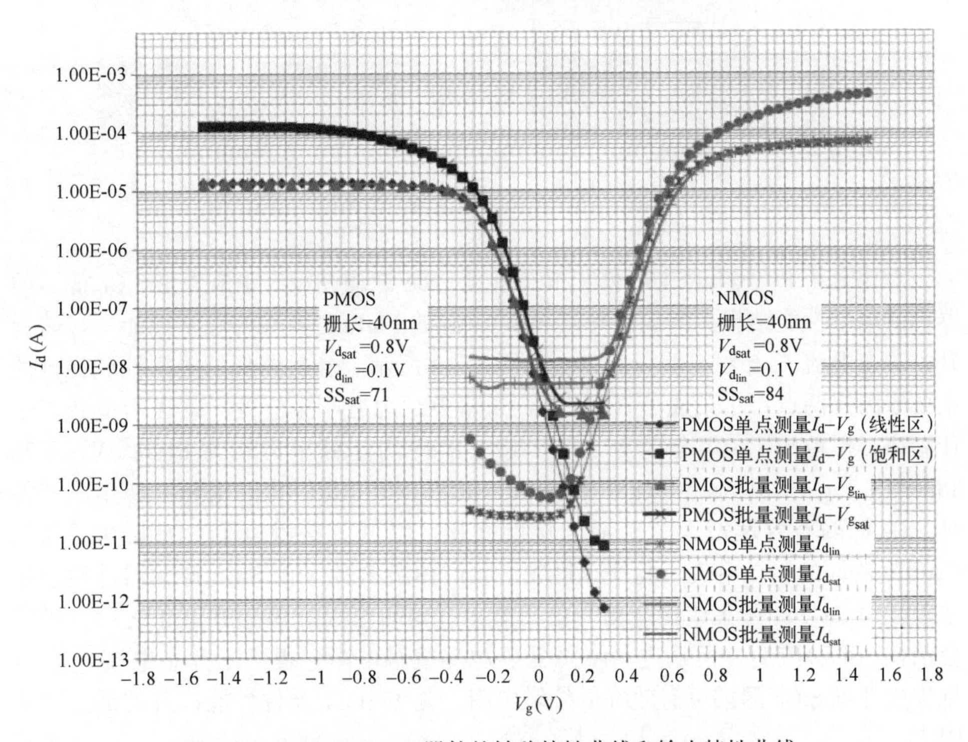

图 3-37 FinFET CMOS 器件的转移特性曲线和输出特性曲线

2. 源漏外延集成优化

图 3-38 以 PMOS 为例说明源漏外延工艺的集成技术[27]。常规的外延集成工艺为在形成 Fin、STI、栅极堆栈及侧墙后进行源漏 LDD 注入形成源漏区，然后在源漏区选择性地外延 SiGe，再形成 spacer2 并进行源漏注入及退火，最后形成层间介质层。后续工艺与常规工艺相同。

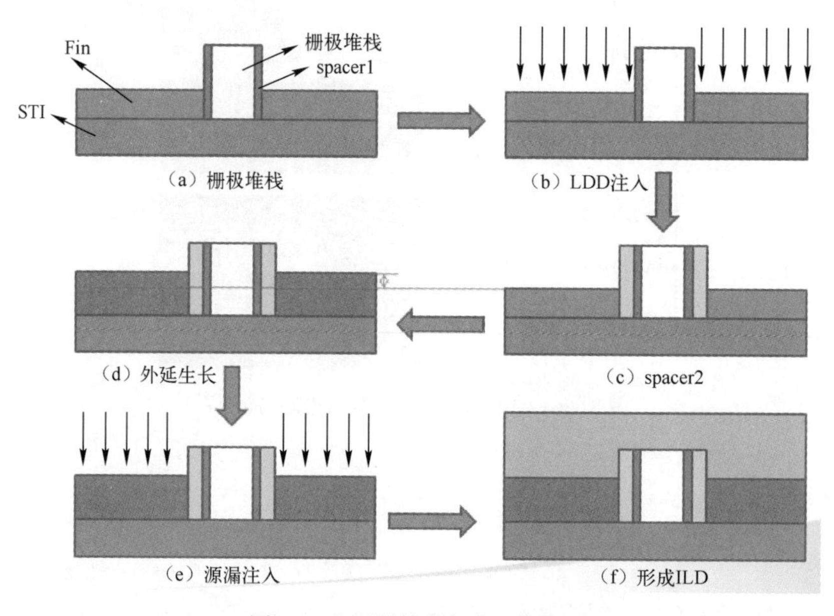

图 3-38　源漏外延集成工艺流程

对比分析 P 型 FinFET 器件集成了外延 SiGe 源漏和没有集成外延 SiGe 源漏的器件的电学性能结果，集成了外延 SiGe 源漏的 FinFET 器件的电学性能有显著提升，关态电流 I_{off} 却没有明显改变，如图 3-39 所示。分析器件的电学性能提升的主要原因有两点：①集成了外延 SiGe 源漏会对沟道产生应变，增强沟道载流子迁移率，提取出 Ge 组分为 0.35 和 0.40 器件的迁移率分别为 81cm²/V · s 和 88cm²/V · s，相对 Si 源漏迁移率（~70cm²/V · s）有较大的提升；②集成了外延 SiGe 源漏有效地增大了源漏的接触面积，降低了接触电阻，大幅度提高了 FinFET 器件的驱动电流。此外，集成了原位掺杂 B 原子的 SiGe 源漏器件性能比单独采用 SiGe 源漏集成性能提升更明显，主要的原因是掺杂 B 原子之后，虽然会消耗一部分应变，但是进一步降低了源漏接触电阻，提高了开态电流 I_{on}。可见集成外延 SiGe 源漏可有效降低接触电阻，是 FinFET 器件性能提升的最主要的因素。

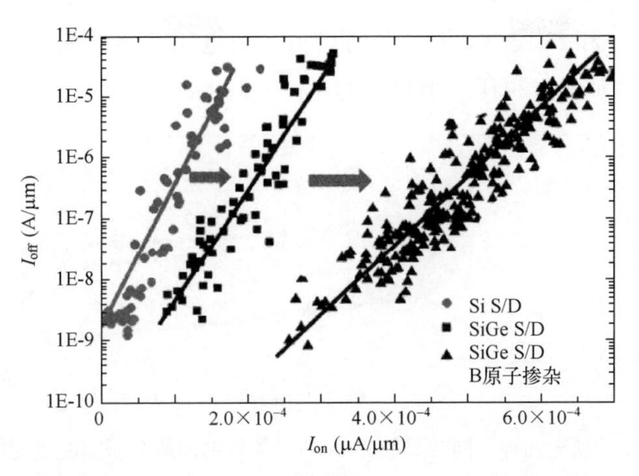

图 3-39　集成了外延 SiGe 源漏与没有集成外延 SiGe 源漏的器件的 I_{on}/I_{off} 对比图

3. 金属栅集成优化

高κ金属栅介质具有更高的介电常数，和传统的 SiO_2 栅介质相比，其可以增强栅极对沟道的电学控制，减小栅极漏电流；金属栅还可以避免多晶 Si 栅耗尽效应和 PMOS 中的 B 原子扩散问题，减小栅极电阻。金属栅和高κ栅介质的结合，从 45nm 技术节点开始被 Intel 公司应用到集成电路中，被摩尔称赞为“自 60 年代引入多晶 Si 栅极 MOSFET 器件以来最重大的改变”。其后经过了 32nm、22nm 和 14nm 技术节点的继承和优化，在集成电路速度提升和能耗降低方面起着举足轻重的作用。伴随技术节点的缩小，高κ栅介质和金属栅结构需要不断改进材料和集成方案等方面。金属栅的应用需要同时满足 NMOS 和 PMOS 器件对有效功函数的要求，以获得各自合适的阈值电压[28, 29]。图 3-40 展示了填充四种不同功函数的 FinFET 器件的阈值电压随 L_g 变化的趋势，可以看出填充不同功函数后，FinFET 器件具有不同的阈值电压。除此之外，填充一些功函数材料的 FinFET 器件随着 L_g 的减小，阈值电压几乎不变，表明器件没有出现填充方面的问题，也没有出现明显的短沟道效应。但是填充另一些功函数材料的 FinFET 器件的阈值电压随 L_g 的减小而增大，主要是因为这部分材料在填充短的 L_g 器件时填充能力较差，容易出现功函数材料填充厚度不均匀，甚至空洞等现象。

图 3-41 所示为采用不同功函数的金属栅的 30nm 栅长的 FinFET 器件的 I_{on}-I_{off} 分布图。采用的提取方法为：I_{on} 定义为测试电压偏置在 $V_S = V_B = 0V$，$V_{DS} = V_{DD}$（电源电压），$V_{GS} = V_{DD}$ 情况下的开态电流，I_{off} 定义在测试电压偏置在 $V_G = V_S = V_B = 0V$，$V_{DS} = V_{DD}$ 情况下的关态电流。采用不同功函数的器件的阈值电压不同，在 I_{on}-I_{off} 分布图中具体表现为具有较低阈值电压的器件的 I_{on} 和 I_{off} 较大，具有较高阈值

电压的器件的 I_{on} 和 I_{off} 较小。但是具有较低阈值电压的器件和具有较高阈值电压的器件的 I_{on}-I_{off} 基本分布在一条斜线上。

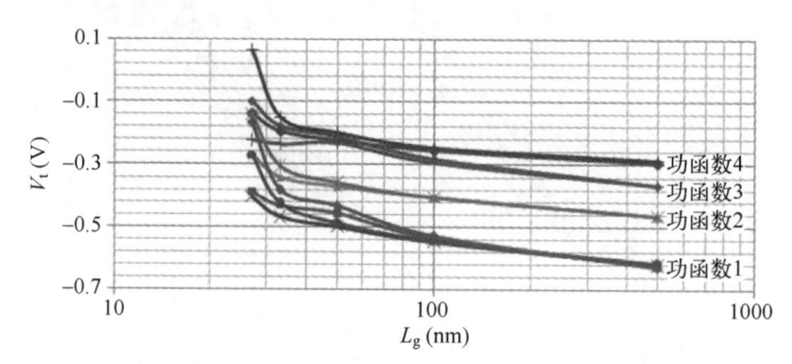

图 3-40 填充四种不同功函数的 FinFET 器件的阈值电压随 L_g 变化的趋势

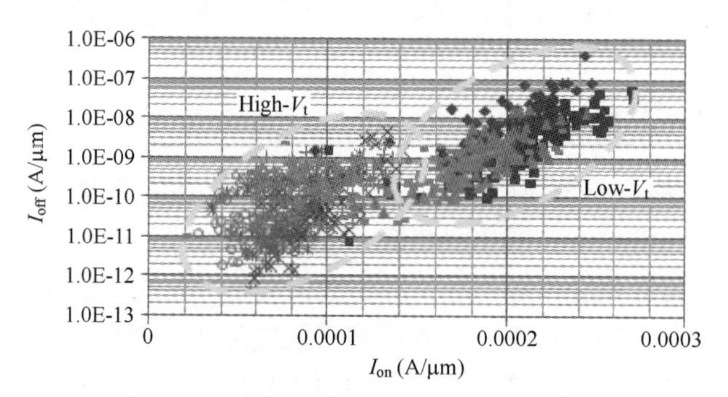

图 3-41 采用不同功函数的金属栅的 30nm 栅长的 FinFET 器件的 I_{on}-I_{off} 分布图

3.4 新型 FinFET 器件

3.4.1 体硅介质隔离 FinFET 器件

制备介质隔离 Fin 阵列的图形采用上述的自对准侧墙转移技术（Spacer Image Transfer, SIT）[23]，其工艺流程如图 3-42（a）~图（e）所示。具体的制备细节和实现方案将在 3.4.2 节详细讲述。该方案不需要昂贵的极紫外（Extreme Ultra-violet, EUV）光刻设备或耗时的电子束光刻过程，具有效率高、成本低的优势。

形成纳米量级的 SiN_x 侧墙阵列后，采用两步各向同性和一步各向异性的时分复用刻蚀技术，得到带有一对凹槽的 Fin，具体步骤如下：①采用 Cl_2、HBr 和少量 O_2 的混合气体进行各向异性刻蚀，并通过大量的 O 等离子体，在结构表面形成钝化层；②通过 CH_2F_2电离后形成含有 F 基的等离子体去除底部的钝化层，接着通入稀释的 SF_6气体获得各向同性刻蚀的中间凹槽，再通入大量的 O 等离子体，在结构表面形成钝化层；③通入 CH_2F_2气体形成含有 F 基的等离子体去除底部的钝化层，以 Cl_2、HBr 和少量 O_2的混合气体实现各向异性刻蚀［见图 3-42（f）］；④将刻蚀后的晶圆放置在 DHF 中清洗 5 分钟，去除带有凹槽的 Fin 顶部的侧墙硬掩模。

采用快速热氧化（Rapid Thermal Oxidation，RTO）工艺对带有缺口的 Fin 进行氧化，使中间较细的缺口处全部氧化为 SiO_2，在 Fin 顶部与底部 Si 衬底处形成介质隔离，如图 3-42（g）所示。接着填充具有高深宽比工艺的 SiO_2，用 CMP 工艺将表面平坦化。最后，用 DHF 刻蚀 SiO_2，直至 SiO_2和 Fin 底部大约平齐，形成介质隔离的 Fin 阵列结构［见图 3-42（h）］，该结构顶部和底部 Si 衬底通过 SiO_2隔离，具有“类 SOI”特征。

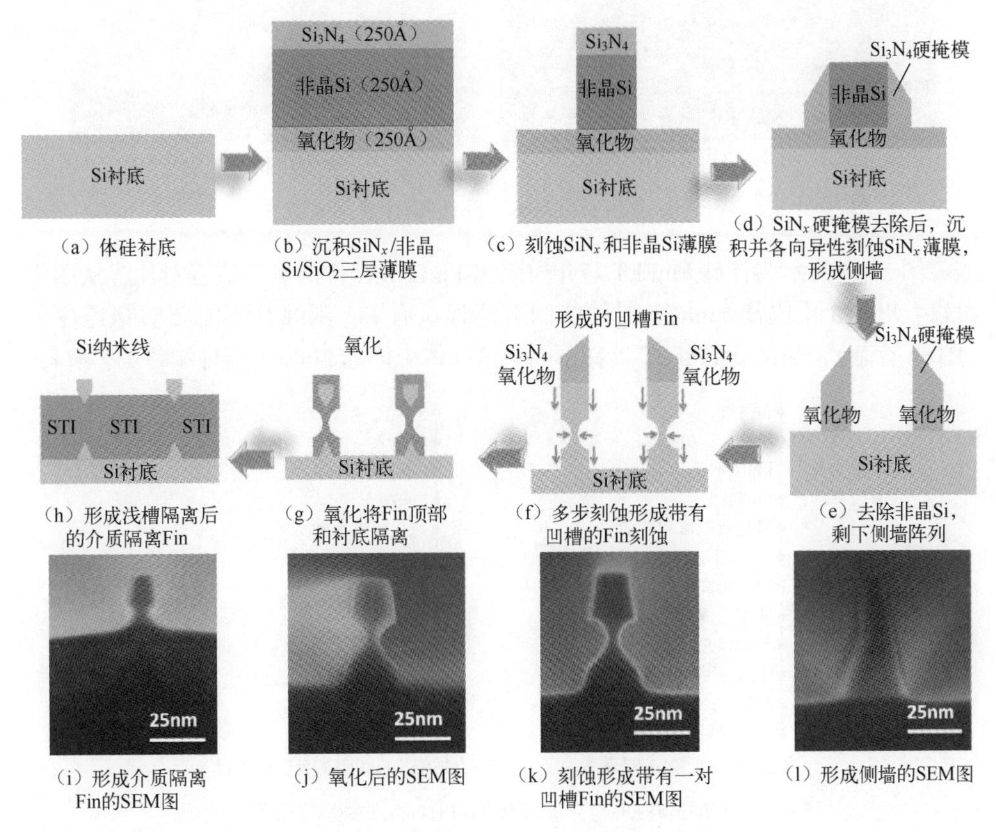

图 3-42　介质隔离 Fin 阵列制备工艺流程[30]

图 3-43 所示为通过体硅衬底刻蚀和氧化形成介质隔离 Fin 的 SEM 和 TEM 剖面图，从图中可以看出，制备出的介质隔离 Fin 呈五边形，且具有非常完整的单晶形态和较高的纳米线质量。通过该方案制备的 Fin 高约为 65nm，宽约为 35nm，纳米线“倒三角形”的底部埋在约 35nm 厚的 SiO_2隔离层里，可以使介质隔离 Fin 在超薄的情形下，比通过 SOI 衬底制备的 Fin 更牢固、更稳定，不容易出现倾倒和脱落的现象。此外，该方案使用体硅衬底，只经过一次简单的光学曝光，就可以形成介质隔离 Fin 阵列。

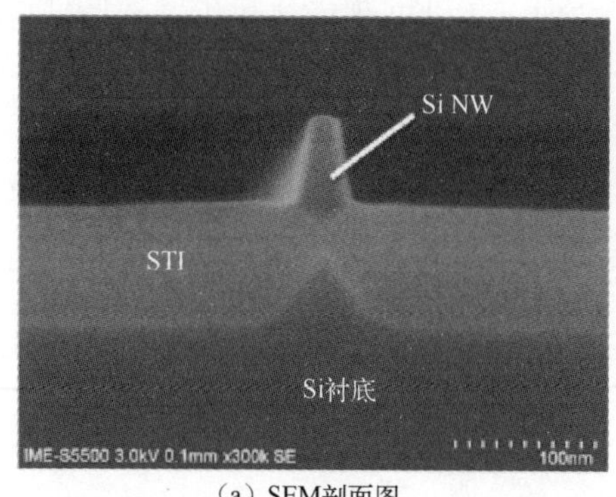

（a）SEM剖面图

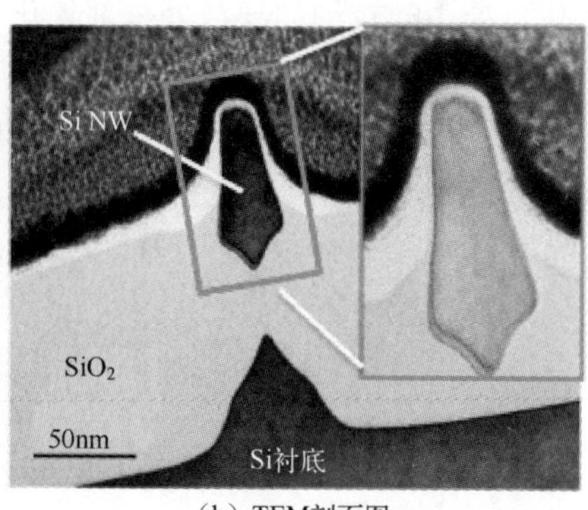

（b）TEM剖面图

图 3-43　介质隔离 Fin 的 SEM 和 TEM 剖面图[30]

图 3-44 所示为体硅 FinFET 与介质隔离 FinFET 器件的制造流程对比，从图中可以看出，介质隔离 FinFET 器件的制造流程只有 Fin 刻蚀及不需要防穿通注入（PTSL 掺杂），与体硅 FinFET 器件不同。这与传统体硅 FinFET 器件制备工艺兼容。

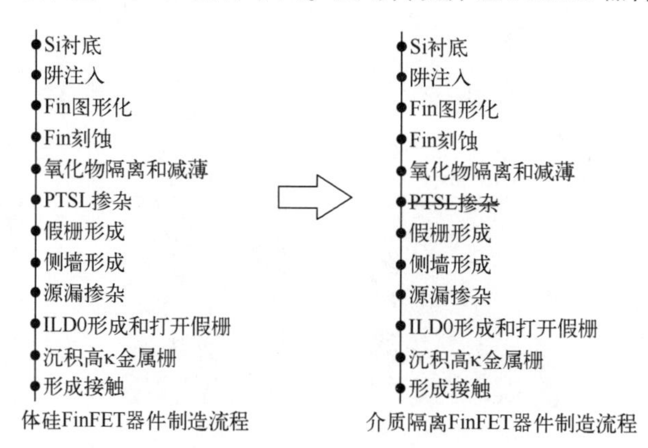

图 3-44　体硅 FinFET 与介质隔离 FinFET 器件的制造流程对比[31]

按照上述工艺集成流程，同一批次制备了 P 型体硅 FinFET 器件和介质隔离 FinFET 器件。两种 FinFET 器件的典型 TEM 截面图如图 3-45 所示，上面两张图分别是体硅 FinFET 器件沿栅极方向切片的 Fin 截面图和沿沟道方向在 Fin 顶部切片的栅极截面图，下面两张图分别是介质隔离 FinFET 器件相应的 Fin 和栅极截面图。

从左侧两张 TEM 截面图可以准确地测量体硅 FinFET 器件与介质隔离 FinFET 器件最终的沟道区 Fin 的具体形貌及尺寸。体硅 Fin 顶宽为 11.8nm，底宽为 28.6nm，高度为 34nm。介质隔离 Fin 顶部/中部/底部宽度分别为 9nm/13.7nm/19.8nm，直接与高κ金属栅接触的 Fin 高为 35.4nm，另有高度为 12nm 形似倒三角的 Fin 尾部掩埋在介质中。总体来说，介质隔离 Fin 与体硅 Fin 的高度几乎相同，但是介质隔离 Fin 的平均宽度比体硅 Fin 的平均宽度小 6nm。体硅 Fin 的底宽比介质隔离 Fin 的底宽大 8.8nm，但是介质隔离 Fin 有约 12nm 高的倒三角 Fin 尾部掩埋在介质中，不受高κ金属栅的直接控制。从严格意义上讲，形成的介质隔离 Fin 的栅极具有 π 形结构，即 Pi-gate，但是为了方便起见，仍称其为介质隔离 Fin。

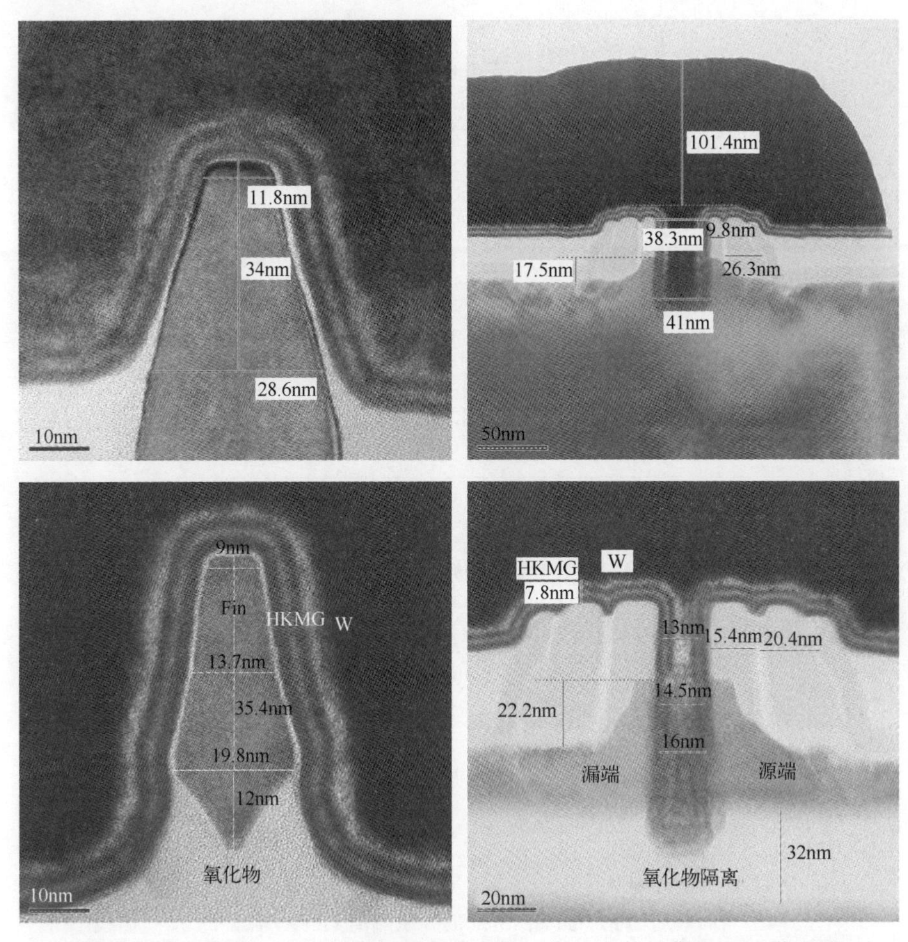

图 3-45　P 型体硅 FinFET 器件与介质隔离 FinFET 器件的典型 TEM 截面图

对于以上两种 FinFET 器件，都使用混合光刻技术定义了从 20nm 至 500nm 的不同栅长器件。从右侧两张 TEM 截面图可以看出，对于栅长为 40nm 的体硅 FinFET 器件，其实际物理栅长为 38. 3~41nm。而对于最小栅长为 20nm 的介质隔离 FinFET 器件，其实际物理栅长为 15nm。两种 FinFET 器件的栅极陡直度都较好，底部栅长比顶部栅长大约长 3nm。两种 FinFET 器件都集成了相同的高κ金属栅，多层结构从内向外依次是 interfacial-oxide/HfO_2/TiN/TaN/TiN/W。对于栅长为 40nm 的器件，金属 W 有较好的填充特性，但是对于栅长为 15nm 的器件，由于高κ金属栅层和功函数调节层的总厚度约为 7. 5nm（两侧共计约 15nm），因此几乎没有空间填充金属 W。不同物理栅长的介质隔离 FinFET 器件的 I_d/V_g 曲线如图 3-46 所示。可以看到介质隔离 FinFET 器件的源端电流 I_s 与漏端电流 I_d 基本重合；衬底电流 I_b 约为 10fA 量级，达到设备测量极限，表明该器件实现了理想的介质隔离；栅漏电流 I_g 在工作范围内小于 1pA，表明栅介质质量优良。

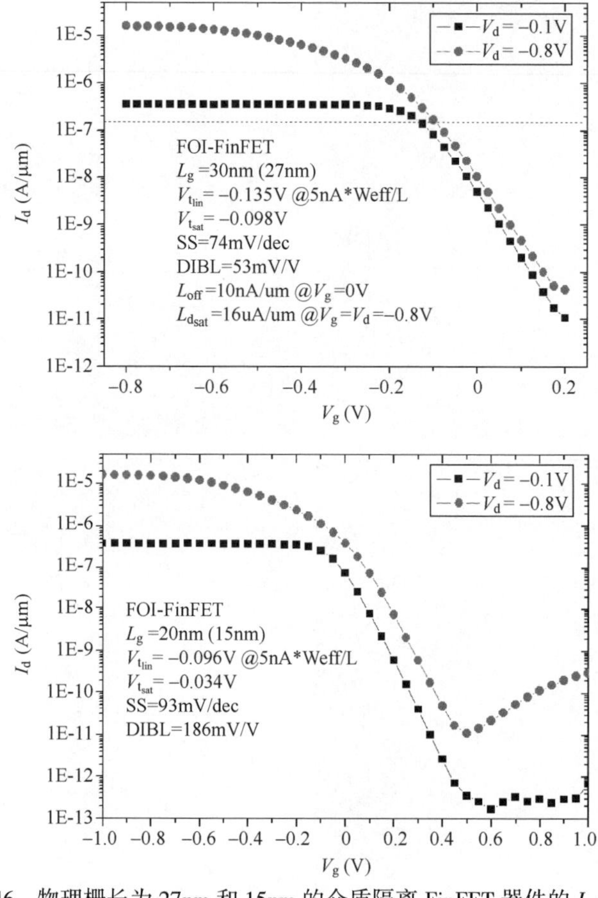

图 3-46 物理栅长为 27nm 和 15nm 的介质隔离 FinFET 器件的 I_d/V_g 曲线

由于介质隔离 FinFET 器件源漏体积较小，寄生电阻较大，因此人们利用一种新的方法制作全金属源漏的多栅介质隔离 FinFET 器件，提出和实施了两种金属化源漏（Metallic Source and Drain，MSD）方案，即传统的金属硅化物工艺和肖特基势垒源漏（Schottky Barrier Source and Drain，SBSD）工艺，大幅度提升了介质隔离 FinFET 器件的驱动性能。该方案在原来器件制备工艺上增加了形成金属硅化物的工艺，该器件的具体制备工艺流程如图 3-47 所示，一种是传统的金属硅化物工艺，另一种是肖特基势垒源漏工艺。传统的金属硅化物制备方法为：清洗去除表面的自然氧化层，接着通过溅射工艺沉积 $Ni_{0.95}Pt_{0.05}$，然后通过传统的两步快速热退火工艺形成金属硅化物（第一步退火约 310℃，去除未反应金属，第二步退火约 500℃）。肖特基势垒源漏制备方法没有实施前面的注入和源漏掺杂离子激活的工艺步骤，该方案具体工艺步骤为：首先通过上述传统的两步快速热退火的金属硅化物工艺步骤后，将掺杂离子注入金属硅化物，然后经 600℃快速热退火（Rapid Thermal Annealing，RTA）激活掺杂离子，形成突变的肖特基势垒界面。

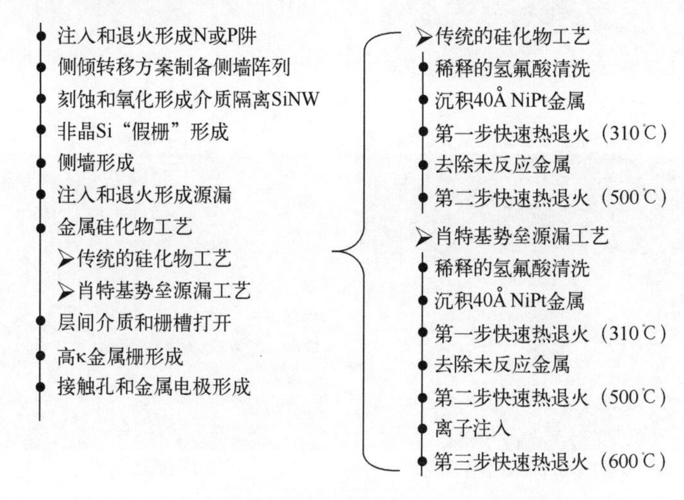

图 3-47　全金属化源漏介质隔离 FinFET 器件制备流程

图 3-48 所示为制备出介质隔离 FinFET 器件的 TEM 图。其中，图（a）是制备多栅介质隔离 FinFET 器件的示意图，从图中可以看出，介质隔离 FinFET 器件沟道被栅三面环绕，形成三栅纳米器件，对沟道具有较强的控制作用；介质隔离 FinFET 器件沟道和衬底之间通过 SiO_2 绝缘介质隔离，减小了器件的漏电流通道。图（b）~图（d）分别是沿着图（a）中栅 AA′、介质隔离 FinFET 器件顶部 BB′及源漏区 CC′方向的剖面图。从图（b）中可以看出，介质隔离 FinFET 器件呈五边形，其宽度小于 18nm，高度为 35.2nm，底部的“三角形”尖端嵌入 SiO_2 介质中。介质隔离 FinFET 器件和底部衬底间距约为 19nm，介质隔离 FinFET 器件和

衬底实现了和SOI结构类似的介质隔离。高κ金属栅薄膜从三面包围均匀介质隔离FinFET器件沟道，可为器件提供良好的栅控性能。从图（c）中可以看出，介质隔离FinFET器件和衬底之间存在一层较厚的SiO_2薄膜，源漏区的介质隔离FinFET器件全部形成金属硅化物，硅化物和沟道产生了（111）晶面，具有稳定、容易控制的特性。从图（d）中可以看出，源漏区的介质隔离FinFET器件几乎被金属NiPt全部消耗，形成了金属化源漏，可以大大减小源漏区的寄生电阻。

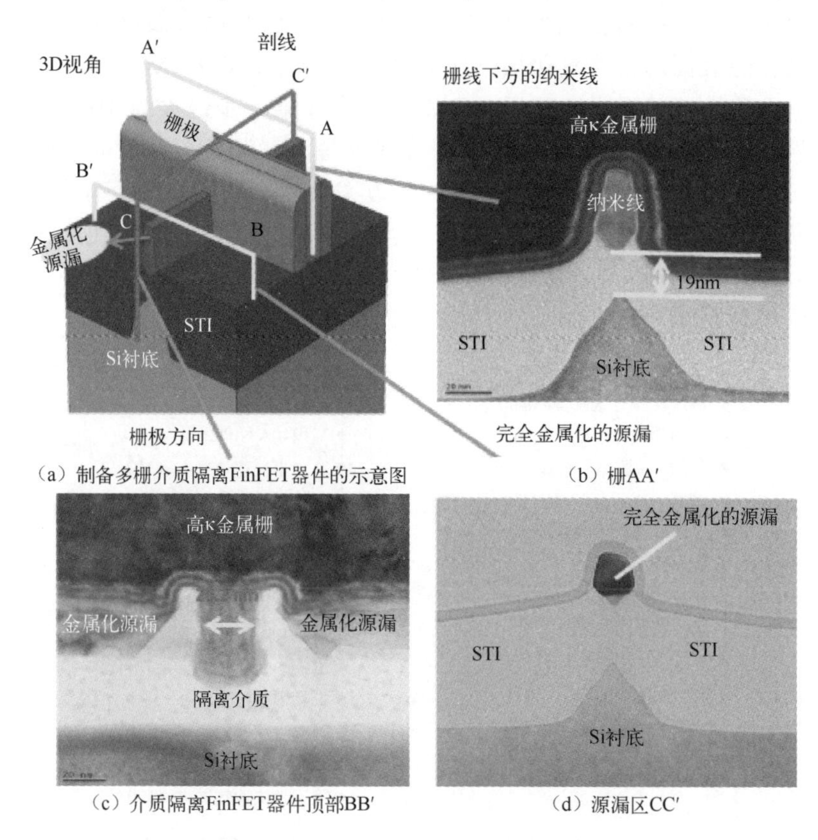

图3-48　制备出介质隔离FinFET器件的TEM图[23]

图3-49（a）、（b）是采用传统硅化物工艺的20nm栅长介质隔离FinFET CMOS器件的转移特性曲线和输出特性曲线。从图3-49中可以看出，NMOS器件在$V_{DD}=0.8V$时驱动电流达到547μA/μm，PMOS器件在$V_{DD}=-0.8V$时驱动电流达到324μA/μm，相比没有采用硅化物工艺的介质隔离FinFET器件，驱动电流提升了大约30倍，表明采用该工艺可大幅度提升介质隔离FinFET器件的驱动电流，并且制备出的N型和P型介质隔离FinFET器件的阈值电压对称，具备规模电路生产和应用的潜质。另外，采用传统硅化物工艺的介质隔离FinFET器件

仍保持良好的亚阈值特性（NMOS 器件 SS 为 79mV/dec，DIBL 为 43mV/V；PMOS 器件 SS 为 75mV/dec，DIBL 为 32mV/V），由于全局介质隔离 FinFET 器件的最小关态电流达到 fA 量级，实现了大于 10^7 的开关比，因此满足超低功耗器件的需求。图 3-49（c）、（d）分别是不同栅长（20~500nm）体硅 FinFET 器件和介质隔离 FinFET 器件的 DIBL 和 SS 随栅长变化的对比图。从图中可以看出，在较大物理栅长的情况下，体硅 FinFET 和介质隔离 FinFET 器件的 DIBL 和 SS 几乎没有什么差别。随着栅长不断减小，由于存在短沟道效应，DIBL 和 SS 均不断恶化。但是，介质隔离 FinFET 比体硅 FinFET 器件的 DIBL 和 SS 退化更小，20nm 栅长的介质隔离 FinFET 器件的 DIBL 和 SS 分别比体硅 FinFET 器件减小了 47% 和 32%，表明介质隔离 FinFET 器件比体硅 FinFET 器件具有更好的短沟道效应抑制特性。

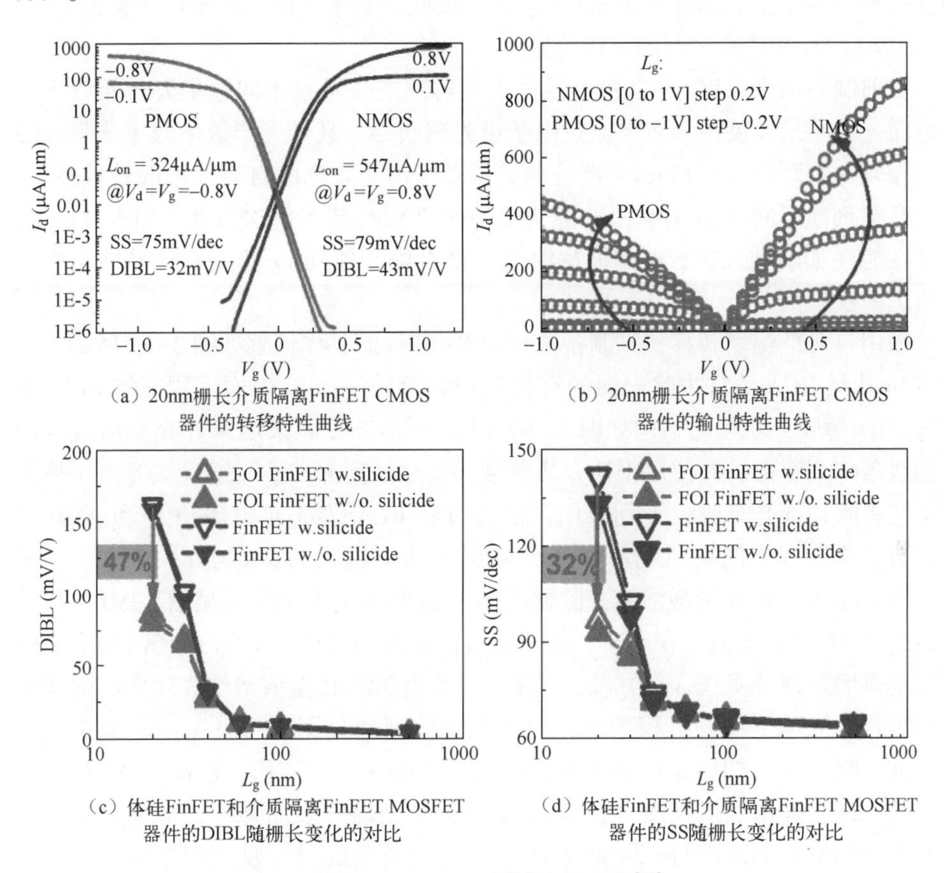

（a）20nm栅长介质隔离FinFET CMOS器件的转移特性曲线

（b）20nm栅长介质隔离FinFET CMOS器件的输出特性曲线

（c）体硅FinFET和介质隔离FinFET MOSFET器件的DIBL随栅长变化的对比

（d）体硅FinFET和介质隔离FinFET MOSFET器件的SS随栅长变化的对比

图 3-49　FinFET 器件电学性能[23]

3.4.2 S-FinFET 器件

随着集成电路技术的不断发展，目前主流的体硅 FinFET 器件面临栅控性能变差、漏电流增加、沟道迁移率退化等一系列挑战。新型扇贝形 FinFET（Scalloped FinFET，S-FinFET）器件与体硅 FinFET 器件相比[32]，在 Fin 高相同的情况下，S-FinFET 器件两侧凹槽可以增大有效栅控面积，从而增强对短沟道效应的控制能力，大幅度改善器件的亚阈值特性（DIBL 和 SS）。并且 S-FinFET 集成工艺方案与体硅 FinFET 器件基本一致，不需要支撑结构及纳米线释放等处理工艺，与 GAA 器件沟道相比，其制备和应用难度更低。仿真研究结果表明，带有凹槽的 S-FinFET 器件可以减小界面散射和载流子有效质量，使电子和空穴的迁移率均高于主流的体硅 FinFET 器件，因此，基于当前的 CMOS 工艺制备 S-FinFET 器件具有非常重要的应用价值。

目前制备纳米尺度 S-FinFET 器件需要解决的关键技术问题主要包括以下三个方面：①纳米尺度图形主要通过电子束光刻获得，其低生产效率与主流量产技术存在较大差距；②S-FinFET 器件制备可以采用高效率的自对准侧墙转移技术，但是存在刻蚀不同步的现象，亟待获得理论支持与技术解决方案；③S-FinFET 器件性能（如驱动性能、亚阈值特性等）是否优于体硅 FinFET 器件基线水平还需要进一步验证。

采用自对准侧墙转移技术制备 S-FinFET 器件的具体流程如图 3-50 所示。首先将 Si 片经 RCA 清洗去除表面的有机物与颗粒后，在 Si 表面沉积三层 SiN_x/非晶 Si/SiO_2薄膜，获得的结构如图 3-50（b）所示。接着采用紫外光刻形成等间距的线条阵列图形，并使用干法介质刻蚀设备刻蚀顶部 SiN_x，通过氧等离子体去胶工艺去除顶部光刻胶，分别采用干法去胶和 RCA 清洗（包括 SPM 和 AMP 溶液）方法去除残余的有机物和颗粒，使用干法刻蚀设备刻蚀非晶 Si 薄膜［见图 3-50（c）］，用热磷酸溶液去除非晶 Si 顶部的 SiN_x硬掩模［见图 3-50（d）］。然后通过 PECVD 工艺沉积 SiN_x，并通过各向异性刻蚀在非晶 Si 线条两侧形成纳米尺度侧墙阵列［见图 3-50（e）、（f）］。使用 TMAH 溶液清洗去除中心的非晶 Si 形成作为后续刻蚀硬掩模的纳米尺度侧墙阵列［见图 3-50（g）］。通过硬掩模刻蚀去除 SiO_2，然后通过多步刻蚀形成所需的 S-Fin 结构。根据 S-FinFET 器件制备原理，采用纳米尺度硬掩模进行多步 Si 刻蚀和表面钝化，最终形成两边具有多个凹槽的 Fin［见图 3-50（h）、（i）］。新型的时分复用刻蚀方法步骤如下：①使用 CF_4的 F 基等离子体去除 Si 片表面的自然氧化层；②采用 HBr、Cl_2和少量 O_2混合的等离子体进行各向异性刻蚀；③用氧等离子体对形成的三维侧壁结构进行钝化和保护；④通过 SF_6各向同性刻蚀，形成第一对凹槽；⑤用氧等离子体对形成的侧壁结构进行钝化和保护；⑥采用 CF_4 的 F 基等离子体去除 Si 片表面的钝化层，稀释的 SF_6 各向同性刻蚀后形成第二对凹槽，用氧等离子体对形成的三维侧壁结构进行钝化和保护；⑦重复上述刻蚀和钝化工艺，形成第三对凹槽，从而实现两边具有三个凹槽的 S-FinFET 器件。如果需要形成具有更多缺口的S-FinFET 器件，那么只需要重复上述刻蚀和钝化工艺。基于形成的 S-FinFET 器件，通过氧化工艺将凹槽中部最细的位置全部氧化，从而形成三层堆叠 Si 纳米线［见图 3-50（j）］。

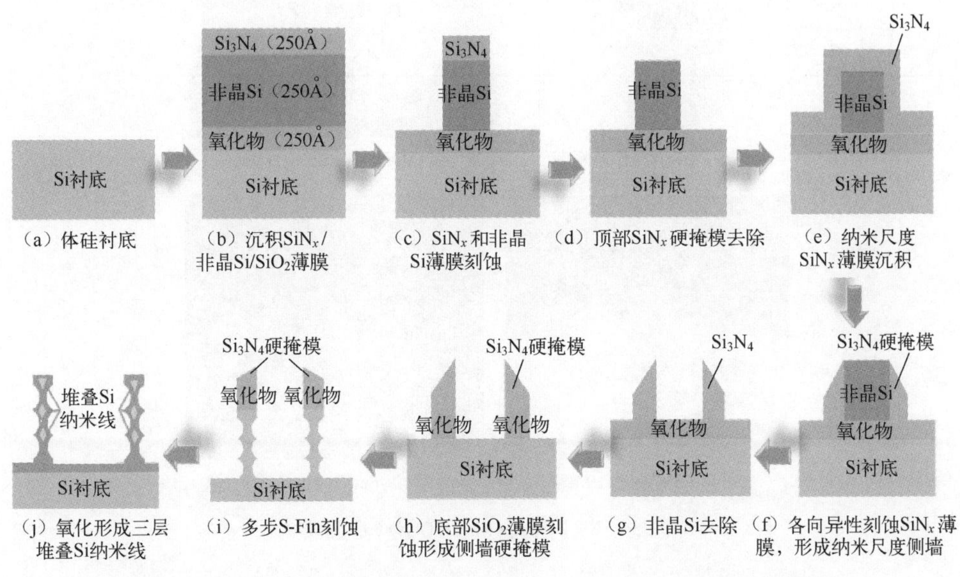

图 3-50　采用自对准侧墙转移技术制备 S-FinFET 器件的具体流程[33]

如图 3-51 所示的是 P 型 S-FinFET 器件示意图，从图中可以看出，器件沟道区为 S-Fin，且器件源漏区进行了原位选择性外延 SiGe。图 3-51（b）是器件源漏区的 TEM 截面图，从图中可以看出，S-FinFET 器件源漏区形成了较好质量的外延 SiGe，其中 Ge 的含量约为 30%，Si 的含量约为 70%。器件源漏区选择性外延 SiGe 后，原来体积较小的 S-Fin 源漏区顶部被“菱形”外延 SiGe 包裹，外延后源漏体积增大了约 6 倍，可大大减小 S-FinFET 器件源漏区的接触电阻和方块电阻。同时，由于源漏区 SiGe 源漏对沟道产生了压应力，改变了 Si 沟道的能带结构，使禁带宽度变窄，空穴有效质量减小，提升了空穴迁移率，从而可以进一步提升 P 型 S-FinFET 器件的驱动电流。图 3-51（c）是沟道内 S-Fin 形貌的 TEM 图，而图 3-51（d）是顶部 S-Fin 沟道的局部放大图，从图中可以看出，最终制备出器件的 S-Fin 左右对称（包括缺口大小和位置），沟道中的 Si 呈现良好的晶体状态，最小的宽度为 5nm，使金属栅对超薄 S-Fin 具有非常强的控制能力，可减小器件的关态电流。S-Fin 沟道被高 κ 金属栅均匀填充，使制备出的器件具有均匀一致性的开启和关断，可减小器件之间的波动性，从而提高器件的整体均匀一致性。

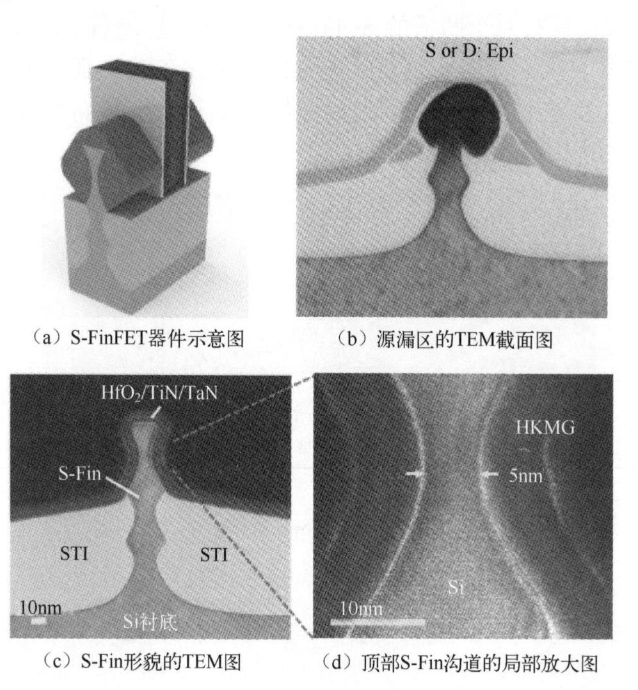

（a）S-FinFET器件示意图　（b）源漏区的TEM截面图

（c）S-Fin形貌的TEM图　（d）顶部S-Fin沟道的局部放大图

图 3-51　P 型 S-FinFET 器件示意图

图 3-52 所示为 P 型 S-FinFET 器件电学性能表征图。图 3-52（a）中对比了有无源漏选择性外延的 S-FinFET 器件，以及在相同工艺条件下器件典型的转移特性曲线，器件的电流均按照器件有效宽度进行了归一化。其中，体硅 FinFET 器件有效宽度为 80nm/Fin，P 型 S-FinFET 器件有效宽度为 100nm/Fin，即通过在 Fin 两端增加扇贝形的凹槽，使 P 型 S-FinFET 器件比体硅 FinFET 器件栅控面积增加约 25%。从图 3-52（a）中可以看出，有源漏选择性外延的 P 型 S-FinFET 器件开态电流比无源漏选择性外延的 S-FinFET 器件提高了数倍，基本达到了同类 P 型体硅 FinFET 器件开态电流的水平。本实验计算了三类器件 SS 和 DIBL：其中，外延的 P 型体硅 FinFET 器件 SS 为 85mV/dec，DIBL 为 68mV/V；外延的 P 型 S-FinFET 器件 SS 为 75mV/dec，DIBL 为 62mV/V；没有外延的 P 型 S-FinFET 器件 SS 为 65.1mV/dec，DIBL 为 12mV/V。可以看出，经过优化的 S-FinFET 器件亚阈值特性明显比相同工艺条件下的体硅 FinFET 器件更优，证明了 S-FinFET 器件具有比体硅 FinFET 器件更强的栅控性能及短沟道效应控制能力。图 3-52（b）是有无源漏选择性外延的 P 型 S-FinFET 器件输出特性曲线的对比

图，从图中可以看出，经过源漏选择性外延后的S-FinFET 器件驱动电流比没有经过源漏选择性外延的器件提升将近5倍，这主要采用了优化后对称的 S-Fin 和外延技术，使 S-FinFET 器件的寄生电阻大大减小。

图 3-52（c）、（d）所示为不同栅长的源漏选择性外延的 P 型 S-FinFET 器件和体硅 FinFET 器件的 SS 和 DIBL 的统计中间值对比图，从图中可以看出，随着栅长不断减小，S-FinFET 器件和体硅 FinFET 器件的 SS 和 DIBL 的统计中间值逐渐增大，表明在这两类器件中都出现了一定程度的短沟道效应。相比而言，S-FinFET 器件的变化幅度较小，特别是对于栅长为 20nm 的器件，S-FinFET 器件比体硅 FinFET 器件的SS 和 DIBL 分别减小了25%和54%，表明S-FinFET 器件比体硅 FinFET 器件的栅控性能更好，具有更强的短沟道效应控制能力。

图 3-52（e）所示为栅长为 20nm 的 P 型 S-FinFET 器件和体硅 FinFET 器件的线性跨导对比图，从图中可以看出，S-FinFET 器件的最大线性跨导比体硅 FinFET 器件大 27%，其原因是 S-FinFET 器件具有更薄的 Fin 沟道、更好的栅控性能及更强的短沟道效应控制能力。图 3-52（f）所示为不同栅长的 P 型 S-FinFET 器件和体硅 FinFET 器件的阈值电压统计中间值的对比图，从图中可以看出，随着栅长的不断减小，这两类器件的阈值电压都逐渐增大，表明这两类器件均表现出一定程度的短沟道效应。但是 S-FinFET 器件的阈值电压变化量比体硅 FinFET 器件小，并且线性区和饱和区的阈值电压的差值也比体硅 FinFET 器件的值小，表明制备出的 S-FinFET 器件比相同工艺条件下的体硅 FinFET 器件具有更好的栅控特性。

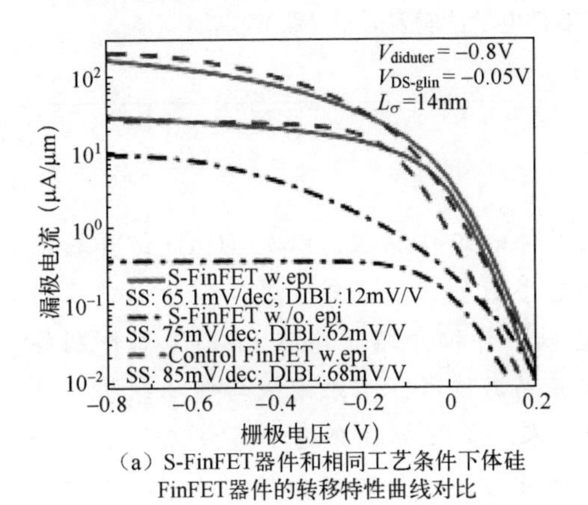

（a）S-FinFET器件和相同工艺条件下体硅FinFET器件的转移特性曲线对比

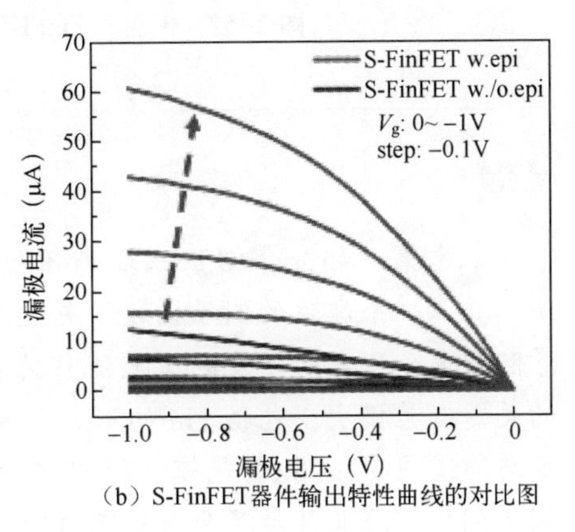

（b）S-FinFET器件输出特性曲线的对比图

图 3-52 P 型 S-FinFET 器件电学性能表征图

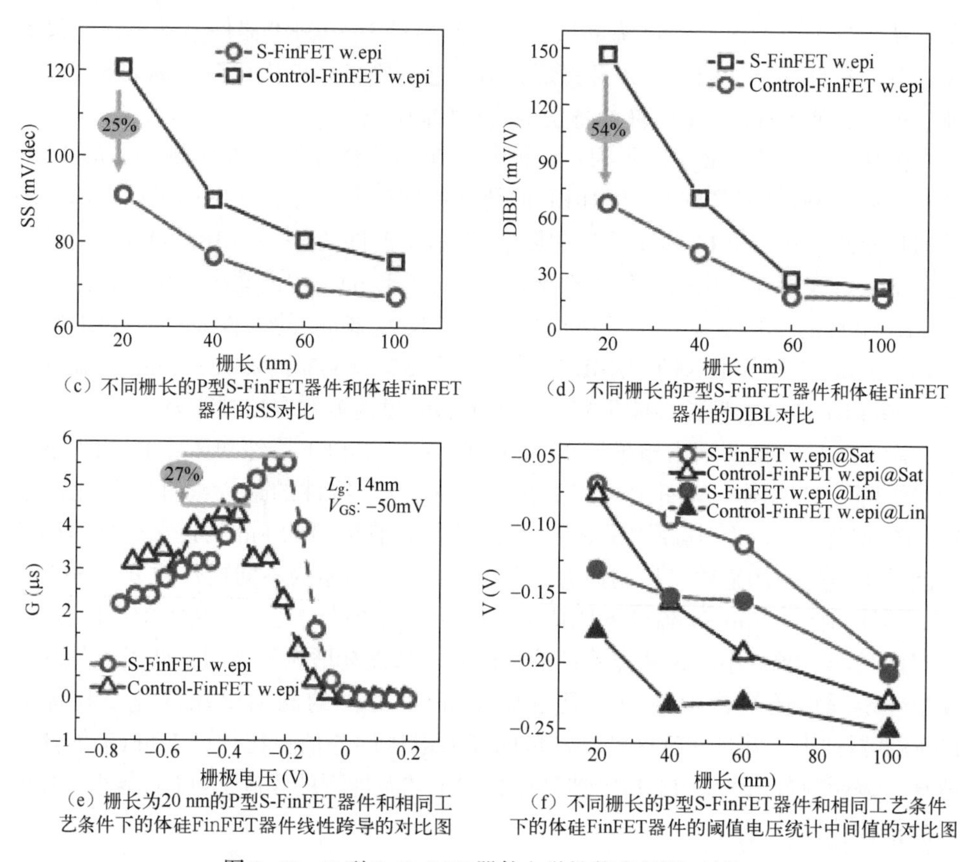

（c）不同栅长的P型S-FinFET器件和体硅FinFET器件的SS对比

（d）不同栅长的P型S-FinFET器件和体硅FinFET器件的DIBL对比

（e）栅长为20 nm的P型S-FinFET器件和相同工艺条件下的体硅FinFET器件线性跨导的对比图

（f）不同栅长的P型S-FinFET器件和相同工艺条件下的体硅FinFET器件的阈值电压统计中间值的对比图

图 3-52　P 型 S-FinFET 器件电学性能表征图（续）

总结

本章第一部分介绍了三维 FinFET 器件的工作原理，以及 TCAD 仿真的方法，并以一个具体的例子描述了关键工艺参数的优化方式。第二部分以中国科学院微电子研究所研发的工艺流程为基础，详细介绍了体硅 FinFET 器件制备的关键工艺模块，包括 Fin 的形成、沟道隔离技术、三维栅极与侧墙结构、外延与沟道应变、高κ金属栅、低阻接触技术。第三部分介绍了集成工艺流程和阈值调控、源漏外延及金属栅三种特性优化方法。第四部分介绍了体硅介质隔离 FinFET 和 S-FinFET 两种新型 FinFET 器件集成技术。本章内容可以为三维 FinFET 器件的关键工艺向产业化转移提供较好的参考。

参考文献

[1] HUANG X, LEE W C, KUO C, et al. Sub 50-nm FinFET: PMOS [C]// IEEE, International Electron Devices Meeting (IEDM), Washington, 1999: 67-70.

[2] HISAMOTO D, LEE W C, KEDZIERSKI J, et al. A folded-channel MOSFET for deep-sub-tenth micron era [C]// IEEE, International Electron Devices Meeting (IEDM), San Francisco, 1998: 1032-1034.

[3] PARK T S, CHOI S, LEE D, et al. Fabrication of body-tied FinFETs (Omega MOSFETs) using bulk Si wafers [C]// IEEE, Symposium on VLSI Technology (VLSIT), Kyoto, 2003: 135-136.

[4] DOYLE B, DATTA S, DOCZY M, et al. High performance fully-depleted tri-gate CMOS transistors [J]. IEEE Electron Device Letters, 2003, 24 (4): 263-265.

[5] YIN H, XU Q. CMOS FinFET fabricated on bulk silicon substrate [J]. Journal of Semiconductors, 2003, 24 (4): 351-356.

[6] AUTH C, ALLEN C, Blattner A, et al. A 22nm high performance and low-power CMOS technology featuring fully-depleted tri-gate transistors, self-aligned contacts and high density MIM capacitors [C]// IEEE, Symposium on VLSI Technology (VLSIT), Honolulu, 2012: 131-132.

[7] SEKIGAWA T. Calculated threshold-voltage characteristics of an XMOS transistor having an additional bottom gate [J]. Solid-State Electronics, 1984, 27 (8): 827-828.

[8] BALESTRA F, CRISTOLOVEANU S, BENACHIR M, et al. Double-gate silicon-on-insulator transistor with volume inversion: A new device with greatly enhanced performance [J]. IEEE Electron Device Letters, 1987, 8 (9): 410-412.

[9] COLINGE J P, GAO M, ROMANO RODRIGUEZ A, et al. Silicon-on-insulator'gate-all-around device' [C]// IEEE, International Electron Devices Meeting (IEDM), San Francisco, 1990: 595-598.

[10] FERAIN I, COLINGE C A, COLINGE J P. Multigate transistors as the future of classical metal-oxide-semiconductor field-effect transistors [J]. Nature, 2011, 479 (7373): 310-316.

[11] PARK J T, COLINGE J P, DIAZ C H. Pi-Gate SOI MOSFET [J]. IEEE Electron Device Letters, 2001, 22 (8): 405-406.

[12] HISAMOTO D, LEE W C, KEDZIERSKI J, et al. FinFET—A Self-Aligned Double-Gate MOSFET Scalable to 20nm [J]. IEEE Transactions on Electron Devices, 2000, 47 (12): 2320-2325.

[13] KUHN K J. Considerations for ultimate CMOS scaling [J]. IEEE Transactions on Electron Devices, 2012, 59 (7): 1813-1828.

[14] COLINGE J P. The SOI MOSFET: from Single Gate to Multigate [M]//COLINGE J P. FinFETs and Other Multi-Gate Transistors. Boston, MA: Springer US, 2008: 1-48.

[15] MAITI C K. Introducing Technology Computer-Aided Design (TCAD): Fundamentals, Simulations, and Applications [M]. USA: Pan Stanford Publishing, 2017.

[16] WU Y C, JHAN Y R. 3D TCAD Simulation for CMOS Nanoelectronics Devices [M]. Singapore: Springer Nature Singapore, 2018.

[17] 马小龙. 16-14nm 体硅 FinFET 参数优化与 10nm 以下高级多栅器件研究 [D]. 北京: 中

国科学院微电子研究所，2015.
[18] MAO S, LUO J. Titanium-based ohmic contacts in advanced CMOS technology [J]. Journal of Physics D: Applied Physics, 2019, 52 (50) .
[19] YU H, SCHAEKERS M, ROSSEEL E, et al. 1.5×10^{-9}Ω·cm^2 Contact Resistivity on Highly Doped Si: P Using Ge Pre-amorphization and Ti Silicidation [C]// IEEE, International Electron Devices Meeting (IEDM), Washington, 2015: 21.7.1-21.7.4.
[20] YU H, SCHAEKERS M, HIKAVYY A, et al. Ultralow-resistivity CMOS contact scheme with pre-contact amorphization plus Ti (germano-) Silicidation [C]// IEEE, Symposium on VLSI Technology (VLSIT), Honolulu, 2016: 1-2.
[21] NI C N, HUANG Y C, JUN S, et al. PMOS contact resistance solution compatible to CMOS integration for 7nm node and beyond [C]// IEEE, Symposium on VLSI Technology (VLSIT), Honolulu, 2016: 1-2.
[22] CHEW S A, YU H, SCHAEKERS M, et al. Ultralow resistive wrap around contact to scaled FinFET devices by using ALD-Ti contact metal [C]// IEEE, International Interconnect Technology Conference (IITC), Hsinchu, 2017: 1-3.
[23] ZHANG Q, YIN H, LUO J, et al. FOI FinFET with ultra-low parasitic resistance enabled by fully metallic source and drain formation on isolated bulk-Fin [C]// IEEE, International Electron Devices Meeting (IEDM), San Francisco, 2016: 17.3.1-17.3.4.
[24] XU M, YIN H, ZHU H. Device parameter optimization for sub-20nm node HK/MG-last bulk FinFETs [J]. Journal of Semiconductors, 2015, 4.
[25] XU M, ZHU H, ZHAO L, et al. Improved short channel effect control in bulk FinFETs with vertical implantation to form self-aligned halo and punch-through stop pocket [J]. IEEE Electron Device Letters, 2015, 36 (7): 648-650.
[26] 姚佳欣. 面向先进 CMOS 技术的新型高κ金属栅阈值调控技术研究 [D]. 北京：中国科学院微电子研究所，2020.
[27] QIN C, YIN H, WANG G, et al. Study of sigma-shaped source/drain recesses for embedded-SiGe pMOSFETs [J]. Microelectronic Engineering, 2017, 181: 22-28.
[28] MA X, YANG H, WANG W, et al. An effective work-function tuning method of nMOSCAP with high-k/metal gate by TiN/TaN double-layer stack thickness [J]. Journal of Semiconductors, 2014, 35 (9): 096001.
[29] YAO J, YIN H, WU Z, et al. Comparative Investigation of Flat-Band Voltage Modulation by Nitrogen Plasma Treatment for Advanced HKMG Technology [J]. ECS Journal of Solid State Science and Technology, 2018, 7 (8): Q152.
[30] ZHANG Q, LIU R, TU H, et al. Novel Insulator Isolated Si NW Sensors Fabricated using Bulk Substrate with Low-cost and High-quality [J]. Journal of Physics: Conference Series, 2020, 1622 (1): 012037.
[31] MA X, YIN H, HONG P, et al. Self-Aligned Fin-On-Oxide (FOO) FinFETs for Improved SCE Immunity and Multi-V_{TH} Operation on Si Substrate [J]. ECS Solid State Letters, 2015, 4 (4): Q13-Q16.
[32] XU W, YIN H, MA X, et al. Novel 14-nm scallop-shaped FinFETs (S-FinFETs) on bulk-Si substrate [J]. Nanoscale research letters, 2015, 10 (1): 1-7.
[33] ZHANG Q, TU H, YIN H, et al. Influence of the hard masks profiles on formation of nanometer Si scalloped fins arrays [J]. Microelectronic Engineering, 2018, 198: 48-54.

第4章

纳米环栅器件技术

随着CMOS器件进入5nm以下技术节点，当前主流的FinFET器件的尺寸已经微缩至极限，Fin距离、短沟道效应、漏电、材料本身等的限制都使得晶体管制造变得岌岌可危，甚至连物理结构都无法完成。例如，FinFET器件不断增大的深宽比使得Fin难以在保证本身材料内部应力的作用下维持直立形态。而纳米环栅器件可以实现栅极对沟道的全包围，沟道不再和衬底相接触，利用线状、平板状或片状等多个沟道横向垂直于栅极分布，实现器件的基本结构和功能。纳米环栅器件在很大程度上解决了栅极间距尺寸减小后带来的工艺和电学性能不可控等问题。同时，因其沟道被栅极全包围，具有更好的栅控和栅长微缩性能。因此，纳米环栅场效应晶体管（Gate-All-Around FET，GAAFET）成为替代当前主流FinFET器件的主要候选器件。

纳米环栅器件按照沟道形貌可以分为纳米线（Nanowire，NW）和纳米片（Nanosheet，NS）GAA器件，按照沟道材料可以分为Si基沟道和高迁移率沟道纳米环栅器件，按照沟道方向可以分为水平堆叠和垂直纳米环栅器件。相比纳米线环栅器件，纳米片环栅器件在相同面积的条件下有效沟道宽度更大，可以提供更大的驱动电流。按国际器件和系统发展路线图（International Roadmap for Devices and Systems，IRDS）预测，集成电路3nm技术代的核心器件基本确定为堆叠纳米环栅器件，1nm技术代可能采用垂直纳米环栅器件。目前，台积电、三星、Intel等公司正在加紧开发纳米环栅器件技术，预计在2022—2024年陆续推出。新型纳米环栅器件的引入必将导致关键材料和工艺发生重大变化。本章将针对水平堆叠纳米环栅器件、高迁移率沟道纳米环栅器件、垂直纳米环栅器件的关键工艺及集成技术进行介绍。

4.1 纳米环栅器件

4.1.1 水平堆叠纳米环栅器件

随着器件特征尺寸的持续微缩，严重的短沟道效应、寄生电阻和电容增大等难题，引发了器件栅控能力降低、电路速度降低及功耗增加等问题，限制了集成电路性能和集成度的持续提升。为了进一步提升栅控能力，半导体器件结构从最初的单栅平面器件发展为双栅、三栅立体器件，以及未来将量产的GAA器件，它们的沟道剖面图如图4-1所示[1]。与单栅器件相比，双栅器件通过两个面控制沟道的开或关，具有更好的栅控能力。双栅器件主要包括双栅SONFET（Silicon On Nothing FET）、多独立栅FET（Multi-Independent-Gate FET，MIGFET）和双栅FinFET；三栅器件主要包括三栅FinFET、π形栅FET和Ω形栅FET；环栅器件主要包括方形环栅FET、圆形环栅FET和多桥/堆叠纳米片环栅FET。

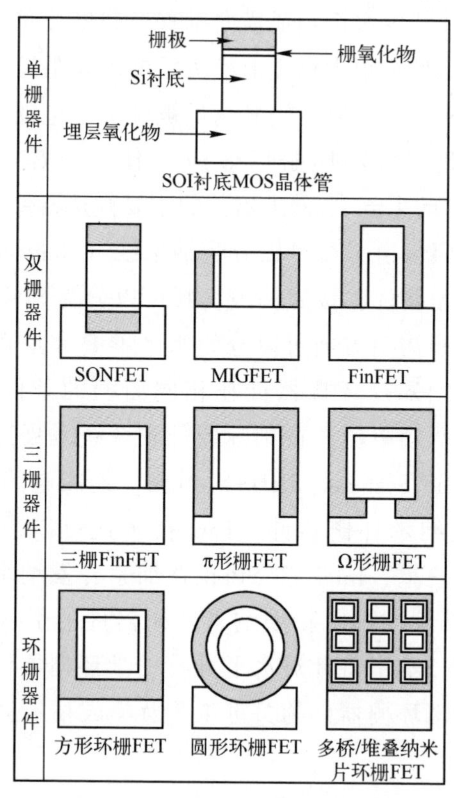

图4-1 不同器件结构的沟道剖面图[1]

根据 3.1.1 节和表 3-1 的内容可知，纳米环栅器件具有显著增强沟道载流子的控制能力、抑制晶体管短沟道效应、提高沟道内载流子的迁移率、降低漏电和功耗等优势。与 FinFET 器件相比，虽然纳米线环栅器件具有更好的 SS、更低的 DIBL 和较大的 I_{on}/I_{off}，但由于单层纳米线的直径和体积较小，其驱动性能仍存在较大差距，因此需要通过堆叠导电沟道制备堆叠纳米环栅器件。堆叠沟道不仅可以大幅度增加单位面积内器件的驱动电流，减少器件和电路单元占用面积，还可以进一步优化器件的版图设计，提升集成电路的性能和集成度。图 4-2 分别是 Si 沟道堆叠纳米线/片环栅器件结构示意图，其中，堆叠 Si 纳米片相较纳米线具有更好的电流驱动性能。可见，堆叠纳米环栅器件是超越 FinFET 器件延续栅长和单元电路微缩的有效解决方案。

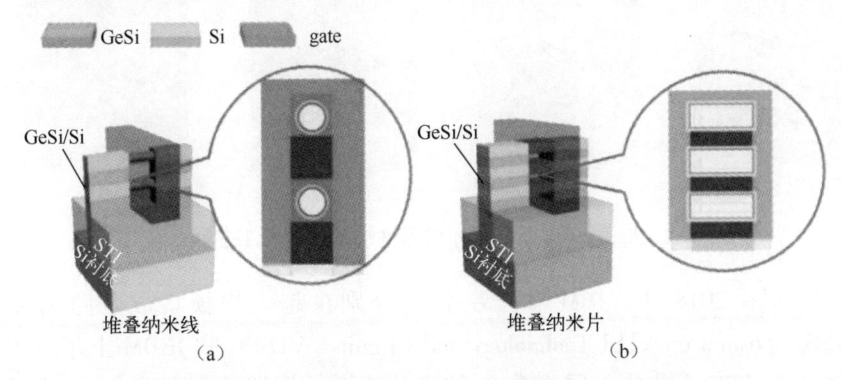

图 4-2　Si 沟道堆叠纳米线/片环栅器件结构示意图

在 2006 年的 IEDM 上，法国原子能委员会电子与信息技术实验室（CEA-LETI）报道了基于 SOI 衬底，采用 SiGe/Si 叠层结构（SiGe 为牺牲层）制备的多层堆叠纳米环栅器件，该器件的驱动电流比传统的平面器件高出 5 倍[2]。此后，采用多层 SiGe/Si 叠层结构制备的堆叠纳米环栅器件便成为研究热点，几乎每年 IEDM 都会报道这方面的研究进展。但是，该方法制备的器件需要较大的支撑结构，导致器件尺寸较大且集成度较低。此外，该器件采用 SOI 衬底与主流的体硅 FinFET 工艺不兼容，因此，不适用于大规模量产。

2016 年，H. Mertens 等人成功制备了直径为 8nm 的堆叠 Si 沟道纳米环栅 NMOS 和 PMOS 器件[3]，该器件首次使用基于主流 FinFET 的工艺，在替代栅（Replacement Metal Gate，RMG）工艺中加入纳米线释放模块，并通过在 H_2 气氛中退火获得圆形堆叠的 Si 纳米线沟道。此外，在形成叠层外延结构之前，在衬底上通过平面注入掺杂工程来抑制寄生沟道的开启。具体工艺制备流程如图 4-3 所示，采用上述工艺制备出的 L_g 为 24nm 的堆叠环栅纳米线器件具有较好的短沟道效应，SS 及 DIBL 分别为 65mV/dec 和 42mV/V。

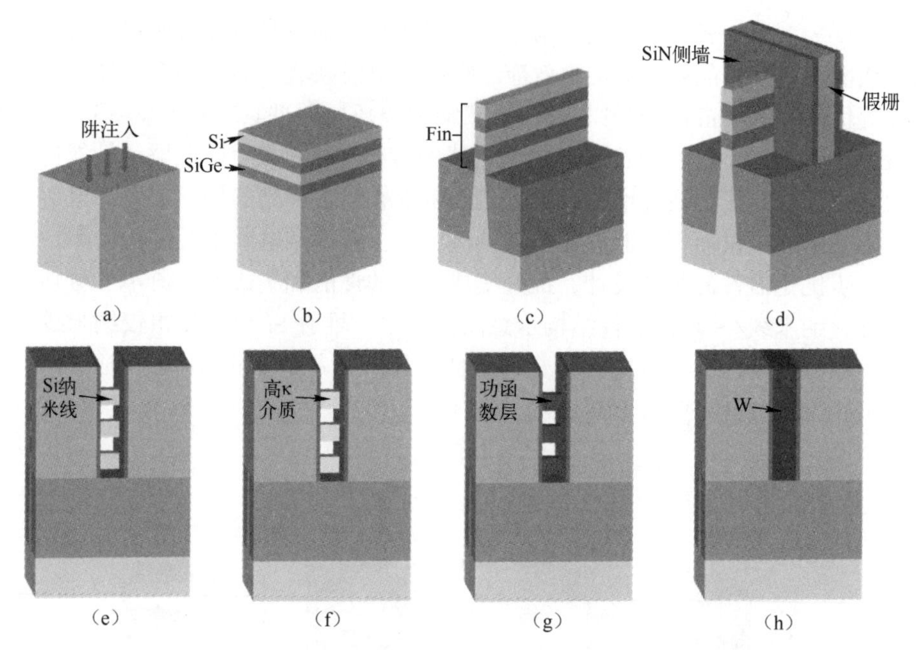

图 4-3 堆叠 Si 沟道纳米环栅器件结构的具体工艺制备流程

2017 年和 2018 年，IBM 和三星公司分别在超大规模集成电路国际会议（IEEE Symposium on VLSI Technology and Circuits，VLSI）和 IEDM 上报道了基于主流体硅 FinFET 工艺的 3 层堆叠 Si 纳米片沟道环栅器件和电路[4,5]。堆叠纳米片环栅器件的沟道尺寸和面积越大，驱动性能越强。与堆叠纳米线环栅器件相比，堆叠纳米片环栅器件可以提高相同面积内的电流密度，增强环栅器件的驱动能力和可控性，缓解器件间距进一步微缩的限制，推动解决堆叠纳米环栅器件量产的技术难题。2019 年，三星公司已经公布拟在 3nm 技术节点采用新型环栅器件架构，并计划于 2021 年试投入量产。台积电公司宣布在 3nm 技术节点仍采用 FinFET 器件架构，并于 2022 年投入量产，而未来将在 2nm 技术节点采用纳米环栅器件，预计在 2024 年投入量产。

2020 年，Barraud 等人[6]成功制备了具有 7 层堆叠的不同宽度 Si 沟道纳米片环栅器件，纳米片宽度的增加不仅可以增加沟道横截面积从而提升沟道内载流子浓度，还可以降低器件的寄生电容和光刻精度要求，该器件的制备工艺、器件结构及电学性能如图 4-4 所示。该器件的制备延续了 RMG 模块中的释放工艺、内侧墙等传统堆叠纳米环栅器件的制备技术，并在 SiGe/Si 叠层外延及刻蚀、假栅刻蚀及去除、自对准接触等特定模块上做了优化。该器件的驱动电流比传统 2 层堆叠纳米环栅器件提升了约 3 倍。同时，在 VDD 为 1V 的情况下，L_g为 45nm 的 7 层垂直纳米环栅器件具有极佳的栅控特性。例如，SS 仅为 64mV/dec，DIBL 仅为 10mV/V，可以获得 3mA/μm 的饱和驱动电流密度。目前，7 层堆叠纳米片结构是堆叠纳米环栅器件制备工艺的最高纪录。

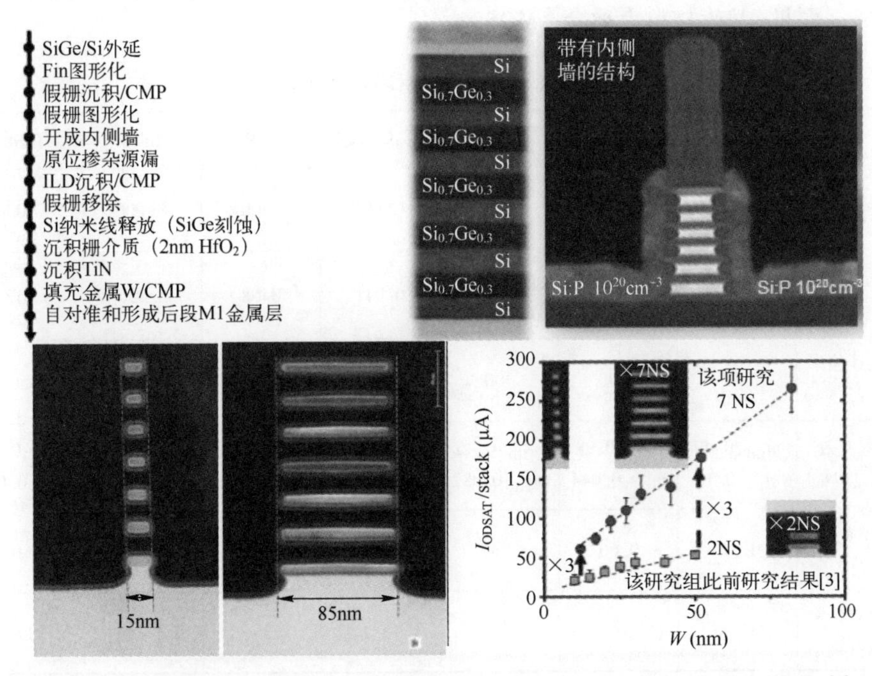

图 4-4　7 层堆叠的 Si 沟道纳米片环栅器件的制备工艺、器件结构及电学性能[6]

4.1.2　其他纳米环栅器件

为了满足纳米环栅器件的不断微缩与集成电路的性能、功耗、集成度及能效持续提升的需要，高迁移率沟道纳米环栅器件、垂直纳米环栅器件、叉片（Forksheet）纳米环栅器件、互补纳米环栅器件（Complimentary FET，CFET）等新型纳米环栅器件不断涌现。这些新型纳米环栅器件主要从材料、器件结构及集成工艺等方面上对未来可能替代堆叠纳米环栅器件的方案进行探索。

1. 高迁移率沟道纳米环栅器件

传统 Si 材料晶体管存在性能饱和、工作电压不能低于 0.7V、小尺度量子效应造成迁移率退化，以及器件不断微缩带来的应变工程出现饱和效应等问题。为了维持器件驱动性能的持续提升和功耗的降低，高迁移率材料沟道替代 Si 沟道成为研究热点。同时，高迁移率沟道的引入可以适当缓解对堆叠沟道数量增加的要求，降低集成工艺的难度。Ge、SiGe 及Ⅲ-Ⅴ族材料具有非常高的空穴或电子迁移率，有望成为新的沟道材料，如表 4-1 所示。另外，由于 Ge 基高迁移率材料的 NMOS 界面态更差，反型电子更容易受到慢界面陷阱影响，源漏接触电阻更高，且 N 型杂质在 Ge 中的固溶度低、扩散快，因此，Ge 基高迁移率材料更适合 PMOS，而Ⅲ-Ⅴ族材料更适合 NMOS。

表 4-1　高迁移率材料特性比较

	Si	Ge	GaAs	$In_{0.5}Ga_{0.5}As$	InP	InAs	InSb
电子迁移率 ($cm^2V^{-1}s^{-1}$)	1600	3900	9200	12 000	5400	40 000	77 000
电子有效质量（$/m_0$）	m_t:0.19 m_l:0.916	m_t:0.082 m_l:1.467	0.067	0.041	0.08	0.026	0.0135
空穴迁移率 ($cm^2V^{-1}s^{-1}$)	430	1900	400	450	200	500	850
空穴有效质量（$/m_0$）	m_{HH}:0.49 m_{LH}:0.16	m_{HH}:0.28 m_{LH}:0.044	m_{HH}:0.45 m_{LH}:0.082	m_{HH}:0.45 m_{LH}:0.052	m_{HH}:0.45 m_{LH}:0.12	m_{HH}:0.57 m_{LH}:0.035	m_{HH}:0.44 m_{LH}:0.016
禁带宽度 (eV)	1.12	0.66	1.42	0.74	1.34	0.36	0.14
相对介电常数	11.8	16	12	13.4	12.6	14.8	17

高迁移率材料较小的禁带宽度易引起漏电，且与常规 Si 衬底的晶格失配高，因此存在集成挑战，一般需要在堆叠沟道和 Si 衬底之间引入应变缓冲层（Strain-Relaxed Buffer，SRB）。相比 FinFET 器件，高迁移率沟道纳米环栅器件不仅栅控能力更强，更适合 L_g 的进一步微缩，而且由于量子限制效应的存在，可以缓解其禁带宽度小导致漏电大的影响。2017 年，L. Witters 等人在 $Si_{0.3}Ge_{0.7}$ SRB 上首次成功实现了直径为 9nm、L_g 为 40nm 的单层 Ge 纳米线沟道，其 DIBL 为 30mV/V，SS 为 79mV/dec[7]。2018 年，J. Mitard 等人在同样的 SRB 上实现了 L_g 为 28nm 的双层 Ge 堆叠纳米线，其器件结构如图 4-5 所示，该器件表现出良好的电学性能，经过阈值修正后其驱动能力比 Si 沟道提升了 45%[8]。

对于 III-V 族高迁移率沟道材料，其存在极性不同、热膨胀系数差异、晶格失配及交叉污染的问题，可能会影响它的电学性能。例如，GaAs、InP、InAs 等材料与 Si 衬底的晶格失配率高达 4%、8%、12%。为了抑制晶格失配引起的这些缺陷，一般采用具有超晶格结构叠层的位错过滤层技术、加入缓冲层的外延技术、低温和高温结合的外延技术、循环退火技术、高宽比俘获技术、直接键合、外延后平坦化技术等获得高质量的 III-V 族材料。其中，高宽比俘获技术可以把晶格失配引起的缺陷通过 Fin 替代工艺限制在浅槽隔离（Shallow Trench Isolation，

STI）的侧壁上[9]，而且该技术有利于实现不同沟道材料的共同集成，满足不同器件性能的需要。高宽比俘获技术主要包括以下步骤：采用四甲基氢氧化铵（TMAH）溶液刻蚀具有 STI 结构的 Si Fin 形成 V 形槽，然后通过低温外延工艺形成 InP 籽晶层，再进行高温 InP 缓冲层二维生长；平坦化处理后，采用 HCl/H_2O_2 混合溶液进行 InP 回刻；$In_{0.53}Ga_{0.47}As$ 外延及平坦化处理；STI 回刻露出 $In_{0.53}Ga_{0.47}As$ Fin；在假栅去除模块中进行 InP 的选择性去除；最终，在高 κ 金属栅（HKMG）填充后，实现 $In_{0.53}Ga_{0.47}As$ 沟道纳米环栅器件的制备，如图 4-6 所示。

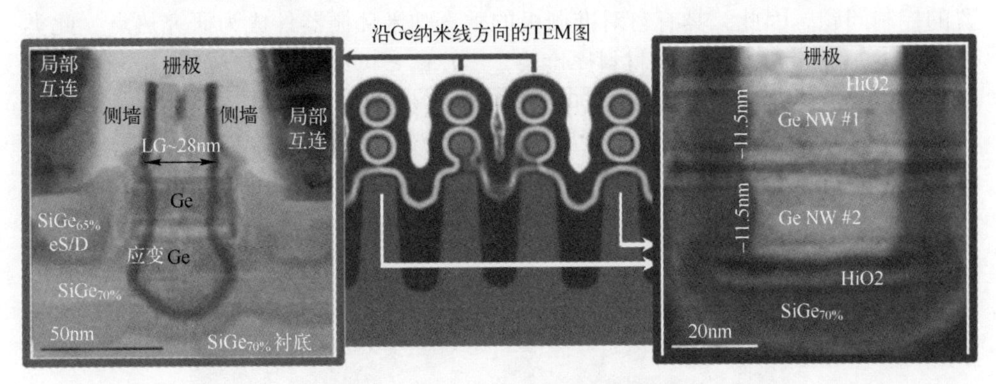

图 4-5　双层 Ge 堆叠纳米线结构[8]

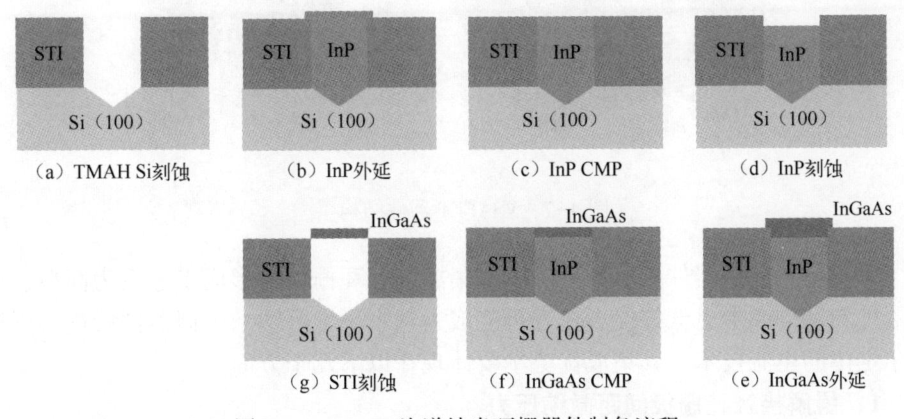

图 4-6　InGaAs 沟道纳米环栅器件制备流程

2. 垂直纳米环栅器件

在 1988 年的 IEDM 上，垂直纳米环栅器件（Vertical GAAFET）首次被提出[10]，但由于平面器件工艺、材料及三维 FinFET 器件的不断发展，垂直纳米环栅器件一直未得到足够的重视；在当前主流 FinFET 器件持续微缩遇到瓶颈后，它才受到业界的广泛关注而迅猛发展。

垂直纳米环栅器件的栅极可以从多个方向对沟道进行控制，因此其栅控能力更强，亚阈值特性得到进一步改善，可以很好地抑制短沟道效应，晶体管尺寸得以进一步缩小。目前，垂直纳米环栅器件按照制造方法主要分为前栅器件和后栅器件两类。其中，后栅器件是通过自下而上的方法制备的，与当前主流的 RMG 等工艺具有很好的兼容性，技术相对成熟，有很好的器件微缩应用前景。比利时微电子研究中心（IMEC）研发了多种采用后栅器件工艺制备的垂直纳米环栅器件。其中，面临的关键挑战之一是垂直纳米环栅器件的 L_g 及沟道与栅极相对位置的控制问题。因此，具有自对准栅极的垂直纳米环栅器件成为研究热点。此类器件的 L_g 通常由沉积的栅极材料厚度决定，L_g 偏差可以得到很好的控制。中国科学院微电子研究所最近研发了三明治结构垂直纳米环栅器件（Vertical Sandwich Gate-All-Around FET，VSAFET）[11]，如图 4-7 所示，其具有自对准金属栅，L_g 由外延厚度精确控制，纳米线/片的大小由准原子层刻蚀工艺（quasi-Atomic Layer Etching，qALE）准确定义，解决了沟道尺寸精确控制的难题。

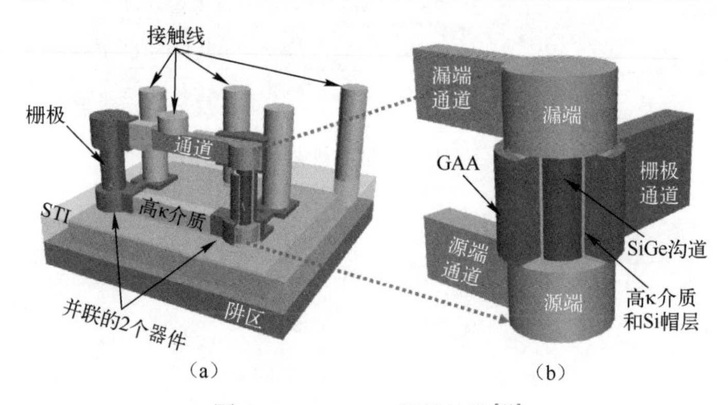

图 4-7 VSAFET 器件结构[12]

垂直纳米环栅器件具有更高的图形集成度、环栅结构形成工艺更为简单、单个器件的平均成本更低等优点，有可能成为继水平堆叠纳米环栅器件后继续延续摩尔定律的主流技术，其集成优势主要体现在以下几个方面。

1）缓解接触孔栅极间距微缩压力

器件尺寸持续微缩要求 CGP（Contact Gate Pitch）不断减小，CGP 主要由 L_g、接触孔尺寸及 2 倍侧墙厚度决定。较大的 L_g 会增强短沟道效应的控制，较大的接触孔尺寸可以减小源漏接触电阻，最小的侧墙厚度由寄生电容和器件可靠性限制。目前，对于 14~5nm 技术节点，L_g 减小趋势逐渐放缓，更多关注接触孔尺寸的减小[13]。但对于垂直纳米环栅器件，栅极的方向垂直于晶圆平面，L_g 一般由垂直方向的栅极材料厚度决定。因此，垂直纳米环栅器件可以缓解 CGP 的微缩压力。可见，垂直纳米环栅器件在提高集成度和降低功耗方面更具优势。例如，当采用垂直纳米环栅器件作为静态随机存储器（Static Random-Access Memory，SRAM）和磁性随机存储器（Magnetic Random Access Memory，MRAM）的单元晶体管或输入选择器时，可以获得更高密度及更好的能效。另外，在纳米线直径过小时，高迁移率沟道的效果并不明显，而垂直纳米环栅器件可以缓解对 L_g 和纳米线直径的限制，采用较长 L_g 和较大纳米线直径[14]。

2）减小标准单元面积

与平面、FinFET或水平堆叠纳米环栅器件需要在相邻器件中加入假栅用作扩散区切断相比，垂直环栅器件之间为天然隔离，减少了假栅的数量，减小了标准单元面积[13]。例如，与水平堆叠纳米环栅器件相比，垂直环栅器件SRAM单元结构的面积缩小了30%[14]。此外，垂直环栅器件还可以实现多层垂直，从而进一步减小标准单元面积。

当然，垂直纳米环栅器件要想成为集成电路产业应用的主流器件架构仍然面临巨大的挑战，主要包括：垂直纳米线器件与传统的器件相比架构变化较大，很多新的工艺和整合需要投入较多的资金和技术进一步研究；纳米量级直径高密度和均匀纳米线的形成工艺也面临巨大困难；源漏难以施加应力及其寄生电阻难以抑制，导致器件驱动性能不高。

3. Forksheet纳米环栅器件

对于当前的主流FinFET或未来FinFET的替代者纳米环栅器件，它们的制备工艺限制了NMOS和PMOS器件之间的间距。例如，在FinFET架构中，通常在NMOS和PMOS之间需要3个Fin的间距，最多可能占用总可用空间的40%~50%。因此，为了进一步扩大器件的可微缩性，轨道高度不断缩小，这就要求标准单元内NMOS和PMOS器件之间的间距更小。IMEC于2019年提出了一种创新架构，称为Forksheet纳米环栅器件，其NMOS和PMOS被集成在同一个结构中，通过介质墙将其分开[15]。Forksheet纳米环栅器件计划用于2nm及以下技术节点，该器件的工艺流程可以兼容常规堆叠纳米片器件，不同点是需要额外增加介质墙的制备技术，如图4-8所示。与常规堆叠纳米片相比，介质墙隔离具有以下两方面的工艺优势：①物理隔离的NMOS和PMOS栅结构可以简化金属栅模块；②可以避免NMOS和PMOS源漏外延时短接的风险[16]。

对于2nm技术节点，Forksheet纳米环栅器件接触栅间距（Contacted Poly Pitch，CPP）为42nm，金属间距为16nm，而纳米片的CPP为45nm，金属间距为30nm。可见，Forksheet纳米环栅器件允许更紧密的NMOS和PMOS的间距并减少面积缩放，因此，与常规堆叠纳米片器件相比，该器件可以获得10%的速度增益（恒定功率）和24%的功率减小（恒定速度）。这种性能提升的部分原因是栅极与漏极之间重叠较小导致寄生电容减小。同时，可用空间还可以用于增加纳米片的宽度，从而提高驱动电流。另外，因为 NMOS 和 PMOS 器件的间距减小可以将轨道高度从 5T 缩小到 4.3T，所以单元面积可以减小 20%。

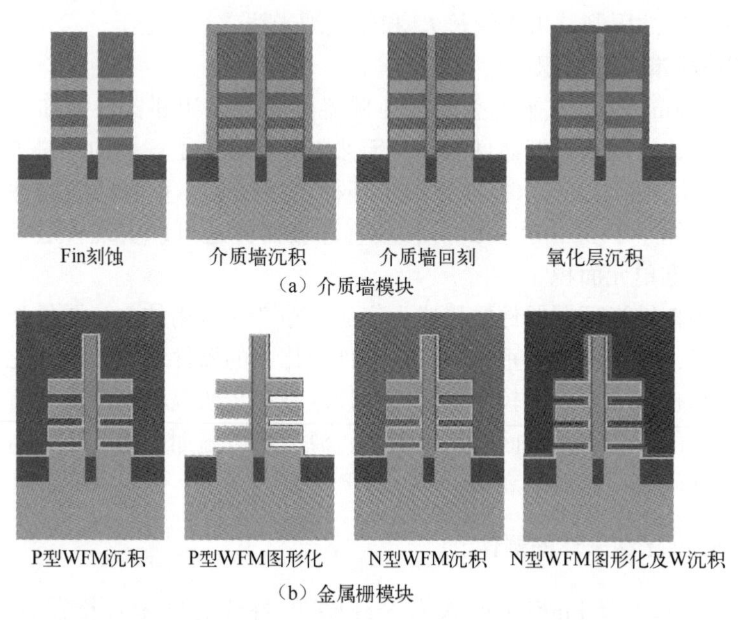

图 4-8　Forksheet 纳米环栅器件中介质墙和金属栅模块技术[16]

4. CFET 纳米环栅器件

为了减小集成电路标准单元面积，采用 FinFET、环栅器件及 Forksheet 纳米环栅器件更多关注的是水平方向上的调整，如减少 Fin 数量、减小 Fin 间距等。CFET 纳米环栅器件的提出为减小标准单元面积提供了垂直方向上的选择。CFET 纳米环栅器件由两个单独的 P 型和 N 型纳米环栅器件组成，N 型器件一般“折叠”在 P 型器件上，即通过三维堆叠具有不同导电类型的晶体管，这消除了 N-P 分离的瓶颈，大大减小了标准单元面积。同时，由于具有堆叠特性，因此 CFET 纳米环栅器件拥有 2 个局部互连层，这为内部单元布线和减小标准单元面积提供了更大的自由度，单元之间的可布线性也可以大大改善，如图 4-9 所示[16]。CFET 纳米环栅器件计划用于未来 1nm 及以下技术节点。CFET 纳米环栅器件可以改善器件性能或减小标准单元面积。例如，堆叠纳米片 CFET 纳米环栅器件可以将轨道高度从 4T 微缩为 3T，且 SRAM 的面积减小 50%。

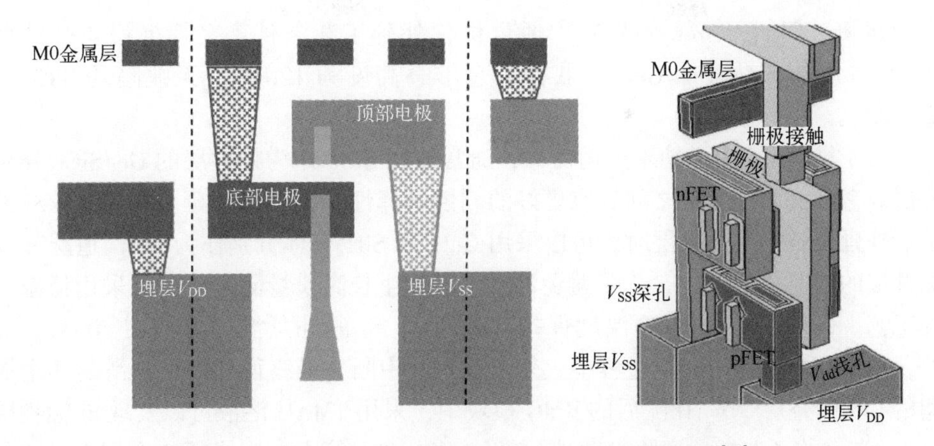

图 4-9　具有 2 个局部互连层的 CFET 纳米环栅器件[16]

4.2　纳米环栅器件关键技术模块

虽然堆叠纳米环栅器件的集成工艺与当前主流 FinFET 器件相兼容，但仍需要研发一些关键技术模块用于纳米环栅器件的制备。其中，多周期叠层外延、内侧墙、沟道释放等技术是堆叠纳米环栅器件的关键技术模块。另外，自对准栅极技术是垂直环栅器件的关键技术模块。本节将针对这些关键技术模块进行介绍。

4.2.1　多周期叠层外延技术

近年来，Ge、SiGe 及 GeSn 等高迁移率材料已被确认为具有巨大潜力的堆叠纳米环栅器件的新型沟道材料。无论是堆叠纳米线还是堆叠纳米片器件结构，都需要在 Si 衬底上外延生长接近体硅质量的高质量、无缺陷多周期堆叠结构。在多周期堆叠生长中，主要涉及的材料有 Ge/Si、SiGe/Si、Ge/SiGe、GeSn/Ge 等多周期叠层。例如，制备堆叠 Si 沟道环栅器件一般在 Si 衬底上直接外延生长 SiGe/Si 多周期叠层薄膜。其中，SiGe 层用作牺牲层，Si 层形成沟道。另外，除了可以获得不同材料的导电沟道，还可以通过增加堆叠沟道的数量增加器件的有效宽度，从而提供更高的驱动电流。可见，对于堆叠纳米线或纳米片器件，多周期沟道层/牺牲层叠层的外延是决定未来导电沟道数量和质量的关键技术。

SiGe/Si 叠层结构通常采用减压化学气相沉积在 Si 衬底上进行沉积，外延一般在低温下进行，温度范围为 350~650℃，从而获得能够精确控制厚度的高应变薄膜。例如，Brewer 等人[17]通过优化外延工艺条件，交替沉积 4 个周期的 15nm 厚的 Si 及 $Si_{0.7}Ge_{0.3}$，获得了总堆叠高度为 120nm、无缺陷的 SiGe/Si 叠层结构。

对于堆叠 Ge 沟道纳米环栅器件，通常使用 SiGe 作为牺牲层的 Ge/SiGe 外延叠层。考虑到 Ge 和 Si 之间具有更好的刻蚀选择性，也可以外延多周期 Ge/Si 叠层。外延生长 Ge/Si 叠层时，可以采用 GeH_4和 SiH_4气体分别作为 Ge 沟道层和 Si 牺牲层的前驱体。同时，为了避免岛状生长，生长高质量薄膜时需要采用低温外延工艺。例如，Ge 的外延温度保持在 400℃，Si 的外延温度保持在 500℃。此外，在 Ge 和 Si 外延转换过程中，外延过程不中断，最终得到平整光滑的 3 个周期的 Ge/Si 叠层[18]。在随后的 RMG 模块中，采用 TMAH 溶液可以实现 Si 牺牲层对 Ge 沟道的高选择比去除。此外，Chun-Lin Chu 等人在完成了 3 个周期的 Ge/Si 叠层生长后，采用同样的方案实现了 5 个周期的高质量 Ge（20nm）/Si（15nm）叠层外延，并成功制备了具有 5 层 Ge 沟道的纳米片器件[19]。

对于多周期 GeSn/Ge 叠层外延生长，为了防止 Sn 偏析和扩散，所有工艺温度均不能高于 400℃。同时，为了缓解晶格失配导致的缺陷，多周期 GeSn/Ge 叠层一般生长在 Ge 缓冲层上。具体工艺步骤包括：首先，以 Ge_2H_6 为前驱体，采用 CVD 工艺在 Si 衬底上生长 Ge 缓冲层；其次，以 B_2H_6、$SnCl_4$和 Ge_2H_6为前驱体，在 Ge 缓冲层上生长掺硼的 3 层 GeSn/Ge 薄膜，其中，Sn 的含量为 7%，GeSn 的 P 型掺杂浓度约为 $6.7\times10^{19}cm^{-3}$[20]；最终，可以获得高质量、完全压应变的 GeSn 多层膜，而且失配位错被限制在 Ge 缓冲层/Si 界面附近。

4.2.2 内侧墙技术

纳米环栅器件的栅极与源漏间除了需要常规侧墙，还需要内侧墙（Inner Spacer）技术。内侧墙的作用主要有以下几个方面：①降低源漏与栅极之间的寄生电容，因为如果不用内侧墙技术，源漏与栅极之间如果在栅极 ALD 工艺中沉积了高 κ 层，那么源漏间将产生较大的寄生电容，所以通过增加一个内侧墙的介质厚度可以降低寄生电容；②降低栅极与源漏间漏电；③隔开栅极与源漏，在纳米线/纳米片 SiGe 牺牲层选择性刻蚀释放过程中，内侧墙可以有效地保护源漏不被刻蚀；④控制纳米环栅器件的有效栅长，从图 4-10 可以看出，内侧墙的尺寸将影响有效栅长，而内侧墙的尺寸基本由 SiGe 选择性刻蚀的长度决定[21]。此外，内侧墙的厚度将显著影响有效的导通电流和有效电容，有研究表明，在内侧墙厚度为 5nm 时，二者有一个较好的平衡[22]。

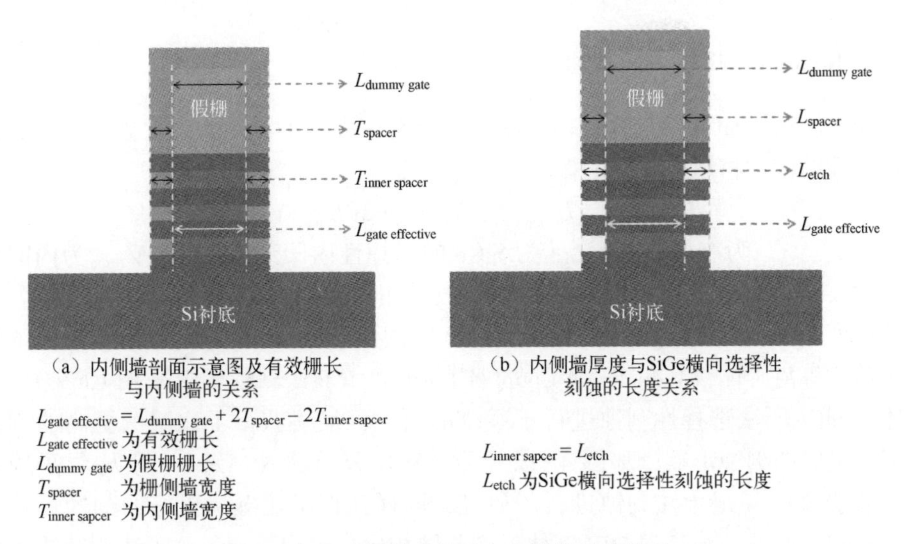

（a）内侧墙剖面示意图及有效栅长与内侧墙的关系

$L_{gate\ effective}=L_{dummy\ gate}+2T_{spacer}-2T_{inner\ sapcer}$

$L_{gate\ effective}$ 为有效栅长

$L_{dummy\ gate}$ 为假栅栅长

T_{spacer} 为栅侧墙宽度

$T_{inner\ sapcer}$ 为内侧墙宽度

（b）内侧墙厚度与SiGe横向选择性刻蚀的长度关系

$L_{inner\ sapcer}=L_{etch}$

L_{etch} 为SiGe横向选择性刻蚀的长度

图 4-10　内侧墙的尺寸与有效栅长的关系

带内侧墙的堆叠纳米线/片器件的制备工艺相对复杂，如图 4-11 所示，包含 10 个以上主要的工艺步骤，其中最关键且最富挑战的工艺有 SiGe 的选择性内凹刻蚀、内侧墙的保型性沉积及内侧墙的选择性各向异性刻蚀[23]。

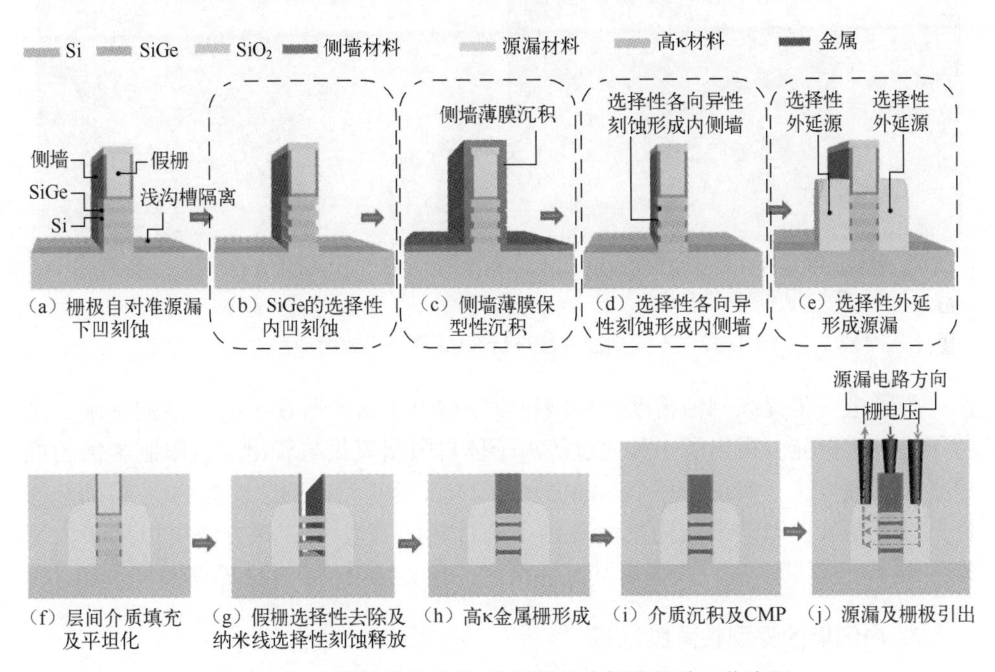

图 4-11　水平堆叠纳米线/片器件的内侧墙相关工艺流程

1. SiGe 的选择性内凹刻蚀

如上所述，SiGe 的选择性内凹刻蚀尺寸直接决定了器件的有效栅长，因此该工艺步骤的波动将影响最终的栅长：

$$L_{\text{gate effective}}=L_{\text{dummy gate}}+2T_{\text{spacer}}-2(L_{\text{etch}}+\nabla_{\text{Letch}}) \tag{4-1}$$

式中，$L_{\text{gate effective}}$为有效栅长；$L_{\text{etch}}$为 SiGe 的选择性内凹刻蚀尺寸；$\nabla_{\text{Letch}}$为内凹刻蚀尺寸波动。SiGe 的选择性内凹刻蚀一般采用湿法或高温 HCl 气体，但该方法刻蚀精度不高，干法刻蚀精度相对更高。中国科学院微电子研究所[21]在传统的感应耦合等离子体（Inductively Coupled Plasma，ICP）刻蚀机上采用 $CF_4/O_2/He$ 气体对 SiGe 干法选择性刻蚀进行了系统的研究，最终获得了比湿法更高的刻蚀精度和更好的刻蚀形貌，如图 4-12 所示。IBM 公司的 N. Loubet 等人[24]采用远程等离子源对 SiGe 干法刻蚀进行了研究，同样获得了比湿法更好的刻蚀形貌和精度控制。此外，与高温 HCl 气体反应刻蚀相比，远程等离子源干法刻蚀能更好地控制阈值电压的涨落。

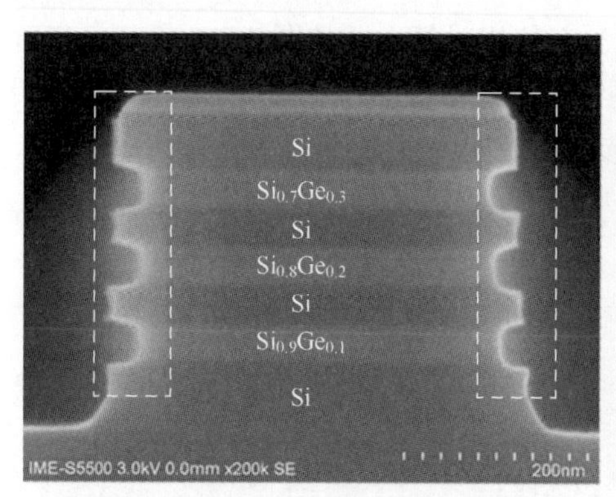

（a）采用6% HF/30% H_2O_2 /99.8%CH_3COOH = 1:2:4 湿法刻蚀SiGe

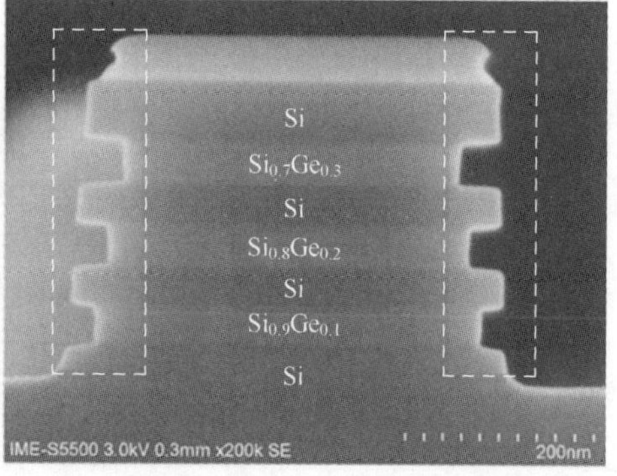

（b）采用 $CF_4/O_2/He$ = 4:1:5干法刻蚀SiGe

图 4-12　不同刻蚀方法进行 SiGe 部分释放的形貌对比

为了进一步提高刻蚀精度，中国科学院微电子研究所在干法刻蚀的基础上进行了进一步研究，提出了一种通过等离子体自限制氧化与氧化层自限制刻蚀的准原子层刻蚀方法，实现了一个刻蚀循环 0.23nm 的高精确刻蚀，为 SiGe 精确选择性刻蚀及精确控制纳米结构尺寸提供了一种新的手段[25]。该方法可以用于内侧墙 SiGe 内凹刻蚀，进一步提高其刻蚀精度，相关结果已在第 2 章进行了介绍。

2. 内侧墙的保型性薄膜沉积

由于内侧墙的保型性薄膜沉积步骤在 SiGe 选择性内凹刻蚀后，所以需要对带侧壁空腔的结构进行保型性填充。由于在后续工艺中要进行假栅去除及纳米线释放等刻蚀步骤，因此内侧墙填充材料需要是能够抵抗后续刻蚀工艺的介电材料，综合下来 SiN 是首选材料。但是，常规的薄膜沉积方式很难完成保型性薄膜沉积，研究表明，低压化学气相沉积（LPCVD）甚至 ALD 工艺才能完成保型性薄膜沉积[23]。采用 PECVD 和 LPCVD 工艺沉积侧墙的结果如图 4-13 所示。

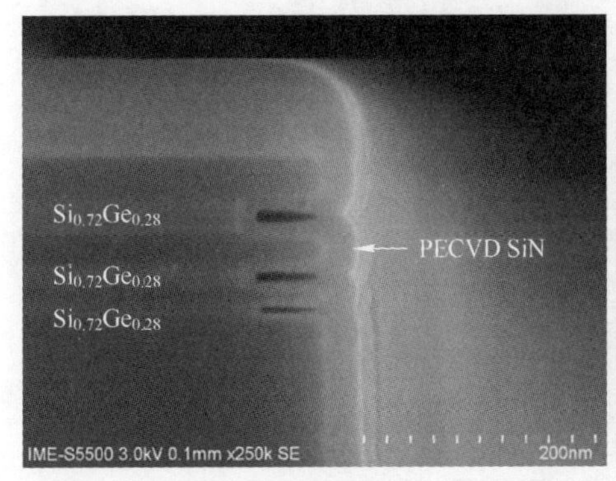

（a）PECVD

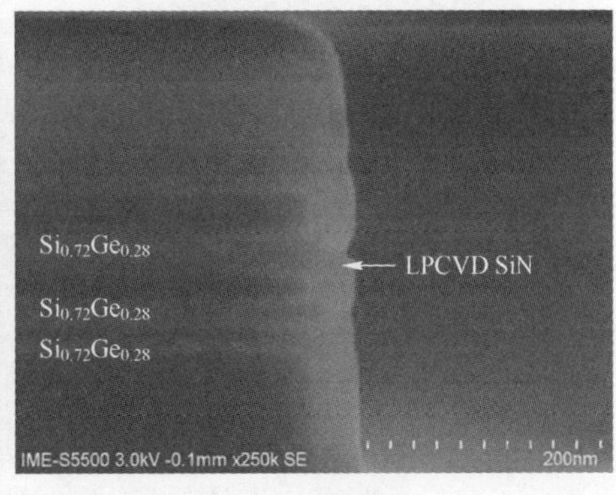

（b）LPCVD

图 4-13 不同生长方式对于内侧墙保型性薄膜沉积效果的影响

3. 内侧墙的选择性各向异性刻蚀

内侧墙需要在常规侧墙刻蚀的基础上进一步刻蚀才能形成，内侧墙刻蚀相对常规刻蚀面临更大的难度与挑战，如图 4-14 所示。常规侧墙刻蚀只需要将平面上的材料刻蚀干净，保留侧壁上的材料［见图4-14（a)］。因此，具有一定刻蚀选择比和各向异性刻蚀即可满足工艺要求，而常规的干法刻蚀就能达到上述工艺要求。但是内侧墙刻蚀要求不同，需要将暴露在侧壁空腔以外的侧墙材料刻蚀干净，并且完整保留空腔内的侧墙材料［见图 4-14（b)］。因此，相对常规侧墙刻蚀，需要应对更多的工艺挑战，需要有更高的刻蚀选择比和更强的刻蚀方向选择性（纵向/横向的刻蚀比）才能满足工艺要求［见图 4-14（c)］。关于带内侧墙的纳米环栅器件，国际上已有公开报道，但是对于内侧墙的制备工艺细节尤其是内侧墙的刻蚀工艺鲜有报道，中国科学院微电子研究所[25]对该部分进行了系统研究，提出了改进型刻蚀气体方案，即在常规侧墙刻蚀气体中引入 CH_4 气体，显著影响刻蚀选择比和各向异性表现。选取合适比例的 CH_4 气体可以获得良好的刻蚀效果，高分辨率透射电镜（High Resolution Transmission Electron Microscope，HR-TEM）和 X 射线能谱分析（Energy Dispersive X-ray Spectroscopy，EDS）表征结果表明，LPCVD SiN 可以进行良好的保型性填充，带 CH_4 的改进型刻蚀气体在常规 ICP 机台上可以获得侧壁无 SiN 残留且空腔内部侧墙材料保留较好的高刻蚀选择比和高的垂直/水平刻蚀比的结果，如图 4-15 所示。

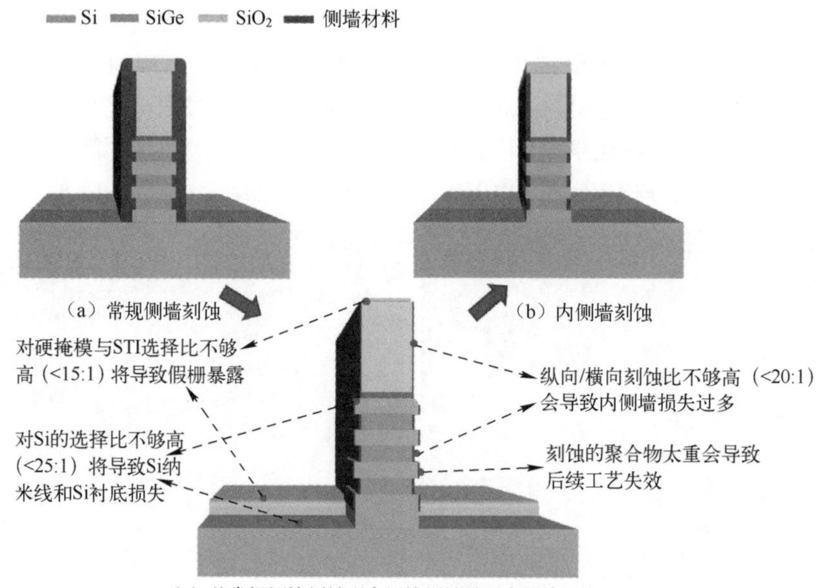

（c）从常规侧墙刻蚀到内侧墙刻蚀需要克服的困难

图 4-14　内侧墙刻蚀相对常规侧墙刻蚀的挑战

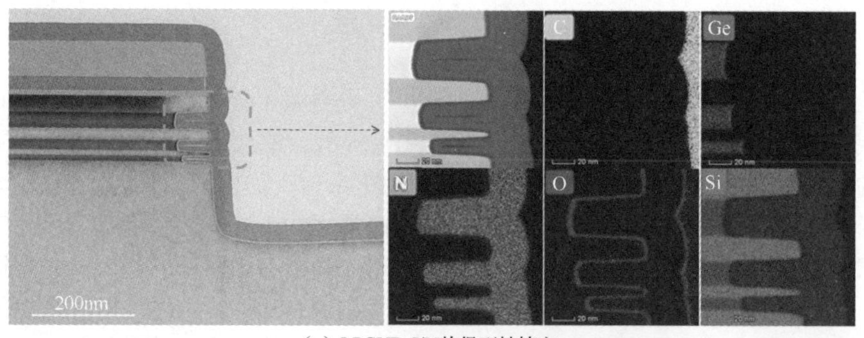

（a）LPCVD SiN的保型性填充

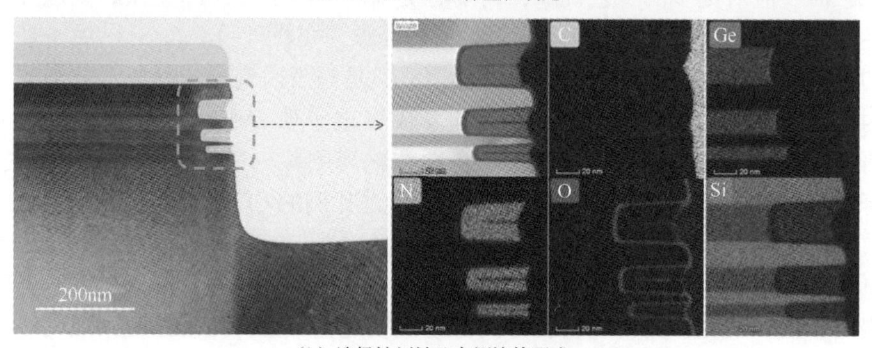

（b）选择性刻蚀及内侧墙的形成

图 4-15　内侧墙技术的 HRTEM 和 EDS 结果

内侧墙技术是环栅纳米线器件制备中一个非常重要的技术模块，为了进一步降低寄生电容、提高器件性能，需要进一步研发兼容新的低介电常数介质材料的集成工艺，如采用SiCO、SiCN、SiOCN作为内侧墙材料。为了进一步提高薄膜生长的保型性和精确控制内侧墙的厚度，研发如何采用ALD沉积制备上述新的低介电常数内侧墙材料和利用高精度刻蚀技术实现它们的选择性各向异性刻蚀将是未来的研究重点。

4.2.3 沟道释放技术

1. Si沟道释放技术

对于堆叠Si沟道纳米环栅器件，一般采用和主流FinFET器件相兼容的集成技术，在RMG模块中去除假栅和氧化层后，选择性去除SiGe牺牲层，实现纳米线/片沟道释放。在选择性去除SiGe牺牲层时，一方面要求对Si沟道有足够高的选择比，避免对Si沟道的损伤，以免造成器件表面缺陷众多导致器件迁移率下降；另一方面要求尽量减小向源漏区横向刻蚀，减小寄生电容。目前，SiGe层的选择性刻蚀研究主要是通过干法刻蚀、外延设备中HCl气体热刻蚀和湿法刻蚀等工艺实现的。对于干法刻蚀工艺，一般卤素基的刻蚀气体刻蚀SiGe的速率大于Si的速率。S. Borel等人[26]研究发现，采用纯CF_4气体可以实现SiGe对Si的高选择比去除，这是因为Ge-Si键相比Si-Si键更容易发生断裂。而在CF_4中加入O_2或N_2等离子体时发现加入少量的O_2可以增加SiGe对Si的选择比，但随着O_2的进一步增加却获得了Si对SiGe的高选择比去除，这主要是SiGe材料更容易氧化形成钝化层造成的。同时，在优化的条件下，采用$CF_4/O_2/N_2/CH_2F_2$可以实现Si对SiGe的超高选择性去除，而采用纯CF_4等离子体可以实现SiGe对Si的选择性去除。

意法半导体公司（STMicroelectronics）的Bogumilowicz等人[27]研究发现，在外延设备中采用HCl气体可以在减压环境中实现SiGe对Si的选择性去除，但是该方案只有Ge浓度大于30%时才能实现对Si层的选择比大于100:1。另外，采用该方案去除SiGe后容易形成（111）、（116）等晶向，不利于后续Si沟道的形貌控制。

为了避免干法刻蚀的离子轰击引起Si沟道表面损伤，以及高温HCl气体的晶向选择性影响，湿法刻蚀工艺成为更好的选择。这是因为湿法刻蚀工艺比较简单，只需要优化溶液成分和温度即可实现SiGe的高选择比去除。中国科学院微电子研究所[28]采用优化的$HF/H_2O_2/CH_3COOH/H_2O$混合溶液实现了SiGe层对Si层的高选择比去除，并对该湿法刻蚀溶液放置时间、SiGe/Si叠层退火温度，以及 SiGe 层厚度对 SiGe/Si 叠层选择性刻蚀的影响进行了详尽的研究。

1）刻蚀溶液放置时间对 SiGe/Si 叠层选择性刻蚀的影响

SiGe/Si 叠层样品经过 9min 选择性刻蚀后，上层和下层 SiGe 层的刻蚀长度随溶液放置时间的变化如图 4-16 所示。可以看出，初始配置的混合刻蚀溶液对 SiGe 层刻蚀速率很慢，在混合刻蚀液中只刻蚀了约 6.35nm。随着混合刻蚀溶液放置时间增加，SiGe 层刻蚀长度线性增加，并且下层刻蚀长度要稍微大于上层刻蚀长度。当刻蚀溶液放置时间增加到 48h 以上时，刻蚀溶液的刻蚀速率增加幅度变缓，呈现刻蚀长度饱和趋势[28]。

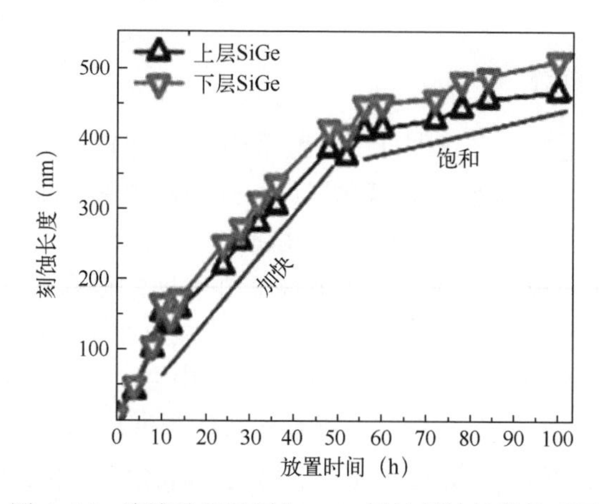

图 4-16　溶液放置时间与 SiGe 层的刻蚀长度关系图

2）退火温度对 SiGe/Si 叠层选择性刻蚀的影响

在制备纳米环栅器件的过程中，SiGe/Si 叠层外延后需要经历多次高温退火处理，如 STI 退火和源漏退火等。高温工艺会造成 SiGe/Si 叠层之间原子的相互扩散，扩散后层间原子比例发生变化，这会导致选择性刻蚀特性改变，影响最终 Si 沟道的结构、形貌及质量。

为了研究退火温度对 SiGe/Si 刻蚀速率的影响，首先将含有 SiGe/Si 叠层的样品分别在快速热退火（Rapid Thermal Annealing，RTA）设备中进行 650℃、700℃、750℃、800℃、850℃、900℃退火，退火气氛为 N_2，时间均为 30s。然后，将所有退火后的样品同时放入放置时间为 24h 的 $HF/H_2O_2/CH_3COOH/H_2O$ 混合溶液中，刻蚀时间为 8min。刻蚀后样品的 SEM 图如图 4-17 所示。可以看出，虽然所有样品均可以实现高选择比的 SiGe 刻蚀，但是 SiGe 的刻蚀长度存在一定差异。图 4-18 总结了在不同 RTA 条件下 SiGe 层刻蚀速率变化图，从图中可以看出，样品的刻蚀速率随着 RTA 温度的升高先减小后增大，呈“U”形曲线变化，且在 750℃退火条件下的刻蚀速率最低。由于 SiGe/Si 叠层外延生长温度为 725℃，因此无论高温或低温退火，都偏离外延层的生长温度，造成叠层部分应力被释放，导致 SiGe/Si 界面更容易产生缺陷，从而增加湿法刻蚀 SiGe 层的速率[29]。特别是在 900℃退火条件下，SiGe/Si 层相互扩散相对严重，造成刻蚀的 SiGe 层变宽，剩余 Si 层厚度变薄，由于受到应力，刻蚀后出现一定的“上翘”现象，如图 4-17（f）所示。

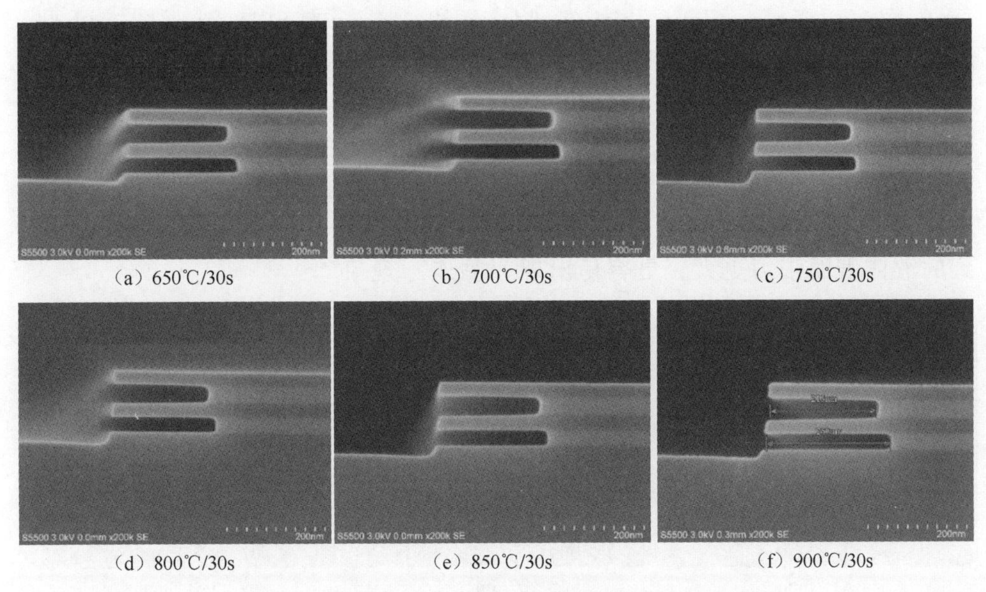

（a）650℃/30s　（b）700℃/30s　（c）750℃/30s

（d）800℃/30s　（e）850℃/30s　（f）900℃/30s

图 4-17　在不同 RTA 条件下刻蚀后样品的 SEM 图

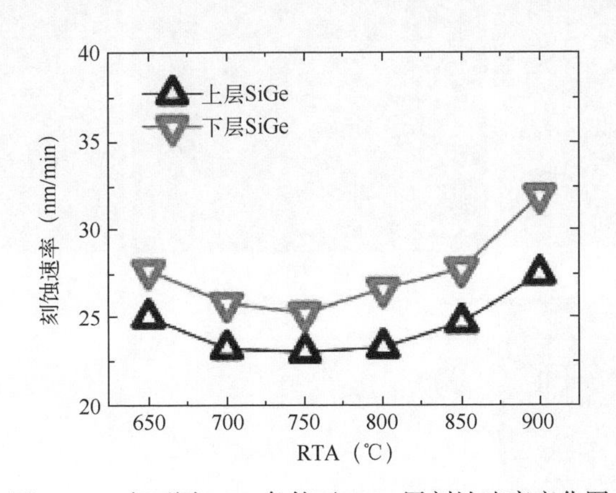

图 4-18　在不同 RTA 条件下 SiGe 层刻蚀速率变化图

3）SiGe 层厚度对 SiGe/Si 叠层选择性刻蚀的影响

在 SiGe/Si 叠层中，SiGe 层厚度决定了最终形成堆叠纳米环栅器件沟道的间距，进而影响器件的沟道形貌和高 κ 金属栅填充等关键工艺结果。针对

SiGe 层分别为 5nm、10nm 和 20nm，Si 层均为 20nm 的 SiGe/Si 叠层结构，中国科学院微电子研究所[28]研究了不同厚度的 SiGe 层对刻蚀速率的影响。图 4-19 所示为将 7 个不同 SiGe 层厚度的 SiGe/Si 叠层样品同时放入 $HF/H_2O_2/CH_3COOH/H_2O$ 混合刻蚀溶液（溶液放置时间为 24h），刻蚀时间为 1min、3min、5min、7min、9min、11min 和 13min 的 SEM 剖面图。可见，SiGe 层厚度越厚，刻蚀速率越快；SiGe 层的刻蚀长度在 7min 内随刻蚀时间基本呈线性变化，在 7min 以后，三层 SiGe 层刻蚀长度随刻蚀时间的增加变缓，且 5nm SiGe 层刻蚀速率饱和趋势更加明显，该现象可能是 SiGe 层太薄或刻蚀时间太长刻蚀溶液不容易进入造成的；SiGe 层刻蚀时间过长，容易出现 Si 层之间“黏连”的现象，如图 4-19（g）所示，且 SiGe 层薄的 Si 层受到的液体表面张力更大，更容易出现“黏连”现象。

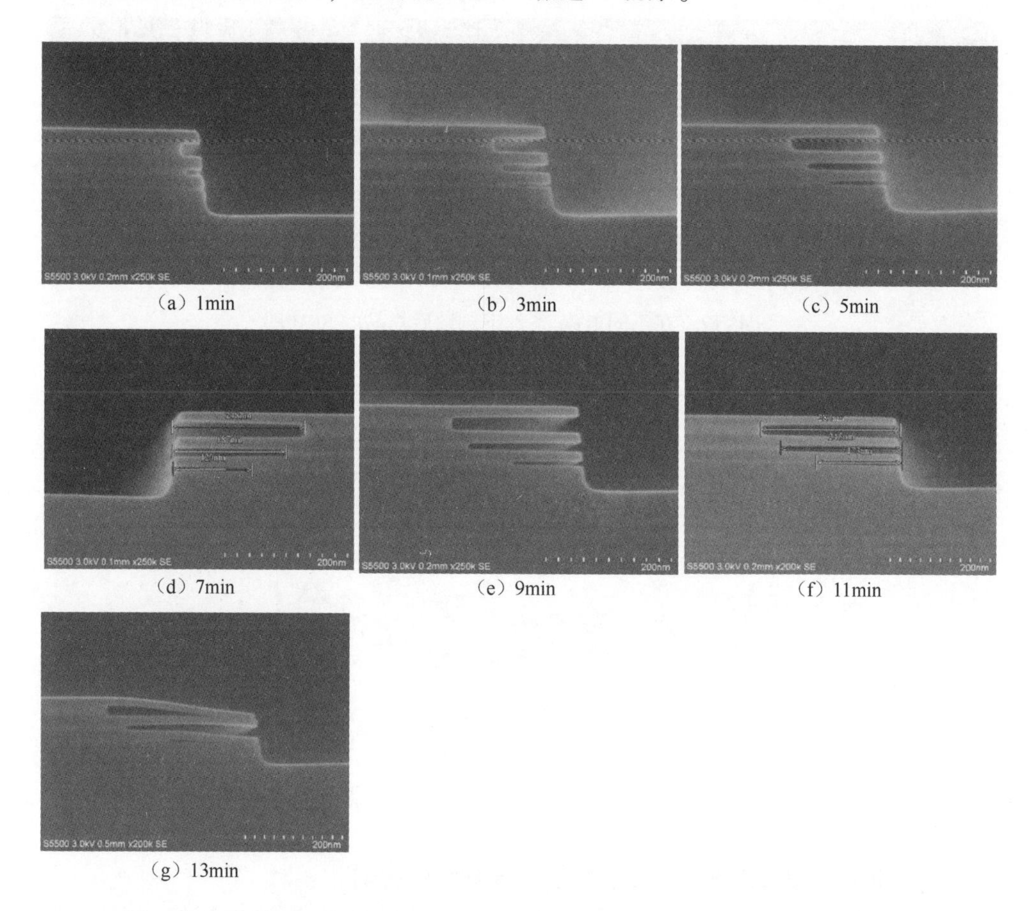

（a）1min （b）3min （c）5min

（d）7min （e）9min （f）11min

（g）13min

图 4-19 不同 SiGe 层厚度的 SiGe/Si 叠层样品刻蚀不同时间后的 SEM 剖面图

2. SiGe 或 Ge 高迁移率沟道释放技术

目前，研究人员对于高选择比去除 SiGe 牺牲层实现 Si 沟道释放已进行了大量的研究，但对于 SiGe 或 Ge 高迁移率沟道堆叠纳米环栅器件，高选择比去除 Si 或 SiGe 牺牲层实现 SiGe 或 Ge 沟道释放仍面临挑战。目前，SiGe 或 Ge 高迁移率沟道释放技术主要包括 CF_4基混合气体的远程等离子体干法刻蚀技术及湿法刻蚀技术。与干法刻蚀工艺需要的特定机台不同，湿法刻蚀工艺相对简单，只需要采用普通湿法刻蚀设备或单片清洗设备优化刻蚀溶液成分及温度。Sana Rachidi[30]等人采用 $CF_4/O_2/N_2$顺流等离子体实现了 Si 对 $Si_{0.7}Ge_{0.3}$的各向同性高选择比去除。W D Liu[31]等人采用新研制的 ACT®SG-301 溶液实现了 $Si_{0.35}Ge_{0.65}$对 Ge 的高选择比去除。中国科学院微电子研究所采用常规的 TMAH 碱性溶液，通过优化刻蚀温度和溶液成分，对是否经过高温处理的 SiGe/Si 叠层进行了研究，并在 20°C 条件下采用 25% TMAH 溶液实现了 Si 牺牲层对经过高温处理的 $Si_{0.7}Ge_{0.3}$沟道层的高选择比去除，制备了双层堆叠的 SiGe 沟道环栅器件[32]，如图 4-20 所示。此外，中国科学院微电子研究所采用 65%的 HNO_3溶液，在 20°C 条件下实现了 Ge 牺牲层对 $Si_{0.2}Ge_{0.8}$沟道层的高选择比去除[33]。同时，TMAH 或 HNO_3等常规溶液对侧墙或 STI 等具有很高的选择比，具有更好的兼容性，更能满足集成工艺的需要。

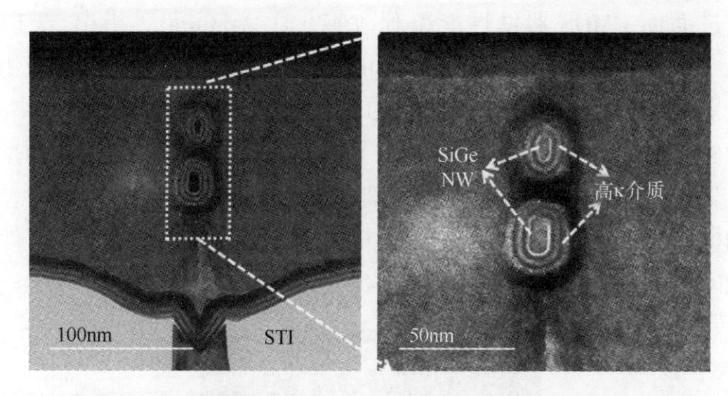

图 4-20　优化的 TMAH 溶液实现 Si 牺牲层对 $Si_{0.7}Ge_{0.3}$沟道层的高选择比去除

4.2.4　沟道应变技术

随着器件的缩小，量子效应使载流子的迁移度受到限制[34]，人们采用不同的应力技术来提高载流子的迁移率。常用技术有 SRB、源漏应力、金属栅极填充及接触孔刻蚀停止层等，每种技术对迁移率提升的贡献不同。G. Eneman 等人[35]对比了不同技术代 Ge 沟道 FinFET 器件应力技术，发现 SRB 和源漏应力是最有效的两种应力技术。其中，SRB 技术比源漏应力技术具有更好的微缩性。更重要的是，仅靠源漏应力，应变 Ge 沟道的迁移率还不如应变 Si 沟道，因此，一般可以采用源漏应力和 SRB 相结合的方法来提供沟道应变和提升载流子迁移率。

源漏应力技术主要包括嵌入式源漏和抬升的源漏两种方式，其中，嵌入式源漏需要经过源漏刻蚀后外延生长所需源漏材料。对于 Si 沟道 PMOS 器件，可以通过改变 SiGe 源漏的 Ge 含量给沟道区施加不同的应力；对于 SiGe 沟道器件，需要采用更高 Ge 含量的 SiGe 或 Ge 作为源漏给沟道区施加应力；对于 Ge 沟道器件，可以用 GeSn 作为源漏为沟道区施加应力。H. Arimura 等人[36]发现，与 Ge 沟道 FinFET 器件相比，Ge 沟道纳米环栅器件由于 SiGe 牺牲层的存在，在进行源漏回刻后可以保持更多的应力，约为 FinFET 器件的两倍。而且，低 Ge 含量的 SiGe 牺牲层有利于沟道应力的保持。SRB 技术是通过在几微米厚的虚拟衬底上进行牺牲层和沟道叠层的外延、刻蚀等工艺实现的。FinFET 器件由于源漏回刻会造成 SRB 应力的释放，因此采用抬升的源漏与 SRB 技术相结合的方法可以获得更好的载流子迁移率。但纳米环栅器件由于使用内侧墙技术，所以一般采用嵌入式源漏与 SRB 技术相结合的方法来给沟道区施加应力。与源漏应力技术不同，SRB 技术可以同时为 NMDS/PMOS 提供不同应力。当 NMOS 采用 Si 材料为导电沟道，PMOS 采用 $Si_{0.5}Ge_{0.5}$材料为导电沟道时，采用 $Si_{0.75}Ge_{0.25}$ SRB 可以在为 NMOS 提供张应力的同时为 PMOS 提供压应力，这样 NMDS/PMOS 的载流子迁移率都可以得到提高，进而使 CMOS 器件性能得到改善。H. Arimura[36]指出，与 Ge SRB 相比，$Si_{0.3}Ge_{0.7}$ SRB 由于晶格失配的存在可以给 Ge 沟道提供更大的应力，获得更好的器件性能。例如，对于 L_g为 85nm 的 2 层堆叠 Ge 沟道 PMOS 器件，$Si_{0.3}Ge_{0.7}$ SRB 获得的跨导几乎是 Ge SRB 的两倍。E. Capogreco 等人[37]采用 SiGe SRB 及嵌入式 GeSn 源漏制备了 Ge 沟道纳米环栅器件，如图 4-21 所示。同时，通过优化源漏外延的体积，改善了源漏与 SRB 之间晶格失配引起的应力，器件的驱动电流提升了 65%。

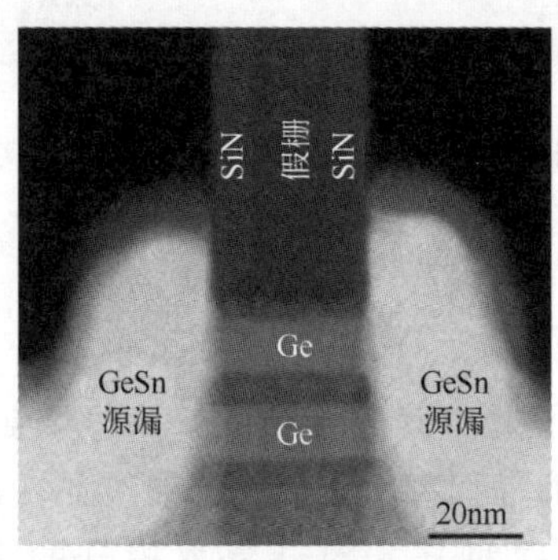

图 4-21　GeSn 源漏外延后制备的 Ge 沟道纳米环栅器件[37]

4.2.5　源漏接触技术

三维器件的典型工艺流程分为前道工艺（Front End Of Line，FEOL）、中道工艺（Middle End Of Line，MEOL）和后道工艺（Back End Of Line，BEOL）三部分。前道工艺形成晶体管结构，主要流程包括：①形成有源区和隔离区；②假栅光刻和刻蚀；③侧墙和轻掺杂漏注入；④外延提升源漏；⑤假栅去除和高 κ 金属栅层形成等。而中道工艺包括自对准源漏接触的形成及电极间的局域互连。后道工艺指多层 Cu-低介电常数介质的中级互连和全局互连。中道和后道工艺要求实现低寄生电阻和寄生电容以降低信号延迟。随着器件的微缩，特别是在 14nm 以下技术代，中道工艺重要性突显，其对工艺和性能的要求异于传统平面器件，开展接触工程实现低寄生电阻势在必行。

图 4-22 所示为中道工艺寄生电阻的构成，包含源漏接触电阻 R_C、金属塞电阻 R_{TS}、局域互连金属层电阻 R_{M0}。接触工程（Contact Engineering）便是指降低 R_C、R_{TS}和 R_{M0}三部分电阻。忽略电流集边效应可近似地认为金属-半导体接触电阻正比于接触电阻率，反比于接触面积。所以，通过降低源漏接触电阻率和增大接触面积可以改善源漏接触电阻。根据国际半导体技术蓝图（ITRS）技术要求，在 14nm 技术代之后，源漏接触电阻率需要低于 $2\times10^{-9}\Omega\cdot cm$。低源漏接触电阻率可以缓解器件在源漏尺寸上的微缩压力，为其设计提供更多可能性。金属-半导体接触电阻率与肖特基势垒高度、半导体杂质浓度及接触界面相关，降低金属-半导体接触电阻率可以从以上三方面展开。

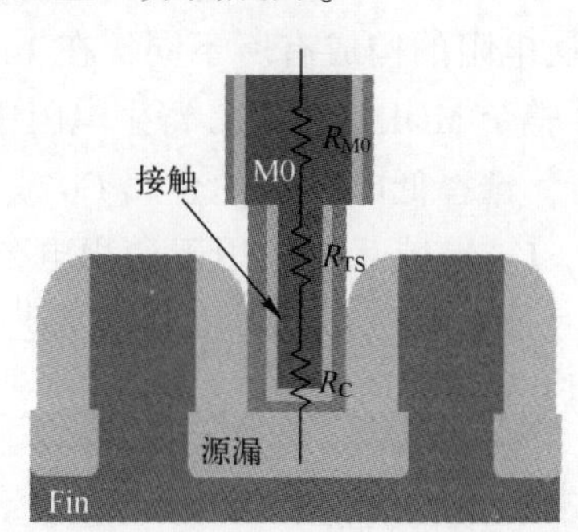

图 4-22　中道工艺寄生电阻的构成

近年来，三维器件中道工艺主流技术一般用 Ti 作为源漏接触金属，辅以极薄的 TiN 作为金属钨塞的扩散阻挡层。在肖特基势垒方面，要想降低 Ti 与源漏的接触电阻率，可以从材料功函数的角度出发，引入合适功函数的稀土材料来降低 Ti 与 Si 或 SiGe 的接触势垒高度；在杂质浓度方面，应用原位外延掺杂、固相外延生长结合先进激光退火，或者采用高固溶度的杂质元素，以突破杂质固溶度的限制；在金属-半导体界面方面，采用 Ge 注入使源漏表面发生非晶化，促进 Ti 的硅化反应、增强 Ti-Si 耦合作用，进而促进载流子隧穿接触界面。

对于三维 FinFET 器件，改进的源漏区呈钻石状甚至方形的立体状，采用全覆盖接触（Wrap-Around Contact，WAC）可以增加源漏接触面积，从而改善接触电阻。WAC 的实现需要开发具有优异台阶覆盖均匀性的金属沉积工艺，如 CVD 或 ALD[38, 39]，传统的 PVD 工艺通常形成定向沉积，难以获得复杂形状的保型覆盖。目前，金属 Ti 的 CVD 和 ALD 工艺尚不成熟，相关应用的报道非常少。图 4-23 所示为三维 FinFET 器件源漏接触区采用 PVD、CVD 或 ALD 工艺沉积金属形成的形貌。

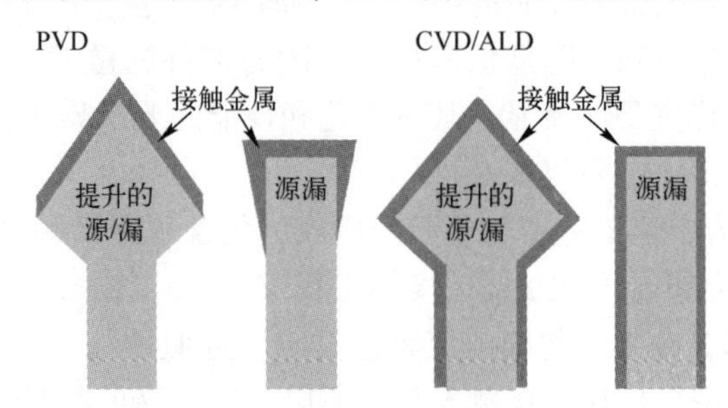

图 4-23　三维 FinFET 器件源漏接触区采用 PVD、CVD 或 ALD 工艺沉积金属形成的形貌

为了改善金属钨塞的 R_{TS}，一方面可以减薄阻挡层 TiN 的厚度来降低阻挡层的电阻，此外，还可以选择低电阻率（300~350μΩ · cm）W 的碳化物或氮化物作为阻挡层；另一方面可以调控 CVD W 的成核层，使得后续沿着成核层生长的 W 为低电阻率的非晶 W，达到降低 W 自身电阻的目的。

不同技术代中互连金属电阻的构成有所不同，在 14nm 以下技术代，传统 W 局域互连（M0）的电阻在整个 MOL 和 BEOL 寄生电阻中占据主导地位[40]。优化 R_{M0}主要从材料的角度进行，选择低电阻率的金属 Co 或 Ru，且 Co 和 Ru 并不需要黏附层的阻挡层。目前，Co 局域互连已用于台积电公司量产的 7nm 工艺。此外，优化金属钨塞与局域互连金属之间的界面清洗工艺可降低二者的接触电阻，有利于降低 MOL 寄生电阻。

4.2.6　自对准栅极技术

虽然垂直环栅器件已经成为集成电路 1nm 及以下技术代的主要候选器件之一，但在提高器件性能和可制造性等方面仍面临诸多挑战。其中，垂直环栅器件的栅长及沟道与栅极相对位置的控制，即自对准金属栅技术，是关键挑战之一。IMEC 于 2019 年在 IEDM 上提出了非晶 Si RMG 技术及 SiGe 氧化层侧墙技术[41]，非晶 Si RMG 技术自对准栅工艺如图 4-24 所示。首先在非晶 Si 假栅上面覆盖一层 SiO_2后再去除假栅，再沉积形成金属栅。然而，由于与源漏自对准的栅极周围

是 SiO_2，因此在自对准沟槽形成及后续金属栅沉积之前，周围的 SiO_2 会因为清洗等工艺影响而受到损失，造成 RMG 厚度偏差，最终导致阈值电压和 SS 变化。而 SiGe 氧化侧墙技术因 SiGe 和 Si 的氧化动力学不同，利用 SiGe 的氧化层厚度大于 Si 的氧化层厚度原理形成 SiGe 氧化层侧墙，进而实现自对准栅，但该方案源漏尺寸小于沟道，串联电阻较大，导致饱和电流较差。

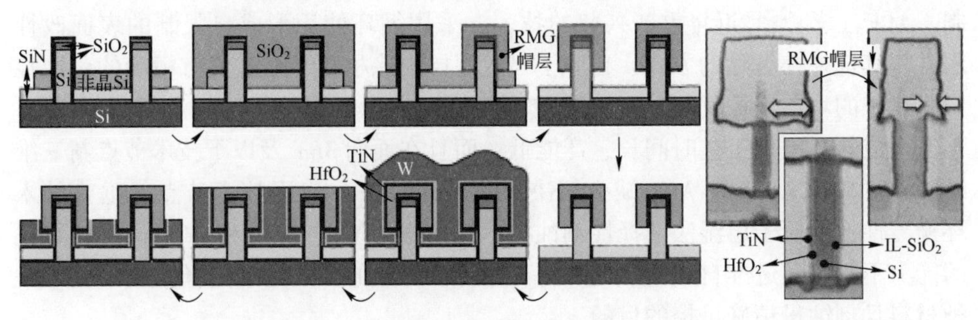

图 4-24 非晶 Si RMG 技术自对准栅工艺[41]

选择性各向同性准原子层刻蚀是一种全新的刻蚀技术，根据该技术可实现具有自对准栅极的 VSAFET。VSAFET 自对准金属栅结构的具体实现方法如图 4-25 所示：①首先外延 Si/SiGe/Si 三层叠层结构，其中两层 Si 为原位 B 原子掺杂，SiGe 作为未来的沟道区，不掺杂或轻掺杂；②利用光刻刻蚀定义初始垂直纳米柱结构；③对 SiGe 进行选择性各向同性刻蚀，实现最终的垂直纳米线/片，SiGe 回刻部分为栅极间隙；④ALD 工艺沉积高 κ 金属栅；⑤各向异性刻蚀金属，只保留栅极间隙中的金属栅，从而实现自对准金属栅结构。

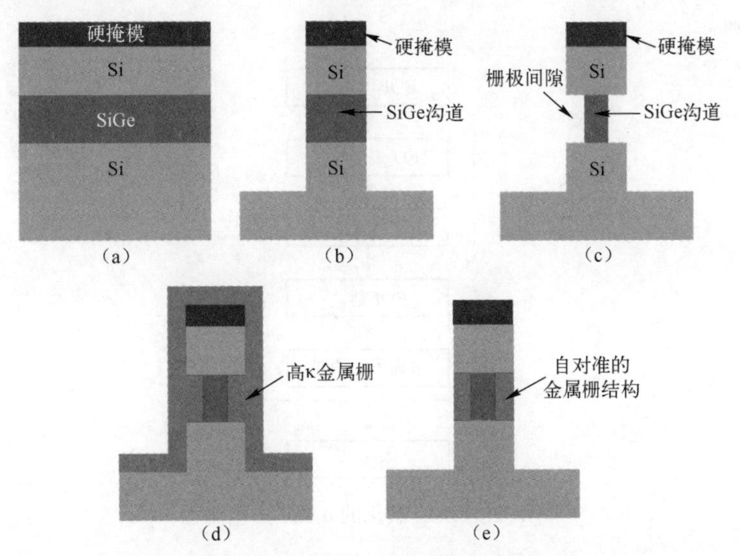

图 4-25 VSAFET 自对准金属栅结构的具体实现方法

图 4-25（c）中 SiGe 的选择性横向刻蚀技术是一种数字化刻蚀技术，也可称为准原子层刻蚀技术（quasi-Atomic Layer Etching，qALE）。该技术的特点是：栅极可以通过栅极间隙与 SiGe 沟道实现自然的精确对准，SiGe 回刻部分可以看作假栅，用于 RMG 工艺。另外，因为器件的 L_g 主要由 SiGe 外延层的厚度定义，外延沉积的厚度偏差可以做到很小（片内<2%），因此可以实现精确的栅长控制。ALE 工艺[42]是近年重新兴起的技术，采用循环使用形成自限制的表面改性层并将其选择性去除的方式，在原子尺度逐层去除材料。ALE 具有精确的刻蚀控制、良好的均匀性等优点，越来越受到重视而成为研究热点。不过目前 ALE 并不完全成熟，不仅工艺时间长、产能低，而且在面向 3nm 及以下技术节点新三维结构、材料和工艺时，ALE 缺少解决方案。针对 3nm 以下技术节点的垂直纳米环栅器件，准原子层湿法选择性刻蚀技术可以根据 Ge、SiGe 和 Si 等材料被氧化的能力不同，通过准自限制氧化并将其选择性去除的方式达到选择性刻蚀其中一种材料且刻蚀量精确可控的目的。

qALE 具有工艺窗口大、工艺波动小、负载效应小及各向同性的优点，湿法 qALE 操作简单、成本低、可批量操作，具有用于三维复杂结构器件及大规模 IC 制造的潜力。通过该方法对 Si 和 SiGe，Ge 及 III、V 族等材料进行选择性刻蚀形成假栅间隙，从而形成自对准源漏的金属栅结构。BOE 氧化的 qALE 工艺流程如图 4-26 所示，虚线部分为 qALE 的一个循环。首先进行预处理，将自然氧化层去除；然后开始 qALE 的循环，先利用 H_2O_2 对 SiGe 表面进行氧化，在去离子水中清洗后放入优化的缓冲氧化物刻蚀剂溶液（BOE）中去除该氧化层，再进行去离子水清洗，从而完成一个循环。经过多次上述循环后，达到目标刻蚀量。

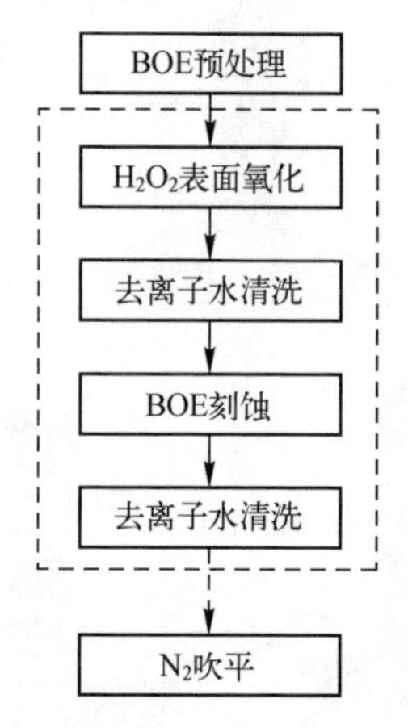

图 4-26　BOE 氧化的 qALE 工艺流程

在 qALE 的氧化和去除两个过程中，BOE 是过量的，以保证氧化层均被去除干净，因此影响刻蚀速率的决定性因素是 H_2O_2 氧化。H_2O_2 氧化 SiGe 的化学反应如下[43]：

$$\begin{aligned} &2H_2O_2+SiGe \rightarrow SiO+GeO+2H_2O \\ &H_2O_2+SiO \rightarrow SiO_2+H_2O \\ &H_2O_2+GeO \rightarrow GeO_2+H_2O \end{aligned} \tag{4-2}$$

在 qALE 中，刻蚀速率由 EPC（Etch Per Cycle）表征，而在每个循环中，氧化的膜层均被后续的 BOE 去除，因而氧化厚度和 EPC 成正比，最终可以得到 EPC 随时间变化的关系，也为指数饱和的关系，具体如下

$$EPC=EPC_0(1-e^{-t_{ox}/\tau}) \tag{4-3}$$

式中，EPC_0 为饱和 EPC；t_{ox} 为氧化时间；τ 为时间常数，单位为秒。当第一层 Si（Ge）双原子层被氧化后，第二层及后续的氧化速率会大幅度降低，其动力学模型变为服从时间对数增长行为[44]，且在较大的时间范围（~10^5 min）内维持这个规律。可见，H_2O_2 氧化的早期阶段是 SiGe 表面第一层 Si（Ge）双原子层的氧化，主要通过在 Si-Si 键中插入氧原子实现，在该氧化中，自由表面上氧的吸附和氧化速率为常数，氧化速率和膜厚呈线性关系，后续氧化厚度随时间呈指数饱和的关系。

刻蚀选择比是用来表征不同材料刻蚀选择性的参数，指的是在同一刻蚀条件下一种材料与另一种材料相对刻蚀速率的快慢。它定义为被刻蚀材料的刻蚀速率与另一种材料的刻蚀速率的比。qALE 的刻蚀选择比有两个重要影响因素：Ge 的组分及 Si/SiGe 中的掺杂。由于 Si-Ge 和 Ge-Ge 键的强度比 Si-Si 键弱，因此 SiGe 的氧化作用相比 Si 更强，此效应随着 Ge 的组分增加而更明显，且 SiGe 氧化作用的增强也反映了刻蚀速率的增加。另一个影响选择比的因素为 Si/SiGe 中的掺杂，掺杂导致自由载流子的浓度不同，从而影响氧化层生长速率，尤其是在早期阶段。例如，在 Si 中增加 B 原子的掺杂浓度可降低 Si 的电子浓度，使氧化能力降低，从而实现 SiGe 对 Si 更高的刻蚀选择比。

4.3　纳米环栅器件集成工艺

4.3.1　水平堆叠纳米环栅器件集成工艺

目前，有望量产的水平堆叠环栅纳米线/片器件的工艺流程是与主流体硅 FinFET 技术兼容的。与 FinFET 工艺相比，该集成工艺主要增加了 SiGe/Si 叠层

外延，以及在 RMG 模块中增加了释放 Si 纳米线等工艺模块。此外，由于在初始阶段引入了 SiGe 等容易扩散且热稳定性较差的材料，因此对器件高温退火工艺和具体的热预算等提出了更严格的要求。例如，STI 退火、源漏退火等需要进一步优化。中国科学院微电子研究所研发了水平堆叠纳米线/片器件的集成工艺，如图 4-27 所示。该集成工艺主要通过集成阱、STI、假栅、内侧墙、源漏外延、叠层沟道释放、高 κ 金属栅、接触孔等工艺模块实现，其具体描述如下。

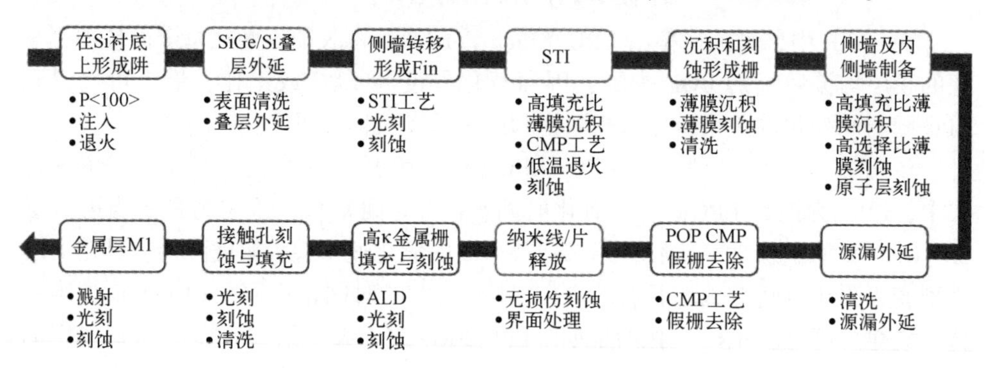

图 4-27　水平堆叠纳米线/片器件的集成工艺

（1）在 Si 衬底上形成阱。在电阻率为 8~12Ω · cm 的 P 型（100）Si 衬底上形成 50nm SiO_2后，通过光刻和高能注入掺杂原子，经高温炉管退火后形成 N 阱和 P 阱，然后去除表面的 SiO_2膜层。

（2）SiGe/Si 叠层外延。经过清洗工艺去除表面的颗粒和自然氧化层后，在形成阱的 Si 衬底上外延多层 SiGe/Si 叠层结构（SiGe 中 Ge 含量为 30%），根据水平堆叠纳米线/片器件的直径和间距，以及集成工艺温度对 SiGe/Si 叠层结构的影响等因素，可以对 SiGe/Si 叠层结构的每层厚度进行调整优化。

（3）含有 SiGe/Si 叠层 Fin 刻蚀。采用侧墙转移技术（Sidewall Image Transfer，STI）形成纳米尺度侧墙阵列，并通过反应离子刻蚀（Reactive Ion Etching，RIE）形成带有 SiGe/Si 叠层结构的 Fin，垂直度大于 85°。其中，水平堆叠纳米环栅器件要求制备纳米线的宽度和厚度基本一致，而堆叠 Si 纳米片宽度一般是其厚度的 2~5 倍，该宽度可以通过调节 STI 工艺过程中的 SiN_x 薄膜厚度来实现。

（4）STI。采用高深宽比填充的工艺进行氧化层填充，对其顶部进行 CMP 工艺处理，并在低温条件下进行退火处理，包括传统的炉管退火、快速热退火或尖峰退火等方式。与传统 Si 基 FinFET 器件在高温工艺（如 1050℃）下进行退火处理相比，水平堆叠纳米线/片器件的 STI 退火一般采用在 750℃ +30min 条件下的炉管退火或在 850℃ 条件下的 RTA 工艺。该退火工艺不仅要使 STI 膜层致密，还要防止 Ge 元素的扩散，以及 SiGe 和 Si 层不同的氧化导致的侧壁粗糙度和沟道尺寸的变化。然后进行 STI 的回刻，露出 SiGe/Si 叠层结构，露出 Fin 的顶部，形成最终的 STI 结构。

（5）非晶 Si 假栅制备。沉积氧化层和非晶 Si 等多层薄膜，利用传统光学光刻和电子束光刻分别实现不同 L_g 的图形化，通过干法刻蚀形成假栅图形。

（6）侧墙制备。首先沉积一层 SiN_x 薄膜，并采用各向异性刻蚀 SiN_x，在假栅两侧与源漏之间形成侧墙阵列。

（7）内侧墙制备。采用各向异性刻蚀去除源漏区的 SiGe/Si 叠层后，采用精准且高选择比的刻蚀工艺各向同性刻蚀 SiGe 层，形成内凹的空腔结构（宽度约为 5~10nm），并沉积高填充比的 SiN_x 薄膜（厚度约为 10~15nm），保证刻蚀 SiGe 后形成的空腔被 SiN_x 薄膜全部填充，然后再对 SiN_x 薄膜进行各向异性刻蚀，确保空腔内的 SiN_x 保留完整、源漏底部及 SiGe/Si 叠层中 Si 层漏出，同时避免该工艺破坏已形成的栅极和侧墙等图形结构。

（8）源漏选择性外延。在形成内侧墙工艺后的源漏区中分别选择性外延 SiGe、SiC 等材料，获得 NMOS 和 PMOS 的外延源漏。在源漏外延过程中采用原位掺杂，掺杂浓度约为 $1\times10^{20}cm^{-3}$ 以上。

（9）源漏掺杂。通过低能量、高剂量注入 BF 或 Sn 离子后，采用不高于 850℃的 RTA 工艺激活注入离子，形成高掺杂的源漏。

（10）RMG 工艺。在形成常规硅化物等工艺后，先沉积一层较厚的 SiO_2 层间介质，平坦化处理直至假栅暴露，然后通过 TMAH 及 HF 溶液的化学刻蚀选择性去除假栅及栅 SiO_2 层。

（11）堆叠沟道释放。采用高选择比干法刻蚀或湿法刻蚀，实现高选择比和精准速率控制的牺牲层材料刻蚀，完成堆叠 Si 沟道释放，同时避免破坏已形成的结构，如侧墙和层间介质等。

（12）高 κ 金属栅填充。利用 ALD 工艺逐层沉积高 κ 金属栅材料，形成堆叠沟道栅结构。

（13）完成接触孔和金属引线制备。开发和完成层间绝缘介质填充、接触孔、金属填充及金属层形成，实现堆叠 Si 沟道环栅器件制备。

堆叠 Si 沟道环栅器件制备关键步骤的 SEM 图如图 4-28 所示。其中，图（a）是通过自对准侧墙转移工艺刻蚀 SiGe/Si 叠层后形成的 Fin，Fin 的顶部接近 90°，保证制备的堆叠 Si 沟道尺寸一致；图（b）是沉积 STI SiO_2 介质后的 SEM 图，高填充比的工艺实现了对三维垂直 Fin 结构的均匀覆盖，无 Si 损耗和介质薄膜空洞等缺陷；图（c）是非晶 Si 假栅薄膜经过平坦化处理后的 SEM 图，非晶 Si 薄膜顶部平整，并且非晶 Si 和 Fin 顶部有充足的余量，可以为后续假栅去除和堆叠 Si 沟道释放等关键技术提供较大和稳定的工艺窗口；图（d）是刻蚀非晶 Si 假栅后的 SEM 图，三维非晶 Si 假栅图形的侧壁非常陡直，并且 Fin 的源漏区几乎没有损失；图（e）是 L_g 为 30nm 的堆叠 Si 沟道环栅器件的非晶 Si 假栅去除后的 SEM 顶视图，栅沟槽内的非晶 Si 被 TMAH 刻蚀液高选择比去除，沟槽中的 Fin 显露出来；图（f）是采用优化后的 $HF/H_2O_2/CH_3COOH/H_2O$ 混合溶液对 L_g 为 500nm 的纳米环栅器件的堆叠 Si 沟道释放后的俯视图。堆叠 Si 沟道非常牢靠、形貌良好，无形变或弯曲的影响。同时，堆叠 Si 沟道间有隐约的黑色“阴影”，预示制备的堆叠 Si 沟道在沟槽中处于“悬空”状态，表明已经实现了高选择比的堆叠 Si 沟道的释放[45]。

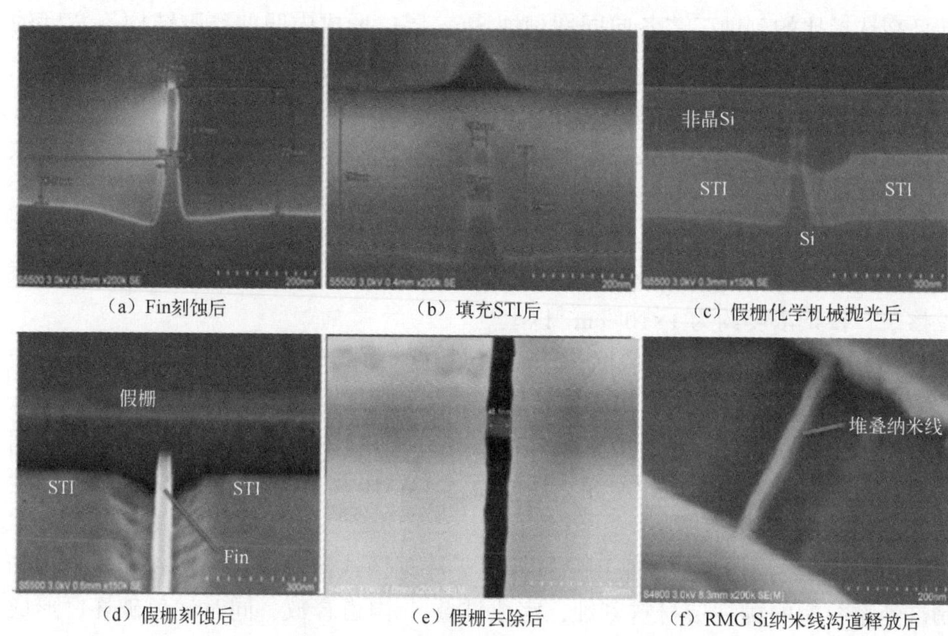

（a）Fin刻蚀后　（b）填充STI后　（c）假栅化学机械抛光后

（d）假栅刻蚀后　（e）假栅去除后　（f）RMG Si纳米线沟道释放后

图 4-28　堆叠 Si 沟道环栅器件制备关键步骤的 SEM 图

根据堆叠 Si 沟道环栅器件的设计要求，经过集成上述关键技术模块及优化制备工艺后，最终制备出堆叠 Si 沟道环栅器件原型器件。图 4-29（a）所示为堆叠 Si 沟道环栅器件的示意图，堆叠 Si 沟道环栅器件的源漏区仍然维持 Fin 形貌，只将沟道区形成堆叠 Si 沟道结构。图 4-29（b）所示为形成堆叠 Si 沟道环栅器件沟道的 TEM 图，从图中可以看出，经过上述系列工艺优化后，特别是高温退火温度控制和堆叠纳米线释放等，制备出的堆叠 Si 沟道仍然维持良好的形貌，实现了均匀的 2 层堆叠 Si 沟道环栅器件沟道结构，上下两层纳米线的直径基本一致（约 27nm）并被高 κ 金属栅均匀包裹。图 4-29（c）、（d）分别是制备出 L_g 为 500nm 的 2 层堆叠 Si 沟道环栅器件的转移特性曲线和输出特性曲线。2 层堆叠 Si 沟道环栅器件具有良好的开关特性和亚阈值特性（I_{on}/I_{off} 约为 8.1×10^4，SS 为 70.2mV/dec）。可见，采用上述新研发的模块及集成工艺，中国科学院微电子研究所成功研制出与主流体硅 FinFET 器件制备工艺兼容的堆叠纳米环栅器件，并且具有良好的电学性能[29]。

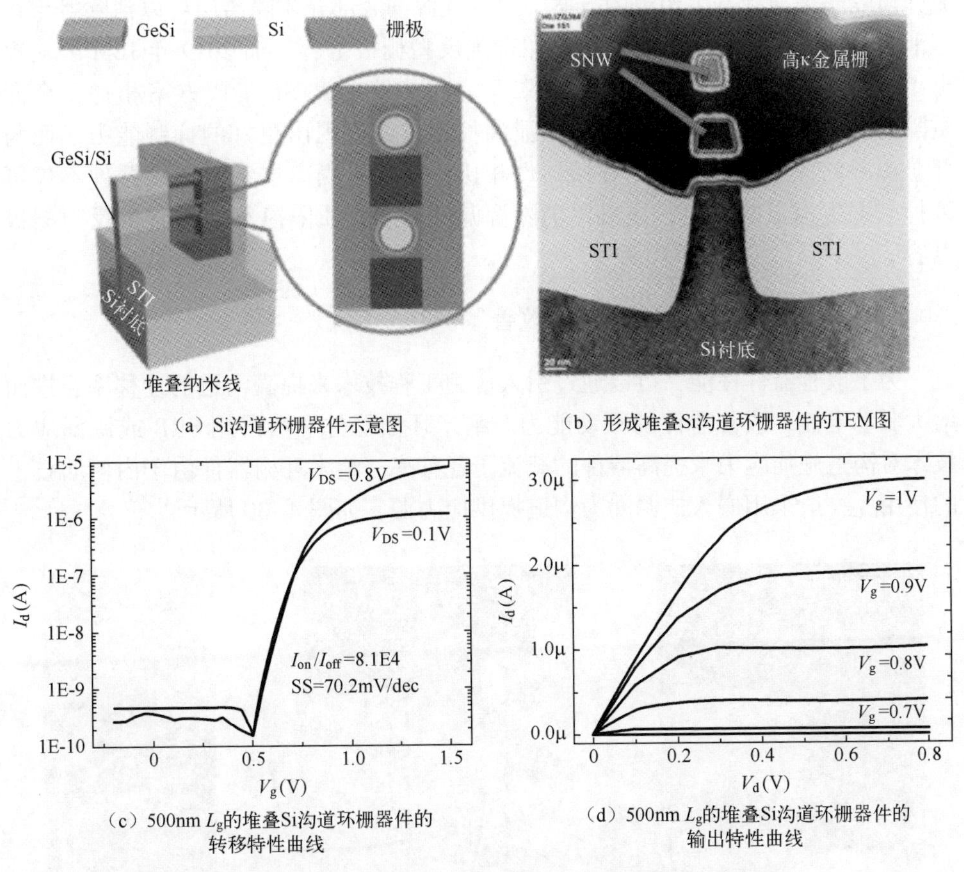

（a）Si沟道环栅器件示意图　（b）形成堆叠Si沟道环栅器件的TEM图

（c）500nm L_g的堆叠Si沟道环栅器件的转移特性曲线　（d）500nm L_g的堆叠Si沟道环栅器件的输出特性曲线

图 4-29　堆叠 Si 纳米线环栅器件结构和电学性能表征

1. 水平堆叠纳米环栅器件寄生沟道的抑制

由于寄生晶体管受栅控制较弱，因此水平堆叠纳米环栅器件底部存在严重的寄生沟道，导致器件漏电流和芯片功耗增加。传统平面器件主要使用具有一定角度的与衬底掺杂类型相同的杂质的口袋掺杂（Pocket）来防止底部穿通，而三维 FinFET 器件则通过 PTSL 注入在 Fin 底部引入高掺杂，从而实现体硅 Fin 与衬底的隔离。但是由于对激活温度的限制，原来的抑制方案均不适用于水平堆叠纳米环栅器件。对于水平堆叠纳米环栅器件，一般在周期性 SiGe/Si 外延之前先对底部进行 GP（Ground Plane）注入掺杂、高温退火修复后再进行 SiGe/Si 叠层外延，但该方法可能会对外延叠层结构的质量造成一定的影响，导致 Si 纳米线沟道的质量下降。

2017 年，IBM、三星和格罗方德半导体公司联合研发出了一种在源漏下方形成介质隔离来抑制寄生沟道的方案。尽管其源漏底部介质隔离层可以消除寄生沟道泄漏，但是在栅极区下方仍然存在寄生反型栅极电容。而 2019 年 IBM 公司提出了一种全介质隔离层纳米环栅器件[46]。与传统的 PTSL 集成方案相比，全介质隔离层纳米环栅器件在寄生通道泄漏控制方面表现出更好的抑制能力。而与部分源漏的介质隔离层纳米环栅器件相比，全介质隔离层纳米环栅器件不仅可以抑制寄生沟道的漏电，还可以消除源漏底部电介质隔离存在的寄生反型栅极电容。

2. 应力工程技术对器件性能的改善

为了改善器件性能，可以通过引入应力工程技术来提高沟道的迁移率，进而增大驱动电流，改善器件的驱动能力。纳米环栅器件一般采用 SRB 或源漏应力技术对沟道施加应力来提高器件的载流子迁移率。纳米环栅器件由于内侧墙技术的使用，一般采用嵌入式源漏为沟道提供应力源，如图 4-30 所示[47]。

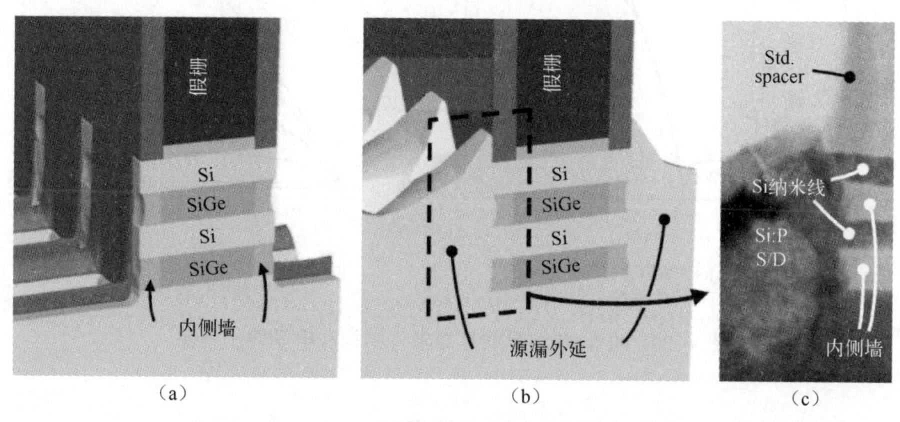

图 4-30　采用内侧墙技术与嵌入式源漏示意图[47]

采用 SRB 作为应力源，人们就如何生长出高质量的 SRB 层及应变层做了大量研究。A. Dube 等人[48]采用 SiH_2Cl_2 和 $GeCl_4$ 作为前驱体，在 1100℃下成功生长出低线位错密度的 $Si_{0.7}Ge_{0.3}$SRB。在对 SRB 进行 CMP 工艺处理后，在 SRB 上外延出 450Å 的应变 Si 层，可以作为器件的应变沟道。中国科学院微电子研究所[49]采用 SiH_4 和 GeH_4 作为前驱体，在 Si 衬底上生长出三层 Ge 浓度梯度渐变的 SRB 层，最后在 $Si_{0.7}Ge_{0.3}$ 层上以 SiH_2Cl_2 和 GeH_4 为前驱体，在 650℃条件下生长出高质量的 $Si_{0.5}Ge_{0.5}$ 应变层，如图 4-31 所示。

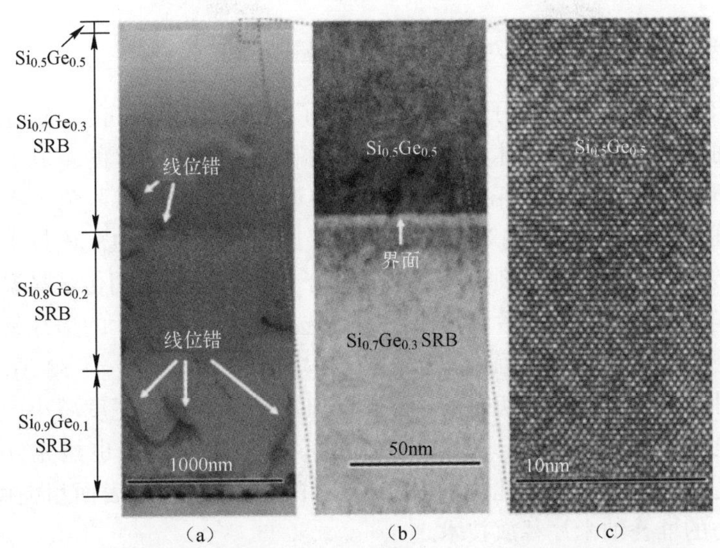

图4-31 三层Ge浓度渐变SRB层及$Si_{0.5}Ge_{0.5}$应变层与高分辨率SiGe/SRB界面及SiGe的TEM图

采用嵌入式源漏为沟道提供应力源，需要对本来的源漏区进行刻蚀，然后重新外延出所需源漏材料。H. Mertens等人[47]采用嵌入式SiGe源漏应力源制备了2层堆叠P型Si纳米线环栅器件，如图4-32（a）所示。该器件拥有SS_{sat}为75mV，DIBL为20mV/V的优良电学性能。R. Loo等人[50]在SiGe SRB上采用$Ge_{0.99}Sn_{0.01}$源漏应力源制备了Ge沟道环栅器件，其扫描透射电子显微镜（Scanning Transmission Electron Microscope，STEM）图如图4-32（b）所示。此外，2017年CEA-LETI和STMicroelectronics公司采用RMG模块首次将内侧墙和嵌入式源漏应力源集成在一起，成功制造出堆叠Si纳米线器件，由于该器件源漏为沟道提供了应力，因此其驱动性能得到了显著增强[51]。

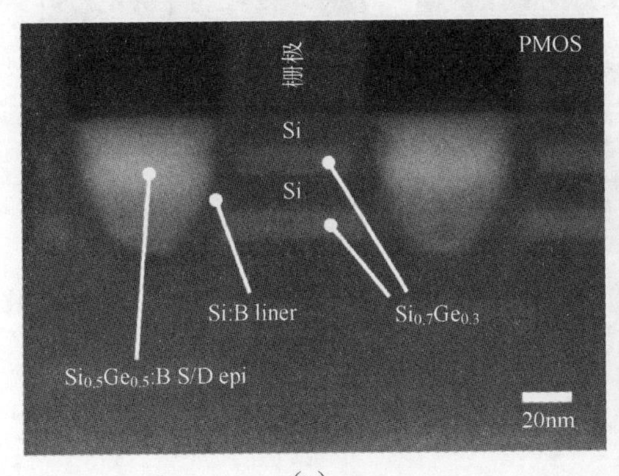

(a)

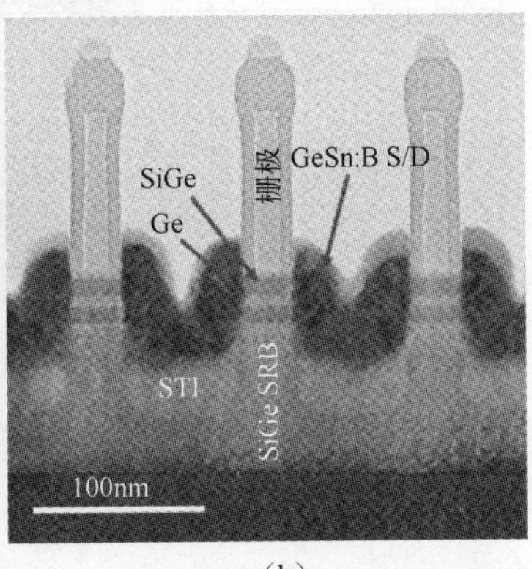

(b)

图4-32 嵌入式SiGe源漏与GeSn源漏应力源外延后的STEM图[47-50]

3. 纳米线释放技术优化对器件性能的改善

2019年，IBM和东京电子公司共同研发了一种SiGe对Si的高选择比干法刻蚀技术，可以应用于堆叠纳米线/片的内侧墙制备和堆叠沟道的释放。该各向同性的干法刻蚀工艺不仅可以精确控制SiGe的刻蚀量，还可以避免等离子体对沟道造成损伤，实现$Si_{0.75}Ge_{0.25}$对Si高达150:1的高选择比刻蚀。该技术实现的选择比优于传统高温HCl气体刻蚀及远程等离子体刻蚀，在采用传统高温HCl气体刻蚀技术实现不同宽度纳米片释放时，因其选择比低，纳米片的边缘易圆化，纳米片厚度更薄，且对沟道表面粗糙度也有一定的影响，如图4-33所示[24]。此外，从器件电学性能上看，优化的干法刻蚀工艺随着纳米片宽度减小，阈值电压增加的幅度更小，SS也更小，驱动电流更大。上述电学性能也能充分说明该干法刻蚀工艺具有更高的选择比，可以获得更好的导电沟道的表面粗糙度及厚度，是更有潜力的堆叠纳米片释放技术。

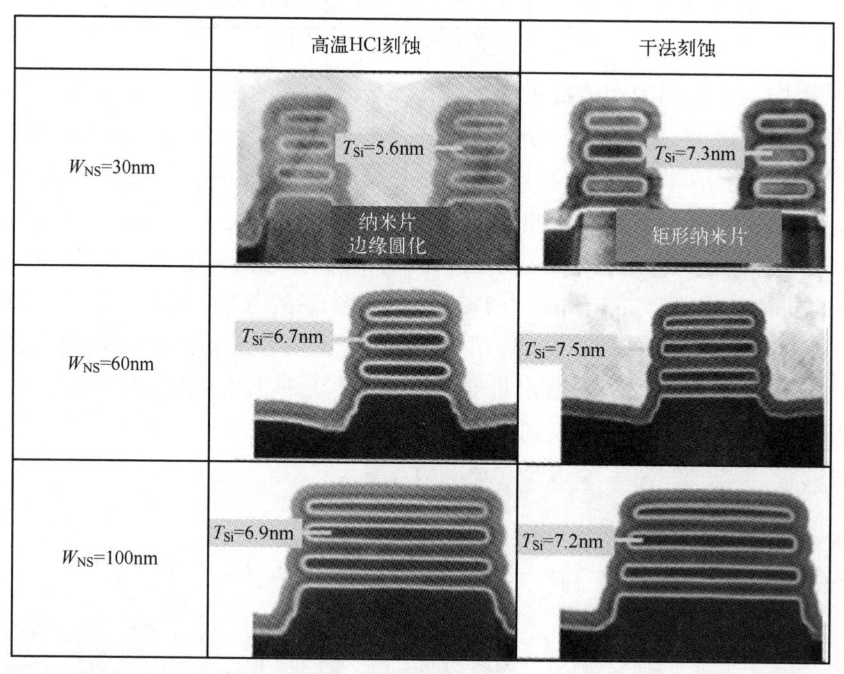

图4-33 采用传统高温HCl气体和优化的干法刻蚀工艺的不同宽度的堆叠纳米片的形貌对比[24]

4.3.2 工艺波动影响

随着器件尺寸的不断微缩，器件结构也越来越复杂，器件结构的改变使得工艺更加复杂，工艺波动对器件性能的影响越来越明显，对于器件的波动性评估需要格外重视[52]。当前主流 FinFET 器件及未来将量产的纳米环栅器件的工艺波动对器件电学性能的影响是必须面对的问题。随着器件尺寸的缩小，沟道的长度在10nm 左右，等效的氧化层厚度减小到不到 1nm，能级波动和载流子隧穿等量子效应对器件的影响也越发明显。晶体管制备工艺复杂且耗时较长，一次成熟工艺的流片时间在三个月到六个月之间。芯片的性能和良率与工艺的稳定性密切相关，一些不可控的随机波动一直影响芯片的性能甚至良率的提升，复杂的新工艺必然会影响器件的性能表现，工艺波动性的研究对提升纳米环栅器件电学性能的稳定性有重要意义[53]。

对于单个器件，工艺波动研究主要有以下几个角度：随机掺杂波动（Random Dopant Fluctuation，RDF）、界面陷阱波动（Interface Traps Fluctuation，ITF 或 Interface Traps Charge，ITC）、金属功函数波动（Work Function Variation，WFV）及栅氧化层厚度波动（Thickness of Oxide Variation，TOX）。金属功函数波动包括金属晶粒度波动（Metal Gate Granularity，MGG）和栅边缘粗糙度（Gate Edge Roughness，GER）。对于纳米环栅器件，影响器件性能的工艺波动还包括纳米线的边缘粗糙度（Line Edge Roughness，LER）、纳米线直径及纳米片的厚度变化。此外，对于 SiGe 等高迁移率沟道纳米环栅器件，Ge 浓度的偏差及扩散也是工艺波动的影响因素之一。

尽管器件的阈值电压等电学性能与晶体管的栅长和宽度、杂质掺杂浓度、氧化层厚度及金属功函数大小等波动因素具有非随机的函数关系，但器件波动却是随机分布的。虽然研究人员可以通过电镜切片了解每个晶体管的详细变化，但当前芯片的高集成度使得晶体管总数已经突破百亿个，很难具体地考虑每个晶体管的波动变化。因此，器件受工艺波动的影响只能通过模型来预估。虽然工艺波动的产生因素是随机的，但是可以基于 TCAD 仿真模拟较大数量器件的具体波动变化，通过电学仿真来获取工艺波动的分布情况和工艺波动对器件电学性能的影响，进而表征每种波动的具体变化规律和影响，为工艺波动的优化提供参考。

借助原子级仿真工具进行研究，充分模拟掺入杂质原子的分布和器件结构尺寸等随机波动，可以分析处理得到波动因素对电学性能的影响规律和统计分布。以下就不同的波动因素进行分析阐述。

1. RDF 对器件电学性能波动的影响

在半导体器件的掺杂工艺中，使用离子注入引入杂质离子并对其进行高温退火，粒子的无规则运动等原因会导致杂质原子随机离散分布，因此 RDF 表征工艺中的杂质掺杂浓度和杂质原子位置随机分布会引起器件波动。以三维环栅器件中的杂质掺杂分布为例，在沟道掺杂为$1\times10^{15}cm^{-3}$的B，源极和漏极为$1\times10^{20}cm^{-3}$的As条件下，轻掺杂的沟道使器件阈值电压及亚阈值特性基本不受RDF波动的影响，RDF波动主要影响源极和漏极的电阻值，RDF对器件开态电流的影响较大。由于晶体管在数字电路中大部分用作逻辑开关，实现逻辑门的逻辑转换，而器件开关是电容充放电的过程，开关的速度取决于器件驱动电流的大小和电容值，因此开态电流的波动更多地影响逻辑电路的响应速度，进而影响电路的延迟时间。晶体管器件工艺节点升级的目的是提供更好的驱动电流，尽管RDF对三维环栅器件的阈值电压影响不大，但是开态电流的变化不容忽视，要想提高电路的工作频率，需要器件开态电流更高，也更稳定。

2. ITF对器件电学性能波动的影响

ITF用于表征Si沟道和氧化层接触面陷阱电荷的浓度和位置分布对器件的影响。为了抑制短沟道效应，提供更好的栅控特性，纳米尺度下晶体管器件一直在增大栅控面积，从平面器件到三维器件，栅控面积的增大及工艺复杂性提高使得器件工艺波动更加重要。纳米环栅器件由于接触面积的增大及沟道刻蚀工艺更加复杂，相比平面器件具有更多的界面陷阱，器件更容易受陷阱波动影响[54]。因此，当前工艺节点下纳米环栅器件由于离散的界面陷阱导致的器件波动值得深入研究。ITF来源于Si与SiO_2的界面接触，Si与SiO_2的接触会引入很多的问题，如界面陷阱与固定电荷等。界面陷阱的浓度和能级分布，以及固定电荷的位置分布会在很大程度上影响器件的栅控特性，在栅极电压增大引起器件反型的过程中会受到陷阱电荷的影响，施主陷阱电荷和受主陷阱电荷都会影响沟道内载流子的状态，进而造成器件电学性能波动。

3. WFV对器件电学性能波动的影响

在集成电路制备工艺中，完整的金属栅极是由很多金属晶粒构成的，晶粒的大小和方向都具有随机性，不同晶粒的功函数的不同造成了功函数大小对晶粒生长有很强的依赖性[55]。金属晶粒大小和分布是导致WFV中阈值电压波动明显的重要原因，因此，要想降低WFV的影响，必须从金属晶粒上考虑。当金属晶粒变小后，晶粒数量会增多，那么由于平均效应的影响，其有效功函数会相应地降低，金属功函数的波动变化也会下降。大尺寸的金属栅极的金属晶粒相对较多，平均起来WFV的影响不算很大，对于小尺寸的器件，4nm及2nm的金属晶粒相比栅极面积已经较大，晶粒的数量减少导致平均效应的作用不再明显。研究金属栅在实际工艺条件下形成的有效功函数分布，对器件电学性能的稳定与电路连接至关重要[56]。

4. 氧化层厚度波动对器件电学性能波动的影响

氧化层厚度的波动属于工艺形貌波动（Process Variation Effect，PVE）。器件工程师在设计晶体管时假想表面光滑和接触理想，而在实际工艺制备时，器件的结构形貌会受光刻误差、刻蚀误差等影响，有些可以通过光学邻近效应修正来改善，然而最终结构中总会有表面粗糙和尺寸误差共存。对于 5nm 技术节点，等效氧化层厚度仅为 0.6nm，氧化层厚度并不会完全符合理想的数值，对于敏感的纳米环栅器件，很小的波动都有可能是致命的。

在实际器件中，不同的工艺波动通常是同时存在、共同作用、彼此相互影响和叠加的。当器件在电路中集成后，器件的波动性不仅会影响其单个器件的特性，由于器件自身的电学性能变化，还会引起周围电路的参数波动和逻辑变化[57]。因此要尽可能将每种波动因素的影响降到最低，才能在整体上降低器件波动性的影响，提高器件电学性能。

4.3.3　多阈值调控

阈值调控技术可为 CMOS 电路提供设计灵活性，是 CMOS 器件不断发展的关键技术之一。在 CMOS 器件的持续微缩过程中，CGP 及 L_g 需要不断微缩，图形化空间的限制使多阈值调控技术遇到了严峻挑战。对于当前主流的三维 FinFET 器件，由于器件工作时 Fin 是全耗尽的，因此通过阱或沟道掺杂调控的方案获得的阈值调控范围很窄，而且会引起载流子迁移率的降低，不能满足多阈值调控的需要。对于 FinFET 器件，一般通过调节高 κ 金属栅结构的有效功函数来实现多阈值调控[58]，主要包括：①有效功函数金属栅厚度调控技术。通过沉积-刻蚀-沉积方案获得不同厚度的有效功函数金属栅，如图 4-34 所示，阈值调控范围为 150~200mV，阈值调控的灵敏度为 10~20mV/Å。②栅偶极子技术。在高 κ 或有效功函数金属栅材料的上面或下面沉积帽层，如 NMOS 采用 La_2O_3、Dy_2O_3、MgO 等帽层，PMOS 采用 Al_2O_3 帽层，然后通过高温退火等工艺在高 κ 和界面层的界面处引入偶极子层，实现阈值调控。③吸氧金属栅技术。采用吸氧金属栅，并通过调整吸氧金属栅及其下面的势垒层的厚度调节高 κ 中的氧空位浓度，实现阈值调控。④对于高迁移率沟道材料，由于其与 Si 材料存在导带或价带偏移，因此 N/PMOS 采用相同的有效功函数金属栅材料实现阈值调控成为可能，降低了集成的难度。例如，在 NMOS 采用 Si 沟道，PMOS 采用 SiGe 或 Ge 高迁移率沟道时，由于 Si 与 SiGe 存在价带偏移，因此采用与 NMOS 相同的两种栅结构可以实现 N/PMOS 两种阈值的调控，简化了工艺，如图 4-35 所示。此外，采用上述方案中两种或以上技术的结合可以进一步增加阈值调控的范围。例如，当有效功函数金属栅厚度调控方案中金属栅厚度受到一定的限制时，可以采用有限的金属栅厚度改变结合偶极子层的方案，获得灵活的多阈值调控技术。

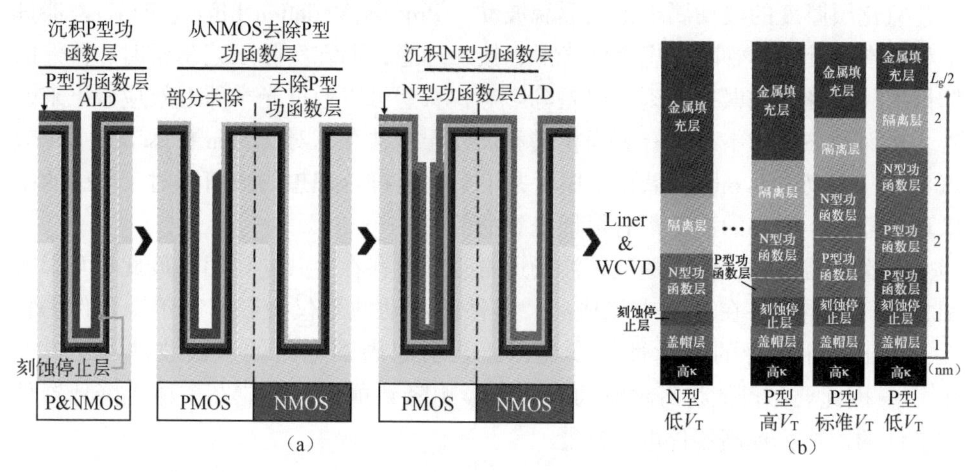

图 4-34 沉积-刻蚀-沉积和多次沉积-刻蚀-沉积后形成的不同 PMOS 有效功函数金属栅厚度的阈值调控方案

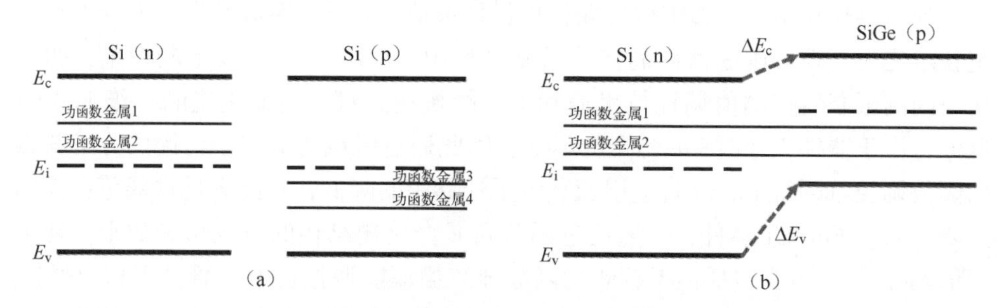

图 4-35 有效功函数栅结构调控 Si 基 N/PMOS 器件阈值和 N（Si 沟道）/PMOS（SiGe 沟道）器件阈值

N. Loubet 等人[4]在堆叠纳米片结构上，采用先沉积 PMOS 有效功函数金属栅，然后通过优化的 H_2O_2 基刻蚀溶液选择性去除 NMOS 区的 PMOS 有效功函数金属栅，再沉积不同厚度的 NMOS 有效功函数金属栅的方案实现了多阈值调控。不同厚度的 NMOS 有效功函数金属栅沉积也可以通过沉积-刻蚀-沉积方案实现，通过调整 NMOS 有效功函数金属栅厚度可以实现多阈值调控，其阈值调控的灵敏度为 13～14mV/Å。

为了减小栅与源漏之间的寄生电容，纳米环栅器件堆叠的导电沟道之间的间距 T_{sus} 需要不断缩小。由于 T_{sus} 的限制，在形成界面层和高 κ 层后，有效功函数金属栅填充的空间受到限制。如图 4-36 所示，当填充的有效功函数金属栅 A 的厚度较薄时，有效功函数金属栅 B 可以填充在沟道周围。但当有效功函数金属栅 A 的厚度较厚时，有效功函数金属栅 B 只能部分填充在导电沟道周围，或者只能填充在导电沟道外围，存在金属栅“夹断”效应[59]。可见，对于堆叠纳米环栅器件，由于 T_{sus} 的存在，高 κ 金属栅填充可以看作一种四维技术，高 κ 金属栅材料不仅要均匀、保型地沉积在假栅槽和 T_{sus} 中，还要从假栅及不同纳米片宽度的 T_{sus} 中完全去除。Zhang 等人[59]研究了金属栅“夹断”效应对不同有效功函数金属栅材料和厚度阈值调控的影响。例如，对于 $T_{sus}=10.5$nm 的堆叠纳米片器件，通过增加有效功函数金属栅 A 的厚度，NMOS 的阈值调控范围为 425mV，灵敏度为 21mV/Å，远高于有效功函数金属栅 A 在 FinFET 器件上的灵敏度 13mV/Å。这是因为在有限的 T_{sus} 条件下，有效功函数金属栅 A 厚度的增加必然导致在沟道之间的有效功函数金属栅 B 的填充减小，有效功函数金属栅 A 和 B 的同时变化导致了更高的灵敏度。当然，有效功函数金属栅 A 厚度增加到一定程度时，将造成有效功函数金属栅 A 的“夹断”效应，从而使有效功函数金属栅 B 只能填充在堆叠纳米片的外围。另外，对于堆叠纳米片，因“边缘”效应的存在，纳米片的宽度对阈值调控也有一定的影响。例如，相比 20nm 宽的堆叠纳米片，40nm 宽的堆叠纳米片的“边缘”效应影响较小，因此，当有效功函数金属栅厚度未引起“夹断”效应时，40nm 宽的堆叠纳米片阈值调控的灵敏度略微降低，而当有效功函数金属栅厚度引起“夹断”效应时，40nm 宽的堆叠纳米片阈值调控的灵敏度略微增加。由于金属栅“夹断”效应可以提供额外的阈值调控灵敏度，因此可以通过调控 T_{sus} 为堆叠纳米环栅器件多阈值技术提供更多的选择，这是堆叠纳米环栅器件独有的现象。

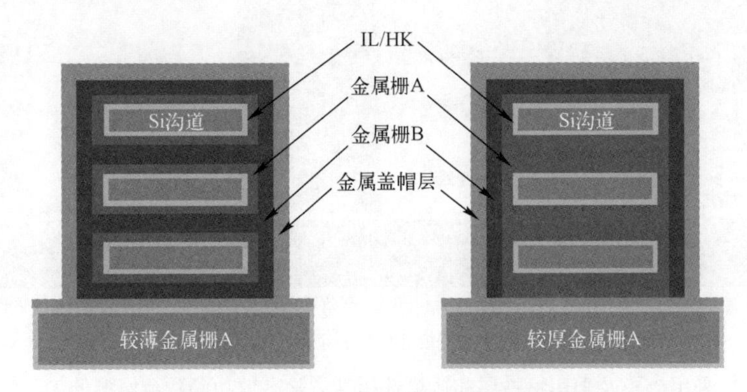

图 4-36　T_{sus} 对有效功函数金属栅厚度的影响

另外，由于 T_{sus} 的存在，对采用不同金属栅厚度进行多阈值调控提出了新的技术挑战。例如，对于多阈值的 PMOS 器件，一般在 PMOS 有效功函数金属栅中要保留 NMOS 的有效功函数金属栅作为吸氧金属栅，并通过调节 PMOS 有效功函数金属栅的厚度获得不同的阈值。为了给吸氧金属栅留出空间，避免“夹断”效应，一般只能采用很薄的 PMOS 有效功函数金属栅，这会影响 PMOS 器件的阈值调控能力，因为更低阈值的 PMOS 器件需要较厚的 PMOS 有效功函数金属栅来减小 NMOS 有效功函数金属栅对 HfO_2 高 κ 中氧空位的影响。此外，L_g 不断缩小对刻蚀金属栅时的掩模的填充能力提出了更高要求，由于沉积了较薄 PMOS 金属栅（未夹断）的去除区也填充了该掩模，因此想要完全去除该区的硬掩模而不影响非去除区的硬掩模便成为挑战，如图 4-37（a）所示。为了解决掩模在 T_{sus} 之间填充导致的去除问题，R. Bao 等人提出了在制备 PMOS 有效功函数金属栅后，先采用牺牲层进行填充，然后再进行掩模填充的方案；在掩模刻蚀后，先在去除区去除牺牲层和 PMOS 有效功函数金属栅，最后去除非去除区的牺牲层，如图 4-37（b）所示[60]。

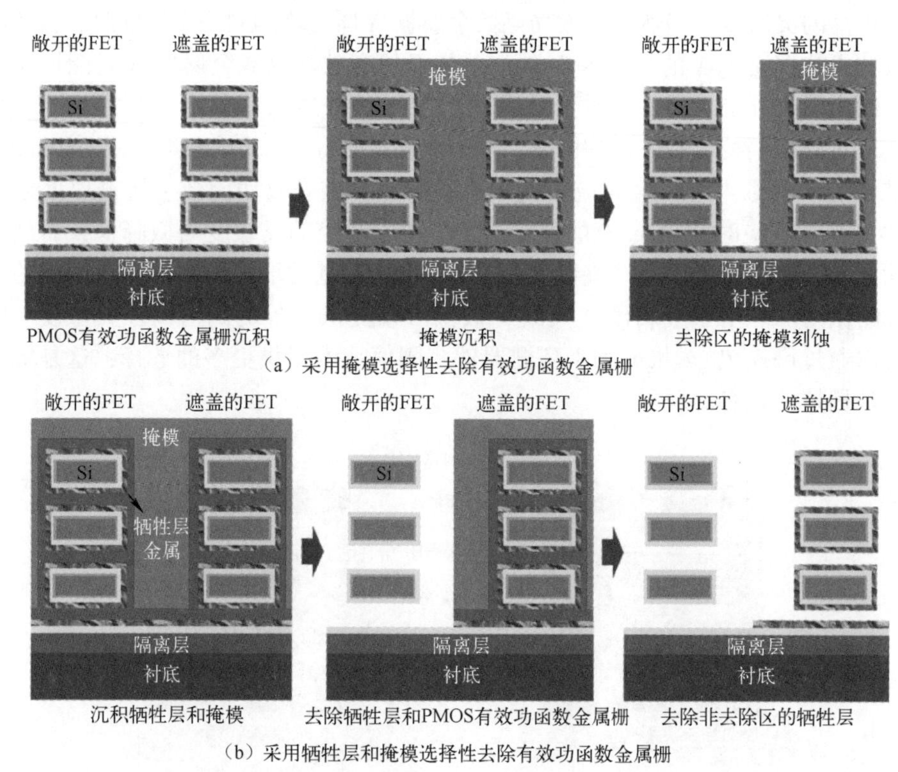

图 4-37　采用掩模及采用牺牲层和掩模选择性去除有效功函数金属栅的工艺流程[61]

堆叠纳米环栅器件特征尺寸的不断微缩及金属栅“夹断”效应使得采用不同有效功函数金属栅厚度及其图形化遇到了严重的挑战，限制了通过调整有效功函数金属栅厚度实现多阈值调控的应用。而栅偶极子技术因占用体积较少且能采用 ALD 工艺实现保型、均匀的纳米级薄膜制备，成为有潜力的多阈值调控技术候选方法。栅偶极子技术主要采用不同厚度的帽层或帽层与势垒层，在衬底与界面层之间引入不同电负性、不同含量的偶极子，从而实现多阈值的调控，如图 4-38 所示。另外，采用栅偶极子调控技术可以获得较低的阈值。例如，采用 La_2O_3 帽层调节 NMOS 阈值不必通过增加有效功函数金属栅厚度来获得较低阈值，即有效功函数金属栅的厚度可以进一步降低，从而增加有效功函数金属栅填充的工艺窗口。同时，在采用栅偶极子技术时，可以去除在 PMOS 有效功函数金属栅上的吸氧金属栅。例如，可以直接采用 La_2O_3 帽层来实现 PMOS 的高阈值。这不仅降低了多阈值集成的复杂性，还增加了 PMOS 有效功函数金属栅的填充空间，利于后续低阻栅极的填充，降低整个栅极的串联电阻。可见，采用偶极子技术或采用偶极子技术与有效功函数金属栅厚度调控结合的技术可以为多阈值调控提供更多的选择。

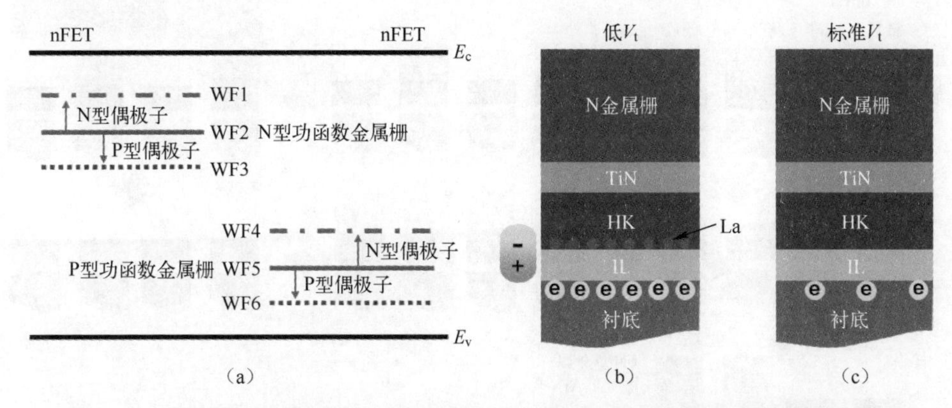

图 4-38　偶极子对阈值调控的示意图和不同含量 La 元素对 NMOS 阈值调控的原理

与有效功函数金属栅厚度实现多阈值调控相比，采用帽层的栅偶极子技术增加的厚度较小，一般在 1nm 以下。同时，研究人员对无增加体积的栅电极处理技术进行了研究。例如，对有效功函数金属栅进行注入或等离子体处理，但这些技术由于负载效应的存在很难在量产技术中应用。然而，栅偶极子多阈值调控技术可以实现无体积增加，如图 4-39 所示。关键工艺主要包括：在帽层和金属栅沉积后，进行退火处理，在界面层和衬底的界面层形成偶极子层，然后高选择比去除帽层和金属栅，最后进行金属栅的沉积。采用该技术，8Å LaO_x 帽层可以获得 ~300mV 的阈值调控能力。因此，目前来看，有效功函数金属栅厚度调制和/或栅偶极子技术将是堆叠纳米环栅器件多阈值调控的主要技术。图 4-40 所示为采用金属栅厚度调制和无体积增加的栅偶极子技术实现多阈值调控的流程图。该方案为堆叠纳米环栅器件的多阈值调控技术提供了灵活的选择。

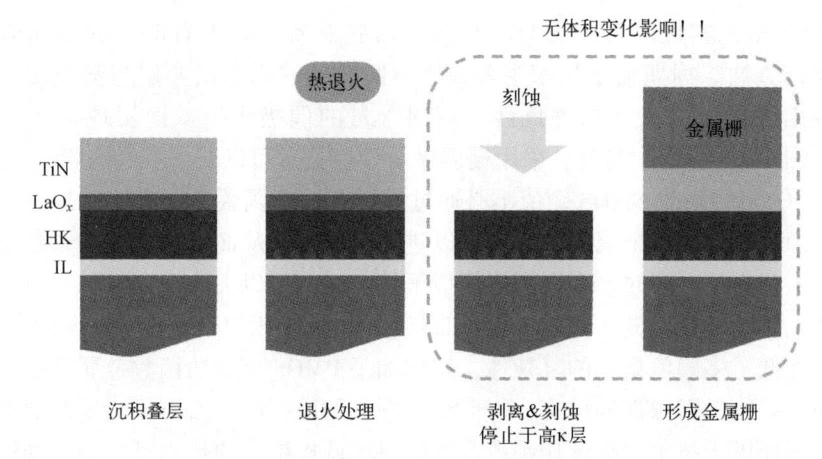

图 4-39　无体积增加的栅偶极子多阈值调控技术

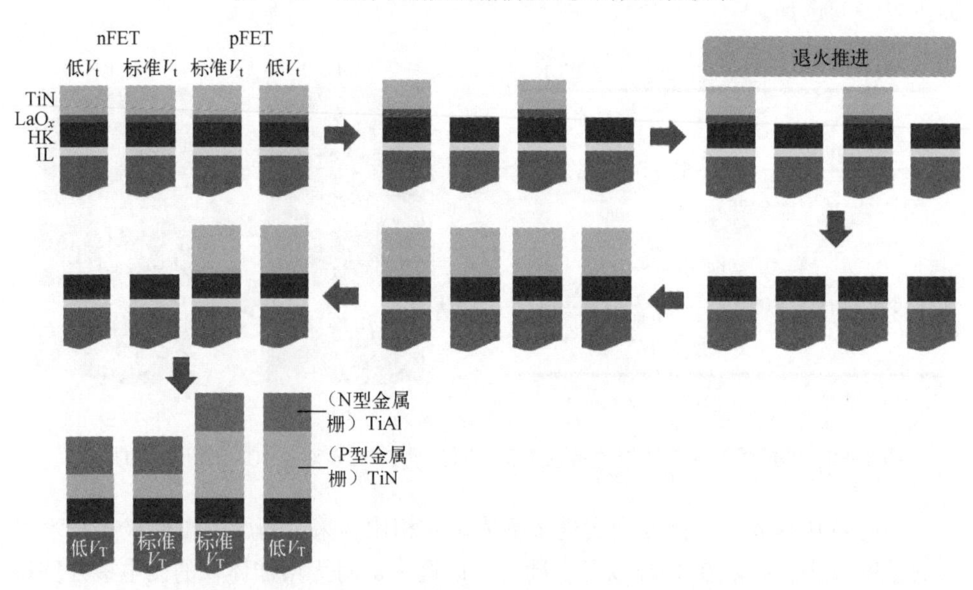

图 4-40　采用金属栅厚度调制和无体积增加的栅偶极子技术实现多阈值调控的流程图

4.3.4　高迁移率沟道纳米环栅器件集成工艺

Si 基水平堆叠纳米环栅器件与高迁移率沟道纳米环栅器件集成工艺的主要区别包括沟道的形成、钝化等。本节将以堆叠 Ge 沟道为例，对这些特殊集成工艺进行介绍。

1. 堆叠 Ge 沟道的制备

与堆叠 Ge 沟道形成相关的技术主要包括：SRB+SiGe（牺牲层）/Ge（沟道）

叠层的外延、Fin刻蚀与低温STI工艺、堆叠Ge沟道释放等。为了获得堆叠的高质量的应力Ge沟道，一般要在Si衬底上依次形成SiGe SRB和周期性的SiGe/Ge叠层，或者在已制备好的SiGe虚拟衬底上直接外延周期性的SiGe/Ge叠层。对于堆叠Ge沟道PMOS器件，一般SiGe SRB中Ge的含量为65%~75%，周期性SiGe/Ge叠层中SiGe牺牲层的Ge含量为50%~70%，这样既可以保持叠层中的应力，又可以满足后续Ge沟道释放的需要。SiGe/Ge叠层可以采用适用于低温条件下外延的Ge_2H_6与Si_2H_6作为先驱体。在满足一定外延速率的条件下，通过优化外延工艺可以获得高质量且具有突变过渡层的SiGe/Ge叠层。与FinFET器件不同，在进行Fin切断或源漏回刻的过程中，由于SiGe牺牲层的存在，SRB产生的Ge沟道应力可以保持得更好。此外，在形成SiGe/Ge叠层之前，一般在SiGe SRB或虚拟衬底上进行注入加退火的方案来抑制寄生沟道的开启，改善器件的漏电、SS等电学性能。H. Arimura等人[36]对比了采用SiGe和Ge SRB的Ge沟道堆叠纳米环栅器件的性能，发现采用SiGe SRB时不仅可以提供压应力，获得更高的载流子迁移率和跨导，还可以降低器件的漏电，如图4-41所示。器件漏电的降低主要是SiGe的禁带宽度更大，这不仅可以降低栅诱导漏极漏电（Gate-Induced Drain Leakage，GIDL），由于注入的P等杂质在SiGe中的激活比在Ge中高，因此还可以抑制寄生沟道器件的漏电。

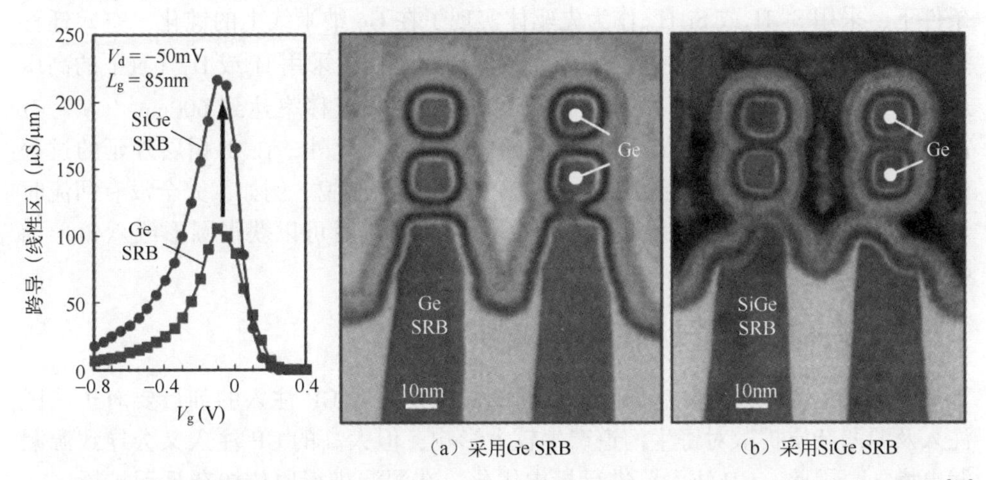

图4-41 SiGe SRB与Ge SRB双层Ge沟道纳米线跨导的对比及双层Ge沟道纳米线TEM图[36]

为了防止SiGe/Ge之间的互扩，以及维持在Ge层中的应力，SiGe/Ge叠层经刻蚀形成Fin后，一般采用低温的STI工艺。在STI工艺过程中，需要将SiGe与Ge材料的氧化降到最低。这可以避免SiGe与Ge材料的氧化速率不同造成Fin宽度不同或侧壁的不平滑，同时可以避免形成溶解于水且热稳定性很差的GeO_x，造成STI与Fin之间存在黏附性问题。H. Mertens等人[47]采用低温STI退火工艺结合 SiN 衬底层的方案，解决了 SiGe 材料的扩散及氧化问题。

此外，在 Ge 沟道释放的过程中，一般采用特定溶液进行刻蚀。湿法刻蚀的各向同性容易造成实际栅长大于假栅栅长。虽然采用嵌入式的源漏，通过源漏的回刻和外延可以限制 Ge 沟道释放过程中的横向刻蚀，但源漏回刻过程会导致沟道应力的部分损失。这部分应力损失可以通过采用比 SRB 材料具有更大晶格常数的源漏材料来补偿。另外，采用内侧墙技术不仅可以完全避免横向刻蚀的问题，还可以降低栅与源漏之间的寄生电容。但由于常规内侧墙技术与 Ge 高迁移率沟道存在一定的兼容性问题，目前还没有具有内侧墙的 Ge 高迁移率沟道堆叠纳米环栅器件的报道。

2. 堆叠 Ge 沟道的钝化

对于堆叠 Ge 沟道的钝化，目前主要有 Si 帽层和臭氧钝化两种路径。目前，大部分臭氧钝化都是在电容或平面器件上对快界面缺陷、慢界面缺陷等进行钝化研究的，而 Si 帽层已经走向了三维集成，是当前较为成熟的钝化技术。采用 Si 帽层技术时不仅可以直接采用传统的 HfO_2/TiN 等高 κ 金属栅结构，降低栅工程的难度，还可以改善器件的可靠性。通过优化帽层的选择性外延工艺，最终可以形成几个原子层的 Si 层的高质量外延。H. Arimura 等人[62]在外延温度为 350℃的条件下，采用 Si_3H_8或 Si_4H_{10}作为先驱体实现了在 Ge 纳米线上的钝化，空穴迁移率达到 $420cm^2/(V \cdot s)$ 左右。此外，在器件制备后，采用 H_2或 D_2气氛下的高压退火（如 450℃）可以进一步改善界面特性，空穴迁移率达到 $600cm^2/(V \cdot s)$ 左右，同时可以得到更小的 SS 和更高的驱动电流。此外，在 Si 帽层外延的过程中，可以通过控制 Ge 回流的数量来调整 Ge 沟道的形貌。例如，完全没有回流时可以获得方形的 Ge 沟道形貌，而有一定的 Ge 回流后可以获得圆形或六角形的 Ge 沟道形貌。

3. 无扩展区注入高迁移率沟道堆叠纳米线器件

为了避免寄生沟道开启导致的穿通的影响，一般 GP 注入的剂量要对扩展区注入及源漏杂质扩散对寄生沟道产生较大影响，但太高的 GP 注入又会导致源漏漏电增加。因此，GP 注入要进行折中优化。在源漏进行原位掺杂且无扩展区注入的条件下，可以进一步降低 GP 注入的剂量，保持对寄生沟道的有效抑制，使源漏漏电降低。对于无扩展区注入的器件，要尽可能优化侧墙的宽度，减小电阻增加导致驱动性能下降的影响。E. Capogreco 等人[37]结合嵌入式 GeSn 源漏技术，在无扩展区注入的条件下，制备了侧墙宽度仅为 8nm 的双层堆叠 Ge 沟道器件。在 V_d为 −0.5V 的条件下，与侧墙宽度为 8nm 或 15nm，进行轻掺杂（Lightly Doped Drain，LDD）注入的器件相比，不进行 LDD 注入的器件获得了较小 $I_{d,min}$电流，这说明来源于 SRB 的漏电降低了。更重要的是，不进行 LDD 注入的器件展现出更好的短沟道特性。

4.3.5　垂直纳米环栅器件集成工艺

垂直纳米环栅器件目前主要有两种工艺制备方法：先沟工艺和后沟工艺，也可以称为前栅工艺和后栅工艺。先沟工艺即首先形成垂直沟道，沟道形成方法主要有两种：自下而上（Bottom-up）和自上而下（Top-down）[63]。

自下而上方法最典型的为气液固（Vapor Liquid Solid，VLS）方法。此方法的关键在于以金属为催化剂诱导纳米线生长。金属吸附气态前驱物，诱发沟道材料成核，并由此开始向上延伸，从而形成垂直纳米线[64]。VLS 方法形成的沟道拥有很多优点：可以选用多种材料和衬底，同时可以实现复杂的纳米线晶向。但是 VLS 方法在集成电路应用中存在很多问题：①VLS 方法生长的纳米线在衬底表面随机分布；②纳米线的长度和直径有较大波动；③VLS 方法采用金属特别是 Au 作为催化剂会在集成电路中引入重金属污染，与主流 CMOS 工艺不兼容。除此之外，自下而上方法还有自催化 VLS（Self-Catalyzed VLS）[65]、区域选择性生长等方法。其中，区域选择性生长方法结合了 bottom-up（通过外延生长实现）和 top-down（通过光刻实现），实现了无催化剂位置精确控制的垂直纳米线生长[66]，此方法一般用于 III-V 族元素垂直纳米线的生长。区域选择性生长方法生长的纳米线形貌取决于衬底晶向。例如，在（111）衬底上生长才能有垂直纳米线。因此，该方法限制了其在标准 CMOS 工艺中的使用［一般为（100）衬底］。

而自上而下方法与 CMOS 工艺兼容，大部分垂直纳米环栅器件采用此方法制备。自上而下方法主要利用光刻刻蚀工艺实现垂直纳米线/片结构。例如，新加坡科技研究局（Agency for Science，Technology and Research，A * STAR）利用此方法制备了垂直 Si 基纳米环栅器件，部分工艺流程如图 4-42 所示[67]。

后沟工艺类似三维 NAND 工艺[26]，主要包括先沉积隔离材料及栅极材料，然后通过光刻刻蚀定义出垂直沟道的竖直通道，再利用自下而上方法生长沟道材料（一般为选择性外延）。采用后沟工艺形成的器件中间的沟道部分为外延的 Si，后沟工艺可以实现很好的自对准栅极，同时，器件的 L_g 由沉积的栅极材料厚度决定，因而 L_g 偏差也可以得到很好的控制[68]。后沟工艺也和 RMG 工艺兼容。但是，后沟工艺应用于逻辑器件微缩会出现较大问题。例如，在竖直通道直径变小、深宽比变大时，外延生长很难形成单晶沟道，从而严重影响逻辑器件的驱动能力。

综上所述，目前比较成熟且满足微缩需要的垂直纳米环栅器件工艺为自上而下沟道定义的先沟工艺，并且多以前述的自对准金属栅工艺最有工业应用前景。

中国科学院微电子研究所研发的一种自对准金属栅器件的工艺集成，其工艺在体硅 FinFET 器件流程[69]的基础上集成了 Si/SiGe/Si 叠层外延生长，传统干法刻蚀和准原子层刻蚀工艺形成垂直纳米结构，以及自对准高 κ 金属栅等工艺。图 4-43 所示为 VSAFET 器件集成过程中关键模块的扫描电子显微镜或透射电子显微镜图。图（a）是 Si/SiGe/Si 叠层结构的 SEM 截面图，其中，上下两层 Si 为重掺杂以形成源漏；图（b）为形成的三维垂直纳米结构的 SEM 鸟瞰图，包括纳米线/片和连桥；图（c）是对 SiGe 进行选择性各向同性刻蚀（横向刻蚀）形成 SiGe 沟道和栅槽的 SEM 截面图；此外，研究发现在 SiGe 沟道表面外延一层 Si 帽层可用于减小 SiGe 沟道的界面态密度[30]，然后经过氧化层沉积、平坦化和氧化层回刻以形成 STI 隔离，再采用 ALD 工艺沉积高 κ 金属栅，实现自对准栅极，其 TEM 截面图如图 4-43（d）所示。然后通过各向异性刻蚀金属定义自对准金属栅结构，最终通过不同的孔刻蚀工艺连出源、漏、栅及阱各个电极和后段金属连线，形成 VSAFET 器件。

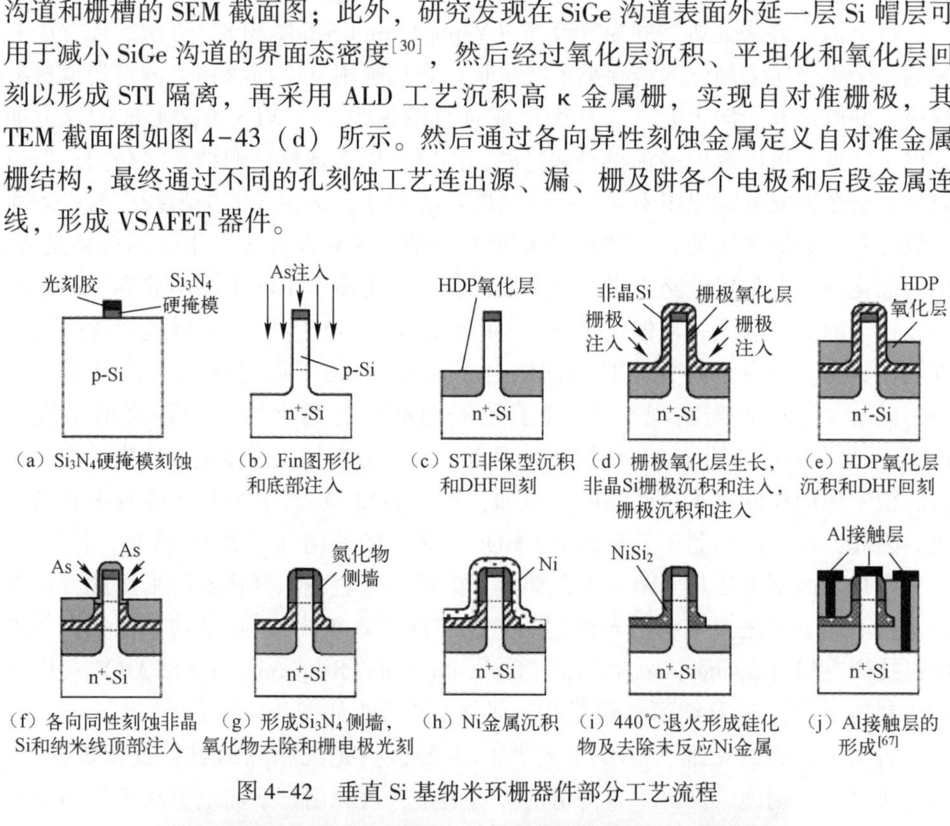

（a）Si_3N_4硬掩模刻蚀　（b）Fin图形化和底部注入　（c）STI非保型沉积和DHF回刻　（d）栅极氧化层生长，非晶Si栅极沉积和注入，栅极沉积和注入　（e）HDP氧化层沉积和DHF回刻

（f）各向同性刻蚀非晶Si和纳米线顶部注入　（g）形成Si_3N_4侧墙，氧化物去除和栅电极光刻　（h）Ni金属沉积　（i）440℃退火形成硅化物及去除未反应Ni金属　（j）Al接触层的形成[67]

图 4-42　垂直 Si 基纳米环栅器件部分工艺流程

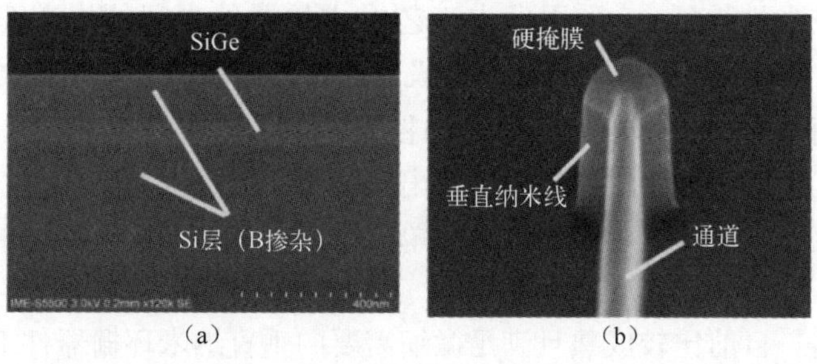

（a）　（b）

图 4-43　VSAFET 器件集成过程中关键模块的扫描电子显微镜或透射电子显微镜图

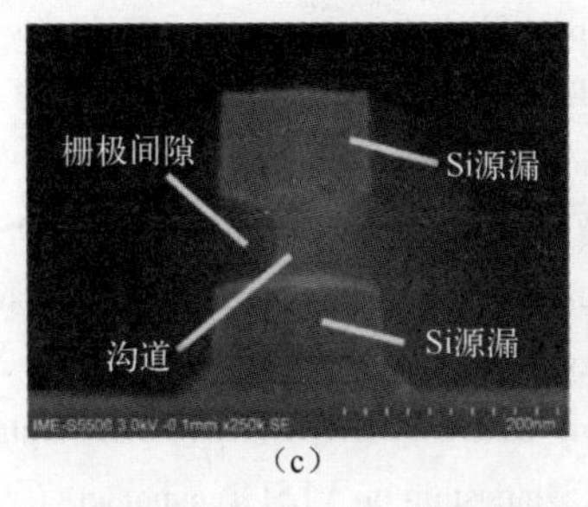

(c)

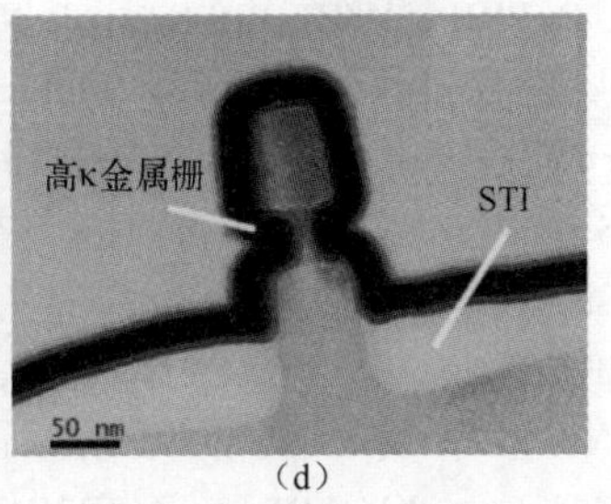

(d)

图 4-43　VSAFET 器件集成过程中关键模块的扫描电子显微镜或透射电子显微镜图（续）

纳米环栅器件结构由于其优越的沟道控制能力及电学性能，在未来的技术节点中将取代 FinFET 器件成为主流器件，满足未来集成电路的发展需求。虽然在纳米环栅器件工艺研发中遇到了许多技术挑战，但是台积电、三星、IBM、IMEC 等公司和厂商对纳米环栅器件仍抱有极大希望，甚至已经明确表示在未来数年将量产采用纳米环栅器件的商用产品。例如，2019 年，IMEC 表示从 4/3nm 技术节点开始，FinFET 器件将被纳米环栅器件取代，且第一代纳米环栅器件将采用 Si 纳米片；2019 年，三星公司宣布 3nm 技术会放弃 FinFET 器件，转向新型多桥沟道纳米环栅器件，并计划于 2021 年试量产；台积电公司宣布未来将在 2nm 技术节点引入纳米环栅器件，预计 2024 年投入量产。然而，目前各大公司所研发的水平堆叠纳米环栅器件可能只适用于 3～2nm 技术节点，这意味着大量的研发投入只能维持一代至两代。这是因为在 2nm 及以下技术节点，如果仍采用水平堆叠纳米环栅器件，那么一个标准的单元最起码需要三层纳米片或纳米线，这几乎是不可能完成的，水平布置的方案将不再适用。因此，当技术节点发展到 2nm 时，预期 Forksheet 结构将取代水平堆叠纳米环栅器件，而当技术节点发展到 1nm 时，通过三维堆叠具有不同导电类型的晶体管的 CFET 器件或垂直纳米环栅器件可以进一步减小标准单元面积，满足器件微缩的需要。

参 考 文 献

[1] COLINGE J P. The SOI MOSFET：from Single Gate to Multigate [M]//COLINGE J P. FinFETs and Other Multi-Gate Transistors. Boston，MA：Springer US，2008：1-48.

[2] ERNST T, DUPRE C, ISHEDEN C, et al. Novel 3D integration process for highly scalable Nano-Beam stacked-channels GAA (NBG) FinFETs with HfO_2/TiN gate stack [C]// IEEE, International Electron Devices Meeting (IEDM), San Francisco, 2006: 1-4.

[3] MERTENS H, RITZENTHALER R, HIKAVYY A, et al. Gate-all-around MOSFETs based on vertically stacked horizontal Si nanowires in a replacement metal gate process on bulk Si substrates [C]// IEEE, Symposium on VLSI Technology (VLSIT), Honolulu, 2016: 1-2.

[4] LOUBET N, HOOK T, MONTANINI P, et al. Stacked nanosheet gate-all-around transistor to enable scaling beyond FinFET [C]// IEEE, Symposium on VLSI Technology (VLSIT), Kyoto, 2017: T230-T231.

[5] BAE G, BAE D I, KANG M, et al. 3nm GAA technology featuring multi-bridge-channel FET for low power and high performance applications [C]// IEEE, International Electron Devices Meeting (IEDM), San Francisco, 2018: 28.7.1-28.7.4.

[6] BARRAUD S, PREVITALI B, VIZIOZ C, et al. 7-levels-stacked nanosheet GAA transistors for high performance computing [C]// IEEE, Symposium on VLSI Technology (VLSIT), Honolulu, 2020: 1-2.

[7] WITTERS L, ARIMURA H, SEBAAI F, et al. Strained germanium gate-all-around PMOS device demonstration using selective wire release etch prior to replacement metal gate deposition [J]. IEEE Transactions on Electron Devices, 2017, 64 (11): 4587-4593.

[8] MITARD J, JANG D, ENEMAN G, et al. An in-depth study of high-performing strained germanium nanowires pFETs [C]// IEEE, Symposium on VLSI Technology (VLSIT), Honolulu, 2018: 83-84.

[9] WALDRON N, MERCKLING C, TEUGELS L, et al. Replacement fin processing for III-V on Si: From FinFets to nanowires [J]. Solid-State Electronics, 2016, 115: 81-91.

[10] TAKATO H, SUNOUCHI K, OKABE N, et al. High performance CMOS surrounding gate transistor (SGT) for ultra high density LSIs [C]// IEEE, International Electron Devices Meeting (IEDM), San Francisco, 1988: 222-225.

[11] YIN X. Study of Isotropic and Si-Selective Quasi Atomic Layer Etching of $Si_{1-x}Ge_x$ [J]. ECS Journal of Solid State Science and Technology, 2020, 9 (3): 034012.

[12] YIN X, ZHANG Y, ZHU H, et al. Vertical Sandwich Gate - All - Around Field - Effect Transistors With Self-Aligned High-k Metal Gates and Small Effective-Gate-Length Variation [J]. IEEE Electron Device Letters, 2019, 41 (99): 8-11.

[13] HUYNH BAO T, RYCKAERT J, SAKHARE S, et al. Toward the 5nm technology: layout optimization and performance benchmark for logic/SRAMs using lateral and vertical GAA FETs [C]// International Society for Optics and Photonics, Design-Process-Technology Co-optimization for Manufacturability X, 2016: 978102.

[14] VELOSO A, ALTAMIRANO SÁNCHEZ E, BRUS S, et al. Vertical nanowire FET integration and device aspects [J]. ECS Transactions, 2016, 72 (4): 31.

[15] WECKX P, RYCKAERT J, LITTA E D, et al. Novel Forksheet device architecture as ultimate

logic scaling device towards 2nm [C]// IEEE, International Electron Devices Meeting (IEDM), San Francisco, 2019: 36.5.1-36.5.4.

[16] RYCKAERT J, NA M, WECKX P, et al. Enabling Sub-5nm CMOS Technology Scaling Thinner and Taller! [C]// IEEE, International Electron Devices Meeting (IEDM), San Francisco2019: 29.4.1-29.4.4.

[17] BREWER W M, XIN Y, HATEM C, et al. Lateral Ge Diffusion During Oxidation of Si/SiGe Fins [J]. Nano letters, 2017, 17 (4): 2159-2164.

[18] CHU C L, WU K, LUO G L, et al. Stacked Ge-nanosheet GAAFETs fabricated by Ge/Si multilayer epitaxy [J]. IEEE Electron Device Letters, 2018, 39 (8): 1133-1136.

[19] CHU C L, LUO G L, WU K, et al. The GAAFETs with Five Stacked Ge Nano-sheets Made by 2D Ge/Si Multilayer Epitaxy, Excellent Selective Etching, and Conformal Monolayer Doping [C]// IEEE, Silicon Nanoelectronics Workshop (SNW), Kyoto, 2019: 1-2.

[20] HUANG Y S, LU F L, TSOU Y J, et al. Vertically stacked strained 3-GeSn-nanosheet pGAAFETs on Si using GeSn/Ge CVD epitaxial growth and the optimum selective channel release process [J]. IEEE Electron Device Letters, 2018, 39 (9): 1274-1277.

[21] LI J, WANG W, LI Y, et al. Study of selective isotropic etching $Si_{1-x}Ge_x$ in process of nanowire transistors [J]. Journal of Materials Science: Materials in Electronics, 2020, 31 (1): 134-143.

[22] TEAMS N. Nanosheet transistor as a replacement of FinFET for future nodes: device ents [C]// IEEE, Symposium on VLSI Technology (VLSIT), Honolulu, 2020.

[23] LI J, LI Y, ZHOU N, et al. Study of Silicon Nitride Inner Spacer Formation in Process of Gate-all-around Nano-Transistors [J]. Nanomaterials, 2020, 10 (4).

[24] LOUBET N, KAL S, ALIX C, et al. A novel dry selective etch of SiGe for the enablement of high performance logic stacked gate-all-around nanosheet devices [C]// IEEE, International Electron Devices Meeting (IEDM), San Francisco, 2019: 11.4.1-11.4.4.

[25] LI J, LI Y, ZHOU N, et al. A Novel Dry Selective Isotropic Atomic Layer Etching of SiGe for Manufacturing Vertical Nanowire Array with Diameter Less than 20nm [J]. Materials, 2020, 13 (3): 771.

[26] BOREL S, ARVET C, BILDE J, et al. Control of Selectivity between SiGe and Si in isotropic etching processes [J]. Japanese Journal of Applied Physics, 2004, 43 (6S): 3964.

[27] BOGUMILOWICZ Y, HARTMANN J, TRUCHE R, et al. Chemical vapour etching of Si, SiGe and Ge with HCl; applications to the formation of thin relaxed SiGe buffers and to the revelation of threading dislocations [J]. Semiconductor Science and Technology, 2004, 20 (2): 127.

[28] 曹志军，张青竹，吴次南，等．面向5nm CMOS技术代堆叠纳米线释放工艺研究［J］．真空科学与技术学报，2018，38（2）：121-126.

[29] 张青竹．硅纳米线制备技术，器件特性及生物传感应用研究［D］．北京：北京有色金属研究总院，2020.

[30] RACHIDI S, CAMPO A, LOUP V, et al. Isotropic dry etching of Si selectively to $Si_{0.7}Ge_{0.3}$ for

CMOS sub-10nm applications [J]. Journal of Vacuum Science & Technology A: Vacuum, Surfaces, and Films, 2020, 38 (3): 033002.

[31] LIU W D, LEE Y C, SEKIGUCHI R, et al. Selective wet etching in fabricating SiGe and Ge nanowires for gate-all-around MOSFETs [J]. Solid State Phenomena, 2018, 282: 101-106.

[32] LI Y, CHENG X, ZHONG Z, et al. Key Process Technologies for Stacked Double $Si_{0.7}Ge_{0.3}$ Channel Nanowires Fabrication [J]. ECS Journal of Solid State Science and Technology, 2020, 9 (6): 064009.

[33] LIU H, LI Y, CHENG X, et al. Fabrication and selective wet etching of $Si_{0.2}Ge_{0.8}$/Ge multilayer for $Si_{0.2}Ge_{0.8}$ channel gate-all-around MOSFETs [J]. Materials Science in Semiconductor Processing, 2021, 121: 105397.

[34] UCHIDA K, KOGA J, OHBA R, et al. Experimental evidences of quantum-mechanical effects on low-field mobility, gate-channel capacitance, and threshold voltage of ultrathin body SOI MOSFETs [C]// IEEE, International Electron Devices Meeting (IEDM), Washington, 2001: 29. 4. 1-29. 4. 4.

[35] ENEMAN G, BRUNCO D, WITTERS L, et al. Impact of stressors in future SiGe-based FinFETs: Mobility boost and scalability [C]// IEEE, International Silicon-Germanium Technology and Device Meeting (ISTDM), Singapore, 2014: 9-10.

[36] ARIMURA H, ENEMAN G, CAPOGRECO E, et al. Advantage of NW structure in preservation of SRB-induced strain and investigation of off-state leakage in strained stacked Ge NW pFET [C]// IEEE, International Electron Devices Meeting (IEDM), San Francisco, 2018: 21. 2. 1-21. 2. 4.

[37] CAPOGRECO E, ARIMURA H, WITTERS L, et al. High performance strained Germanium Gate All Around p-channel devices with excellent electrostatic control for sub-30nm L_G [C]// IEEE, Symposium on VLSI Technology (VLSIT), Kyoto, 2019: T94-T95.

[38] BREIL N, CARR A, KURATOMI T, et al. Highly-selective superconformai CVD Ti silicide process enabling area-enhanced contacts for next-generation CMOS architectures [C]// IEEE, Symposium on VLSI Technology (VLSIT), Kyoto, 2017: T216-T217.

[39] CHEW S A, YU H, SCHAEKERS M, et al. Ultralow resistive wrap around contact to scaled FinFET devices by using ALD-Ti contact metal [C]// IEEE, International Interconnect Technology Conference (IITC), Hsinchu, 2017: 1-3.

[40] PANDEY R, AGRAWAL N, ARGHAVANI R, et al. Analysis of local interconnect resistance at scaled process nodes [C]// IEEE, Annual Device Research Conference (DRC), Columbus, 2015.

[41] VELOSO A, ENEMAN G, HUYNH Bao T, et al. Vertical nanowire and nanosheet FETs: Device features, novel schemes for improved process control and enhanced mobility, potential for faster & more energy efficient circuits [C]// IEEE, International Electron Devices Meeting (IEDM), San Francisco, 2019: 11. 1. 1-11. 1. 4.

[42] KANARIK K J, LILL T, HUDSON E A, et al. Overview of atomic layer etching in the semicon-

ductor industry [J]. Journal of Vacuum Science & Technology A: Vacuum, Surfaces, and Films, 2015, 33 (2): 020802.

[43] BIRCUMSHAW B, WASILIK M, KIM E, et al. Hydrogen peroxide etching and stability of p-type poly-SiGe films [C]// IEEE, International Conference on Micro Electro Mechanical Systems (MEMS), Maastricht, 2004: 514-519.

[44] CEROFOLINI G, MASCOLO D, VLAD M. A model for oxidation kinetics in air at room temperature of hydrogen-terminated (100) Si [J]. Journal of Applied Physics, 2006, 100 (5): 054308.

[45] ZHANG Q, TU H, ZHANG Z, et al. Optimization of zero-level interlayer dielectric materials for gate-all-around silicon nanowire channel fabrication in a replacement metal gate process [J]. Materials Science in Semiconductor Processing, 2021, 121: 105434.

[46] ZHANG J, FROUGIER J, GREENE A, et al. Full Bottom Dielectric Isolation to Enable Stacked Nanosheet Transistor for Low Power and High Performance Applications [C]// IEEE, International Electron Devices Meeting (IEDM), San Francisco, 2019: 11.6.1-11.6.4.

[47] MERTENS H, RITZENTHALER R, PENA V, et al. Vertically stacked gate-all-around Si nanowire transistors: Key Process Optimizations and Ring Oscillator Demonstration [C]// IEEE, International Electron Devices Meeting (IEDM), San Francisco, 2017: 37.4.1-37.4.4.

[48] DUBE A, HUANG Y C, CHERIAN B, et al. Strain Relaxed Silicon Germanium Buffer Layers: From Growth to Integration Challenges [J]. ECS Transactions, 2016, 75 (8): 599.

[49] ZHAO Z, LI Y, WANG G, et al. High Crystalline Quality of $Si_{0.5}Ge_{0.5}$ Layer Grown on a Novel Three-layer Strain Relaxed Buffer [C]// IEEE, Conference on Electron Devices and Solid-State Circuits (EDSSC), Xi'an, 2019: 1-3.

[50] LOO R, VOHRA A, PORRET C, et al. Epitaxial Growth of (Si) GeSn Source/Drain Layers for Advanced Ge Gate All Around Devices [C]// IEEE, Compound Semiconductor Week (CSW), Nara, 2019: 1-2.

[51] BARRAUD S, LAPRAS V, SAMSON M, et al. Vertically stacked-nanowires MOSFETs in a replacement metal gate process with inner spacer and SiGe source/drain [C]// IEEE, International Electron Devices Meeting (IEDM), San Francisco, 2016: 17.6.1-17.6.4.

[52] 王龙兴. 2018年中国集成电路产业融入全球半导体发展的展望 [J]. 集成电路应用, 2018, 35 (4): 3-6.

[53] TAKATO H, SUNOUCHI K, Okabe N, et al. Impact of surrounding gate transistor (SGT) for ultra-high-density LSI's [J]. IEEE Transactions on Electron Devices, 1991, 38 (3): 573-578.

[54] LI Y, HWANG C H, LI T Y, et al. Process-variation effect, metal-gate work-function fluctuation, and random-dopant fluctuation in emerging CMOS technologies [J]. IEEE Transactions on Electron Devices, 2009, 57 (2): 437-447.

[55] WANG L, BROWN A R, NEDJALKOV M, et al. Impact of self-heating on the statistical varia-

bility in bulk and SOI FinFETs [J]. IEEE Transactions on Electron Devices, 2015, 62 (7): 2106-2112.

[56] 禚越. 环栅场效应管 (GAAFET) 工艺波动及其对 SRAM 性能影响研究 [D]. 上海: 华东师范大学, 2020.

[57] KARNER M, BAUMGARTNER O, STANOJEVIĆ Z, et al. Vertically stacked nanowire MOSFETs for sub-10nm nodes: Advanced topography, device, variability, and reliability simulations [C]// IEEE, International Electron Devices Meeting (IEDM), San Francisco, 2016: 30.7.1-30.7.4.

[58] YOSHIDA N, HASSAN S, TANG W, et al. Highly conductive metal gate fill integration solution for extremely scaled RMG stack for 5nm & beyond [C]// IEEE, International Electron Devices Meeting (IEDM), San Francisco, 2017: 22.2.1-22.2.4.

[59] ZHANG J, ANDO T, YEUNG C W, et al. High-k metal gate fundamental learning and multi-V_T options for stacked nanosheet gate-all-around transistor [C]// IEEE, International Electron Devices Meeting (IEDM), San Francisco, 2017: 22.1.1-22.1.4.

[60] MA X, YIN H, HONG P, et al. Self-Aligned Fin-On-Oxide (FOO) FinFETs for Improved SCE Immunity and Multi-V_{TH} Operation on Si Substrate [J]. ECS Solid State Letters, 2015, 4 (4): Q13-Q16.

[61] BAO R, WATANABE K, ZHANG J, et al. Multiple-vt solutions in nanosheet technology for high performance and low power applications [C]// IEEE, International Electron Devices Meeting (IEDM), San Francisco, 2019: 11.2.1-11.2.4.

[62] ARIMURA H, WITTERS L, COTT D, et al. Performance and electrostatic improvement by high-pressure anneal on Si-passivated strained Ge pFinFET and gate all around devices with superior NBTI reliability [C]// IEEE, Symposium on VLSI Technology, Kyoto, 2017: T196-T197.

[63] 侯朝昭, 姚佳欣, 殷华湘. 垂直纳米线晶体管的制备技术 [J]. 半导体技术, 2017, 4.

[64] WEN F, TUTUC E. Enhanced Electron Mobility in Nonplanar Tensile Strained Si Epitaxially Grown on Si_xGe_{1-x} Nanowires [J]. Nano letters, 2018, 18 (1): 94-100.

[65] HIRUMA K, KATSUYAMA T, OGAWA K, et al. Quantum size microcrystals grown using organometallic vapor phase epitaxy [J]. Applied Physics Letters, 1991, 59 (4): 431-433.

[66] TOMIOKA K, IKEJIRI K, TANAKA T, et al. Selective-area growth of III-V nanowires and their applications [J]. Journal of Materials Research, 2011, 26 (17): 2127.

[67] CHEN Z, SINGH N, KWONG D L. Vertical Silicon Nanowire MOSFET With A Fully-Silicided (FUSI) $NiSi_2$ Gate [J]. World Academy of Science, Engineering and Technology, 2011, 5: 1224-1226.

[68] OH S H, HERGENROTHER J, NIGAM T, et al. 50nm vertical replacement-gate (VRG) PMOSFETs [C]// IEEE, International Electron Devices Meeting (IEDM), San Francisco, 2000: 65-68.

[69] 许淼. 体硅 FinFET 先导工艺及电学性质研究 [D]. 北京: 中国科学院微电子研究所, 2015.

第5章

三维 NAND 闪存技术

大数据时代，对存储芯片的需求量与日俱增，NAND 闪存具备大容量、高性能、低功耗及与 Si 工艺兼容等特点，成为非易失数据存储最重要的集成解决方案之一。自 20 世纪 80 年代末期以来[1]，NAND 闪存的特征尺寸一直在不停微缩。然而随着工艺节点的持续减小，平面闪存的工艺难度加大，存储单元之间的串扰越来越严重，可靠性问题更加严峻。为了适应大容量、高密度存储的需求，降低继续微缩的工艺成本，三维 NAND 闪存技术应运而生。它采用一系列创新型技术，包括新材料、新结构，以及全新的集成方案，利用 Si 片上的三维空间提高存储密度，同时提高性能，降低成本，其概念图如图 5-1 所示。

图 5-1　三维 NAND 闪存技术概念图

三维 NAND 闪存通过增加垂直方向的堆叠层数提高闪存颗粒存储密度，可以最大化存储单元的物理尺寸，进而可以实现更高的栅耦合系数、更少的存储单元间串扰，有效保证了器件的可靠性。相比平面 NAND 闪存，三维 NAND 闪存在最大化存储单元物理面积的同时减小了单位比特的 Si 片面积，可以有效改善存储单元本征的阈值分布[2]。平面 NAND 闪存和三维 NAND 闪存的特性比较和存储

单元的 V_{th} 分布如图 5-2 和图 5-3 所示。三维 NAND 闪存采用的环形金属栅结构完全消除了位线方向上的耦合，并且通过电荷陷阱俘获（Charge Trap Floating，CTF）单元结构，减小了字线方向上的耦合，显著减小了存储单元间的干扰。此外，由于隧穿能带工程技术需要的工作电压较低，因此耐久性周期大大提高。同时，基于 TCAT（Terabit-Cell-Array Transistor）结构的三维 NAND 闪存优异的单元特性使得高速编程算法成为可能。与传统的平面 NAND 闪存的编程算法相比，三维 NAND 闪存的编程时间减少了一半。另外，从图 5-3 中可以看到，与平面 NAND 闪存存储单元相比，三维 NAND 闪存存储单元具有非常窄的初始 V_{th} 分布和优异的耐久特性。因此，与平面 NAND 闪存相比，三维 NAND 闪存性能和可靠性显著提高，可以应用于高端市场。

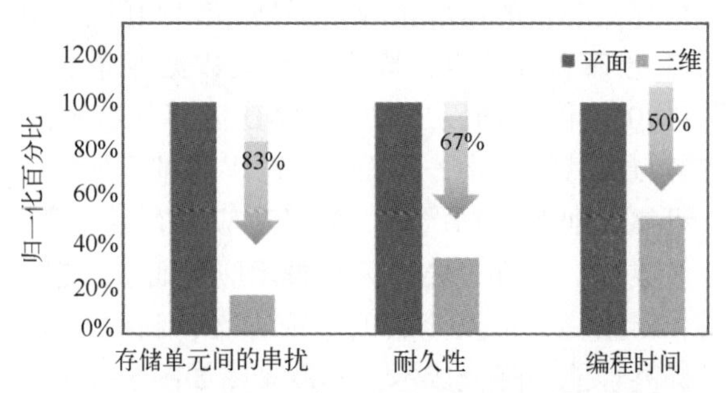

图 5-2　平面 NAND 闪存和三维 NAND 闪存的特性比较

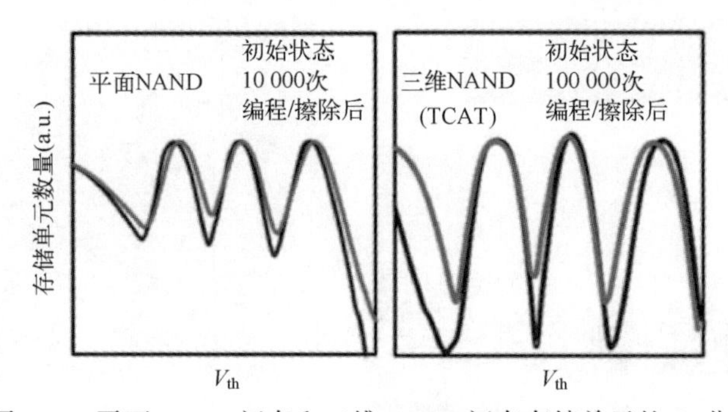

图 5-3　平面 NAND 闪存和三维 NAND 闪存存储单元的 V_{th} 分布

三维 NAND 闪存着眼于依靠更多的堆叠层数来解决存储容量的问题，在无须进一步提升工艺制程能力的前提下，延续了技术节点的发展路线，大幅度提高了 NAND 闪存的容量，同时降低了芯片面积，降低了成本。韩国三星公司的三维 NAND 闪存的存储密度趋势如图 5-4 所示，韩国三星公司每代三维 NAND 闪存的存储密度几乎翻了一番。三维 NAND 闪存芯片密度快速增长，通过降低单位比特的成本实现了强大的市场竞争力，将成为未来十几年大容量非易失存储器的主流产品形态。

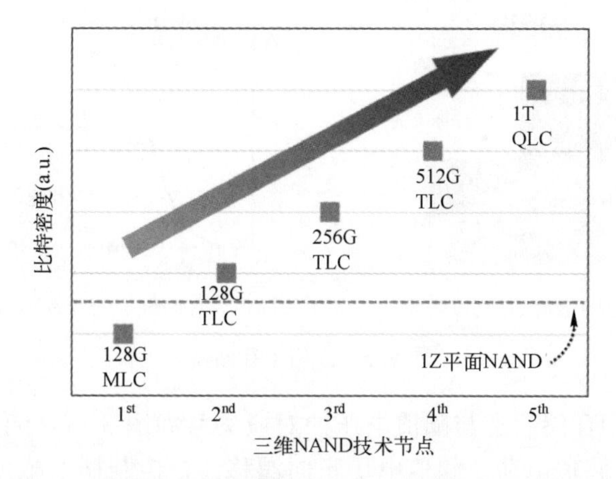

图 5-4　韩国三星公司的三维 NAND 闪存的存储密度趋势

5.1　三维 NAND 闪存器件及结构

5.1.1　NAND 闪存器件原理

1987 年，日本东芝公司首先研发出了 NAND 闪存存储器[1]。NAND 闪存由 MOSFET 器件演变而来，利用 MOSFET 器件栅极氧化层中电荷量的数量可以影响漏端电流的原理，在 MOSTET 器件的栅极氧化层中插入一层电荷存储层，通过改变存储层中电荷量的多少，引起平带电压发生高低变化，进而引起阈值电压的高低变化，最终引起漏端电流的大小变化。通过检测漏端电流大小，可以区分器件不同的存储状态。NAND 闪存按照器件类型，可以分为浮栅型存储器（Floating Gate Memory）和电荷俘获型存储器（Charge-Trapping Memory，CTM）。

1. 浮栅型存储器

1967 年，Kahng 和 Sze 首次提出了浮栅型存储器[2]。浮栅型存储单元结构如图 5-5（a）所示，典型的浮栅型存储器结构与传统的 MOSFET 器件结构非常相似，在控制栅与栅介质之间夹有一层导电的多晶 Si，称为浮栅，另外在控制栅与浮栅之间还有一层层间介质层（Inter-Poly Dielectric，IPD）。层间介质层一般由单层的绝缘介质或多层的介质叠层组成，如 $SiO_2/Si_3N_4/SiO_2$（ONO）。而隧穿层，即栅介质，一般由纯 SiO_2 薄膜组成。浮栅型存储器中存储于浮栅层的电荷会引起器件的阈值电压漂移，在栅极施加一定的电压后，会产生不同的源漏电流，进而存储二进制信息。

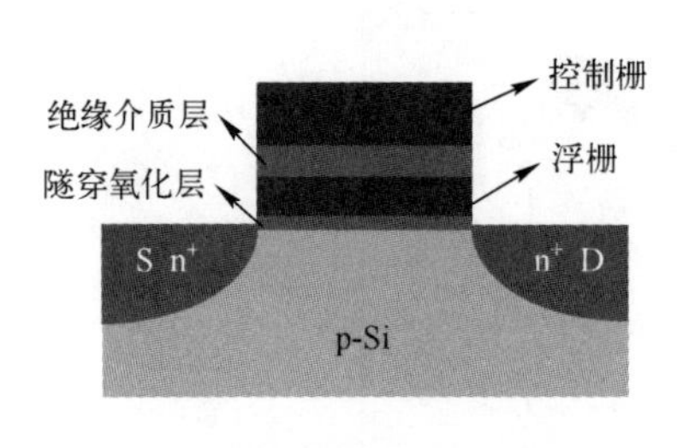

（a）浮栅型存储单元结构

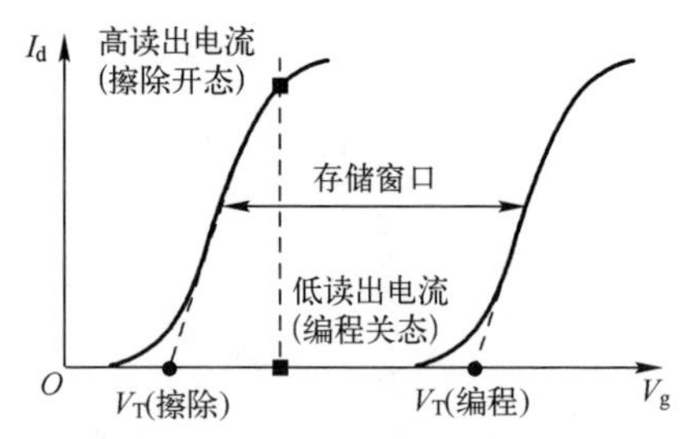

（b）I_d-V_g曲线中存储状态与阈值电压的对应关系

图 5-5　浮栅型存储器

I_d-V_g 曲线中存储状态与阈值电压的对应关系如图 5-5（b）所示，在编程后，栅介质层存储负电荷，阈值电压正向漂移，在控制栅上施加读取验证电压 V_{verify}时，存储单元处于关闭状态，此时流过存储单元沟道的电流为低电流；在擦除后，栅介质层存储正电荷，阈值电压负向漂移，在控制栅上施加读取验证电压 V_{verify}时，存储单元处于开启状态，此时流过存储单元沟道的电流为高电流。因此，通过读取或区分流过存储单元沟道的电流大小可以判断浮栅型存储器处于擦除或编程状态。

NAND 闪存的编程和擦除操作一般利用福勒-诺德海姆隧穿（Fowler-Nordheim Tunneling，FNT）机制完成。栅极施加的电压较高时 FN 隧穿才会发生，此时隧穿层中的电场较强，电子隧穿的势垒成为三角势垒，相应的隧穿电流如下：

$$J_{tunnel}=\alpha\times E_{inj}^2\times\exp\left(-\frac{\beta}{E_{inj}}\right) \tag{5-1}$$

由式（5-1）可得，利用 FN 隧穿进行编程操作时，编程电流与隧穿层电场强相关。图 5-6（a）、（b）展示了 NAND 浮栅型存储器在编程和擦除操作过程中的电压偏置方式，以及对应的能带结构。在编程过程中，控制栅被施加远大于阈值电压的编程电压，同时源端、漏端及衬底均接地，此时沟道电子通过 FN 隧穿的方式，从衬底沟道通过隧穿层进入浮栅存储层，从而使浮栅型存储器的阈值电压升高。在电子由沟道隧穿进入多晶 Si 浮栅之后，由于浮栅存储层与其两端的隧穿层及 IPD 之间存在较大的势垒高度［见图 5-6（c），约为 3.2eV］，因此电子只能以直接隧穿或其他辅助隧穿的方式离开浮栅存储层，这样存储器就能拥有较长的数据保持时间。类似地，在衬底上施加足够大的擦除电压，同时将控制栅接地，使得施加在隧穿层上的电场与编程操作时相反，存储的电子通过隧穿离开多晶 Si 浮栅，从而完成擦除操作。

2. 电荷俘获型存储器

电荷俘获型存储器最早可追溯到 1967 年[3]，其后于 1968 年在金属-Si_3N_4-Si

(MNS) 结构的电容器中发现了电荷的存储现象[4]。最早的电荷俘获型存储器出现在 1970 年，为金属-Si_3N_4-SiO_2-Si（MNOS）结构[5]。对于上述器件结构，载流子通过隧穿层 SiO_2注入存储层，并被存储层本身的陷阱俘获，因此，这种存储器得名电荷俘获型存储器。为了改善电荷俘获型存储器的数据保持特性，并改善其他可靠性问题，在存储层与栅极之间插入了隔离层，即阻挡层（Block Layer)。因此，在 1977 年和 1983 年分别出现了多晶 Si-SiO_2-Si_3N_4-SiO_2-Si（SONOS）结构[6]及金属-SiO_2-Si_3N_4-SiO_2-Si（MONOS）结构[7]的 CTM 器件，实现了良好的保持特性。目前典型的 CTM 器件结构如图 5-7（a）所示，在栅极与沟道之间为三明治叠层结构，电荷俘获存储层（Charge-Trapping Layer）置于中间，而靠近沟道一侧为隧穿层（Tunnel Layer)，靠近栅极一侧为阻挡层。

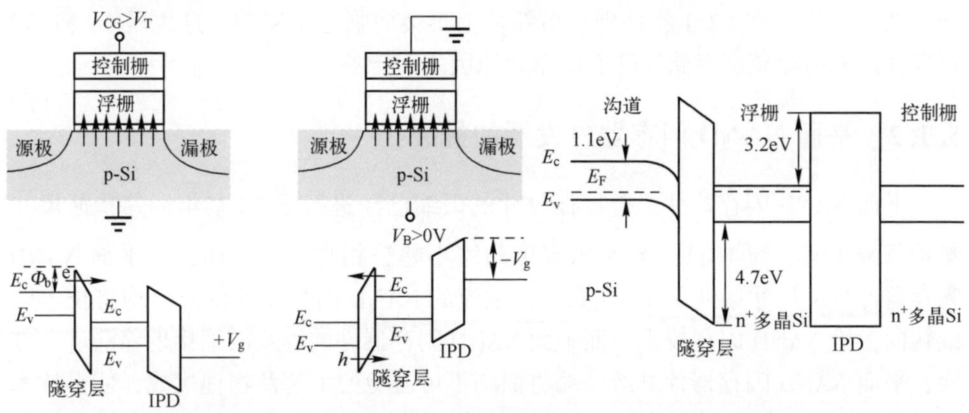

（a）编程操作及对应的能带结构（b）擦除操作及对应的能带结构（c）多晶Si浮栅晶体管在初始状态下的能带结构

图 5-6　浮栅晶体管器件

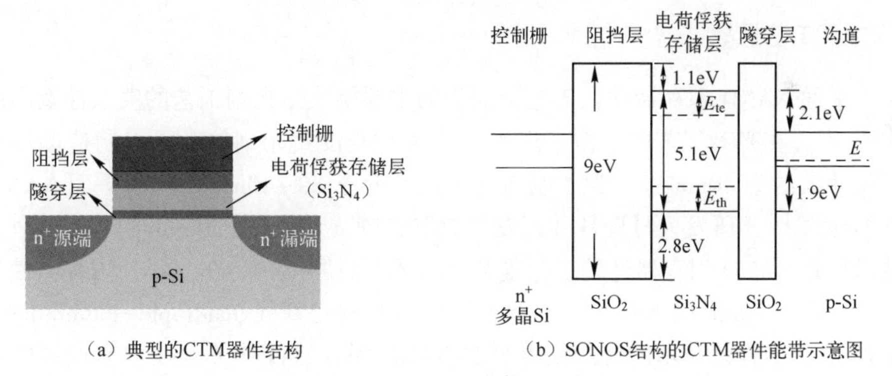

（a）典型的CTM器件结构　　（b）SONOS结构的CTM器件能带示意图

图 5-7　CTM 器件

对于浮栅型存储器，电子被注入浮栅层，浮栅层两侧为隧穿层和 IPD，二者足够的厚度及与浮栅层之间足够高的电子势垒使得电子存储在浮栅之中。然而，由于存储电子的浮栅一般为掺杂多晶 Si 材料，电子位于多晶 Si 浮栅的导带，可以在整个浮栅层中自由移动，因此一旦隧穿层中存在由缺陷引起的低阻漏电通道，存储的电子极易通过该漏电通道泄漏，从而严重影响器件的数据保持特性。而在 CTM 器件中，拥有高密度陷阱的电荷俘获存储层代替了多晶 Si 浮栅层，电荷被存储层本身的陷阱俘获。图 5-7（b）所示为以 Si_3N_4为存储层的 SONOS 结构的 CTM 器件能带示意图，电荷处于 E_{te}或 E_{th}的陷阱能级，在陷阱的俘获作用下，电荷相对地并不能自由移动，但在电场的辅助作用下，电荷可以通过 Trap-To-Trap 隧穿的方式在电荷俘获存储层内部发生迁移。

尽管平面浮栅型存储器的特征尺寸一直在缩小，但为了良好的器件数据保持特性，其隧穿层厚度无法减到太薄[8]，一般其厚度被限制在 6~8nm。因此，为了保证足够的电容耦合系数，需要不断提高 IPD 的介电常数或改变浮栅的形状来增大 IPD 电容，而 CTM 器件则在微缩性上不会面临这个问题，这也是 NAND 闪存器件向电荷俘获型存储器转变的重要原因之一[9, 10]。

5.1.2 平面 NAND 闪存器件发展的挑战

平面 NAND 闪存器件关键特征尺寸的微缩已经进行了 20 多年，其特征尺寸平均每两年缩小到 $1/\sqrt{2}$，与摩尔定律的缩小趋势相吻合。然而，在平面 NAND 闪存器件特征尺寸达到 15nm 左右时，主流的 NAND 闪存器件供应商均将技术路线转向三维 NAND 闪存技术，而平面 NAND 闪存器件的继续微缩接近停滞。一方面，平面 NAND 闪存器件继续微缩将面临不可避免的工艺及物理挑战，使得技术成本显著升高，同时其可靠性和性能很难得到保证；另一方面，三维 NAND 闪存技术得到了突破性进展。

1. 工艺挑战

平面 NAND 闪存器件在工艺上面临的主要挑战是光刻工艺的复杂性及高昂成本[11, 12]。在光刻工艺中，被广泛使用的 ArF 浸没式光刻技术可以制造的最小特征尺寸大约为 40nm[13]。为了制造特征尺寸介于 20~40nm 之间的平面 NAND 闪存器件[14-16]，研发人员设计并开发了双重光刻（Double Patterning）技术[17]，该技术导致 NAND 闪存器件的工艺复杂度和成本急剧上升。在 NAND 闪存器件的特征尺寸进入 20nm 以下时，光刻技术发展到四重光刻（Quadruple-Patterning）技术[18, 19]，尽管该技术的应用使得平面 NAND 闪存器件的关键技术节点可以继续向 1X nm 推进，但是其技术推进进度已经明显变慢且不如预期。一方面是继续在平面 NAND 闪存器件关键技术节点上进行微缩将面临更大的挑战和更高的成本，另一方面是已经在持续开发的三维 NAND 闪存垂直技术不仅需要更少的关键光刻步骤，而且需要更高的存储密度。

2. 物理挑战

尽管平面NAND闪存器件关键技术节点的持续微缩确实能带来存储密度和读写性能的提升，但越来越多的负面物理效应会影响NAND闪存的数据存储及保存，导致编程阈值电压分布的极大展宽，使得NAND闪存的工作特性面临更多的挑战，如浮栅电容耦合干扰、单元电子减少、随机电报噪声（Random Telegraph Noise，RTN）、字线间高电场等。本节主要介绍其中影响最大的几种情况。

1）存储单元所需的电子数量减少

伴随着特征尺寸微缩而减小存储单元面积，首先带来的是浮栅存储层与控制栅之间耦合电容C_{PP}的减小，在编程过程中，阈值电压的变化与注入浮栅存储层的电子数量满足以下关系：

$$\Delta V_T=\frac{q\times\Delta n}{C_{PP}} \tag{5-2}$$

式中，q为元电荷量；Δn为注入浮栅存储层的电子数量；C_{PP}为浮栅存储层与控制栅之间的耦合电容。随着存储单元特征尺寸的减小，通过式（5-2）可知，浮栅存储层与控制栅之间的耦合电容随之减小，存储单元中单个电子带来的阈值电压变化越来越大[20-22]，即存储单元达到相同的阈值电压所需的电子数量越来越少。在NAND闪存中，100mV阈值电压的变化所对应的存储层中电子数量随存储单元特征尺寸变化的趋势如图5-8所示[23]，在平面NAND闪存器件20nm技术节点下，存储单元中3个电子就会导致100mV的阈值电压漂移，这使得NAND闪存操作的均匀性面临挑战，尤其是对于多值存储单元（Multi-Level Cell，MLC）和三值存储单元（Triple Level Cell，TLC），其编程后的阈值电压分布将面临展宽挑战，从而使得读取窗口裕度（Read Window Margin）大幅度减小。一般会采用更小的步进脉冲编程（Increment Step Pulse Programming，ISPP）方案或其他更复杂的编程算法来提高编程的准确性。但是，对于三维NAND闪存器件，在确保足够存储密度的情况下，其存储单元特征尺寸可以放宽到近40nm，而且进一步提高三维NAND闪存器件的存储密度主要依赖堆叠层数的提升，与其特征尺寸的关系不大。因此，三维NAND闪存器件对该现象的容忍度更高。

2）阈值电压的不稳定性

除存储在浮栅存储层中的电子对存储单元阈值电压的影响随着存储单元特征尺寸持续微缩而迅速变大以外，存储单元介质层中单个载流子的俘获和释放也会对存储阵列的操作产生越来越大的影响。尤其是当这些电子或空穴处于隧穿层时，其俘获和释放所造成的阈值电压不稳定性是影响存储阵列可靠性的主要因素之一[22]。随着平面NAND闪存器件特征尺寸的减小，位于隧穿层上的带电载流子对存储单元阈值电压稳定性的影响可以从两方面来理解。一方面，当隧穿层上的电子或空穴被俘获或释放的时候，其对阈值电压的影响与浮栅电子的影响一样，随着存储单元特征尺寸的减小，单个电子所引入的阈值电压变化显著变大，如式（5-2）所示。特别的是，当电子在隧穿层上时，控制栅与沟道之间的耦合电容显然比控制栅与浮栅之间的耦合电容更小，此时单位电荷的俘获和释放所带来的存储单元阈值电压分布展宽显然比之前更加严重。

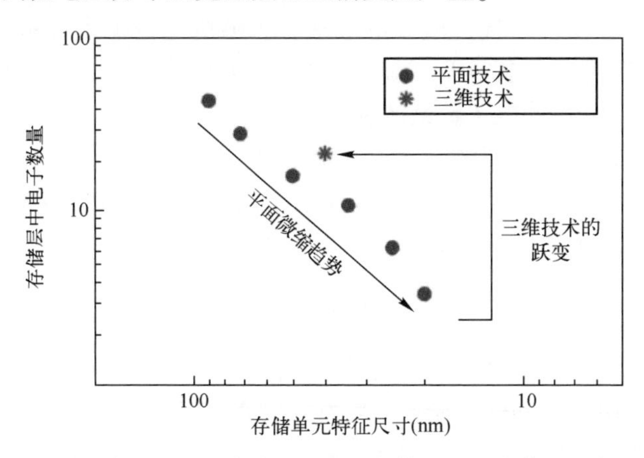

图 5-8　在 NAND 闪存中，100mV 阈值电压的变化所对应的存储层中电子数量随存储单元特征尺寸变化的趋势

另一方面，与浮栅中电荷的情况不同，存储单元特征尺寸的微缩还会导致由隧穿层缺陷中的电子和空穴引起的阈值电压漂移的标准偏差增加，即一些载流子引起的阈值电压偏移可能较小，但同时一些载流子引起的偏移可能相对较大。对于这一点，需要指出的是，隧穿层中的俘获电荷具有局域化（Localized）性质，同时纳米量级的 MOS 器件中沟道原子掺杂会导致源漏之间导电的渗滤性（Percolation），这两种特性的相互作用会导致隧穿层俘获电子引起阈值电压偏移的不稳定性[24-29]。如图 5-9（a）所示，在正常情况下，沟道原子掺杂会导致源漏之间的沟道电流密度分布具有一定的随机性；从图 5-9（b）中我们发现，当单个随机的隧穿层陷阱电荷位于沟道电流的渗透路径上时，其会对局域沟道的静电场产生较大的影响，从而影响沟道电流密度，导致较大的阈值电压偏移，而当该隧穿层陷阱电荷远离主要的源漏导电路径时，其带来的阈值电压漂移几乎忽略不计。一般来讲，氧化物缺陷中的单载流子俘获和释放引起的阈值电压偏移会呈指数分布或 γ 分布[29-31]。

在 NAND 闪存中，隧穿氧化层陷阱对于单个电子的俘获和释放所造成的存储单元阈值电压的不稳定性可以从两方面来理解。图 5-10 所示为三个不同存储单元阈值电压随时间的变化，研究发现，隧穿层中陷阱电子的俘获和释放造成了阈值电压的上下波动变化[32]。一方面，隧穿层中的缺陷对沟道电子周期性地俘获和释放造成了阈值电压在两个态之间跳动，称为随机电报噪声[29-36]。由于电子俘获和释放的时间常数分散性很大[37-40]，极可能出现在微秒量级，因此在编程结束后，RTN 会立刻影响存储单元的阈值电压，导致最终通过 ISPP 验证的编程态阈值电压分布出现低于读取验证电压 V_{verify} 的阈值分布情况[41, 42]。同时，如果造成 RTN 缺陷对应的时间常数更长[30]，则在后续的数据保持过程中，阈值电压的分布还会进一步向两端展开。

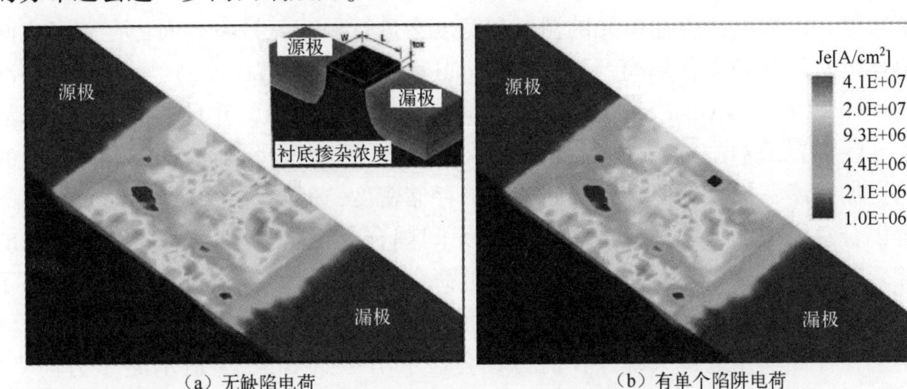

图 5-9 长宽均为 32nm 的 MOS 器件中，沟道经过原子掺杂后沟道与氧化层界面处的沟道电流密度仿真结果

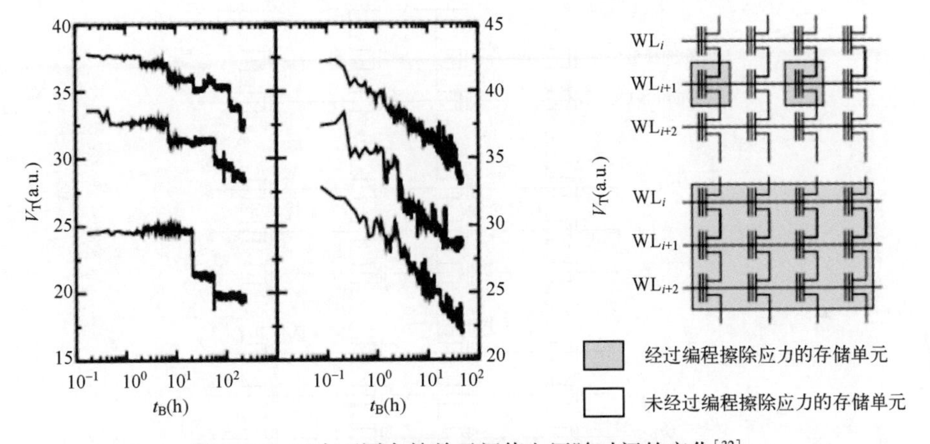

图 5-10 三个不同存储单元阈值电压随时间的变化[32]

另一方面，在基于浮栅的平面 NAND 闪存存储器中，对于经过编程擦除应力（PE Cycling）的存储单元，陷阱电子的释放也是造成存储单元阈值电压不稳定的因素之一[32]，如图 5-10 所示，存储单元阈值电压在开始阶段整体随时间逐渐降低。这是因为在编程和擦除过程中，带负电的电子被俘获进隧穿层，并在随后的数据保持阶段逐渐被释放，从而使得阈值电压分布向低的阈值电压方向移动，并且移动的量随编程态阈值电压的增大而增大。我们称该现象为快速阈值损失（Fast Charge Loss）或初始阈值偏移（Initial V_{th} Shift，IVS），IVS 现象在电荷俘获型存储

器中会更加严重，是该器件最重要的技术挑战之一[43-45]，尤其是在 NAND 闪存技术转向三维电荷俘获型 NAND 闪存技术之后，其又面临更复杂的物理机理[46]。

3）存储单元之间的电容耦合

在平面 NAND 闪存器件的微缩过程中，为了保证存储单元的占用面积达到理想的 $4F^2$，NAND 闪存阵列不仅在存储单元的字线间隔上，而且在位线间隔上进行了微缩。一方面，存储单元的栅长和宽度会进行微缩，另一方面，存储串之间的隔离也从局部硅氧化隔离（LOCal Oxidation of Silicon，LOCOS）转变为自对准线沟槽隔离（Self-Align Shallow Trench Isolation，SA-STI），并且在之后的技术演进上 SA-STI 距离也一直在进行缩减。尽管这种微缩使得平面 NAND 闪存阵列的结构更加紧凑，极大地提升了存储芯片的存储密度，但同时导致存储单元之间的电容耦合急剧增加，以及严重的存储单元间耦合干扰[47-50]。该耦合干扰带来的直接影响是，存储单元存储层中存储的电荷会影响其邻近单元的阈值电压。对于平面 NAND 闪存阵列中的各种操作，单元之间的电容耦合干扰无处不在，当对阵列中某一存储单元进行编程操作时，其会显示出对如图 5-11 所示的 X 方向、Y 方向和 XY 方向的相邻存储单元最大的浮栅耦合干扰效应[49]，这是因为在编程操作过程中，目标单元浮栅中的电荷变化量会发生较大的变化。

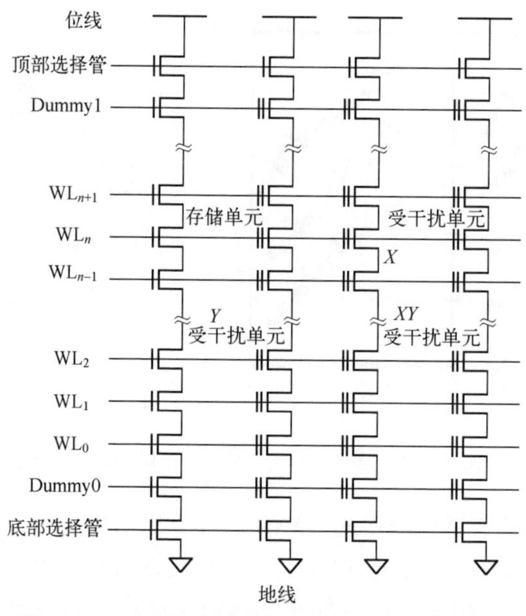

图 5-11　三种相邻存储单元的浮栅耦合干扰效应

三种浮栅耦合干扰占阈值电压总漂移的百分比随特征尺寸的变化趋势如图 5-12 所示，其展示了三种浮栅耦合干扰占阈值电压总漂移百分比随 NAND 闪存器件特征尺寸的变化趋势[51]。我们发现，随着特征尺寸的微缩，浮栅电容耦合干扰占阈值电压总漂移的百分比显著增加。同时字线方向（*Y* 方向）和位线方向（*X* 方向）的浮栅耦合干扰最为严重，而对角方向（*XY* 方向）的浮栅耦合干扰则较小。此外，当 NAND 闪存器件的特征尺寸达到 30nm 时，浮栅电容干扰所占的比例将达到 30%；当特征尺寸达到 20nm 时，其比例可以接近 50%。

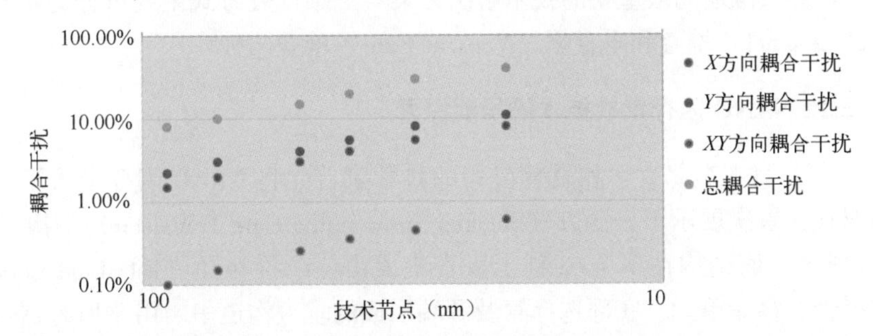

图 5-12　三种浮栅耦合干扰占阈值电压总漂移的百分比随特征尺寸的变化趋势

随着平面 NAND 闪存器件的特征尺寸微缩到 20nm 及以下，作为平面 NAND 闪存微缩面临最严重的可靠性挑战之一，浮栅耦合干扰急需方案进行优化。为了减小平面 NAND 闪存中这一天然的寄生效应，人们探索和采用了许多技术方案，其中最成功的技术方案为引入相邻字线之间的气隙隔离（Air Gap）技术[22, 52-56]。图 5-13 所示为采用气隙隔离技术的特征尺寸为 1Xnm 的 NAND 闪存器件的 TEM 切片。字线之间增加气隙的主要目的是减小邻近存储单元之间隔离介质的介电常数，从而减小它们之间的寄生电容。另外一种用来减小浮栅电容耦合干扰的重要技术是降低浮栅的高度[53]。值得注意的是，优化存储单元阵列的编程顺序[57-61]也是平面 NAND 闪存器件中减小邻近存储单元浮栅电容耦合干扰的有效手段。

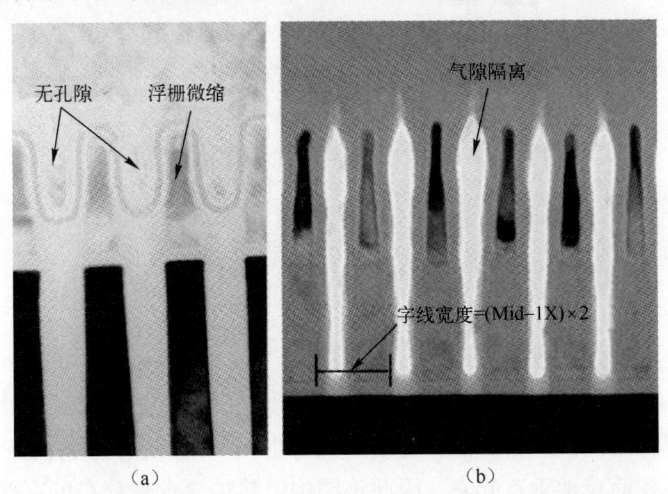

图 5-13　采用气隙隔离技术的特征尺寸为 1Xnm 的 NAND 闪存器件的 TEM 切片

5.1.3 三维 NAND 闪存结构设计

为了进一步提高 NAND 闪存的存储密度，三维 NAND 闪存成为进一步实现 NAND 闪存等效微缩的最重要的技术解决方案。三维堆叠方式主要可分为垂直沟道（Vertical Channel）堆叠和垂直栅（Vertical Gate）堆叠两种。

1. 三维 NAND 闪存集成技术的早期探索

2001 年，日本东北大学和夏普公司的科学家首先将 NAND 闪存带入了三维垂直沟道时代，首次展示了 S-SGT（Stacked Surrounding Gate Transistor）结构[62]，如图 5-14 所示，该结构在单个 Si 柱上垂直集成由位线接触孔（Bit-Line Contact）、顶部选择管、存储单元、底部选择管及源端形成的垂直沟道串。由于所有器件都垂直集成在一个 Si 柱上，因此该结构不需要像传统平面 NAND 闪存一样提供额外的面积给选择管及源漏接触孔，新结构在不使用多位存储技术的情况下实现了单位存储单元占用 $4F^2/N$ 面积的飞跃，其中 N 为单个 Si 柱上集成的存储单元个数。但这种台阶形的器件结构使得制造工艺比较复杂，其仅是三维集成的雏形，并不适用于大规模量产。

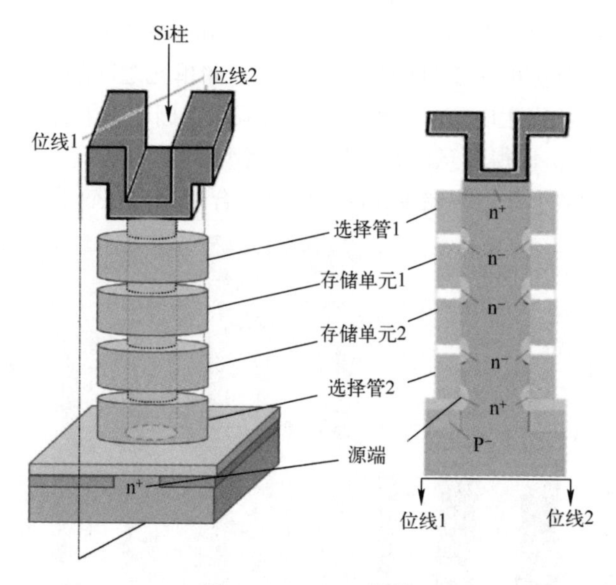

图 5-14 S-SGT 结构

2006 年首次出现了三维堆叠集成的闪存芯片[63]，该芯片将两片一样的平面 NAND 阵列芯片简单地垂直起来，因此该结构仍然包含水平分布的存储单元串及控制字线。尽管该三维集成方案有效地提升了集成密度，但人们很快发现，简单地将平面存储阵列堆叠起来会面临极大的成本及工艺复杂度的挑战。每个被堆叠的平面存储阵列均需要实现关键工艺尺寸的光刻，因此光刻成本会随着堆叠层数的增加同步增加。另外，对于外围电路的设计，其驱动电路的面积也会随着堆叠层数的增加而成倍增加。图 5-15 所示为三维堆叠集成结构与 BiCS 结构随着堆叠层数的增加其成本的变化趋势，可以发现，随着堆叠层数的增加，三维堆叠集成结构的成本不会继续降低反而会急剧升高，这是因为在堆叠层数超过三层之后，其会面临较大的良率损失和面积损失[64]。

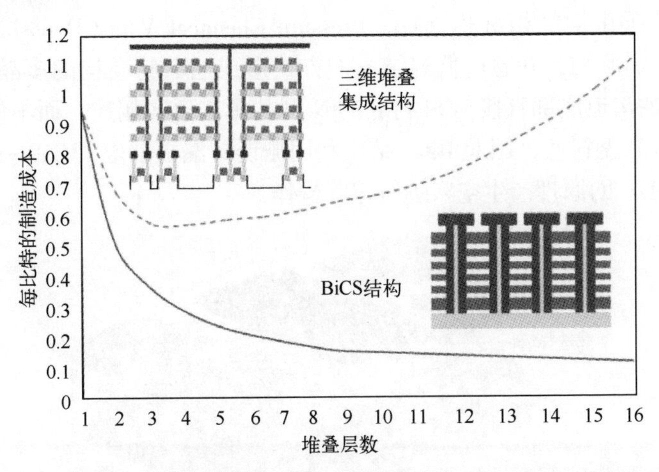

图 5-15　三维堆叠集成结构与 BiCS 结构随着堆叠层数的增加其成本的变化趋势

2. 垂直栅三维 NAND 闪存技术

对于垂直栅三维 NAND 闪存，三星半导体公司于 2009 年提出了 VGNAND（Vertical Gate NAND）结构[65]，该结构不受沟道尺寸的限制，可以获得更小的存储单元面积，其继承了平面 NAND 闪存水平方向微缩的优点。另外，由于垂直栅三维 NAND 闪存的沟道为水平方向，随着堆叠层数的增加，其读取沟道电流依然维持不变，所以垂直栅三维 NAND 闪存在垂直方向上的堆叠没有直接的物理限制。垂直栅三维 NAND 闪存一般为双栅器件，与环栅器件相比，其没有场强增强效应，因此其具有较好的抗编程干扰和抗读取干扰特性，但其耐久性和数据保持特性较差。垂直栅三维 NAND 闪存最大的挑战在于多层位线译码，因此其阵列设计面临更多的挑战。

3. 垂直沟道三维 NAND 闪存技术

（1）BiCS 结构：2007 年，东芝半导体公司首次提出了有望实现大规模量产的垂直沟道三维 NAND 闪存结构——BiCS（Bit Cost Scalable）结构[64, 66]，其示意图如图 5-16 所示。在工艺集成过程中，首次提出了栅极层和介质层相互交错的多层堆叠结构及通孔填充工艺。该结构采用与传统平面 NAND 闪存后栅工艺相反的先栅工艺，其中，P 型重掺杂的多晶 Si 薄膜作为栅极层。之后，通过深孔刻蚀技术在堆叠层上形成沟道通孔，且通孔一直贯穿堆叠层到 Si 衬底。针对 BiCS 结构的通孔填充工艺，东芝半导体公司首次提出了 SiN_x 基的栅介质层及通心粉（Macaroni）结构的多晶 Si 沟道，以提高其工艺兼容性及栅控能力。在通孔填充工艺中，首先沉积 SiN_x 基介质层作为存储单元的栅介质层，经过刻蚀打开该介质层与沟道底部的接触，然后以低压化学气相沉积（Low Pressure Chemical Vapor Deposition，LPCVD）的方法沉积无定形 Si，并通过低温结晶的方式形成通心粉结构的多晶 Si 沟道。由于 BiCS 结构的沟道底部直接与 Si 衬底的 N 型共源扩散区相连，而不像平面 NAND 闪存一样拥有 P 型衬底，因此 BiCS 结构利用栅诱导漏极漏电（Gate-Induced Drain Leakage，GIDL）的原理产生空穴进行擦除操作。

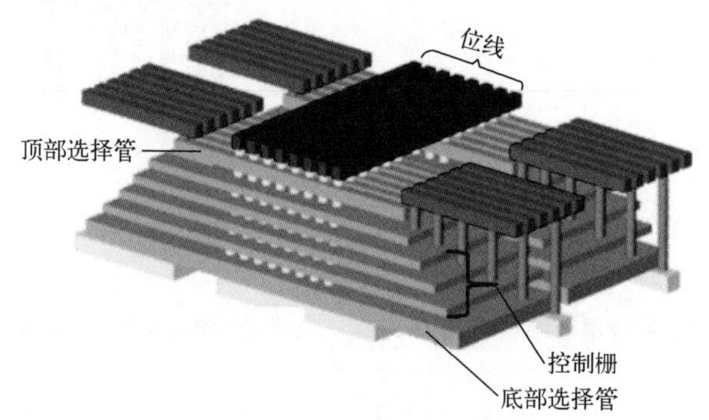

图 5-16　BiCS 结构示意图[64]

（2）P-BiCS 结构：2009 年，东芝半导体公司又进一步提出了垂直沟道三维 NAND 闪存结构——P-BiCS（Pipe-Shaped BiCS）结构[67, 68]。该结构的最大特点是两个相邻的存储单元串被一个管型连接（Pipe-Connection，PC）结构连接起来。P-BiCS 结构使得其位线和源端可以直接从后段金属引出，有效减小了源端的连线电阻，从而有效降低了其他存储串的大电流造成的源端电势不稳定性，提升了阵列操作的可靠性。在 BiCS 结构中，底部选择管直接置于 Si 衬底的重掺杂源端扩散区，这使得其承受了大量来自后续膜沉积工艺的热处理过程，因此其沟道掺杂扩散形貌不易控制。但是在 P-BiCS 结构中，其底部选择管的沟道掺杂工艺在工艺制程的最后，因此扩散形貌可以得到较好的控制，选择管的关断特性可以得到较大的提高。另外，对于 BiCS 结构，在打开栅介质层薄膜以连接 Si 衬底的过程中，隧穿层的表面会受到损伤，而 P-BiCS 结构采用了 U 形沟道，隧穿层损伤问题得到了有效的解决，其采用了垂直沟道的 SONOS 型器件结构，有效地提高了存储单元的编程擦除窗口，改善了存储阵列的可靠性。

对于 P-BiCS 结构的三维 NAND 闪存器件，其不足之处在于 U 形沟道结构需要额外的字线分离沟槽（WL Slit Cut）对字线进行分离。

（3）TCAT 结构：2009 年，三星公司提出了新的垂直沟道三维 NAND 闪存结构——TCAT（Terabit Cell Array Transistor）结构[69]。该结构和 BiCS 结构一样，拥有垂直的字线、垂直多晶 Si 沟道和基于 SiN_x 的电荷存储层。在 TCAT 结构中，SiO_2 和 SiN_x 交互垂直，并将 SiN_x 作为牺牲层，以引入后栅金属替代工艺，后栅金属替代工艺显著减小了字线电阻，对于减小延迟有重要意义。同时实现了存储单元的金属栅 SONOS 结构，有效提高了存储单元的器件可靠性，包括擦除速度、编程擦除窗口和数据保持等特性。但该结构在引入 SONOS 结构时，栅介质层的引入方式与金属栅一样，这种工艺过程使得该结构在相同堆叠层数的情况下堆叠高度更高，增加了沟道深孔刻蚀的难度，且不利于后续更高堆叠层数的发展。此外，该结构也引入了“WL Cut”结构，并经由该结构在 Si 衬底进行 N 型掺杂，作为存储单元串的源端，而沟道底端则与 P 型衬底直接接触，该结构可以实现与传统平面 NAND 闪存器件一样的衬底擦除，从而简化外围电路的设计。

（4）SMArT 结构：2012 年，海力士公司提出了垂直沟道三维 NAND 闪存结构——SMArT（Stacked Memory Array Transistor）结构[70]。SMArT 结构如图 5-17 所示，该结构基于电荷俘获型存储器原理，结合 BiCS 结构与 TCAT 结构的优点，将多晶 Si 沟道及栅介质层直接填充到垂直沟道深孔里面，有效地减小了薄膜堆叠的高度、通孔刻蚀的难度。同时，该结构采用后栅金属替代工艺，显著减小了字线电阻。

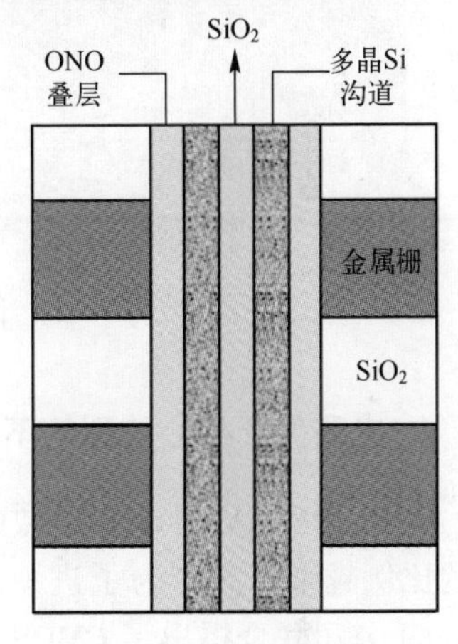

图 5-17　SMArT 结构

（5）SGVC 结构：2015 年，旺宏电子公司提出了新的垂直沟道三维 NAND 闪存结构——SGVC（Single-Gate Vertical Channel）结构[71]，如图 5-18 所示。SGVC 结构最大的特点是单位面积存储密度相比环栅的垂直沟道三维 NAND 闪存大大增加，抗编程干扰和读取干扰能力得到极大增强。

（6）基于浮栅的三维 NAND 闪存结构：以上三维 NAND 闪存结构与传统的平面 NAND 闪存不一样，均为电荷俘获型存储器。2010 年，海力士公司首次提出了基于浮栅（Floating-Gate）的垂直多晶 Si 沟道三维 NAND 闪存结构——DC-SF（Dual Control-Gate with Surrounding Floating-Gate）结构[72]，由于其结构为一个环形浮栅处于双控制栅之间，因此其特点是栅耦合率高、编程擦除操作电压低、存储单元耦合干扰低、编程擦除阈值窗口宽。2012 年，海力士公司进一步在 DC-SF 结构的基础上提出了改进方案[52]，采用三星公司提出的后栅金属替代工艺，有效减小了字线电阻，减小了多晶 Si 浮栅分隔时对 IPD 造成的损伤，保持了较好的多晶 Si 浮栅形貌；另外，采用衬底空穴擦除的方案，避免了 GIDL 擦除对工艺和器件的限制。2015 年，美光和 Intel 公司首次联合提出了三维 NAND 闪存结构——3D-FG 结构[28]，采用垂直多晶 Si 沟道，实现了多晶 Si 浮栅存储技术。

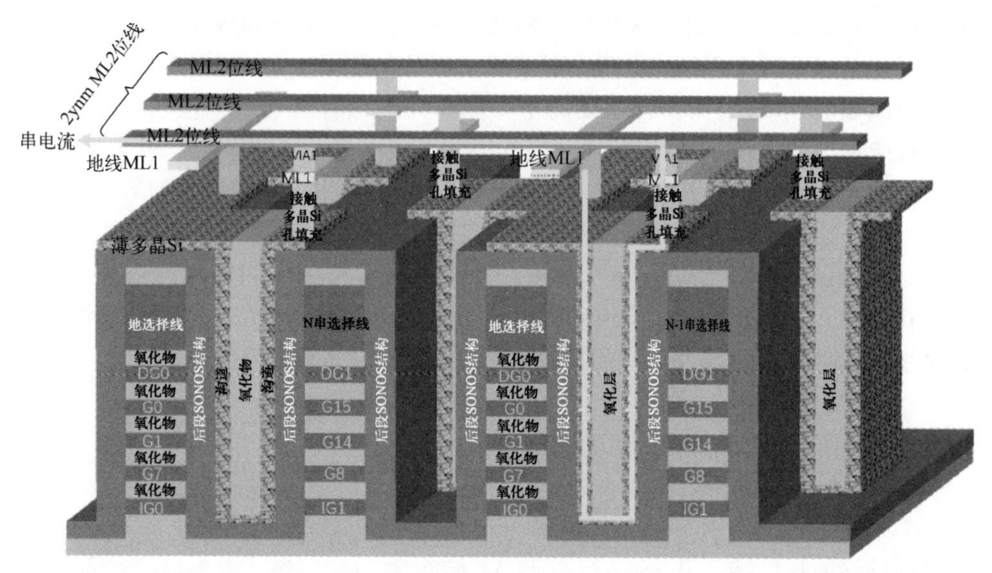

图 5-18 SGVC 结构[71]

4. 电路处于核心阵列的不同位置

随着三维 NAND 闪存层数的增加，存储单元区的密度越来越高，外围电路所占的比例越来越高。为了进一步提高三维 NAND 存储器的密度，2016 年，美光和 Intel 公司联合提出了 CMOS 在存储阵列下方（CMOS Under Array，CUA）的结构[23]。这种结构将存储阵列和外围 CMOS 电路堆叠在一起，虽然可以减小芯片的面积，但是外围 CMOS 电路要经历后续存储阵列制程工艺所施加的高温。因此，这给外围 CMOS 电路的设计带来了巨大的挑战。

为了解决外围 CMOS 电路受存储阵列制程工艺高温影响的问题，2018 年，我国的长江存储科技有限责任公司公布了自主研发的 X-tacking 架构[73]。这种新的架构将存储阵列和外围 CMOS 电路分别在两片晶圆上制造，然后通过键合制程工艺将两片晶圆键合在一起。这样不仅缩短了芯片制造的时间，还避免了存储阵列制程工艺过程中产生的高温影响。外围 CMOS 电路可以使用任意节点的制程工艺。当使用先进的 CMOS 制程工艺时，可以获得更高的器件特性和更低的功耗。因此，X-tacking 架构具有更高的存储密度和更短的产品上市周期，同时具有更优的 I/O 性能。

5.2　集成工艺及关键技术模块

三维 NAND 闪存的制造工艺与传统的平面 NAND 闪存有很大的不同：先从外围 CMOS 电路开始，再进行核心阵列区工艺。三维 NAND 闪存制造工艺流程图如图 5-19 所示，首先是多层膜沉积和台阶形成，随后是沟道孔模块，其中包括沟道孔刻蚀、底部选择管形成和多晶 Si 沟道沉积。下一个模块是隔离槽，也用于制造三维 NAND 闪存器件的控制栅。其次是接触孔，由于接触孔落在台阶和外围电路上，孔的深度变化幅度较大，因此对介质刻蚀工艺提出了很大的挑战。最后金属 1（M1）形成局部互连等金属线，金属 2（M2）形成位线，金属 3（M3）形成互连；在沉积钝化介质后，最后一个掩模打开金属接口，用于连接导线，以此完成全部工艺。本节主要详细地描述核心阵列区模块工艺。

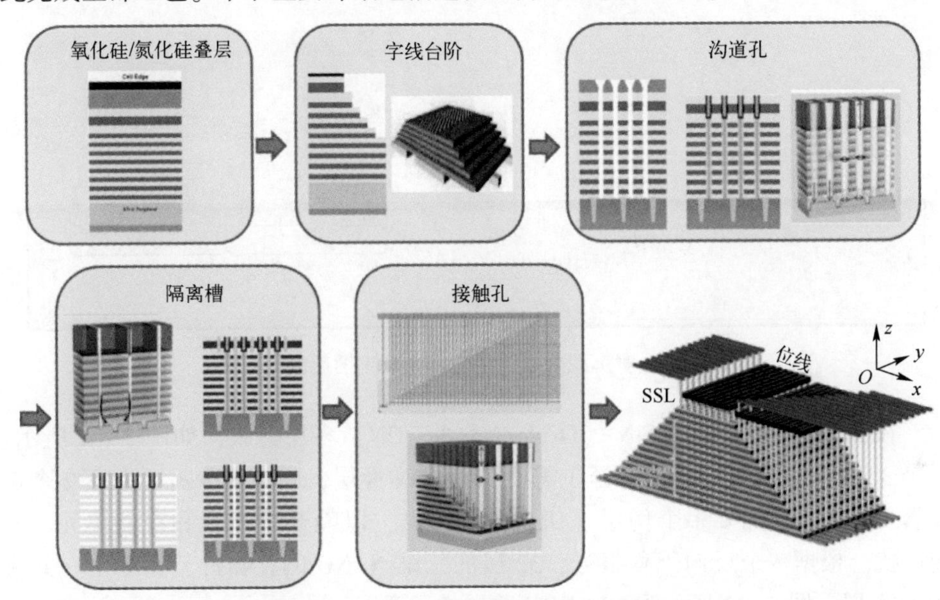

图 5-19　三维 NAND 闪存制造工艺流程图

5.2.1　层膜沉积和台阶工艺

NAND 由于其特殊的结构，主要的电学操作（编程/擦除）都需要在高压环境下进行（18～22V），为了给 NAND 存储区的存储单元施加想要的特定电压，需要外围复杂的电路完成相应的供电操作。这些电路所在的区称为 NAND 存储器的外围（Periphery）电路区。对于外围电路区，主要的器件类型是 MOS 管，通过多步工艺完成上千万个 MOS 管集成。对于三维 NAND 闪存，外围电路区也是平面 MOSFETs。三维 NAND 闪存外围电路区示意图如图 5-20 所示。

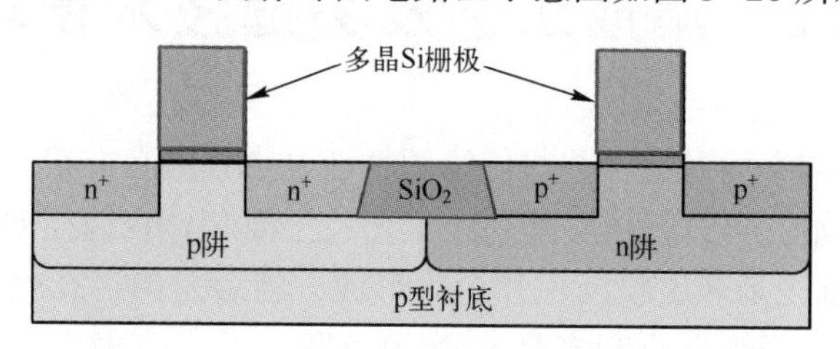

图 5-20　三维 NAND 闪存外围电路区示意图

当外围电路前段工艺完成后，先沉积厚的氧化层对其进行保护，然后开始制作三维 NAND 内存单元核心阵列区。图 5-21 所示为对沉积的氧化层进行光刻刻蚀后的截面图，右侧的外围电路由图 5-20 缩放而成，被氧化层保护，左侧氧化层被刻开的区域可以制作三维 NAND 闪存单元核心阵列区。

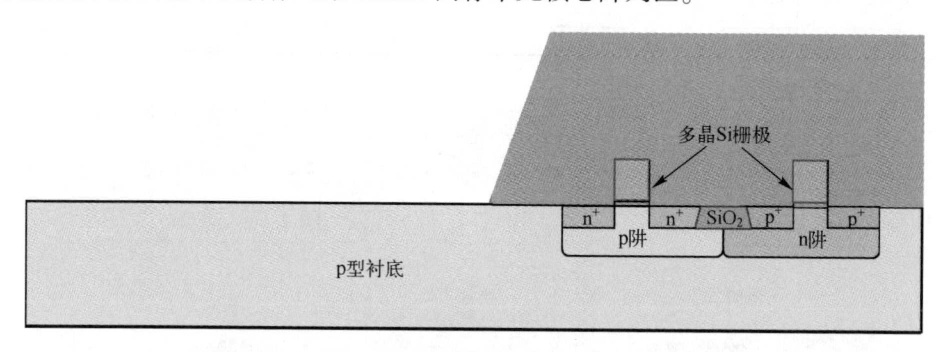

图 5-21　对沉积的氧化层进行光刻刻蚀后的截面图

在 Si 片上沉积 SiO_2-SiN_x（Oxide/Nitride，ON）多层薄膜，如图 5-22 所示。一个 32 层的三维 NAND 闪存至少需要 34 对 ON 叠层，因为至少需要上下 2 个选择管。另外，还需要多个伪层（Dummy Layer），以隔开选择管和存储单元，避免串扰。根据一个反向工程报告，32 层的三维 NAND 闪存器件，实际上一共有 39 对叠层。图 5-22 所示为 39 对 ON 叠层的示意图。

ON 叠层的厚度类似平面结构中的栅长，膜层厚度的均匀性将直接影响器件性能，因此需要精确控制。在三维 NAND 闪存器件中，主要通过增加堆叠层数来提高存储密度、降低成本，因此，多层堆叠的层数将不断增加。以三星公司 32 层三维 NAND 闪存器件为例，一共有 39 层，也就是需要沉积 78 层膜。如此多的膜层，每层上的缺陷都被累积。以低膜层的小鼓包为例，它在所有膜层沉积后，最终将表现为大鼓包，所以需要严格控制膜层上的缺陷。另外，由于膜层太多，膜层厚度的测量也是极大的挑战。传统的椭偏仪已无法准确测量出所有膜层的厚度，亟须开发新的测量手段[74, 75]。

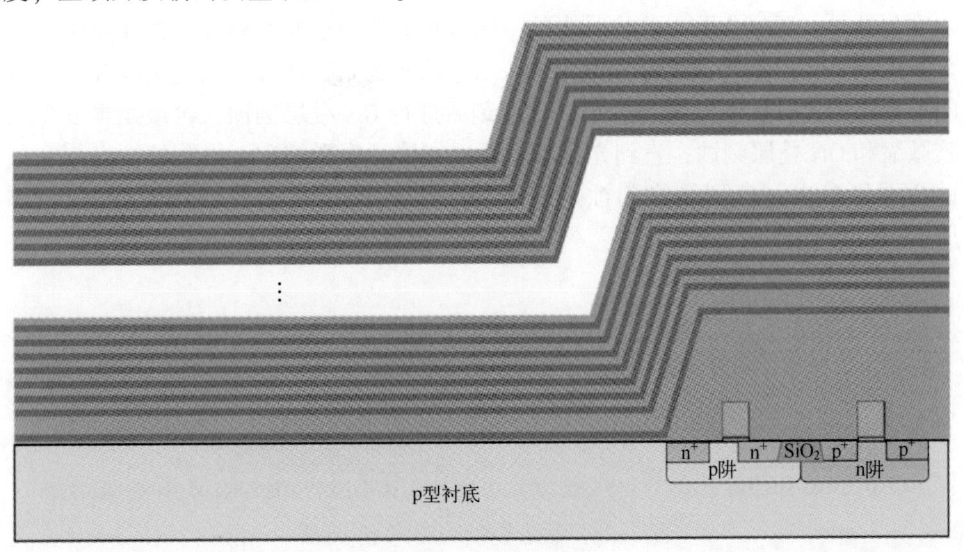

图 5-22 ON 叠层沉积

台阶的形成是三维 NAND 闪存器件一个独特的工艺[64]。在 ON 叠层沉积后，首先在 Si 片表面涂上一层厚的光刻胶层（5μm 以上），采用台阶掩模曝光，然后进行 ON 叠层刻蚀。在第一层 SiN_x 被刻蚀后停止，如图 5-23（a）所示。接下来先对光刻胶进行微缩，再利用微缩后的光刻胶对第二对 SiO_2 和 SiN_x 进行刻蚀，如图 5-23（b）所示。再次微缩光刻胶，刻蚀第一对、第二对和第三对 ON 叠层，如图 5-23（c）所示。继续重复光刻胶微缩和 ON 叠层刻蚀，直到光刻胶不足以支持一次微缩和一次刻蚀，如图 5-23（d）所示。

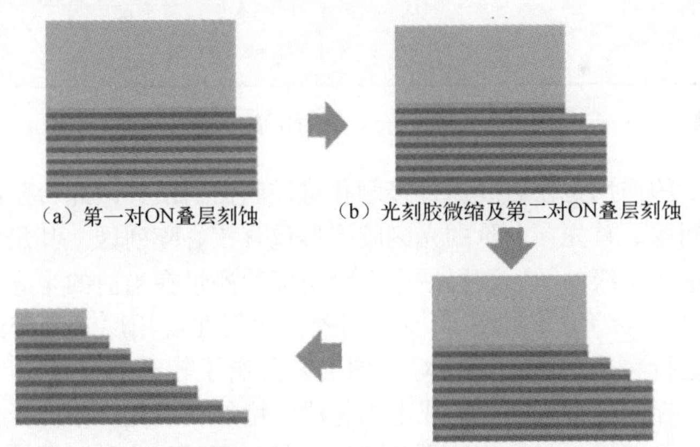

图 5-23 光刻后台阶形成工艺流程

光刻胶可微缩的次数受其原始厚度的限制。当光刻胶不足以支持一次微缩和一次刻蚀时，通过去胶工艺将其去除，接着再旋涂一层厚光刻胶，并使用第二个台阶掩模重复台阶刻蚀过程。图 5-24（a）所示为第二次旋涂上光刻胶和光刻后的形貌，图 5-24（b）所示为第二次光刻后进行 ON 叠层刻蚀，再继续重复光刻胶微缩和 ON 叠层刻蚀，直到光刻胶不足以支持一次微缩和一次刻蚀。光刻和刻蚀会重复多次，直到最终刻蚀达到 Si 表面。台阶结构完成示意图如图 5-25 所示。

（a）第二次涂胶和光刻　　（b）第二次光刻后刻蚀ON叠层并多次重复光刻胶微缩和ON叠层刻蚀

图 5-24　重复光刻和多次修整/刻蚀

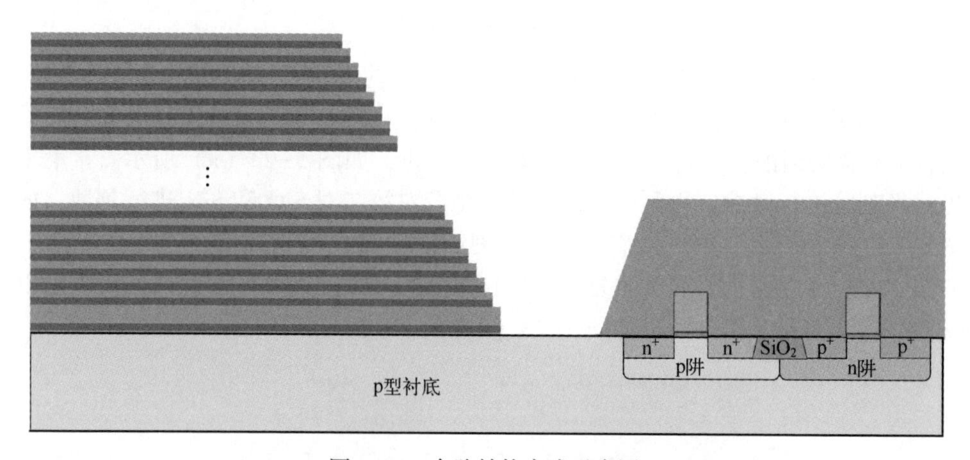

图 5-25　台阶结构完成示意图

由于台阶的作用是在后续通过接触孔将控制栅引出，因此台阶的精确定义是一个重要的问题。首先，台阶的光刻胶图形包含核心阵列区，其尺寸达到毫米量级以上。对毫米量级的图形进行纳米量级精度的测量在当前的半导体工艺中存在挑战[76]。其次，台阶工艺中采用厚光刻胶，如何在使用厚光刻胶的同时对尺寸和套刻误差进行精确的控制，这对光刻工艺提出了较高的要求[77]。而且，随着层数的增多，控制栅台阶的工艺成本也将线性增加，因此，如何降低控制栅台阶的工艺成本，是三维 NAND 闪存器件进一步发展需要解决的问题[78]。

在台阶完成之后，需要沉积一层厚的 SiO_2 并进行化学机械平坦化（Chemical and Mechanical Planarization，CMP）。图 5-26 所示为氧化层沉积后进行 CMP 工艺的截面图。至此，台阶工艺结束，之后开始沟道孔模块工艺。

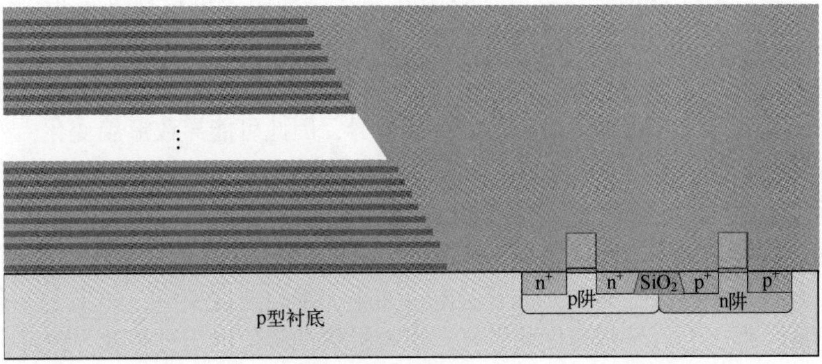

图 5-26　氧化层沉积后进行 CMP 工艺的截面图

5.2.2　沟道孔模块

在台阶工艺完成后，首先湿法清洗表面的一些颗粒，然后沉积硬掩模层。在三维 NAND 闪存器件制造工艺中，随着堆叠层数的增加、刻蚀深宽比的增大，对硬掩模层的要求也越来越高，需要多层材料组成极强的耐刻蚀膜层。目前首先主要通过化学气相沉积（Chemical Vapor Deposition，CVD）方式沉积无定形碳和抗反射层[74]，然后旋涂光刻胶，用沟道孔掩模版完成光刻工艺。刻蚀沟道孔首先要刻蚀硬掩模，然后在一次刻蚀过程中刻穿所有 ON 叠层。沟道孔深度一般大于 3μm，深宽比大于 30∶1。沟道孔刻蚀示意图如图 5-27 所示。

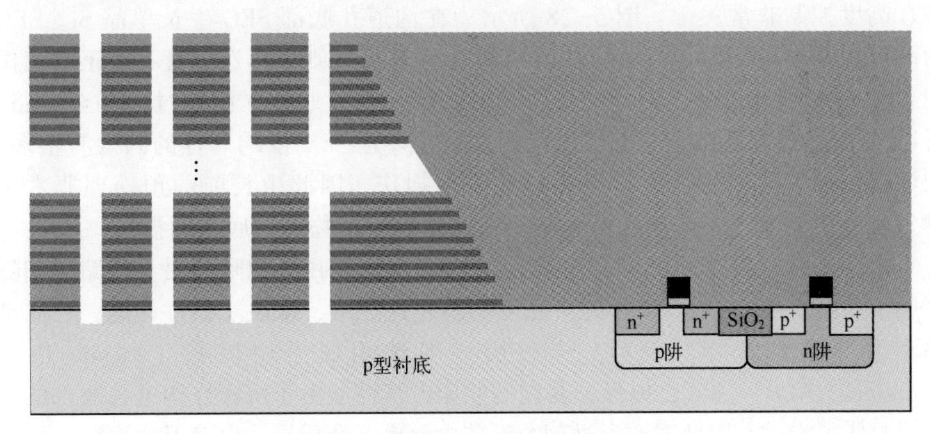

图 5-27　沟道孔刻蚀示意图

沟道孔刻蚀是最关键的工艺制程。目前，深孔刻蚀工艺主要采用等离子体刻蚀方式，在刻蚀过程中主要通过调节反应气体的比例和静电吸盘的温度来影响等离子体的组分和副产物产生的速度。随着深孔刻蚀的进行，产生的副产物一部分随着腔体里的 Gas 被抽走，另一部分附在深孔表面阻止侧壁被进一步刻蚀和轰击。由于刻蚀气体在深孔下的浓度越来越低，同时产生的副产物难以被转移到表面的 Gas 抽走，底部的孔径会变小；同时侧壁的副产物在深孔的局部分布不均匀，侧壁受到等离子体刻蚀的程度也有所差异，因此可能导致形貌变化，变成椭圆形或其他形状，这些变化的孔径和形貌会影响后续工艺。例如，过大的孔径会影响后续 W 栅极的填充，孔的形貌会影响后续多晶 Si 填充的均匀性；孔径过小可能导致后续刻蚀工艺无法去除沉积在底部的介质层，阵列串无法连接到源端。另外，孔径过小导致存储单元的开启电压变小，编程速度变快，如果上下孔径均匀性不好，那么会有编程速度的差异，影响最终的阈值电压分布或导致部分存储单元无编程。同时，在沟道孔刻蚀工艺的过程中，为保证阵列串能够连接到源端，需要刻蚀到 Si 衬底表面合适的位置，否则阵列串就连接不到源端，影响良率。因此，保证深孔孔径、形貌、衬底的刻蚀深度和均匀性全部满足指标，对于深沟道孔刻蚀工艺是一项巨大的挑战[78-82]。

沟道孔刻蚀工艺之后，接下来进行选择性外延（Selective Epitaxial Growth，SEG）单晶 Si 生长工艺。目前，SEG 主要通过 H_2SiCl_2（DCS）和 H_2、HCl 等气体在高温下反应制备，通过控制反应温度和 HCL 流量控制外延 Si 的选择性和生长速率。SEG 的工艺控制非常关键[83-85]，温度过高或 HCL 量不足会导致外延的选择性变差，在深孔的侧壁上产生很多球形缺陷，影响后续介质层的填充和刻蚀；温度偏低或 HCl 量过多会导致整体的生长速率偏慢，均匀性偏差，所用的生长时间过长，超出热预算。因此，要平衡整个反应温度和气体比例。另外，SEG 高度控制非常关键。图 5-28 所示为在沟道孔底部 SEG 生长单晶 Si。SEG 的高度控制在氧化层 2 范围内，若 SEG 高度过低，则底部选择管不能正常起作用；若 SEG 高度过高，则可能会引起存储单元与衬底源区漏电过大甚至短路，所以 SEG 过高过低都会引起良率问题。影响外延 Si 高度均匀性的因素有很多，如深孔刻蚀工艺产生的副产物和衬底表面损伤，因此生长前的预处理非常关键。目前主要通过干法刻蚀配合湿法清洗去除副产物和衬底表面损伤。

沟道孔底部 SEG 生长单晶 Si 之后，继续在沟道孔沉积阻挡层、存储层和隧穿层，如图 5-29 所示。实际的产品可能不止这三层，取决于器件性能、产品良率和可靠性的要求。目前，这三层一般选用原子层沉积（Atomic Layer Deposition，ALD）方式，以保证其均匀性和连续性。由于沉积在沟道孔底部的介质层封住了沟道，因此需要通过刻蚀工艺去除底部介质层，以确保沟道和衬底的电学连通。

对沟道孔底部的介质层刻蚀是一种垂直方向的回刻，利用各向异性的干法刻蚀，只去除沟道孔底部和晶圆表面的沟道介质，在沟道孔侧壁留下介质层，如图 5-30 所示。这道工艺与形成侧墙隔离的介质层回刻工艺类似。沟道孔底部的介质层被刻蚀干净，从而保障后续工艺中多晶 Si 沟道与衬底上的外延 Si 相连接。

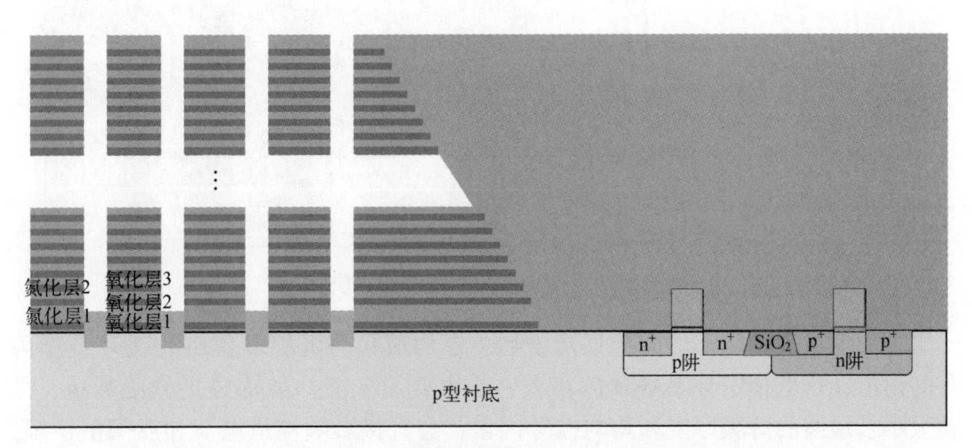

图 5-28　在沟道孔底部 SEG 生长单晶 Si

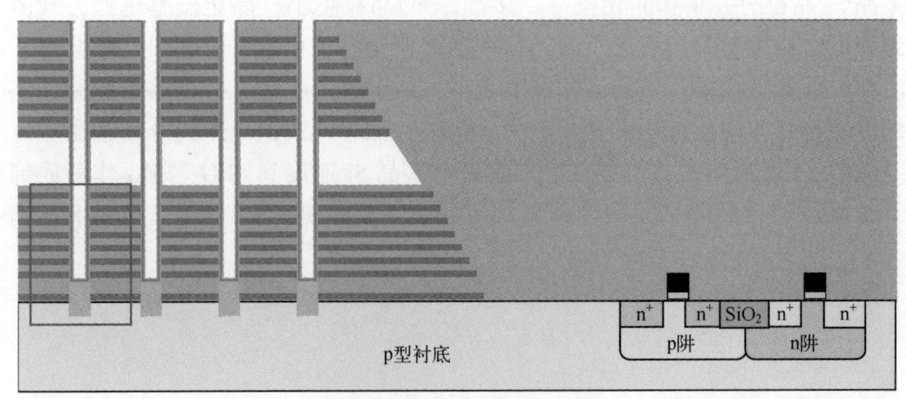

（a）截面图

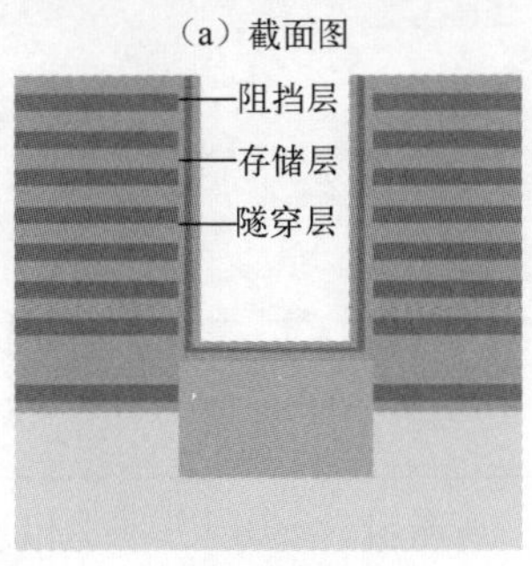

（b）放大图

图 5-29　阻挡层/存储层/隧穿层沉积后的截面图和放大图

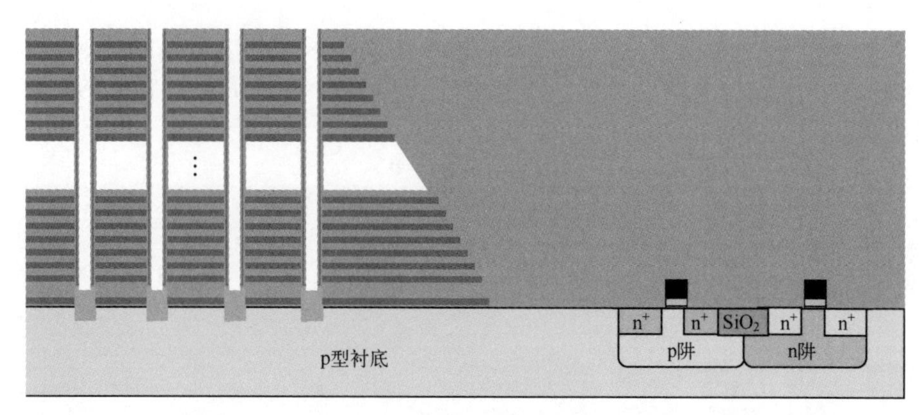

图 5-30　去除沟道孔底部的介质层

刻蚀完沟道孔底部的介质层清洗后，在沟道孔内沉积多晶 Si 作为环栅型闪存的沟道，这也是三维 NAND 闪存中一步重要的工艺。多晶 Si 的缺陷数量、晶粒大小、最终的薄膜厚度和均匀性等因素，会直接影响沟道电流和亚阈值摆幅。在多晶 Si 的沉积过程中，沉积组分、沉积温度、结晶的温度、时间可能都会影响多晶 Si 晶粒的大小和晶化概率。多晶 Si 的晶粒越小，晶化概率越低，载流子受到的散射概率越大，载流子的迁移率越低；同时，在退火过程中，H_2会中和晶粒内部的部分悬挂键，悬挂键的数量越少，载子流浓度越大，迁移率越高。多晶 Si 的厚度越厚，阈值电压的变化越大，最终存储单元阈值电压的分布越宽。

如图 5-31 所示，在沟道孔底部附近，多晶 Si 连接到 SEG，SEG 作为底部选择管的沟道连接到源端，实现整个沟道的连通。多晶 Si 沉积后，用 SiO_2 填满沟道孔。

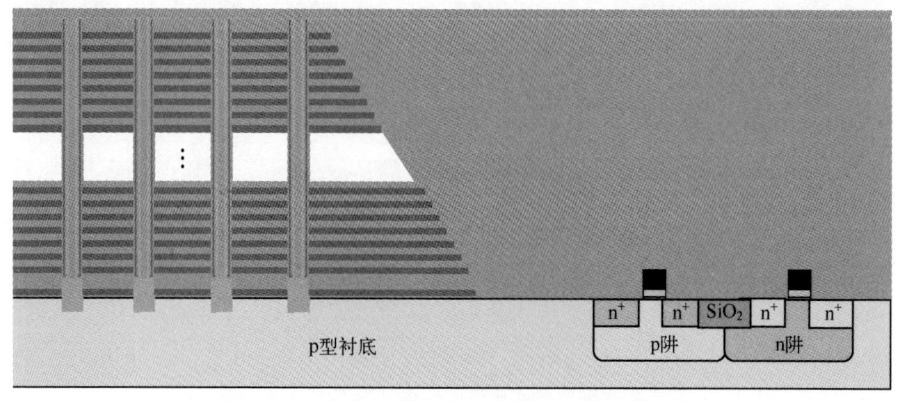

图 5-31　多晶 Si 及 SiO_2 多层膜沉积的横截面

多晶 Si 和 SiO_2填满后，为了使后段接触孔和多晶 Si 沟道相连，需要对 SiO_2 回刻，填充多晶 Si 形成多晶 Si 塞。这一步要刻蚀到沟道内，并停在第 *N* 层氮化层之上，否则顶部选择管不能正常工作。SiO_2 回刻后，在凹陷位置沉积多晶 Si。然后再对多晶 Si 进行 CMP 工艺处理，最后沉积一层 SiO_2 来覆盖所有沟道，这样沟道孔模块的工艺过程就完成了。多晶 Si 塞工艺完成后的截面图如图 5-32 所示。

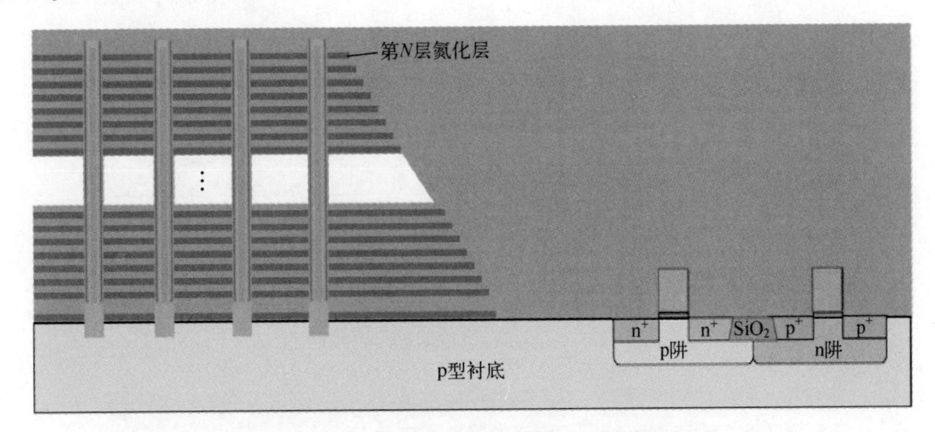

图 5-32　多晶 Si 塞工艺完成后的截面图

5.2.3　隔离模块

在沟道工艺完成之后进行后栅工艺。首先刻蚀阵列公共源（Array Common Source，ACS）槽，然后用热 H_3PO_4 将 SiN_x 牺牲层去除，最后进行金属栅填充。首先采用 ALD 工艺沉积高 κ 介质 Al_2O_3 薄膜，Al_2O_3 薄膜的主要作用是抑制电子的背散射效应；然后沉积 TiN 金属栅薄膜层，TiN 薄膜的厚度取决于后续金属 W 的填充，以及对于 F 元素阻挡作用二者之间的平衡；最后是金属 W 薄膜的沉积。具体工艺过程如下。

首先，在完成前面的沟道孔模块后，在晶圆表面沉积一层厚的硬掩模（通常是无定形碳）；然后，进行涂胶光刻；之后，刻蚀硬掩模，并进行主刻蚀工艺。主刻蚀工艺要刻穿 ON 多层膜直至到达 Si 表面，以形成高深宽比（~30:1）的沟槽。刻蚀工艺完成后，去除硬掩模并清洗晶圆。图 5-33 所示为隔离槽刻蚀清洗后的截面图。

隔离槽刻蚀完成后，采用具有高刻蚀选择比（SiN_x:SiO_2）的热 H_3PO_4 将所有阵列区的 SiN_x 层从多层膜中去除，在这个过程中，需要确保 SiO_2 层和 Si 表面的损耗最小化[86]。热 H_3PO_4 通过隔离槽到达每层 SiN_x 牺牲层，去除 SiN_x 牺牲层过程中产生的副产物也可以通过隔离槽抽出。SiN_x 牺牲层刻蚀后的示意图如图 5-34 所示，SiN_x 牺牲层去除完成后，阵列区的多层膜中只剩下 SiO_2 层，这些 SiO_2 层由 SiO_2、多晶 Si 等填充的沟道柱子支撑。

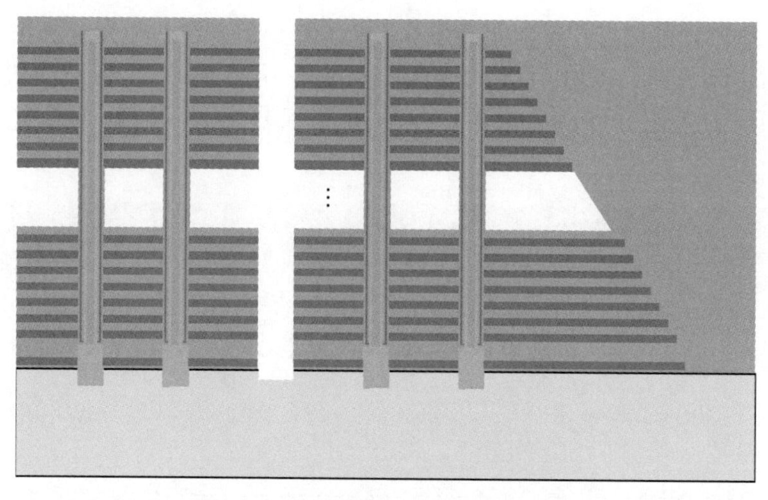

图 5-33　隔离槽刻蚀清洗后的截面图

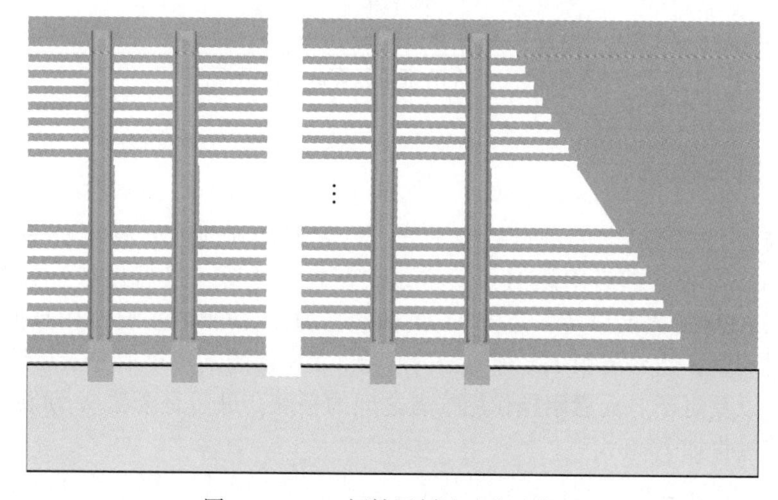

图 5-34　SiN_x牺牲层刻蚀后的示意图

将 SiN_x层去除干净后，再次清洗晶圆，之后进行热氧化工艺。底部选择管栅氧化层热氧化工艺如图 5-35 所示。原先 Nitride_1 层区的 SEG 单晶 Si 柱周围及沟槽底部暴露的 Si 被氧化，其他层的多晶 Si 沟道被栅堆栈结构（ONO Gate Stack）保护而不会被氧化。

底部选择管栅氧化层进行热氧化工艺后，三维 NAND 金属栅填充如图 5-36 所示。首先，沉积一层薄且保型性良好的 TiN 层，该层薄膜是顶部/底部选择管和存储单元的金属栅层，同时是后续金属 W 薄膜沉积的种子层和扩散阻挡层。TiN 层沉积完成后，用具有较好填充性能的金属 W 薄膜进行填充，这些金属 W 将作为字线，同时作为台阶区的字线接触孔坐落区。

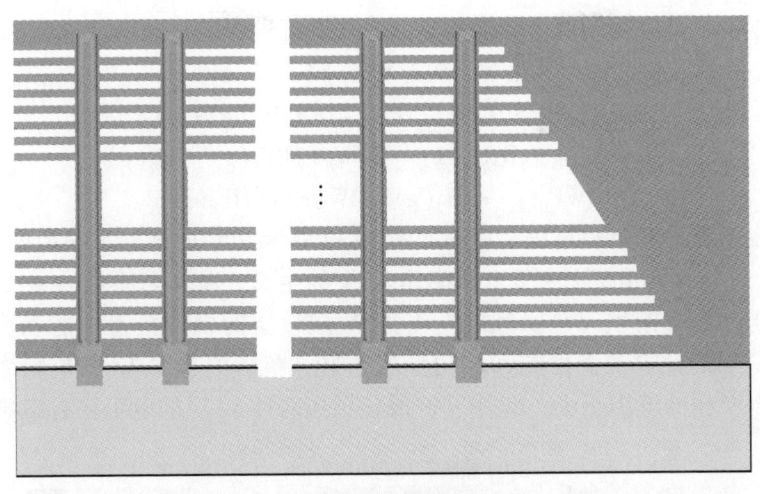

图 5-35 底部选择管栅氧化层热氧化工艺

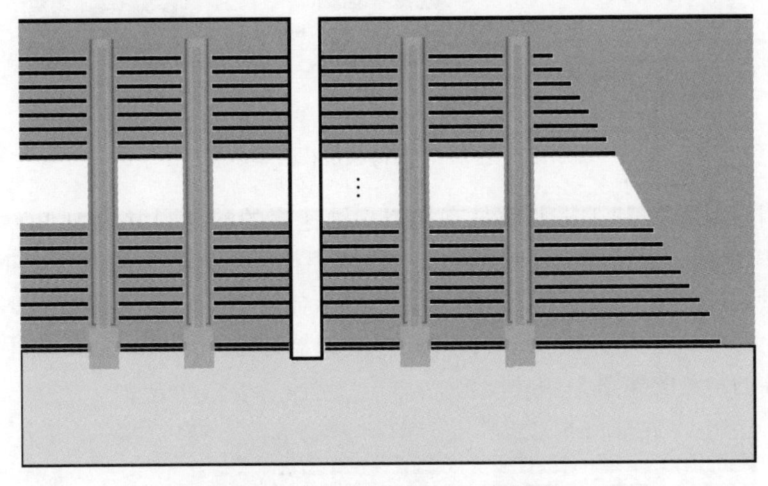

图 5-36 三维 NAND 金属栅填充

三维 NAND 金属栅的填充采用替代栅工艺（Replacement Metal Gate，RMG），同一层存储单元的导线连接是靠金属 W 填充实现的。金属 W 栅填充的难点在于：需要在垂直方向上具有数十层堆叠层结构、水平方向上在具有密集排列的空洞结构上实现无缝填充金属，不能有空洞[87, 88]。原因在于：一是空洞将导致字线电阻变大；二是空洞中会存有 F 元素，在后续工艺中，F 元素可能会扩散到氧化层，对氧化层造成刻蚀。因此，控制金属 W 薄膜厚度至关重要。若金属 W 层太薄，则会在多层膜的 SiO_2层之间（原来的 SiN_x区）留有间隙；若金属 W 层太厚，则在后续的金属 W 刻蚀工艺中，容易在隔离槽侧壁上留有金属 W 残留，在导电层之间引起短路。

金属 W 栅薄膜沉积通常分为两步，成核层沉积（Nucleation Deposition）和体沉积（Bulk Deposition），其化学反应过程如下。

成核层沉积：
$$2WF_6(g)+3SiH_4(g) \rightarrow 2W(s)+3SiF_4(g)+6H_2(g) \tag{5-3}$$
或
$$WF_6(g)+B_2H_6(g) \rightarrow W(s)+2BF_3(g)+3H_2(g) \tag{5-4}$$
体沉积：
$$2WF_6(g)+3H_2(g) \rightarrow 2W(s)+6HF_2(g) \tag{5-5}$$

金属 W 栅薄膜沉积过程示意图如图 5-37 所示。W 成核层为很薄的一层 W，用作种子层，有利于接下来低电阻率体 W 层的生长。薄且高质量的 W 成核层对高质量的金属 W 栅填充是必须的。因为 W 成核层的台阶覆盖性能和均匀性越好，体 W 层的台阶覆盖性能和均匀性就越好，整体的金属 W 栅电阻率也就更低，金属 W 栅的缝隙更小。此外，W 成核层还对体 W 层的电阻率有影响。

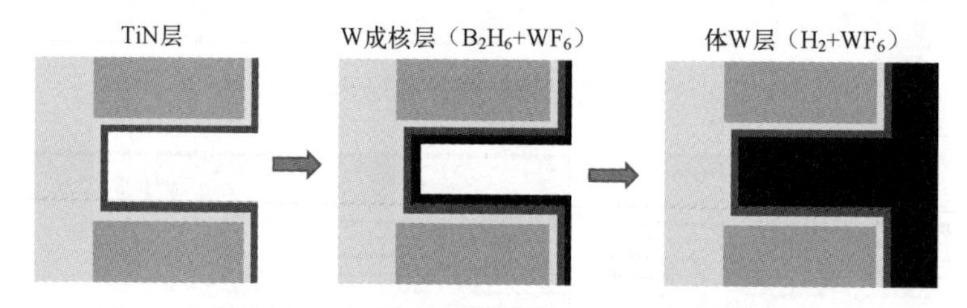

图 5-37 金属 W 栅薄膜沉积过程示意图

利用与金属 W 和 TiN 薄膜具有相似刻蚀速率的酸（通常为 H_3PO_4、乙酸、HNO_3、H_2O 按一定比例混合的溶液）去除隔离槽侧壁上的金属 W 和 TiN，并进行一定量的过刻蚀，以确保隔离槽侧壁上没有金属 W 和 TiN 残留，同时保证对多层膜上的 SiO_2 损失较小。此时，阵列串上的器件基本形成。金属 W 和 TiN 沉积后刻蚀的示意图如图 5-38 所示。

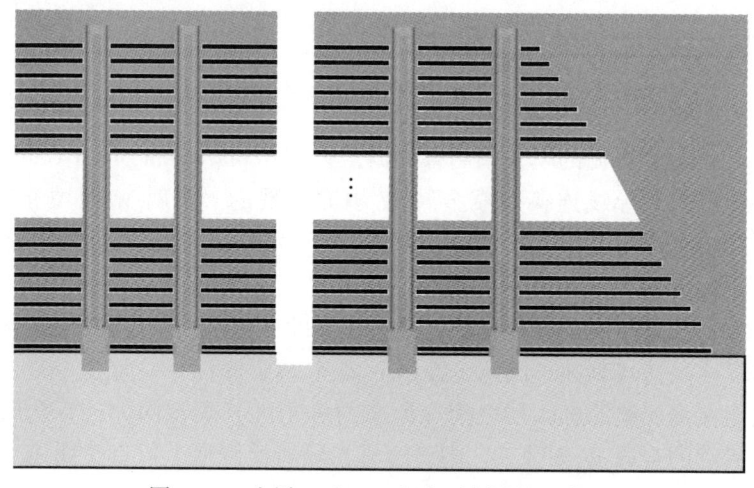

图 5-38 金属 W 和 TiN 沉积后刻蚀的示意图

金属 W 刻蚀工艺完成后，在隔离槽中沉积一层 SiO_2以密封金属栅极和字线。共源线侧墙工艺如图 5-39 所示。之后采用垂直刻蚀工艺对隔离槽底部和晶圆表面的 SiO_2进行刻蚀，为邻近的存储阵列提供更好的电学隔离，也让接下来沉积在隔离槽内的金属 W 能够连接 Si 表面和地。

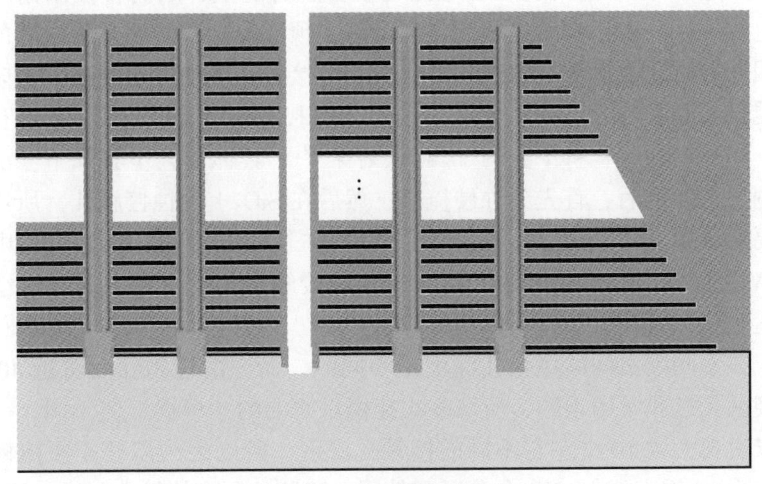

图 5-39　共源线侧墙工艺

刻蚀完成后，再次进行晶圆清洗，然后在隔离槽内和晶圆表面沉积一层 Ti/TiN 衬垫层。之后采用 CVD 方式在隔离槽内填满金属 W，再进行一道金属 W 的 CMP 工艺，去除晶圆表面的金属 W 和 TiN 层，最终形成金属 W 隔离墙。在晶圆表面沉积一层 SiO_2覆盖住金属 W 隔离墙，隔离模块的工艺过程就完成了，如图 5-40 所示。

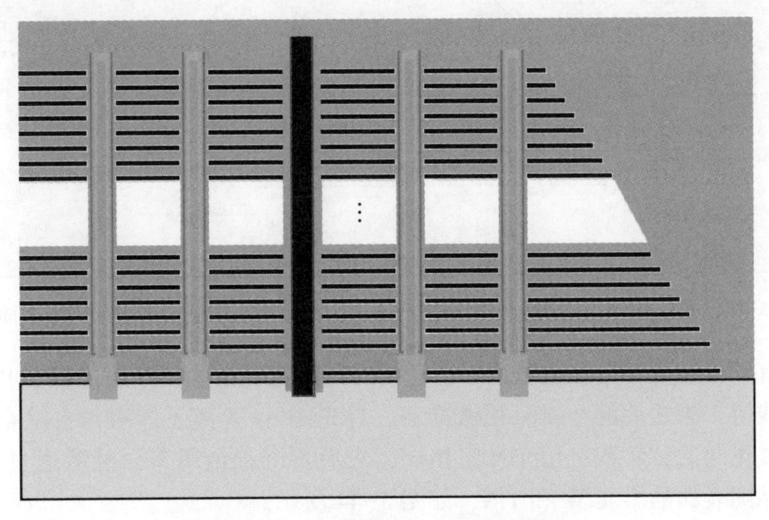

图 5-40　隔离模块工艺完成示意图

5.2.4 接触孔模块

在三维 NAND 闪存器件中，接触孔是最深的孔，几乎需要贯穿整个阵列的深度，通常采用 W 塞工艺实现。接触孔处于各层台阶上，从而将控制栅与外围电路进行电学连接。由于台阶之间存在高度差，顶部台阶和底部台阶之间的高度差最大，因此同时完成底部台阶和顶部台阶上的接触孔刻蚀将导致顶部台阶上的接触孔承受极长时间的过刻蚀。要求刻蚀工艺对接触孔下方的金属 W 具有极高的选择比，防止刻蚀过程将下方的金属 W 刻穿[89]。具体工艺步骤如下：沉积硬掩模和光刻工艺完成后，首先刻蚀硬掩模，然后在 SiO_2上刻蚀接触孔，所用化学刻蚀剂需要对金属 W 具有很高的选择性，以便在较浅的接触孔刻蚀过程中一旦到达金属 W 表面就能够停止刻蚀，而在较深的接触孔刻蚀过程中还能够继续刻蚀直至到达金属 W 表面。

由于在不同层之间的接触孔深度是不同的，而一次性刻蚀出将近 40 个不同深度的接触孔是非常困难的，所以多次掩模是必要的。根据工艺不同，一般一次刻蚀可以实现大约 10 个左右不同的接触孔深度，所以大约需要 4 次掩模和 4 次刻蚀来实现 39 层三维 NAND 台阶区和外围电路区的所有接触孔刻蚀。图 5-41 和图 5-42 所示为第一次和最后一次台阶区接触孔刻蚀完成并去除硬掩模和清洗后的多层膜横截面图。图 5-43 所示为外围电路区接触孔刻蚀完成并去除硬掩模和清洗后的多层膜横截面图。

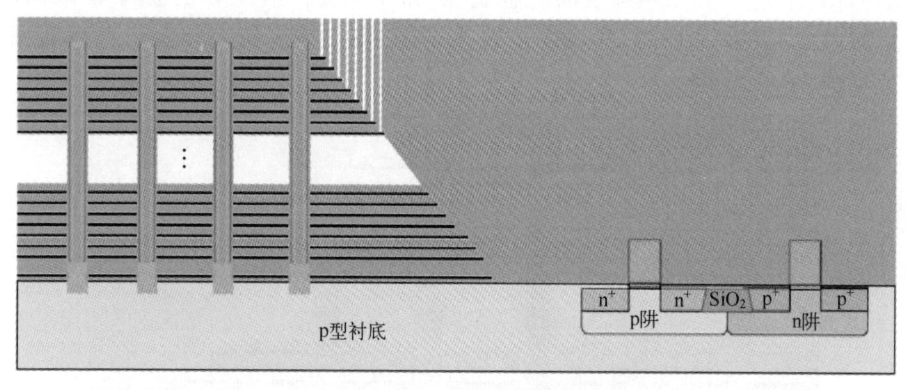

图 5-41　第一次台阶区接触孔刻蚀完成并去除硬掩模和清洗后的多层膜横截面图

所有的接触孔都刻蚀完成以后，需要对晶圆进行清洗，以去除接触孔底部的聚合物残留，为之后的金属沉积做准备。首先用 Ar 等离子体溅射去除金属表面的自然氧化层后，沉积一层 TiN 阻挡层，之后再沉积金属 W。然后通过 CMP 工艺去除晶圆表面的金属 W 和 TiN，如图 5-44 所示。

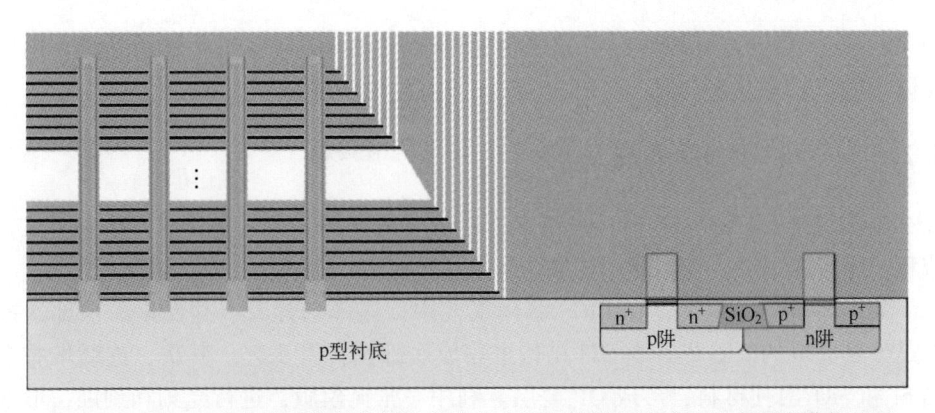

图 5-42　最后一次台阶区接触孔刻蚀完成并去除硬掩模和清洗后的多层膜横截面图

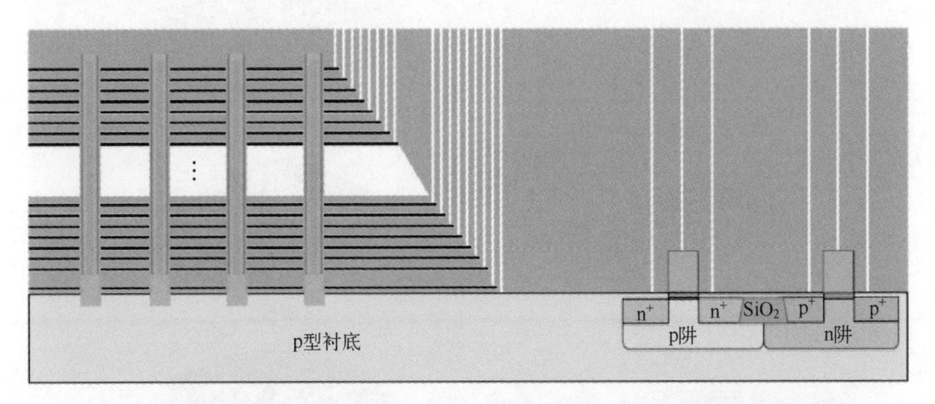

图 5-43　外围电路区接触孔刻蚀完成并去除硬掩模和清洗后的多层膜横截面图

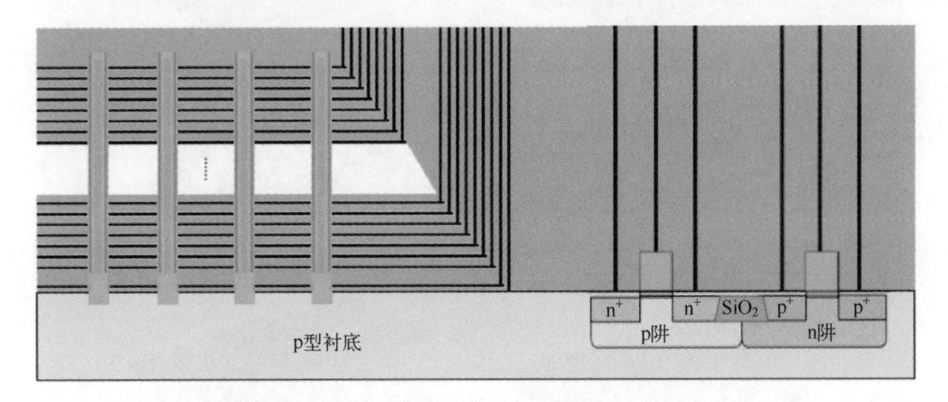

图 5-44　沉积 TiN 和金属 W 后进行 CMP 工艺

接触孔模块完成之后，就到了后段金属模块工艺。该模块一般由 3 层通孔和 3 层金属组成。M1 形成局部互连等金属线，通孔 1（V1）连接接触孔和 M1。M2 形成位线，通孔 2（V2）连接 M1 和 M2。M3 形成互连，通孔 3（V3）连接 M2

和 M3。在沉积钝化介质后，最后一个掩模打开金属接口，用于连接导线，以此完成三维 NAND 全部工艺。

5.2.5 三维 NAND 集成工艺

制作三维 NAND 闪存器件有诸多方案，前面详细介绍的是 TCAT 的主要工艺流程，除了 TCAT，主流的三维 NAND 产品还有 BiCS 及 FG 三维 NAND。

如图 5-45 所示[64]，在 BiCS 结构工艺中，底部选择管、存储串、顶部选择管是分别完成的。首先，在 STI 结构上完成底部选择管工艺。其次，连续堆叠多晶 Si 和 SiO_2两种材料，形成 OP 叠层。利用一张掩模版，进行光刻和刻蚀，形成

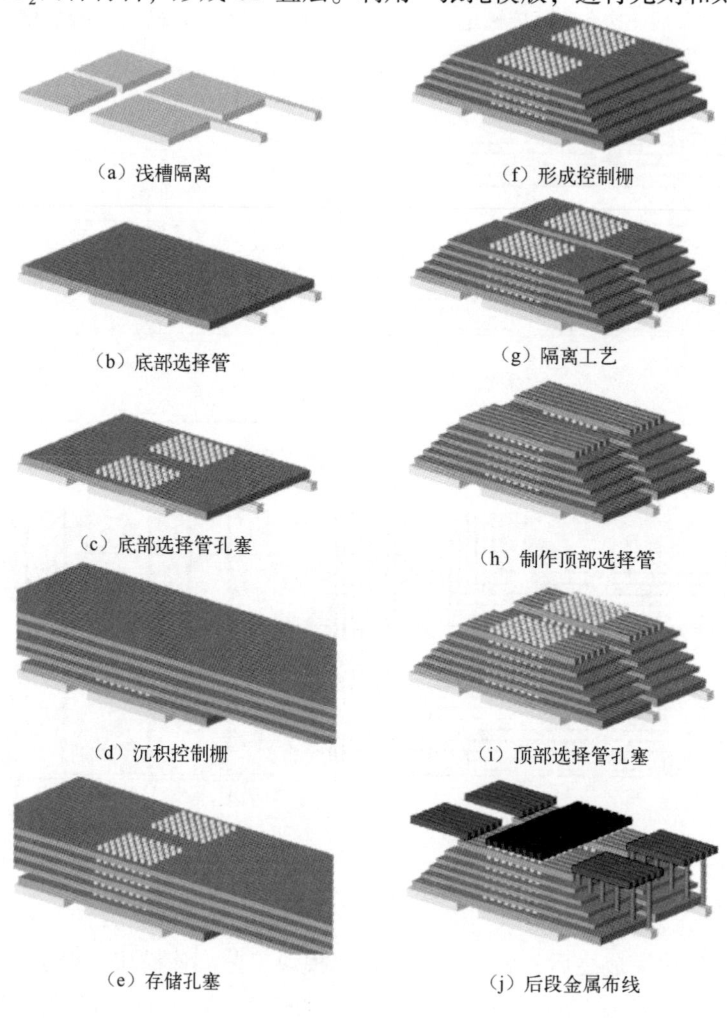

图 5-45　BiCS 结构工艺流程[64]

高深宽比的孔，连接到底部。再次，先用 CVD 在深孔的内部沉积 $SiO_2/SiN_x/SiO_2$，通过反应离子刻蚀（Reactive Ion Etching，RIE）去除介质层的底部，再填充多晶 Si，形成 SONOS 结构。对顶部的多晶 Si 注入 As，并激活成为存储串的漏端和顶部选择管的源端。通过光刻刻蚀完成存储串的隔离工艺后，制作顶部选择管。最后，进行后段金属布线工艺。

但是 BiCS 结构如何打开源端是一个巨大的挑战。因为 $SiO_2/SiN_x/SiO_2$沉积是各向同性的，所以沟道孔底部也会沉积 $SiO_2/SiN_x/SiO_2$膜层。为了把多晶 Si 沟道和底部源端连接起来，必须将沟道孔底部的 $SiO_2/SiN_x/SiO_2$刻蚀开，类似侧墙工艺，仅保留侧壁的 $SiO_2/SiN_x/SiO_2$。刻蚀过程及后续的 HF 漂洗过程都将对侧壁隧穿氧化层造成损伤，因此隧穿氧化层质量较差，器件可靠性不好。同时，BiCS 结构存在源端电阻高、底部选择管难以控制等问题。

P-BiCS 结构解决了 BiCS 结构的上述问题[67, 68]。在 P-BiCS 结构中，沟道被折为 U 形结构，源端和顶部直接相连，因此不需要打开底部源端，也就不存在 $SiO_2/SiN_x/SiO_2$的刻蚀损伤。源端可以采用金属连线，使得电阻降低。源端选择管靠近顶部，注入形貌相对容易控制，选择能力进一步提高。

具体工艺流程如下[68]：一，在沉积 OPOP 叠层之前，需要形成管型连接结构，沉积牺牲层，以方便后续沟道的形成。二，沉积 OPOP 叠层，并形成沟道孔结构，在沟道孔中沉积牺牲层。三，沉积选择管膜层，通过光刻刻蚀形成选择管通孔，连接沟道孔。四，去除牺牲层，沉积介质层和体 Si。五，完成后续的接触孔和金属连线。

虽然大部分三维 NAND 厂商都采用电荷俘获型存储器，但依然有一部分采用浮栅型存储器。浮栅型存储器采用 OP 叠层，其工艺流程如图 5-46 所示。在沟道孔和底部 SEG 保护形成之后，对 OP 叠层中的多晶 Si 层进行部分回刻形成控制栅。利用 ALD 工艺沉积层间介质层。在沟道孔中沉积多晶 Si，先填充之前多晶 Si 回刻形成的凹槽，再进行刻蚀工艺，将沟道孔侧壁上的多晶 Si 清除干净，从而形成环状的浮栅结构。在对 Si 片进行清洗之后，沉积栅极氧化层和多晶 Si 沟道。继续进行垂直刻蚀工艺，去除底部 SEG 表面的多晶 Si、栅极氧化层、保护层。用 CVD 工艺沉积 SiO_2填充通道孔。最后进行隔离和金属连线工艺。

通过在垂直方向上制作存储单元，三维 NAND 闪存器件在无须提高光刻分辨率的情况下提高了芯片存储密度。但是，在不增加光刻技术难度的前提下，尺寸微缩的挑战转向高深宽比沟道孔的刻蚀技术和填充沟道孔的薄膜沉积技术。通过增加垂直的层数，三维 NAND 闪存器件即可进入下一代闪存器件的研发而无须依赖光刻分辨率的提高。

以上介绍的都是垂直沟道三维 NAND 闪存器件的集成工艺，接下来介绍垂直栅三维 NAND 闪存器件的集成工艺[65]。第一，在 Si 衬底上形成字线、位线和共源线；第二，沉积工作层叠层，对每个工作层进行离子注入，对叠层进行光刻刻蚀，形成图形化的工作区；第三，在图形化的工作区上沉积电荷俘获层；第四，沉积垂直栅并进行图形化；第五，形成垂直的连接塞，连出位线和共源线。虽然垂直栅三维 NAND 闪存器件在当前的工业界中并没有实际量产，但是其相比垂直沟道三维 NAND 闪存器件依然存在一些优势。例如，沟道电流不会随着堆叠层数的增加而增加，同时抗编程干扰能力更强，等等。

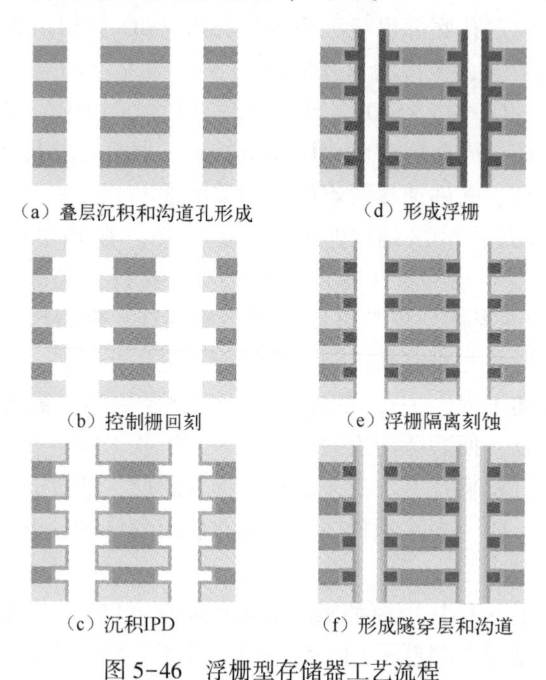

图 5-46　浮栅型存储器工艺流程

5.3　三维 NAND 工作特性及可靠性

5.3.1　三维 NAND 工作特性

对于 NAND 闪存阵列，在数据存储之前，各存储单元均处于擦除状态，通过对数据存储页中的存储单元进行选择性编程操作，沟道电子被注入存储单元的存储层，数据存储页中不同的存储单元处于不同的阈值电压状态。通过后续的编码操作，不同的存储单元阈值电压状态对应不同的信息存储位。对于 NAND 闪存，写入的数据以数据存储块为单位完成数据的擦除操作，此时，数据存储块中的存储单元被擦除到擦除状态对应的阈值电压。除了编程与擦除操作，对各存储状态的区分也是 NAND 闪存中十分重要的操作。本节将介绍 NAND 闪存阵列的读取、编程及擦除操作。

1. 读取操作

在 NAND 闪存阵列中，读取操作用来区分并判别数据存储页中各存储单元的存储状态。图 5-47 所示为三维 NAND 闪存阵列的读取操作电压偏置示意图。在三维 NAND 闪存阵列的读取过程中，目标单元的控制栅所对应的字线上会被施加读取电压 V_{verify}，该读取电压处于各存储态阈值电压之间，而在相同存储串上的其他非选择存储单元（包括顶部选择管和底部选择管）所对应的字线上会被施加读取选通电压 V_{read}[18, 90, 91]，从而使非选择存储单元处于导通状态。同时，为了避免来自相同存储块中其他非选择串电流的干扰，关断电压 V_{un_tsg} 会施加在非选择串的顶部选择管字线上。另外，选择位线被偏置预充电压 V_{pre}，非选择位线则接 0V，以避免读取过程中位线与位线之间的耦合噪声[92]。一般来讲，NAND 闪存阵列的读取操作利用了位线电容在一定电流下的放电原理，如图 5-48 所示。在一定的时间内，存储单元电流对位线电容放电一定的时间，其电压的变化如下：

$$\Delta V_C = \frac{1}{C} \times \Delta T \tag{5-6}$$

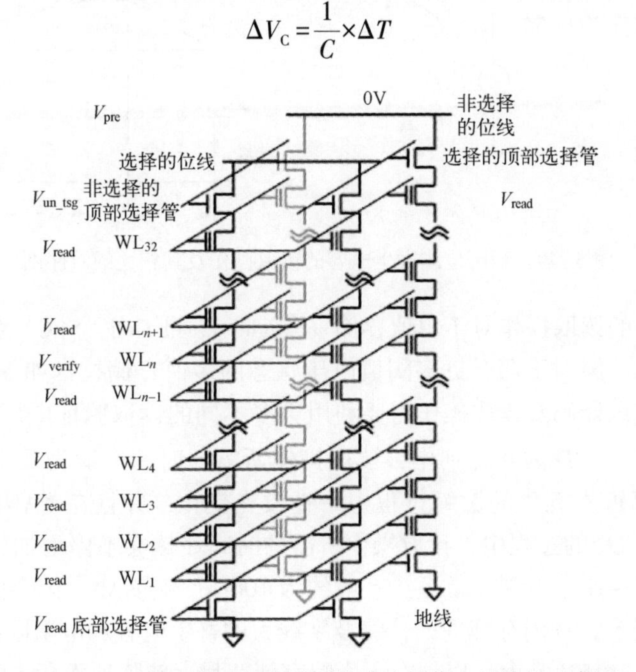

图 5-47　三维 NAND 闪存阵列的读取操作电压偏置示意图

由于流过存储单元的电流与其阈值电压相关，因此在一定时间内，电容两端的电压变化反映了存储单元的阈值电压。

具体来讲，在进行读取操作时，我们利用位线寄生电容的充电和放电来对存储单元的阈值电压进行判断。如图 5-49 所示，首先对位线电容进行预充电，使其电势为 V_{pre}，紧接着在 T_0时刻位线处于浮空状态。在 T_1时刻，位线电容开始放电，根据存储单元不同的存储状态，在一定的放电时间内，位线电容两端的电势下降量不同，将其最终保持的电势大小与触发电压 V_{SEN}进行比较，从而决定电压比较器输出“0”或“1”。在施加一定的读取验证电压 V_{verify}的情况下，当存储单元为编程状态时，流过存储单元的电流较小甚至为零，最终位线电容保持的电势低于 V_{SEN}；而当存储单元为擦除状态时，流过存储单元的电流较大，最终位线电容保持的电势高于 V_{SEN}。通过电压比较器输出不同的值来判断存储单元的存储状态。

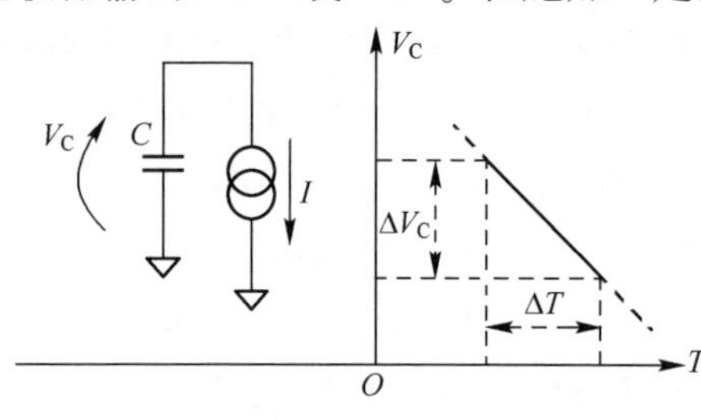

图 5-48　恒定电流对固定电容的放电

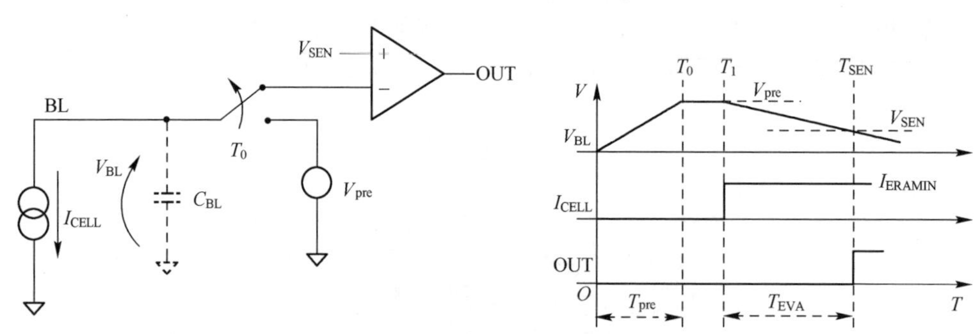

图 5-49　利用位线寄生电容的读取操作及其相关的时序图

上述单一的读取操作对于单值存储（Single-Level Cell，SLC）技术的读取执行一次就可以，但对于拥有更多阈值电压状态的多值存储技术如 MLC、TLC 等，存储的比特信息译码及读取操作需要利用更多不同的读取验证电压 V_{verify}来进行。一般来讲，在 NAND 闪存阵列中，读取操作所需的时间一般为几十微秒[93]，其在 NAND 闪存近十五年的微缩过程中一直没有变化，并且在 NAND 闪存从 SLC 转向 MLC 及 TLC 的过程中，读取操作所需的时间显然会不停增加。NOR 闪存阵列的读取时间相比之下则非常短，一般约为 100ns[94]。NAND 闪存阵列读取时间的缩短主要受 NAND 闪存阵列的位线及字线大的寄生电容和电阻限制，这些电容和电阻尺寸一般都非常大，以便在不影响存储芯片存储阵列面积占比的情况下提供最高的存储容量。一方面，NAND 闪存阵列中的寄生电容和电阻会引入 RC 延迟，一般在微秒量级；另一方面，当以存储单元电流积分到位线电容的方式进行读取操作时，RC 延迟会增加小电流的感应时间[95]。一般来讲，在 NAND 闪存中，所选存储单元串联了较大的非选择存储单元电阻，其读取电流一般只有几十纳安。鉴于 NAND 闪存较长的读取时间，对单个存储单元的随机访问不适合 NAND 闪存芯片。因此，NAND 闪存一般以页为单位进行读取，典型的页大小为 16KB[96]。相同页上的存储单元会置于相同的字线上，通过预充它们所对应的位线电容，对它们进行并行读取。值得一提的是，目前主要有两种页架构，即奇偶位线（Even/Odd BL，EOBL）[95]和全位线（All BL，ABL）[97]，对于 EOBL 架构，同一页上的存储单元只有沿着同一字线的存储单元的一半，并且两个相邻位线之间共享一个检测放大器。因此，同一页上的存储单元均为沿同一字线的偶数或奇数位置的存储单元。相反，在 ABL 架构中，每个位线独立地使用一个检测放大器，处于同一页的存储单元均沿同一字线。正是由于 NAND 闪存中页读取操作的高度并行化，以及利用阵列分割[98]和优化进一步提高了访问性能，最新的 NAND 闪存读取吞吐率才可以大大超过 100MB/s[99]，其能够比肩甚至超过 NOR 闪存。因此，NAND 闪存技术与其他致力于大量数据存储的非易失存储技术相比拥有极高的竞争力。

2. 编程操作

通过 FN 隧穿，电子均匀地经过隧穿层从沟道隧穿到存储层（浮栅存储层或电荷陷阱俘获层），完成 NAND 闪存阵列中存储单元的选择性编程操作[100]。事实上，在电子存储效率上，FN 隧穿优于其他电子注入的编程方式，如 NOR 闪存中使用的沟道热电子注入方式[101]。对于 NAND 闪存，并行的操作方式不仅适用于读取操作，而且适用于编程操作。正是由于编程时流过选择存储单元的低电流，以及随之而来的低功耗，编程操作才能和读取操作采用一样的页操作模式[102]，在如今的 NAND 闪存技术中，编程吞吐率可以超过 20MB/s[103]。此外，均匀的 FN 隧穿编程还具有良好的阵列可靠性，比沟道热电子编程的可靠性更好[101]。

图 5-50 所示为三维 NAND 闪存的 2×2 阵列等效电路图，图中展示了在阵列选择性编程过程中各位线及字线的电压偏置，同时针对三维 NAND 闪存的结构，展示了编程过程中的三种编程干扰模式，即 X、Y 和 XY 模式[70]。在编程过程中，选择存储单元所对应的字线被施加高的编程电压 V_{pgm}，同时其他非选择存储单元所对应的字线则被施加编程导通电压 V_{pass}。另外，编程选择串的顶部选择管一般偏置 V_{cc}，位线偏置 0V，这样电子可以从位线经由顶部选择管进入沟道，从而通过 FN 隧穿注入选择存储单元。在对选择存储单元进行编程时，同时会造成其他非选择存储单元（包括选择串和非选择串）阈值电压的漂移，即编程干扰。为了抑制相同存储块上非选择串上存储单元的编程干扰，存储阵列的底部选择管字线接地，使底部选择管处于关断状态，通过顶部选择管和位线偏置电压的组

合，非选择串的顶部选择管也处于关断状态。于是在编程过程中，非选择串的沟道处于浮空状态，实现沟道电势的自举提升（Self-Boosting），从而直接减小非选择串存储单元栅极与沟道之间的电势差，使编程干扰得到抑制。根据顶部选择管字线与位线偏置电压的不同组合，三维 NAND 闪存中的编程干扰分为了三种模式，如图 5-50 中的 X、Y 和 XY 模式所示。对于编程干扰的 X 模式，其对应的非选择串与编程选择串的顶部选择管共享字线，因此其顶部选择管字线的偏置电压为 V_{cc}，同时其对应的位线电压为 V_{cc}，从而在编程过程中使 X 模式的顶部选择管处于关断状态，这与平面 NAND 闪存中的编程干扰模式一致。

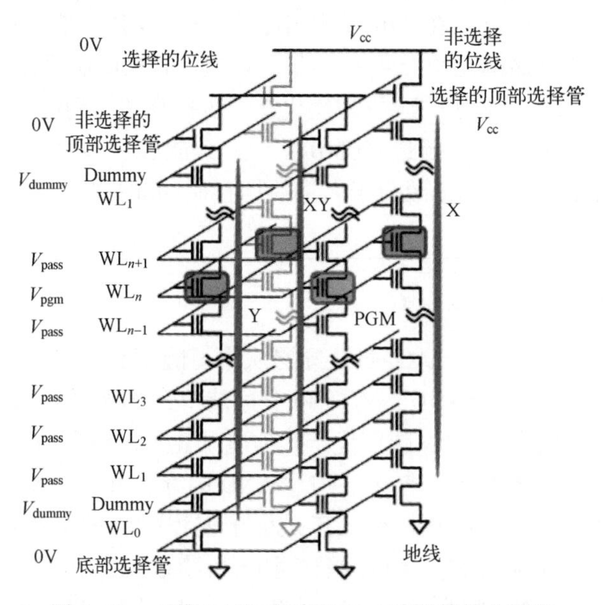

图 5-50　三维 NAND 闪存的 2×2 阵列等效电路图

三维 NAND 闪存的三维集成结构使得其他两种编程干扰模式 Y 和 XY 为三维 NAND 闪存所特有。对于编程干扰的 Y 模式，其非选择串与编程选择串共享位线（电压偏置为 0V），为了使对应的非选择串的顶部选择管在编程过程中处于关断状态，其顶部选择管对应的字线偏置电压为 0V。而对于编程干扰的 XY 模式，其顶部选择管字线与位线的偏置电压分别为 0V 和 V_{cc}。为了减小顶部选择管或底部选择管与邻近存储单元沟道之间的电场强度，进而有效减小沟道漏电，二者之间插入了另一种功能管，即 Dummy 管[104]，并在 Dummy 管字线上施加单独控制的电压 V_{dummy}，使选择管与邻近存储单元之间的沟道电势更加平缓。对于三维 NAND 闪存，为了方便工艺集成，其沟道一般为多晶 Si 材料，因而在对非选择串编程干扰进行抑制的过程中，多晶 Si 沟道的顶部选择管漏电显然比正常单晶 Si 沟道的 MOS 管更大，从而对沟道电势的自举提升产生不利影响。由于三维

NAND 闪存在集成结构与沟道材料上与平面 NAND 闪存存在极大的区别，且其分别使得三维 NAND 闪存面临更多的编程应力和更大的选择管漏电[70, 104]，因而三维 NAND 闪存的编程干扰特性天然地面临比较大的挑战。

当选中存储单元被编程到预期的阈值电压后，编程操作才会停止[95]，因此编程操作算法一般包括一系列连续的编程和读取操作。编程操作结束后紧接着进行读取操作，通过施加读取验证电压 V_{verify} 判断存储单元阈值电压是否达到要求，进而决定选中存储单元的编程操作是否结束。如图 5-51 所示，为了提高 NAND 闪存的编程性能，一般施加在选择存储单元字线上的编程电压 V_{pgm} 的幅值在编程过程中会以 ΔV 的步长逐次增加，该编程过程即 ISPP[105]。在 ISPP 中，当选择存储单元进入稳定状态后，其每次阈值电压的增加量 ΔV_T 都会接近 ISPP 的步长 ΔV[105]。同时，由于与选择存储单元位于同一字线上的非选择存储单元的沟道电势受到自举提升的作用，因此受到编程抑制。如图 5-52 所示，当选择存储单元与非选择存储单元的阈值电压达到相同的值时，其 ISPP 编程电压之差即可视为非选择串的沟道提升电势（Boosted Channel Potential）[106]。

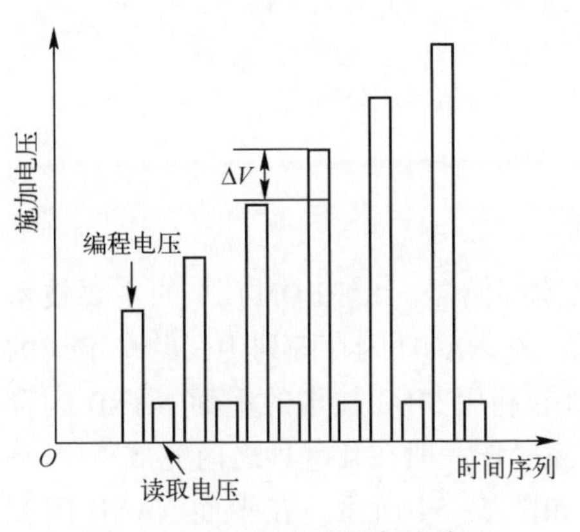

图 5-51　ISPP 中选择存储单元字线电压施加的示意图

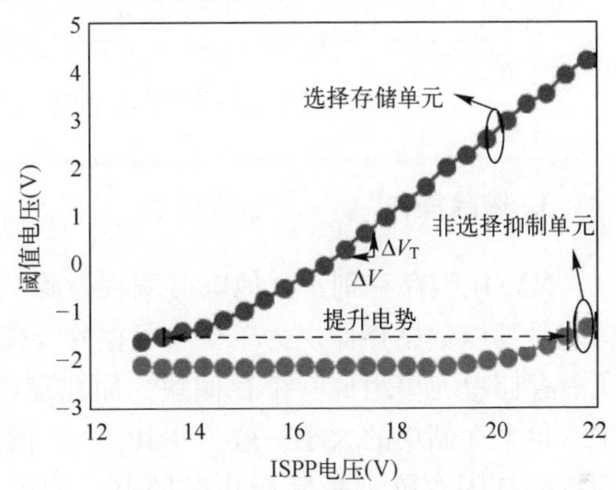

图 5-52　在 ISPP 中，选择存储单元和编程抑制单元的阈值电压与 ISPP 编程电压的关系曲线

利用 ISPP，NAND 闪存阵列最终的阈值电压分布可以忽略存储单元之间的差异，而存储单元之间的差异则反映到最终需要的编程脉冲数量上。同时，可以通过减小 ISPP 的步长 ΔV 得到更窄的阈值电压分布，如图 5-53 所示，但这一点需要我们在最终的编程时间及编程的准确性上做出平衡。此外，通过采用 ISPP，隧穿层的电场接近恒定，为 11～12mV/cm[105]，这使得 NAND 闪存的可靠性（要求低的电场）与编程性能之间（要求高电场）可以达到很好的平衡[107]。尽管 NAND 闪存的隧穿层不断减薄，在最新的平面 NAND 闪存中只有 6～7nm[106]，但

在 ISPP 中，编程电压一般还是会超过 20V。对于 NAND 闪存芯片的编程操作，编程时间是一个非常重要的参数。在 SLC 中，编程时间一般为 200~300μs[93]，随着存储技术向多值存储技术（两位存储的 MLC 和三位存储的 TLC）发展，编程操作对编程的精确性要求越来越高，因此对于 MLC 技术，其编程时间一般可以达到 1ms[96]，而 TLC 技术所需的编程时间则可以达到几毫秒[99]，这是因为在 MLC 或 TLC 技术中，一般需要通过减小编程步长或利用其他更复杂的改进型 ISPP 来提升其编程精度，这样相应的编程脉冲数量也会大幅度增加。

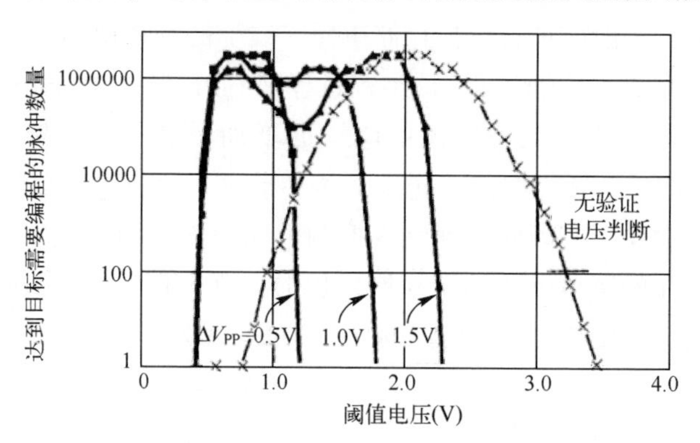

图 5-53　不同步长的 ISPP 所对应的阈值电压分布[107]

3. 擦除操作

NAND 闪存有别于其他电可编程擦除只读存储器（E^2PROM）[18]的主要技术特点是其以数据存储块为单位进行擦除操作。在 NAND 闪存阵列中，共享字线的所有存储单元串组成一个存储块，而在最新的利用 MLC 技术的平面 NAND 闪存中，单个存储块的大小一般为 4MB[103]，擦除操作一般在几毫秒之内完成[93]。平面 NAND 闪存阵列擦除操作时的电压偏置如图 5-54 所示。在平面 NAND 闪存中，擦除操作一般通过在 p 阱上施加一个较高的正擦除电压 V_{ers}来完成，此时各存储单元所对应的字线均接地，位于存储单元存储层中的电子以 FN 隧穿的方式通过隧穿层回到存储阵列的沟道区[100]。为了保证存储块的其他部分不受电压应力，选择管字线、全部位线及共源线均保持浮空状态。此外，与编程操作类似，擦除操作时 Dummy 管也通过单独施加一定的电压偏置 V_{dummy}来降低选择管与邻近存储单元之间的电场强度。擦除操作之后，伴随而来的是擦除验证操作，验证在存储块中是否所有存储单元的阈值电压均低于 0V 或其他值，如果没有通过验证，那么以更大的擦除电压继续擦除操作，直到通过擦除验证。在 NAND 闪存中，与编程算法不同，擦除及擦除验证操作只需要控制最终擦除阈值电压分布的上边界，而不需要控制其分布宽度。

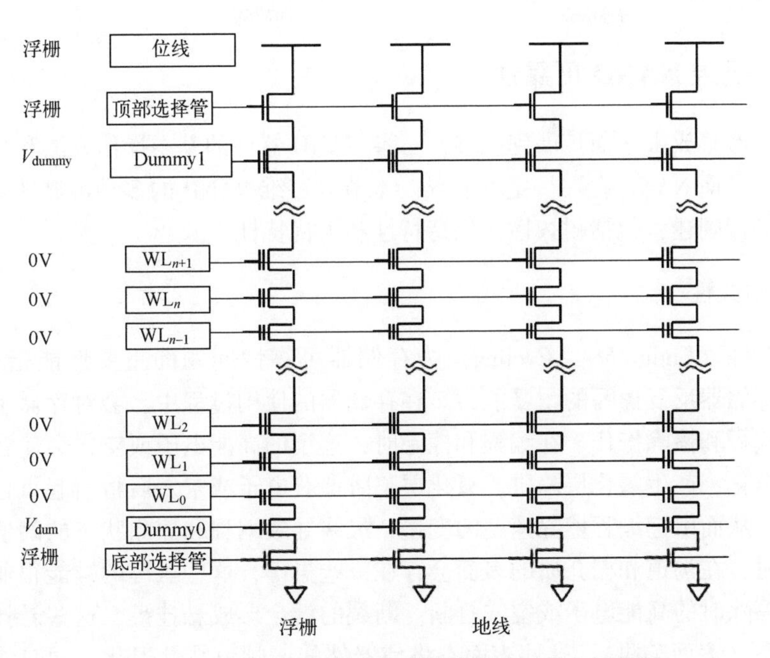

图 5-54　平面 NAND 闪存阵列擦除操作时的电压偏置

对于三维 NAND 闪存阵列，根据其三维集成方案的不同，其擦除方式与平面 NAND 闪存有一些不同。对于东芝公司的电荷俘获型存储器，BiCS 结构[64, 66]，由于其垂直沟道底端直接连接到 Si 衬底的 N 型共源端扩散区，而没有平面 NAND 闪存的 p 阱结构，因此其擦除时的空穴是通过其底部选择管特殊的电压偏置造成的 GIDL 效应产生的。三维 NAND 电荷俘获型存储器，BiCS 结构的擦除操作沟道电势仿真图如图 5-55 所示。

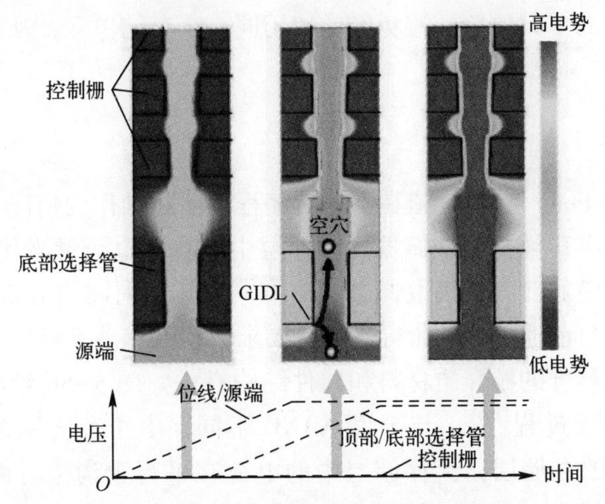

图 5-55　三维 NAND 电荷俘获型存储器，BiCS 结构的擦除操作沟道电势仿真图

5.3.2 三维 NAND 可靠性

存储器集成由平面扩展到三维，三维 NAND 器件的基本操作方法和相关概念与传统的平面 NAND 存在一定的差异。本节对三维 NAND 的多种可靠性参数的基本概念进行阐述，包括耐久性、保持特性和干扰特性。

1. 耐久性

耐久性（Endurance，Cycling）为存储器可靠性问题的重要性能指标之一，体现了存储器反复擦写的耐受能力。在存储器的使用过程中，会对存储单元进行不断的编程和擦除操作。在编程和擦除时，连续的高能电子或空穴会使隧穿氧化层产生退化，产生氧化层陷阱。氧化层陷阱俘获电子或空穴后将引起氧化层势垒的改变，从而引起编程擦除速度的变慢，最终导致编程和擦除状态的阈值电压漂移。同时，在沟道和栅介质的表面会存在一些氢键，这些氢键的键能很弱，会被编程和擦除时的高能电子或空穴打断。断裂的键会形成悬挂键，这些悬挂键将形成表面态（表面陷阱）。这些表面态将使器件的亚阈值特性退化，同时使阈值电压升高[108]。当阈值电压漂移到一定程度时，器件将无法正常工作。因此，耐久性直接反映了器件的使用寿命。

学术界和工业界经常将 3000 次反复编程和擦除后阈值电压的漂移量定义为耐久性的量化指标。提高器件耐久性的方法通常是提高编程和擦除速度、减小编程和擦除电压，从而减小编程和擦除的电场，以及隧穿电子或空穴对界面及隧穿层的损伤。但是，太快的编程速度会引起编程干扰特性恶化等问题。在存储器实际的工作过程中，由于单个单元的编程和擦除次数有限，NAND 控制器会均衡地分配编程和擦除的单元位置，避免经常使用同一个存储单元，从而延长整个存储阵列的工作寿命。

2. 保持特性

保持（Retention）特性是指在不进行编程和擦除操作的情况下，可以存储有效数据的时间。电荷俘获型存储器以存储层中俘获的电荷量来代表存储的信息。存储的电荷量会随着时间逐渐衰减，当衰减到一定量时将引起存储信息的变化，导致读取错误。目前业界的评价标准通常要求数据在室温下可以正常存储至少十年。保持特性与器件的栅介质材料和器件结构有关。图 5-56 给出了保持特性需要考虑的几种物理过程[109]。与平面 NAND 不同，由于工艺限制等原因，三维 NAND 采用连续的存储层，给存储层中的电荷在平行于沟道方向移动提供了途径。因此，在三维 NAND 中，被俘获的电荷在存储层中的移动主要有两个方向，一个是垂直于沟道方向，另一个是平行于沟道方向。如图 5-56 中路径 1 所示，被俘获的电荷可以通过陷阱辅助隧穿的方式隧穿过隧穿氧化层进入沟道；如路径 3 所示，电荷在存储层会发生俘获和发射过程；如路径 4 所示，发射到导带上的电荷可以垂直于沟道方向或平行于沟道方向漂移，同时有一定概率通过路径 2 隧穿到沟道。垂直于沟道方向的电荷丢失与栅介质层的质量直接相关，尤其是在多次编程和擦除后，隧穿层内产生一些浅能级陷阱，这加速了陷阱辅助隧穿的概率[110]。

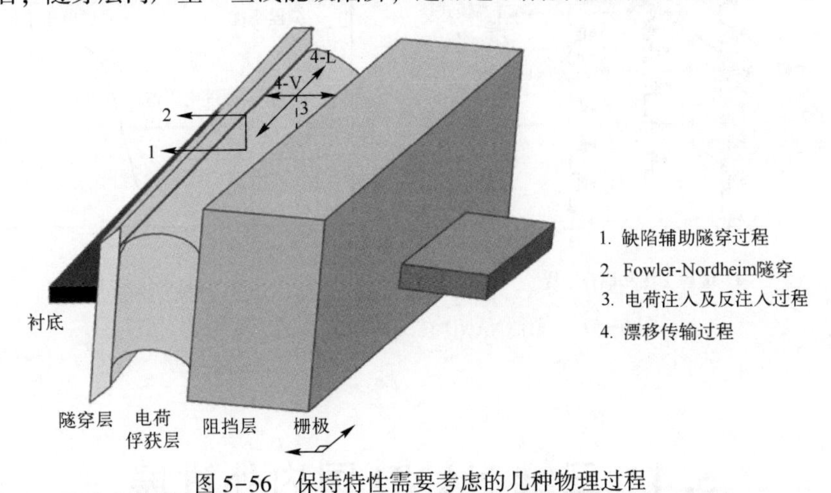

图 5-56 保持特性需要考虑的几种物理过程

3. 干扰特性

由于三维 NAND 采用三维集成方式，所以其阵列结构和操作方式比传统的平面存储器更复杂。如图 5-57（a）所示，三维 NAND 在编程时产生更多的复杂干扰模式。在平面 NAND 中，编程干扰只有模式 A（选择的顶部选择管，非选择的位线），而在三维 NAND 中，多出了新的模式 B（非选择的顶部选择管，非选择的位线）和模式 C（非选择的顶部选择管，选择的位线）[111]。在编程抑制时，这些单元所加栅压都是编程高压，因此受到的干扰称为编程干扰（Program Disturb）。抑制编程干扰首先要关断顶部和底部选择管，从而浮空编程抑制串的沟道。浮空的沟道电势会随着编程栅压的上升而自举提升。高的沟道电势会减小栅介质层中的电场，抑制非编程单元的编程干扰。与编程单元在同一串且相邻的存储单元同时会受到编程栅压的耦合串扰（Coupling/Cell-to-Cell Interference）[112]，如模式 D。而与编程单元在同一串且不相邻的单元所加栅压为通过电压 V_{pass}，V_{pass} 栅压引起的干扰称为通过电压干扰（Pass Disturb）[50]，与编程单元在同一串且相邻的存储单元同时会受到编程栅压的耦合串扰[50]，如模式 E。提高编程通过电压，可以提高编程抑制串的耦合电势，从而减小编程干扰。但是过高的通过电压会恶化通过电压干扰[112]，如图 5-57（b）所示，编程通过电压的选取存在一个范围，这叫作通过电压窗口（V_{pass} Window）。

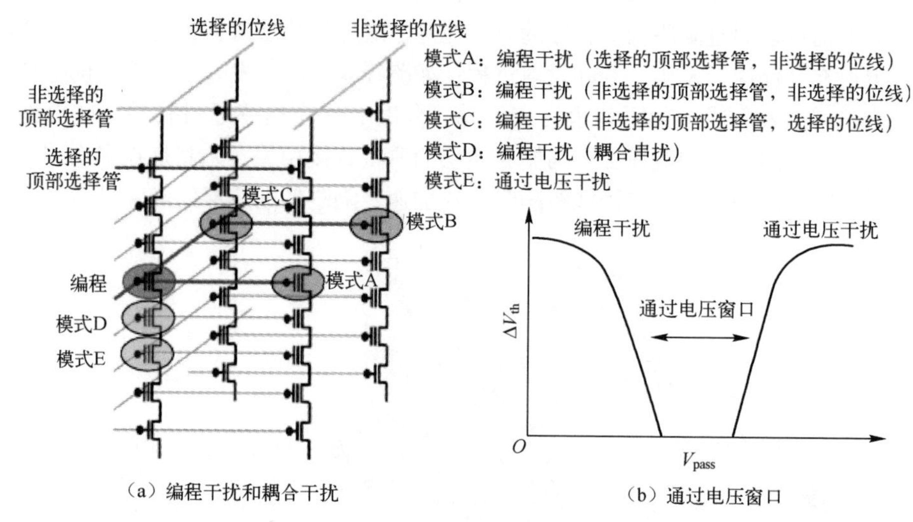

（a）编程干扰和耦合干扰　　（b）通过电压窗口

图 5-57　三维 NAND 在编程时复杂的干扰模式

5.4　三维 NAND 国内外进展

5.4.1　国外三维 NAND 存储器的研究现状

当前，国外三维 NAND 的主要厂商有韩国三星和海力士，日本铠侠，美国西部数据、美光和 Intel。图 5-58 所示为目前国外主要三维 NAND 存储器厂商的工艺节点路线图。

三星作为第一个开始量产三维 NAND 的公司，引领着全球 NAND 闪存技术的发展方向，同时占据着大部分的市场份额。三星从 2009 年 TCAT 结构的提出到 2013 年第一代 24 层 V-NAND SSD 产品的生产仅用了 4 年的时间。之后为了进一步提高存储容量、降低成本，每年推出下一代三维 NAND 产品[113-119]。直至 2019 年，三星已经研发出第六代 V-NAND 三维存储器，其堆叠层数已经到达 136 层，并且还在朝着更高堆叠层数继续研发。

铠侠原名东芝，1986 年发明了 NAND 闪存[1]，2007 年率先发布了石破天惊的三维 NAND BiCS 结构[64]，但是并没有量产。之后，东芝公司与西部数据公司合作，进行三维存储器的研发。2016 年对外发布了 48 层三维存储器产品。2018 年逐渐追赶上三星公司，实现了 96 层三维存储器的量产。

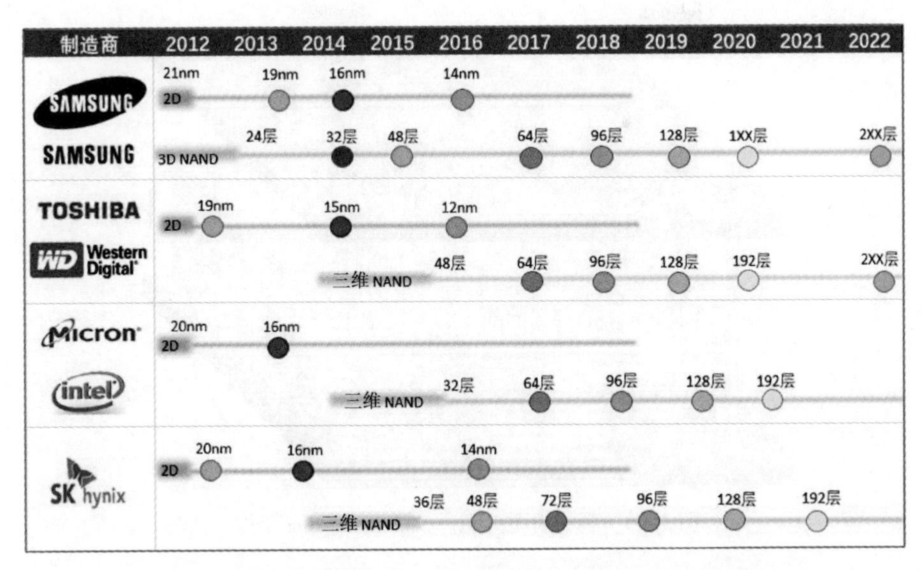

图 5-58　国外主要三维 NAND 存储器厂商的工艺节点路线图

美光与 Intel 公司合作研发三维存储器，但与其他公司不同的是，其所研发的存储器为浮栅型。浮栅型存储器具有良好的数据保持特性，因此面向的应用领域与电荷俘获型存储器不同，更适用于服务器级市场。美光与 Intel 公司 2018 年已经研发出 96 层浮栅型存储器。

5.4.2　国内三维 NAND 存储器的研究现状

我国是世界上最大的电子产品生产国，同时是最大的存储器需求国。2018 年，中国集成电路进口额为 3121 亿美元，大概占全球市场总额的 2/3[120]。我国已经连续 6 年集成电路进口额超过两千亿美元，集成电路已经与石油一起位列最大宗进口商品。目前，中国市场的 NAND 闪存消耗占全球 40%以上。一直以来，中国的存储芯片产业基本空白，几乎全部依赖进口。

2016 年，在武汉新芯集成电路制造有限公司的基础上，紫光组建了中国第一家存储器制造公司：长江存储科技有限责任公司，主要研发三维 NAND 产品。目前，该公司已经在三维 NAND 研发上取得进展，32 层三维 NAND 芯片顺利通过电学性能等各项指标测试，达到预期要求。2019 年，拥有自主知识产权的 X-tacking 架构 64 层三维 NAND 量产[73]（见图 5-59）。长江存储在三维 NAND 的电路、器件、工艺、测量等诸多方面提出了创新性的方案[121-128]。

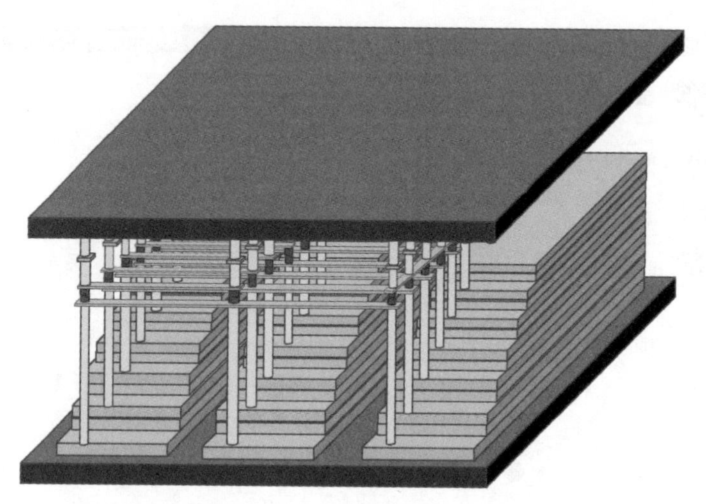

图 5-59　拥有自主知识产权的 X-tacking 架构

大数据时代，存储芯片的需求量与日俱增。三维 NAND 闪存技术可以打破平面微缩瓶颈，利用 Si 片上的三维空间提升存储密度，提高器件性能，降低成本。NAND 闪存根据工作原理，可以分为浮栅型和电荷俘获型；根据三维堆叠的方式，可以分为垂直沟道和垂直栅两种结构。目前主要的三维 NAND 存储结构包括东芝公司的 P-BiCS 结构和三星公司的 TCAT 结构。以 TCAT 结构为例，三维 NAND 闪存的关键工艺模块包括层膜沉积、字线台阶、沟道孔、隔离槽、接触孔等。此外，本章还介绍了三维 NAND 的基本工作性能和可靠性，并对国内外的研究现状进行了综述，长江存储以武汉新芯现有的 12 英寸先进集成电路技术研发与生产制造能力为基础，已于 2017 年研制成功了中国第一片三维 NAND 闪存芯片，填补了国内空白，有望跻身世界一流三维 NAND 闪存产品厂商的行列。

参考文献

[1] MASUOKA F, MOMODOMI M, IWATA Y, et al. New ultra high density EPROM and flash EEPROM with NAND structure cell [C] //IEEE, International Electron Devices Meeting (IEDM), Washington, 1987: 552-555.

[2] KAHNG D, SZE S M. A floating gate and its application to memory devices [J]. The Bell Sys-

tem Technical Journal, 1967, 46 (6): 1288-1295.

[3] WEGENER H A, LINCOLN A, PAO H, et al. The variable threshold transistor, a new electrically-alterable, non-destructive read-only storage device [C] //IEEE, International Electron Devices Meeting (IEDM), Washington, 1967.

[4] PAO H C, O'CONNELL M. Memory behavior of an MNS capacitor [J]. Applied Physics Letters, 1968, 12 (8): 260-263.

[5] FROHMAN-BENTCHKOWSKY D. The metal-nitride-oxide-silicon (MNOS) transistor—Characteristics and applications [J]. Proceedings of the IEEE, 1970, 58 (8): 1207-1219.

[6] CHEN P C. Threshold-alterable Si-gate MOS devices [J]. IEEE Transactions on Electron Devices, 1977, 24 (5): 584-586.

[7] SUZUKI E, HIRAISHI H, ISHII K, et al. A low-voltage alterable EEPROM with metal—oxide-nitride—oxide—semiconductor (MONOS) structures [J]. IEEE Transactions on Electron Devices, 1983, 30 (2): 122-128.

[8] LAI S. Tunnel oxide and ETOX™ flash scaling limitation [C] //IEEE, International Conference on Nonvolatile Memory Technology, Albuquerque, 1998: 6-7.

[9] LEE J D, CHOI J H, PARK D, et al. Degradation of tunnel oxide by FN current stress and its effects on data retention characteristics of 90 nm NAND flash memory cells [C] //IEEE, International Reliability Physics Symposium Proceedings (IRPS), Dallas, 2003: 497-501.

[10] OM J, CHOI E, KIM S, et al. The effect of mechanical stress from stopping nitride to the reliability of tunnel oxide and data retention characteristics of NAND FLASH memory [C] // IEEE, International Reliability Physics Symposium Proceedings (IRPS), San Jose, 2005: 257-259.

[11] PARK Y, LEE J, CHO S S, et al. Scaling and reliability of NAND flash devices [C] // IEEE, International Reliability Physics Symposium Proceedings (IRPS), Waikoloa, 2014: 2E. 1. 1-2E. 1. 4.

[12] PARK S K. Technology scaling challenge and future prospects of DRAM and NAND flash memory [C] //IEEE, International Memory Workshop (IMW), Monterey, 2015: 1-4.

[13] ARITOME S. NAND flash memory technologies [M]. New Jersey: John Wiley & Sons, 2015.

[14] KWAK D, PARK J, KIM K, et al. Integration technology of 30nm generation multi-level NAND flash for 64Gb NAND flash memory [C] //IEEE, Symposium on VLSI Technology (VLSIT), Kyoto, 2007: 12-13.

[15] HWANG B, SHIM J, PARK J H, et al. Smallest bit-line contact of 76nm pitch on NAND flash cell by using reversal PR (photo resist) and SADP (self-align double patterning) process [C] //IEEE, Conference and Workshop on Advanced Semiconductor Manufacturing (ASMC), Stresa, 2007: 356-358.

[16] PARK B T, SONG J H, CHO E S, et al. 32nm 3-bit 32gb NAND flash memory with DPT (double patterning technology) process for mass production [C] //IEEE, Symposium on VLSI Technology (VLSIT), Honolulu, 2010: 125-126.

[17] SHIROTA R, NAKAYAMA R, KIRISAWA R, et al. A 2.3μm^2 memory cell structure for 16MB NAND EEPROMs [C] //IEEE, International Electron Devices Meeting (IEDM), San Francisco, 1990: 103-106.

[18] KIM H, AHN S J, SHIN Y G, et al. Evolution of NAND flash memory: From 2D to 3D as a storage market leader [C] //IEEE, International Memory Workshop (IMW), Monterey, 2017: 1-4.

[19] HWANG J, SEO J, LEE Y, et al. A middle-1X nm NAND flash memory cell (M1X-NAND) with highly manufacturable integration technologies [C] //IEEE, International Electron Devices Meeting (IEDM), Washington, 2011: 9.1.1-9.1.4.

[20] NICOSIA G, PAOLUCCI G M, COMPAGNONI C M, et al. A single-electron analysis of NAND Flash memory programming [C] //IEEE, International Electron Devices Meeting (IEDM), Washington, 2015: 14.8.1-14.8.4.

[21] COMPAGNONI C M, PAOLUCCI G M, MICCOLI C, et al. First detection of single-electron charging of the floating gate of NAND Flash memory cells [J]. IEEE Electron Device Letters, 2014, 36 (2): 132-134.

[22] PRALL K, PARAT K. 25nm 64Gb MLC NAND technology and scaling challenges [C] //IEEE, International Electron Devices Meeting (IEDM), San Francisco, 2010: 5.2.1-5.2.4.

[23] PARAT K, DENNISON C. A floating gate based 3D NAND technology with CMOS under array [C] //IEEE, International Electron Devices Meeting (IEDM), Washington, 2015: 3.3.1-3.3.4.

[24] GHETTI A, AMOROSO S M, MAURI A, et al. Impact of nonuniform doping on random telegraph noise in flash memory devices [J]. IEEE Transactions on Electron Devices, 2011, 59 (2): 309-315.

[25] GHETTI A, AMOROSO S M, MAURI A, et al. Doping engineering for random telegraph noise suppression in deca-nanometer Flash memories [C] //IEEE, International Memory Workshop (IMW), Monterey, 2011: 1-4.

[26] GHETTI A, COMPAGNONI C M, BIANCARDI F, et al. Scaling trends for random telegraph noise in deca-nanometer Flash memories [C] //IEEE, International Electron Devices Meeting (IEDM), San Francisco, 2008: 1-4.

[27] GHETTI A, BONANOMI M, COMPAGNONI C M, et al. Physical modeling of single-trap RTS statistical distribution in Flash memories [C] //IEEE, International Reliability Physics Symposium Proceedings (IRPS), Phoenix, 2008: 610-615.

[28] ROY G, BROWN A R, ADAMU-LEMA F, et al. Simulation study of individual and combined sources of intrinsic parameter fluctuations in conventional nano-MOSFETs [J]. IEEE Transactions on Electron Devices, 2006, 53 (12): 3063-3070.

[29] GHETTI A, COMPAGNONI C M, SPINELLI A S, et al. Comprehensive analysis of random telegraph noise instability and its scaling in deca-nanometer flash memories [J]. IEEE Transac-

tions on Electron Devices, 2009, 56 (8): 1746-1752.

[30] COMPAGNONI C M, GUSMEROLI R, SPINELLI A S, et al. Statistical model for random telegraph noise in Flash memories [J]. IEEE Transactions on Electron Devices, 2007, 55 (1): 388-395.

[31] FUKUDA K, SHIMIZU Y, AMEMIYA K, et al. Random telegraph noise in flash memories-model and technology scaling [C] //IEEE, International Electron Devices Meeting (IEDM), Washington, 2007: 169-172.

[32] MICCOLI C, BARBER J, COMPAGNONI C M, et al. Resolving discrete emission events: A new perspective for detrapping investigation in NAND Flash memories [C] //IEEE, International Reliability Physics Symposium Proceedings (IRPS), Monterey, 2013: 3B.1.1-3B.1.6.

[33] KURATA H, OTSUGA K, KOTABE A, et al. The impact of random telegraph signals on the scaling of multilevel Flash memories [C] //IEEE, Symposium on VLSI Circuits, Honolulu, 2006: 112-113.

[34] SPINELLI A S, COMPAGNONI C M, GUSMEROLI R, et al. Investigation of the random telegraph noise instability in scaled Flash memory arrays [J]. Japanese Journal of Applied Physics, 2008, 47 (4S): 2598.

[35] TEGA N, MIKI H, OSABE T, et al. Anomalously large threshold voltage fluctuation by complex random telegraph signal in floating gate flash memory [C] //IEEE, International Electron Devices Meeting (IEDM), San Francisco, 2006: 1-4.

[36] JOE S M, YI J H, PARK S K, et al. Threshold voltage fluctuation by random telegraph noise in floating gate NAND flash memory string [J]. IEEE Transactions on Electron Devices, 2010, 58 (1): 67-73.

[37] COMPAGNONI C M, CASTELLANI N, MAURI A, et al. Three-dimensional electrostatics-and atomistic doping-induced variability of RTN time constants in nanoscale MOS devices—Part II: Spectroscopic implications [J]. IEEE Transactions on Electron Devices, 2012, 59 (9): 2495-2500.

[38] CASTELLANI N, COMPAGNONI C M, MAURI A, et al. Three-dimensional electrostatics-and atomistic doping-induced variability of RTN time constants in nanoscale MOS devices—Part I: Physical investigation [J]. IEEE Transactions on Electron Devices, 2012, 59 (9): 2488-2494.

[39] MAURI A, CASTELLANI N, COMPAGNONI C M, et al. Impact of atomistic doping and 3D electrostatics on the variability of RTN time constants in flash memories [C] //IEEE, International Electron Devices Meeting (IEDM), Washington, 2011: 17.1.1-17.1.4.

[40] GODA A, MICCOLI C, COMPAGNONI C M. Time dependent threshold-voltage fluctuations in NAND Flash memories: From basic physics to impact on array operation [C] //IEEE, International Electron Devices Meeting (IEDM), Washington, 2015: 14.7.1-14.7.4.

[41] PAOLUCCI G M, COMPAGNONI C M, SPINELLI A S, et al. Fitting cells into a narrow V_T interval: Physical constraints along the lifetime of an extremely scaled NAND Flash memory array [J]. IEEE Transactions on Electron Devices, 2015, 62 (5): 1491-1497.

[42] COMPAGNONI C M, GHIDOTTI M, LACAITA A L, et al. Random telegraph noise effect on the programmed threshold-voltage distribution of flash memories [J]. IEEE Electron Device Letters, 2009, 30 (9): 984-986.

[43] BAIK S, KIM S, LEE J G, et al. Characterization of threshold voltage instability after program in charge trap flash memory [C] //IEEE, International Reliability Physics Symposium Proceedings (IRPS), Montreal, 2009: 284-287.

[44] SUBIRATS A, ARREGHINI A, DEGRAEVE R, et al. In depth analysis of post-program V_T instability after electrical stress in 3D SONOS memories [C] //IEEE, International Memory Workshop (IMW), Paris, 2016: 1-4.

[45] CHEN C P, LUE H T, HSIEH C C, et al. Study of fast initial charge loss and it's impact on the programmed states Vt distribution of charge-trapping NAND Flash [C] // IEEE, International Electron Devices Meeting (IEDM), 2010: 5.6.1-5.6.4.

[46] CHOI B, JANG S H, YOON J, et al. Comprehensive evaluation of early retention (fast charge loss within a few seconds) characteristics in tube-type 3-D NAND flash memory [C] //IEEE, Symposium on VLSI Technology (VLSIT), Honolulu, 2016: 1-2.

[47] PARK M, KIM K, PARK J H, et al. Direct field effect of neighboring cell transistor on cell-to-cell interference of NAND flash cell arrays [J]. IEEE Electron Device Letters, 2008, 30 (2): 174-177.

[48] GHETTI A, BORTESI L, VENDRAME L. 3D simulation study of gate coupling and gate cross-interference in advanced floating gate non-volatile memories [J]. Solid-State Electronics, 2005, 49 (11): 1805-1812.

[49] ARITOME S, KIKKAWA T. Scaling challenge of self-aligned STI cell (SA-STI cell) for NAND flash memories [J]. Solid-State Electronics, 2013, 82: 54-62.

[50] LEE J D, HUR S H, CHOI J D. Effects of floating-gate interference on NAND flash memory cell operation [J]. IEEE Electron Device Letters, 2002, 23 (5): 264-266.

[51] PRALL K. Scaling non-volatile memory below 30nm [C] //IEEE, Non-Volatile Semiconductor Memory Workshop, Monterey, 2007: 5-10.

[52] NOH Y, AHN Y, YOO H, et al. A new metal control gate last process (MCGL process) for high performance DC-SF (dual control gate with surrounding floating gate) 3D NAND flash memory [C] //IEEE, Symposium on VLSI Technology (VLSIT), Honolulu, 2012: 19-20.

[53] JAMES D. Recent advances in memory technology [C] //IEEE, Conference and Workshop on Advanced Semiconductor Manufacturing (ASMC), Saratoga Springs, 2013: 386-395.

[54] LEE S. Scaling challenges in NAND flash device toward 10nm technology [C] //IEEE, International Memory Workshop (IMW), Milan, 2012: 1-4.

[55] KIM S, CHO W, KIM J, et al. Air-gap application and simulation results for low capacitance in 60nm NAND flash memory [C] //IEEE, Non-Volatile Semiconductor Memory Workshop, Monterey, 2007: 54-55.

[56] KANG D, SHIN H, CHANG S, et al. The air spacer technology for improving the cell distri-

bution in 1 giga bit NAND flash memory [C] //IEEE, Non-Volatile Semiconductor Memory Workshop, Monterey, 2006: 36-37.

[57] LEE D H, SUNG W. Least squares based coupling cancelation for MLC NAND flash memory with a small number of voltage sensing operations [J]. Journal of Signal Processing Systems, 2013, 71 (3): 189-200.

[58] LEE C, LEE S K, AHN S, et al. A 32-Gb MLC NAND flash memory with Vth endurance enhancing schemes in 32 nm CMOS [J]. IEEE Journal of Solid-State Circuits, 2010, 46 (1): 97-106.

[59] TRINH C, SHIBATA N, NAKANO T, et al. A 5.6MB/s 64Gb 4b/cell NAND flash memory in 43nm CMOS [C] //IEEE, International Conference on Solid-State Circuits (ISSCC), San Francisco, 2009: 246-247.

[60] LI Y, LEE S, FONG Y, et al. A 16Gb 3b/Cell NAND flash memory in 56nm with 8MB/s write rate [C] //IEEE, International Conference on Solid-State Circuits (ISSCC), San Francisco, 2008: 506-632.

[61] SHIN S H, SHIM D K, JEONG J Y, et al. A new 3-bit programming algorithm using SLC-to-TLC migration for 8MB/s high performance TLC NAND flash memory [C] // IEEE, Symposium on VLSI Circuits (VLSIC), Honolulu, 2012: 132-133.

[62] ENDOH T, KINOSHITA K, TANIGAMI T, et al. Novel ultrahigh-density flash memory with a stacked-surrounding gate transistor (S-SGT) structured cell [J]. IEEE Transactions on Electron Devices, 2003, 50 (4): 945-951.

[63] JUNG S M, JANG J, CHO W, et al. Three dimensionally stacked NAND flash memory technology using stacking single crystal Si layers on ILD and TANOS structure for beyond 30nm node [C] //IEEE, International Electron Devices Meeting (IEDM), San Francisco, 2006: 1-4.

[64] TANAKA H, KIDO M, YAHASHI K, et al. Bit cost scalable technology with punch and plug process for ultra high density flash memory [C] //IEEE, Symposium on VLSI Technology (VLSIT), Kyoto, 2007: 14-15.

[65] KIM W, CHOI S, SUNG J, et al. Multi-layered Vertical Gate NAND Flash overcoming stacking limit for terabit density storage [C] //IEEE, Symposium on VLSI Technology (VLSIT), Kyoto, 2009: 188-189.

[66] FUKUZUMI Y, KATSUMATA R, KITO M, et al. Optimal integration and characteristics of vertical array devices for ultra-high density, bit-cost scalable flash memory [C] //IEEE, International Electron Devices Meeting (IEDM), Washington, 2007: 449-452.

[67] ISHIDUKI M, FUKUZUMI Y, KATSUMATA R, et al. Optimal device structure for pipe-shaped BiCS flash memory for ultra high density storage device with excellent performance and reliability [C] //IEEE, International Electron Devices Meeting (IEDM), Baltimore, 2009: 1-4.

[68] KATSUMATA R, KITO M, FUKUZUMI Y, et al. Pipe-shaped BiCS flash memory with 16 stacked layers and multi-level-cell operation for ultra high density storage devices [C] //

IEEE, Symposium on VLSI Technology (VLSIT), Kyoto, 2009: 136-137.

[69] JANG J, KIM H S, CHO W, et al. Vertical cell array using TCAT (Terabit Cell Array Transistor) technology for ultra high density NAND flash memory [C] //IEEE, Symposium on VLSI Technology (VLSIT), Kyoto, 2009: 192-193.

[70] CHOI E S, PARK S K. Device considerations for high density and highly reliable 3D NAND flash cell in near future [C] //IEEE, International Electron Devices Meeting (IEDM), San Francisco, 2012: 9.4.1-9.4.4.

[71] LUE H T, HSU T H, WU C J, et al. A novel double-density, single-gate vertical channel (SGVC) 3D NAND Flash that is tolerant to deep vertical etching CD variation and possesses robust read-disturb immunity [C] //IEEE, International Electron Devices Meeting (IEDM), Washington, 2015: 3.2.1-3.2.4.

[72] WHANG S, LEE K, SHIN D, et al. Novel 3-dimensional dual control-gate with surrounding floating-gate (DC-SF) NAND flash cell for 1Tb file storage application [C] //IEEE, International Electron Devices Meeting (IEDM), San Francisco, 2010: 29.7.1-29.7.4.

[73] ZHANG W, XU J, WANG S, et al. Metrology challenges in 3D NAND Flash technical development and manufacturing [J]. J Microelectron Manuf, 2020, 3: 20030102.

[74] KANG G, AN S, KIM K, et al. An in situ monitoring method for PECVD process equipment condition [J]. Plasma Science and Technology, 2019, 21 (6): 064003.

[75] JANG D B, HONG S J. In-situ monitoring of multiple oxide/nitride dielectric stack PECVD deposition process [J]. Transactions on Electrical and Electronic Materials, 2018, 19 (1): 21-26.

[76] HONG P, ZHAO Z, LUO J, et al. An improved dimensional measurement method of staircase patterns with higher precision in 3D NAND [J]. IEEE Access, 2020, 8: 140054-140061.

[77] HUANG C H, LIU Y L, WANG W, et al. CD uniformity control for thick resist process [C] // International Society for Optics and Photonics, Metrology, Inspection, and Process Control for Microlithography XXXI, 2017: 101452J.

[78] HONG P, XIA Z, YIN H, et al. A high density and low cost staircase scheme for 3D NAND flash memory: SDS (stair divided scheme) [J]. ECS Journal of Solid State Science and Technology, 2019, 8 (10): P567.

[79] YANG Z, CHUNG Y A, CHANG S Y, et al. Pattern dependent plasma charging effect in high aspect ratio 3D NAND architecture [C] //IEEE, Conference and Workshop on Advanced Semiconductor Manufacturing (ASMC), Saratoga Springs, 2016: 358-360.

[80] OH Y T, KIM K B, SHIN S H, et al. Impact of etch angles on cell characteristics in 3D NAND flash memory [J]. Microelectronics Journal, 2018, 79: 1-6.

[81] IWASE T, MATSUI M, YOKOGAWA K, et al. Role of surface-reaction layer in HBr/fluorocarbon-based plasma with nitrogen addition formed by high-aspect-ratio etching of polycrystalline silicon and SiO_2 stacks [J]. Japanese Journal of Applied Physics, 2016, 55 (6S2): 06HB02.

[82] LEE J Y, SEO I S, MA S M, et al. Yield enhancement of 3D flash devices through broadband brightfield inspection of the channel hole process module [C] // International Society for Optics and Photonics, Advanced Etch Technology for Nanopatterning II, 2013: 86850U.

[83] ZOU X, JIN L, JIANG D, et al. The optimization of gate all around-L-shaped bottom select transistor in 3D NAND flash memory [J]. Journal of Nanoscience and Nanotechnology, 2018, 18 (8): 5528-5533.

[84] LUO L, LU Z, ZOU X, et al. An effective process to remove etch damage prior to selective epitaxial growth in 3D NAND flash memory [J]. Semiconductor Science and Technology, 2019, 34 (9): 095004.

[85] LAI S C, LUE H T, HSU T H, et al. A bottom-source single-gate vertical channel (BS-SGVC) 3D NAND flash architecture and studies of bottom source engineering [C] //IEEE, International Memory Workshop (IMW), Paris, 2016: 1-4.

[86] BASSETT D W, ROTONDARO A L. Silica formation during etching of silicon nitride in phosphoric acid [J]. Solid State Phenomena, 2016, 255: 285-290.

[87] LEE S K, MA S M, SEO I, et al. Investigation of novel inspection capability for 3D NAND device wordline inspection [C] //IEEE, Conference and Workshop on Advanced Semiconductor Manufacturing (ASMC), Saratoga Springs, 2014: 278-282.

[88] KOFUJI N, MORI M, NISHIDA T. Uniform lateral etching of tungsten in deep trenches utilizing reaction-limited NF_3 plasma process [J]. Japanese Journal of Applied Physics, 2017, 56 (6S2): 06HB05.

[89] KRIS R, KLEBANOV G, FRIEDLER I, et al. Contact etch process control application for advanced NAND memory structures [C] // International Society for Optics and Photonics, Metrology, Inspection, and Process Control for Microlithography XXXIV, 2020: 113251F.

[90] MOMODOMI M, ITOH Y, SHIROTA R, et al. An experimental 4-Mbit CMOS EEPROM with a NAND-structured cell [J]. IEEE Journal of Solid-State Circuits, 1989, 24 (5): 1238-1243.

[91] MOMODOMI M, KIRISAWA R, NAKAYAMA R, et al. New device technologies for 5 V-only 4 Mb EEPROM with NAND structure cell [C] //IEEE, International Electron Devices Meeting (IEDM), San Francisco, 1988: 412-415.

[92] TAKEUCHI K, TANAKA T, NAKAMURA H. a double - level - V_{th} select gate array architecture for multilevel NAND flash memories [J]. IEICE Transactions on Electronics, 1996, 79 (7): 1013-1020.

[93] IMAMIYA K, NAKAMURA H, HIMENO T, et al. A 125-mm^2 1-Gb NAND flash memory with 10-MByte/s program speed [J]. IEEE Journal of Solid-State Circuits, 2002, 37 (11): 1493-1501.

[94] VILLA C, VIMERCATI D, SCHIPPERS S, et al. A 125MHz burst-mode flexible read-while-write 256Mbit 2b/c 1.8V NOR flash memory [C] //IEEE, International Conference on Solid-State Circuits (ISSCC), San Francisco, 2005: 582-584.

[95] TANAKA T, TANAKA Y, NAKAMURA H, et al. A quick intelligent page-programming architecture and a shielded bitline sensing method for 3 V-only NAND flash memory [J]. IEEE Journal of Solid-State Circuits, 1994, 29 (11): 1366-1373.

[96] HELM M, PARK J K, GHALAM A, et al. A 128Gb MLC NAND-Flash device using 16nm planar cell [C] //IEEE, International Conference on Solid - State Circuits (ISSCC), San Francisco, 2014: 326-327.

[97] CERNEA R A, PHAM L, MOOGAT F, et al. A 34MB/s MLC write throughput 16Gb NAND with all bit line architecture on 56nm technology [J]. IEEE Journal of Solid-State Circuits, 2008, 44 (1): 186-194.

[98] CAPPELLETTI P, GOLLA C, OLIVO P, et al. Flash memories [M]. New York: Springer Science & Business Media, 1999.

[99] NASO G, BOTTICCHIO L, CASTELLI M, et al. A 128Gb 3b/cell NAND flash design using 20nm planar-cell technology [C] // IEEE, International Conference on Solid-State Circuits (ISSCC), San Francisco, 2013: 218-219.

[100] KIRISAWA R, ARITOME S, NAKAYAMA R, et al. A NAND structured cell with a new programming technology for highly reliable 5V-only flash EEPROM [C] //IEEE, Symposium on VLSI Technology (VLSIT), Honololu, 1990: 129-130.

[101] OHNAKADO T, MITSUNAGA K, NUNOSHITA M, et al. Novel electron injection method using band-to-band tunneling induced hot electrons (BBHE) for flash memory with a P-channel cell [C] //IEEE, International Electron Devices Meeting (IEDM), Washington, 1995: 279-282.

[102] MIYAJI K, YANAGIHARA Y, HIRASAWA R, et al. Control gate length, spacing, channel hole diameter, and stacked layer number design for bit-cost scalable-type three-dimensional stackable NAND flash memory [J]. Japanese Journal of Applied Physics, 2014, 53 (2): 024201.

[103] CHOI S, KIM D, CHOI S, et al. A 93.4mm^2 64Gb MLC NAND-flash memory with 16nm CMOS technology [C] //IEEE, International Conference on Solid-State Circuits (ISSCC), San Francisco, 2014: 328-329.

[104] SHIM K S, CHOI E S, JUNG S W, et al. Inherent issues and challenges of program disturbance of 3D NAND flash cell [C] //IEEE, International Memory Workshop (IMW), Milan, 2012: 1-4.

[105] SUH K D, SUH B H, LIM Y H, et al. A 3.3V 32Mb NAND flash memory with incremental step pulse programming scheme [J]. IEEE Journal of Solid-State Circuits, 1995, 30 (11): 1149-1156.

[106] LEE D H, SHIN Y, JANG D, et al. A new cell-type string select transistor in NAND flash memories for under 20nm node [C] //IEEE, International Memory Workshop (IMW), Milan, 2012: 1-3.

[107] HEMINK G, TANAKA T, ENDOH T, et al. Fast and accurate programming method for multi-

level NAND EEPROMs [C] //IEEE, Symposium on VLSI Technology (VLSIT), Kyoto, 1995: 129-130.

[108] FAYRUSHIN A, SEOL K, NA J, et al. The new program/erase cycling degradation mechanism of NAND flash memory devices [C] //IEEE, International Electron Devices Meeting (IEDM), Baltimore, 2009: 1-4.

[109] ARREGHINI A, AKIL N, DRIUSSI F, et al. Long term charge retention dynamics of SONOS cells [J]. Solid-State Electronics, 2008, 52 (9): 1460-1466.

[110] LEE J D, CHOI J H, PARK D, et al. Effects of interface trap generation and annihilation on the data retention characteristics of flash memory cells [J]. IEEE Transactions on Device and Materials Reliability, 2004, 4 (1): 110-117.

[111] CHOE B I, PARK B G, LEE J H. Body doping profile of select device to minimize program disturbance in three-dimensional stack NAND flash memory [J]. Japanese Journal of Applied Physics, 2013, 52 (6S): 06GE02.

[112] LEE J D, LEE C K, LEE M W, et al. A new programming disturbance phenomenon in NAND flash memory by source/drain hot-electrons generated by GIDL current [C] //IEEE, Non-Volatile Semiconductor Memory Workshop, Monterey, 2006: 31-33.

[113] KIM D H, KIM H, YUN S, et al. A 1Tb 4b/cell NAND flash memory with t_{PROG} = 2ms, t_R = 110μs and 1.2Gb/s high-speed IO rate [C] // IEEE, International Conference on Solid-State Circuits (ISSCC), San Francisco, 2020: 218-220.

[114] KANG D, KIM M, JEON S C, et al. A 512GB 3-bit/Cell 3D 6 th-Generation V-NAND flash memory with 82MB/s write throughput and 1.2GB/s interface [C] //IEEE, International Conference on Solid-State Circuits (ISSCC), San Francisco, 2019: 216-218.

[115] LEE S, KIM C, KIM M, et al. A 1Tb 4b/cell 64-stacked-WL 3D NAND flash memory with 12MB/s program throughput [C] //IEEE, International Conference on Solid-State Circuits (ISSCC), San Francisco, 2018: 340-342.

[116] KIM C, KIM D H, JEONG W, et al. A 512-gb 3-b/cell 64-stacked wl 3-d-nand flash memory [J]. IEEE Journal of Solid-State Circuits, 2017, 53 (1): 124-133.

[117] KANG D, JEONG W, KIM C, et al. 256Gb 3b/cell V-NAND flash memory with 48 stacked WL layers [J]. IEEE Journal of Solid-State Circuits, 2016, 52 (1): 210-217.

[118] IM J W, JEONG W P, KIM D H, et al. A 128GB 3b/cell V-NAND flash memory with 1GB/s I/O rate [C] //IEEE, International Conference on Solid-State Circuits (ISSCC), San Francisco, 2015: 1-3.

[119] PARK K T, BYEON D S, KIM D H. A world's first product of three-dimensional vertical NAND Flash memory and beyond [C] //IEEE, Non-Volatile Memory Technology Symposium (NVMTS), Jeju, 2014: 1-5.

[120] 一文看懂 2018 全球半导体市场数据 [N/OL]. (2019-2-22) [2021-3-6]. http://www.qianjia.com/html/2019-02/22_325834.html.

[121] ZOU X, YAN L, JIN L, et al. Cycling induced trap generation and recovery near the top se-

lect gate transistor in 3D NAND [C] //IEEE, International Reliability Physics Symposium Proceedings (IRPS), Monterey, 2019: 1-5.

[122] ZOU X, JIN L, YAN L, et al. The influence of grain boundary interface traps on electrical characteristics of top select gate transistor in 3D NAND flash memory [J]. Solid-State Electronics, 2019, 153: 67-73.

[123] ZHAO C, JIN L, LI D, et al. Investigation of threshold voltage distribution temperature dependence in 3D NAND flash [J]. IEEE Electron Device Letters, 2018, 40 (2): 204-207.

[124] YAN L, JIN L, ZOU X, et al. Investigation of erase cycling induced TSG Vt shift in 3D NAND flash memory [J]. IEEE Electron Device Letters, 2018, 40 (1): 21-23.

[125] ZHANG Y, JIN L, JIANG D, et al. Leakage characterization of top select transistor for program disturbance optimization in 3D NAND flash [J]. Solid-State Electronics, 2018, 141: 18-22.

[126] ZHANG Y, JIN L, ZOU X, et al. A novel program scheme for program disturbance optimization in 3-D NAND Flash memory [J]. IEEE Electron Device Letters, 2018, 39 (7): 959-962.

[127] ZOU X, JIN L, JIANG D, et al. Investigation of cycling-induced dummy cell disturbance in 3D NAND flash memory [J]. IEEE Electron Device Letters, 2017, 39 (2): 188-191.

[128] ZHANG Y, JIN L, JIANG D, et al. A novel read scheme for read disturbance suppression in 3D NAND flash memory [J]. IEEE Electron Device Letters, 2017, 38 (12): 1669-1672.

第6章

三维新型存储技术

随着智能信息时代的到来，物联网、人工智能、5G通信等技术迅速崛起，对数据的存储和计算特性提出了新的要求。目前，传统的存储器如静态随机存储器（Static Random Access Memory，SRAM）、动态随机存储器（Dynamic Random Access Memory，DRAM）和闪速（Flash）存储器在存储容量、访问速度、持续微缩等方面已较难满足未来的发展趋势。因此，阻变随机存储器（Resistive Random Access Memory，RRAM）、磁性随机存储器（Magnetic Random Access Memory，MRAM）、相变随机存储器（Phase Change Random Access Memory，PCRAM）等新型存储器应运而生，而基于新型存储器的三维集成技术，将成为解决后摩尔时代“存储墙”“能效墙”等瓶颈的主要技术路线之一。本章将重点介绍RRAM、MRAM、PCRAM及DRAM的三维集成技术，从其器件结构及工作原理、发展现状、未来技术挑战与展望三方面进行分析与阐述。

6.1 三维RRAM集成技术

RRAM是一种基于阻值变化来记录存储数据信息的非易失存储器。近年来，非易失存储器由于其高密度、高速度和低功耗的特点，在存储器的发展当中占据越来越重要的地位。Si基Flash存储器作为传统的非易失存储器，已被广泛投入可移动存储器的应用中。但是，工作寿命、读写速度的不足，读写过程中的高电压及尺寸无法继续缩小等瓶颈从多方面限制了Si基Flash存储器的进一步发展。作为替代，多种新兴器件作为下一代非易失存储器得到了业界广泛的关注[1,2]。在这样的情况下，RRAM因其具有相当可观的发展应用前景，在近些年引发了广泛的研发热潮。

相比其他存储器，RRAM的制备工艺简单，可以采用溅射、化学气相沉积（Chemical Vapor Deposition，CVD）、脉冲激光沉积及电子束蒸发等工艺形成电阻层，不需要增加专门的设备。有些制备工艺还可以在室温下进行，不需要高温工序，与标准 CMOS 工艺兼容。

6.1.1 RRAM 的器件结构及工作原理

1. RRAM 的器件结构

RRAM 中的阻变元件一般采用金属-介质层-金属（MIM）的电容结构（见图 6-1），由两层金属电极包裹一层介质层材料构成。金属电极材料主要包括传统的金属单质，如 Au、Pt、Cu、Al 等，而介质层材料主要包括二元过渡金属氧化物、钙钛矿型化合物等。

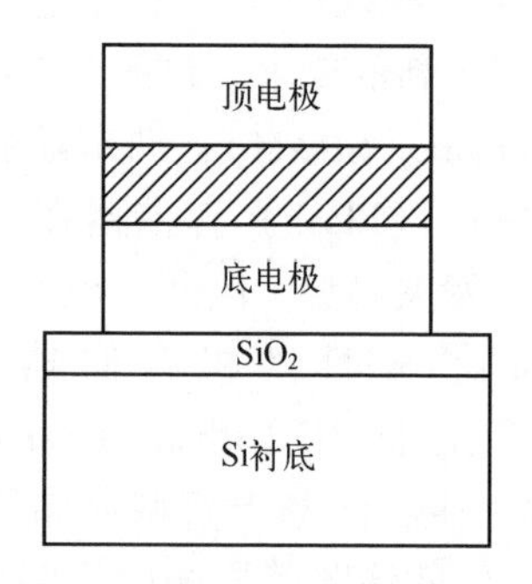

图 6-1　MIM 结构的原理图

金属-氧化物阻变存储器的阻变类型可分成两类：单极性阻变和双极性阻变。单极性阻变是指阻变方向仅与所加电压的大小有关，与电压极性无关，从高（低）阻态到低（高）阻态的过程可以发生在相同极性电压条件下。如果单极性阻变都在正负电压下对称发生，那么这种阻变可以认为是无极性阻变。双极性阻变是指，阻变方向取决于偏置电压的极性，从高阻态到低阻态的过程只能发生在某一极性下，从低阻态到高阻态的过程发生在相反的极性下。无论是单极性阻变还是双极性阻变，为了避免绝缘阻变层被击穿（从高阻态到低阻态的过程中），需要在此过程中设置限流。除此之外，还有一种更常见的限流方式，即设置与存储单元相连的选通晶体管、二极管或串联电阻。

2. RRAM 的工作原理

RRAM 存储单元分为 3 种基本结构，即 0T1R 单元、1T1R 单元（1 晶体管 1 阻变器件）和 1D1R 单元（1 二极管 1 阻变器件），如图 6-2 所示。下面分别说明 0T1R、1T1R 和 1D1R 单元的结构和工作原理。

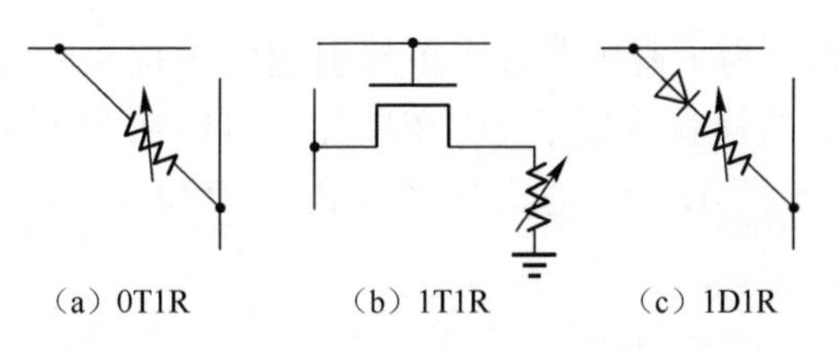

图 6-2　RRAM 存储单元的 3 种基本结构

（1）**0T1R 单元**。图 6-2（a）所示为 0T1R 单元，只用一个存储电阻构成一个单元，电阻的顶电极接字线，电阻的底电极接位线。这种存储单元结构[3]简单，可以实现 $4F^2$的小单元面积，而且便于实现三维集成。构成存储阵列时在每条字线和位线上通过选择开关控制，如图 6-3 所示。

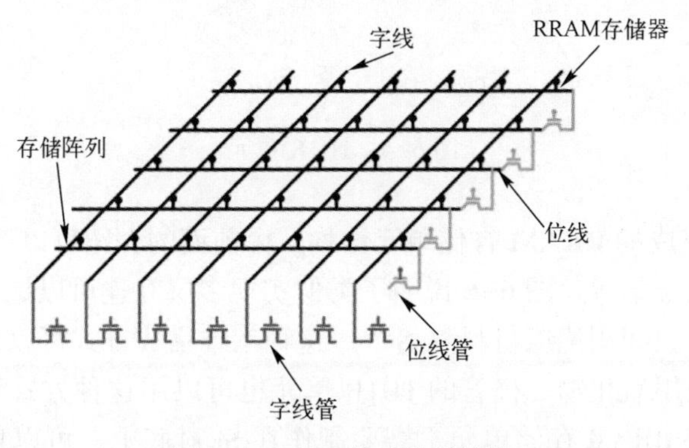

图 6-3　0T1R 单元阵列结构

（2）**1T1R 单元**。用 MOSFET 作为存储单元的选择开关构成 1T1R 单元[4]，如图 6-4 所示。采用 MOSFET 作为选择开关可以有效抑制泄漏电流，而且 MOSFET 也可以提供较大的编程电流，加快编程速度。如图 6-4 所示的单元结构，采用 0.18μm 工艺制作，当字线加 2V 电压时编程电流为 500μA，可以实现 5ns 的快速写操作。

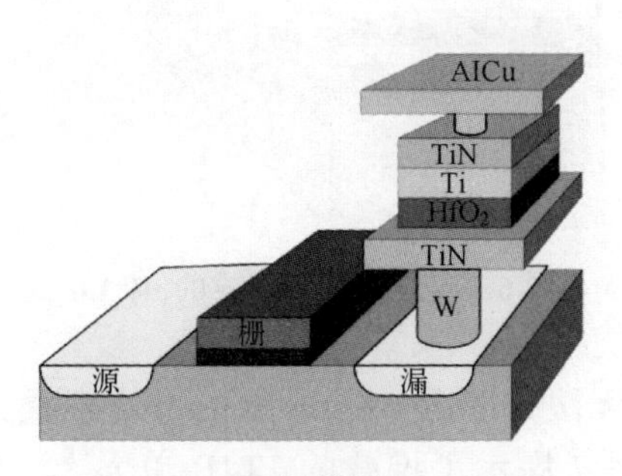

图 6-4　Si 二极管的 1T1R 单元

（3）**1D1R 单元**。为了避免非选中单元引起的干扰和泄漏路径，也可以用二极管作为开关器件，这样就构成了 1D1R 单元。可以在 Si 衬底上形成 PN 结开关二极管[5]，如图 6-5 所示。但是这种结构占用面积大，需要高温工艺形成二极管。

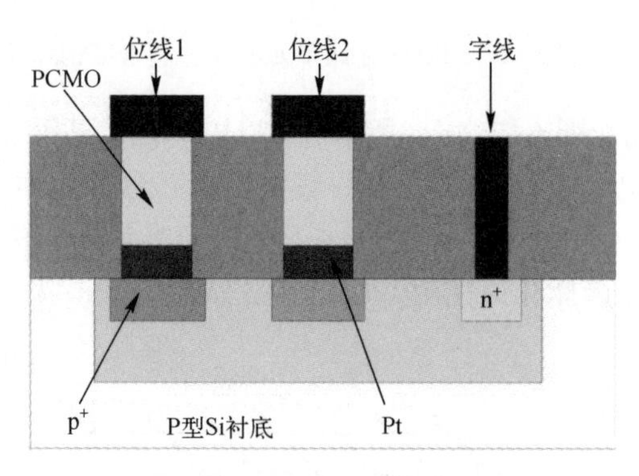

图 6-5　1D1R 单元

（4）**三维集成的 RRAM 存储单元结构**。由前面的介绍可以看出，0T1R 单元非常便于实现三维集成。图 6-6 说明了类似实现多层互连可以把多层存储阵列堆叠起来，存储层之间用绝缘材料隔离[6]。这种三维集成方式可以极大地提高芯片的存储密度。采用氧化物二极管的 1D1R 单元也可以用这种方式堆叠起来实现三维集成[7]。这些 RRAM 存储单元不需要制作在 Si 衬底上，可以依靠后步工序制作单元阵列，这正是 RRAM 有利于实现三维集成提高存储密度的优势。

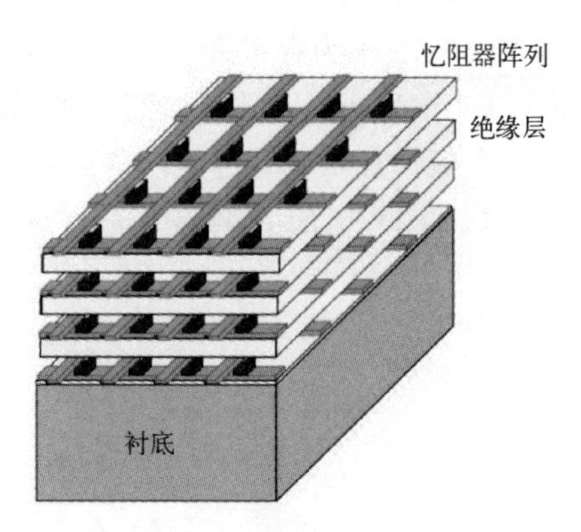

图 6-6　实现三维集成的 RRAM

对于 1T1R 单元，无法按照图 6-6 所示的方式堆叠，但可利用 1TXR 单元实现高密度存储。图 6-7 展示了堆叠的 1T4R 单元[8]。1T4R 单元中 4 个存储电阻共用一个选通 MOS 管，电阻的底电极通过通孔连在一起接 MOS 管的源极，电阻的顶电极分别连接 4 条位线。一个单元中的 4 个电阻分别放在 2 层上，采用 4 层金属工艺，M1 和 M3 作为单元中的连线，M2 和 M4 作为位线。这种三维叠单元只把电阻层堆叠，有源器件不堆叠，因此工艺简单，与标准 CMOS 工艺兼容。

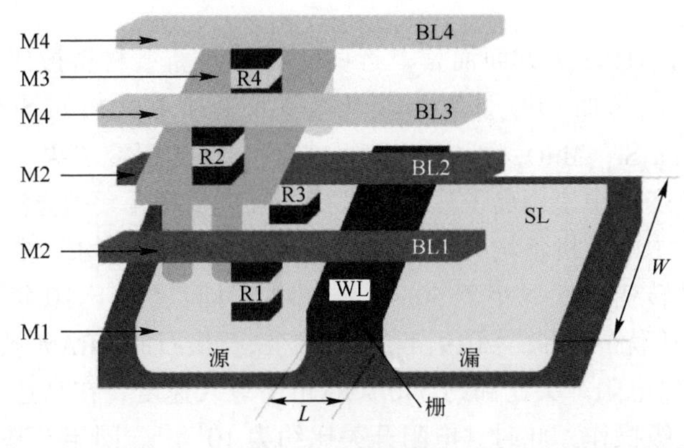

图 6-7　1T4R 单元

1TXR 单元比常规 1T1R 单元节省很多面积，也不会增加工艺复杂度。1T4R 单元占用的 Si 片面积比常规 1T1R 单元小 30%。如果采用 8 层金属工艺实现 1T64R 单元（4 个电阻层，每层 16 个电阻），那么可以比常规 1T1R 单元的存储密度提高 260%[7]。

6.1.2　三维 RRAM 的发展现状

20 世纪 60 年代，在偏置电压的激励下，绝缘的氧化物转变为导电态的现象被首次发现，即最初的阻变效应[9-12]。由于最初研究的阻变现象比较微弱，不适用于存储器的开发应用，所以仅停留在科学研究的层面而没有广泛应用于市场。然而，从 20 世纪 90 年代开始，随着新型、高性能阻变材料的发现，阻变现象让人们重燃了研究热情，目前应用较多的阻变材料有复杂金属氧化物，钛矿型氧化物[13,14]及二元金属氧化物如 NiO[15]、TiO_2。2008 年，惠普实验室[16]宣布首次在物理上实现了基于 TiO_x 的忆阻器。近年来信息产业的高速发展推动了社会对于高性能存储器的需求，RRAM 得到了更多国内外研究机构的关注，如中国科学院微电子研究所、三星公司、清华大学、伊利诺伊大学、斯坦福大学、中国科学院上海硅酸盐研究所、南京大学等，并在 RRAM 材料和存储单元结构改进等方面取得了一系列的研究成果。

科学家们期望可以通过简单的工艺来实现 RRAM 与传统 CMOS 的集成，由于制造工艺温度兼容标准 CMOS 工艺，因此 RRAM 可满足三维结构和十字交叉结构的集成要求，进而形成三维器件阵列。在 2009 年的 IEDM 上，三星公司的研究团队在玻璃衬底上将 GaInZnO 的超薄晶体管集成于 NiO 的电阻上，从而成功制备了这两种材料的三维叠层结构，这是三维 RRAM 首次被正式提出[7]。由此，关于三维 RRAM 的结构、机理和制备的研究迅速成为半导体器件领域的前沿课题。

就 RRAM 材料的改进方面而言，近些年，一些新型材料被研究人员深入探究，二元金属氧化物如 CuO_x、WO_x 等[8]，多元金属氧化物如 $SrZrO_3$、$SrRuO_3$、$La_xCa_{1-x}MnO_3$、$La_xSr_{1-x}MnO_3$ 等[17-20]，并取得了显著的研究成果。2011 年，研究人员发现，在阻变层中使用离子注入技术掺杂微量金属元素的方法可以有效地消除缺陷在阻变层中的随机不均匀性分布，同时提升器件的均一性[21]。其制备的阻变器件具有高转变速度（小于 50ns）、长保持时间（大于 10 年）及大存储窗口（大于 10^4）等优异性能。2019 年，基于钇铁石榴石的 RRAM 被发现在常温环境中具有约 10^4 的电阻开关比和约 540ps 的超快写入速度；在高达 85℃ 下还可成功完成亚纳秒量级操作，此时其电阻开关比约为 10^3[22]。同年，基于聚萘二甲酸乙二醇酯（PEN）基板制备了基于 TiO_2/HfO_2 结构的柔性双层 RRAM，具有出色的均匀性、高耐久性和优异的机械柔韧性，而且弯曲半径为 70～10mm，在机械应力下没有观察到性能的下降[23]。

就 RRAM 存储单元结构的产业化发展方面而言，三维 RRAM 可以集成在两种架构中[23-27]，如图 6-8 所示。三维水平堆叠 RRAM（Horizontal RRAM，H-RRAM）[28] 利用堆叠的平面十字交叉阵列，可以通过增加堆叠层数来增加存储密度[23]。这种设计也被称为三维交叉点结构[25] 或水平交叉点结构（Horizontal Cross-Point Architecture，HCPA）[25]，如图 6-8（a）所示。

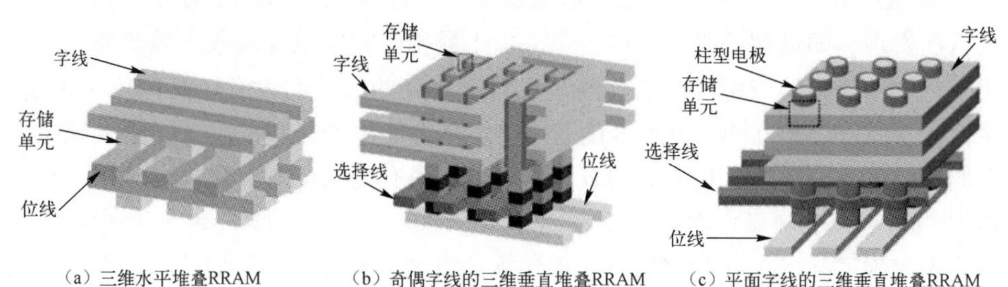

图 6-8　不同的三维 RRAM 结构设计示意图

三维垂直堆叠 RRAM（Vertical RRAM，V-RRAM）也被称为垂直交叉点架构（Vertical Cross-Point Architecture，VCPA）[25]，其中一个驱动电极垂直定向，其他多个驱动电极在垂直侧壁上制造[23]。根据字线布局的不同，V-RRAM 分为奇偶字线[24,27] 和平面字线[27,29]，设计结构如图 6-8（b）、（c）所示。

在这两种垂直结构中，器件尺寸可以缩小到 $4F^2/N$，其中，N 是堆叠的层数。研究人员[28]使用全尺寸仿真电路模拟器（SPICE）电路模型对 3 种三维架构包括不同几何形状的互连电阻/电容和 RRAM 单元电阻/电容进行了模拟，结果表明，H-RRAM 可以在保持低能耗的同时获得更大的阵列尺寸和更短的 RC 延迟。H-RRAM 可以使用平面沉积技术（如 PVD）制造，并且可以包括 BEOL 兼容薄膜晶体管[30]。然而，随着堆叠层数的增加，H-RRAM 的临界光刻掩模数量呈线性增加，与 V-RRAM 相比，H-RRAM 的成本效益要低得多[23,27,31]。通过 V-RRAM 和 H-RRAM 的比较表明，在 32 个堆叠层上的 V-RRAM 的预计成本仅为 H-RRAM 的一半。同时，V-RRAM 的制备必须克服一些工艺挑战，其中包括较高的深宽比的各向异性刻蚀和需要精确控制交换层厚度的 ALD 工艺。同时，在 V-RRAM 设计中，自校正或自选择单元是必不可少的，因为侧壁上的薄膜晶体管与 RRAM 单元的集成不仅会损害横向缩放，侧壁单元堆内的导电电极还会在相邻单元之间造成短路，因此必须将其刻蚀掉，这在垂直设计中几乎是不可能的[17]。

1. H-RRAM 研究进展

在 2007 年的 IEDM 上，三星公司展示了第一个三维 H-RRAM 堆叠阵列[7]。它是一个室温处理的 H-RRAM 阵列，只有 8×8 的 1D1R 单元，将 p-CuO_x/n-In-ZnO_x 氧化物二极管和 Ti 掺杂的 NiO-RRAM 集成在具有共享位线的双层结构中。2010 年，Unity Semiconductor 展示了其采用 130 nm 技术节点制造的 64MB 测试芯片，4 层 1R 堆叠存储层[32]。无薄膜晶体管的设计是通过采用过渡金属氧化物双层制成的 RRAM 单元实现的。2012 年，松下公司采用 180nm 技术节点，制备了一种基于 TaO_x 的 1S1R（1 薄膜晶体管 1 阻变器件）8MB 双层堆叠 H-RRAM。在 8. 2ns 的脉冲宽度下实现了 443MB/s 的写入吞吐量，并实现了错误检查[33]。2013 年，闪迪和东芝公司开发了一款采用 24nm 技术节点的 32GB 双层 H-RRAM 测试芯片。这种 RRAM 是基于金属氧化物的二极管薄膜晶体管。阵列控制电路、感测放大器、页缓冲和电压调节器驱动均置于阵列下方，这样的结构提高了阵列的面积效率。2015 年，Intel 和美光公司宣布，将在年底前准备好 128 GB 1S1R H-RRAM 的样品，并在 2016 年进行商业发货。清华大学和台积电公司[34]在 2014 年的 IEDM 上展示了一种采用了 28nm CMOS Cu BEOL 工艺制备的新型三维交织 DT1R 交叉点阵列。无薄膜晶体管设计是通过采用非线性 TaO_x RRAM 单元实现的，该单元位于金属和通孔之间，通孔位于两个相邻金属的中心位线上。有研究人员构建了 1D2R RRAM 现场可编程门阵列[35]，和传统的 1T2R 的非易失现场可编程门阵列相比，该器件运行速度提高了 53%，同时功耗降低了 40. 5%。

2. V-RRAM 研究进展

清华大学在 2014 年成功制备了一种三层堆叠的 V-RRAM[36]，其单元沉积在相对陡峭的侧壁上，将 Pt 作为水平电极和顶电极。该器件具有低形成电压和大存储窗口，优异的多层单元开关特性和高达 10^{10}周期的超高脉冲耐久性。RRAM 是由反应溅射法制备的 $AlO_z/Ta_2O_{5-x}/TaO_y$三层膜构成的，这种方法可以实现严格的 O 浓度控制，但不适用于具有更高层数的 V-RRAM。此外，低阻态（1 级）工作电流（复位）在毫安范围内，没有显示非线性。有研究人员以 $Pt/HfO_2/TiO$ 结构制备了两层三维 V-RRAM[37]，利用 ALD 工艺[1]在 $SiO_2/TiN/SiO_2/TiN/SiO_2$多层柱侧壁上生长 HfO_2，并在顶部沉积 Pt 带作为垂直顶电极。在 125℃下，这种三维 V-RRAM 具有优异的开关稳定性，并且在超过 10^4s 的时间内没有内存保持特性降低现象发生。在相邻的顶部和底部单元的同时开关期间，显示了垂直单元之间对读写干扰的抗扰性。在 100ns 宽的交流脉冲下显示了超过 10^6次的交流脉冲耐久性和超过 10 倍的存储窗口。首尔国立大学的研究小组开发了一种 $Pt/Ta_2O_5/HfO_{2-x}/TiO_x/Ti$ 结构的 RRAM[38]，电池工作电压范围内的双极电阻转换机制是电子的，而不是离子的。这种 RRAM 单元可以形成自整流，同时实现高达 10^6的存储窗口。从高温下的测量数据推断，在室温下，数据保持时间约 1 年。与以前的工作[39]相比，用 Ti 代替 Sn 底电极，芯片的性能显著提高。

6.1.3 三维 RRAM 的技术挑战与展望

RRAM 作为一项新型的存储技术有着巨大的商用价值，但其在器件性能、存储机理、可靠性和集成等方面仍有一些基础性的问题需要解决。

1. 漏电流串扰的影响

由于三维 RRAM 的基础结构为交叉阵列结构，因此漏电流串扰是不可避免的问题[27]。在数据的写入过程中，当漏电流通过未选择阻变单元时会引起显著的电压降，因此会降低未选择阻变单元的可访问性。同样地，在数据的读取过程中，读取的数据是通过识别阻变单元高、低阻态之间电流值的大小来判断的，所以漏电流极大地影响了所读取信息的准确性，同时它的存在在一定程度上增加了不必要的功耗。图 6-9 所示为 RRAM 漏电流串扰示意图，其中细实线为读取电流路径，粗实线为漏电流路径。

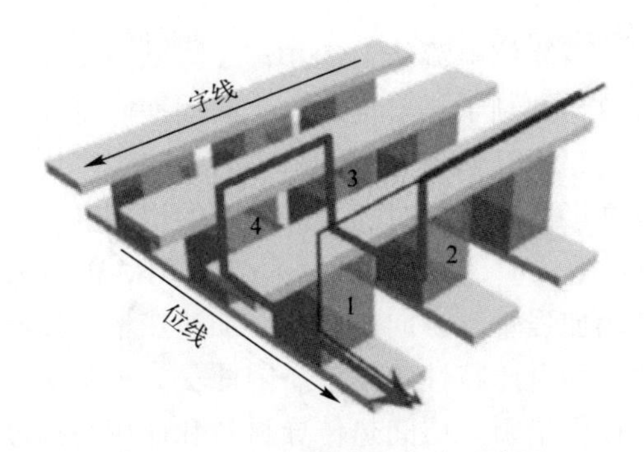

图6-9　RRAM漏电流串扰示意图

对于漏电流串扰的问题，针对H-RRAM和V-RRAM有不同的解决方案。对于H-RRAM，J. J. Huang等人[40]在低温工艺下制备了具有非线性$Ni/TiO_2/Ni$结构的双极性选通器件，将该器件串接至基于HfO_2的阻变单元构成1S1R单元的存储器。实验证明，该选通管在125℃的高温环境下经过1000次以上操作之后仍可保持器件非线性为10^6不退化。而1D1R RRAM一般由一个单极性二极管和一个单极性RRAM阻变单元组成，可在一定程度上抑制漏电，但是均一性和耐久性较差。Y. T. Li等人[41]提出了一种具备自限流特性的双极性1D1R结构器件，由$Ni/TiO_2/Ti$二极管与$Pt/HfO_2/Cu$结构的阻变单元组成，利用$Ni/TiO_2/Ti$结构二极管的反向偏置电流实现器件的限流特性。同时在100个连续周期中其高、低阻态未出现明显退化，解决了稳定性差的问题。

对于V-RRAM，一般通过提升器件的整流特性来减少漏电流串扰的影响。Q. Luo等人[42]提出了一种与CMOS工艺兼容性好、自整流特性佳的$Pd/HfO_2/WO_x/W$结构的阻变存储器。该器件的自整流特性来自Pd与HfO_2在界面处形成的肖特基势垒，以及氧化过程中HfO_2层产生的高浓度O空位，在WO_x/W界面形成一种类欧姆接触。而且其工作电压与CMOS器件工作电压相近，同时在100个循环周期中其高、低阻态未出现明显退化，具有较好的稳定性，在低读取电压下有大于100的整流比，整流性能好。

2. 热串扰的影响

在三维RRAM中，由于热的传导性，焦耳热可以沿着垂直和水平两个方向进行传导，但是由于不同器件材料有不同的热膨胀系数，当焦耳热传导时，邻近位置阻变单元的阻态可能会因此变化，进而影响其存储数据的准确性。并且随着存储密度的增大，焦耳热带来的影响不断加剧，因此它是影响三维RRAM存储密度提高的重要因素之一。

为解决热串扰对三维RRAM的影响，研究人员[43]提出了降低复位电流和周期修复技术两个方法。通过研究发现，三维RRAM的复位过程主要由瞬时热效应决定。经实验验证，当复位电流从 1.7×10^{-4}A 降低至 1.0×10^{-7}A 时，导电细丝的温度显著降低，有效地抑制了热串扰现象。而周期修复技术是指在一定的操作周期之后，擦除和重新编程存储单元的低阻态，解决了多周期操作后存储单元的低阻态偏移问题，提高了信息读取时高、低阻态的识别度，降低了前期热串扰带来的影响。A. J. Lohn 等人[44]以热方程为基础对 RRAM 周围的热分布进行了系统性分析，得出了利用加强垂直方向热传导、加速热量散发减弱径向焦耳热传导的方法能降低器件功率和电压特性的结论。因此，为了解决这个问题，实现对器件整体性能的优化，提出了引入层间热传导材料和使用与温度具有反相关特性的电极两种方案。前者通过热传导材料的优良导热性提升了垂直方向导热性，提高了器件的耐久性，后者利用材料电导率随温度升高而降低的特性，减少了热串扰影响。

3. 均一性的影响

对于三维 RRAM，要想减小阻变单元之间的漏电流串扰，需要串联高性能选通管，而选通管的均一性对存储单元阵列存储数据可读电压范围有很大的影响。如果选通管的均一性较差，那么会在一定程度上减小可读电压的范围，影响数据的读取和外围电路设计，同时限制阵列规模。因此，提高 RRAM 的均一性对于其三维阵列十分重要。

对于提高 RRAM 的均一性，X. K. Li 等人[45]提出了引入电极/氧化物界面层，制备了一种带有锥形电极的 RRAM。在平形结构的 RRAM 中，均匀的电场分布让阻变层中的各个离子可以获得近似的能量做自由移动，导致导电细丝的随机性生成。而当采用锥形电极时，相比平面电场强度，该器件尖端区域电场强度提升了约 3 倍，大大提高了该区域 O 空位的产生率，加速该区域导电细丝的形成，从而提高了均一性。

4. 阻变存储器的可靠性

RRAM 的可靠性主要表现为器件的耐久性和保持特性。耐久性反映了阻变单元处于一定的电阻窗口时在置位和复位脉冲作用下保持阻变循环的能力；而保持特性则反映了阻变单元存储数据的时限。由于器件的材料特性、结构特性、编程电压等影响，目前 RRAM 在耐久性和保持特性的表现上并非十分理想，需要进一步提升。

从硬件方面优化，W. T. Ding 等人[46]在 RRAM 的制备过程中引入了具有高介电常数、高稳定性的无定形碳，从而在器件内部形成了均匀分布的石墨微岛。这种石墨微岛可以利用其周围形成的局域增强电场诱导导电细丝在预定区域形成，同时防止导电细丝的过度生长，增强器件的可靠性。Q. Luo 等人[47]在对

HfO_2基 RRAM 耐久性失效机理研究的基础上，提出通过短置位脉冲和长复位脉冲来降低导电细丝中 Cu 离子的浓度，器件的阻变周期可达到 10^7，从而达到优化器件的耐久性的目的。同时，提出采用电流编程的方式有利于在阻变层内形成单根导电细丝，消除多导电细丝生成过程中的中间阻态，提升器件可靠性。

从编程方面优化，Z. Y. Xiang 等人[48]针对传统纠错电路的设计复杂度高、电路功耗高、延时长等缺点，提出了一种低功耗动态重编程方案。该方案的基本思路是针对存储单元进行周期性纠错。在具体实施过程中，在相邻的纠错周期内对刚存储或刚刷新过的数据与长时间存储的数据分别进行周期性标记。通过该方案，大大降低了对新存储的错误率极低的数据的无效纠错，有效提高了 RRAM 的可靠性。

总体来讲，RRAM 具备三维集成的潜力，是目前实现大容量存储技术的主流方案之一。目前，最大的问题是器件的可靠性和耐久性尚显不足，需要从材料、器件结构及芯片控制电路三方面协同进行技术突破，从而在真正意义上获得可量产应用的三维 RRAM 芯片。

6.2 三维 MRAM 集成技术

MRAM 是一种利用磁电阻效应存储信息的非易失存储器，与其他新型非易失存储器相比，MRAM 是唯一利用电子自旋这一内禀属性实现信息存储的存储器，因此其具有更快的访问速度、更低的动态功耗、更高的耐久性及良好的抗辐射特性。同时，其存储单元的电气特性服从量子力学定律，因此在理论上不受经典力学限制，可持续尺寸微缩，完全兼容后摩尔时代的各类先进 CMOS 制程，如体 Si 工艺、FinFET、全耗尽绝缘体上 Si（Fully Depleted Silicon-On-Insulator，FD-SOI）。基于以上特点，MRAM 被业界认为是 2X nm 及以下技术代非易失嵌入式存储器的主要解决方案之一。

6.2.1 MRAM 的器件结构及工作原理

1. MRAM 的器件结构

MRAM 的核心存储单元是磁性隧道结（Magnetic Tunnel Junction，MTJ）[49]，其器件结构如图 6-10 所示，主要核心由磁性层/介质层/磁性层组成，两个磁性层的磁化强度方向共线，其中一个磁性层的磁化强度可在外界激励（如磁场、电流）下发生翻转，称为自由层；另一个磁性层的磁化强度方向固定，称为参考层。当自由层和参考层的磁化强度平行时，MTJ 表现为低阻态；当自由层和参考层的磁化强度反平行时，MTJ 表现为高阻态。在电路结构中，通常使用纳米晶体管与 MTJ 串联的 1T-1MTJ 结构组成存储单元，纳米晶体管作为开关控制 MTJ 的选通访问，而根据存储单元数据的写入方式，MRAM 又分为磁场写入的嵌套型 MRAM（Toggle-MRAM）、自旋极化电流写入的自旋转移矩 MRAM（STT-MRAM）及自旋轨道矩 MRAM（SOT-MRAM），下面将针对这三种 MRAM 进行详细介绍。

图 6-10　MTJ 的器件结构

2. Toggle-MRAM 存储单元结构及工作原理

图 6-11 所示为 Toggle-MRAM 存储单元及阵列结构示意图。其工作原理为，当两条写位线（B 和 D）通入电流时，其交点处的 MTJ 感受到两条位线电流产生的磁场，在该磁场的作用下，MTJ 自由层的磁化强度发生定向翻转，通过控制写位线中电流的方向，可以控制磁化强度的翻转方向，从而实现 MTJ 高阻态和低阻态的切换，即数据 1 和数据 0 的写入。而与 MTJ 串联的纳米选通晶体管则作为开关，用于数据的读取。一方面，Toggle-MRAM 的优势在于 MTJ 材料和结构简单，器件热稳定性好，同时读写电路分离导致耐久性较高。另一方面，其劣势在于磁场是非定阈的，目标 MTJ 邻近的器件在数据写入的过程中，会感受到磁场的影响，从而进入“半选中”状态，因此误码率较高，需要外部纠错电路进行数据校正，增加了电路开销；此外，纳米磁性薄膜的矫顽磁场随尺寸减小而增加，导致在存储单元随 CMOS 制程微缩的过程中，存储电路的写入功耗反而是增加的。综合以上两点，Toggle-MRAM 并不适用于先进 CMOS 制程，同时较难实现高密度集成，因此多用于对可靠性要求较高的特种环境。

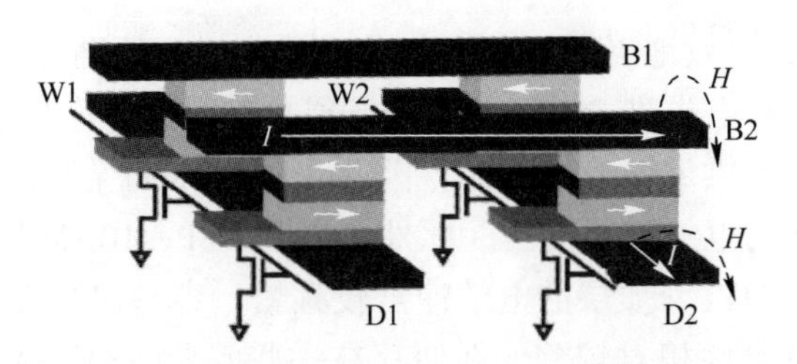

图 6-11　Toggle-MRAM 存储单元及阵列结构示意图

3. STT-MRAM 存储单元结构及工作原理

图 6-12 所示为 STT-MRAM 存储单元结构示意图[50]，其依然采用 1T-1MTJ 的串联结构，与 Toggle-MRAM 不同，其数据的写入是通过自旋极化电流的自旋转移矩效应实现的。当电流方向由 MTJ 的自由层流向参考层时，电子运动方向刚好相反，电子经过参考层时，自旋方向与参考层磁化强度方向相同的电子流出，方向相反的电子被反射，所以此时的电流是自旋极化的，极化方向与参考层磁化强度方向相同，当自由层在该自旋极化电流的作用下，且自旋极化电流超过某一阈值时，其磁化强度将翻转到与电流自旋极化方向相同的方向上，即与参考层磁化强度方向相同，此时 MTJ 表现为低阻态，也就是写入数据 0；反之，当电流方向由参考层流向自由层，且电流幅值超过某一阈值时，MTJ 将表现为高阻态，即写入数据 1。因此，通过控制电流的方向，可实现数据的写入。而数据的读取方式与 Toggle-MRAM 相同。STT-MRAM 的优势在于，其在真正意义上利用了 1T-

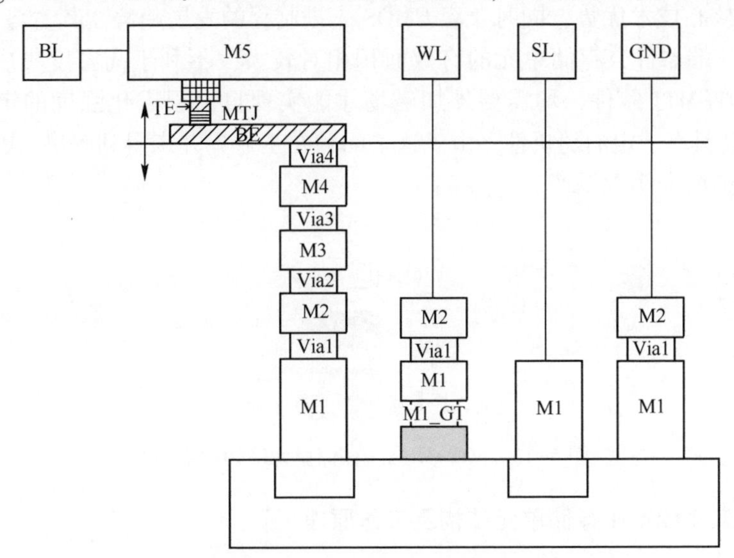

图 6-12　STT-MRAM 存储单元结构示意图

1MTJ 的存储结构，有效地提高了存储密度，同时 MTJ 的翻转阈值电流随 MTJ 的尺寸减小而减小，符合先进 CMOS 制程的发展趋势；其劣势在于，数据的写入需要纳米选通晶体管提供足够大的电流，因此在 1T-1MTJ 存储单元的设计和工艺制备上，需要严格的电气特性匹配。此外，由于 STT-MRAM 写入和读取过程的电流回路相同，对 MTJ 介质层的电学冲击较频繁，容易出现介质层击穿的现象，因此存储单元的耐久性相对较差。即便存在一些问题，STT-MRAM 依然是当前量产方案的首选。

4. SOT-MRAM 存储单元结构及工作原理

图 6-13 所示为 SOT-MRAM 存储单元结构示意图[50]，与 Toggle-MRAM 和 STT-MRAM 不同，其存储单元结构由 2T-1MTJ 组成，原因在于 SOT-MTJ 属于三端器件。SOT-MTJ 下方的金属电极一般采用重金属材料，利用电流在重金属材料中的自旋霍尔效应，在垂直于电流运输方向上产生的自旋极化电荷累积实现对 MTJ 自由层磁化强度方向的翻转调控。由于自旋极化电荷积累于重金属电极的表面，因此 SOT-MTJ 的自由层通常紧邻重金属电极。自旋霍尔效应产生自旋极化电荷的极化方向可由右手螺旋定则确定，通过控制流经重金属电极的电流方向，可实现数据 0 和 1 的写入。而数据的读取依然采用 1T-1MTJ 方式，因此 SOT-MTJ 的读写电流回路也是分离的。SOT-MRAM 的优势在于，读写回路分离大大增加了器件的耐久性；自旋霍尔效应产生的自旋极化电荷的自旋方向与 MTJ 自由层磁化强度方向垂直，因此翻转时间更短。综合来讲，高速、高耐久是 SOT-MRAM 的核心技术优势，同时兼容 CMOS 先进制程的发展趋势。其劣势在于，该器件属于三端器件，存储单元的有效面积相对较大，不利于高密度集成；此外，目前的 SOT-MTJ 器件，均需要外加磁场才能实现自由层磁化强度的定向翻转，否则其翻转具有一定的随机性。由于这一问题在工业界并未得到解决，因此 SOT-MRAM 目前尚未实现量产。

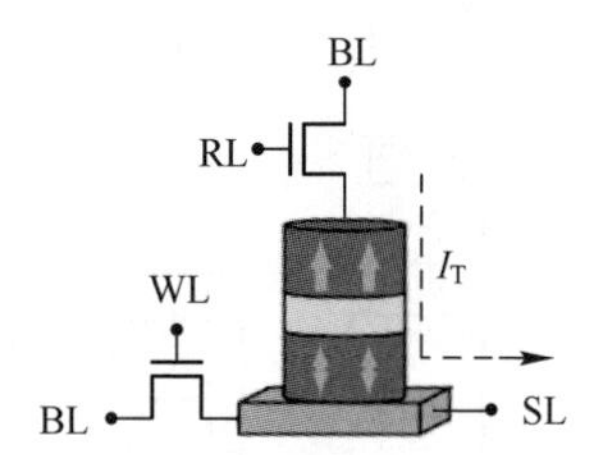

图 6-13　SOT-MRAM 存储单元结构示意图

5. 三维 MRAM 存储单元结构及工作原理

目前仅 STT-MRAM 实现了大规模量产，且符合 CMOS 先进制程的发展趋势，因此目前三维 MRAM 集成技术采用的是基于 STT-MRAM 的 Cross-Point 结构，如图6-14所示。与三维 Cross-Point 存储器相似，采用薄膜晶体管代替纳米选通管晶体管实现 MRAM 的三维堆叠。而数据的写入与读取服从 STT-MRAM 的工作原理。该技术的难点在于：首先，需要寻找满足 STT-MTJ 驱动特性的薄膜晶体管材料；其次，由于 STT-MTJ 的器件特性十分依赖衬底或接触材料的晶体结构及界面特性，而目前常见的薄膜晶体管材料与 STT-MTJ 的薄膜材料较难兼容，集成后 STT-MTJ 的电气特性大幅度衰退。目前流行的薄膜晶体管方案有双向阈值开关（OTS）[51]、掺杂硫化物晶体管[52]、Mott 效应晶体管[53]、混合离子导电晶体管[54]、场辅助超线性阈值法（FAST）晶体管[31]和导电丝晶体管（Filament Based Selector）[55,56]。其中，双向阈值开关和掺杂硫化物晶体管受退火温度的影响较为明显，性能退化严重。而 Mott 效应晶体管、混合离子导电晶体管和 FAST 晶体管的导通电阻相对 MTJ 的结电阻过高，使得存储单元的0-1转换现象不明显。因此，这两个技术难点是目前三维 MRAM 急需突破的瓶颈。

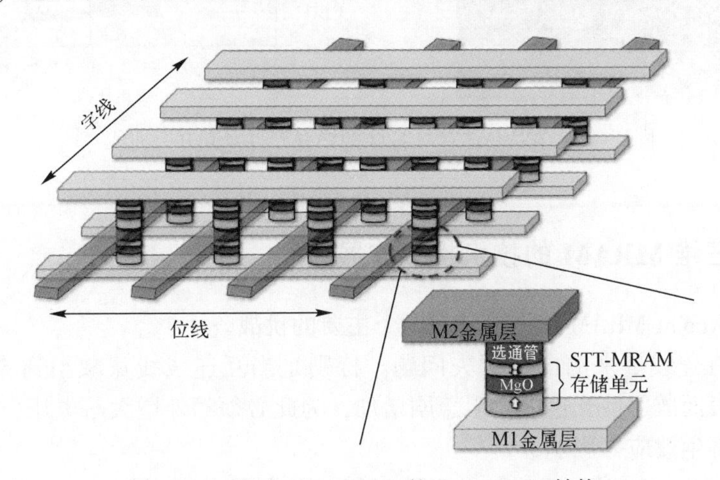

图6-14　基于 STT-MRAM 的 Cross-Point 结构

6.2.2　三维 MRAM 的发展现状

2017年，Avalanche Technology 公司的 Yiming Huai 团队基于改进的三维 Xpoint 技术得到了高集成度的三维 Xpoint STT-MRAM 器件[57]。该团队还采用了一种独特的可重组导电丝晶体管的阈值翻转薄膜晶体管技术，探究了这种双向阈值晶体管配合 STT-MTJ 得到的三维 STT-MRAM 的性能，并对比了多种薄膜晶体管的集成特性。

该团队基于40nm MTJ 工艺平台制作了32MB 存储阵列，STT-MTJ 器件的直径为55nm，总厚度不超过20nm，器件的隧道磁电阻（TMR）达到200%。在STT-MTJ器件之上，集成了由金属-绝缘层-金属三层结构组成的薄膜晶体管，其中绝缘层由掺杂的HfO_x薄层沉积而成，厚度约为3nm。对集成器件进行测试可得到如图6-15所示的性能良好的阈值电压翻转特性曲线，其电流开关比达到10^7以上。然而由于MTJ的TMR仅有200%，且本征电阻远小于薄膜晶体管电阻，因此在存储单元的开关曲线上较难观察到MTJ的翻转信号。

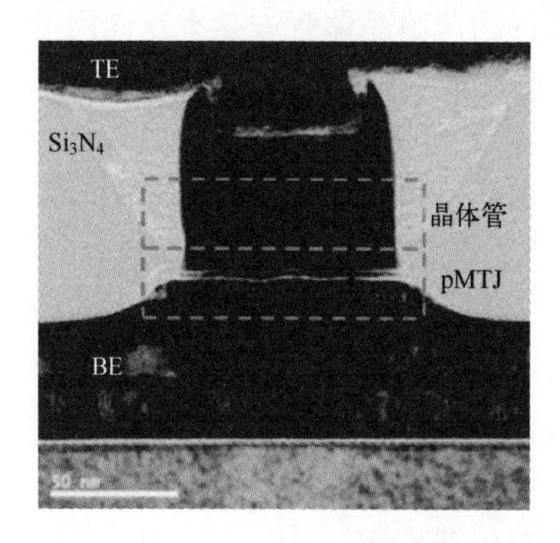

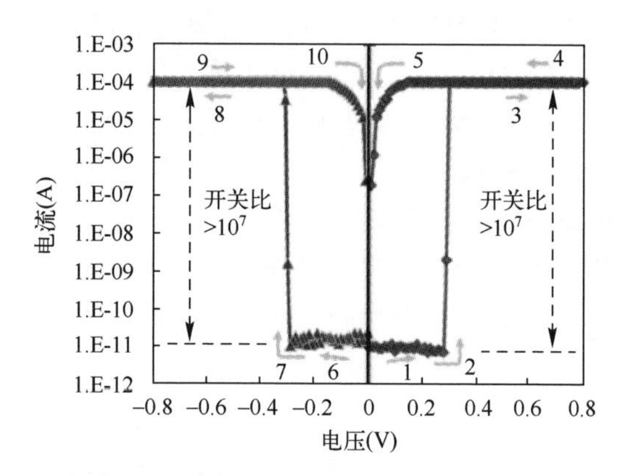

图6-15　薄膜晶体管与MTJ的串联器件及其开关曲线[57]

6.2.3　三维MRAM的技术挑战与展望

三维Xpoint MRAM阵列设计有两个主要的挑战。

（1）互连线带来的电压损失问题。特别是当互连线线宽减小到50nm以下时，电子表面散射使互连线电阻急剧增加，为此必须额外增大写电压，进而带来更复杂的寄生效应等影响。

（2）寄生电流对未选择的单元造成干扰。寄生电流会额外增大不必要的电压损失，进一步压缩写电压容限。同时由于寄生电流对相邻存储单元的串扰作用，会产生存储信息失准、比特错误率增大的影响[58]。

三维Xpoint阵列通常在字线和位线之间的存储物理单元上附加薄膜晶体管，可以有效减少单元之间的串扰等问题。三维Xpoint阵列结构适用于RRAM和PCRAM，但通常不适用于STT-MRAM，主要原因是STT-MRAM的开关比通常不够大。而PCRAM、RRAM等采用三维Xpoint技术后，开关比通常可以达到10^4以上。受开关比低的影响，开关电压的容限较小，难以区分开态和关态，增大了寄生电流的影响。而为了改善寄生电流和串扰问题采用的薄膜晶体管，难以在MRAM的实践中得到较好的适配。

总体来讲，三维MRAM的实现仍需要突破很多的技术瓶颈，需要从材料、器件结构、集成工艺、电路设计、封装等方面开展创新研究。而MRAM相比RRAM和PCRAM，具有更快的写入速度和更高的可靠性，一旦实现了三维集成，并保证了一定良率，其将成为后摩尔时代2Xnm及以下嵌入式存储和独立式存储的主流技术。

6.3　三维PCRAM集成技术

PCRAM是新一代非易失存储器的典型代表之一，其信息存储的写入是依靠电流、激光、加热等外部激励使得相变材料发生可逆的晶化-非晶化转变，使得器件的导通电阻发生剧烈变化，通常可达到$10^4 \sim 10^6$量级。PCRAM具有非易失、集成度高、温度耐受性好、兼容三维集成技术等特点，受到了业界的广泛关注。目前，PCRAM已经有不少成熟的产品推出，用于服务器终端存储介质、车载非易失存储器等领域。

6.3.1　三维PCRAM的器件结构及工作原理

1. PCRAM的工作原理

PCRAM的基本结构及数据写入原理如图6-16所示。PCRAM最核心的是以硫系化合物为基础的相变材料，要想实现数据存储，相变材料至少需要存在两个及以上的可明显区分的固体相，通常是无序的非晶态和有序的晶态两种相态[59,60]。这两种相态在微观结构上的差异会导致其光学、电学等性能差异明显。相变材料在晶态和非晶态时，器件电阻率相差几个数量级，使得其具有较高的噪声容限，足以区分"0"态和"1"态。目前，使用较多的相变材料是硫属化物和含Ge、Sb、Te的合成材料（GST），如$Ge_2Sb_2Te_5$。

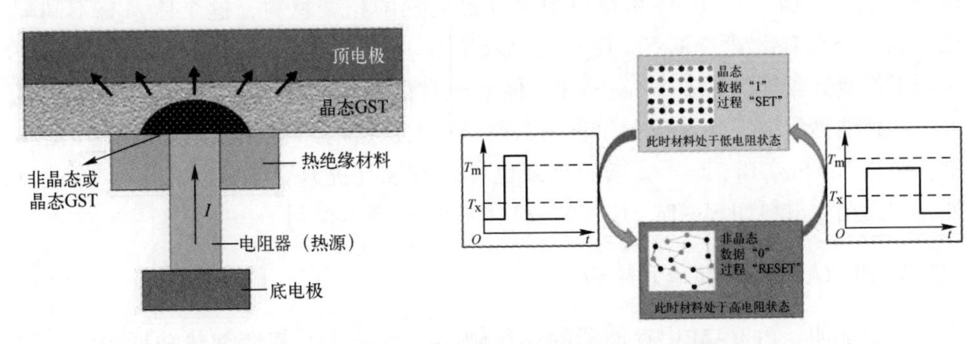

图6-16　PCRAM的基本结构及数据写入原理

PCRAM 的数据写入是指在器件上施加不同宽度和高度的电压或电流脉冲信号，利用电能（热量）使相变材料发生物理相态的变化，即晶态（低阻态）和非晶态（高阻态）之间发生可逆相变相互转换，从而实现数据的写入和擦除操作。相互转换过程包含晶态到非晶态的非晶化转换，以及非晶态到晶态的晶化转换两个过程，其中前者称为非晶化，后者称为晶化。详细来讲，其工作可分为三个步骤：置位（SET）、重置（RESET）和读取（READ）。

置位过程：通过在 GST 材料上施加一个宽而低的脉冲，其温度升高到晶化温度以上，但在熔点温度以下，此时相变材料成核并结晶，且相变材料的电阻降低，代表写入数据“1”。

重置过程：施加一个窄而强的脉冲电流，使相变材料的温度升高到熔点温度以上，随后经过一个快速冷却的淬火过程使相变材料从晶态转换为非晶态，这个相变过程需要足够快，即温度需要尽快降到结晶温度以下，以尽可能减少处在结晶温度以上、熔点温度以下的时间，使得材料来不及晶化，此时相变材料的电阻很高，代表写入数据“0”。

读取过程：在器件两端施加一个小电压来读取器件的电阻，这个电压需要控制相变材料的温度在结晶温度以下，以避免不必要的材料相变。如果存储的数据是“0”，那么器件的电阻较高，因而产生的电流较小，所以系统检测到较小的电流回馈时判断是数据“0”；如果存储的数据是“1”，那么器件的电阻较低，因而产生的电流较大，所以系统检测到较大的电流回馈时判断是数据“1”。

2. PCRAM 的材料研究

PCRAM 的性能在很大程度上取决于相变材料。相变材料的两个态（晶态和非晶态）能否稳定保持足够长的时间，并且能否在适当的条件下从一个态迅速转换到另一个态，这都是衡量器件可靠性和电学性能的重要指标。通常，PCRAM 中的相变材料是一层基于硫化物的合金薄膜。硫系元素指的是 VI 族元素，如 O、S、Se、Te 等。其中，Ge-Sb-Te 体系是目前研究最成熟的相变材料，这个体系有不同配比，如 $Ge_2Sb_2Te_5$[61,62]、$GeSb_2Te_4$[63]、$GeSb_4Te_7$[64] 等，其中 $Ge_2Sb_2Te_5$ 研究较多，应用于相变光盘等产品中。Ge-Sb-Te 体系通常都具有很好的电学性能，结晶速度可以达到纳秒量级，并且晶态和非晶态差异很大，这些都非常适合应用于 PCRAM 中。通过 N、Sn、Bi、Ir 等元素的掺杂也可以调控并提升合金的性能[61]。除此以外，二元相变材料如 Sb-Te、Ge-Te 及其掺杂的材料也得到了一些研究[65]。

3. PCRAM 的存储单元结构

实验证明，PCRAM 中存储器的体积越小，所需要的相变加热功耗越低。因此，PCRAM 的存储单元兼容先进 CMOS 逻辑制程。目前，T 形结构是研究最多的器件结构[66]，大多数公司都采用该结构或在该结构的基础上进行改进。如图 6-17（a）所示，T 形结构包含三部分：底部加热电极、相变材料层（如 GST 相变材料等）和顶电极。图 6-17（b）展示了 T 形结构的横截面 TEM 图，T 形结构的特点在于通过先进节点的光刻技术缩小底部加热电极尺寸来减小与相变材料的接触面积，从而缩小相变区域，以此达到降低功耗和操作电压的目的。这种特点使得 T 形结构又被称为蘑菇形结构。由此可见，其工艺并不复杂，成本也比较低。除了这种 T 形结构，还有很多其他结构类型，如意法半导体公司在 2004 年提出的 μ-trench 结构[67]，以及三星公司在 2003 年提出的边缘接触的器件结构[68]，等等。这些器件结构都通过设计减小接触面积、缩小相变区域来实现降低写入功耗的目的。

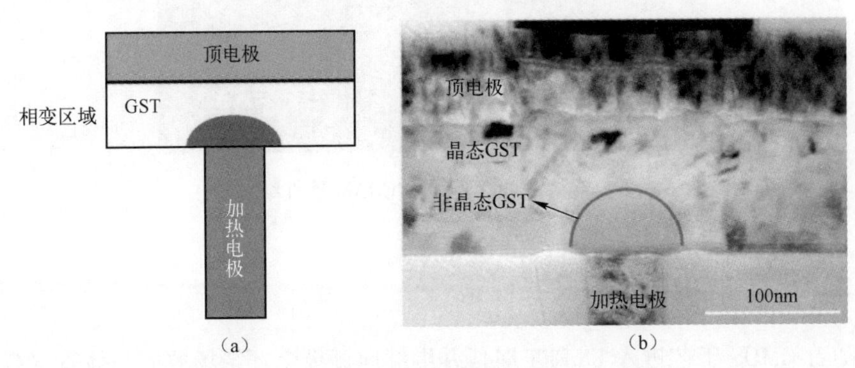

图 6-17　T 形结构示意图和横截面 TEM 图[66]

基于 GST 或其他相变材料的纳米线结构[1,69-71]也是基于缩小相变区域以降低功耗的这一思想的。图 6-18 所示为一种典型的纳米线 PCRAM 器件结构[1]，其器件结构简单，类似普通的水平纳米线器件。相比传统的 PCRAM，无论采用什么器件结构，其相变区域均为三维的块或平面的薄膜，而纳米线相变材料则是一维材料。这样的差异有以下几点优势：一是由于纳米线尺寸小，发生相变的区域相应减少，且材料熔点也相应降低；此外，热量被局限在一维方向传导，导致纳米线 PCRAM 的功耗更低，重置电流也更低。二是由于纳米线 PCRAM 的单元面积更小，所以有利于提高存储密度。三是纳米线 PCRAM 阻值漂移更低。阻值漂移通常由相变材料在非晶化过程中的密度和应力的变化引发。而纳米线的高比表面积可以有效释放应力，从而抑制阻值漂移现象的发生[72,73]。但是目前的工艺中纳米线很难制备成阵列，因而距离制备成存储芯片尚有较大距离。

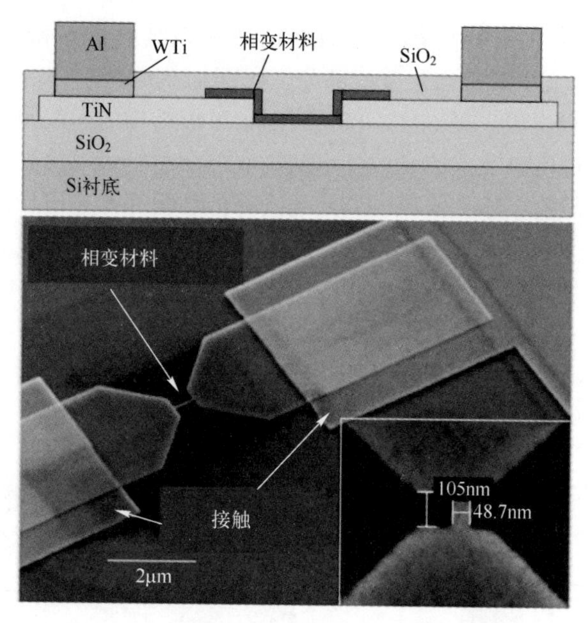

图 6-18　典型的纳米线 PCRAM 器件结构[1]

6.3.2　三维 PCRAM 的发展现状

随着 CMOS 工艺进入 FinFET 时代并继续向栅极全环绕场效应晶体管（Gate-All-Around FET，GAAFET）技术发展，集成电路逐渐由平面结构向着三维集成方向发展。尤其是对存储器而言，在受限于尺寸缩小对器件性能的影响及平面密度无法进一步增加的情形下，主流的存储器都在纵向寻求突破，也就是从三维器件的角度去提高存储的密度，其中比较有代表性的如 NAND 闪存，已经能够堆叠到 128 层[74]，这使得单片 NAND 闪存芯片的存储密度能够达到 512GB。然而，PCRAM 虽然经历了光盘时代的辉煌，但在内存领域的应用并不顺利。从 2010 年开始，Numonyx 和三星公司相继推出了基于 90nm 工艺容量为 128MB 和基于 65nm 工艺容量为 256MB 的 PCRAM，再到 2014 年，美光公司推出了基于 45nm 工艺容量为 1GB 的 PCRAM，其技术均为单层三维集成，直到 2018 年，Intel 联合美光公司推出了第一代基于 Xpoint 集成技术的三维 PCRAM，实现了两层存储介质的三维集成。然而，PCRAM 依然较难达到 DRAM 的性能，而且很难实现 NAND 闪存的成本效益，尤其是在三维 NAND 诞生以后。因此，PCRAM 开始探索新的领域，由于以内存为中心的计算时代的到来，介于 DRAM 和三维 NAND 性能之间的存储级内存变得愈发重要，存储级内存（Storage Class Memory，SCM）的定位应该是性能高于三维 NAND，成本低于 DRAM。为了实现这个想法，研究人员提出了两个方案：三维堆叠结构[75]和多态存储单元（Multi-Level Cell，MLC）[76]。

1. Xpoint 结构

Xpoint 结构是一种对大多数非易失存储器而言都比较理想的存储结构。它通过垂直 PCRAM 单元实现单位面积下存储密度的成倍提升。Xpoint 结构的器件密度可以达到 $4F^2$，而且只需要额外的两步光刻步骤，因而 Xpoint 结构可以尽可能地增加密度且堆叠，从而实现三维存储结构。另外，三维 Xpoint 结构随着存储层层数的增加，成本线性增加，因为外围电路是恒定的，不随层数增加而改变。这使得三维 Xpoint 结构在尤其是外围电路成本较高的应用场景下具有很高的收益。近年来，以 Intel 和 IBM 公司为代表的半导体设计和制造企业陆续推出了三维堆叠的存储器技术，且技术节点不断前进，在 2018 年已经达到了 20nm，在技术节点越来越难提升的情况下，向 Xpoint 结构等三维堆叠技术发展的趋势变得日趋明显。对 PCRAM 而言，三维存储的一个关键点在于选通器，由于需要堆叠，而传统的 MOSFET 构成的开关管面积太大不适合用作三维 PCRAM 的选通器，因此需要面积更小的选通器且能够经受住后道工艺大于 400℃ 的退火温度而不失效。近年的研究中提出了很多可行的选通器（如多晶 Si 二极管[77]、碳纳米管晶体管[78]、OTS[79,80]和 MIEC[81,82]等），尝试应用于三维堆叠 PCRAM 中。

多晶 Si 二极管是比较传统的选通器，因为其工艺与 CMOS 工艺是一致的，比较容易实现。2011 年，海力士公司[75]公布的一款容量超过 1GB 的 PCRAM 芯片就使用了 PCRAM 与多晶 Si 二极管的组合，如图 6-19 所示。多晶 Si 二极管通过自对准工艺实现，而后再进行 PCRAM 的制备，PCRAM 层位于 M0 和 M1 之间。这种工艺并不复杂，但是多晶 Si 二极管存在的主要问题是 PN 结掺杂需要超过 400℃ 的退火温度以使掺杂离子能够激活，从而获得高的开关比，而这个温度对 PCRAM 而言比较危险。

双向阈值开关选通器被 Intel 公司用作 PCRAM 的开关管。双向阈值开关特性是一种双向导通特性，当电压大于阈值时导通，小于阈值时呈高阻态，总体表现出二进制开关特性。双向阈值开关选通器通常由 Te 三元合金材料构成。Intel 公司在 2009 年[78]推出了一款基于双向阈值开关选通器的 64MB PCRAM Xpoint 阵列测试芯片，如图 6-20（a）所示，该芯片基于 90nm CMOS 工艺，采用的是 T 形结构加上双向阈值开关选通器的器件单元。图 6-20（b）展示了一层堆叠结构的截面图，PCRAM 阵列是堆叠在 CMOS 逻辑电路上的，因此能够实现足够高的面积利用率，并减小晶粒的尺寸。可见，存储层位于 M2 和顶层金属中间，这个工艺与 Cu 互连 CMOS 工艺是兼容的。Intel 公司宣称该测试芯片能够达到 9ns 的重置速度且具有 10^6 次的读写寿命。这项工作证明了 PCRAM 是能够实现三维存储

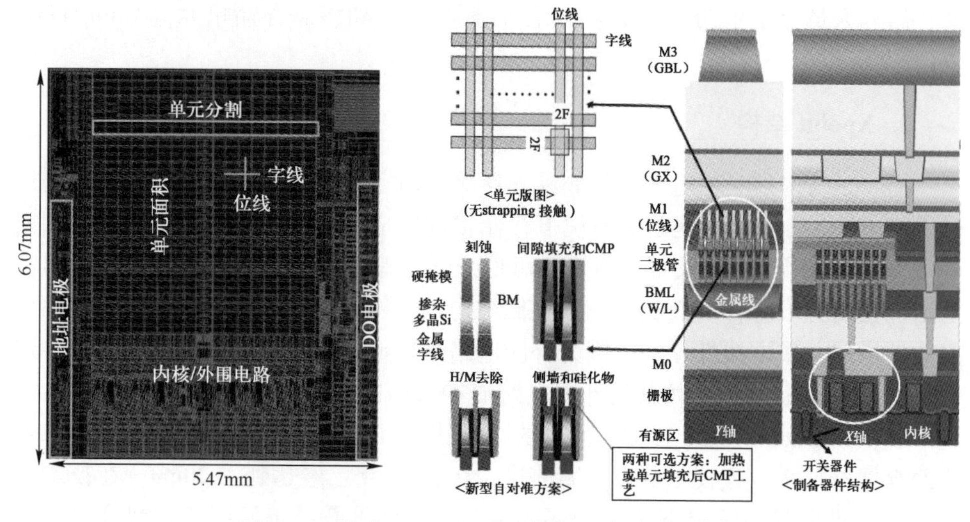

图 6-19 海力士 1GB 芯片版图和工艺原理图[75]

的。相比其他几种选通器，双向阈值开关选通器可以实现很高的开关比（$>10^5$），同时不需要高温工艺，材料比较简单，因而是比较理想的选通器之一。双向阈值开关选通器目前存在的问题一个是材料组成比较复杂，在薄膜制备上具有不小的难度。Koo 等人[80]探索了 Te 的多种二元材料，在 TeSi 材料上发现了较好的双向阈值开关特性，高阻达到 20GΩ，低阻小于 1kΩ，开关速度达到 2ns，并且具有较好的耐久度，这在一定程度上能够解决材料组成复杂的问题。另一个是双向阈值开关要求有较好的均匀性，包括窄的阈值电压分布和高、低阻的分布，这对工艺和设备提出了很高的要求。

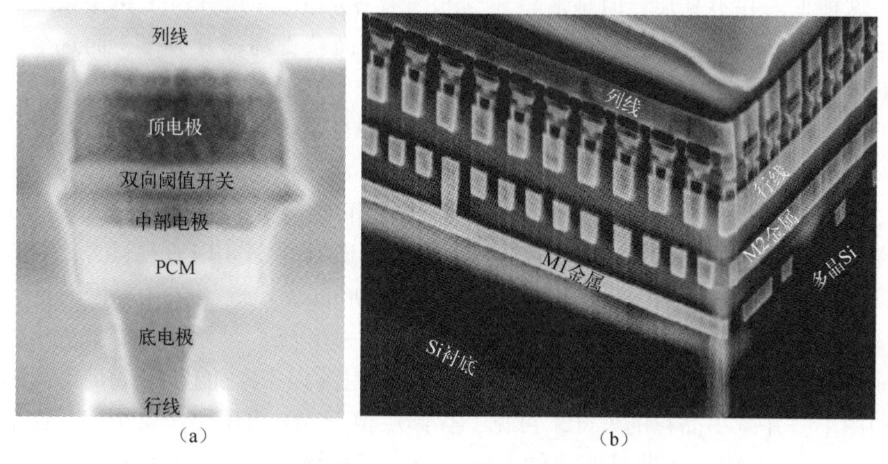

图 6-20 PCRAM+OTS Cross point PCRAM 单元横截面 SEM[78]

2. 垂直 Xpoint 结构

Xpoint PCRAM 虽然可以提高密度、降低成本，但是随着堆叠层数的增加，总光刻和工艺步骤也会增加，这会影响 Xpoint 结构在大规模生产时的产量。因此，研究人员提出了类似三维 NAND 闪存的垂直 Xpoint VXP 结构[83]。VXP 结构使用 ALD 工艺来制备相变材料、双向阈值开关和两种材料相互区分的电极。ALD 工艺的研究很多，但是使用 ALD 工艺制备选通器的研究很少，最近一篇会议报告提出了一种基于 ALD-OTS 的 VXP PCRAM[83]。其基础结构与三维 NAND 闪存非常相似，除了电荷俘获层被替换成相变材料层和双向阈值开关层。这种结构单位面积内的器件密度会更低，因为 VXP PCRAM 是横向的，需要占用横向的面积，所以直径更大。由于双向阈值开关和相变材料都是电压器件，所以它们的厚度不能太薄。为了减小直径，提高单位面积的密度，需要从新的材料或器件结构来考虑提高密度。

3. 多态存储技术

除了增加单位面积内器件的数量来提高存储密度，人们很早就已经开始研究增加多态存储技术了[84,85]，其中 IBM 公司在实现 MLC 方面取得了很多进展[85-88]。PCRAM 实现多态存储的原理是，通过精确调制写入脉冲的强度，PCRAM 出现多个介于非晶态和晶态之间的中间态，具体到电阻则会出现若干个中间阻值，这些阻值与编程电流或电压一一对应，从而实现多态存储。这种多态存储的实现得益于 PCRAM 本身很大的开关比，在中间插入若干个中间态后依然有足够的感知区域。但是由于工艺和材料的不均匀性，器件的尺寸和接触面积等会有巨大的差异，因此脉冲施加在不同器件上会引起不同的温度升温。所以说，单脉冲的写入方式不是很靠谱，会导致阵列有一个很宽的电阻分布。一种解决方式是采用新的编程策略。目前采用的一种策略是先用一个 RESET 脉冲重置 PCRAM，然后使用连续的递增编程脉冲使得 GST 逐渐结晶，这种方法需要使用 U 形的编程电流，并且当电阻没有达到目标的时候，需要重新初始化才能进行编程。另一种策略是先用 SET 脉冲置位 PCRAM，然后使用不同强度的编程脉冲去调整脉冲。

除了编程的问题，前文提及的电阻漂移问题在 MLC 器件上表现得更加严峻。由于感知区域在多态存储的分割下更窄，所以电阻漂移更容易导致误读的情况。为了解决这个问题，一种方法是参考 DRAM 动态刷新的方法对 PCRAM 进行刷新[89,90]。但是频繁的刷新会缩短 PCRAM 的寿命，此外，PCRAM 非易失带来的功耗优势也被大大削弱。另一种方法是选择恰当的材料去扩大感知区域[91]，从而减弱电阻漂移的影响。除此以外，还有较多其他方法解决电阻漂移。例如，在写入电阻时将电阻漂移的预期范围考虑进去，从而调整写入的目标电阻[92]。Kim等人[86]提出了一种集成金属氮化物层的PCRAM存储单元结构，这种结构通过这层金属表面活化剂在非晶化区域周围形成一个旁路来减轻读取过程的噪声和电阻漂移。目前，MLC技术已经取得了显著进步，在读写、编解码及系统设计上已经有不少方案。但是MLC PCRAM技术仍存在不少挑战，需要进一步进行研究。

6.3.3 三维PCRAM的技术挑战与展望

PCRAM相比其他非易失存储器发展较早，技术更成熟，在性能上也有足够的竞争力。然而发展至今仍存在若干挑战亟待解决。

1. 按比例缩小的挑战

随着存储器在现代计算机系统中的重要性日趋显著，PCRAM按比例缩小的能力也成为一个关注的重点。基于电荷存储的半导体存储器的按比例缩小技术与CMOS工艺一致，因而DRAM、Flash等半导体存储器提升密度的过程与集成电路工艺的进程保持一致。当半导体工艺关键尺寸逼近物理极限时，基于电荷的存储器也面临继续缩小的困难。而这个问题在PCRAM方面更为显著，与主流存储器一样，PCRAM的解决方案同样向三维集成发展。如何解决三维集成时面临的种种问题，如相变材料的开关比、工艺均匀性、选通器的选择等都将影响PCRAM的发展前景。此外，在当前三维PCRAM的单位存储成本显著高于DRAM和Flash的背景下，如何进一步提高密度、降低成本也是需要进一步探索的方向。

2. 可靠性问题

PCRAM需要不断通过加热相变材料来实现SET/RESET，频繁升、降温对相变材料的可靠性和存储密度提出了严苛的要求。若密度不足，则会导致材料中存在空隙，会由于在相变过程中相变应力和热应力的产生导致在加热过程中空隙增大，金属离子可移动，从而严重影响耐久性。通常使用的GST相变材料是由ALD工艺沉积的，以此来最小化沉积过程中产生空隙的可能性。但是实验发现，Sb离子也具有很强的活跃性，在电压作用下向边缘移动，而Te作为阴离子和Sb离子迁移方向相反，这会导致GST元素分离，从而引发故障。因而，PCRAM的可靠性问题是一个需要在工艺、器件设计、电路架构和读写算法等方面综合考虑的难题。

目前，IBM、Intel、三星、海力士、美光等公司都积极投身于PCRAM，在工艺、器件、系统、读写编码算法上取得了令人瞩目的成果。2017年，Intel公司推出了基于三维Xpoint的PCRAM——“傲腾”，这也代表三维PCRAM在商业化道路上的一个重要进步。

反观国内，在 PCRAM 领域相较其他存储器技术有较丰富的积累，并且以中芯国际、上海微系统所为代表的国内公司和科研院所，已经在 PCRAM 领域积极布局专利。虽然代工能力有差距，并且三维集成关键的选通器技术被国外牢牢掌握，但是相信在研究人员和企业家的不断努力下，可以推动 PCRAM 技术难题攻关，加速更新换代，大幅度降低 PCRAM 成本。

总体来讲，PCRAM 是目前唯一在真正意义上实现了商业化三维集成的新型非易失存储器，由于高集成度、高温耐受性及相对较快的访问速度，其已成为 SCM 应用领域的新兴技术之一，在克服可靠性、耐久性及集成良率的技术问题后，PCRAM 将成为 DRAM 和三维 NAND 闪存的有力竞争者。

6.4　三维 DRAM 集成技术

存储器是电子设备中广泛应用的部件，对计算机的速度、集成度和功耗都有着决定性的影响[93]。在典型的计算机系统中，通常采用三级存储结构，即快速缓冲存储器、主存储器和外部存储器。主存储器简称主存，即通常意义上的内存，用来存放计算机运行期间所需的大量程序和数据。在中央处理器（Central Processing Unit，CPU）工作时，主存和闪存交换数据和指令，必要时主存也和 CPU 交换信息。DRAM，即动态随机存储器，其单元结构简单、读写速度快、集成度高、功耗低、成本低，是目前计算机结构中内存的主流产品[94]。

6.4.1　DRAM 的器件结构及工作原理

DRAM 单管单元由一个 MOS 晶体管和一个电容组成（1T1C），图 6-21 所示为 DRAM 单管单元的等效电路。MOS 晶体管起选择控制作用，称为门管或选通管，相当于一个开关；电容用来存储信息。MOS 晶体管的栅极接字线，漏极接位线。存储电容 C_s 由氧化层电容和 PN 结电容两部分组成。事实上，由于氧化层电容远大于 PN 结电容，所以在考虑存储电容时往往只考虑氧化层电容。电容的上极板一般接电源电压 V_{DD}，保证在极板下方的 Si 表面上形成反型层，靠反型层把电容和 MOS 晶体管的源端相连。

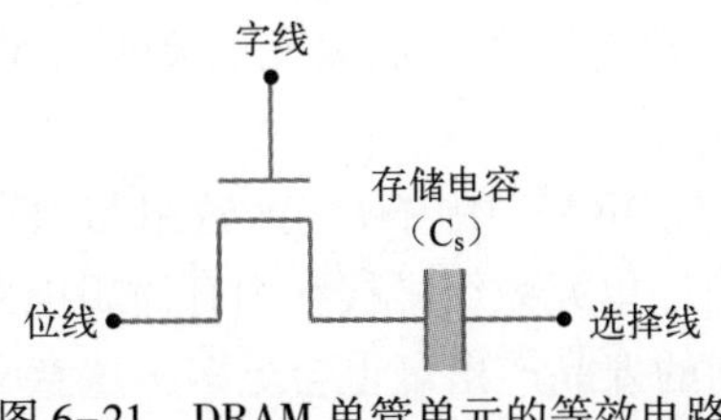

图 6-21　DRAM 单管单元的等效电路

存储单元的写入操作使得字线被施加高电平，此时 MOS 晶体管导通，位线通过 MOS 晶体管和电容相连，这样就可以把外部信号通过位线和 MOS 晶体管以电荷的形式存储到电容上。可以通过增加字线电压、减小 MOS 晶体管阈值电压、减小存储电容等方法来加快写入速度。当字线为低电平时，MOS 晶体管截止，存储电容和外界隔离，这时靠电容存储保持信息。单元存“0”为自然稳定态，反型层和衬底间没有外界电压，PN 结只有自建电势；单元存“1”为非平衡态，存在 PN 结反向泄漏电流，存储的“1”电平会逐渐衰退，所以 DRAM 只能将数据保持很短的时间。为了保持数据，DRAM 电路必须每隔一段时间刷新（Refresh）一次，如果存储单元没有被刷新，那么存储的信息就会丢失。由于存储在 DRAM 中的数据会在电力切断以后很快消失，因此它属于易失性存储器（Volatile Memory）。在读取数据时，先将位线预充，然后打开 MOS 晶体管，这样存储电容上的电荷将通过 MOS 晶体管与位线电容发生电荷共享，导致位线电压发生变化，从而实现数据的读取。

6.4.2　三维 DRAM 的发展现状

DRAM 的微小电容设计使其非常适合将众多存储单元封装到很小的区域，以实现高密度和高存储容量。随着技术节点越来越小，平面 DRAM 存储电容的深宽比会随着器件制程微缩而呈倍数增加（见图 6-22），这也是平面 DRAM 最重要也最艰难的挑战。另外，由于 DRAM 制程微缩速度开始趋缓，制造成本也在飙升。采用三维 DRAM 可以增加每片晶圆的可切割晶片数。只要三维 DRAM 的晶圆制造成本合理，而且易于制造生产，那么采用三维 DRAM 将有利于降低成本。另外，随着工艺尺寸的缩小，芯片尺寸逐渐增加，影响电路关键性能的因素由器件逐渐转向互连线。互连线延迟和功耗的增加严重影响了芯片的速度和性能，采用三维 DRAM 可以显著减少内存访问延迟，增加内存访问带宽，可以满足未来在多核架构中对高存储带宽的要求[95]。因此，从平面 DRAM 转换到三维 DRAM 是大势所趋。

平面 DRAM 的存储电容由于其自身结构的局限性难以变化或修改，但是如果使用内存单元三维堆叠技术，除了晶圆的裸晶产出量可望增加四倍，还能因为可重复使用存储电容而节省高达数十亿美元的新型存储电容研发成本，降低风险，加快产品的上市时程。

如图 6-23 所示，平面 DRAM 中内存单元数组与内存逻辑电路分占两侧，而三维 Super-DRAM 则将内存单元数组堆栈在内存逻辑电路的上方，因此裸晶尺寸会变得比较小，每片晶圆的裸晶产出量也会更多，这意味着三维 Super-DRAM 的成本可以低于平面 DRAM。三维 Super-DRAM 重复使用了运用于平面 DRAM 的已

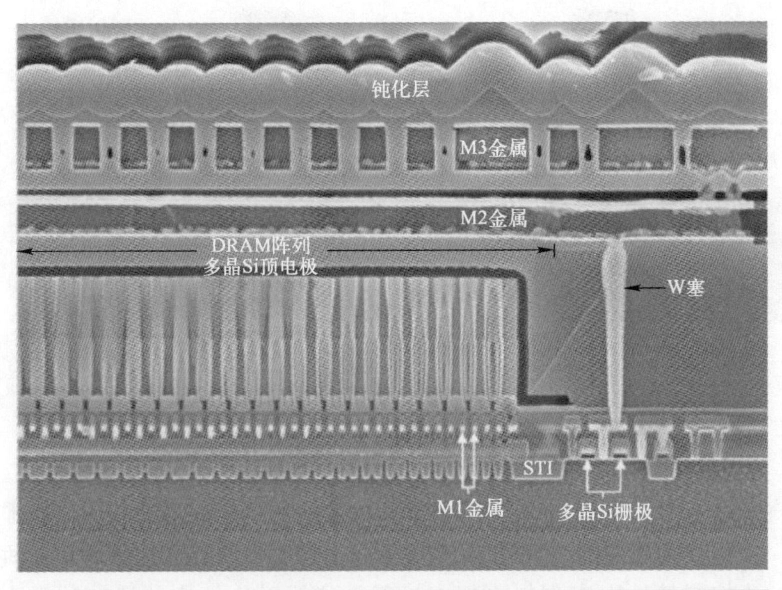

技术节点	65nm	55nm	45nm	2X nm	1X nm
存储器件深宽比	约15	约20	约25	约65	约100

图 6-22　平面 DRAM 存储电容的深宽比会随着器件制程微缩而呈倍数增加

经证实的生产流程与组件架构，当我们比较平面与三维两种 DRAM 时，存储电容及内存逻辑电路应该是一样的，它们之间的唯一差别是单元晶体管（见图 6-24）。平面 DRAM 在正常情况下会采用凹形晶体管，三维 Super-DRAM 则采用 SGT。

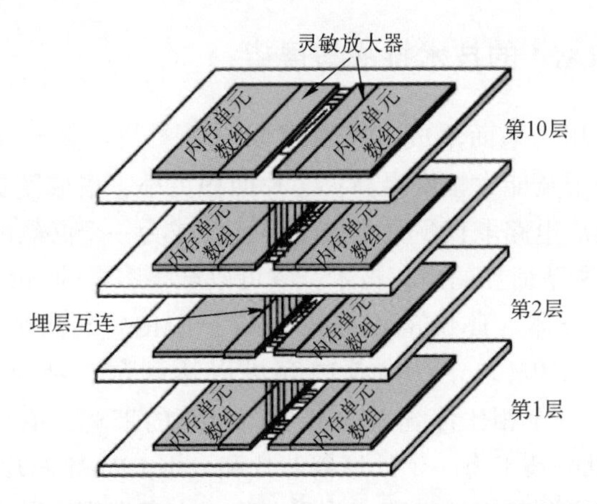

图 6-23　三维 Super-DRAM 与平面 DRAM 的结构比较

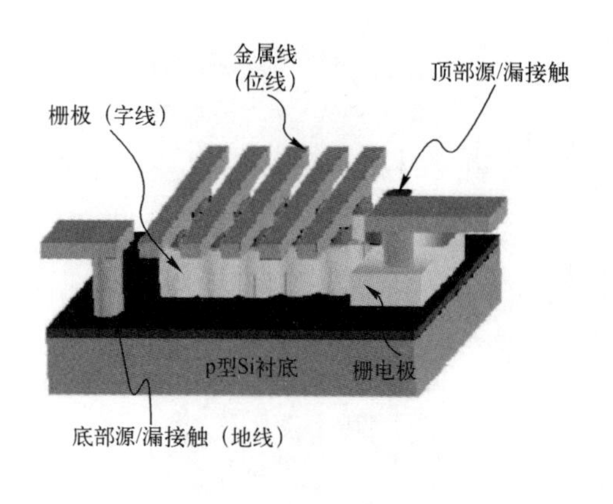

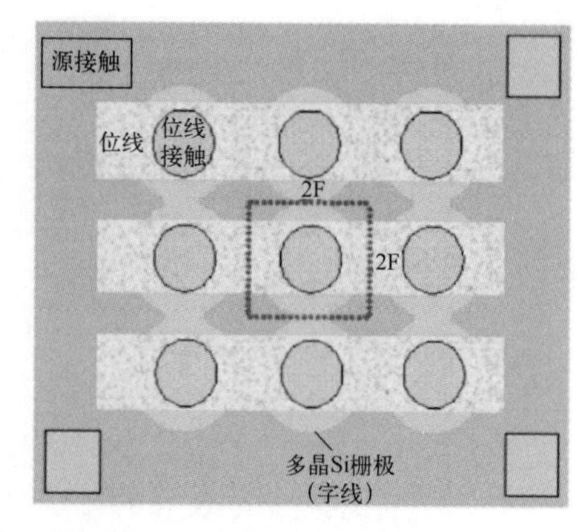

图 6-24　三维 Super-DRAM 的垂直 SGT 架构

垂直 SGT 与凹形晶体管都有利于源极与漏极间距离的微缩，可以将泄漏电流最小化，但垂直 SGT 能从各种方向控制栅极，因此与凹形晶体管相比，垂直 SGT 在泄漏电流控制特性上表现得更好。接着是位线寄生效应的比较。平面 DRAM 的埋入式位线能减少存储电容与位线之间的寄生电容，垂直 SGT 在最小化寄生电容方面也非常有效，因为位线在垂直 SGT 的底部。因为垂直 SGT 与埋入式晶体管的位线都采用金属线，所以位线的串联电阻能被最小化，简而言之，垂直 SGT 与凹形晶体管的性能与特征几乎是相同的。但是垂直 SGT 与凹形晶体管比起来要简单得多，前者只需要两层掩模，节省了 3~4 层掩模步骤，不用源极与漏极光罩，也不需要凹形栅极掩模、字线掩模，以及埋入式位线掩模，所以三维 Super-DRAM 的制造成本相对较低，另外，三维 Super-DRAM 的制程与结构，还有组件的功能性与可靠性都已成功验证。

6.4.3　三维 DRAM 的技术挑战与展望

三维集成电路相比平面集成电路有很多优势[96,97]：全局互连线长度能大幅度降低；数据传输带宽能大幅度提高；芯片面积更小，集成度更高；支持异构集成。因此，三维集成电路取代平面集成电路已经成为一个必然的趋势。

堆叠内存是一种革命性的内存技术，它可以堆叠多层的 DRAM（见图 6-25）。目前在混合内存立方体（Hybrid Memory Cube，HMC）与高带宽存储器（High-Bandwidth Memory，HBM）中，堆叠内存可以达到数百兆字节到几十亿兆字节[98]，还可以给出一个相比传统 DRAM 更高量级的带宽，单个通道密度最高可达 4GB[99]。三维堆叠技术将一个处理器芯片和一堆 DRAM 芯片相互连接在一起，这种技术通过提供更高量级的带宽，几乎消除了内存带宽问题，还给堆叠的片上 DRAM 带来了低延时。三维堆叠技术有望给内存性能带来重要提升，该技术已经成为一个非常热门的研究领域[96,99-101]。

目前，三维堆叠技术及硅通孔（TSV）技术已经成为微电子领域研究的热点，三维TSV系统封装技术主要应用于图像传感器、转接板、存储器、逻辑处理器与存储器异构集成、移动电话射频模组、微机电系统（Micro - Electro - Mechanical System，MEMS）晶圆级三维封装等。

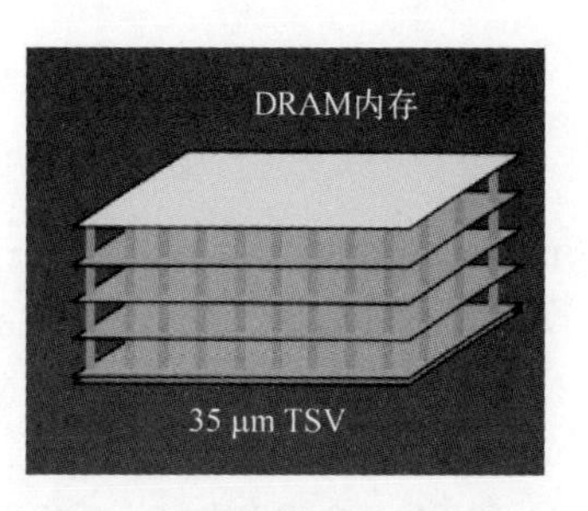

图6-25 DRAM三维TSV封装示意图

三星公司是DRAM三维集成领域研发进展最快的公司之一。2012年，三星公司采用TSV技术研发出容量为2GB、数据传输率为12.8GB/s的三维DRAM存储器；2014年，三星公司开始量产基于TSV三维堆叠技术的DDR4 DRAM内存模块[102]；2019年，三星公司宣布研发出第三代1X nm的8GB DDR4 DRAM内存芯片。系统的三维堆叠虽然开始打破内存与带宽的限制，但是三维堆叠技术使得整个封装面积中的功率密度变大，散热任务变得更加艰巨。

总体来讲，DRAM占据了目前绝大部分的计算机内存市场，为了提升其综合性能，三星公司宣布引入极紫外（Extreme Ultra-Violet，EUV）曝光技术。然而，平面DRAM受限于工艺和物理规律，很难延续到1X nm以下技术代，三维集成是延续DRAM发展的路线之一，同时为未来的单芯片多核设计提供了新的契机。相比其他的新型非易失存储器，制造成本依然是三维DRAM的主要优势，但在工艺集成和封装方面，仍需突破较多关键技术问题。

随着信息技术的不断发展，物联网、人工智能、5G通信等技术迅速崛起，对存储器的存储容量、访问速度、持续微缩等方面提出了更高的要求。为了避免由于物理尺寸减小引起的电荷随机起伏，基于非电荷控制的新兴存储技术得到了快速发展。MRAM将发展出新的工作机制，有望取代传统嵌入式闪存和逻辑电路三级静态缓存等。PCRAM、RRAM等因具有结构简单等优点，在Xpoint等新架构中得到了更好的应用。本章重点介绍了RRAM、MRAM、PCRAM及DRAM的三维集成技术，分别对存储器的工作原理、发展现状及未来的技术挑战与展望进行了阐述分析。

参考文献

[1] LANKHORST M H R, KETELAARS B W S M M, WOLTERS R a M. Low-cost and nanoscale non-volatile memory concept for future silicon chips [J]. Nature Materials, 2005, 4 (4): 347-352.

[2] MEIJER G I. Who Wins the Nonvolatile Memory Race? [J]. Science, 2008, 319 (5870): 1625-1626.

[3] CHEN Y C, CHEN C, CHEN C, et al. An access-transistor-free (0T/1R) non-volatile resistance random access memory (RRAM) using a novel threshold switching, self-rectifying chalcogenide device [C] //IEEE, International Electron Devices Meeting (IEDM), Washington, 2003: 37.4.1-37.4.4.

[4] SHEU S S, CHIANG P C, LIN W-P, et al. A 5ns fast write multi-level non-volatile 1K bits RRAM memory with advance write scheme [C] //IEEE, Symposium on VLSI Circuits (VLSIC), Kyoto, 2009: 82-83.

[5] ZHUANG W, PAN W, ULRICH B, et al. Novel colossal magnetoresistive thin film nonvolatile resistance random access memory (RRAM) [C] //IEEE, International Electron Devices Meeting (IEDM), San Francisco, 2002: 193-196.

[6] LEWIS D L, LEE H H S. Architectural evaluation of 3D stacked RRAM caches [C] //IEEE, International Conference on 3D System Integration (3DIC), San Francisco, 2009: 1-4.

[7] LEE M J, PARK Y, KANG B S, et al. 2-stack 1D-1R cross-point structure with oxide diodes as switch elements for high density resistance RAM applications [C] //IEEE, International Electron Devices Meeting (IEDM), Washington, 2007: 771-774.

[8] ZHANG J, DING Y, XUE X, et al. A 3D RRAM using stackable 1TXR memory cell for high density application [C] //IEEE, International Conference on Communications, Circuits and Systems, Milpitas, 2009: 917-920.

[9] SIMMONS J. Conduction in thin dielectric films [J]. Journal of Physics D: Applied Physics, 1971, 4 (5): 613-657.

[10] DEARNALEY G, STONEHAM A, MORGAN D. Electrical phenomena in amorphous oxide films [J]. Reports on Progress in Physics, 1970, 33 (3): 1129.

[11] GIBBONS J, BEADLE W. Switching properties of thin NiO films [J]. Solid-State Electronics, 1964, 7 (11): 785-790.

[12] HICKMOTT T. Low-frequency negative resistance in thin anodic oxide films [J]. Journal of Applied Physics, 1962, 33 (9): 2669-2682.

[13] BECK A, BEDNORZ J, GERBER C, et al. Reproducible switching effect in thin oxide films for memory applications [J]. Applied Physics Letters, 2000, 77 (1): 139-141.

[14] WATANABE Y, BEDNORZ J, BIETSCH A, et al. Current-driven insulator-conductor transition and nonvolatile memory in chromium-doped $SrTiO_3$ single crystals [J]. Applied Physics

Letters, 2001, 78 (23): 3738-3740.
[15] SEO S, LEE M, SEO D, et al. Reproducible resistance switching in polycrystalline NiO films [J]. Applied Physics Letters, 2004, 85 (23): 5655-5657.
[16] STRUKOV D B, SNIDER G S, STEWART D R, et al. The missing memristor found [J]. Nature, 2008, 453 (7191): 80-83.
[17] TOKUNAGA Y, KANEKO Y, HE J, et al. Colossal electroresistance effect at metal electrode/$La_{1-x}Sr_{1+x}MnO_4$ interfaces [J]. Applied Physics Letters, 2006, 88 (22): 223507.
[18] SHANG D, WANG Q, CHEN L, et al. Effect of carrier trapping on the hysteretic current-voltage characteristics in Ag/ $La_{0.7}Ca_{0.3}MnO_3$/ Pt heterostructures [J]. Physical Review B, 2006, 73 (24): 245427.
[19] SHIBUYA K, DITTMANN R, MI S, et al. Impact of defect distribution on resistive switching characteristics of Sr_2TiO_4 thin films [J]. Advanced Materials, 2010, 22 (3): 411-414.
[20] SZOT K, SPEIER W, BIHLMAYER G, et al. Switching the electrical resistance of individual dislocations in single-crystalline $SrTiO_3$ [J]. Nature Materials, 2006, 5 (4): 312-320.
[21] YAN W, QI L, HANG BING L, et al. CMOS compatible nonvolatile memory devices based on $SiO_2/Cu/SiO_2$ multilayer films [J]. Chinese Physics Letters, 2011, 28 (7): 077201.
[22] CHEN Z, HUANG W, ZHAO W, et al. Ultrafast Multilevel Switching in Au/YIG/n-Si RRAM [J]. Advanced Electronic Materials, 2019, 5 (2): 1800418.
[23] BURR G W, BREITWISCH M J, FRANCESCHINI M, et al. Phase change memory technology [J]. Journal of Vacuum Science & Technology B, Nanotechnology and Microelectronics: Materials, Processing, Measurement, and Phenomena, 2010, 28 (2): 223-262.
[24] ZHANG L, COSEMANS S, WOUTERS D J, et al. Analysis of vertical cross-point resistive memory (VRRAM) for 3D RRAM design [C] //IEEE, International Memory Workshop (IMW), Monterey, 2013: 155-158.
[25] YOON H S, BAEK I G, ZHAO J, et al. Vertical cross-point resistance change memory for ultra-high density non-volatile memory applications [C] //IEEE, Symposium on VLSI Technology (VLSIT), Kyoto, 2009: 26-27.
[26] BAEK I, PARK C, JU H, et al. Realization of vertical resistive memory (VRRAM) using cost effective 3D process [C] //IEEE, International Electron Devices Meeting (IEDM), Washington, 2011: 31.8.1-31.8.4.
[27] SEOK J Y, SONG S J, YOON J H, et al. A review of three-dimensional resistive switching cross-bar array memories from the integration and materials property points of view [J]. Advanced Functional Materials, 2014, 24 (34): 5316-5339.
[28] DENG Y, CHEN H Y, GAO B, et al. Design and optimization methodology for 3D RRAM arrays [C] //IEEE, International Electron Devices Meeting (IEDM), Washington, 2013: 25.7.1-25.7.4.
[29] XU C, NIU D, YU S, et al. Modeling and design analysis of 3D vertical resistive memory—A low cost cross-point architecture [C] //IEEE, Asia and South Pacific Design Automation Con-

ference (ASP-DAC), Singapore, 2014: 825-830.

[30] BURR G W, SHENOY R S, VIRWANI K, et al. Access devices for 3D crosspoint memory [J]. Journal of Vacuum Science & Technology B, Nanotechnology and Microelectronics: Materials, Processing, Measurement, and Phenomena, 2014, 32 (4): 040802.

[31] JO S H, KUMAR T, NARAYANAN S, et al. 3D-stackable crossbar resistive memory based on field assisted superlinear threshold (FAST) selector [C] //IEEE, International Electron Devices Meeting (IEDM), San Francisco, 2014: 6. 7. 1-6. 7. 4.

[32] CHEVALLIER C J, SIAU C H, LIM S F, et al. A 0. 13μm 64MB multi-layered conductive metal-oxide memory [C] //IEEE, International Conference on Solid-State Circuits (ISSCC), San Francisco, 2010: 260-261.

[33] KAWAHARA A, AZUMA R, IKEDA Y, et al. An 8Mb multi-layered cross-point ReRAM macro with 443MB/s write throughput [J]. IEEE Journal of Solid-State Circuits, 2012, 48 (1): 178-185.

[34] CHIN Y W, CHEN S E, HSIEH M C, et al. Point twin-bit RRAM in 3D interweaved cross-point array by Cu BEOL process [C] //IEEE, International Electron Devices Meeting (IEDM), San Francisco, 2014: 6. 4. 1-6. 4. 4.

[35] HUANG K, ZHAO R, HE W, et al. High-density and high-reliability nonvolatile field-programmable gate array with stacked 1D2R RRAM array [J]. IEEE Transactions on Very Large Scale Integration (VLSI) Systems, 2015, 24 (1): 139-150.

[36] BAI Y, WU H, WU R, et al. Study of multi-level characteristics for 3D vertical resistive switching memory [J]. Scientific reports, 2014, 4 (1): 1-7.

[37] HUDEC B, WANG I T, LAI W L, et al. Interface engineered HfO_2-based 3D vertical ReRAM [J]. Journal of Physics D: Applied Physics, 2016, 49 (21): 215102.

[38] YOON J H, KIM K M, SONG S J, et al. $Pt/Ta_2O_5/HfO_{2-x}/Ti$ resistive switching memory competing with multilevel NAND flash [J]. Advanced Materials, 2015, 27 (25): 3811-3816.

[39] YOON J H, SONG S J, YOO I H, et al. Highly uniform, electroforming-free, and self-rectifying resistive memory in the $Pt/Ta_2O_5/HfO_{2-x}/TiN$ structure [J]. Advanced Functional Materials, 2014, 24 (32): 5086-5095.

[40] HUANG J J, TSENG Y M, HSU C W, et al. Bipolar Nonlinear $Ni/TiO_2/Ni$ Selector for 1S1R Crossbar Array Applications [J]. IEEE Electron Device Letters, 2011, 32 (10): 1427-1429.

[41] LI Y, LV H, LIU Q, et al. Bipolar one diode-one resistor integration for high-density resistive memory applications [J]. Nanoscale, 2013, 5 (11): 4785-4789.

[42] LUO Q, ZHANG X, HU Y, et al. Self-rectifying and forming-free resistive-switching device for embedded memory application [J]. IEEE Electron Device Letters, 2018, 39 (5): 664-667.

[43] SUN P, LU N, LI L, et al. Thermal crosstalk in 3-dimensional RRAM crossbar array [J].

Scientific reports, 2015, 5 (1): 1-9.

[44] LOHN A J, MICKEL P R, MARINELLA M J. Analytical estimations for thermal crosstalk, retention, and scaling limits in filamentary resistive memory [J]. Journal of Applied Physics, 2014, 115 (23): 234507.

[45] LI X, ZHANG B, WANG B, et al. Low power and high uniformity of HfO_x-based RRAM via tip-enhanced electric fields [J]. Science China Information Sciences, 2019, 62 (10): 1-7.

[46] DING W, TAO Y, LI X, et al. Graphite microislands prepared for reliability improvement of amorphous carbon based resistive switching memory [J]. Rapid Research Letter, 2018, 12 (10): 1800285.

[47] LUO Q, XU X, LIU H, et al. Demonstration of 3D vertical RRAM with ultra low-leakage, high-selectivity and self-compliance memory cells [C] //IEEE, International Electron Devices Meeting (IEDM), Washington, 2015: 10. 2. 1-10. 2. 4.

[48] XIANG Z, ZHANG F. A dynamic reprogramming scheme to enhance the reliability of RRAM [C] //IEEE, International Conference on ASIC (ASICON), Chengdu, 2015: 1-4.

[49] BHATTI S, SBIAA R, HIROHATA A, et al. Spintronics based random access memory: a review [J]. Materials Today, 2017, 20 (9): 530-548.

[50] FONG X, KIM Y, VENKATESAN R, et al. Spin-transfer torque memories: Devices, circuits, and systems [J]. Proceedings of the IEEE, 2016, 104 (7): 1449-1488.

[51] NAVARRO G, VERDY A, CASTELLANI N, et al. Innovative PCM+ OTS device with high sub-threshold non-linearity for non-switching reading operations and higher endurance performance [C] //IEEE, Symposium on VLSI Technology (VLSIT), Kyoto, 2017: T94-T95.

[52] YANG H, LI M, HE W, et al. Novel selector for high density non-volatile memory with ultra-low holding voltage and 10^7 on/off ratio [C] // IEEE, Symposium on VLSI Technology (VLSIT), Kyoto, 2015: T130-T131.

[53] KIM W G, LEE H M, KIM B Y, et al. NbO_2-based low power and cost effective 1S1R switching for high density cross point ReRAM application [C] //IEEE, Symposium on VLSI Technology (VLSIT), Honolulu, 2014: 1-2.

[54] GOPALAKRISHNAN K, SHENOY R, RETTNER C, et al. Highly-scalable novel access device based on mixed ionic electronic conduction (MIEC) materials for high density phase change memory (PCM) arrays [C] //IEEE, Symposium on VLSI Technology (VLSIT), Honolulu, 2010: 205-206.

[55] BRICALLI A, AMBROSI E, LAUDATO M, et al. SiO_x-based resistive switching memory (RRAM) for crossbar storage/select elements with high on/off ratio [C] //IEEE, International Electron Devices Meeting (IEDM), San Francisco, 2016: 4. 3. 1-4. 3. 4.

[56] LUO Q, XU X, LIU H, et al. Cu BEOL compatible selector with high selectivity ($>10^7$), extremely low off-current (~pA) and high endurance ($>10^{10}$) [C] //IEEE, International Electron Devices Meeting (IEDM), Washington, 2015: 10. 4. 1-10. 4. 4.

[57] YANG H, HAO X, WANG Z, et al. Threshold switching selector and 1S1R integration deve-

lopment for 3D cross-point STT-MRAM [C] //IEEE, International Electron Devices Meeting (IEDM), San Francisco, 2017: 38.1.1-38.1.4.

[58] PENG X, MADLER R, CHEN P Y, et al. Cross-point memory design challenges and survey of selector device characteristics [J]. Journal of Computational Electronics, 2017, 16 (4): 1167-1174.

[59] WOO J, YU S. Comparative study of cross-point MRAM array with exponential and threshold selectors for read operation [J]. IEEE Electron Device Letters, 2018, 39 (5): 680-683.

[60] 尹琦璕，陈冷．相变存储器材料的研究进展和应用前景 [J]．新材料产业，2016，7: 56-62.

[61] JEONG T H, KIM M R, SEO H, et al. Crystal structure and microstructure of nitrogen-doped $Ge_2Sb_2Te_5$ thin film [J]. Japanese Journal of Applied Physics, 2000, 39 (5R): 2775.

[62] YAMADA N, OHNO E, AKAHIRA N, et al. High speed overwritable phase change optical disk material [J]. Japanese Journal of Applied Physics, 1987, 26 (S4): 61.

[63] YAMADA N, OHNO E, NISHIUCHI K, et al. Rapid-phase transitions of GeTe-Sb_2Te_3 pseudobinary amorphous thin films for an optical disk memory [J]. Journal of Applied Physics, 1991, 69 (5): 2849-2856.

[64] MATSUNAGA T, KOJIMA R, YAMADA N, et al. Structural features of $Ge_1Sb_4Te_7$, an intermetallic compound in the GeTe-Sb_2Te_3 homologous series [J]. Chemistry of Materials, 2008, 20 (18): 5750-5755.

[65] LOS J H, KÜHNE T D, GABARDI S, et al. First-principles study of the amorphous In_3SbTe_2 phase change compound [J]. Physical Review B, 2013, 88 (17): 174203.

[66] JEONG C, KANG D, HA D, et al. Writing current reduction and total set resistance analysis in PRAM [J]. Solid-State Electronics, 2008, 52 (4): 591-595.

[67] LACAITA A L, IELMINI D, MANTEGAZZA D. Status and challenges of phase change memory modeling [J]. Solid-State Electronics, 2008, 52 (9): 1443-1451.

[68] HA Y, YI J, HORII H, et al. An edge contact type cell for phase change RAM featuring very low power consumption [C] //IEEE, Symposium on VLSI Technology (VLSIT), Kyoto, 2003: 175-176.

[69] LONGO M. Nanowire phase change memory (PCM) technologies: properties and performance [J]. Advances in Non-volatile Memory and Storage Technology, 2014: 231-261.

[70] LONGO M. Advances in nanowire PCM [M]. Advances in Non-volatile Memory and Storage Technology. United Kingdom: Elsevier, 2019: 443-518.

[71] LEE S H, JUNG Y, AGARWAL R. Highly scalable non-volatile and ultra-low-power phase-change nanowire memory [J]. Nature nanotechnology, 2007, 2 (10): 626-630.

[72] 宋志棠．相变存储器与应用基础 [M]．北京：科学出版社，2013.

[73] MITRA M, JUNG Y, GIANOLA D S, et al. Extremely low drift of resistance and threshold voltage in amorphous phase change nanowire devices [J]. Applied Physics Letters, 2010, 96 (22): 222111.

[74] SIAU C, KIM K H, LEE S, et al. A 512Gb 3-bit/cell 3D flash memory on 128-wordline-layer with 132MB/s write performance featuring circuit-under-array technology [C] //IEEE, International Conference on Solid-State Circuits (ISSCC), San Francisco, 2019: 218-220.
[75] LEE S, PARK H, KIM M, et al. Highly productive PCRAM technology platform and full chip operation: Based on $4F^2$ (84nm pitch) cell scheme for 1 Gb and beyond [C] //IEEE, International Electron Devices Meeting (IEDM), Washington, 2011: 3.3.1-3.3.4.
[76] BEDESCHI F, FACKENTHAL R, RESTA C, et al. A bipolar-selected phase change memory featuring multi-level cell storage [J]. IEEE Journal of Solid-State Circuits, 2008, 44 (1): 217-227.
[77] AHN C, JIANG Z, LEE C S, et al. A 1TnR array architecture using a one-dimensional selection device [C] //IEEE, Symposium on VLSI Technology (VLSIT), Honolulu, 2014: 1-2.
[78] KAU D, TANG S, KARPOV I V, et al. A stackable cross point phase change memory [C] //IEEE, International Electron Devices Meeting (IEDM), Baltimore, 2009: 1-4.
[79] BURR G, VIRWANI K, SHENOY R, et al. Large-scale (512kbit) integration of multilayer-ready access-devices based on mixed-ionic-electronic-conduction (MIEC) at 100% yield [C] //IEEE, Symposium on VLSI Technology (VLSIT), Honolulu, 2012: 41-42.
[80] KOO Y, BAEK K, HWANG H. Te-based amorphous binary OTS device with excellent selector characteristics for x-point memory applications [C] //IEEE, Symposium on VLSI Technology (VLSIT), Honolulu, 2016: 1-2.
[81] NARASIMHAN V, ADINOLFI V, CHENG L, et al. Physical and electrical characterization of ALD chalcogenide materials for 3D memory applications [C] //The American Vacuum Society, International Conference on Atomic Layer Deposition (ALD), Washington, 2019.
[82] BURR G, VIRWANI K, SHENOY R, et al. Recovery dynamics and fast (sub-50ns) read operation with access devices for 3D crosspoint memory based on mixed-ionic-electronic-conduction (MIEC) [C] //IEEE, Symposium on VLSI Technology (VLSIT), Kyoto, 2013: T66-T67.
[83] POZIDIS H, PAPANDREOU N, SEBASTIAN A, et al. Reliable MLC data storage and retention in phase-change memory after endurance cycling [C] //IEEE, International Memory Workshop (IMW), Monterey, 2013: 100-103.
[84] ATHMANATHAN A, STANISAVLJEVIC M, PAPANDREOU N, et al. Multilevel-cell phase-change memory: A viable technology [J]. IEEE Journal on Emerging and Selected Topics in Circuits and Systems, 2016, 6 (1): 87-100.
[85] SAITO Y, SONG Y H, LEE J M, et al. Multiresistance Characteristics of PCRAM With $Ge_1Cu_2Te_3$ and $Ge_2Sb_2Te_5$ Films [J]. IEEE Electron Device Letters, 2012, 33 (10): 1399-1401.
[86] KIM S, SOSA N, BRIGHTSKY M, et al. A phase change memory cell with metallic surfactant layer as a resistance drift stabilizer [C] //IEEE, International Electron Devices Meeting (IEDM), Washington, 2013: 30.7.1-30.7.4.

[87] PAPANDREOU N, POZIDIS H, MITTELHOLZER T, et al. Drift-tolerant multilevel phase-change memory [C] //IEEE, International Memory Workshop (IMW), Monterey, 2011: 1-4.

[88] PAPANDREOU N, PANTAZI A, SEBASTIAN A, et al. Multilevel phase-change memory [C] //IEEE, International Conference on Electronics, Circuits and Systems (ICECS), Athens, 2010: 1017-1020.

[89] CHIEN W, HO Y, CHENG H, et al. A novel self-converging write scheme for 2-bits/cell phase change memory for storage class memory (SCM) application [C] //IEEE, Symposium on VLSI Technology (VLSIT), Kyoto, 2015: T100-T101.

[90] XU W, ZHANG T. A time-aware fault tolerance scheme to improve reliability of multilevel phase-change memory in the presence of significant resistance drift [J]. IEEE Transactions on Very Large Scale Integration (VLSI) Systems, 2010, 19 (8): 1357-1367.

[91] KANG D H, LEE J H, KONG J, et al. Two-bit cell operation in diode-switch phase change memory cells with 90nm technology [C] //IEEE, Symposium on VLSI Technology (VLSIT), Honolulu, 2008: 98-99.

[92] NAM S W, KIM C, KWON M H, et al. Phase separation behavior of $Ge_2Sb_2Te_5$ line structure during electrical stress biasing [J]. Applied Physics Letters, 2008, 92 (11): 111913.

[93] 赵巍胜，王昭昊，彭守仲，等. STT-MRAM 存储器的研究进展 [J]. 中国科学：物理学，力学，天文学，2016，(10)：63-83.

[94] 王源. 超大规模集成电路分析与设计 [M]. 北京：北京大学出版社，2014.

[95] LU J Q. 3-D hyperintegration and packaging technologies for micro-nano systems [J]. Proceedings of the IEEE, 2009, 97 (1): 18-30.

[96] GARROU P. 3D 集成电路进入商业化领域 [J]. 集成电路应用，2009，5：37-40.

[97] GARROU P. Future ICs go vertical [J]. Semiconductor International, 2005, 28 (11): SP-10.

[98] 张宁. 三维集成中的 TSV 技术 [J]. 集成电路应用，2017，(11)：17-22.

[99] PAWLOWSKI J T. Hybrid memory cube (HMC) [C] //IEEE, Hot Chips 23 Symposium (HCS), Stanford, 2011: 1-24.

[100] KIM J S, OH C S, LEE H, et al. A 1.2 V 12.8 GB/s 2 GB Mobile Wide-I/O DRAM With 4×128 I/Os Using TSV Based Stacking [J]. IEEE Journal of Solid-State Circuits, 2011, 47 (1): 107-116.

[101] 朱健. 3D 堆叠技术及 TSV 技术 [J]. 固体电子学研究与进展，2012，32 (1)：73-78.

[102] KOYANAGI M. Recent progress in 3D integration technology [J]. IEICE Electronics Express, 2015, 12 (7): 1-17.

第7章

三维单片集成技术

集成电路以摩尔定律为发展蓝图，发展到5nm以下时，受物理极限、工艺复杂度及成本限制，通过尺寸微缩已经很难达到目标节点的PPAC（Power，Performance，Area and Cost）要求。为此，国际器件和系统路线图（International Roadmap for Devices and Systems，IRDS）针对半导体产业中远期发展的挑战，在技术路线定制上提出了两种发展方式。一是持续摩尔定律按比例缩小的方向前进，利用新技术原理突破小尺寸节点制造的难题。二是超越摩尔定律，采用多方位技术创新，集成射频、光电、能源、传感、生物等多种功能，满足产品多功能化的应用需求。新型集成电路的发展方向和系统性能的提升一方面依靠节点的尺寸微缩，另一方面依靠新型电路设计、多技术集成、封装技术或三维集成技术实现集成度与系统性能的同步提升。三维单片集成（Monolithic 3D Integration Circuit，M3D-IC）具有融合持续摩尔定律及超越摩尔定律的优势，推动片上超大规模集成电路向三维转型，成为突破现今集成电路发展瓶颈的关键路径。

三维单片集成技术按照集成的电路种类可以分为同质集成和异质集成，按照互连规模可以分为晶体管级、单元级和模块级。同质集成倾向于减小互连粒度，得到模块间甚至晶体管间高带宽的互连结构。异质集成则倾向于功能互补，不同功能模块使用各自的最优解决方案，得到系统性能的成倍提升。晶体管级互连结构能够达到最小的互连粒度，但会导致系统设计复杂及技术融合困难等问题。单元级互连结构针对各个单元电路分别进行优化组合，能沿用基本单元库，但三维模块的设计仍具有挑战。模块级互连结构能充分利用传统平面系统的设计，大大减小了三维布局、布线的困难，但是系统性能提升空间易见顶。本章将对三维单片集成概念、M3D-IC关键工艺及集成方法、单片异质集成关键工艺与先进应用及新型三维集成电路进行介绍。

7.1 三维单片集成

7.1.1 三维单片集成的概念

在摩尔定律遭受挑战的大背景下，我们的主要关注点将从尺寸缩放优化转变为系统级别的缩放。在10nm技术节点时代，传统的缩放已经得到了设计工艺协同优化（Design Technology Co-Optimization，DTCO）的补充。但是，DTCO在系统级芯片（System-on-Chip，SoC）层级上带来的好处已经能预见饱和。对于3nm及以下技术节点，系统工艺协同优化（System Technology Co-Optimization，STCO）将成为DTCO的继任者。

SoC是由各种异构/非异构的子系统/子模块组成的，并且通过复杂的布线设计进行互连。STCO涉及SoC的分解及重新组合。STCO需要将SoC的布线互连层次进行智能化解构。在解构过程中，通常需要在互连粒度及多技术异构上进行权衡。因为当我们想要得到更高的互连粒度时，不能重新互连更多的技术。在分解后，每个子系统都可以单独设计和处理，并分别采用最合适的技术。当对分解的子系统分别进行优化后，需要使用三维集成技术以最优化的方式将它们重新集成。

现有的三维集成技术在图7-1中进行了汇总，三维系统级封装（3D-System-In-Package，3D-SIP）被应用于需要较少互连数量的系统三维集成上。通常将不同模块封装后相互堆叠再集成，可以实现约400μm的接触节距，该方法也被称

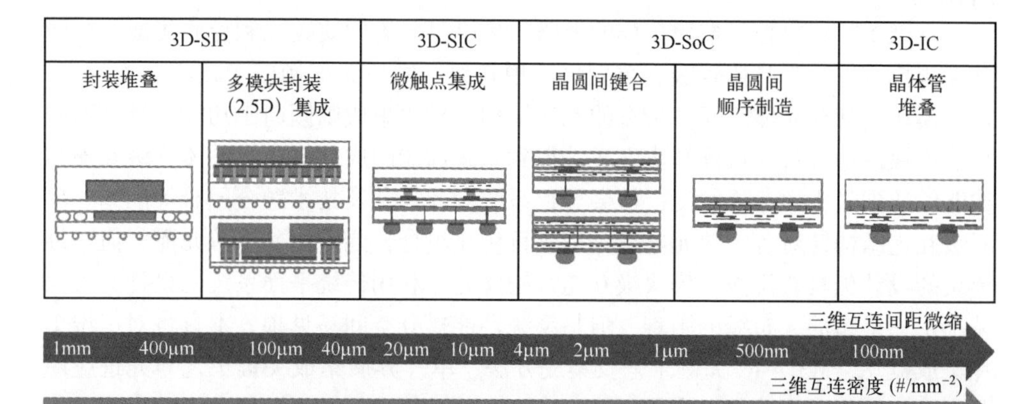

图7-1 三维集成技术汇总

为2.5D集成。更高互连密度的实现需要采用3D-SIC，即将裸片通过TSV技术或微接触点（Microbumps）相互连接在同一片晶圆上[1]。IMEC的目标为将触点的节距缩短到10μm。在3D-SoC中，晶圆与晶圆键合的方式能够实现真正的三维单片系统，对不同功能和技术进行分区并进行异质堆叠。各功能模块分布于不同晶圆上，将不同晶圆分别制造后再键合能实现1μm的互连精度，而顺序制造堆叠的晶圆及功能模块能够实现最高的互连精度。在最小的互连粒度上，通过顺序制造，晶体管堆叠在彼此顶部，三维接触节距缩短到100nm量级。三维单片集成系统能够通过顺序制造实现，受益于最高级的对准精度。“array under CMOS”结构具有广泛应用，如图像处理器及内存选择器。

图7-2所示为三维单片集成流程示意图。在传统平面电路制作并进行底层电路互连后，首先需要形成用于顶层电路制作的有源层[2]。该有源层根据顶层电路类型及性能优化需求可以选用与底层不同晶向的材料，甚至可以采用不同种类的材料。目前，顶层有源层的集成方法有底层材料固相外延、顺序沉积生长及片上晶圆键合转移。在顶层有源层三维集成之后，对于顶层电路的制作，新晶圆预期需要达到与未进行后道制造工艺的晶圆相同的洁净程度及晶体质量。受生长、键合及性能释放的限制，顶层有源层通常会形成SOI结构。在新的已具有电路结构的衬底上，再进行第二层电路的制作及局域互连和三维互连。由于需要保证底层器件的稳定性及可靠性，因此顶层电路制造工艺的热预算受限，如何在有限热预算下获得较高质量的顶层器件性能及电路结构仍然是难以攻克的问题。三维单片集成将不同功能模块或同一功能模块中的不同电路部分在工艺层面上进行一定程度的解耦合，提供模块的分开优化甚至不同器件类型的分开优化，使各部分能使用其最优解决方案，同时在一定程度上缓解信号串扰问题。而高精度的互连结构确保了模块间的信息传递不会因为被分区而损失带宽，甚至能够拉近原本只能排布较远的模块，

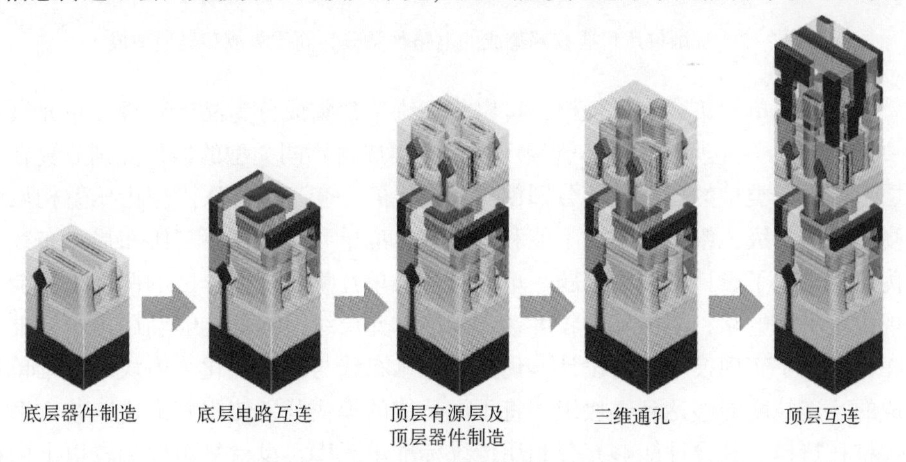

图7-2　三维单片集成流程示意图

减小了因过长布线而引起的寄生 IR 损耗，从而成倍提升信号带宽。

根据集成的电路种类，可以将三维单片集成分为同质集成和异质集成。如图 7-3 所示，同质集成基于单晶 Si、单晶 Ge 等常见半导体材料，工艺较为成熟，具有材料缺陷极低的特点，可利用传统 CMOS 集成技术，电路设计便捷且可靠性较高。常用的同质集成方法有晶圆键合、化学气相沉积（Chemical Vapor Deposition，CVD）及外延生长。对于异质集成，通常基于碳纳米管（Carbon Nano Tube，CNT）、二维材料、阻变、氧化物等异质半导体材料与传统常见单晶 Si 与单晶 Ge 半导体材料。新型的半导体材料具有材料与器件特性优异的特点，但同时材料缺陷较难控制，需要发展新的 CMOS 集成技术与之匹配，电路设计相对复杂且可靠性较差。常用的片上异质三维集成方法有薄膜沉积及薄膜转移。

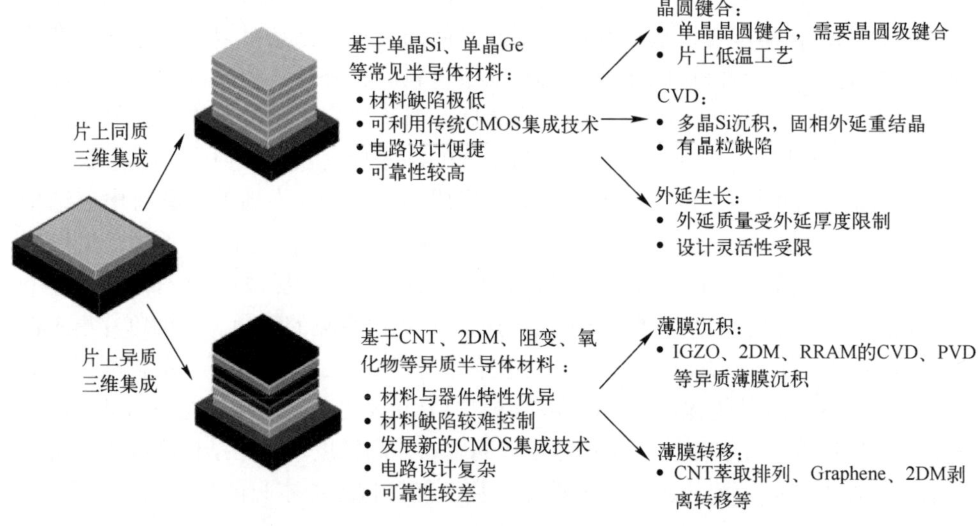

图 7-3　三维单片集成按照集成的电路种类分为同质集成和异质集成

根据三维单片集成互连规模，可以将三维单片集成分为晶体管级、单元级和模块级，如图 7-4 所示。晶体管级三维单片集成将不同类型的器件分别放置在不同层上，不同类型的器件能够分别使用其最优的一套工艺方法。但由于解构层级较高，晶体管级三维单片集成不能利用传统标准单元库，需要三维布局、布线协同优化，带来了设计复杂的难题。单元级三维单片集成则在分区的两层中均能够实现传统平面电路，三维互连粒度达到标准单元层级，部分能够利用传统标准单元库，但为了实现模块级的设计，仍需要三维布线与布局优化。模块级三维单片集成的互连粒度能够达到模块级，将不同功能的模块分别使用其最优工艺方案或最优材料选择。其设计能够充分利用传统标准单元库，设计复杂度相较以上两种集成方法大大降低。

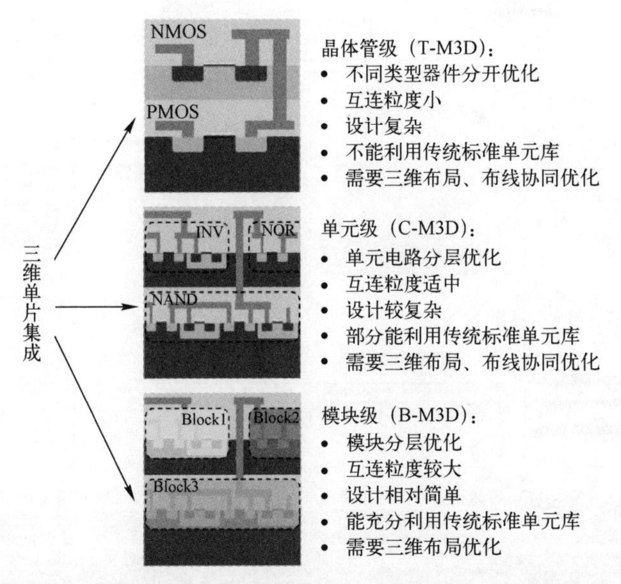

图 7-4　三维单片集成按照互连规模分为晶体管级、单元级和模块级

一方面，三维单片集成技术能够在摩尔定律尺寸微缩的道路上继续前行，得益于堆叠层之间高密度且可靠的互连，寄生参数得到有效降低，尺寸微缩能够随系统性能的提升持续发挥作用。另一方面，利用三维集成的优势，能够集成多种材料器件与不同应用的电路。三维单片集成技术使超大规模集成、片上系统及异质集成具有更多便利性。在不改变制程特征尺寸的前提下，利用三维单片集成技术理论上能达到 50%甚至更高的面积缩减，极大地提升了系统的集成度。通过三维单片集成技术，先进节点制造困难、制造成本的攀升及系统性能提升困难得到了极大缓解。

7.1.2　三维单片集成的发展历程

1. 整体趋势

垂直向上堆叠芯片的系统集成方式，为系统性能的提升提供了有效的路径。系统集成技术从三维封装、系统级封装、多芯片三维系统集成向三维单片集成方向发展。图 7-5 简要概括了系统集成技术的发展历程。

早期三维封装将已封装好的芯片向上堆叠，并使用金属线连接具有特定功能的芯片，实现芯片间的电气连接。但随着堆叠芯片的增加，热量难以散出、金属线的互连质量随芯片数量的增加而降低，以及互连线寄生电阻增大等问题的出现，阻碍了系统性能的提升。系统级封装及多芯片三维系统集成与三维封装的区

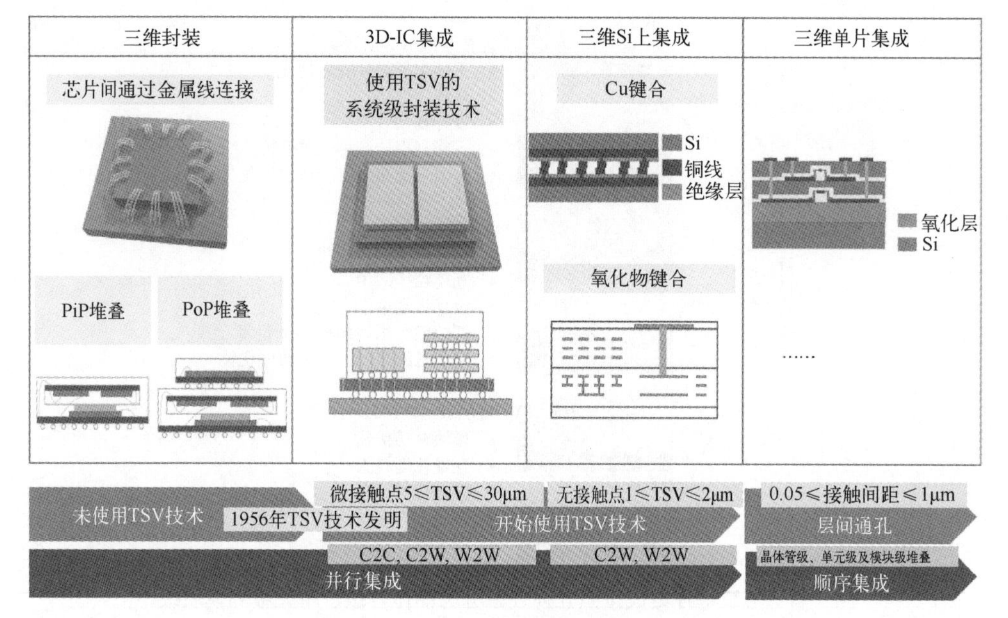

图 7-5 系统集成技术的发展历程

别在于，前者使用了 TSV 技术。TSV 技术的使用极大地缩短了芯片之间的互连，可以实现更高的电性能、更低的功耗、更宽的带宽及更高的集成密度。然而，无论是三维封装、系统级封装还是多芯片三维系统集成，它们均使用金属线、TSV、晶圆级键合等技术将多个平行制造的芯片集成在一起。三维集成多个平行制造的芯片，其层与层之间的互连对准精度受键合工艺对准精度等的影响，仅能达到 1μm 量级[3]，且使用 TSV 技术互连的三维封装的通孔密度最大仅能达到 10^5 vias/mm^2 量级[4,5]。

相比三维集成制造的芯片，三维单片集成技术顺序制造两层或多层器件及电路，实现晶体管级、单元级及模块级堆叠。三维单片集成的一个巨大的优势就是层与层之间的连接采用三维通孔，层与层之间的对准精度及特征尺寸由最先进的光刻技术决定，仅与光刻机的分辨率有关。层与层之间的对准精度能达到 10nm 量级[3]。在 14nm 设计规则下，三维单片集成中的三维通孔密度能达到 10^8 vias/mm^{2}量级[6-8]。三维封装通常具有散热问题，而三维单片集成技术中堆叠的层很薄，热量能够很好地被耗散[4]。三维单片集成技术具有巨大优势，使得整个系统能够具有更大的集成度、更灵活的设计、更高的可靠性及更优秀的系统性能。

2. 三维单片集成技术的发展现状

三维单片集成技术已成为研究热点，在该领域的研究团队及公司主要有 CEA-

LETI、IMEC、Intel、东芝、台湾清华大学、台湾交通大学、台积电、SEL（Semiconductor Energy Laboratory）、东京大学、三星。这些研究团队及公司采用的技术方法及路线各有的特点，为M3D-IC集成、单片异质集成及三维片上系统打下了坚实基础。

CEA-LETI团队在三维单片集成领域的研究已逾10年。在2008年就提出了三维单片集成的构想，并于2016年首次在300mm晶圆上实现了全耗尽型绝缘体上Si（Fully Depleted Silicon On Insulator，FD-SOI）器件三维堆叠的“CoolCube”结构，其结构示意图如图7-6所示[8]。其顶层FD-SOI器件的工艺目标温度在500℃以下，在保证底层器件性能的同时提供较好的顶层低温器件性能。CoolCube相比基于TSV技术的三维堆叠的优势在于，可以进行晶体管级的堆叠。CoolCube结构可以在节约52%面积的同时实现40%的性能提升，减少30%的功耗[4]，与所采用工艺的下一节点相比也具有明显优势，同时能够在集成电路尺寸微缩的道路上显著降低制造成本及工艺复杂度。

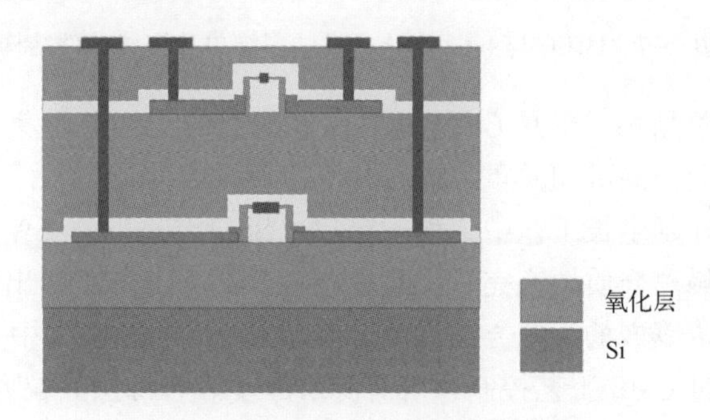

图7-6 CoolCube结构示意图

IMEC与Intel团队分别在FinFET器件及GAA器件上进行了探索。IMEC团队利用无结型器件不需要进行源漏高温退火的特点实现了顶层无结型FinFET器件工艺温度低于535℃。其顶层FinFET器件采用45nm Fin节距及110nm栅节距，展现出可堆叠的FinFET器件具有良好的器件集成度[9]，如图7-7（a）所示。Intel团队异质集成Ge GAA器件与Si FinFET器件，并构成Ge-Si CMOS反相器，如图7-7（b）所示。通过优化底层Si FinFET器件的金属栅叠层及接触，底层FinFET器件在经过顶层Ge GAA工艺后仍能保持高性能。同时，低温工艺下的Ge GAA器件在100nA/μm的关态电流基准下，开态电流能达到630μA/μm[10]。利用三维单片集成的Ge与Si沟道在低功耗、高性能应用中具有广阔前景，三维单片集成技术能够自然沿用统治集成电路发展数十年的摩尔定律，延续摩尔定律对集成度及性能的追求。

(a) FinFET器件三维单片集成

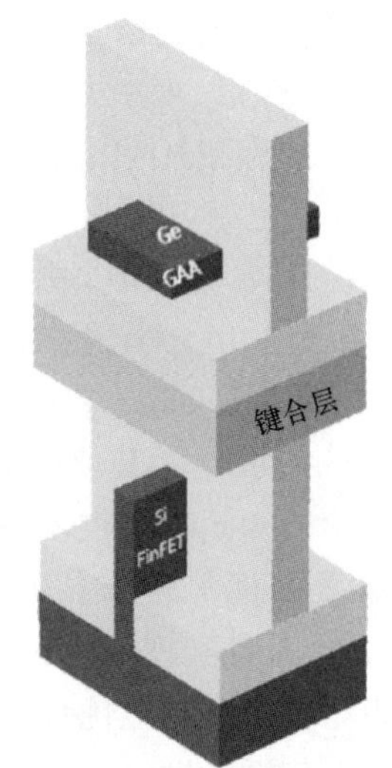

(b) Ge GAA器件与Si FinFET器件三维单片集成

图 7-7　IMEC 与 Intel 团队开发的三维单片集成器件结构

对于常见的单晶 Si、单晶 Ge 材料，已经研究的三维单片集成工艺有片上低温外延生长、片上非晶沉积并重结晶及片上晶圆键合转移。

在片上低温外延生长工艺中，种子窗口（Seed Window，SW）最为关键。在底层器件及层间隔离介质填充完后，经过刻蚀工艺打开 SW 露出底层衬底。随后采用类似大马士革镶嵌的工艺方法低温外延单晶 Si，以 SW 为中心，单晶 Si 向四周延生。最后通过 CMP 工艺控制顶层有源层厚度。有源层晶粒大小及质量由 SW 分布及密度决定，外延的顶层单晶 Si 晶向与衬底保持一致。由于需要为 SW 预留充足的数量及面积以保证顶层有源层质量，因此片上低温外延生长工艺的集成密度及系统布局受到较大限制。

片上非晶沉积并重结晶工艺为在顶层沉积较厚非晶 Si 后采用 FIR-LA（Far-Infrared Laser Activation）工艺使非晶 Si 转变成多晶 Si。在晶粒内，晶向保证一致，但是在晶界处存在较多缺陷，且晶粒的随机分布导致多晶 Si 薄膜中的缺陷随机分布，容易导致器件性能涨落较大，甚至降低良率。中国台湾 NARlabs 采用 LCG（Location-Controlled-Grain）技术使晶粒尺寸增大到 2.56μm^2，且晶粒分布及形状变得可控[11,12]。在 LCG 技术中，以预先刻蚀的冷却孔区域为成核中心，非冷却孔区域由于 SiN_x 的阻挡降低了成核概率，晶粒则以冷却孔区域为中心向四周生长。虽然 LCG 技术的应用增加了晶粒大小，有效控制了晶粒分布，但晶粒与晶粒之间的晶向无法保持一致，同样对器件性能的涨落控制及器件制造带来了较大阻碍。

片上低温外延生长及片上非晶沉积并重结晶工艺均具有明显的限制设计灵活

性的缺点。片上晶圆键合转移工艺则为顶层有源层质量及器件设计灵活性提供了很好的解决方案。片上晶圆键合转移工艺将预先处理的有源层采用低温键合的方法转移至已具有一定器件规模的晶圆上。不仅可以采用高温工艺使被转移的有源层质量达到最佳状态，被转移的材料、晶向、掺杂等还可以根据设计需要灵活选择。片上晶圆键合转移工艺为实现三维单片大规模集成电路提供了非常有力的保障。

除在常见的单晶 Si、单晶 Ge 材料上进行三维单片集成探索之外，IGZO（In-Ga-Zn-O）、CNT、WSe_2、MoS_2、非晶 Si 等材料因具有低温制造、后道工艺兼容的天然优势，在三维单片集成中纷纷迎来研究热潮。对于非晶 Si、IGZO、CNT、二维材料等，可以直接在低温下通过沉积或萃取转移方法顺序生长在已具一定功能的衬底上。由于材料的特殊性，其材料缺陷难以控制，尚未具有成熟的工艺流程。

7.1.3　三维单片集成的技术挑战

层出不穷的先进工艺与先进设计的融合在三维单片集成技术上得到了充分展现。但是对于实现真正的三维单片超大规模集成及三维单片片上系统，仍有多处技术难点亟待攻破。

1. 三维 EDA 布局、布线设计工具挑战

为了充分利用三维单片集成带来的收益，需要将集成电路中的基本单元——晶体管合理放置在不同层上。简单地将 NMOS 与 PMOS 放置在不同层上对于复杂的大规模集成电路，设计成本及复杂度都会增加，同时可能增加过多的三维接触孔。若过多节点需要通过层间通孔实现电气连接，则会导致层间通孔占用了大量面积，反而削弱了三维集成的最大优势——面积缩减。M3D-IC 集成方法相对传统二维单芯片，信号、热耗散等分析更为复杂。传统独立的非集成式分析方法已经达不到目的。为了使 M3D-IC 集成方法得到充分的性能释放，三维 EDA 设计及分析工具变得尤为重要。

2. 低温器件性能挑战

为了避免在顺序集成过程中给底层器件带来过多的额外热预算，堆叠在上方的器件层工艺温度需要得到良好控制。在低温器件制造方面，基于非晶氧化物、二维材料、CNT 等材料的晶体管具有天然低温工艺优势，但是对于传统单晶 Si 基及单晶 Ge 基器件，在低温工艺下制备出与在传统高温工艺相同节点下的器件性能相媲美的低温工艺器件仍具有挑战。

在器件制造工艺中，为了获得较高杂质激活水平并修复晶格损伤及缺陷，杂质激活工艺步骤通常在超过1000℃的温度下进行快速热退火。在低温工艺下，由于杂质激活退火温度过低，因此在掺杂区域留下大量射程末端缺陷（End-of-Range Defects），这些缺陷是位于预非晶化层与结晶区界面下的间隙Si原子团簇。在后续器件制造工艺中，这些间隙Si原子受热发射，向能够接受该缺陷的位置迁移，如有较多缺陷的Si膜顶部。当间隙Si原子向Si膜顶部移动的过程中穿过高激活区域时，易引起高激活区域出现退激活现象。例如，当间隙Si原子穿过已高度激活的B掺杂区域时，引起大量B间隙团簇；而当间隙Si原子穿过高度激活的As掺杂区域时，则引起大量As原子间隙团簇，造成退激活现象。如图7-8所示，CEA-LETI团队在2013年VLSI-TSA会议上发表的低温工艺器件性能研究表示，在低温工艺器件中，杂质退激活现象使得方块电阻随后续工艺温度的增加而急剧增加。

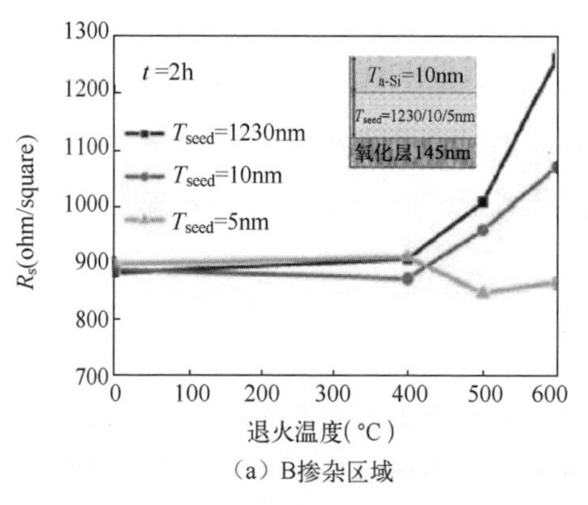

（a）B掺杂区域

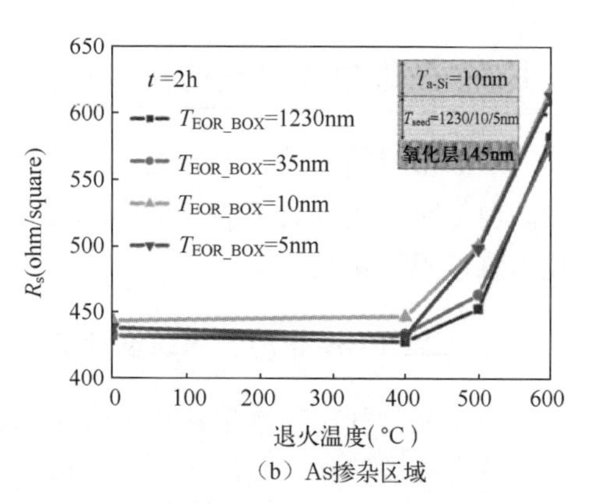

（b）As掺杂区域

图7-8　掺杂区域方块电阻随激活后退火工艺温度的变化（掺杂激活工艺步骤在低温下进行）[13]

射程末端缺陷带来的另一个器件性能影响是，当射程末端缺陷位于或靠近耗尽区时，射程末端缺陷表现为载流子产生或复合中心。隧穿电子利用耗尽区深能级陷阱作为辅助实现隧穿过程，引起器件泄漏电流增加。

低温工艺使得侧墙下方杂质扩散不充分，在源漏与沟道之间的串联电阻增加。在电源电压随工艺节点不断降低的趋势下，源漏寄生电阻带来的压降将严重限制器件开态电流的增加，如图7-9所示。

低温工艺下的结构物理稳定性、形貌结构及电学性能稳定性仍然需要更深入的研究。低温工艺对器件性能的影响成为三维单片集成技术中的一大障碍。

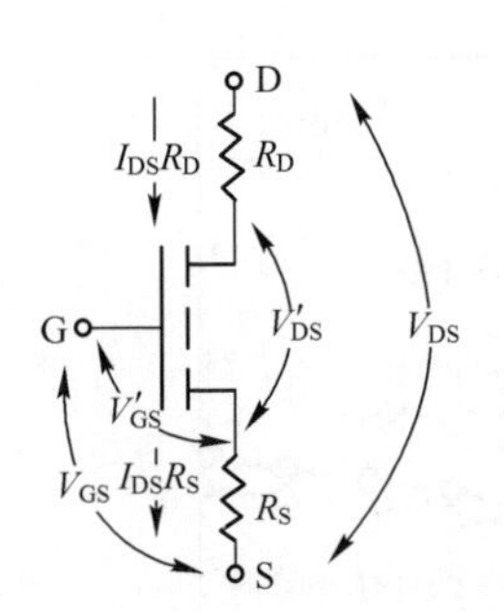

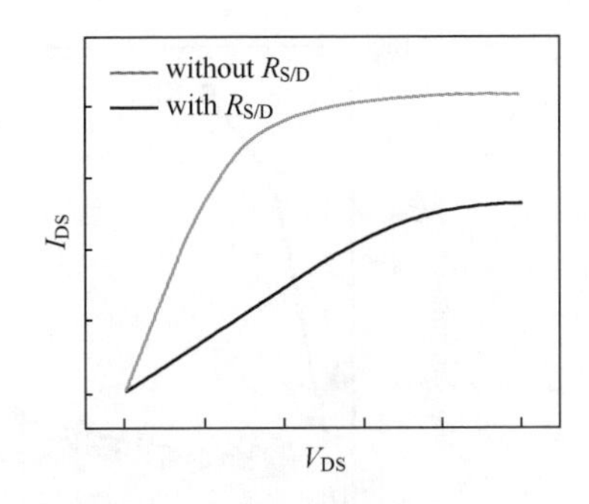

图 7-9　源漏串联电阻对器件电学性能的影响

3. 后道集成及污染控制挑战

为了实现真正的三维电路，在第一层电路制造后需要先对第一层器件进行互连，这就会不可避免地引入金属离子污染。Cu 是大规模集成电路器件的优选金属。Cu 有许多优点，Cu 互连可以大幅度降低金属互连线的电阻，从而减少互连造成的延迟；Cu 的电迁移（Electromigration，EM）特性比 Al 小，能够保证在不断导电的过程中减少离子电迁移的积累、提高电路的可靠性。但是 Cu 也有一系列缺点，在晶圆内部的 Cu 污染会引起器件的电学性能灾难。Cu 在 SiO_2 中极易扩散，造成对 Si 器件的污染，增加 SiO_2 的漏电流、结漏电流，从而降低击穿电压，严重影响互连可靠性。所以必须将 Cu 工艺区和器件有源电学性能区隔离。然而，在三维单片集成工艺中，通常需要经过底层器件的内部互连再进行顺序堆叠集成，严格控制污染以确保堆叠层的器件工艺区不受污染控制变得至关重要。

4. 热预算控制及器件热稳定性挑战

在顺序集成工艺中，顶层器件的制造必然会给底层带来额外的热预算。而基于 Ni 的自对准硅化物具有极高的温度不稳定性。P. Batude 团队的研究显示（见图 7-10），传统基于 Ni 的自对准硅化物在 650℃的退火工艺下，随着退火时间的增加，方块电阻急剧攀升，使器件性能急剧退化。

对于底层器件，额外的热预算可能引起额外的杂质热扩散，导致掺杂形貌的改变。在退火工艺中，退火温度及时间需要保持在一定范围内，在这个范围内杂质能达到一个亚稳态的高激活度，但是当温度超过这个范围或退火时间过长时，对于已激活的杂质会出现退激活现象，引起器件性能的下降。如何避免顺序集成工艺对底层器件性能的影响，以及如何提高底层器件热稳定性仍是三维单片集成工艺需要重点关注的问题。

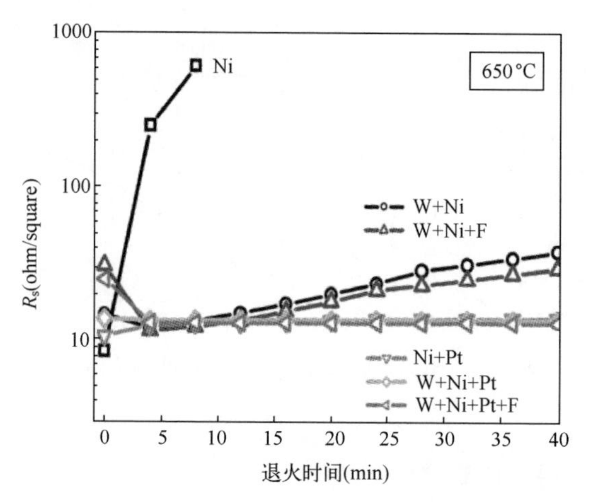

图 7-10　P. Batude 团队 Ni 的自对准硅化物温度稳定性研究[13]

5. 三维接触及层间互连挑战

三维接触是实现真正三维电路的关键桥梁。三维接触工艺受层间隔离介质厚度及高深宽比材料沉积工艺的限制。三维单片集成相比传统三维封装或片上系统技术的一大优势为能实现层与层之间高密度及高精度的互连。三维接触工艺的开发及其稳定性和可靠性尚待确认。

7.2　三维单片同质集成技术

三维单片集成主要面向常用半导体材料（如单晶 Si、单晶 Ge）在三维方向上的高密度集成。为了在已制作 CMOS 电路的晶圆垂直方向上顺序集成高质量的有源单晶层，片上晶圆键合成为主要集成工艺。在顺序集成的有源层上进行顶层电路的制作需要严格控制热预算。在有限的热预算条件下，各研究团队针对硅化物热稳定性、片上杂质激活、固相外延及低温侧墙工艺进行了深入探究。本节将着重介绍片上晶圆键合、片上低温 CMOS 集成与热预算管理及三维电路设计与层间布局。

7.2.1　片上晶圆键合工艺

实现三维单片集成最重要也最基础的一点就是实现有源层的顺序堆叠。为了充分利用三维单片集成的优势，理论上顶层与底层的器件制作能达到相同密度。同时器件性能不受所在层的限制，如在平面芯片中，器件性能不受器件所在平面坐标的影响一样，故顶层有源层的质量成为重要关注点。对于 Si 基 CMOS 器件，为了减小表面散射引起的迁移率退化，要求顶层有源层的表面粗糙度低，同时为了获得较高的本征载流子迁移率，要求顶层有源层结晶度好。为了隔离顶层和底层，顶层有源层通常制作在绝缘介质上，因此全耗尽器件成为顶层器件的主要关注点。对于全耗尽器件，要求 Si 膜厚度得到良好控制，有利于小型化器件的制备。热预算控制是实现三维单片集成的一大障碍。为了使底层器件及层间互连不受额外热预算的影响，顶层器件的制作需要控制在一定热预算下。而较低的热预算给顶层器件性能的提升带来了挑战。

片上晶圆键合为上述技术要求提供了良好的解决方案。基于片上晶圆键合的三维单片集成的研究团队主要有 CEA-LETI、IMEC、Intel 及 STM。片上晶圆键合的主要工艺步骤如图 7-11 所示。当底层器件制作完成后，将预先处理好的顶层有源层通过氧化物/SiCN 低温晶圆键合 SOI 衬底，通过 SmartCut 或 CMP 背面减薄方法获得特定厚度的单晶 Si 层[14]。由于被转移的有源层可以预先处理成单晶进行掺杂和高温退火步骤，因此被转移的有源层质量可以达到优异的状态，并且片上晶圆键合顺序集成高质量有源层的额外热预算仅来源于键合退火工艺（< 400℃，键合温度最低达到 200℃[13]）。

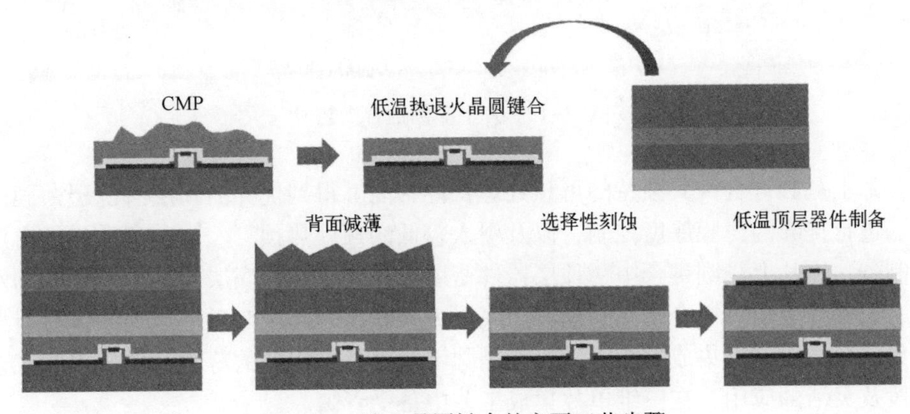

图 7-11 片上晶圆键合的主要工艺步骤

在三维单片集成中，键合质量主要关注键合强度、键合气泡面积、污染颗粒控制。中国科学院微电子研究所先导工艺中心研究组采用如图 7-12（a）所示的晶圆键合流程，先对施主晶圆进行热氧氧化准备键合界面；再进行施主晶圆的去边操作，防止在背面减薄过程中边缘脱落形成颗粒和划伤；低温键合有源层施主晶圆与已具 CMOS 电路的受主晶圆后，通过背面减薄方法去除施主晶圆 Si 衬底及 BOX 层，在受主晶圆上留下特定厚度的单晶 Si 层。键合强度大于 1.2J/m^2，气泡面积小于 0.0002%［见图 7-12（b）］，顶 Si 中所有金属元素含量均小于 5×10^{10}atms/cm^2。其顶 Si 厚度能通过施主晶圆的热氧氧化步骤自由调节，测试发现顶 Si 基本没有应变［见图 7-12（d）］。

片上晶圆键合转移工艺中被转移的有源层具有很高的灵活性，可以针对设计转移与底层材料和晶向不同的有源层。CEA-LETI[5]、IMEC[9] 及 Intel 团队[10] 均已成功在 300mm 晶圆上键合转移高质量 Si 有源层。且 Intel 团队在 300mm 晶圆上实现了 Ge（100）与 Si（100）[10]、Si（100）与 GaN[15,16] 的顺序集成。

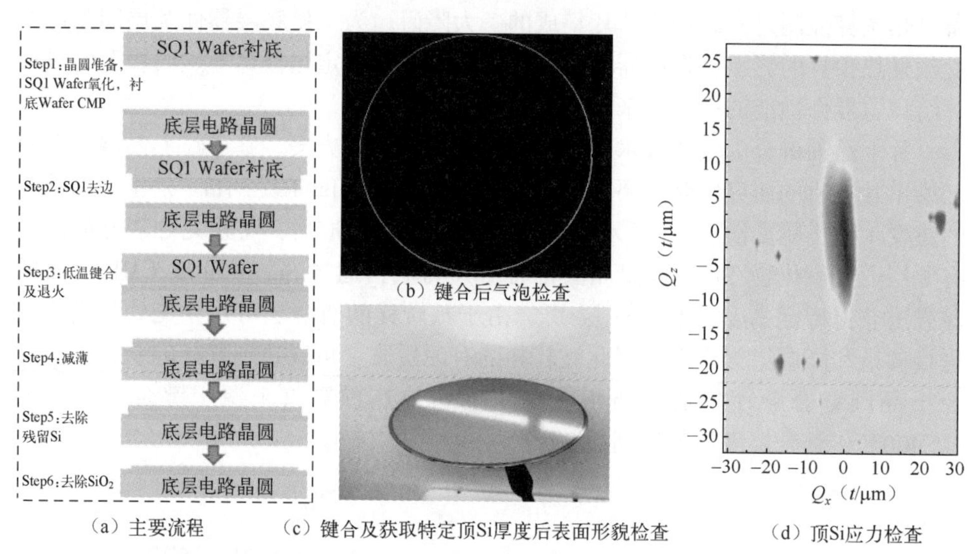

（a）主要流程　（b）键合后气泡检查　（c）键合及获取特定顶Si厚度后表面形貌检查　（d）顶Si应力检查

图 7-12　片上晶圆键合工艺

片上晶圆键合因其独特的可预处理特性，能够得到优异的顶层有源层薄膜质量、进行优异的薄膜厚度控制，以及引入较低的额外热预算。因其高质量的有源层制备，在片上晶圆键合中，顶层器件密度能完全达到与底层器件密度相同的水平。由于片上晶圆键合转移的材料与底层无关联，因此它兼具主流半导体材料器件集成及异质材料集成的能力。片上晶圆键合因其高质量的薄膜、低成本的工艺手段及灵活的应用，在三维单片集成工艺中备受青睐。

7.2.2　片上低温 CMOS 集成与热预算管理技术

目前已具研究规模的片上低温 Si、Ge 等常见半导体材料晶体管结构主要有平面 SOI FET、SOI FinFET、GAA。沟道材料涉及单晶 Si、多晶 Si、非晶 Si 及 Ge。表 7-1 总结比较了 CEA-LETI、IMEC 及 Intel 团队在三维单片集成低温平面 FD SOI、SOI FinFET、GAA 及 NCFET 器件上的研究进展。低温工艺下的器件性能相较 IRDS 中的目标技术节点还有较大距离，阻碍三维单片集成技术中低温器件性能提高的关键因素为热预算控制。

表 7-1　CEA-LETI、IMEC 及 Intel 团队在三维单片集成低温平面 FD SOI、SOI FinFET、GAA 及 NCFET 器件上的研究进展

器件类型	研究团队		热预算（℃）	沟道材料	MOS 类型	技术节点	顶层器件性能			
							I_{on}（μA/μm）	I_{off}（A/μm）	DIBL（mV/V）	SS（mV/dec）
FD SOI	CEA-LETI	IEDM 2009	<600	Si	n，p	$L_g = 2\mu m$	n：90 p：20 @|V_{DD}| = 1.2V	<1n		
		VLSI 2016	<650	Si	n，p	$L_g = 60nm$	n：419 p：228 @|V_{DD}| = 1V	n：8.5p p：58p @|V_{DD}| = 1V	n：31 p：61	
		IEDM 2017	<630	Si	n	$L_g = 100nm$	~100 @|V_{DD}| = 0.8V	>100p		
		IEDM 2017		Si	n，p	$L_g = 13nm$	p：500 n：455	p：3n n：5n	p：130 n：130	p：68 n：70
		VLSI 2020	<500	Si	p	$L_g = 35nm$	450	2n		
	Intel	IEDM 2019		Si	p	$L_g = 130nm$	~400	150p		
		IEDM 2019		Si	p	$L_g = 65nm$	850	10n		
		IEDM 2020		Si	n，p	$L_g = 130nm$	p~100 n~000	p~1n n~100n		

续表

器件类型	研究团队		热预算（℃）	沟道材料	MOS类型	技术节点	顶层器件性能			
							I_{on}(μA/μm)	I_{off}(A/μm)	DIBL(mV/V)	SS(mV/dec)
SOI FinFET	CEA-LETI	VLSI 2015		Si	n,p	n:L_g=34nm p:L_g=28nm	p:1320 n:1480 @$\|V_{DD}\|$=1V	p:=560n n:0.055n @$\|V_{DD}\|$=1V		
	IMEC	TED 2018	<525	Si	n,p	L_g=40nm	~300	n:1e-12 p:1e-9	~70	~73
		IEDM 2018	<525	Si	n	L_g=24~30nm			~33 @$\|V_{DD}$=1V$\|$	~72 @$\|V_{DD}\|$=1V
GAA	Intel	IEDM 2019	<600	Ge	p	L_g=34nm	497 @I_{oft}=8nA/μm 630 @I_{oft}=100nA/μm		14	LIN:62 SAT:63
NCFET	Narlabs	IEDM 2018	<600	Si	n,p	30nm 以下	n:172 p:142 @$\|V_{DD}\|$=1V, $\|V_{GS}\|$=1.1V	I_{on}/I_{off}>10e6		n:45 p:50

注：IEDM 为国际电子器件会议；VLSI 为超大规模集成电路国际会议；TED 为电子器件会刊。

对于底层器件，必须保证在经过顶层器件制作后，底层器件性能仍不受影响。对于底层器件的稳定性，主要关注点为硅化物的稳定性。在经典高温 CMOS 工艺流程中，通常采用基于 Ni 的硅化物。研究表明，基于 NiPt 的硅化物在 500℃以上不稳定。经过 550℃、2h 的退火流程后，硅化物出现团聚现象，硅化物的电阻小幅度增加[17,18]。源漏串联电阻的增加使得器件开态电流及频率特性严重退化，阻碍器件向小型化发展。

层间隔离介质用于将顶层与底层器件进行电气隔离。层间隔离介质需要在经过顶层器件制作的多道退火工艺后仍保持稳定的形貌及介电常数。例如，常规 ULK 介质 SiOCH 在 500℃以下退火会发生收缩，影响材料形貌及介电常数[19]。

对于顶层器件，在有限的热预算下，关键工艺步骤是高质量侧墙形成、源漏选择性外延及杂质激活。在经典工艺中，侧墙的制造在 600℃以下以 ALD 工艺沉积 SiN_x。若直接将侧墙形成工艺的温度降低到 500℃，则 SiN_x 薄膜的可靠性将降低。由于低温形成的 SiN_x 侧墙在 HF 中的刻蚀速率增加为常规高温工艺的两倍，因此在经过后续器件制造所必需的刻蚀步骤后，SiN_x 侧墙会出现许多孔洞[18]。

受降低热预算影响最严重的是杂质激活问题。在经典工艺流程中，杂质在超过 1050℃的快速热退火条件下进行高温激活。温度降低会导致杂质不完全激活，不仅不能够提供足够载流子，而且会造成结界面形貌不规整，带来一系列不确定性因素影响器件性能。源漏的固相外延则需要在 600℃以上持续数十分钟，在该条件下，底层器件的稳定性受到极大挑战。

已有许多研究团队寻求三维单片集成工艺的解决方案。本节将总结各研究团队在硅化物热稳定性、片上杂质激活与固相外延及低温侧墙工艺上取得的进展。

1. 硅化物热稳定性

为了增加自对准硅化物的稳定性，研究团队对多种材料进行了探索，目前，有两种自对准硅化物可以与现有 CMOS 工艺兼容并保持良好的热稳定性。

- NiPtSi 掺杂 F 及 W。
- $Ni_{0.9}Co_{0.1}$+ Si-Cap +预非晶化注入（Pre-Amorphization Implantation，PAI）。

CEA-LETI 团队使用 NiPtSi 掺杂 F 及 W，使得自对准硅化物在 650℃下保持优秀的稳定性[3]。图 7-13 展示了该团队在自对准硅化物热稳定性上的探索，经过 F 及 W 掺杂的 NiPtSi 在 650℃下方块电阻不随退火时间发生改变，而传统 NiSi 随着加热时间的延长，方块电阻急剧攀升。该研究展现了掺杂 F 及 W 的硅化物良好的热稳定性，为三维单片集成自对准硅化物提供了一种选择。

Fabien Deprat 研究团队同样在 PMOS 源漏硅化物热稳定性提升方法上进行了探索[20]。该团队发现，在 Si 衬底上形成的 $Ni_{0.9}Co_{0.1}$ 硅化物能在 800℃、30s 的快速热退火条件下保持稳定；然而在 $Si_{0.7}Ge_{0.3}$ 衬底上形成的 $Ni_{0.9}Co_{0.1}$ 硅化物仅能在

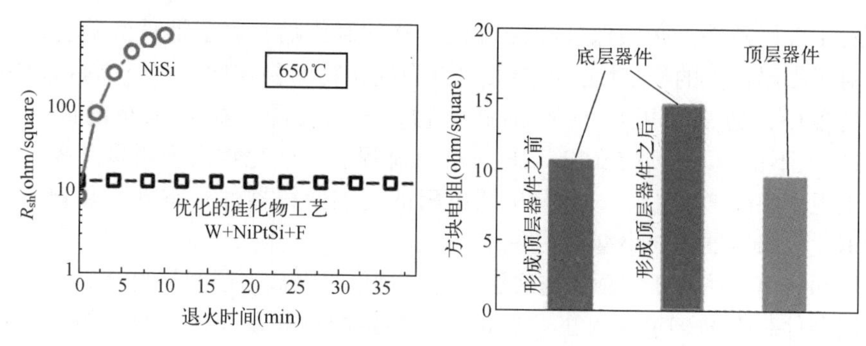

图 7-13 CEA-LETI 团队展示经过 F 及 W 掺杂的 NiPtSi 自对准硅化物在 650℃下展现出良好的热稳定性[3]

500℃、30s 的快速热退火条件下保持稳定。$Si_{0.7}Ge_{0.3}$衬底使得 $Ni_{0.9}Co_{0.1}$硅化物的热稳定性大大降低。由于 Ge 的扩散速度小于结晶形成的动力学速度，因此在 Ni（$Si_{0.7}Ge_{0.3}$）硅化物形成后，系统趋于热力学非平衡状态的过程中将出现 Ge 的分凝，降低了硅化物的热稳定性。为了使 PMOS 源漏自对准硅化物的热稳定性得到提升，该团队发现，可以在 $Si_{0.7}Ge_{0.3}$衬底上先沉积 5nm 厚的 Si-Cap 再进行 Si 化，Si 化过程中会先形成（$Ni_{0.9}Co_{0.1}$）$_x$$Si_{1-x}$硅化物，与 $Si_{0.7}Ge_{0.3}$:B 衬底保持热力学平衡状态。其形成的 $Ni_{0.9}Co_{0.1}$硅化物能够在 600℃、2h 的热退火条件下保持稳定。除了 Si-Cap，该团队还发现，Si 化前在表面预非晶化能够提高 Si 化后硅化物的热稳定性。通过在非晶层上成核和生长硅化物来改变硅化物的微观结构，如晶粒尺寸、密度和纹理，减少团聚现象。在 600℃ 、2h 热退火后，使用 Si-Cap 及预非晶化的硅化物团聚现象大量减少，表明 Si-Cap 及预非晶化能够提高 $Si_{0.7}Ge_{0.3}$上硅化物的热稳定性。同时经过 Si-Cap 及预非晶化，PMOS FD-SOI 能展现出良好的 I_{on}/I_{off}特性[20,21]。

2. 片上杂质激活与固相外延

使用经典快速热退火工艺时，由于热预算的限制，在低温工艺下杂质不能达到较高的激活水平。从器件角度来看，可以选择不需要经过高温退火工艺的器件。例如，IMEC 在低温工艺下制作无结型器件避开了杂质激活的问题。从工艺角度来看，目前有三种杂质激活方法。

- 固相外延生长（Solid Phase Epitaxy Regrowth，SPER）及低温选择性外延。
- （准分子/极紫外线/纳秒量级）激光退火。
- Si 化后源漏杂质激活。

在常规高温工艺中，源漏选择性外延在 650℃（$Si_{0.7}Ge_{0.3}$）及 750℃（Si）

下进行，而杂质激活工艺要高于 1000℃。CEA-LETI 团队使用低温选择性外延及 SPER 技术实现了良好的源漏选择性外延结晶形貌及源漏杂质激活水平，并获得了较好的 I_{on}/I_{off} 特性，如图 7-14 所示。该团队首先对源漏选择性外延无掺杂的单晶 Si，该团队的选择性低温 Si 外延技术相较传统的外延技术运用了特殊表面处理，进行了 HF/HCl 清洗、原位 SiCoNi NH_3/NF_3 远程等离子处理，在 500℃ 下用 H_2 进行了烘干。对于低温 Si 外延步骤，循环沉积刻蚀（CDE）工艺可以显著降低热预算。关键因素是使用二硅烷进行沉积，以及在刻蚀步骤中向 HCl 添加 Ge。利用三硅烷和二氯烷进行生长和刻蚀可以进一步降低热预算，对源漏进行杂质注入后采用 SPER 技术在 500℃ 及 650℃ 下均可得到良好的杂质激活水平。在 SPER 技术中，非晶区与籽晶接触并受热激发非晶区的原子开始以籽晶为模板重新排布，以此达到杂质激活及外延单晶的目的[3,7,22-25]。

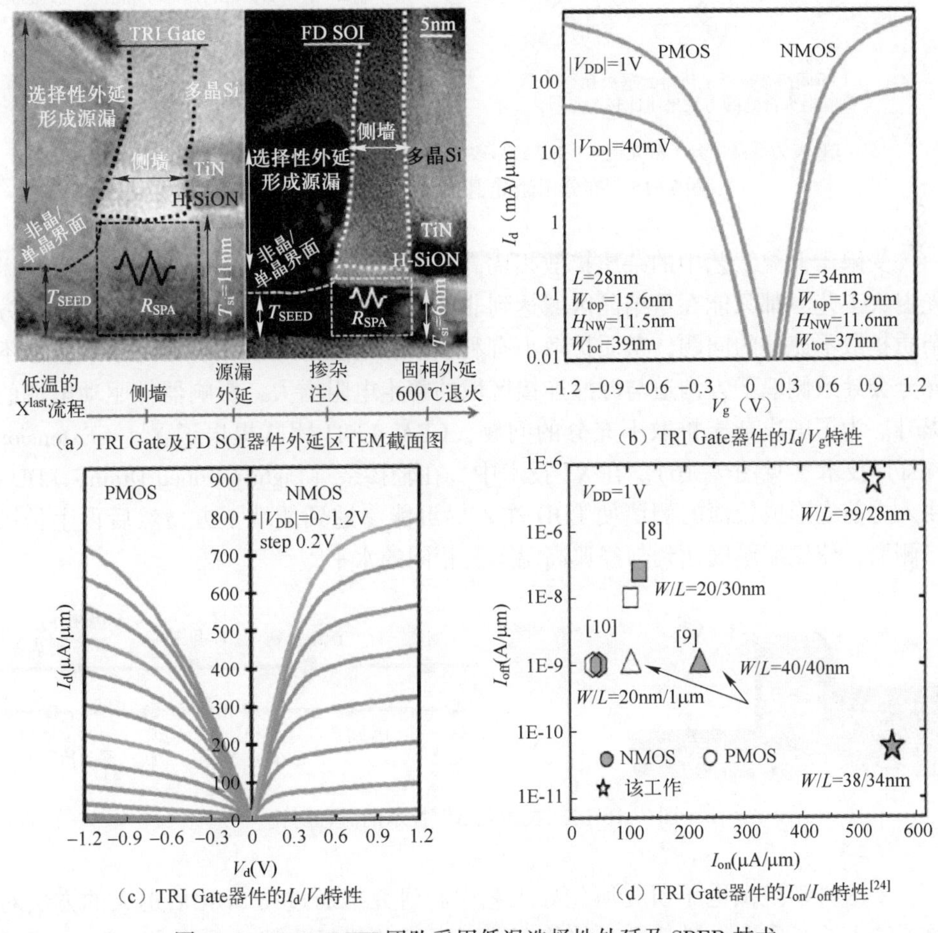

图 7-14　CEA-LETI 团队采用低温选择性外延及 SPER 技术

IMEC团队提出准分子激光退火（Excimer Laser Anneal）来实现掺杂激活[26]。在保证底部温度较低的前提下，准分子激光退火能够达到与经典工艺中快速热退火工艺相同的激活率，得到的方块电阻与高温工艺下的方块电阻相似［见图7-15（a）］，从而产生相同水平的驱动电流［见图7-15（b）］。

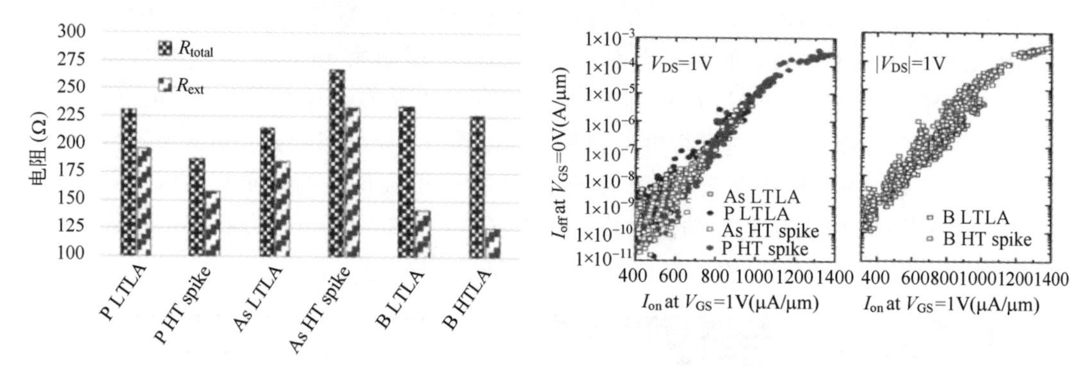

（a）不同掺杂杂质采用激光退火和高温退火得到的方块电阻比较

（b）与常规高温工艺比较的I_{off}/I_{on}特性[26]

注：LTLA为低温准分子激光退火；HT spike为高温尖峰退火；HTLA为高温准分子激光退火

图7-15 准分子激光退火工艺得到的器件性能

受限于低温工艺中的杂质扩散相比高温工艺要弱，无论是SPER技术还是激光退火工艺，都只能在重结晶区域达到非常高的活化水平，这引起了在侧墙下方杂质扩散不充分的问题。杂质扩散小有利于小型化器件的制作，但是杂质扩散不充分会导致侧墙下方沟道与源漏连接区域的寄生电阻增大，影响器件驱动电流的提升。为了解决杂质扩散不充分的问题，CEA-LETI团队提出了X^{1st}（Extension First）技术（见图7-16）。在X^{1st}技术中，在轻掺杂（Lightly Doped Drain，LDD）注入之前先形成较薄的侧墙使LDD注入尽可能渗透到侧墙下方，然后再生长第二侧墙，使侧墙厚度达到与经典高温工艺相同的水平[24,27]。

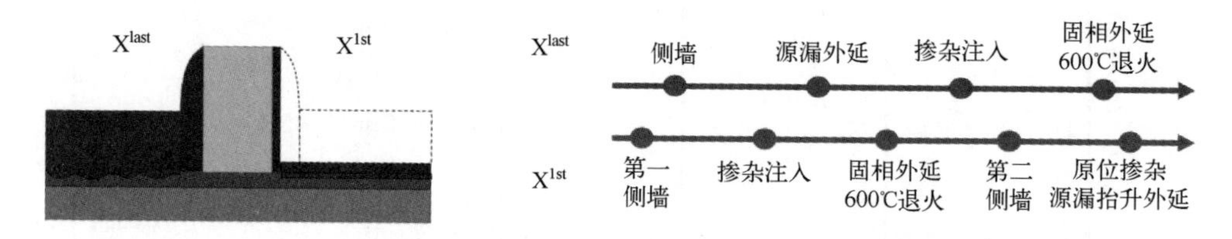

图7-16 X^{1st}技术与X^{last}技术的流程对比

中国科学院微电子研究所先导工艺中心研究组通过先Si化后退火的方法对源漏注入的杂质进行激活及晶格修复。退火工艺仍然为快速热退火，但Si化后的杂质激活及晶格修复温度由传统超过1000℃的需求下降到约600℃的需求。先Si化后退火的方法能有效降低顶层器件制作的热预算，并且降低工艺复杂度。该研究组实现的三维单片集成结构示意图如图7-17所示。

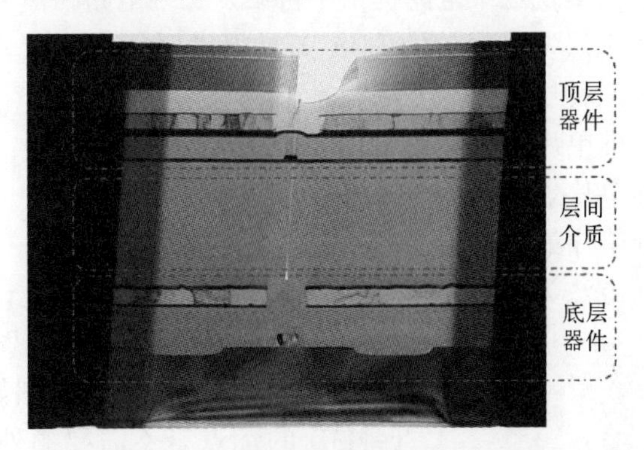

图7-17 三维单片集成结构示意图

3. 低温侧墙工艺

侧墙将外延的源漏区域与栅叠层隔离开，需要具有较低的介电常数、较高的质量，以减小栅-源及栅-漏寄生电容。低温下制作侧墙需要考虑以下四个问题。

- 与CMOS前道工艺的兼容性。
- 侧墙薄膜的一致性和均匀性。
- 温度稳定性。
- 材料的变化对器件性能的影响。

目前已有研究得到四种可能的材料及侧墙制作工艺。

- 500℃ PECVD SiBCN（$\kappa=3.8$）。
- 400℃ SPARC CVD SiCO（$\kappa=4.5$）。
- 480℃ PEALD SiOCN（$\kappa=4.8$）。
- 480℃ PECVD BN（$\kappa=3.8$）。

SiBCN可以替代SiN_x。在环形振荡器（Ring Oscillator，RO）中已验证，SiBCN的使用能够降低寄生电容[28]。SiCO能够在14nm技术节点的FD SOI工艺下将等效寄生电容降低5%，提供更好的NMOS漏电特性及击穿电压[21,29]。SiOCN能够提供与经典工艺相同的静态特性（I_{on}/I_{off}），在三维单片集成上具有可行性[21]。在480℃下采用PECVD工艺沉积的BN，不论是在形态、物理性能还是化学性能上都具有很好的特性，并能够在外延及掺杂激活退火后保持稳定[28]。

7.2.3 三维电路设计与层间布局技术

三维单片集成为实现三维电路提供了桥梁。三维电路在单元内或单元间存在三维互连，目前还未研发出有效的 EDA 工具提供层间布局及分析。在三维电路设计上，存在以下三种层间布局方法。

- 晶体管级三维单片集成（T-M3D）。
- 单元级三维单片集成（C-M3D）。
- 模块级三维单片集成（B-M3D）。

最简单的分区方法为将不同类型的晶体管放置在不同层上。例如，将电路中所有 NMOS 放置在顶层，所有 PMOS 放置在底层，称这类方法为 T-M3D，其示意图如图 7-18 所示。

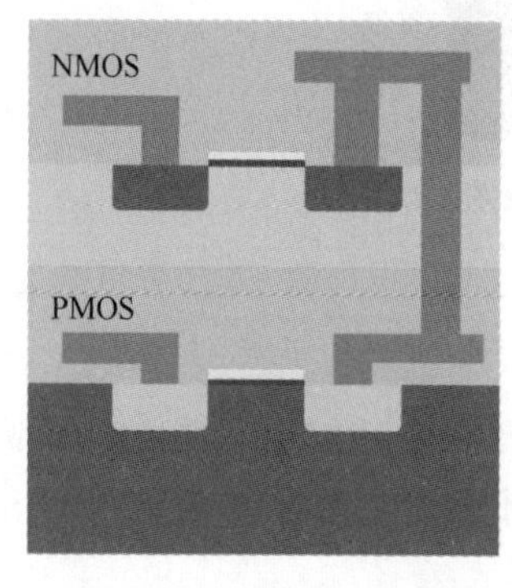

图 7-18 T-M3D 示意图

T-M3D 的优点是不需要额外制作 N 阱/P 阱，在 CMOS 集成电路中能有效避免闩锁效应，并且减小相邻 NMOS/PMOS 之间的静电耦合，使基本单元内部寄生电容减小 25%[4,30]。不同类型的器件分别有一套最优的结构参数（如 FinFET 器件中的 Fin 高、Fin 宽）、掺杂浓度、应用材料等。T-M3D 能够对不同类型的晶体管分别使用一套最优工艺方案，避免了器件制造中的 trade-off。但是，T-M3D 要求全定制设计，不能利用成熟的平面单元电路设计，增加了设计难度和设计周期。在单元电路中，若过多的节点需要通过层间通孔实现电气连接，则会导致层间通孔占用大量面积，反而削弱了三维集成的最大优势——面积缩减[8]。同时，层间互连质量仍是三维单片集成中一大待解决的问题，需要对层间互连引起的寄生参数及互连稳定性做进一步探究。过多的层间通孔将放大三维单片集成中的这一劣势。

Jiajun Shi 研究团队在 2016 年 IEDM 上发表的研究分析表明，采用 FM3D 相对平面电路能够减小 NMOS/PMOS 之间的寄生电容，从而降低系统功耗、提高工作频率。如图 7-19（a）所示，在平面电路中，由于存在器件间寄生电容，单元电路群延迟增加，因此在 FM3D 中，通过选择适当的介质隔离（Inter-Layer Dielectric，ILD）厚度能够减小单元内部的寄生电容，减小的寄生电容主要为 NMOS/PMOS 之间的寄生电容［见图 7-19（b）］。该研究团队表明，虽然在反相器单元电路中，由于劣化的顶层低温工艺器件，其群延迟特性劣于平面布局反相器，但是在或非门单元电路中，群延迟相对平面或非门电路减小了 11%。上述结果展现出晶体管级分区方法具有减小 NMOS/PMOS 间寄生电容的优势。在 LDPC

(Low-Density Parity Check) 核及 AES (Advanced Encryption Standard) 核中，采用 T-M3D 能够使功耗分别降低 32%、28%，使频率分别提升 20%、15% [见图 7-19 (c)、(d)]。同时，T-M3D 相对平面电路能够将成本减少 50% [见图 7-19 (e)][30]。

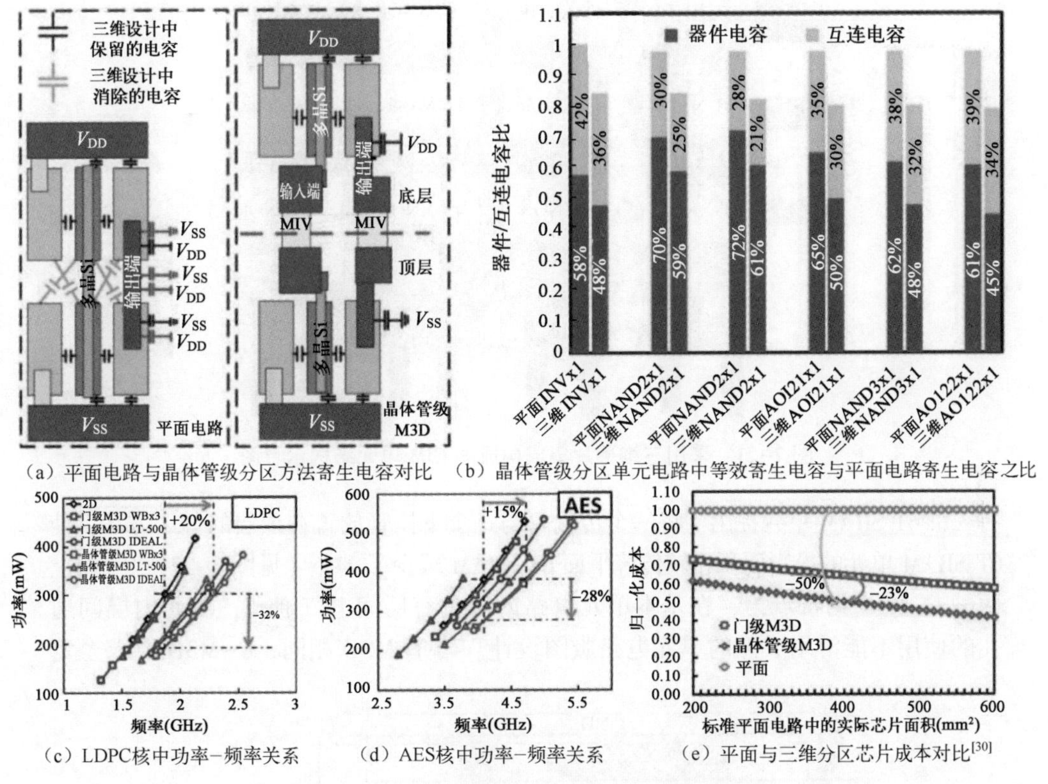

(a) 平面电路与晶体管级分区方法寄生电容对比　(b) 晶体管级分区单元电路中等效寄生电容与平面电路寄生电容之比

(c) LDPC核中功率-频率关系　(d) AES核中功率-频率关系　(e) 平面与三维分区芯片成本对比[30]

图 7-19　晶体管级分区方法综合性能比较

第二种分区方法为 C-M3D，其示意图如图 7-20 所示。在不同层上均能实现不同类型的器件集成，层间电气通孔在基本单元内部或基本单元外部，需要多层电路互连才能实现完整 IP 模块的功能。

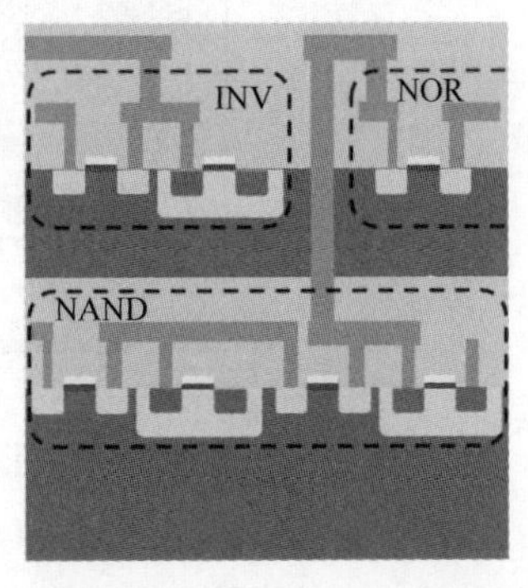

图 7-20　C-M3D 示意图

中国台湾 NARlabs 利用三维单片集成技术在底层传统 6T SRAM 单元之上附加顶层 CMOS 电路，实现了具有 NAND/OR/XOR/XNOR 功能的 CIM (Compute In Memory) 单元 (见图 7-21)[31,32]。CEA-LETI 团队针

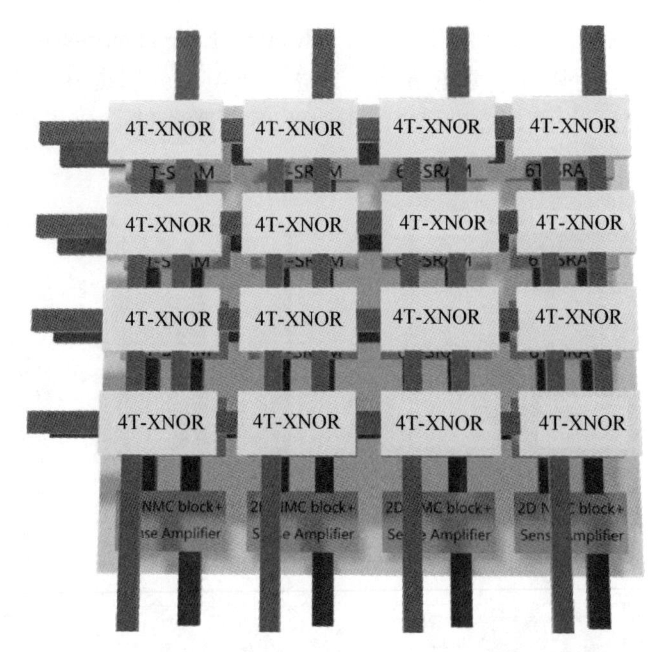

图 7-21　采用三维单片集成构成的 CIM 单元结构示意图

对三维 6T SRAM 单元提出了将一个传输管与一个下拉管放置在顶层的分区方法，使 6T SRAM 单元的投影面积相较传统平面 6T SRAM 减少了 27%（见图 7-22）[8]。以上两种 C-M3D 的特点为，在基本单元电路内部具有层间电气通孔，单元内层间通孔的使用不能沿用成熟的单元电路版图设计。与 T-M3D 相同，C-M3D 要求全定

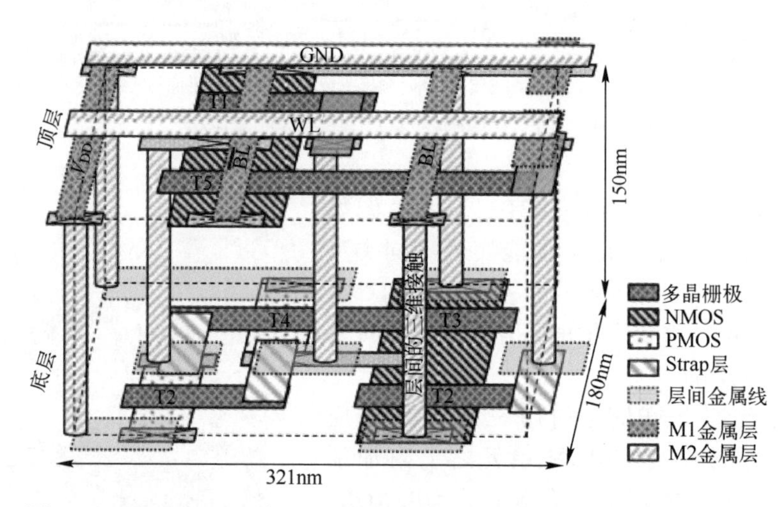

图 7-22　将 6T SRAM 单元中一侧的传输管与下拉管放在顶层的分区方法
（传统平面 6T SRAM：0.078μm²；三维 6T SRAM：0.057μm²）[8]

制设计。层间通孔在基本单元外部的 C-M3D 可以利用基本单元库进行设计，由于基本单元内部不需要为层间通孔增加额外面积，因此其单元面积与平面电路相比理论上能达到 50%的面积缩减[4]。在 C-M3D 中，每层均能放置不同类型的晶体管，保证了一定的设计灵活性，同时具有较高的设计工艺协同优化能力。

第三种分区方法为 B-M3D，其示意图如图 7-23 所示。在 B-M3D 中，层间通孔在 IP 模块之间，能够最大限度地利用传统平面电路的设计，同时可以在一定程度上沿用平面电路的设计工具。

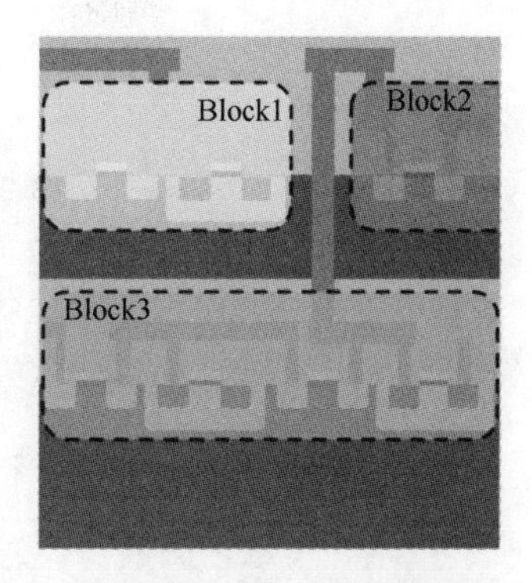

图 7-23　B-M3D 示意图

随着平面设计向 3D-IC 设计转变，传统工具的数据模型在可扩展性方面受到了严重限制，3D-IC 架构设计更为复杂。2020 年 4 月，Synopsys 推出了 3D-IC Compiler 平台，转变了复杂的 2.5D 和 3D 多裸芯片系统的设计与集成。该平台提供了一个完全集成、高性能且易于使用的环境，集架构探究、设计、实现和 Signoff 于一体，优化了信号、功率和热完整性。Synopsys 与多物理场仿真行业的全球领导者 Ansys 合作，将 Ansys 的 RedHawk 系列 Si 验证分析功能与 3D-IC Compiler 集成在一起。RedHawk 生成高度准确的信号、热量和功率数据，这些数据紧密集成到 3D-IC Compiler 中。该方法能够摆脱单个芯片的功率和热分析，实现整个系统的整体分析。凭借 3D-IC Compiler，IC 设计和封装团队能够实现多裸芯片集成、协同设计和更快的收敛。

在三维布局、布线中，需要重点关注三维布局、布线带来的寄生参数影响。COVENTOR 公司开发的 SEMulator3D 过程建模平台提供了使用预定工艺步骤制造的准确三维工艺模型，同时提供了针对三维设计结构的 RC 提取和网表功能。这种功能组合可以快速准确地生成包含三维寄生参数的网表，并且生成的网表可以直接导入紧凑模型（见图 7-24）。将 RC 网表导入紧凑模型后，可以分析寄生参数对电路的实际影响，有助于检查电路是否在目标规格范围内工作。SEMulator3D 中的网表建模基础结构包括基于布局掩模级别的晶体管识别、标识导电材料步骤及定义半导体与晶体管源漏之间连接点的端口标识。SEMulator3D 提供了晶圆级的精确三维寄生参数提取及网表生成，在开发过程中，可以将准确的流程链接到寄生 RC 网表。研究人员可以全面而直接地了解每个工艺步骤如何影响电路的性能和功能，以及任何三维寄生参数对整体电路性能及功能的影响，为三维布局、布线设计提供参考。

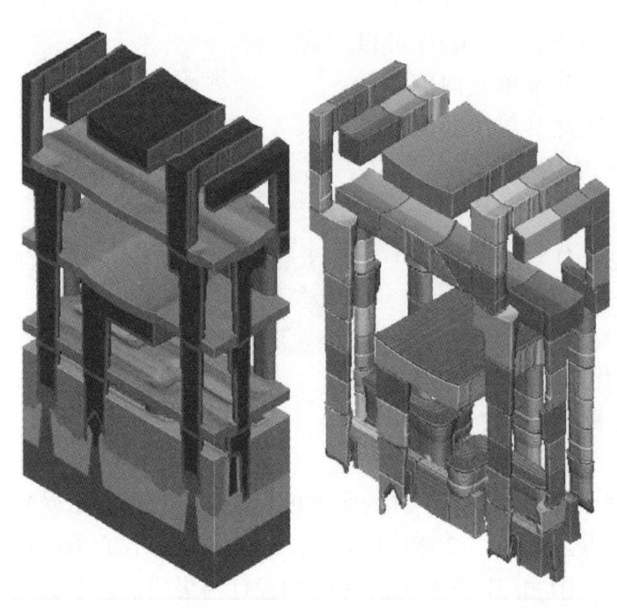

```
.SUBCKT SRAMmacro WL VDD 01 02 BL BLB VSS
*TransistorLocationUnitInMeters 1e-06
*TransistorParameterUnitInMeters 1
Xn0 Internal1&T0_SD0 02&T0_G0 01&T0_SD1 V
NRD=1
Xn1 01&T0_SD1 WL&T1_G0 BL&T1_SD1 VSS DEVT
Xn2 BLB&T2_SD0 WL&T2_G0 02&T2_SD1 VSS DEV
Xn3 02&T2_SD1 01&T3_G0 VSS&T3_SD1 VSS DEV
Xp0 VDD&T4_SD0 02&T4_G0 01&T4_SD1 VDD DEV
Xp1 02&T6_SD0 01&T7_G0 VDD&T7_SD1 VDD DEV
R1 BL BL&ip_&31 3.33282
R2 BL&Lay0&Lay1&5 BL&ip_&27 14.0026
R3 BL&Lay1&Lay2&1 BL&ip_&28 11.3534
R4 BL&Lay1&Lay2&1 BL&ip_&29 11.0704
R5 BL&Lay2&Lay3&1 BL&ip_&29 7.47351
R6 BL&Lay2&Lay3&1 BL&ip_&30 4.68026
~
C3644 VSS&ip_&45 WL&ip_&11 9.004609e-08
C3645 VSS&ip_&45 WL&ip_&12 9.004609e-08
C3646 VSS&ip_&45 WL&ip_&2 9.004609e-08
C3647 VSS&ip_&45 WL&ip_&3 9.004609e-08
C3648 VSS&ip_&45 WL&ip_&4 9.004609e-08
C3649 VSS&ip_&45 WL&ip_&5 9.004609e-08
C3650 VSS&ip_&45 WL&ip_&6 9.004609e-08
C3651 VSS&ip_&45 WL&ip_&7 9.004609e-08
C3652 VSS&ip_&45 WL&ip_&8 9.004609e-08
C3653 VSS&ip_&45 WL&ip_&9 9.004609e-08
.ENDS
```

图 7-24　SEMulator3D 网表提取结构组件及部分输出网表形式

7.3　三维单片异质集成技术

三维单片异质集成技术在垂直方向上将平面集成电路进行扩展堆叠，同时将不同结构、材料和功能的器件或电路集成到一起，继续增加电路的集成规模，最终实现低功耗、高密度、多功能的三维集成电路。由于三维集成是在单芯片上纵向垂直集成的，因此顶层器件的制造不可避免地会对底层器件造成影响。例如，当温度超过 520℃时，互连金属 Cu 的电阻将增加，超过 600℃时，Cu 会发生扩散，稳定性受到严重影响；利用传统高 κ 金属栅技术大规模制造的底层器件的稳定性和可靠性也将受高温影响而降低。因此，顶层器件的集成需要严格限制工艺温度，尽可能地降低热预算，在有限的工艺范围内实现与常规工艺类似的高效器件制造工艺。利用单片异质集成工艺既可以实现顶层器件的低温制备工艺，又可以进行传统的芯片外组件（存储器、传感器等）和计算单元的超高密度集成，以满足未来大量数据处理对计算性能的需求。三维单片异质集成将促进未来芯片在功耗和计算速度上的大幅度提升，并且可以在芯片上附加多种功能（如传感浸入式计算、存算一体）。

7.3.1　片上异质材料沉积工艺

三维单片异质集成需要将不同材料、不同功能的器件放在同一个晶圆上集成，省去这些芯片的封装而实现高密度、低功耗和多功能的单个芯片。为了实现不同材料的器件在晶圆级的堆叠，在已经完成底层电路制备的衬底上沉积不同材料是单片异质集成的关键工艺。片上异质材料沉积主要根据材料的不同进行选择。

1. Ⅲ-Ⅴ族材料的沉积

Si基CMOS器件与Ⅲ-Ⅴ族器件的结合可以充分发挥各自的技术优势，实现单一器件无法达到的性能。单片异质集成通常采用类似post-CMOS工艺的方法，首先制作Si基CMOS器件，然后进行Ⅲ-Ⅴ族器件的制作，以及二者之间的互连。这种方法的优点是Si基CMOS器件与Ⅲ-Ⅴ族器件的制作工艺相对独立，制作Ⅲ-Ⅴ族器件时不会对已经完成的Si基CMOS器件产生影响。此外，单片异质集成采用Si材料作为衬底，可以有效降低成本。在Si衬底上沉积Ⅲ-Ⅴ族材料多采用异质外延生长的沉积方法。

图7-25所示为美国雷神公司在Si衬底上集成的Ⅲ-Ⅴ族器件和Si基CMOS器件[33]。这种单片集成的方法是，在美国麻省理工学院提出的SOLES（Silicon-on-Lattice Engineered Substrate）工艺基础上在Ⅲ-Ⅴ族化合物模板层上直接外延生长高质量的Ⅲ-Ⅴ族器件。SOLES工艺的模板层兼容标准Si基CMOS工艺，但在后续制备Ⅲ-Ⅴ族器件工艺时不再与标准CMOS工艺兼容，需要采用额外的器件工艺。在Si衬底上进行外延时，采用分子束外延（Molecular Beam Epitaxy，MBE）与标准金属有机气相沉积（Metal Organic Chemical Vapor Desposition，MOCVD）生长技术相比，其优点是所需的温度低，高温处理过程导致的Si基CMOS器件性能退化更小，同时提升了Ⅲ-Ⅴ族器件的性能。

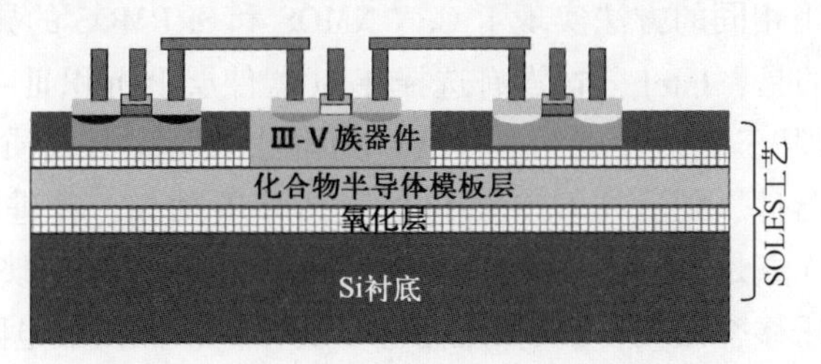

图7-25　Ⅲ-Ⅴ族器件与Si基CMOS器件[33]

由于Ⅲ-Ⅴ族材料与Si衬底之间存在较大的晶格失配和热失配，因此很难直接外延得到高质量外延层，从而降低器件的可靠性。采用外延层剥离转移技术可以很好地减小外延层与衬底之间的晶格失配。外延层剥离转移技术在选择衬底上进行Ⅲ-Ⅴ族化合物的直接外延，随后选择刻蚀掉衬底，将Ⅲ-Ⅴ族化合物外延层与Si衬底直接键合，然后在转移的外延层上进行刻蚀制作器件，实现Ⅲ-Ⅴ族器件与 Si 基 CMOS 器件的异质集成和互连。外延层剥离转移技术可以充分利用外延得到的高晶格质量的半导体材料，并且重复利用外延供体衬底，从而极大地降低工艺成本。图 7-26 展示的是美国 HRL 公司的单片异质集成工艺流程[34]。首先在 InP 晶圆上外延生长 InP DHBT 外延层，然后将 InP 衬底刻蚀掉，与 Si 衬底进行晶圆片级键合，最后刻蚀制作 InP 器件及层间互连，实现 250nm InP DHBT 工艺与 130nm Si 基 CMOS 工艺的异质集成。

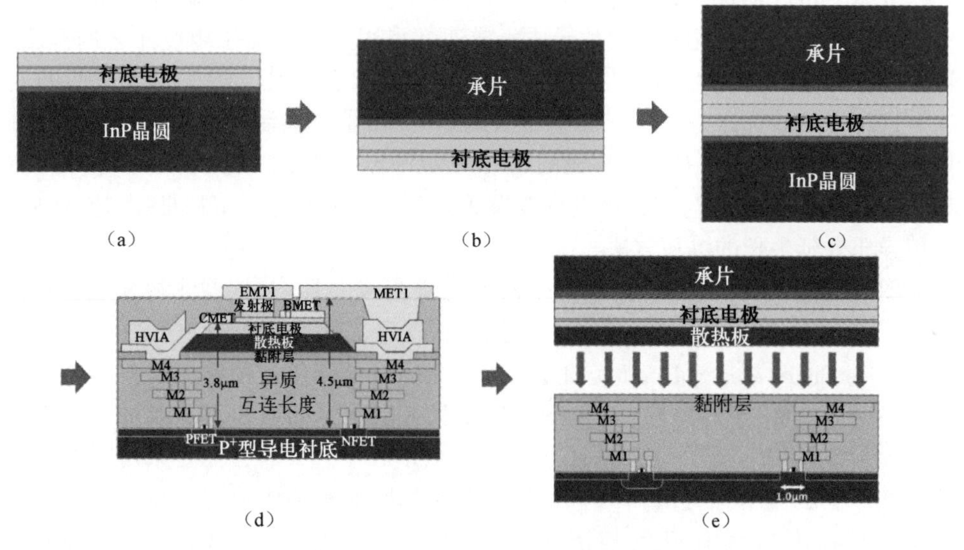

图 7-26　单片异质集成工艺流程[34]

Intel 公司采用相同的方法实现了 GaN NMOS 和 Si PMOS 的异质集成结构[15]。与上述工艺不同的是，Intel 公司没有选择在 Si 器件层上沉积Ⅲ-Ⅴ族材料，而是首先在 300mm 高阻 Si 衬底上通过 MOCVD 的方法外延生长高质量的 GaN，制备高性能的 NMOS 器件，随后在 GaN 器件层上转移单晶 Si，并进行 Si PMOS 的制备。这种方法的优点是规避了 GaN PMOS 的沟道材料所带来的缺点（如 P 掺杂激活率较低、空穴迁移率低），可以实现高电子迁移率、低接触电阻的 GaN NMOS。图 7-27 所示为 Intel 公司的三维异质集成结构示意图，下层为 GaN NMOS 器件，上层为 Si PMOS 器件。

2. 氧化物半导体材料的沉积

集成电路的发展要求增加电路规模并减少功耗，在人工智能和物联网方面的应用显得更加重要。一方面，动态随机存储器（Dynamic Random Access Memory，DRAM）的发展已经接近其尺寸微缩的极限，继续对 DRAM 进行尺寸微缩会增加器件漏电流，从而增加器件的刷新功率，这对减小电路功耗来说是极大的挑战。另一方面，静态随机存储器（Static Random Access Memory，SRAM）的单元电路面积很大且静态功率较高，很难满足嵌入式内存对于高容量的需求。然而，存储单元的三维叠层结构可以极大地增加电路的规模，有效增加存储容量，尤其是氧化物半导体器件（如IGZO），氧化物半导体器件的制备工艺温度低且与后道工艺兼容，器件性能受高温影响程度小，能够降低电路功耗和工艺成本。除此之外，氧化物半导体器件的漏电流极小，可以应用于对电荷泄漏非常敏感的DRAM。

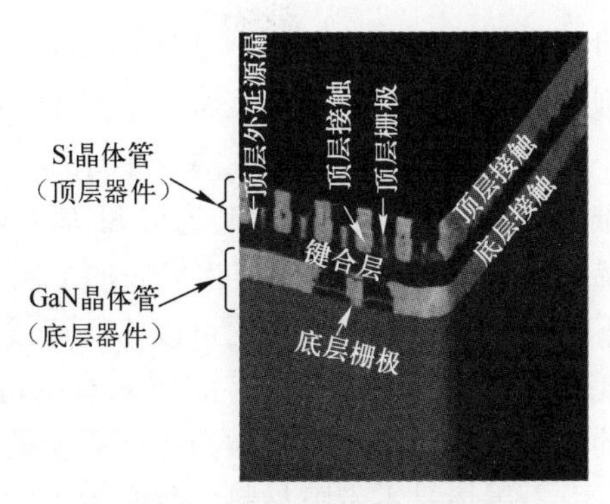

图7-27 Intel公司的三维异质集成结构示意图[15]

IGZO等氧化物半导体器件的片上沉积多采用低温沉积工艺，如射频溅射、CVD、PVD等。低温薄膜沉积工艺和器件制备工艺使得氧化物半导体器件可以实现多个层次的堆叠，同时保证每层的器件都具有高性能。2020年，东京大学基于IGZO FET制备了1T1R的RRAM阵列，RRAM阵列在垂直方向堆叠了3层，其工艺温度不超过400℃。该设计为螺旋三维叠层结构，每层器件层都是前一层经过90°旋转得到的，且上层器件的输出连接到下层器件的输入，从而避免了过多的互连线路。

氧化物半导体瓷件还可以通过溶液法、真空脉冲激光沉积法及ALD工艺等进行沉积。ALD工艺是一种自限制的气相沉积方法，通过ALD工艺可以精确地控制氧化物半导体薄膜的界面质量、组分的化学配比及薄膜的厚度。ALD工艺不仅可以沉积高质量的氧化物半导体薄膜，其工艺温度在150~200℃下还可以很好地与三维异质集成中的后道工艺相兼容。密歇根大学的研究团队使用低温ALD工艺制备了高质量的氧化锌锡（ZTO），使得ZTO NFET的迁移率可以达到22.1$cm^2 \cdot V^{-1} \cdot s^{-1}$[35]。用氢氧混合等离子体对ALD工艺过程进行改善可以获得更加致密的薄膜，从而提升ZTO的薄膜质量。用ALD工艺制备的其他氧化物半导体材料均可达到非常高的迁移率，如非晶IGZO、IZO和IGZTO的迁移率分别可以达到74、26.8和46.7（单位均为$cm^2 \cdot V^{-1} \cdot s^{-1}$）。

3. 二维半导体材料的沉积

原子级厚度的二维半导体材料具有较大的可调带隙，同时能够保持较高的电学性能，使得二维半导体材料可以应用于逻辑器件和电路。与Si基器件相比，二维半导体材料器件有着更小的沟道厚度和更强的对短沟道效应的抵抗能力，同时能够保持高器件性能。这使得 MoS_2在缩小器件尺寸继续延续摩尔定律方面展现出极大的优势，因此二维半导体材料有望成为 Si 基半导体材料的替代材料之一。在单片异质集成中，二维半导体材料器件的性能仍然能够得到充分发挥。二维半导体材料器件制备工艺与 Si 基 CMOS 工艺兼容且工艺温度低。以掺杂石墨烯纳米带（DGNR）互连为代表的多层二维半导体材料已经被证明是很有前途的下一代互连候选材料，它可以将互连线厚度降低 50%，从而显著降低寄生率、功耗和互连线延迟，并具有前所未有的可靠性。为了在片上实现大规模 MoS_2器件的集成，首先需要沉积大面积高质量的二维半导体材料。

石墨烯是零带隙材料，具有较大的动量弛豫时间，因此适用于互连线、电感等片上无源器件。石墨烯的合成在材料厚度（单层、双层和多层材料）、堆积顺序控制、结晶度（大晶粒尺寸和低缺陷密度）和可扩展性（达到晶圆级）方面取得了显著进展。CVD 工艺是生长石墨烯最广泛使用的方法。然而，它需要高温处理过程（约 1000℃）和通过湿法转移方法将石墨烯转移至目标衬底上的过程，这限制了石墨烯在单片上的异质集成。为了满足异质集成过程中的热预算（<500℃），加利福尼亚大学圣巴巴拉分校用 CMOS 兼容的工艺制备了线宽小于 40nm 的 DGNR 互连，其工艺温度小于 300℃。使用 DGNR 作为互连时的互连电阻相比 Cu、Co、Ru 等材料的小，并且互连延迟也得到了大幅度降低[36]。

六方氮化硼（h-BN）是宽带隙材料（>5.0eV），同时是绝缘材料，其介电常数较小（<4.0），常用作前道和后道工艺中的电介质和二维半导体材料器件中的钝化材料，以提升器件性能。生长 h-BN 的方法有 CVD 工艺和气相外延法，使用这些方法可以控制 h-BN 的厚度和生长面积。然而，与石墨烯面临的问题相同，这些沉积方法都需要在高温下进行，超出了片上异质集成对于上层器件工艺的热预算，限制了其在大规模集成工艺中的应用。其他制备 h-BN 的方法有机械剥离法和液相剥离法等，这些方法都满足热预算，但是无法控制材料的面积和层数。总之，低温工艺下生长高质量晶圆级的 h-BN 仍然是目前片上材料沉积所面临的主要挑战。

二维过渡金属硫族化合物（TMDs）材料包括多种材料（MoS_2、WSe_2等），与石墨烯不同，TMDs 可以直接在绝缘衬底上（如 SiO_2）进行合成。采用传统的 CVD 工艺也可以生长 TMDs，但是会面临与石墨烯、h-BN 相同的问题。使用有机物或金属有机物作为前驱体的 MOCVD 是另一种广泛使用的 TMDs 生长方法。2016 年，韩国岭南大学提出使用 ALD 工艺制备 MoS_2[37]，通过 ALD 工艺可以在低温（<300℃）下制备 MoS_2，并且可以精确控制材料的厚度和生长面积，但是材料的晶格质量需要提高。如图 7-28 所示，在 SiO_2衬底上进行 100 个 ALD 工艺循环沉积后，MoS_2单晶颗粒的面积仅为 15~20nm^2。在 GaN 衬底上可以采用 ALD 工艺生长大面积 5nm 厚的 MoS_2薄膜，并且薄膜有很好的均一性。通过 ALD 工艺

还可以在4英寸晶圆衬底上进行大面积 MoS_2 的生长。

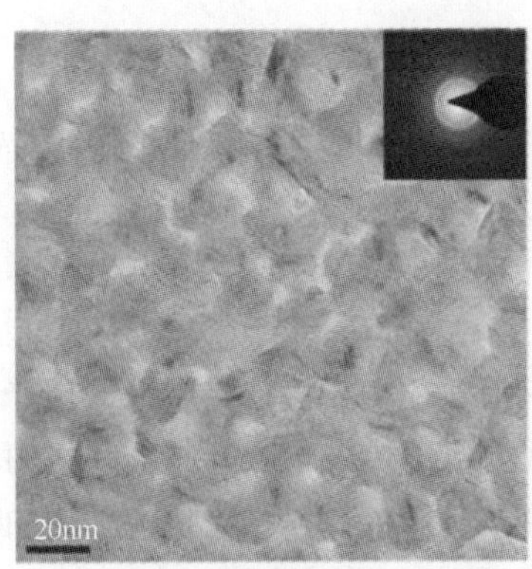

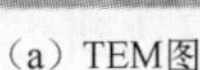

(a) TEM图

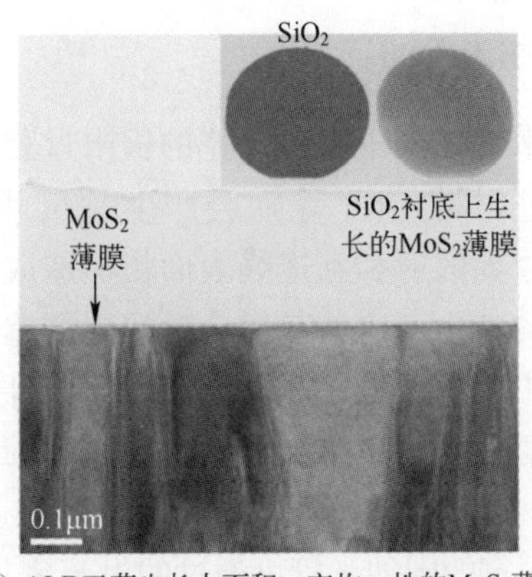

(b) ALD工艺生长大面积、高均一性的 MoS_2 薄膜（通过ALD工艺在4英寸晶圆上生长 MoS_2 薄膜）[37]

图7-28　在 SiO_2 衬底上通过 ALD 工艺生长的 MoS_2 薄膜层

将采用 CVD 工艺生长得到的高质量单晶 TMDs 薄膜通过湿法转移方法转移至目标衬底上是进行异质集成的可行方法，该方法显然不适用于工业界大规模集成，但是在实验室研究中得到了广泛应用。中国科学院微电子研究所采用该方法制备了高性能的单层 MoS_2 超短背栅器件结构[38]，如图7-29所示。该结构以单根 Fin 为背栅，通过将单层 MoS_2 转移至 Fin 衬底上，提升了器件的栅控能力，并且实现了 MoS_2 器件的规模制备，平均器件的开关比达到了 10^6。台积电公司使用同样的方法制备了单层 MoS_2 的局部背栅器件[39]，并且其器件的 I_{on} 达到了 390μA/μm，是目前已知 MoS_2 晶体管中能达到的最大 I_{on}。

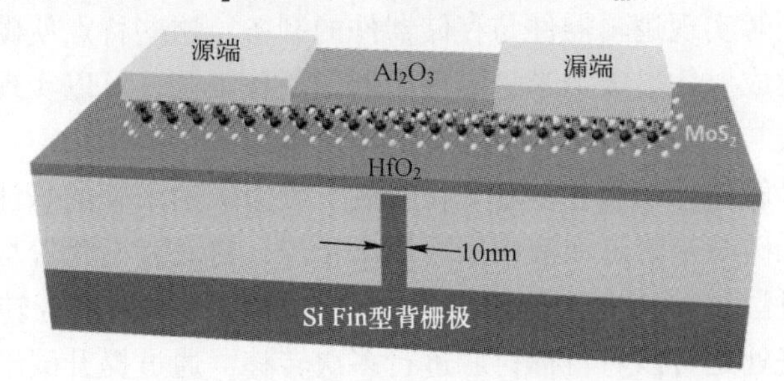

图7-29　超短背栅器件结构示意图[38]

机械剥离法是制备二维半导体材料最普遍的方法，通过机械剥离法得到的二维半导体材料质量较高，但是该方法无法制备大面积的连续薄膜。然而，将机械剥离法与二维半导体材料定点转移法结合可以实现不同二维材料的异质结构，甚至三维堆叠结构。伯克利大学构建了基于二维半导体材料的 N 型器件与 P 型器件的三维反相器结构，且单管和反相器的性能都很好[40]。此外，还构建了基于此结构的 NAND 和 NOR，这都证明了二维半导体材料在单片异质集成中的可行性。

4. 碳纳米管的沉积

近年来，在探索摩尔定律的极限过程中，随着互连尺寸减小到亚 20nm 量级，传统的互连材料（Cu 等）会产生“尺寸效应”（Size-Effects），即电子表面散射、晶粒边界散射和互连线表面粗糙造成的散射等会影响互连线的电导率。随着互连线宽的减小，这些散射会导致更严重的热效应和更低的电子迁移率，从而限制互连线中的电流大小。除此之外，器件、导线之间的电磁干扰越来越严重，随着器件密度的增加，需要更细的导线，因此便产生了热聚集和金属导线中的电子逸出等问题，这些问题可以通过碳纳米管互连解决。碳纳米管可以通过很大的电流，例如，1nm 宽的碳纳米管可通过的电流密度在理论上可以达到 $2.4\times10^{8}A/cm^{2}$，几乎是 Cu 互连线的 1000 倍。此外，碳纳米管的导热性强，可以减少甚至防止导线之间的电磁干扰。

当碳纳米管作为互连材料时，可以采用低于后道工艺热预算的低温化学气相沉积法进行制备。加利福尼亚大学圣巴巴拉分校提出了一种基于多层石墨烯和碳纳米管的低温互连技术[41]，采用多层石墨烯作为层内互连线，碳纳米管作为层间互连材料。多层石墨烯是通过常压化学气相沉积（Atmospheric Pressure Chemical Vapor Deposition，APCVD）工艺制备的，碳纳米管是通过等离子体增强化学气相沉积（Plasma Enhanced Chemical Vapor Deposition，PECVD）工艺制备的，这两种工艺的温度分别小于 435℃ 和 350℃。

在器件工艺方面，碳纳米管具有半导体特性，能够不通过掺杂实现 N 型及 P 型器件，从而同时实现逻辑器件与存储器件的制备。这些特点使碳纳米管有望应用于片上异质集成。凭借碳纳米管器件的低温制备工艺，可以实现多个碳纳米管器件层的集成或与其他材料器件层之间的异质集成。

片上碳纳米管器件的制备多基于在衬底上旋涂碳纳米管的悬浊液。通过将目标衬底直接浸入碳纳米管悬浊液中然后取出干燥，衬底表面附着均匀的碳纳米管薄膜，或者通过湿法转移方法将预先在衬底上沉积的碳纳米管转移至目标衬底上。这样做的好处是可以对目标衬底进行多次转移，通过提升碳纳米管的浓度提升碳纳米管器件的性能。北京大学研究团队通过在同一衬底上进行多次碳纳米管薄膜的转移将衬底上碳纳米管的密度增加到 160CNTs/μm，最终器件的电流超过 1mA/μm，远远大于低碳纳米管浓度器件的电流[42]。

7.3.2 片上逻辑与存储器件

在过去的几十年里，计算机的性能取得了显著的进步，计算机应用已经延伸到我们生活的每个方面。虽然新一代集成电路技术总是具有变革性，但我们面临着一个主要障碍：系统需求发展的速度超过了电路性能的提升速度。如果按照目前的趋势发展下去，那么未来计算系统的需求将无法通过集成电路技术实现。为此集成电路技术必须同时克服以下三个主要挑战[43]。

- 计算墙（Compute Wall）：指执行计算本身的逻辑在速度和能量上的限制。
- 内存墙（Memory Wall）：指有限的片内存储器容量和片外存储器与片内计算之间有限的数据带宽。
- 互连墙（Connectivity Wall）：泛指有限的物理连接，从异质层之间的互连（如封装的传感、内存和计算层之间的有限互连）到脑启发式计算系统中人工“神经元”之间有限的互连密度。

随着多年来工艺界对摩尔定律的探索，集成电路不断向三维方向发展，不仅有望突破摩尔定律的限制，还能够在同一衬底片上沉积不同材料，进而集成具有不同功能的器件，使电路系统依照全新的概念进行设计，从而克服面临的挑战。然而，异质集成工艺发展过程中几个关键的挑战仍然存在。由于传统的 Si 技术要求较高的温度处理步骤，在降低处理温度和器件性能之间经常需要做重大的权衡（例如，较低的激活退火温度会导致掺杂剂的活化程度降低及 Si 的重结晶不完全）。此外，即使这些器件的任意垂直分层可以避免性能下降，但系统最终同样会受到目前 Si 基场效应晶体管所面临的尺寸微缩的限制。类似地，虽然晶体管的三维集成提升了器件密度，但系统的整体性能仍将受内存墙和互连墙的限制。

尽管如此，随着新兴纳米技术的发展，单片异质集成逐渐趋于成熟，同时器件性能能够继续提升。利用新兴纳米技术，器件（如逻辑器件、存储器件和传感器件等）可以在低温工艺下进行片上制作（<400℃），同时器件性能得到提升，如超过 Si 基器件的能源效率限制，或者提供超高密度的非易失存储器。

1. 片上逻辑器件

在数字逻辑方面，碳纳米管场效应晶体管（CNFETs）同时拥有超薄的沟道材料厚度和超高的载流子迁移率。因此，在同一工艺节点下，基于 CNFETs 制备的数字电路系统的性能可以达到 Si 基 CMOS 电路的 10 倍以上[44]。美国麻省理工学院 Shulaker 带领的团队通过制备亚 3nm 工艺节点的 CNFET 数字逻辑电路，证明了 CNFETs 在器件尺寸微缩方面的可行性[45]。图 7-30 所示为该团队制备的 CNFET 数字逻辑电路，首次采用背栅结构实现 30nm 大小的栅极触点节距。这是因为背栅结构的碳纳米管器件能够突破顶栅结构及环栅结构对于尺寸微缩的限制，从而极大地缩小器件工艺的节点尺寸。Shulaker 团队还利用 CNFET CMOS 制作了目前最大、最复杂的数字电路硬件原型[45, 46]。该原型是单片三维成像系统的电路部分，由2784个CNFETs组成，负责将底层Si像素层产生的模拟信号转换为数字信号并输出。此外，可以利用CNFETs制作多种传感器，这样可以使CNFET逻辑电路和传感器在同一个M3D-IC中紧密集成。更重要的是，CNFETs可以在三维单片异质集成的热预算的允许范围内制作。正是由于CNFETs的这些优点，三维单片异质集成高能效逻辑器件和多种功能的传感器成为可能。

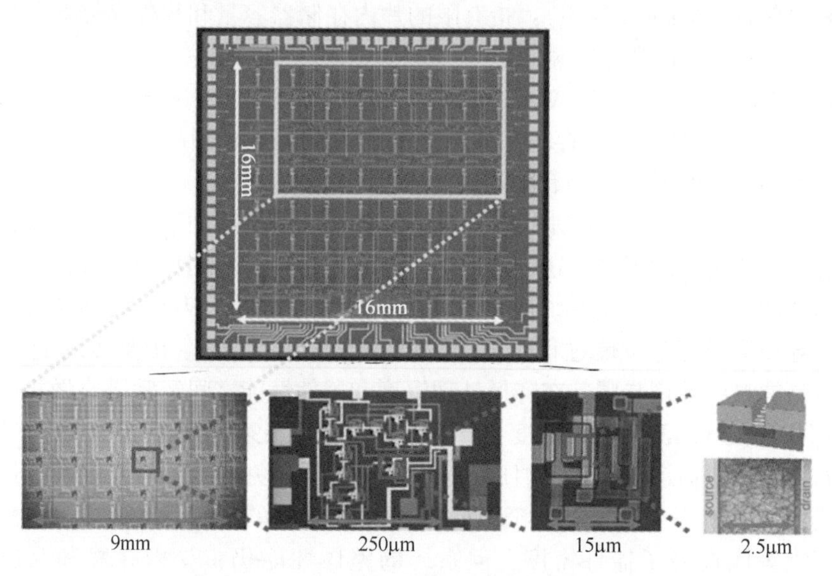

图7-30　CNFET数字逻辑电路硬件原型[46]

除了CNFETs，利用其他新兴纳米技术制备的纳米器件（如二维纳米材料MoS_2、WSe_2、InSe等）也可以在低温工艺下制备，同样与单片异质集成兼容。在二维材料逻辑器件方面，2013年，加利福尼亚大学圣巴巴拉分校的研究人员提出了基于二维材料的反相器原型器件，是构建二维材料逻辑电路的基本单元，并首次提出使用二维材料构建3D-IC[47,48]。在该原型器件的结构中，MoS_2和WSe_2分别是N型和P型晶体管的沟道材料，h-BN则为栅介质材料，石墨烯用作接触电极及互连线。2018年，台湾交通大学的研究团队在InSe上用40nm的In作为钝化层，同时对InSe实现了N型掺杂，制备所得的InSe FET在室温下可以达到$3700cm^2 \cdot V^{-1} \cdot s^{-1}$的迁移率[49]。由于In在InSe上沉积后呈岛状分布，各个“岛”之间互不接触，因此载流子只能在In和InSe之间传输，而不会在In层内流动。该团队使用10MΩ的负载电阻实现了基于InSe FET的反相器操作，以及NAND和NOR的单元逻辑门电路。

氧化物半导体材料在异质集成和晶体管方面也吸引了较多的关注。2019年，北京大学的研究人员在HfLaO栅介质上通过磁控溅射沉积了3.5nm的超薄氧化铟锡（ITO），制备了超高性能的 ITO FET，其器件开态电流可以达到 970μA/μm，开关比可以达到 10^{11}[50]。ITO 是低介电常数材料，其带隙较宽，因此 ITO FET 的关态电流可以低于 10fA/μm。该团队还基于增强/耗尽型 ITO 反相器实现了 NAND 和 NOR 的逻辑门电路及 SRAM，并且用 BTS 反相器搭建了一个 5 级 RO 电路，其延迟达到了 0. 49ns/stage。

2. 片上存储器件

对于所有的数字系统，存储器阵列都能够存储大量的数据，是不可或缺的。一般而言，在一个系统中，用于存储的晶体管的数量远多于用于实现逻辑运算功能和其他功能的晶体管。随着市场需求的不断增加，需要存储的数据量的迅速增加导致存储器工艺向着越来越密集的设计制造规则迈进。如今，片上存储阵列已经成为在超大规模集成电路中广泛使用的子系统。

对存储器而言，各种各样的新兴技术在高密度、快速访问、长时间数据保存和读写耐久性之间进行了互补的折中。如图 7-31 所示，金属氧化物阻变随机存储器（Resistive Random Access Memory，RRAM）是片上高容量非易失数据存储的主要候选者[51]。RRAM 中的数据可以保存十年以上，其形状可以缩小到 10nm 以下尺寸，并且可以在低电压和电流（1～2V，约为 100nA）下对其进行编程。此外，RRAM 还可以在低温工艺下制造（所有 RRAM 的制造工艺步骤都可以在小于 300℃的温度下进行；可以用于传统集成电路制造的最终退火步骤也在小于 420℃的温度下进行），因此可以在单片异质集成中兼容后道工艺，并且可以制作低成本的三维 RRAM 架构（类似三维 NAND 闪存）。

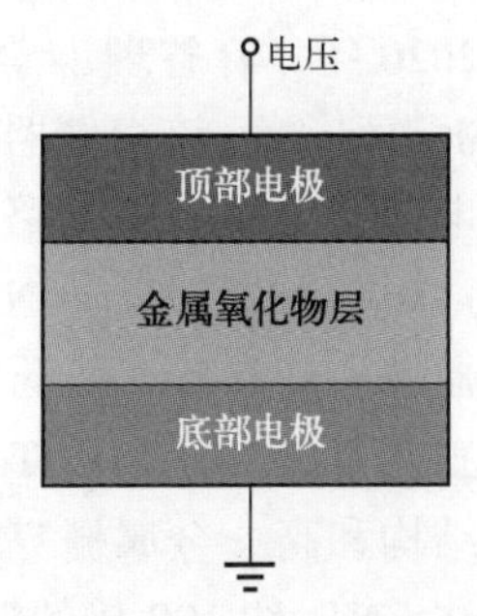

图 7-31　RRAM 结构示意图

RRAM 对于大规模片上存储器件（包括支持在每个 RRAM 单元中存储多个位）是一个有吸引力的选择，但其有限的写耐久性使得在单片异质集成电路中需要集成其他器件，以实现快速访问高耐久性存储器。例如，虽然磁性随机存储器（Magnetic Random Access Memory，MRAM）不如 RRAM 的集成密度大，但 STT-MRAM 可以提供高耐久性、快速读写访问时间（数十纳秒到数纳秒量级），可以集成的密度比目前使用的 SRAM 单元更高。除此之外，有许多存储技术在读写能量、储存和耐久性之间提供了广泛的权衡选择。因此，通过精心设计不同的存储技术，可以在避免其缺点的同时，充分利用多种技术的优势。

2017 年，联华电子在 Si 器件层上堆叠制备了氧化物器件层，分别采用了 65nm 工艺和 60nm 工艺，中间通过 9 个金属层进行互连[52]。氧化物采用的是晶态的新型 IGZO 材料，其迁移率可以达到传统 IGZO 材料的两倍。利用这种新型器件结构，该研究团队制造了世界上首个 8KB DOSRAM（Dynamic Oxide Semiconductor RAM）和一个 Noff CPU。在新型沟道材料和结构的双重优化条件下，CPU 和 DOSRAM 的功耗分别降低了约 94%和 70%。

2019 年，复旦大学的研究人员用基于 MoS_2的双面沟道器件（Two-Surface-Channel Transistor，TSC）制备了 2T/2R SRAM[53]。相比传统的 6T SRAM，2T/2R SRAM 可以有效地提升电路面积的利用率。研究人员通过控制 MoS_2的厚度，可以实现 TSC MoS_2 FET 的 AND 和 OR 逻辑，这是因为当沟道厚度不同时，TSC MoS_2 FET 的沟道电流随着顶栅和底栅电压的变化表现为不同的逻辑。当沟道厚度为 5nm 时，器件表现为 OR 逻辑；当沟道厚度为 4nm 时，器件表现为 AND 逻辑。这样减少了 SRAM 中的器件个数，从而将 SRAM 的读写功耗降低到 0.035μW 和 0.036μW。图 7-32 展示的是 2T/2R SRAM 的单元电路图。

2020 年，麻省理工学院和 SkyWater 公司共同开发了一款基于 CNFET 的 10T SRAM 阵列[54]。该存储器制造工艺与低温后道工艺相兼容，并且地址译码器、预充电和读出放大器电路等所有的设计流程都是使用现有的 EDA 工具实现的。图 7-33 展示的是基于 CNFET 的 10T SRAM 阵列结构图。CNFET 作为 SRAM 中的单元器件，其制备工艺低于 425℃，因此，在 CNFET 器件制作完成后，可以进行后道工艺集成。片上 CNTs 是通过溶液旋涂法制备的，其纯度超过 99.99%，并用背栅结构和高 κ 金属栅克服 CNT 自身的缺陷、提升器件的稳定性，最终实现高于以往 CNTs 约 100 倍的能效比。

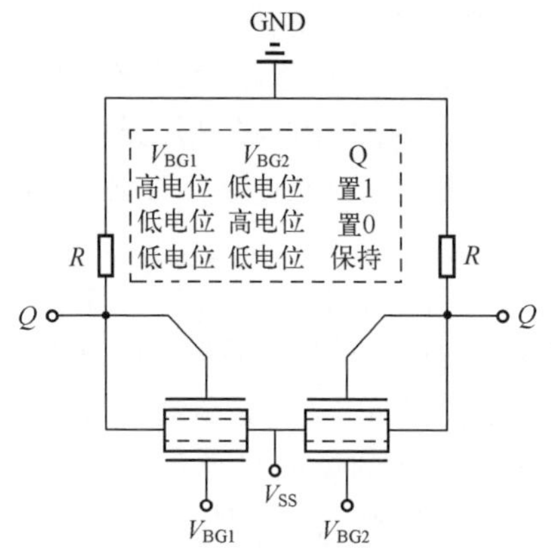

图 7-32　2T/2R SRAM 的单元电路图

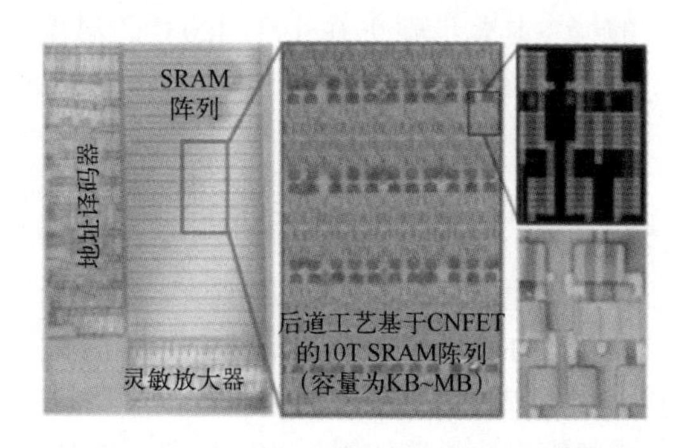

图 7-33　基于 CNFET 的 10T SRAM 阵列结构图[54]

7.3.3　片上异质集成技术

在三维单片异质集成中，不同器件或功能层的材料种类和特性都是不同的，它们通过层间互连实现各层次电信号的沟通。因此，各器件或功能层之间是相对独立的，需要使用各自最优的工艺解决方案，实现器件性能的提升；将不同器件层进行三维集成，最终得到系统性能的成倍提升。

1. 基于氧化物半导体材料的异质集成

得益于氧化物半导体器件的低制备工艺温度、后道工艺兼容与极小漏电特性，其在基于三维集成的存储应用上彰显优势。2016年，日本半导体能源实验室的研究人员成功将基于IGZO的1T1C型DRAM集成在Si基CMOS电路上，该类型的DRAM具有优异的数据保持特性。该实验室同时制备了基于嵌入式IGZO DRAM的Cortex-M0内核，表明了氧化物半导体器件的低功耗优势[55]。

2020年，基于氧化物半导体材料的片上异质集成展现了众多亮眼的突破。东京大学在VLSI会议上发表了在Si衬底上堆叠了三层IGZO FET驱动的RRAM，各层器件性能具有很好的均一性[56]。IMEC在IEDM上创造性地提出了基于IGZO FET的2T0C（2晶体管0电容）DRAM，如图7-34所示，该DRAM的数据保持时间大于400s，显著降低了存储器的刷新率和功耗，为低功耗、高密度3D-DRAM存储器的发展铺平了道路[57]。圣母大学制备了基于三维单片堆叠的内存计算芯片，该芯片第二层为基于InWO（IWO）FeFET［见图7-34（b）］的神经元阵列，该设计能够大幅度减小阵列面积、降低能耗、提高能效[58]。

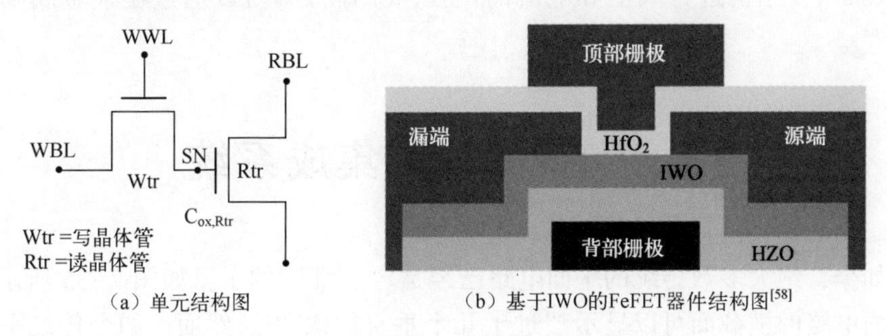

（a）单元结构图　（b）基于IWO的FeFET器件结构图[58]

图7-34　基于IGZO FET的2T0C的DRAM器件

北京大学的研究团队在IEDM上报道了沟长仅为3.5nm、10nm的ITO氧化物薄膜晶体管（Thin Film FET，TFT），该晶体管在 $V_{ds}=1V$ 时开态电流最高可达1860μA/μm，电流开关比大于10^{10}[59]。基于该晶体管的五级环路振荡器的级延迟更是突破性地达到0.4ns。这表明先进的高性能、低工作电压氧化物半导体晶体管在片上三维异质集成的逻辑电路上具有潜在的应用前景。

2. 基于二维半导体材料的异质集成

由于二维半导体材料可以更加容易地实现纳米量级的沟道厚度，同时能够实现高电流密度和弱短沟道效应，因此其早已被认为是未来最有希望替代 Si 基半导体延续摩尔定律的半导体材料。近年来，7～5nm 半导体制程工艺先后得到突破，继续微缩器件特征尺寸所需的成本持续升高，半导体龙头企业及多个研究机构对二维半导体材料场效应晶体管的研发表现出空前的兴趣。2020 年，IMEC 在 300mm 晶圆上实现了 WS_2的晶圆级生长，并将其转移至目标衬底上，采用 Si 基兼容的半导体工艺制备了 WS_2器件阵列，证明了使用 Si 器件工艺将二维材料在 Si 晶圆上进行集成是可行的[60]。同年，台积电公司发表了诸多与二维半导体材料器件相关的研究成果，通过接触金属与 MoS_2之间形成边缘接触，可以很好地解决金属与 MoS_2接触时产生的费米能级钉扎效应，同时证明利用金属与 MoS_2之间的边缘接触可以进一步将纳米器件的尺寸进行微缩[61]；通过顶栅和双背栅对沟道区域内不同的载流子浓度进行调控，可以实现与非、或非逻辑门电路[62]。

与 Si 材料相比，二维半导体材料虽然可以实现无悬挂键的表面状态，但是材料十分脆弱，无法通过注入等工艺实现沟道载流子浓度和导电类型的改变。TSRI 利用 Si 器件作为下层 P-FET，用 MoS_2器件作为上层 N-FET，通过将两种器件进行垂直可以很好地实现器件性能匹配，这种结构的器件也被称为 CFET（Complementary FET）。在 CFET 中，MoS_2器件性能可以通过多层 MoS_2纳米片（Nanosheet）结构进行阈值和电流的调控，Si 器件则可以通过栅极金属功函数调控[63]。

7.4　新型三维集成系统

如今，绝大多数传统的平面电路已经是“三维”的了：如图 7-35 所示，一个平面电路的横截面可以显示超过十几个垂直层次[64]。然而，如今传统平面集成电路有一个关键的限制——有源器件（场效应晶体管构建的逻辑和存储器件）通常只出现在堆栈的底部，而所有在顶部的垂直层都是无源的（金属互连）。这是因为制造传统 Si 场效应晶体管需要在高温工艺下进行处理（在高于 1000℃ 的温度下进行掺杂、激活、退火等步骤）。如果在后道工艺的上层电路层上进行 Si FET 的制备，那么高温处理将破坏底层器件、金属互连和高 κ 栅介质。因此，所有上层电路层必须在低温工艺下（<400℃）进行制造。单片异质集成使器件层和金属互连层的任意垂直交错成为可能。重要的是，三维异质集成使得传统的纳米量级 ILVs（Inter Layer Vias）能够垂直连接上下层。ILVs 为通过异质集成技术制造的不同有源层之间提供了超密集和超高细粒度的互连。

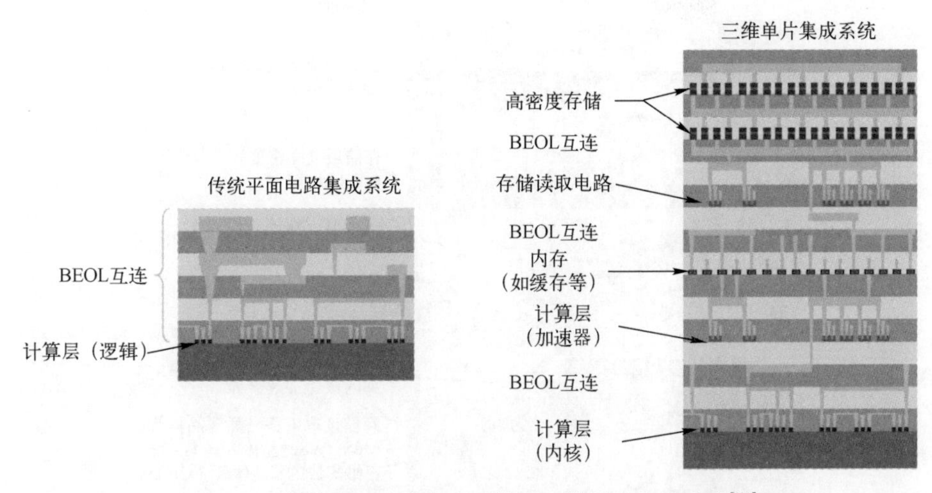

图 7-35　传统平面电路集成系统和三维单片集成系统[64]

三维异质集成能够实现三维电路系统。在三维异质集成中，垂直的每层都直接在之前的层上制作，并覆盖在相同的衬底上（不需要进行晶圆键合）。三维异质集成是指通过跨学科多专业融合，通过系统设计和微纳集成制造工艺，实现不同材料、不同结构和不同功能元件的一体化三维电路集成。三维异质集成的典型特征如下。

- 系统设计和微纳集成的紧密结合。
- 三维体现在三维结构和三维互连。
- 异质集成体现在多材料体系的融合。
- 需要多工艺体系的运用才能实现。

由于这些特点，三维异质集成为克服以上讨论的计算墙、内存墙和互连墙提供了一条路径。例如，斯坦福大学展示了一种三维异质系统[43]，利用密集的 ILVs 技术集成了基于 CNFETs 的计算单元和多种存储器（如 MRAM、RRAM 等）。该系统相比传统的平面系统更有可能实现超过 1000 倍的性能增益，在大量数据的处理方面（如机器学习）有着更加广阔的应用前景，如图 7-36 所示。

该系统 N3XT（Nano-Engineered Computing Systems Technology）利用了几个近期取得突破的纳米工艺技术。N3XT 的关键工艺包括以下几个方面。

- 基于原子级尺度纳米材料的高性能和高能效的场效应晶体管，如一维的 CNFETs 和平面的层状半导体（BP/MoS_2/WSe_2 FETs）。
- 大量的非易失存储器，如低压 RRAM 和 STT-MRAM。这些不同的技术在高密度、快速访问、长时间数据保存和读写耐久性之间进行了互补的折中处理。通过精心设计的内存层次结构，以及与计算单元的紧密集成，可以成功地利用它们的优点，规避它们的缺点。

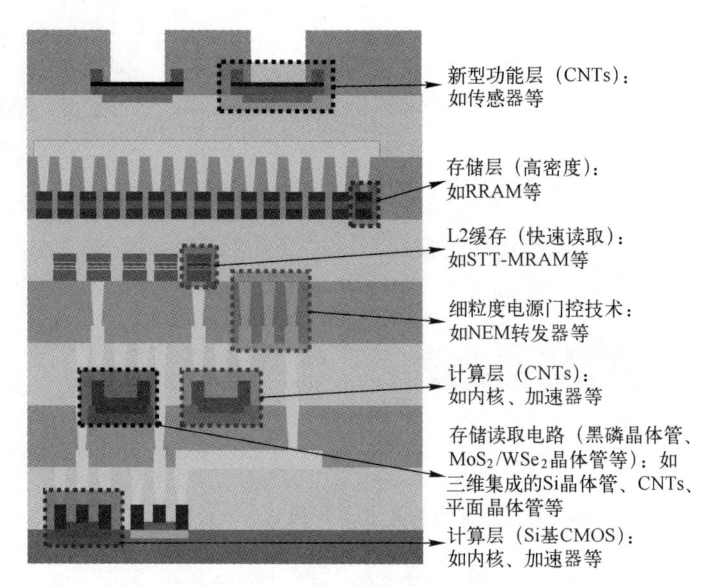

图 7-36　三维单片异质集成系统[64]

- 层与层之间超密集互连的计算和存储单元三维集成细粒度。这种精细的三维异质集成对于 N3XT 的晶体管和存储是很重要的，需要通过片上异质材料沉积工艺实现。这种独特的方法将使低温三维异质集成不再需要进行高温纳米材料合成。
- 针对广泛应用领域的冷却技术，以克服高功率下散热的问题。例如，使用二维材料导热，以及使用对流 Cu 纳米体结构连接芯片外围散热结构。
- 可以处理大量数据的新的存算一体的微架构和系统设计。

单靠架构、晶体管或存储单元的提升是无法使片上异质系统实现如此高的性能增益的，需要同时对系统中的每个部分进行调整，以找到各部分之间的共生关系，增强组件之间的关键性能指标，最终实现整个系统的性能提升。以处理器的总延迟或处理器核心和内存的总能量为例，各部分之间的协同作用能够带来更快的内存访问速度、更少的核心空闲时间、更小的功耗及系统延迟。异质材料的应用是提升晶体管和存储单元性能的关键，使用异质材料可以获得比 Si 基半导体材料性能和集成密度更高的晶体管，并优化存储单元电路，从而提升系统带宽。高密度的三维单片异质集成与互连，以及内存带宽的增加，可以支持内存并行访问，从而显著减少内存访问占用。而非易失存储器则大大降低了能量损耗，简化了内存访问机制。

CNT 属于一维材料，具有高强度、小尺寸、高迁移率、平均自由程长、宽光谱响应等诸多优势，其应用涵盖新能源汽车、3C 数码、半导体、电力基础设施等领域。在制作工艺上，碳纳米管通常采用 CVD 工艺沉积在衬底上，CNFETs 制造工艺具有与后道工艺兼容的特性，其优异的特性在三维单片异质集成上能得到充分利用。斯坦福大学研究团队在 2017 年的 *Nature* 上提出了对纳米系统具有革命性意义的新集成理念（见图 7-37）。该团队在 Si 基器件电路上实现了三维单片集成两百多万个 CNFETs 逻辑电路及一百多万个 RRAM 单元。利用三维单片集成的概念，实现了大量数据快速存储在单一芯片上，并具有原位处理数据的能力，解决了片外存储与片上计算的数据传输瓶颈。顶层用碳纳米管实现的传感器模块能够检测并区分空气中的气体。底层逻辑电路采用 Si 基集成电路，故该纳米系统展现出与现有 Si 基设备良好的适配性[65]。

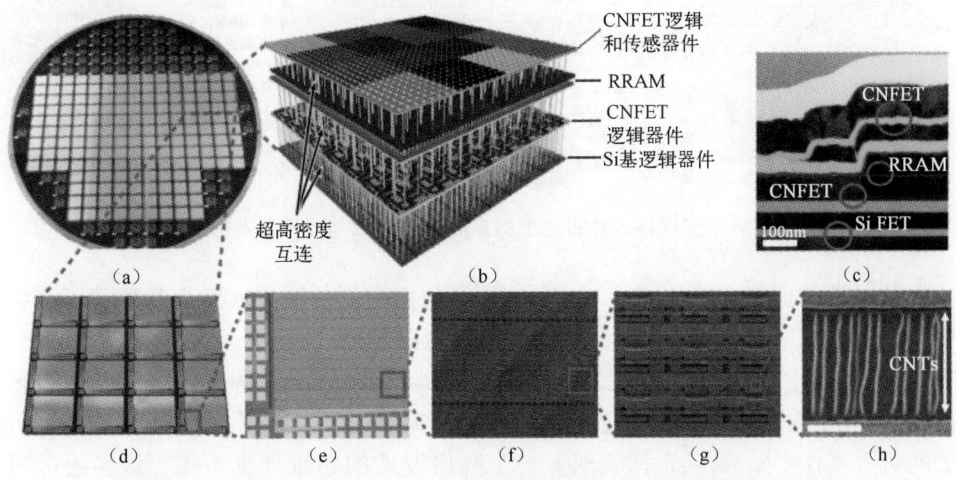

图 7-37　斯坦福大学研究团队实现的碳纳米管与 Si 基新型纳米系统[65]

美国密歇根大学 Rebecca L. Peterson 研究团队在 2019 年的 *Nature Electronics* 杂志上报道将非晶氧化物半导体薄膜晶体管集成在 Si 集成电路的顶部[66]，如图 7-38 所示。Si 集成电路能在低电压（约 1V）下工作，并且顶部集成的非晶氧化物晶体管能提供高电压的处理能力，从而免去对额外芯片的需求。氧化物电子学的优势与传统 Si 集成电路的优势配合能有效解决最先进的处理器芯片与触摸屏、显示驱动器等高电压接口组件工作电压不兼容带来的错误触摸信号或低亮度设置等问题。

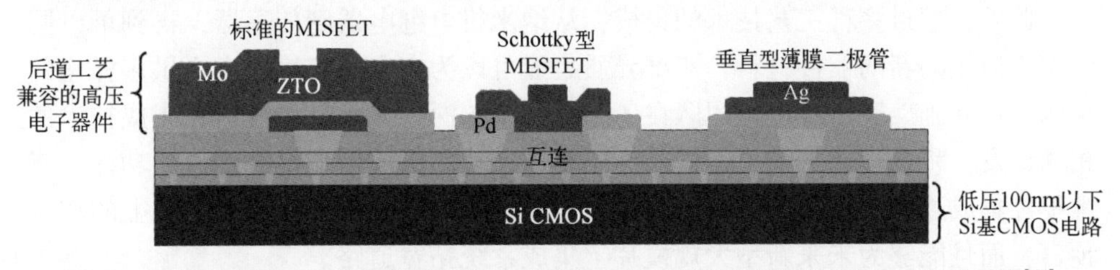

图 7-38　美国密歇根大学三维单片集成非晶氧化物半导体薄膜晶体管与 Si 集成电路[66]

在生物电子电路上，TSRI 的 Ming-Hsuan Kao 研究团队在多聚体柔性衬底上成功实现了多晶 Si CMOS 与光传感器的三维单片集成，并对构成汗水中的生物样本进行了检测（见图 7-39）。为缓解顶层多晶 Si 晶体管性能受多晶 Si 晶粒尺寸限制的难题，该研究团队采用在 60. 8/43. 7，91. 2/65. 5，137. 1/98. 5nm 波段具有高达 88%反射率的 LsL（Laser-Stop Layer）增加多晶 Si 的重结晶温度，使结晶晶粒尺寸增大到 1. 3μm²。该项成果开拓了三维单片集成电路在可穿戴式健康检测及物联网应用上的前进方向[67]。

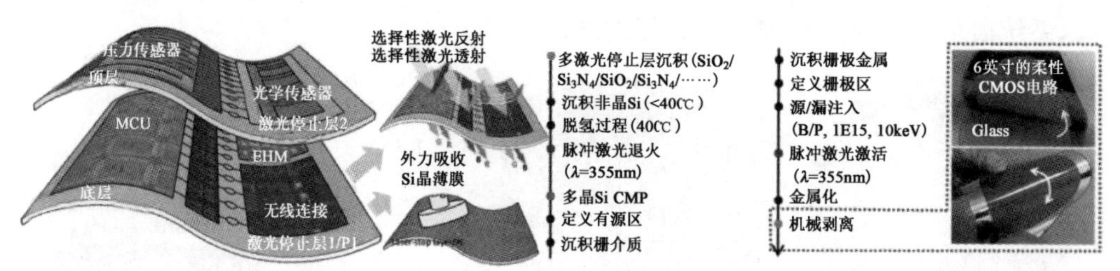

图 7-39　TSRI 实现的多聚体柔性衬底上的多晶 Si CMOS 与光传感器的三维单片集成[67]

美国麻省理工学院的 Shulaker 研究团队将四个器件层集成到一起构建了三维单片异质集成系统[65]，底层器件为 Si 场效应晶体管，上面一层为 CNFET 电路，随后是一层 RRAM，最后顶层是大量的传感器。随后，Wu 等人利用相同的工艺技术（CNFETs 和 RRAM）构建了另一个三维单片异质集成系统，验证了这种方法的可重复性[68]。这项工作实现了一个脑启发式的超维计算系统，该系统能对 21 种欧洲语言进行分类，准确率高达 98%。

近期还报道了诸多面向未来电路、系统及应用的三维异质集成系统的研究成果：从用 6144 个 CNFETs 共 1024 个功能单元制备的可实现稳定读写功能的 1KB 6T SRAM 阵列[69]，到在衬底上集成两层 CNFET CMOS 电路的三维成像系统[46]，再到用 28nm 工艺在前道工艺 Si 器件 RO 电路上成功用后道工艺集成的 CNFET 功率门器件[70]。三维集成的研究实例证明了新型三维异质集成系统能够将高速存算、传感、控制系统等多功能集成到同一芯片上，为未来高能效、多功能、智能化芯片提供创新发展路径。

此外，通过多种工艺技术的集成，从纳米机电继电器到传感器，再到可以同时用于散热的新的器件材料，三维异质集成可以为未来的应用探索提供多样化的结构设计基础。经过各研究团队在各项道路上的深入探索，以及新型集成技术的相继迸发，将电学、热学、光学等性能集成，从而可成倍地提升器件的功能。三维单片集成逐渐展现出其广阔的前景，不仅能够延续摩尔定律在集成度上的传奇预言，而且能够为未来新型大规模片上集成系统拓宽道路。

本章介绍了三维单片集成技术的基本概念、技术特点和未来发展方向，该集成技术避免了在不同器件层之间引入Si通孔，同时提升了集成密度，并将不同结构、材料和功能的器件或电路集成到一起，实现了低功耗、高密度、多功能的三维集成电路。常用半导体材料的三维集成可以通过片上晶圆键合等工艺实现，并采用片上低温工艺实现不同器件层的热预算管理，通过三维电路设计实现电路的分层布局。单片异质集成可以将多种半导体材料进行三维集成，实现片上多功能融合。最后介绍了系统级的三维集成，通过面向未来应用的研究实例证明了三维单片集成技术的可行性。

参考文献

[1] IMEC. A 3D technology toolbox in support of system-technology co-optimization [DB/OL]. (2019-6-27) [2021-3-7]. https://www.imec-int.com/en/imec-magazine/imec-magazine-july-2019/a-3d-technology-toolbox-in-support-of-system-technology-co-optimization.

[2] BATUDE P, BRUNET L, FENOUILLET-BERANGER C, et al. 3D Sequential Integration: Application-driven technological achievements and guidelines [C]//IEEE, International Electron Devices Meeting (IEDM), San Francisco, 2017: 3.1.1-3.1.4.

[3] BATUDE P, VINET M, PREVITALI B, et al. Advances, challenges and opportunities in 3D CMOS sequential integration [C]//IEEE, International Electron Devices Meeting (IEDM), Washington, 2011: 7.3.1-7.3.4.

[4] ANDRIEU F, BATUDE P, BRUNET L, et al. A review on opportunities brought by 3D-monolithic integration for CMOS device and digital circuit [C]//IEEE, International Conference on Integrated Circuit Design and Technology (ICICDT), Otranto, 2018: 141-144.

[5] BRUNET L, BATUDE P, FENOUILLET-BERANGER C, et al. First demonstration of a CMOS over CMOS 3D VLSI CoolCube integration on 300mm wafers [C]//IEEE, Symposium on VLSI Technology (VLSIT), Honolulu, 2016: 1-2.

[6] VINET M, BATUDE P, FENOUILLET-BERANGER C, et al. Opportunities brought by sequential 3D CoolCube integration [C]//IEEE, European Conference on Solid-State Device Research (ESSDERC), Lausanne, 2016: 226-229.

[7] BATUDE P, FENOUILLET-BERANGER C, PASINI L, et al. 3DVLSI with CoolCube process: An alternative path to scaling [C]//IEEE, Symposium on VLSI Technology (VLSIT), Kyoto, 2015: T48-T49.

[8] LU C M V, FENOUILLET BERANGER C, BROCARD M, et al. Dense N over CMOS 6T SRAM

cells using 3D Sequential Integration [C]//IEEE, Symposium on VLSI Technology (VLSIT), Kyoto, 2017: 1-2.

[9] VANDOOREN A, FRANCO J, WU Z, et al. First Demonstration of 3D stacked FinFETs at a 45nm fin pitch and 110nm gate pitch technology on 300mm wafers [C]//IEEE, International Electron Devices Meeting (IEDM), San Francisco, 2018: 7.1.1-7.1.4.

[10] RACHMADY W, AGRAWAL A, SUNG S, et al. 300mm heterogeneous 3D integration of record performance layer transfer germanium PMOS with silicon NMOS for low power high performance logic applications [C]//IEEE, International Electron Devices Meeting (IEDM), San Francisco, 2019: 29.7.1-29.7.4.

[11] HSIEH P Y, CHANG Y J, CHEN P J, et al. Monolithic 3D BEOL FinFET switch arrays using location-controlled-grain technique in voltage regulator with better FOM than 2D regulators [C]//IEEE, International Electron Devices Meeting (IEDM), San Francisco, 2019: 3.1.1-3.1.4.

[12] YANG C, HSIEH T, HUANG P, et al. Location-controlled-grain Technique for Monolithic 3D BEOL FinFET Circuits [C]//IEEE, International Electron Devices Meeting (IEDM), San Francisco, 2018: 11.3.1-11.3.4.

[13] BATUDE P, SKLENARD B, XU C, et al. Low temperature FDSOI devices, a key enabling technology for 3D sequential integration [C]//IEEE, Symposium on VLSI Technology (VLSIT), Kyoto, 2013: 1-4.

[14] FENOUILLET BERANGER C, BATUDE P, BRUNET L, et al. Recent advances in 3D VLSI integration [C]//IEEE, International Conference on Integrated Circuit Design and Technology (ICICDT), Ho Chi Minh City, 2016: 1-4.

[15] THEN H W, DASGUPTA S, RADOSAVLJEVIC M, et al. 3D heterogeneous integration of high performance high-K metal gate GaN NMOS and Si PMOS transistors on 300mm high-resistivity Si substrate for energy-efficient and compact power delivery, RF (5G and beyond) and SoC applications [C]//IEEE, International Electron Devices Meeting (IEDM), San Francisco, 2019: 17.3.1-17.3.4.

[16] THEN H W, RADOSAVLJEVIC M, AGABABOV P, et al. GaN and Si Transistors on 300mm Si (111) enabled by 3D Monolithic Heterogeneous Integration [C]//IEEE, Symposium on VLSI Technology (VLSIT), Honolulu, 2020: 1-2.

[17] FENOUILLET BERANGER C, MATHIEU B, PREVITALI B, et al. New insights on bottom layer thermal stability and laser annealing promises for high performance 3D VLSI [C]//IEEE, International Electron Devices Meeting (IEDM), San Francisco, 2014: 27.5.1-27.5.4.

[18] CAVALCANTE C, FENOUILLET BERANZER C, BATUDE P, et al. 28nm FDSOI CMOS technology (FEOL and BEOL) thermal stability for 3D Sequential Integration: yield and reliability analysis [C]//IEEE, Symposium on VLSI Technology (VLSIT), Honolulu, 2020: 1-2.

[19] BROCARD M, BERHAULT G, THURIES S, et al. Impact of intermediate BEOL technology on standard cell performances of 3D VLSI [C]//IEEE, European Conference on Solid-State

Device Research (ESSDERC), Lausanne, 2016: 218-221.

[20] DEPRAT F, NEMOUCHI F, FENOUILLET-BERANGER C, et al. Technological enhancers effect on $Ni_{0.9}Co_{0.1}$ silicide stability for 3D sequential integration [J]. Phys Status Solidi C, 2016, 13 (10-12): 760-765.

[21] FENOUILLET BERANGER C, BATUDE P, BRUNET L, et al. Recent advances in low temperature process in view of 3D VLSI integration [C]//IEEE, SOI - 3D - Subthreshold Microelectronics Technology Unified Conference (S3S), Burlingame, 2016: 1-3.

[22] HARTMANN J, BENEVENT V, ANDRÉ A, et al. Very Low Temperature (Cyclic) Deposition/Etch of In Situ Boron-Doped SiGe Raised Sources and Drains [J]. ECS Journal of Solid State Science and Technology, 2014, 3 (11): P382.

[23] HARTMANN J, BENEVENT V, BARNES J, et al. Disilane-based cyclic deposition/etch of Si, Si: P and $Si_{1-y}C_y$: P layers: I. The elementary process steps [J]. Semiconductor Science and Technology, 2013, 28 (2): 025017.

[24] PASINI L, BATUDE P, CASSÉ M, et al. High performance low temperature activated devices and optimization guidelines for 3D VLSI integration of FD, TriGate, FinFET on insulator [C]// IEEE, Symposium on VLSI Technology (VLSIT), Kyoto, 2015: T50-T51.

[25] BRUNET L, FENOUILLET BERANGER C, BATUDE P, et al. Breakthroughs in 3D Sequential technology [C]//IEEE, International Electron Devices Meeting (IEDM), Dresden, 2018: 7.2.1-7.2.4.

[26] VANDOOREN A, WU Z, PARIHAR N, et al. 3D sequential low temperature top tier devices using dopant activation with excimer laser anneal and strained silicon as performance boosters [C]//IEEE, Symposium on VLSI Technology (VLSIT), Honolulu, 2020: 1-2.

[27] PASINI L, BATUDE P, LACORD J, et al. High performance CMOS FDSOI devices activated at low temperature [C]//IEEE, Symposium on VLSI Technology (VLSIT), Honolulu, 2016: 1-2.

[28] LU C, BOUT C, FENOUILLET BERANGER C, et al. A novel low temperature (<500℃) and low-k (3.8) boron nitride PECVD offset spacer featuring 3D VLSI integration [C]//The Japan Society of Applied Physics, International Conference on Solid State Devices and Materials, Hokkaido, 2015.

[29] BENOIT D, MAZURIER J, VARADARAJAN B, et al. Interest of SiCO Low k=4.5 Spacer Deposited at Low Temperature (400°C) in the perspective of 3D VLSI Integration [C]//IEEE, International Electron Devices Meeting (IEDM), Washington, 2015: 8.6.1-8.6.4.

[30] SHI J, NAYAK D, BANNA S, et al. A 14nm FinFET transistor-level 3D partitioning design to enable high-performance and low-cost monolithic 3D IC [C]//IEEE, International Electron Devices Meeting (IEDM), San Francisco, 2016: 2.5.1-2.5.4.

[31] HSUEH F K, LEE C Y, XUE C X, et al. Monolithic 3D SRAM-CIM macro fabricated with BEOL gate-all-around MOSFETs [C]//IEEE, International Electron Devices Meeting (IEDM), San Francisco, 2019: 3.3.1-3.3.4.

[32] HSUEH F K, CHIU H Y, SHEN C H, et al. TSV-free FinFET-based Monolithic 3D^{+}-IC with computing-in-memory SRAM cell for intelligent IoT devices [C]//IEEE, International Electron Devices Meeting (IEDM), San Francisco, 2017: 12.6.1-12.6.4.

[33] KAZIOR T, CHELAKARA R, HOKE W, et al. High performance mixed signal and RF circuits enabled by the direct monolithic heterogeneous integration of GaN HEMTs and Si CMOS on a silicon substrate [C]//IEEE, Symposium on Compound Semiconductor Integrated Circuit (CSICS), San Francisco, 2011: 1-4.

[34] HUSSAIN T, WHEELER D C, SHARIFI H, et al. Recent advances in monolithic integration of diverse technologies with Si CMOS [C]//IEEE, Topical Meeting on Silicon Monolithic Integrated Circuits in RF Systems (SiRF), San Francisco, 2014: 1-3.

[35] ALLEMANG C R, CHO T H, TREJO O, et al. High-Performance Zinc Tin Oxide TFTs with Active Layers Deposited by Atomic Layer Deposition [J]. Advanced Electronic Materials, 2020, 6 (7): 2000195.

[36] JIANG J, CHU J H, BANERJEE K. CMOS-compatible doped-multilayer-graphene interconnects for next-generation VLSI [C]//IEEE, International Electron Devices Meeting (IEDM), San Francisco, 2018: 34.5.1-34.5.4.

[37] JANG Y, YEO S, KIM H, et al. Wafer-scale, conformal and direct growth of MoS_2 thin films by atomic layer deposition [J]. Applied Surface Science, 2016, 365: 160-165.

[38] PAN Y, YIN H, HUANG K, et al. Novel 10-nm Gate Length MoS_2 Transistor Fabricated on Si Fin Substrate [J]. IEEE Journal of the Electron Devices Society, 2019, 7: 483-488.

[39] CHOU A S, SHEN P C, CHENG C C, et al. High On-Current 2D nFET of 390μA/μm at V_{DS}=1V using Monolayer CVD MoS_2 without Intentional Doping [C]//IEEE, Symposium on VLSI Technology (VLSIT), Honolulu, 2020: 9265040.

[40] SACHID A B, TOSUN M, DESAI S B, et al. Monolithic 3D CMOS using layered semiconductors [J]. Advanced Materials, 2016, 28 (13): 2547-2554.

[41] JIANG J, KANG J, CHU J H, et al. All-carbon interconnect scheme integrating graphene-wires and carbon-nanotube-vias [C]//IEEE, International Electron Devices Meeting (IEDM), San Francisco, 2017: 14.3.1-14.3.4.

[42] ZHONG D, XIAO M, ZHANG Z, et al. Solution-processed carbon nanotubes based transistors with current density of 1.7mA/μm and peak transconductance of 0.8 mS/μm [C]//IEEE, International Electron Devices Meeting (IEDM), San Francisco, 2017: 5.6.1-5.6.4.

[43] ALY M M S, WU T F, BARTOLO A, et al. The N3XT approach to energy-efficient abundant-data computing [J]. Proceedings of the IEEE, 2018, 107 (1): 19-48.

[44] HILLS G, BARDON M G, DOORNBOS G, et al. Understanding energy efficiency benefits of carbon nanotube field-effect transistors for digital VLSI [J]. IEEE Transactions on Nanotechnology, 2018, 17 (6): 1259-1269.

[45] SRIMANI T, HILLS G, BISHOP M D, et al. 30-nm contacted gate pitch back-gate carbon nanotube FETs for Sub-3-nm nodes [J]. IEEE Transactions on Nanotechnology, 2018, 18:

132-138.

[46] SRIMANI T, HILLS G, LAU C, et al. Monolithic three-dimensional imaging system: Carbon nanotube computing circuitry integrated directly over silicon imager [C]//IEEE, Symposium on VLSI Technology (VLSIT), Kyoto, 2019: T24-T25.

[47] CAO W, KANG J, LIU W, et al. 2D electronics: Graphene and beyond [C]//IEEE, European Conference on Solid-State Device Research (ESSDERC), Bucharest, 2013: 37-44.

[48] KANG J, CAO W, XIE X, et al. Graphene and beyond-graphene 2D crystals for next-generation green electronics [C]//International Society for Optics and Photonics, Micro-and Nanotechnology Sensors, Systems, and Applications VI, 2014: 908305.

[49] LI M, LIN C Y, YANG S H, et al. High mobilities in layered InSe transistors with indium-encapsulation-induced surface charge doping [J]. Advanced Materials, 2018, 30 (44): 1803690.

[50] LI S, TIAN M, GU C, et al. BEOL Compatible 15-nm Channel Length Ultrathin Indium-Tin-Oxide Transistors with I on= 970μA/μm and On/off Ratio Near 10 11 at V ds= 0.5 V [C]//IEEE, International Electron Devices Meeting (IEDM), San Francisco, 2019: 3.5.1-3.5.4.

[51] WONG H S P, LEE H Y, YU S, et al. Metal-oxide RRAM [J]. Proceedings of the IEEE, 2012, 100 (6): 1951-1970.

[52] WU S H, JIA X, LI X, et al. Performance boost of crystalline In-Ga-Zn-O material and transistor with extremely low leakage for IoT normally-off CPU application [C]//IEEE, Symposium on VLSI Circuits (VLSIC), Kyoto, 2017: T166-T167.

[53] LI J, LI J, DING Y, et al. Highly area-efficient low-power SRAM cell with 2 transistors and 2 resistors [C]//IEEE, International Electron Devices Meeting (IEDM), San Francisco, 2019: 23.3.1-23.3.4.

[54] SRIMANI T, HILLS G, BISHOP M, et al. Heterogeneous Integration of BEOL Logic and Memory in a Commercial Foundry: Multi-Tier Complementary Carbon Nanotube Logic and Resistive RAM at a 130nm node [C]//IEEE, Symposium on VLSI Technology (VLSIT), Honolulu, 2020: 1-2.

[55] ONUKI T, UESUGI W, ISOBE A, et al. Embedded memory and ARM cortex-M0 core using 60-nm C-axis aligned crystalline indium-gallium-zinc oxide FET integrated with 65-nm Si CMOS [J]. IEEE Journal of Solid-State Circuits, 2017, 52 (4): 925-932.

[56] WU J, MO F, SARAYA T, et al. A Monolithic 3D Integration of RRAM Array with Oxide Semiconductor FET for In-memory Computing in Quantized Neural Network AI Applications [C]//IEEE, Symposium on VLSI Technology (VLSIT), Honolulu, 2020: 1-2.

[57] BELMONTE A, OH H, RASSOUL N, et al. Capacitor-less, Long-Retention (>400s) DRAM Cell Paving the Way towards Low-Power and High-Density Monolithic 3D DRAM [C]//IEEE, International Electron Devices Meeting (IEDM), San Francisco, 2020: 28.2.1-28.2.4.

[58] DUTTA S, YE H, CHAKRABORTY W, et al. Monolithic 3D Integration of High Endurance Multi-Bit Ferroelectric FET for Accelerating Compute-In-Memory [C]//IEEE, International

Electron Devices Meeting (IEDM), San Francisco, 2020: 36. 4. 1-36. 4. 4.

[59] LI S, GU C, LI X, et al. 10-nm Channel Length Indium-Tin-Oxide transistors with I_{on} = 1860μA/μm, G_m = 1050μS/μm at V_{ds} = 1 V with BEOL Compatibility [C]//IEEE, International Electron Devices Meeting (IEDM), San Francisco, 2020: 40. 5. 1-40. 5. 4.

[60] ASSELBERGHS I, SMETS Q, SCHRAM T, et al. Wafer-scale integration of double gated WS_2-transistors in 300mm Si CMOS fab [C]//IEEE, International Electron Devices Meeting (IEDM), San Francisco, 2020.

[61] HUNG T Y T, WANG S Y, CHUU C P, et al. Pinning-Free Edge Contact Monolayer MoS_2 FET [C]//IEEE, International Electron Devices Meeting (IEDM), San Francisco, 2020: 3. 3. 1-3. 3. 4.

[62] CHUNG Y Y, CHENG C C, KANG B K, et al. Switchable NAND and NOR Logic Computing in Single Triple-Gate Monolayer MoS_2 n-FET [C]//IEEE, International Electron Devices Meeting (IEDM), San Francisco, 2020: 40. 3. 1-40. 3. 4.

[63] SU C J, HUANG M K, LEE K S, et al. 3D Integration of Vertical-Stacking of MoS_2 and Si CMOS Featuring Embedded 2T1R Configuration Demonstrated on Full Wafers [C]//IEEE, International Electron Devices Meeting (IEDM), San Francisco, 2020: 12. 2. 1-12. 2. 4.

[64] BISHOP M D, WONG H S P, MITRA S, et al. Monolithic 3-D integration [J]. IEEE Micro, 2019, 39 (6): 16-27.

[65] SHULAKER M M, HILLS G, PARK R S, et al. Three-dimensional integration of nanotechnologies for computing and data storage on a single chip [J]. Nature, 2017, 547 (7661): 74-78.

[66] SON Y, FROST B, ZHAO Y, et al. Monolithic integration of high-voltage thin-film electronics on low-voltage integrated circuits using a solution process [J]. Nature Electronics, 2019, 2 (11): 540-548.

[67] KAO M H, CHEN W H, HOU P C, et al. Flexible and Transparent BEOL Monolithic 3DIC Technology for Human Skin Adaptable Internet of Things Chips [C]//IEEE, Symposium on VLSI Technology (VLSIT), Honolulu, 2020: 1-2.

[68] WU T F, LI H, HUANG P C, et al. Brain-inspired computing exploiting carbon nanotube FETs and resistive RAM: Hyperdimensional computing case study [C]//IEEE, International Conference on Solid-State Circuits (ISSCC), San Francisco, 2018: 492-494.

[69] KANHAIYA P S, LAU C, HILLS G, et al. 1 Kbit 6T SRAM arrays in carbon nanotube FET CMOS [C]//IEEE, Symposium on VLSI Technology (VLSIT), Kyoto, 2019: T54-T55.

[70] CHENG C C, LU C C, CHAO T A, et al. Monolithic heterogeneous integration of BEOL power gating transistors of carbon nanotube networks with FEOL Si ring oscillator circuits [C]//IEEE, International Electron Devices Meeting (IEDM), San Francisco, 2019: 19. 2. 1-19. 2. 4.

第 8 章

三维封装技术

集成电路产业沿着摩尔定律持续发展，集成电路特征尺寸的微缩面临着巨大的技术挑战和成本挑战，部分晶圆代工厂商在先进技术节点开发上出现停滞甚至退出先进技术节点的竞争。早在多年前，关于摩尔定律即将失效的言论就此起彼伏。在后摩尔时代，集成电路产业界一直在积极探索延续摩尔定律及超越摩尔定律的解决方案，在此发展方向的引导下，系统级芯片 SoC（System on Chip）与系统级封装 SIP（System in a Package）被视为集成电路产业界的主流技术路线。国际半导体路线组织于 2016 年由 SIA 宣布终止，表明产业界已经承认摩尔定律不只需要速度放缓，更需要新的路线、方法和手段来实现系统功能的提升，推动未来技术的发展。同年，IEEE CPMT 正式成立异质集成路线图（Heterogeneous Integration Roadmap，HIR）组织，并于 2019 年 10 月推出了全新的 HIR。HIR 包括四大范畴：市场应用的异质集成（HI for Market Applications）、集成异质器件（Heterogeneous Integration Components）、交叉主题（Cross Cutting Topics）和集成工艺（Integration Process）。其中，第二和第四范畴包括单芯片和多芯片封装、光电集成、功率器件集成、MEMS 与传感器集成、SiP、3D/2.5D、晶圆级封装等。可以看出，异质集成封装将是未来技术开发的重点领域，未来将整合芯片设计、制造与封装测试等环节，产业链上下游协作实现最终产品的开发。集成电路上下游企业加入先进封装技术的开发，利用先进封装技术提高产品性能已成为业界共识。未来，先进封装将在集成电路产业中发挥更大的作用。

随着 5G、人工智能、车用电子、物联网、大数据及高性能计算等应用领域的扩展，对电子产品的要求更加趋向于小型化、高密度、高速和高频率。近年的技术路线图更清晰地展现了这种摩尔定律与“后摩尔定律”相结合的发展趋势，在后摩尔时代要实现产品性能、成本、面积的协同，有赖于先进封装技术的突破，对先进封装高密度集成工艺提出了更高的要求，三维封装技术已逐渐成为芯片功能扩展、系统集成的主要实现方式。

三维封装目前仍然是一种根据终端应用高度定制化的产品，由于产品需求量相对较小，因此高昂的研发和制造成本始终是其大规模应用的障碍，尤其是2.5D封装和三维芯片堆叠存储封装，只有在少部分高端产品上才得以应用。采用2.5D转接板的CoWoS（Chip on Wafer on Substrate）在高端产品市场具有明显的优势，但成本较高。而无Si通孔封装技术，近年来越来越受到市场的关注，结合细节距互连技术，可以在成本相对较低的情况下，满足中高端产品需求。以eWLB、InFO、SLIM、SWIFT、FO ECP、eSiFO等技术为代表的三维扇出封装成本相对较低，但除了InFO在苹果具有大规模应用，扇出封装的市场规模还有待提高。扇出封装相对传统封装成本依然偏高，相对2.5D/3D封装也难以实现细节距互连，这是其面临的主要问题与挑战。

据Yole预测，到2023年，三维封装技术的收入将达到57亿美元，其中，Si通孔技术（TSV）将持续占据主导地位。而从市场划分来看，2023年中低端市场收入仍占据主要份额，但是高端市场收入占比将从2018年的20%增长到2023年的40%，比中低端市场增长快约3倍。未来，三维封装技术将在高端市场占据愈发重要的地位，并不断向更高互连密度、更高集成度发展。三维封装技术作为集成电路产业的支柱已成为业界的共识，无论是晶圆代工、IDM还是传统的封测代工厂，都将三维封装技术作为产业布局的热点，大力投入研发资源。未来，三维封装技术将继续朝着高密度、高性能、小型化的方向前进，也将实现从概念推出、样品开发到量产应用的演进，持续为集成电路产业发展提供强大动力。

8.1 Si基转接板及2.5D/3D封装技术

TSV是三维集成电路中堆叠芯片实现互连的一种新的技术解决方案。1958年，诺贝尔物理学奖得主、晶体管发明者肖克利申请了“半导体晶片和制作方法”的发明专利，TSV的概念正式出现[1]。TSV能够使芯片在三维方向堆叠的密度最大、芯片之间的互连线最短、外形尺寸最小，并且大大改善芯片速度和低功耗的性能，成为目前电子封装技术中最引人瞩目的一种技术。TSV技术有很多性能上的优势：可缩小封装尺寸；高频特性出色，减小传输延时、降低噪声；降低芯片功耗，可将芯片的功耗降低约40%；可实现异质整合。

2007年3月，日本东芝公司首次展出采用TSV技术的晶圆级封装的图像传感器（CMOS Image Sensor，CIS）模组，这也是TSV技术第一次在量产产品中得到真正的应用[2]。随后，Aptina也在CIS上采用了相应的TSV技术。2010年11月，FPGA厂商赛灵思采用台积电公司的CoWoS技术，将四个FPGA芯片堆叠在

TSV Si基转接板上，第一次实现了2.5D集成，生产出含68亿个晶体管、200万个逻辑单元，相当于2000万个ASIC的大容量FPGA Virtex-7 2000T。TSV技术在解决存储器容量和带宽方面具有决定性作用，通过高密度TSV技术垂直互连方式，将多个芯片堆叠起来，提升存储器容量和性能。2011年，在旧金山召开的IEEE ISSCC会议上，三星公司展示了一个带有TSV结构的主控制器逻辑芯片的两个DRAM的样品，该芯片被称为有源转接板。对于这种DRAM，TSV和接口引脚的数量略多于1000个。2014年，利用TSV技术打造的DDR4内存条，单条容量高达64GB。2015年，三星电子将这一容量翻了一倍，开始量产128GB TSV DDR4内存条。新内存依然是面向企业级服务器市场的RDIMM类型内存，其使用了多达144个DDR4内芯片，每个容量都为1GB，每四个芯片利用TSV技术和微凸点紧密封装在一个组，总计36个组，分布在内存条两侧。TSV技术在存储区域中的另一个引人瞩目的应用是高带宽存储器（High-Bandwidth Memory, HBM）。HBM是一种基于三维堆叠工艺的高性能DRAM，其实就是将很多个DDR芯片堆叠在一起后和GPU封装在一起，实现大容量、高位宽的DDR组合阵列。HBM具有更高速、更高带宽，适用于高存储器带宽需求的应用场景。首个使用HBM的设备是AMD Radeon Fury系列显示核心，2013年10月，HBM成为JEDEC通过的工业标准，HBM2也于2016年1月成为工业标准，英伟达（NVIDIA）在该年发表的新款旗舰型Tesla运算加速卡-Tesla P100、AMD的Radeon RX Vega系列、Intel的Knight Landing中采用了HBM2。AMD的Radeon Vega GPU中使用的HBM2，由8个8GB芯片和1个逻辑芯片通过TSV技术和微凸点垂直互连，每个芯片内都包含5000个TSV，在一个HBM2中，有超过40 000个TSV通孔。

任何技术都具有两面性，2.5D/3D封装技术也不例外，在提高系统集成度的同时面临着各种挑战，正是由于这些挑战的存在，行业需要推出新的解决方案，促使产业生态环境发展。

- TSV集成工艺的挑战：TSV集成工艺本身具有很多技术难点，如小尺寸高深宽比TSV的制造，TSV刻蚀、填充及背面露头等工艺技术，薄晶圆拿持技术，细节距微凸点制造及键合技术等。
- 三维堆叠芯片测试的挑战：TSV自身良率的测试、堆叠芯片系统级互连的测试。
- 成本和良率的挑战：TSV工艺流程非常复杂，存在大量工艺瓶颈，从而导致TSV工艺的高成本和低良率，降低成本和提高良率也就成为TSV大规模应用的市场驱动力之一。
- 散热的挑战：2.5D/3D封装由于集成度的大幅度提升，发热变得更为集中，对散热提出了更高的要求。因此，散热方式及解决方案显得尤为重要。

对于三维封装，行业标准的统一、EDA 工具的能力及产业生态环境完整性等也存在一定的挑战。

先进封装技术越来越依赖先进制造工艺，越来越依赖设计与制造企业之间的紧密合作。从台积电公司的 CoWoS 到 InFO，再到 SoIC，实际上是一个 2.5D/3D 封装，最后到真正的三维集成电路，即 3D-IC 的过程，代表了技术产品封装技术的需求和发展趋势。先进封装向着系统集成、高速、高频、三维、超细节距互连等方向发展，晶圆级三维封装成为多方争夺焦点，台积电公司成为封装技术创新的引领，利用前道工艺的前道封装技术逐渐显现。高密度 TSV/FO 扇出技术成为新时代先进封装的核心技术，但技术本身需要不断创新发展，以应对更加复杂的三维集成需求。其中，针对高性能 CPU/GPU 的应用，2.5D TSV Si 基转接板作为平台型技术显得日益重要。

8.1.1 2.5D TSV 转接板制造技术

TSV Si 基转接板作为中介层通过微凸点经过正、背面多层高密度布线，可实现信号的水平和垂直互连。TSV Si 基转接板全套加工流程如图 8-1 所示，包括 TSV 刻蚀、正面再布线层（Redistribution Layer，RDL）制作、临时键合、减薄和 TSV 露头、背面 RDL 制作及拆键合和划片等工艺。

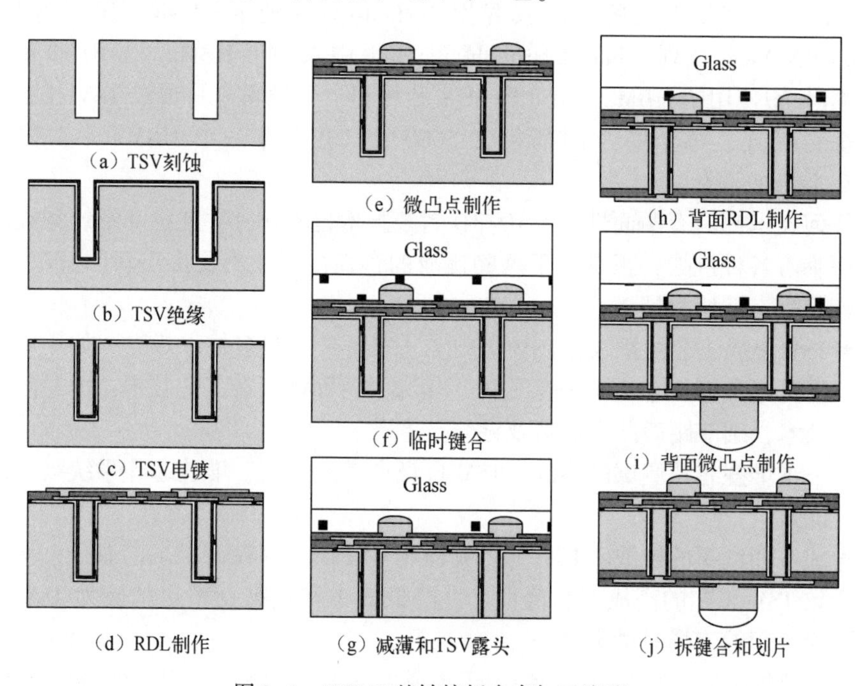

（a）TSV刻蚀　（b）TSV绝缘　（c）TSV电镀　（d）RDL制作　（e）微凸点制作　（f）临时键合　（g）减薄和TSV露头　（h）背面RDL制作　（i）背面微凸点制作　（j）拆键合和划片

图 8-1　TSV Si 基转接板全套加工流程

1. TSV 刻蚀

TSV 刻蚀主要有两种方法，一种是深反应离子刻蚀，另一种是激光钻孔。由表 8-1 可以看出，激光钻孔除了具有成本的优势，其他方面都难以与深反应离子刻蚀相比。近年来，随着高密度、高集成度、小型化及高带宽等半导体器件封装要求的提高，激光钻孔形成 TSV 的方式逐渐消失。

表 8-1　两种 TSV 刻蚀方法对比

制 作 工 艺	孔径	深宽比	粗糙度	均匀性	通孔角度	生产效率	成本
深反应离子刻蚀	<5μm	20	好	好	~90°	高	高
激光钻孔	>20μm	>20	差	差	85°	低	低

深反应离子刻蚀形成 TSV 主要采用 Bosch 工艺，如图 8-2 所示，一个刻蚀周期包括刻蚀和钝化两步，先通过 SF_6刻蚀气体各向同性刻蚀一定深度的 Si，再通过 C_4F_8钝化气体在 TSV 内形成一层保护层，保护 TSV 的侧壁。然后不断重复刻蚀周期，直至达到一定的刻蚀深度。深反应离子刻蚀必须借助厚膜光刻技术在晶圆表面预先形成通孔的图形，光刻胶作为刻蚀掩模材料保护晶圆表面，这就要求 Si 与光刻胶的刻蚀选择比大于 50∶1，以满足高深宽比的 TSV 的形成。为了满足电互连特性，TSV 刻蚀对 TSV 的粗糙度、垂直度及热损伤区都有着不同的要求。

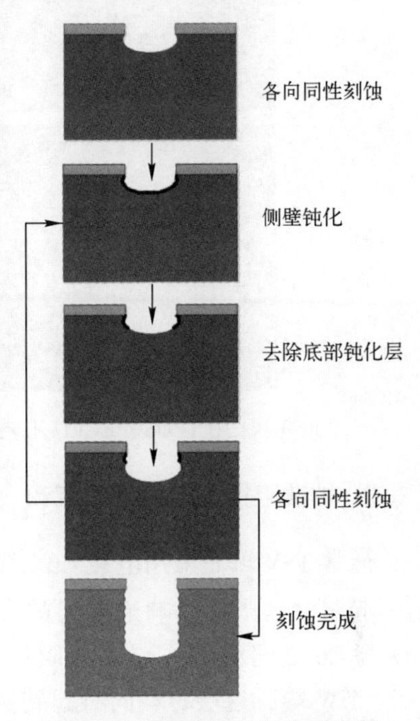

图 8-2　Bosch 工艺刻蚀原理图

2. TSV 绝缘

TSV 绝缘层材料一般采用 SiO_2、SiN_x和聚合物等，不同的材料需要不同的沉积技术。SiO_2、SiN_x等无机介质材料一般采用 PECVD 工艺沉积，PECVD 工艺沉积速率高，工艺温度低且台阶覆盖性能好。聚合物材料一般采用旋涂或喷涂等方式沉积，但是成膜的均匀性、覆盖性能都很差，一般用于深宽比小、角度小的 TSV 绝缘，成本相对较低。表 8-2 所示为不同 TSV 绝缘层沉积工艺对比。

图 8-3 为采用 TEOS-PECVD 工艺对 10μm ∶100μm TSV 进行侧壁绝缘的 SEM 图，从图中可以看出，表面绝缘层厚度为 1.76μm，侧壁最薄处绝缘层厚度为 222nm。因此，TEOS-PECVD 沉积绝缘层的台阶覆盖率可达到 12.6%。

表 8-2 不同 TSV 绝缘层沉积工艺对比

沉积工艺	材料	温度/℃	速率	台阶覆盖性能	成本
热氧化	SiO_2	950~1100	低	最好	最高
CVD	SiO_2 Si_3N_4	高	低	不好	高
LPCVD		较高	低	好	高
PECVD		150~400	较高	好	高
旋涂/喷涂	PI	常温	高	差	低

图 8-3 采用 TEOS-PECVD 工艺对 10μm : 100μm TSV 进行侧壁绝缘的 SEM 图

3. 扩散阻挡层和种子层沉积

通常 TSV 填充采用电镀 Cu 工艺，而 Cu 在 SiO_2介质中的扩散速度很快，容易引起漏电，严重影响绝缘层的介电性能。为了避免这类问题的发生，一般在 SiO_2与 Cu 之间沉积一层扩散阻挡层，而扩散阻挡层材料一般是 Ta、TaN、Ti、TiN、TiW 等，这层材料同时起到提高种子层黏附强度的作用。由于 TSV 填充一般采用电镀 Cu 的方式，所以种子层多采用 Cu。根据不同的材料采用不同的沉积工艺，表 8-3 所示为不同扩散阻挡层和种子层的沉积工艺对比。

表 8-3 不同扩散阻挡层和种子层的沉积工艺对比

沉积工艺	材料	温度	沉积速率	台阶覆盖性能
PVD	Ta, TiW, Ti, Cu	高	低	较差
磁控溅射	Ta, TiW, Ti, Cu	低	较高	差
PECVD	TaN, TiN	低	低	好
ALD	TaN, TiN	低	最低	最好

针对扩散阻挡层和种子层沉积，目前的主流工艺是磁控溅射，通过离子化金属离子及二次溅射等机制，实现深孔上金属材料的连续覆盖，确保后续电镀工艺的有效进行。PVD 工艺一般只能实现金属层大约 5%的覆盖效果，因此需要种子层具有一定厚度，才能保证电镀填充工艺的质量。除上述方法之外，一些科研单位和公司也开展了扩散阻挡层及种子层的电化学沉积工艺的研究和开发，如采用化学接枝或化学镀的方式沉积 NiB 合金作为扩散阻挡层，采用电接枝或化学镀的方式沉积金属 Cu 作为种子层。采用电化学方式，可以实现更优的材料覆盖性能，且成本很低，只有 PVD 工艺成本的 10%左右，但目前这类技术还存在很大问题，如黏附性能欠佳等，暂时还没有通过产品应用的可靠性测试。

4. TSV 填充

由于 Cu 具有较小的电阻率（1.67μΩ·m），因此其成为 TSV 填充的首选材料。TSV 填充一般采用电镀填充的方式，它具有成本低、沉积速度快的优势。由于 TSV 通常深宽比较大，均匀电镀的方式很难达到无孔洞、无缺陷填充的要求，为了满足高深宽比 TSV 的填充需求，开发了“自底而上”的电镀工艺，其原理图如图 8-4 所示，即电镀时通过添加剂来抑制 TSV 表面和侧壁的沉积速度，提高 TSV 底部的沉积速率，TSV 自底而上逐渐填充。这样的填充方式是通过控制 TSV 电镀药液中的抑制剂、加速剂、整平剂等添加剂的分布，并结合电镀设备的结构设计及电场分布等实现的。图 8-5 所示为采用“自底而上”的电镀工艺对 TSV 进行填充时不同时间段的 SEM 图。

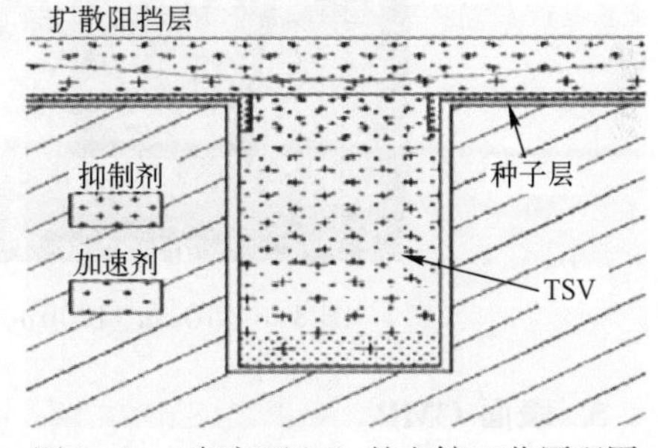

图 8-4　“自底而上”的电镀工艺原理图

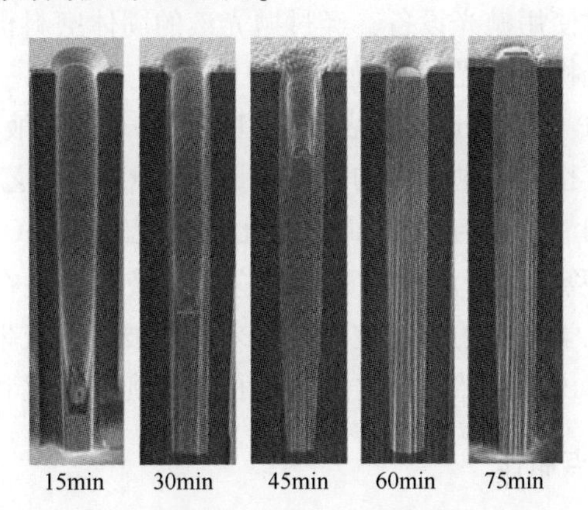

图 8-5　采用“自底而上”的电镀工艺对 TSV 进行填充时不同时间段的 SEM 图

要做到无孔洞填充，需要结合对液相深孔沉积填充传质及电极反应动力学的研究，优化电镀 Cu 的 TSV 填充方法，实现低残余应力 TSV 填充工艺。同时，研究盲孔表面特性（粗糙度、表面能等）及形貌参数（如孔径、孔深、深宽比和侧壁倾斜度）对填充体性能的影响。图 8-6 所示为 10μm∶100μm TSV 电镀填充后的 SEM 图。

图 8-6　10μm∶100μm TSV 电镀填充后的 SEM 图

5. 表面 CMP

在 TSV 电镀填充之后，需要将表面多余的 Cu 层去除，这需要使用 CMP 工艺。这一过程是通过使用抛光设备，经过抛光液的固体磨料机械磨削结合化学成分刻蚀实现的。抛光机、抛光液和抛光垫构成 CMP 工艺的三大要素，其性能和相互匹配决定了 CMP 工艺能达到的表面平坦化水平。抛光液是 CMP 工艺的第一关键要素，其性能直接影响抛光后的表面质量。Cu CMP 工艺主要包括两个过程：一是碱性抛光液中的氧化剂与 Cu 表面进行化学反应生成 CuO 和 Cu_2O，整合剂使 Cu^{2+} 或 Cu^{+} 转化为极稳定的可溶性的整合物进入溶液；二是在抛光盘、抛光垫及研磨料的作用下，化学反应的产物被研磨下来，并被抛光液带离抛光表面，使未反应时的表面重新露出来。然后重复这个过程，直到平坦化和厚度达到要求。

6. RDL 和微凸点制作

RDL 和微凸点是 TSV 与正面贴装芯片的互连桥梁，微凸点直接与贴装芯片表面的凸点形成互连，多层 RDL 一方面实现多芯片间的互连，另一方面实现贴装芯片 I/O 与 TSV 位置的再匹配。RDL 制作采用半加成工艺，即先通过光刻工艺在晶圆上进行光刻胶的图形化，接着电镀金属 Cu 作为 RDL 层，然后去胶和种子层刻蚀，最后再覆盖 PI 材料，并通过光刻形成通孔和钝化层。RDL 制程包括种子层沉积、RDL 光刻、RDL 电镀、去胶、种子层刻蚀、PI 钝化等步骤，重复上述步骤可形成多层 RDL 互连，如图 8-7 所示。微凸点制作与 RDL 类似，但需要使用更厚的光刻胶；其电镀层包含焊料层，而且需要对焊料进行回流处理。微凸点的具体工艺流程包括种子层沉积、Bump 光刻、Bump 电镀、去胶、种子层刻蚀、微凸点回流等。图 8-8 所示为 Cu 柱微凸点的三维形貌图。

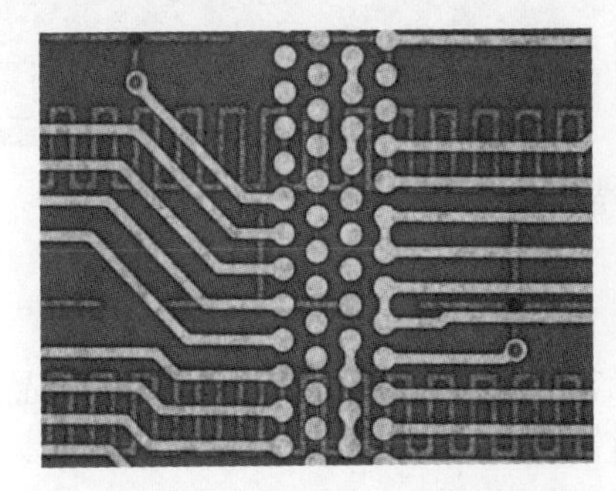

图 8-7　多层 RDL 互连

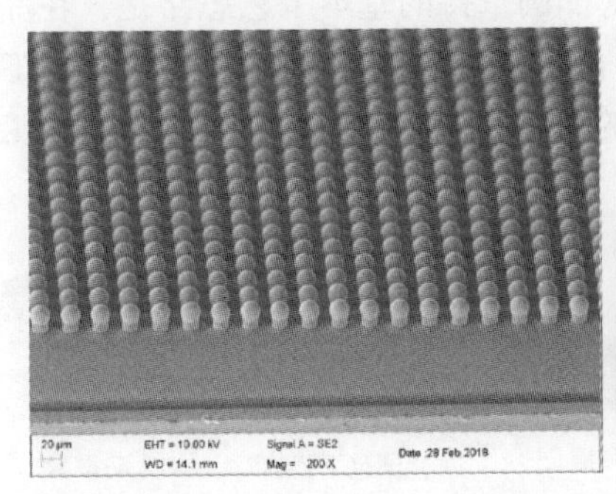

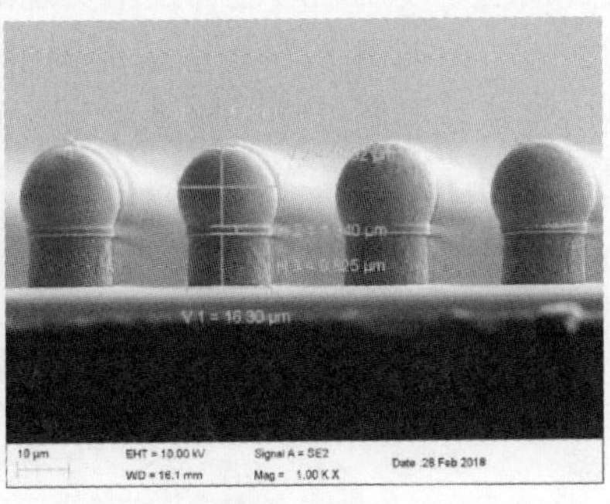

图 8-8　Cu 柱微凸点的三维形貌图

7. 晶圆背面减薄及 TSV 露头

为了完成 TSV 露头工艺，需要先对晶圆进行减薄。晶圆减薄目前采用磨削加工的方式，需要经过粗磨、精磨和抛光三个步骤。晶圆减薄需要解决研磨过程中晶圆发生翘曲、下垂、表面损伤扩大、碎片等问题。晶圆减薄工艺是 TSV 露头工艺的一部分，因此需要减薄到距离 TSV 顶部一定厚度后停止。减薄之后通过干法或湿法刻蚀将 TSV 从衬底背面露出（见图 8-9），然后覆盖绝缘层材料，并通过研磨或其他方式再将 TSV 露出。这一过程需要考虑 Si 与 TSV 填充材料（如 Cu）

的同步研磨或抛光，且需要控制填充材料不要与 Si 衬底导通或污染 Si 衬底。因此，需要研究混合研磨技术来实现 Si 衬底与 TSV Cu 柱的同步研磨，研究研磨后 CMP 工艺，消除研磨引起的损伤和应力，提高表面平坦化，实现 TSV Cu 柱安全露出；研磨后需要增加清洗工艺，保证减薄后 Si 表面不会被 Cu 离子污染。

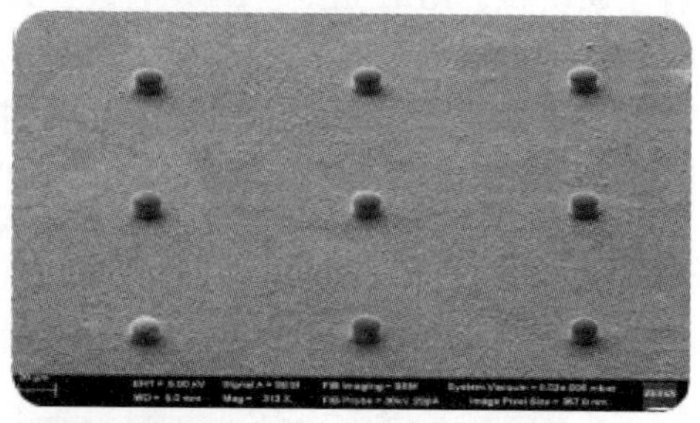

图 8-9　TSV 从衬底背面露出的 SEM 图

8. 薄晶圆拿持

晶圆在减薄之后，往往还需要很多工艺，为提高成品率，需要保证薄晶圆在这些工艺步骤中的安全性。业界一般通过键合一片承载晶圆实现，这种承载晶圆一般是无功能性的，后续工艺完成后需要再将其拆掉，这种技术被称为临时键合与拆键合技术。使用临时键合技术实现薄晶圆拿持的基本工艺思路是，在晶圆减薄之前，先将待减薄晶圆与承载晶圆键合，之后进行晶圆减薄及减薄后工艺加工，最后将承载晶圆拆除，完成薄晶圆的加工，图 8-10 所示为薄晶圆加工的基本流程示意图。

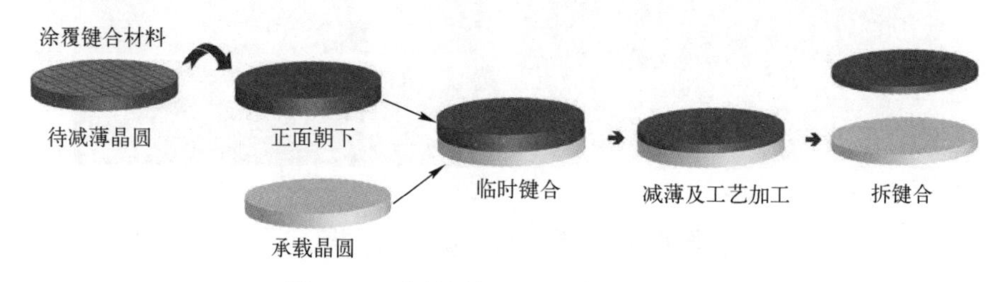

图 8-10　薄晶圆加工的基本流程示意图

要实现临时键合，材料的选择至关重要。一方面，键合材料需要在键合之后提供足够的强度，满足后续减薄工艺的要求，并具有一定的耐温能力，满足减薄后加工工艺的要求；另一方面，在减薄及相关工艺完成之后，需要能够方便地实现拆键合。拆键合过程一般需要机械辅助，通过加温、加力、激光扫描等手段，改变键合材料的性质，降低键合强度，实现拆键合。

8.1.2　有源 TSV 转接板技术

经过近 20 年的快速发展，三维集成制程及各单步工艺已经逐渐趋于成熟，图 8-11 所示为目前国际主流的三维集成制程方案。根据 TSV 在整个制程中与晶体管及后道制程之间的工艺顺序，可以分为“先通孔”“中通孔”“后通孔”三种不同的三维集成制程。而在“后通孔”三维集成制程中，根据通孔刻蚀的起始位置不同，又可细分为“后通孔/正面通孔”“后通孔/背面通孔”两种不同的三维集成制程。在实际工艺加工过程中，由于“先通孔”三维集成制程制备后需要经历高达 1000℃的高温工艺过程，因此“先通孔”三维集成制程使用的通孔材料通常采用具有较高熔点的 W 或重掺杂多晶 Si 作为中心导体，热氧化生成的 SiO_2作为中心导体与 Si 衬底之间的绝缘层。而对于“中通孔”“后通孔”三维集成制程，则主要采用 Cu 作为中心导体，由 PECVD 工艺沉积的 SiO_2作为中心导体与 Si 衬底之间的绝缘层。

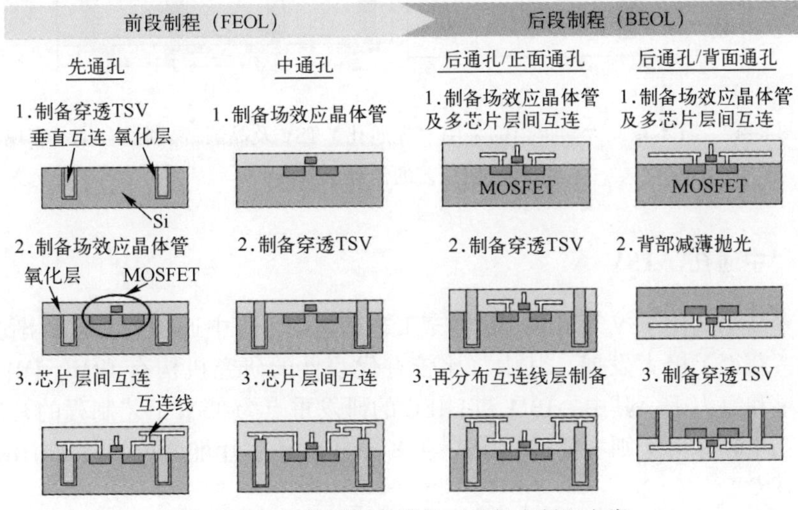

图 8-11　目前国际主流的三维集成制程方案

1. “先通孔” TSV

采用“先通孔”三维集成制程实现 TSV 在有源芯片内的集成，其代表性研究单位有日本东北大学和德国 Fraunhofer IZM。图 8-12 所示为日本东北大学提出的采用“先通孔” TSV 及晶圆-晶圆键合技术实现三维集成工艺的流程示意图[3]。实际上，在三维集成技术研究早期，TSV 采用多晶 Si 及 W 作为中心导体，通过 CVD 工艺制备，充分利用了这两种材料耐高温、容易在小直径高深宽比孔槽结构中填充的特性，经过工艺优化，实现了高深宽比 TSV 结构，并在此基础上，结合 Au/In 微凸点晶圆级共晶键合技术，实现了三维集成演示器件[4-6]。

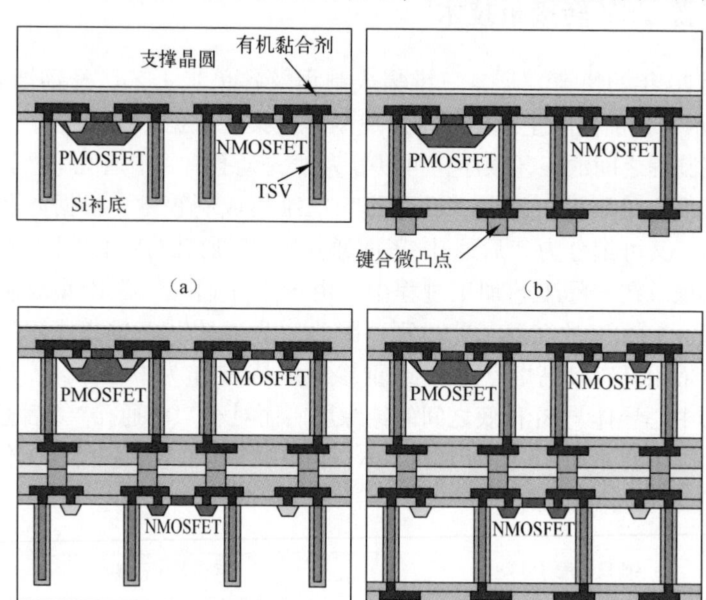

图 8-12　日本东北大学提出的采用“先通孔”TSV 及晶圆-晶圆键合技术实现三维集成工艺的流程示意图[3]

2. “中通孔”TSV

随着高深宽比 TSV 盲孔内 Cu 填充工艺的进步，“中通孔”TSV 逐渐受到广泛关注，获得了极大发展。其中，比较有代表性的研究机构有 IBM、IMEC、美光、三星和海力士。其中，IBM 和 IMEC 的研发重点为 TSV 工艺制程的开发，而美光、三星和海力士则主要进行 TSV 在多层 DRAM 芯片堆叠产品（如 HBM）中的应用开发。

IBM 在 TSV 领域的研发积淀较深，处于引领地位。例如，在 45nm 技术节点下，IBM 完成了 Cu TSV 制造工艺与包含 4~12 层金属布线层及低 κ 介质层制造工艺的整合，优化了布线能力和工艺复杂度。在此基础上，成功实现了三维结构的 eDRAM 功能模块，并完成了可靠性评估，结果表明，其实现的电路结构在经历 500 次热循环（-65~150℃）冲击及 1500h 最高温度达 275℃ 的烘烤后，仍未出现如 TSV 空洞或界面剥离等器件失效现象，验证了 45nm 工艺的兼容性[7]。

值得注意的是，美光公司利用 IBM 的“中通孔”三维集成制程，基于 32nm 技术节点的高 κ 金属栅工艺完成了存储器芯片的制造，之后通过 TSV 及多层芯片堆叠键合技术实现了三维集成存储器，即混合内存立方体（Hybrid Memory Cube,

HMC）的开发。其封装基板包含10层金属布线层，内部有金属通孔，整体厚度约为1.18mm。而4层DRAM堆叠芯片尺寸完全一致，均比最底层的逻辑芯片长度偏小。DRAM堆叠芯片间、DRAM堆叠栈与逻辑芯片之间，以及逻辑芯片与封装基板之间均可见底填材料（Underfill），芯片外侧与金属密封盖之间可见热界面材料（Thermal Interface Material，TIM）。

另外，4层DRAM裸芯通过TSV及微凸点进行垂直和互连。具体地，DRAM芯片正面制备Cu/Ni/SnAg微凸点，并在内部埋入与之相连的TSV结构，实现正面金属布线层与芯片背部键合焊盘之间的电学互连。在DRAM堆叠过程中，美光的HMC采用与海力士的HBM类似的策略，即F2B堆叠方式。另外，对于美光的HMC芯片内部的DRAM及逻辑层，TSV均是在晶体管、W塞及解耦电容等前道工艺完成后，在后道布线工艺前进行的，即采用“中通孔”三维集成制程。其中，TSV的直径约为8μm，微凸点直径约为28μm，微凸点总高度约为27μm（Cu/Ni/SnAg：14.45/3.22/9.45），DRAM芯片最终厚度约为65μm（不包含微凸点等），堆叠DRAM层之间的间隙厚度约为30μm。

三星和海力士的HBM模组采用的也是“中通孔”三维集成制程。HBM通过TSV及微凸点将4层DRAM芯片层与1层基本逻辑控制芯片实现三维堆叠。海力士的HBM模组提供了1个位宽为1024bit的总线，可以用作宽带I/O接口。它利用基本逻辑控制芯片作为4个堆叠的DRAM芯片之间的接口，而转接板则提供HBM模组与GPU芯片之间的接口。HBM模组本身呈现三维堆叠集成封装形式，而在Si基转接板上横向间隔布局的GPU芯片和HBM模组总体呈现2.5D集成封装形式。

HBM模组中使用的TSV是通过“中通孔”三维集成制程实现的，即在晶圆正面，利用前道工艺实现晶体管、DRAM电容、W塞及介质层制备后，顺序进行TSV盲孔刻蚀、侧壁绝缘介质层沉积、Ta黏附层/Cu种子层沉积、Cu电镀、热退火、Cu表面CMP等工艺过程实现“中通孔”TSV制备，随后利用后道工艺实现正面RDL布线层及Cu/Ni/SnAg键合微凸点制备；而在晶圆背面，首先采用CMP和蚀刻工艺实现TSV露头，随后沉积绝缘介质层实现表面钝化，并顺序实现背部Cu/Ni/Au微凸点制造。另外，TSV顶部与DRAM芯片的Cu RDL层（M2金属层）互连，而TSV底部则直接与Cu/Ni/Au微凸点的Cu焊球下金属层（UBM）互连，且在最顶层DRAM内分布着直径约为8μm，深度约为50μm的TSV盲孔阵列。

3. “后通孔”TSV

“后通孔”TSV的典型应用场景为CMOS图像传感器，特别是背照式（Back-Illumina，BI）CMOS图像传感器。三星公司在2016年发布了S5K2L1SX型CIS，其图像传感器中引入了“后通孔”金属 W 环 TSV。图像传感器阵列芯片层与图像信号处理器芯片层通过面对面晶圆键合实现堆叠，从图像传感器阵列芯片背部减薄至特定厚度后再采用“后通孔”TSV 制造工艺方案实现金属 W 填充环形 TSV 结构。TSV 与图像信号处理器芯片的第 7 层金属连接，从而实现上下层芯片垂直互连。S5K2L1SX 型 CIS 被用于三星 Galaxy S7 系列智能手机。

8.1.3 CoWoS 技术

CoWoS 是台积电公司于 2011 年正式推出的一种商用 2.5D 系统封装技术，即先将裸芯通过 Chip-on-Wafer（CoW）封装工艺制程技术倒装焊接至 Si 基转接板晶圆上，再将 CoW 芯片与有机封装基板（Substrate）进行焊接，最终整合成 CoWoS 封装体[8]。图 8-13 所示为 CoWoS 技术的典型工艺流程示意图，具体包括：①完成 Si 转接板晶圆正面工艺，如制备金属再布线及键合 UBM 等；②将表面完成微凸点工艺的裸芯，如 ASIC、HBM 等，利用 CoW 工艺制程倒装焊接至 Si 转接板晶圆的正面，并随后进行焊接间隙底填；③晶圆级塑封；④晶圆级塑封减薄，控制 ASIC 及 HBM 的最终厚度，露出芯片背面，增加散热能力并改善晶圆翘曲；⑤晶圆级临时键合；⑥利用机械减薄、CMP 等工艺实现 Si 转接板晶圆背面减薄及 TSV 背面露头，并顺序完成背面金属再布线及微凸点制备工艺；⑦拆键合，并进行划片切割；⑧利用 Die-to-Substrate（D2S）封装工艺制程实现封装体至有机封装基板之间的倒装焊接，并进行电学、可靠性测试。

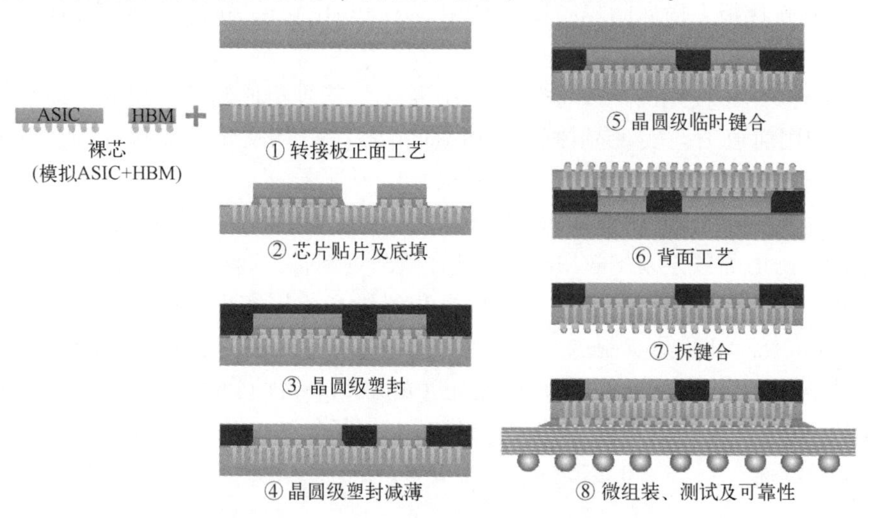

图 8-13　CoWoS 技术的典型工艺流程示意图

美国 Xilinx 公司推出的第一款基于 CoWoS 技术的商用产品是 Virtex-7 2000 型 FPGA 芯片[9]。其中，FPGA 芯片及 Si 转接板由台积电公司基于 28nm 节点工艺和65nm节点工艺制造，而Si转接板的线宽为0.25μm，布线层数为4层，内部埋置直径10μm/节距210μm/深度100μm的TSV互连结构，而FPGA模块芯片正面通过节距为45μm的CuSn共晶键合微凸点与转接板进行面对面芯片-晶圆键合，然后通过节距为210μm的C4凸点与PCB封装基板进行连接，整体封装采用了节距为1nm的BGA焊球阵列。基于CoWoS技术实现的Virtex-7 2000型FPGA芯片将4个不同的28nm节点工艺FPGA小芯片实现了在Si转接板上并排互连，同时结合微凸点工艺及TSV技术，构建了比同类型组件容量多出至少两倍且相当于达到2000万门ASIC的可编程逻辑器件，实现了单个28nm FPGA逻辑容量，超越了摩尔定律限制。

实际上，当代高端计算和存储市场要求集成高性能子系统，对于同质FPGA或包含其他系统分区及异构逻辑、存储器和SOC集成的需求，要求在超大尺寸Si转接板上实现更多、更大尺寸的芯片堆叠集成。2021年，台积电开发了第5代CoWoS技术，将多颗7nm芯片与HBM2进行异质集成。而通过3倍倍缩光罩，相应的Si转接板尺寸也将由初代的$800mm^2$逐步扩大至约$2500mm^2$，可搭载更多不同的芯片、提供更大的核心面积、具有更多I/O数，芯片功能更加多元化、算力得到进一步提升。图8-14所示为台积电公司为Broadcom和NEC实现的1颗SOC+4颗HBM2模组及1颗SOC+6颗HBM2模组的封装体实物光学照片[10]，可以看出，台积电CoWoS封装灵活性也越来越高。

图8-14　1颗SOC+4颗HBM2模组及1颗SOC+6颗HBM2模组的封装体实物光学照片[10]

8.1.4　Foveros封装技术

Foveros是由Intel公司于2018年12月首次提出的一种针对逻辑计算芯片高密度三维堆叠的封装技术，其采用三维芯片堆叠的系统级封装，实现逻辑对逻辑的芯片异质整合，通过在水平布置的芯片上堆叠更多面积更小、功能更简单的小芯片，整体方案具备更完整的功能。它首次将芯片的堆叠从传统的无源中间互连层和堆叠存储芯片扩展到CPU、GPU和人工智能处理器等高性能逻辑芯片，为结合高效能、高密度、低功耗芯片制程技术的装置和系统奠定了基础。而与台积电CoWoS技术相比，该技术采用直径约为32μm的微凸点，实现了很高的布线密度。除此之外，该技术最大的创新点在于使用了有源 Si 转接板，即把使用先进半导体工艺实现的高性能逻辑芯片堆叠在使用成熟半导体工艺实现的有源 Si 转接板上，而该有源 Si 转接板自身也是一块芯片，集成了 I/O 接口电路，未来有望集成其他适合使用成熟工艺实现的电路（如电源管理等），为整合高性能、高密度和低功耗 Si 工艺技术的器件和系统铺平了道路。

据悉，Intel 公司从 2019 年下半年开始推出一系列采用 Foveros 技术的产品，而首款 Foveros 产品将整合高性能 10nm 计算堆叠“芯片组合”和 22FFL（FinFET 低功耗）基础芯片，并采用 PoP（Package on Package）封装方式，在堆叠模组上方实现内存集成，被 Intel 公司称为混合 X86 处理器（Hybrid X86 CPU）。其中，10nm 工艺节点芯片集成了 Sunny Cove（Intel 公司提出的一种处理器微架构）高性能内核和 4 个凌动（Atom）低功耗内核，且采用了与现代 ARM 处理器类似的工作模式，即采用低功耗凌动内核用于处理轻型工作负荷，而 Sunny Cove 则用于完成计算量更大的任务。该处理器芯片尺寸为 12mm×12mm×1mm，最高功耗低于 7W，待机功耗仅为 2mW。

8.1.5 SoIC 技术

系统整合芯片（System on Integrated Chips，SoIC）是一种创新的多芯片三维堆叠技术，由台积电公司在 2019 年提出[11, 12]。SoIC 与传统 3D-IC 的主要区别是无凸点（Bump）。如图 8-15（a）所示，传统 3D-IC 利用 TSV 技术和 Bump 实现芯片的三维堆叠，垂直互连密度受到 Bump 尺寸的限制，从而限制集成总线的带宽和互连成本。而台积电公司展示的 SoIC 技术如图 8-15（b）所示，其关键创新就是无 Bump 互连，通过 C2W（Chip to Wafer）混合键合，将需要堆叠的芯片的 Cu 互连部分裸露并对准，之后可通过热处理工艺完成两块芯片的键合。这样一来，两块堆叠的芯片之间的走线密度及信号传输功耗都可以大大改善。IMEC 报道了一种 C2W 混合键合工艺流程，如图 8-16 所示[13]。

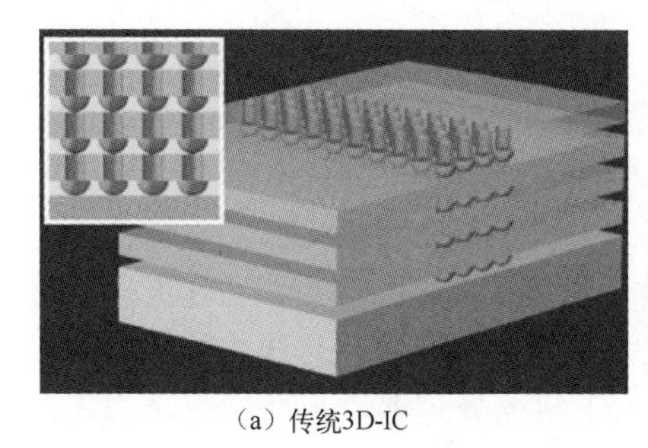

（a）传统3D-IC

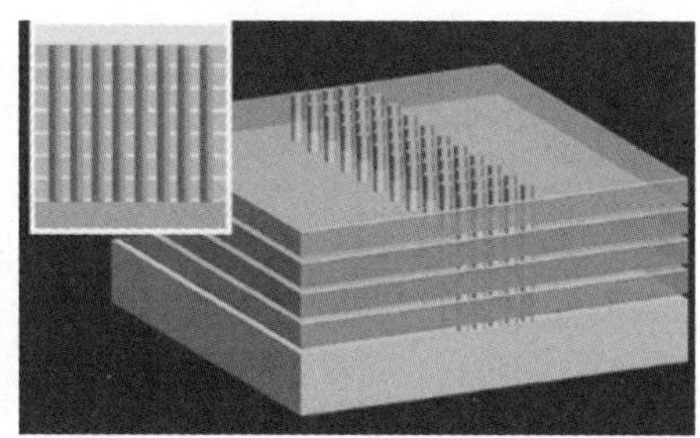

（b）SoIC

图 8-15　传统 3D-IC 与 SoIC 示意图

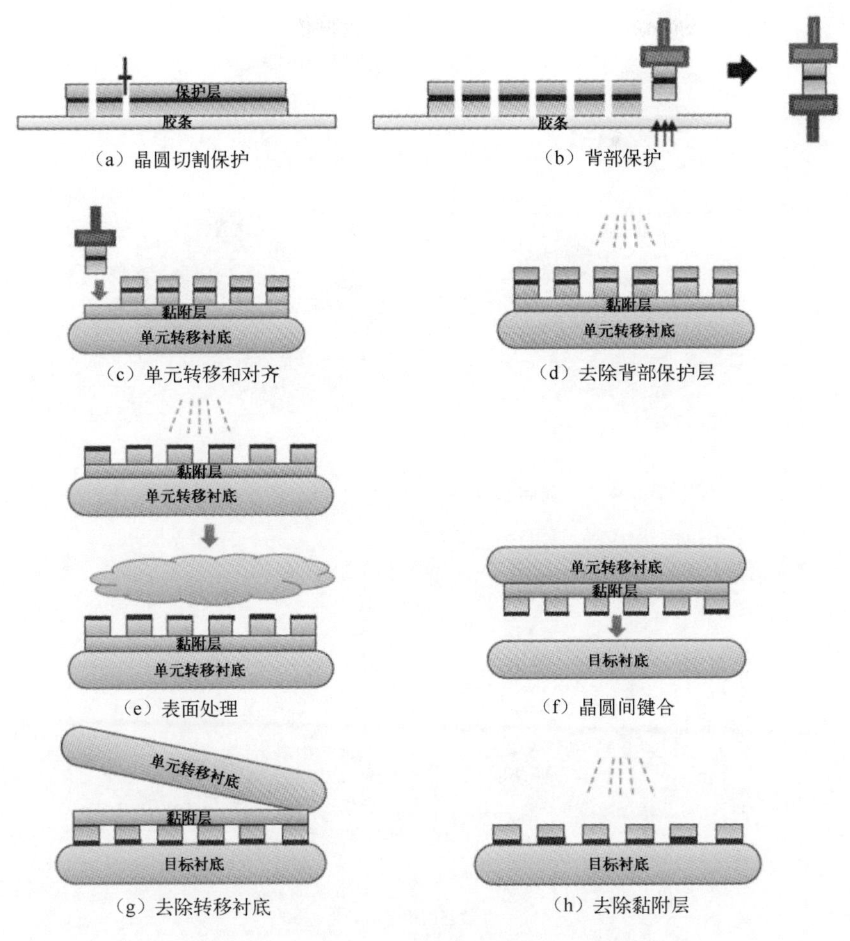

图 8-16　IMEC 的 C2W 混合键合工艺流程[13]

SoIC 技术具有如下三个特点。

（1）能够实现具有不同芯片尺寸、不同功能和不同制程节点技术的已知良品芯片（Know-Good-Die）的异质集成。图 8-17 所示为利用 SoIC 技术实现 Chiplet 芯粒集成，图 8-17（a）是未分割的 SOC 芯片，图 8-17（b）~（d）是将分割后的小芯片利用 SoIC 技术重新集成的过程。

（2）超细的键合间距。借助创新的 C2W 键合方案，SoIC 技术可为芯片 I/O 提供超细的键合间距（键合间距小于 10μm），从而实现高密度的芯片到芯片互连（见图 8-18）。与当前行业最先进的封装解决方案相比，超短的芯片到芯片互连距离具有以下优点：较小的外形尺寸、更高的带宽、更好的电源完整性、信号完整性和更低的功耗。表 8-4 所示为 SoIC 技术与现有 2.5D 和 3D-IC 技术的关键性能对比。

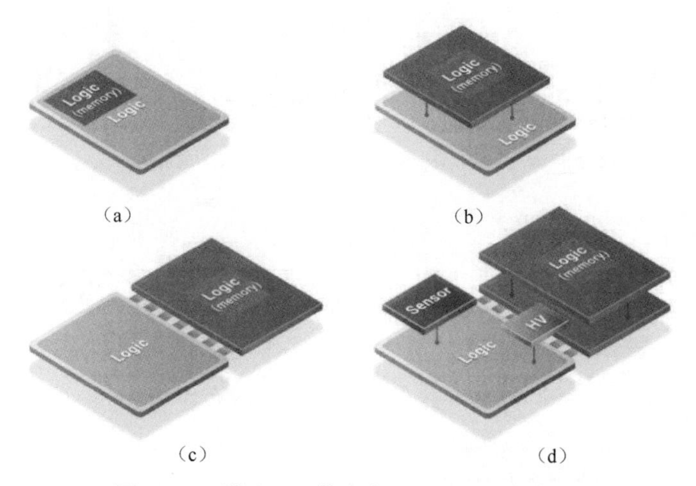

（a）（b）（c）（d）

图 8-17 利用 SoIC 技术实现 Chiplet 芯粒集成

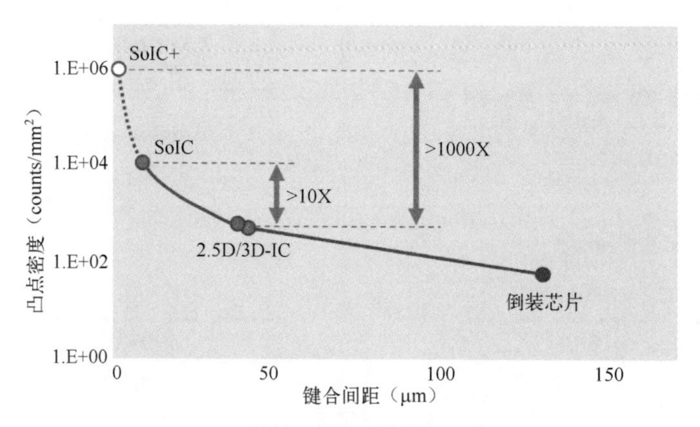

图 8-18 SoIC 技术实现超高密度的芯片到芯片互连

表 8-4 SoIC 技术与现有 2.5D 和 3D-IC 技术的关键性能对比

技 术 名 称	2.5D	3D-IC F2B	3D-IC F2F	SoIC F2B	SoIC F2F
凸点密度	0.8×	1.0×	1.0×	16.0×	16.0×
速度	0.01×	0.1×	1.0×	3.7×	11.9×
带宽密度	0.01×	0.1×	1.0×	59.7×	191.0×
功率消耗（J/bit）	22.9×	3.7×	1.0×	0.6×	0.05×

（3）可用于三维系统集成。SoIC 技术将同质和异质小芯片都集成到一个类似 SOC 的芯片中，从外观上看，新集成的芯片就像普通的 SOC 芯片一样，但是其嵌入了所需的异构集成功能，具有更小的占位面积和更薄的外形，可以进一步集成到先进的晶圆级封装中，如 2.5D、Fan-out 等，实现更高的功能密度，如图 8-19 所示。

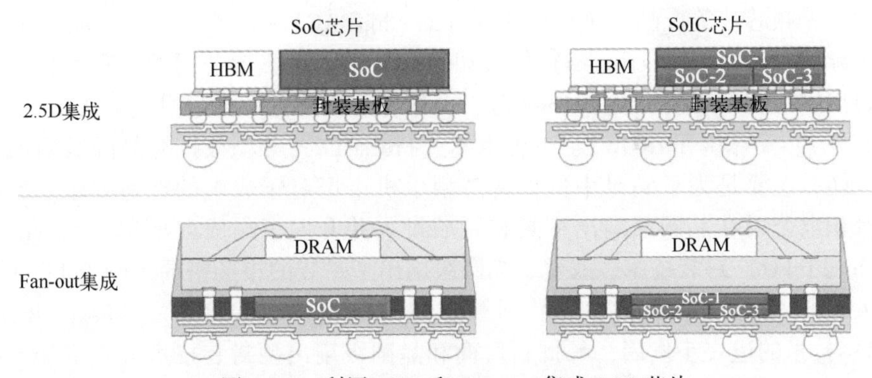

图 8-19　利用 2.5D 和 Fan-out 集成 SoIC 芯片

8.2　晶圆级扇出型封装技术

8.2.1　晶圆级扇出型封装技术的形成与发展

半个多世纪以来，半导体集成电路技术基本依据摩尔定律规则，每隔两年左右就会出现一次制程技术的提升与变革。最近几年，半导体集成电路产业遇到的情况并不是将芯片制程技术推向更细微化与再缩小芯片临界尺寸的芯片制造技术，而是在封装领域兴起的新技术的变革。自 2016 年以来，全球的半导体技术论坛、各类技术研讨会几乎都离不开晶圆级扇出型封装（Fan Out Wafer Level Package，FOWLP）这项技术议题。晶圆级扇出型封装技术为整个半导体产业带来了如此大的冲击性，一次就扭转了封装技术未来的产业发展结构，影响了整个封装产业的工艺制程、设备与相关材料，也将过去具有鲜明区别的前、后道晶圆制造与封装制程工艺融合在一起，极有可能像过去液晶面板技术和彩色滤光片技术带来的产业变化一样，引发半导体集成电路领域的重大技术革新。

晶圆级扇出型封装采用去基板化封装方式，流程缩短，符合封装产品高密度、低成本的需求。可以将多种不同类型的经过测试的裸芯，采用塑封材料热压做成重构晶圆，并在重构晶圆上完成线路的 RDL 与封装，实现多芯片、多层布线的先进封装形式。由于节省了多层封装基板，大幅度缩减了产品加工周期和工艺流程，因此更符合移动设备小型化的需求。典型的扇出型封装产品结构见文献[14]，芯片五面被塑封材料包裹，芯片正面覆盖 RDL 和介质材料层，再布线层和介质材料层的范围延伸到芯片体积的外围。封装体最外层的正面有制备的焊球(Solder Ball)，用于同 PCB 的导电性互连。

晶圆级扇出型封装最早由英飞凌（Infineon）公司提出，最初应用于手机基带芯片、音频芯片等产品。星科金朋（Stats ChipPAC）、奇梦达（Qimonda AG）、意法半导体（STMicroelectronics）等公司率先取得了英飞凌公司的专利，进入晶圆级扇出型封装的市场。从2013年起，全球各主要封测厂如日月光（ASE）、矽品（SPIL）、安靠（AMKOR）、飞思卡尔（Freescale）等积极扩充晶圆级扇出型封装产能，主要是为了满足中低价智慧型手机市场对于成本的严苛要求。2016年，台积电公司在晶圆级扇出型封装领域投入并开发了集成扇出型（Integrated Fan-Out，InFO）封装技术，改变了晶圆级扇出型封装的市场格局。随着InFO技术的大规模应用，以及嵌入式晶圆级球栅阵列（embedded Wafer Level BGA，eWLB）技术的进一步发展，一批新厂商和晶圆级扇出型封装技术进入市场，迎来了晶圆级扇出型封装企业的并购热潮。根据法国Yole Développement咨询公司的预测，从2018年到2024年，晶圆级扇出型封装技术的复合成长率将达到25%，苹果、台积电、三星、高通、联发科等主流芯片设计、制造厂商均开始开发与制造晶圆级扇出型封装产品。

据麦姆斯咨询报道，2019年，台积电凭借第二代InFO大规模制造（HVM），以及为苹果公司iPhone应用处理器引擎（APE）成功验证了第三代InFO技术，进一步拓展并稳固了其在高密度扇出型封装（HD FO）市场的领先地位。台积电公司已开始为高性能计算（HPC）验证着手InFO-oS（InFO on Substrate）的风险生产。此外，台积电公司还正在开发毫米波应用（如5G等）的InFO-AiP（InFO Antenna-in-Package），以及用于数据服务器应用的InFO-MS（InFO Memory-on-Substrate）技术。台积电公司还在打造一个名为超高密度扇出型（UDH FO）的新细分市场，具有非常激进的亚微米L/S路线图和大于1500的I/O。

在核心扇出型（Core FO）市场中，ASE、AMKOR、JCAP一直是市场的主导。三星电机（SEMCO）和力成科技在扇出型封装的历史上首次推出了扇出型面板级封装（Fan Out Panel Level Packaging，FOPLP）的规模量产，成为行业瞩目的焦点。三星电机在面向消费类市场的三星Galaxy智能手表中应用了嵌入式面板级封装（ePLP）技术，用于包含APE和电源管理集成电路（PMIC），约为500个引脚的多芯片扇出型封装。力成科技为联发科（MediaTek）汽车雷达应用成功开发了FOPLP PMIC的小规模制造。为了加大对高通（Qualcomm）和联发科等主要无晶圆厂的设计公司的吸引力，封装厂仍然需要进一步降低成本。为此，ASE、JCET、三星电机、力成科技、日月光和纳沛斯（Nepes）通过利用现有设施和工艺能力投资面板级和晶圆级扇出型封装技术，以实现规模经济生产。

8.2.2 晶圆级扇出型封装的技术挑战

虽然晶圆级扇出型封装可满足更多I/O数量的需求，但是如果要大量应用晶圆级扇出型封装技术，那么必须克服以下列出的各种问题。

1. 焊球的热力学问题

晶圆级扇出型封装的结构与 BGA 封装类似，其焊接点的热力学行为与 WLCSP（Wafer Level CSP，Fan-In）封装也大致相同，二者的失效模式也类似。在晶圆级扇出型封装中，焊球的关键位置在封装体的下方，其最大热膨胀系数失配会发生在封装体与 PCB 之间。

晶圆级扇出型封装结构中包含耐高温、耐辐射、耐化学刻蚀的介电材料（聚酰亚胺）薄膜层，这个薄膜层用作有源芯片表面上的应力缓冲器。聚酰亚胺覆盖了除连接焊盘四周开窗区域之外的整个芯片表面。在这个开窗区域之上溅射 UBM。UBM 通常是由不同的金属材质组成的，包括扩散层、势垒层、润湿层和抗氧化层。焊球落在 UBM 上，然后通过回流焊形成焊料凸块，借助倒装芯片技术将晶圆级扇出型封装焊接在 PCB 上形成模组。晶圆级扇出型封装体中的焊球在工作期间要经受高低温循环的载荷，封装体中不同材料的热膨胀系数失配会导致焊球的热应力和应变差异很大，造成应变能的累积，产生失效。通过有限元分析，可对封装产品中焊球高度、直径、间距与焊球热应力的影响进行仿真实验，分析发现焊球热应力随焊球高度的增大而减小。随着芯片尺寸的增大，焊球的实效寿命缩短；随着焊球高度和直径的增加，焊球的实效寿命延长。

2. 芯片位置精度问题

重构晶圆的实现过程包括如下步骤：首先将芯片从完成划片的晶圆或华夫盘中拾取并放置（Pick and Place）在临时承载板上，并确保芯片的贴片位置不发生偏移。再利用塑封工艺对芯片实现五面包封，由于芯片与塑封树脂存在热膨胀系数（CTE）差异、不同的收缩率（Shrinkage）等问题，重构晶圆在经历塑封工艺后会发生膨胀或收缩，导致芯片间距出现变化，对芯片的位置精度产生影响。

重构晶圆完成后是 PI 光刻工艺。通过使用感光性的光敏树脂（光敏聚酰亚胺）等材料，在芯片表面实现介质材料层开口、RDL 与 UBM 制作。使用黄光微影技术，对光刻机找准晶圆表面的对准标记，实现重构晶圆表面的曝光。由于该技术在芯片贴装和塑封后芯片位置控制方面存在巨大困难，因此芯片位移（Die Shift）是困扰良率的主要问题。

图 8-20 所示为典型的晶圆级扇出型封装中芯片位移造成的光刻对位不良现象。为了实现高良率的晶圆级扇出型封装产品的制作，首先必须解决重构晶圆中芯片之间的位置一致性问题。芯片位移问题主要是由芯片贴片造成的位置误差、塑封工艺带来的芯片位移造成的。芯片位移问题造成了晶圆级扇出型封装的最大

不良，同时是困扰晶圆级扇出型封装向更高密度、更大尺寸产品迈进的最大障碍。

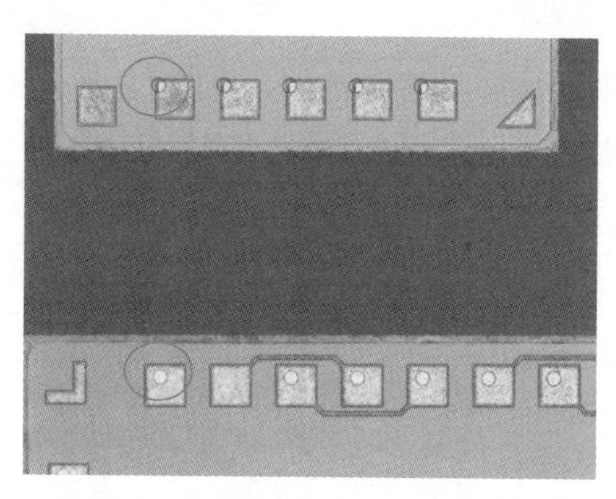

图 8-20　芯片位移造成的光刻对位不良现象

扇出型封装技术是在所有已知良品芯片的基础上，重新建构一个新的塑封材料晶圆的过程。已知良品芯片被准确地放置在一个用双面胶带或黏合剂黏合的临时载板上。然后，使用塑封材料来创建一个新的晶圆。一旦新的晶圆被创建，就会在新的晶圆的正面制作导电 RDL，RDL 将芯片焊盘（Pad）引出，芯片焊盘被重新定位，创建新的互连图形。再布线工艺要求所有芯片都以微米精度分布在整个晶圆上，如果存在较大偏差，那么已知良品芯片在光刻时就会因无法对准互连而报废。晶圆级扇出型封装贴片与普通贴片略有不同，晶圆级扇出型封装采用整体对位和局部对位两种形式。

图 8-21 所示为重构晶圆取片到重构晶圆贴片的示意图。这两种贴片方式分别针对不同的技术方案，低成本技术方案普遍采用整体对位方式，需要贴片机具备良好的运动精度，可以实现高速、大批量的芯片转移；局部对位方式可以大幅度提高贴片精度，主要针对高端芯片，如手机的应用处理器、图形处理器等产品。先进的扇出型封装贴片机——先进晶圆级贴片机在整体对位方式下，可实现 $\pm 3\mu m$（@ 3σ）的贴片精度，产能为每小时 7000 颗。如果贴片精度降低到 $\pm 10\mu m$，那么产能可以达到每小时 14 000 颗以上。采用局部对位方式的贴片设备，每次贴片时都需要寻找对位标记，将芯片放在需要的位置，贴片精度显著优于采用整体对位方式的贴片设备，甚至可实现 $\pm 2\mu m$（@ 3σ）以下的贴片精度。由于寻找对位标记次数的增加，贴片速度大幅度降低，主流贴片设备的产能大约为每小时 5000 颗以下。

晶圆级扇出型封装重构晶圆的制作采用膜压塑封工艺（Compression Molding Process）。膜压塑封工艺流程是，将液态树脂点胶到载板的中心，或者将粉末状

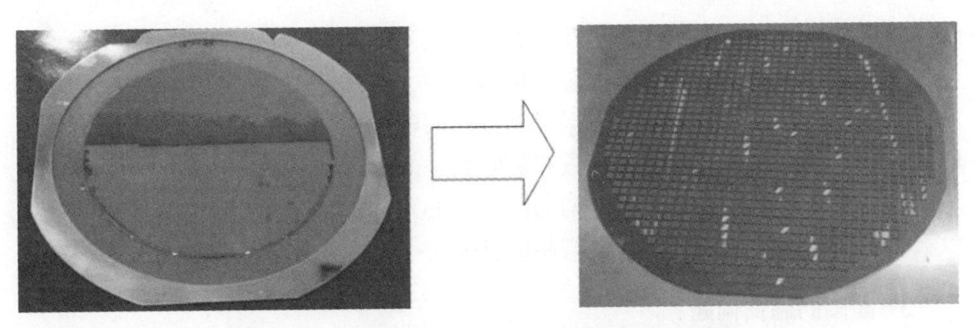

图 8-21　重构晶圆取片到重构晶圆贴片的示意图

树脂均匀地撒在载板中心。在膜压塑封设备中，塑封树脂加热后具有一定的流动性，在压力的作用下，塑封树脂会充满整个模腔，实现重构晶圆的制作。塑封树脂在流动过程中会对芯片产生 *X*、*Y* 方向的侧向推力，推动芯片沿树脂流动的方向移动，芯片位移问题又一次加剧。目前，市场上已经出现了可以模拟膜压塑封过程中塑封材料对芯片的冲击状况的软件。通过在软件中设定树脂的物理特性和流动特性，改变塑封工艺中的压力、温度，可以计算出塑封树脂对芯片的推力和位移，可以辅助改善塑封工艺。图 8-22 所示为仿真计算得到的塑封材料对不同位置芯片的冲击状况。

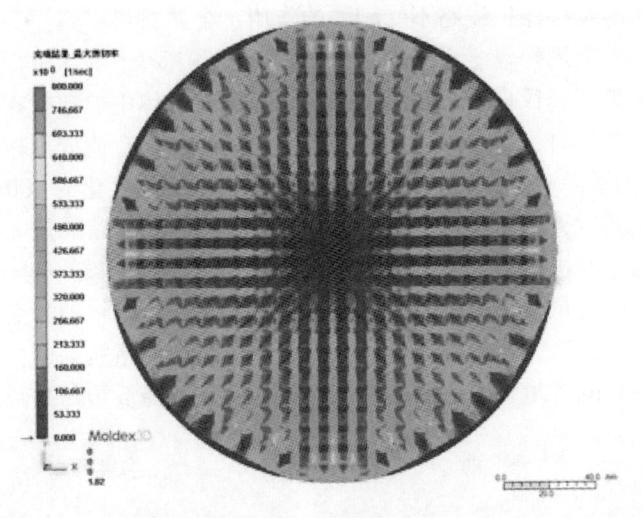

图 8-22　仿真计算得到的塑封材料对不同位置芯片的冲击状况

塑封材料固化后的芯片与塑封材料的收缩率差异也是影响芯片位移的因素之一。由于扇出型封装重构晶圆的填充载体是塑封树脂，塑封树脂为环氧树脂体系的热固化树脂，热固化树脂在加热固化过程中会产生收缩现象，收缩不仅会引起塑封晶圆形变，还会使芯片之间的间距与设定值出现偏差。通过实验验证重构晶圆固化后，整体尺寸可能会产生几十到几百微米的收缩。

为了解决贴片、塑封造成的芯片位移问题，通常借助模拟仿真工具，推导出塑封工艺对芯片位移的影响，根据影响数据调整贴片时芯片间的间距，弥补芯片位移量。此外，选择低热膨胀系数和低收缩率的塑封材料，将树脂收缩因素预先考虑到贴片间距里，使塑封后重构晶圆内部芯片间的偏移控制在 10μm 以内，可以大幅度提高晶圆级扇出型封装产品的良率。

3. 晶圆的翘曲问题

重构晶圆的翘曲（Warpage）问题是晶圆级扇出型封装技术的重大挑战之一。因为在重构晶圆的结构中，塑封树脂是高分子聚合物，填充剂是有机化合物，芯片内含有 Si 和金属材料，这些材料的热膨胀系数差异很大。Si 与塑封材料的比例在 *X*、*Y*、*Z* 方向各不相同，压缩铸模在加热及冷却时的热胀冷缩也会影响晶圆的翘曲问题。

在扇出型封装产品中，树脂材料填充的是非均质材料和非对称结构的产品。扇出型封装产品的材料包括环氧树脂体系的塑封材料、Si、聚酰亚胺、Ti、Cu、Al、Sn 等多种材料。塑封材料主要起包封作用，将芯片五面包裹，同时起到支撑重构晶圆的作用。Si 为芯片的主要材质，聚酰亚胺为封装体中再布线层之间的介电层，起到绝缘和保护线路不受刻蚀的作用。金属材料（Ti、Cu、Al、Sn）主要为芯片表面的金属焊盘、再布线层、封装焊球等部位。芯片的主要材质为 Si，Si 的热膨胀系数、杨氏模量、收缩性能远远高于封装体中的塑封材料、聚酰亚胺等材料。温度变化时，不同材料的物理性能之间的差异会造成重构晶圆平整度下降、可靠性降低等一系列问题。不经过仿真模拟或工艺优化的 300mm 重构晶圆，在完成塑封工艺后，翘曲可达到 30mm，这种翘曲水平的晶圆是无法在后续工艺中使用的。通过改进塑封材料的配方，提高树脂的玻璃态转化温度（玻璃点），增加填充材料的含量，改善塑封成形的条件等手法，可以将塑封后重构晶圆的翘曲降低到 3mm 以下。图 8-23 所示为塑封材料改善前后重构晶圆的翘曲状况。通过提高填充材料的含量、树脂的玻璃点等方式，可以降低塑封晶圆的翘曲。

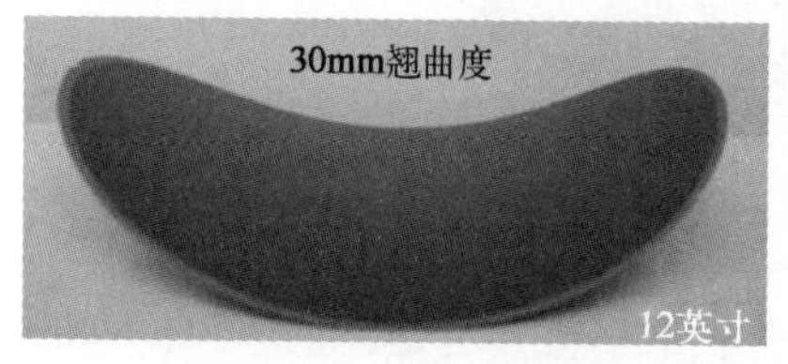

图 8-23　塑封材料改善前后重构晶圆的翘曲状况

使用模拟仿真计算，可以快速指导改善塑封晶圆翘曲的问题。模拟仿真可以模仿产品在高温、高压下树脂材料的收缩和流动状态，通过输入材料属性、封装结构、工艺条件等参数可以快速有效地得出该工艺条件下的翘曲模型。图 8-24 展示了塑封材料填充后的模拟仿真模型。通过模拟仿真的指导，发现将重构晶圆中各种材质的热膨胀系数、玻璃点等参数做到尽量匹配时，可以有效降低晶圆翘曲。由于芯片的主要材质是 Si，Si 的热膨胀系数非常小，所以塑封材料的热膨胀系数越小越好。此外，塑封结构应尽量平衡，单一材质的产品或纵向对称结构的产品，在经过高温、高压后应该是没有翘曲的。在封装结构中，当芯片的厚度较厚或较薄时，对产品翘曲都有良好的改善。

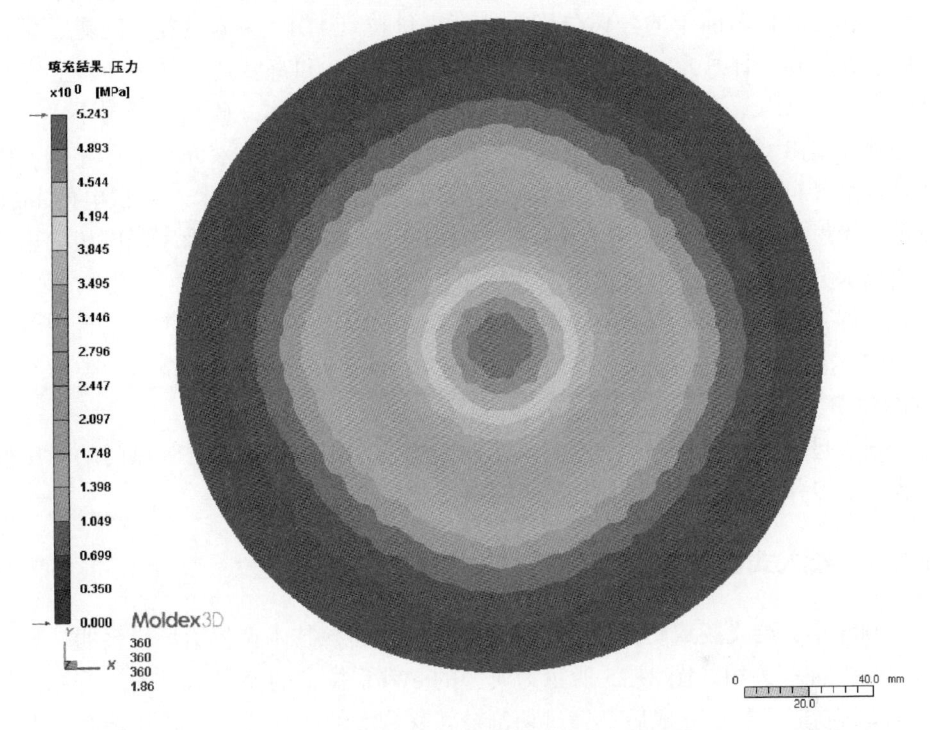

图 8-24　塑封材料填充后的模拟仿真模型

使用较低的塑封工艺温度也是降低翘曲的手法之一。塑封材料的主要组成部分是环氧树脂和填充材料，填充材料的主要成分是 SiO_2、Al_2O_3 等微细颗粒。重构晶圆用的塑封材料的玻璃点通常为 150~180℃，玻璃点以下塑封材料的热膨胀系数差异为 5~15ppm，超过玻璃点就会加大到 25ppm 以上。在工艺制程中，将工艺温度管控在塑封材料的玻璃点以下，可以防止塑封材料过度膨胀/收缩带来应力变化而影响塑封晶圆的翘曲。

2016 年是扇出型封装市场的转折点，苹果和台积电公司加入扇出型封装技术领域，改变了该技术的应用状况，市场开始迅速接受扇出型封装技术。扇出型封装市场将分化发展成两种类型。一种是扇出型封装“核心”市场，包括基带、电源管理及射频收发器等单芯片应用，该市场是晶圆级扇出型封装解决方案的主要应用领域；另一种是扇出型封装“高密度”市场，始于苹果公司 APE，包括处理器、存储器等输入、输出数据量更大的产品应用。该市场具有较大的挑战性，需要新的芯片集成工艺和高性能扇出型封装解决方案。同时，该市场具有很大的市场潜力，是未来扇出型封装技术发展的重点。由于晶圆级扇出型封装技术的诸多优势和市场前景，越来越多的公司加入该技术的竞争行列。

根据国际著名分析机构 Yole Développement 的统计，在晶圆级扇出型封装技术领域，专利排名前十的公司分别为：育霈科技（ADL）、英飞凌、三星、星科金朋、Tessera、日月光、飞思卡尔、美光、MEGICA 和奇梦达。其中，核心专利技术掌握在 ADL、英飞凌、星科金朋、日月光、飞思卡尔、矽品等公司手中。由于晶圆级扇出型封装是新兴的先进封装技术，每家公司的技术方案不尽相同，因此其也给各自的方案起了不同的名字，如英飞凌的 eWLB 技术、台积电的 InFO 技术、飞思卡尔的 RCP 技术、安靠的 SWIFT 和 SLIM 技术等。由于晶圆级扇出型封装技术五花八门，业界通常以贴片顺序和 RDL 制备顺序对各种工艺进行区分。例如，英飞凌的 eWLB 技术归类为 Chip First（Flip Chip）+ RDL Last，台积电的 InFO 技术归类为 Chip First（Flip Up）+ RDL Last，安靠的 SLIM 技术归类为 RDL First+Chip Last（Flip Chip）等。

概括起来，根据工艺制程和芯片与临时键合的相对关系，比较热门的扇出型封装技术多种多样，本章选择几种典型技术进行简单介绍。

8.2.3 嵌入式晶圆级球栅阵列封装技术

2006 年，英飞凌成功开发了 eWLB 技术，并将该技术授权给星科金朋、日月光、Nanium 等公司。图 8-25 所示为典型的 eWLB 技术的流程示意图。首先，芯片从晶圆制造厂制造完成后，经过切割被转移到大的承载片上，芯片之间存在间隙。通过塑封等工艺，芯片背面被塑封材料保护住。去掉临时承载片，在芯片正面制作保护层和 RDL，然后在上面形成 Solder Mask 保护层。在 Solder Mask 保护层上开窗，露出再布线层的 PAD，在 PAD 上植球，并切割成小的单元，形成新的芯片。

随着半导体尺寸的不断缩减，更复杂、更高效的半导体解决方案不断实现。然而，尽管芯片尺寸逐渐变小，但无论是对足够连接空间的需求还是对封装尺寸的缩小都带来了物理限制。eWLB 技术是晶圆级封装技术的前瞻性发展，其完美继承了后者的突出优点，如小型封装尺寸、卓越电气性能和热性能，以及最大连接密度等指标。这一全新技术还大大提高了封装的功能和适用范围。由于 eWLB

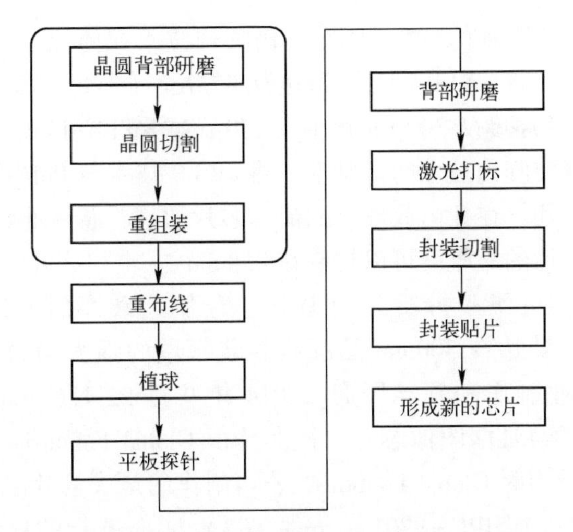

图 8-25　典型的 eWLB 技术的流程示意图

技术主要面向移动通信应用的调制解调器和基带芯片等复杂半导体芯片，因此需要在最小的尺寸上实现拥有标准接触间距的大量焊接。同时可以提供产品所需的足够多的焊盘接触点。在芯片周围适当增加额外布线区意味着该封装技术也可以用于全新紧凑型芯片产品和 SiP 产品的应用。

eWLB 技术是低成本的晶圆级扇出型封装技术的代表，没有过多使用复杂、昂贵的工艺，如晶圆级键合技术、等离子刻蚀、CMP 工艺等，工艺流程简单。但是该技术也有不足，在 RDL 工艺的加工过程中，由于没有承载板的支撑，翘曲问题成为 eWLB 技术的最大难点。过大的翘曲限制了设备机台的选择范围，增加了设备的开发成本。为了保证工艺过程中塑封晶圆翘曲在设备许可的范围内，不得不开发适用于该技术的特殊设备，如翘曲矫正设备，可以在重构晶圆出现较大翘曲时对晶圆进行热处理矫正。但是这些设备的能力是有限的，如果 RDL 层数过多，那么重构晶圆的翘曲会越来越大，即使使用翘曲矫正设备也无法保证晶圆达到设备传输的要求。因此，eWLB 产品的 RDL 层数很少超过三层。

层高差（Step Height）也是 eWLB 技术独有的问题，重构晶圆的芯片与塑封材料之间存在层高差，这是该技术独特的晶圆重构方式造成的。层高差会将再布线光刻工艺聚焦在芯片表面或塑封层表面，芯片表面和塑封层表面的线路宽度会不同。此外，产生层高差的位置仅在很小的范围内，严重的层高差可达 5～10μm，此区间较细线路很容易断线，这对产品的良率、可靠性都将产生很大的影响。

为了拓宽 eWLB 技术的市场，在英飞凌技术的基础上，星科金朋、日月光、Nanium 等公司均对此技术做了进一步改进。星科金朋在 eWLB 技术的基础上开发了超细嵌入式晶圆级球栅阵列（Ultra thin eWLB）技术、eWLB-PoP 技术和三维 Fan Out 等技术。超细嵌入式晶圆级球栅阵列技术在传统 eWLB 技术的基础上增加了减薄等工艺，将 eWLB 产品的厚度从 475μm（不含 Sn 球）减小到 250μm（不含 Sn 球），芯片厚度从 300μm 减小到 150μm。eWLB-PoP 技术在 eWLB 和超细嵌入式晶圆级球栅阵列技术的基础上，将 eWLB 技术与 PoP 技术相结合，通过在芯片背面激光钻孔、在孔内放球、回流、芯片切割、芯片堆叠等工艺形成三维堆叠封装模式，芯片的总厚度可以控制在 0.8mm。

2006 年 5 月，英飞凌分拆出奇梦达，奇梦达破产后其欧洲公司更名为 Nanium。得益于奇梦达在 300mm 晶圆级封装领域的强大功力，Nanium 一直是 FOWLP 技术的专业制作和领导厂商。2014 年 9 月 22 日，Nanium 发布了基于 28nm CMOS 工艺的高性能图像芯片。该芯片由 Global Foundries 公司制作，含有 55 亿个晶体管，是当时 Global Foundries 公司制作的最大芯片之一。Nanium 的新 eWLB 技术封装在按照 IPC-9701（条件 TC3）标准进行的板级温度循环测试（TcoB -40~125℃）中，可耐受的循环达 1000 次。Nanium 制作的这款封装芯片拥有高达 1188 个焊球，也是当时世界上最大的晶圆级扇出型封装产品，标志着晶圆级扇出型封装产品向大型芯片封装技术发展迈出了重要的一步。

8.2.4 集成晶圆级扇出型封装技术

InFO 技术是台积电公司研发的晶圆级扇出型封装技术。台积电公司凭借其强大的前道研发和创新能力，在晶圆级扇出型封装技术方面确定了其高端产品的特点。InFO 技术最初应用于苹果 iPhone 7 系列智能手机的 A10 应用处理器封装，其量产始于 2016 年。苹果 A10 处理器首次采用台积电公司的先进封装技术，使用当时台积电公司最新的 Through InFO Via（TIV）Cu 柱封装技术，取代著名的塑封通孔（TMV）技术。该技术的应用将 AP 捆绑 DRAM 芯片的封装厚度降低到 1mm 以内，大幅度领先高通和三星公司的 MCEP（Molded Core Embedded Package）技术和 FC POP 技术。通过不断地迭代和更新，苹果 7nm A12 处理器封装体面积为 13.4mm×14.4mm，整体厚度降低到 815μm，比高通骁龙 835 薄 28%[15]。

InFO 技术不同于 eWLB 技术降低成本的理念，采用很多高端技术将晶圆级扇出型封装提高到非常高的水平。InFO 技术采用玻璃承载板和激光键合/拆键合技术，使用高热膨胀系数的玻璃作为临时支撑基板，解决了 eWLB 技术的翘曲问题。InFO 技术芯片表面带有金属柱，采用正面贴装（Face up）的方式将芯片贴在玻璃承载板上。完成晶圆塑封后，塑封表面做研磨抛光，露出金属柱，重构晶圆表面可以得到非常平整的表面，满足了重构晶圆制作精细线路的要求，也解决了 eWLB 技术层高差的问题。由于玻璃承载板的支撑，InFO 产品表面可以实现 5

层 RDL 的制作，满足了大尺寸、高密度芯片封装的需求。通过灵活的技术应用，InFO 技术也给予了不同芯片集成封装的空间。例如，8mm×8mm 平台可用于射频和无线芯片的封装，15mm×15mm 可用于应用处理器和基带芯片封装，而更大尺寸如 25mm×25mm 则用于图形处理器和网络等应用的芯片封装。

凭借台积电公司的强大实力，InFO 技术在诞生之时就将其他竞争对手远远甩在后面。其他扇出型晶圆技术产品的竞争对手是 Flip Chip 技术的芯片，而 InFO 技术却将目标瞄准了 2.5D Interposer 产品。与 2.5D Interposer 产品相比，InFO 产品具备低成本、高密度、低厚度、良好的散热性能、单一供应商等优点，在它诞生之时，台积电公司就对该技术的未来充满了信心，并快速投入了量产。2017 年，台积电公司发布了 InFO-OS 技术，该技术具有更高密度的 2/2μm RDL 线宽/间距，可以集成多个高级逻辑芯片，为 5G 时代高性能芯片封装提供了选择。该技术可以在大于 65mm×65mm 的基板上实现不同芯片的焊盘互连，芯片的最小 I/O 间距降低到 40μm。应用该技术的产品在 2017 年第四季度开始量产，为晶圆级扇出型封装技术开拓了新的战场。

8.2.5　Si 基埋入式扇出型封装技术

2018 年，华天昆山开发的具有自主知识产权的埋入 Si 基板扇出型封装（embedded Silicon Fan Out，eSiFO）技术进入量产。该技术使用 Si 基板为载体，通过在 Si 基板上刻蚀凹槽，将芯片正面向上放置且固定于凹槽内，芯片表面和 Si 圆片表面构成了一个扇出面，在这个面上进行多层布线，并制作引出端焊球，最后切割、分离、封装。eSiFO 技术的工艺流程参见文献［16］。

eSiFO 技术具有如下优点。

（1）可以实现多芯片系统集成 SiP，易于实现芯片异质集成。eSiFO 技术的载体是 Si 晶圆，使用干法刻蚀的方法，在 Si 晶圆表面可以制作各种尺寸的凹槽，不同尺寸的凹槽对应不同的芯片。先将芯片对应放置在凹槽内，再在芯片表面做介电层和金属互连结构，实现多芯片系统集成 SiP。

（2）满足超薄和超小芯片封装要求。使用 Si 晶圆为载体，eSiFO 产品完成正面互连结构以后，可以对 Si 晶圆进行减薄，降低封装体整体的厚度，满足超薄和超小芯片封装要求。

（3）与标准晶圆级扇出型封装兼容性好，无污染。eSiFO 技术中的 Si 晶圆材质与芯片材质是一样的，热膨胀系数也相近，不会产生其他晶圆级扇出型封装严重的翘曲问题。此外，还减少了 EMC 材料的应用，减少了 EMC 材料制造、加工、废弃等方面对环境的污染和破坏，有利于满足低碳环保的诉求。

（4）良好的散热性和电性。普通扇出型封装芯片的保护材料为 EMC，EMC

中虽然掺杂有大量的填充材料，但是由于树脂材料的影响，散热效果不太理想，导热系数大约为0.9W/mK。eSiFO产品封装五面被Si保护，Si材质的导热系数为191W/mK，是普通塑封材料的200倍，散热效果大幅度提升。

（5）可以在有源晶圆上集成。eSiFO技术不仅可以用普通的裸Si作为衬底进行封装，还可以用特定的有源晶圆进行封装。eSiFO技术在Si晶圆上进行加工时，可以利用有源晶圆的无效区域、背面等位置实现平面SiP或三维互连封装的集成。

（6）工艺简单，翘曲小，无塑封/临时键合/拆键合。Si晶圆具有较低的热膨胀系数、良好的支撑能力和可加工能力。以Si晶圆为载体可以抵消重构晶圆翘曲等问题，避免昂贵的临时键合技术的引入，变相地降低了成本。

当然，eSiFO技术也有其自身的缺点：在Si晶圆上形成凹槽耗费了大量的制备成本，对刻蚀技术和工艺管控也有严苛的要求。在多芯片集成方面，若芯片厚度不一致，则会在Si晶圆表面形成深浅不一的凹槽，不利于成本的降低，也为工艺增加了难度。芯片埋入凹槽内部，芯片与凹槽之间的填充需要特定的材料和工艺，填充后芯片与凹槽之间树脂的凹陷也会影响线路的良率。

8.2.6 异质集成扇出型封装技术

华进半导体（NCAP China）最近几年研发的异质集成扇出型封装（Hybrid Integration Fan Out，HIFO）技术可以高度集成多种芯片，采用这种技术制备的异质集成扇出型封装，具有如下几个显著特点。

- 较小的形状因子。
- 可将天线集成在一个封装体里面。
- 可以做单面或双面塑封集成。
- 采用低损耗材料制作。
- 可以应用于异质材料的多种芯片集成。

应用HIFO技术制备的异质集成天线产品如图8-26所示。HIFO制备工艺流程如图8-27所示。

图8-26 异质集成天线产品

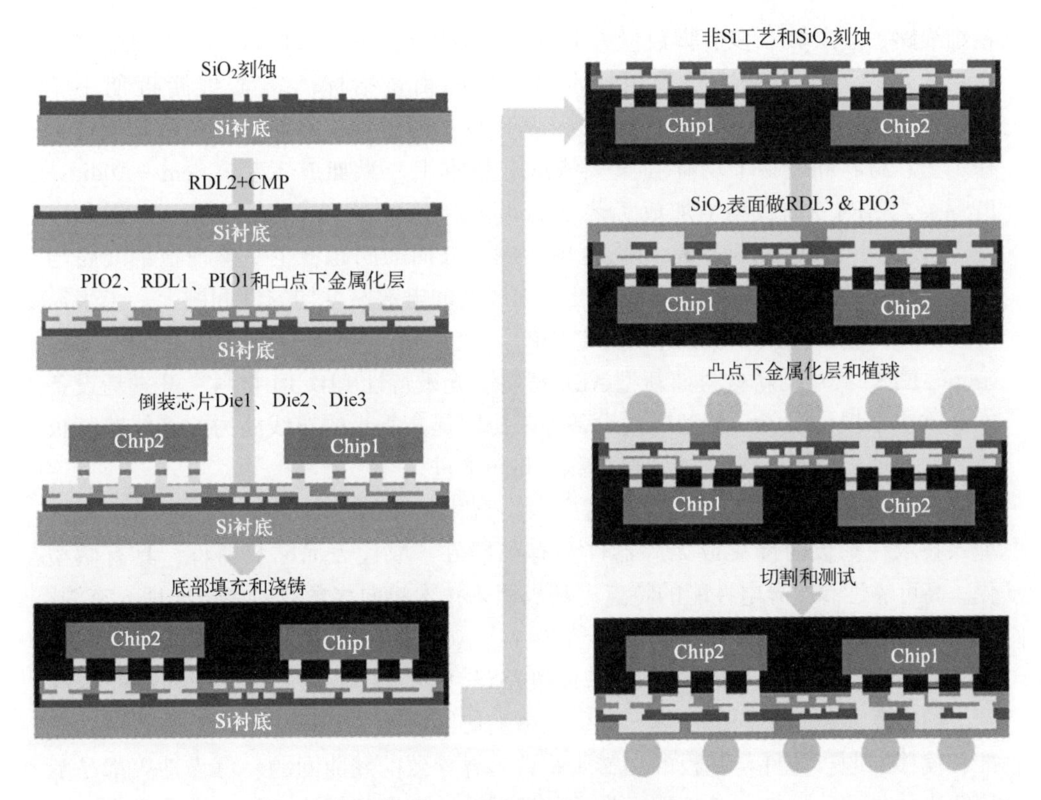

图 8-27　HIFO 制备工艺流程

8.3　基板及埋入封装技术

集成电路封装基板（IC Package Substrate）为芯片提供电连接、保护、支撑、散热与组装，是半导体芯片封装的重要载体。数十年来，基板技术一直随集成电路芯片制造技术的发展而发展。随着集成电路的集成度越来越高，传统的基板周边引线封装形式（如 Lead-frame）已无法满足市场需求。近年来，以实现多引脚数量、微型化、高电性能及散热性、超高密度及多芯片模块化封装为目的，面向高端应用领域封装技术的兴起，极大地促进了基板技术的发展。基板技术正向线路精细化、多层数、高密度、高集成度、小体积、多功能性等方向发展，以满足未来三维系统级集成需求。目前，具有代表性的先进基板技术主要有高密度细线路基板技术，如 FCBGA（Flip Chip Ball Grid Array）基板，基板埋入技术（Embedded Substrate），基板扇出技术，功能性基板技术（如 AiP）等。

（1）细线路基板技术是高密度引脚数字芯片集成的基础与支撑。基板将向精细线路、多层数、多引脚数量方向发展，以满足CPU、FPGA、人工智能高端应用的需求。作为细线路基板技术最重要的衡量指标，线宽/线距近期小于10μm，远期小于5μm是高密度细线路基板技术的目标。然而，细线路基板技术在工艺、材料和设备上均存在重大挑战。技术上，半加成工艺（Semi-Additive Process，SAP）/改良型半加成工艺（modified Semi-Additive Process，mSAP）在线宽/线距小于10μm时，会面临良率和成本方面的问题，主要体现在细线路与基板介质间的结合力、介质层平坦度及细线路的电镀厚度均匀性问题上。未来需要开发新工艺如薄膜布线技术（i-THOP）、线路埋入技术（Embedded Trace Substrate，ETS）；开发新材料如新型ABF材料、光敏特性PID/PI材料；开发新设备如介质层平坦化设备、新型电镀设备等来协同提高基板的布线能力。细线路基板技术的发展需要在工艺、材料和设备上共同推进。

（2）基板埋入技术是面向高密度、小型化封装的一种新型封装技术。基板埋入技术在基板内部集成无源器件和有源器件，取代表面贴装器件，具有微型化、高可靠性和优异电性能的特点。基板埋入技术将向多数量、多层次埋入有源/无源器件、埋入高功率密度（大于100 W）功率器件、埋入射频器件等方向发展。基板埋入技术需要综合考虑基板线路设计、工艺实现、热管理和翘曲等问题，同时需要兼顾不同部件热、电、机械的协同设计。基板埋入工艺中器件的对准和偏移问题、器件与基板的热膨胀系数差异导致的翘曲问题、可靠性等都是亟待解决的难题。另外，基板埋入技术的发展对原有器件供应商的冲击非常大，需要打破固有模式，做出改变以满足埋入条件。

（3）基板扇出技术是一种低成本、高可靠性的封装技术。基板扇出技术以支持大尺寸低成本封装、无芯板低厚度、批量化加工等优势迅速吸引了业界的关注。然而，基板扇出技术也面临着一些问题，基板翘曲、芯片位移是基板扇出技术面临的突出问题，材料间热膨胀系数不匹配、基板扇出结构双面非对称结构会加剧翘曲，有机基板材料胀缩、流动将引起芯片位移，引起互连失效。因此，基板扇出技术需要从设计与选材阶段进行合理分析，并以工艺条件与可靠性要求为边界条件进行多能域的协同设计，在工艺过程中需要重点研究对位掩模补偿设计技术，并严格控制贴片胶选型和用量。另外，结合新材料实现基板扇出技术成为射频应用方面的研究方向之一，对于电学性能要求较高的射频产品应用，采用低损耗、低κ有机材料实现高性能RDL应用是一个发展方向。同时，高介电常数的干膜材料为更薄的介质层结构提供了可能性。

8.3.1 细线路基板技术

封装技术随着芯片技术的发展而发展，目前集成电路封装技术趋于复杂化，先进封装技术成为主流。为实现3D-SiP的系统级集成需求，以面向CPU、FPGA和人工智能高端应用等先进封装应用领域为导向，基板产业正向具有精细线路的高端基板方向发展，从而为产业提供超精细、高密度的系统级互连解决方案。细线路高端基板具有线路尺寸小、高密度、高精度、高引脚密度、薄型化等特点，其制造工艺与传统封装基板相比要求更高，所以细线路基板技术需要从工艺和材料等方面不断推陈出新。下面从制造工艺、介质材料两个方面来对细线路基板技术进行概述。

传统封装基板的制造技术分为减成法、SAP和mSAP。随着芯片技术的发展，对封装基板的要求越来越高，减成法已不适用于细线路基板制造，以SAP和mSAP为主导的各种细线路制造技术不断推陈出新。对于具有细线路结构的高端基板制造技术，主要包括SAP和mSAP、ETS、Thin film/RDL等。SAP和mSAP适用于线宽/线距为5~30μm的细线路基板，ETS适用于线宽/线距小于10μm的精细线路基板，而Thin film/RDL适用于线宽/线距为1~5μm的超精细线路基板。这些技术在综合考虑制造工艺指标、制造成本、良率等因素后，可广泛应用于芯片倒装基板（Flip Chip）、SiP基板、PoP基板和有机Interposer基板。

目前，细线路基板制造普遍采用SAP和mSAP，二者的最大区别在于布线种子层的厚度和类型，SAP种子层为化学沉积Cu（厚度为0.5~1μm），后期容易闪蚀去除，布线可以达到很高的精度，适用于线宽/线距小于25μm的细线路基板。由于mSAP以压合超薄的Cu箔（2~3μm）为种子层，后期闪蚀时间较SAP长，故适用于线宽/线距大于25μm的细线路基板。华进半导体通过SAP/mSAP基板工艺，在ABF（Ajinomoto Build-up Layer）、高强度芯板等多种材料体系下，开发了多种精细线路高密度基板。采用mSAP实现最小线宽/线距为25μm的8层高密度细线路基板，采用SAP在外层ABF材料上实现最小线宽/线距为15μm的6层高密度精细线路基板，分别用于CPU、大型交换芯片FCBGA封装。细线路封装基板在异质集成领域同样扮演着重要角色，英伟达公司使用以ABF材料为介质的超高层数（12层）细节距基板，与2.5D Si转接板实现匹配，实现GPU与HBM2的高密度集成[17]。

采用SAP细线路基板制造技术在线宽/线距小于10μm时将会面临成本高、良率低等因素的挑战，而实现线宽/线距为5μm的布线几乎是SAP的瓶颈。随着芯片引脚数量的不断增多，需要开发出能实现线宽/线距小于5μm的细线路基板制造技术。线路埋入技术通过将细线路埋入基板材料来解决线路稳定性问题，是制造线宽/线距小于5μm的精细线路基板的技术之一。Unimicron通过激光刻蚀方式在ABF介质上形成精细线路凹槽，通过电镀和特殊表面平坦化工艺实现精细线路埋入，制作出线宽/线距为5μm的布线，应用于2.1D和2.5D高密度SiP封装[17]。薄膜布线工艺（Thin Film RDL Process）是另一种实现线宽/线距小于

5μm 的细线路基板制造技术。SHINKO 开发了薄膜布线技术，在传统封装基板顶部形成多层精细线路高密度布线层，称为 2.1D 封装结构，可实现最小线宽/线距为 2μm 的多层金属层布线，应用于高端处理器的封装和多个芯片的异质集成。

基板介质材料主要分为硬质介质材料、柔性薄膜介质材料和共烧陶瓷介质材料三大类。其中，硬质和柔性薄膜介质材料具备更大的发展空间，在细线路基板技术中扮演着主要角色。根据不同应用场景的需求，基板介质材料在使用过程中需要考虑尺寸的稳定性、电气特性、耐热性和热传导性等多种性能。目前，硬质介质材料主要分为 BT 材料、ABF 材料、PID（Photoimageable Dielectric）材料等；柔性薄膜介质材料主要分为 PI（聚酰亚胺）和 PE（聚酯）树脂；共烧陶瓷介质材料主要为 Al_2O_3、AlN、SiC 等。

BT 材料全称为双马来酰亚胺三嗪树脂，BT 树脂具备高玻璃点、高杨氏模量、低热膨胀系数、低介电常数和低损耗因子等多种优势，但是由于其具有玻纤层，激光钻孔获得小孔径的难度较高，因此无法满足细线路基板加工要求。BT 材料多用于对可靠性要求较高的芯片封装基板材料。ABF 材料是由 Ajinomoto 推出的一款高性能基板介质材料，与 BT 材料相比，ABF 材料具有低表面粗糙度、低热膨胀系数、低介电常数和低损耗因子的特点，目前已成为有机基板中实现精细线路制造的关键介质材料，用于满足具有高密度、细间距凸点的 CPU、GPU 等芯片的倒装需求。目前，ABF 材料已广泛应用于以 SAP 和 mSAP 为工艺的细线路基板制造技术。从产业发展的趋势来看，ABF 材料可以跟上半导体先进制程的脚步，满足先进工艺中细线路、细线宽/线距的要求，未来市场成长潜力可期。

PID 材料、PI 是一类极具前景的可实现超精细线路布线（线宽/线距小于 5μm）的介质材料。以这类材料为介质形成的 2.1D 封装技术或有机 Interposer 技术，可将高带宽存储器和逻辑芯片（如 CPU、GPU）等直接集成在基板上，被认为是一种能够替代 2.5D Si Interposer 的技术。PID 材料、PI 通过光刻工艺可实现孔型优异的小孔（直径小于 5μm），提高布线密度。另外，表面平整度高适用于更精细线路的布线。杜邦公司在 PID 材料上通过光刻工艺形成直径为 3μm 的小孔，具有优异的孔型和高深宽比[18]；三菱公司在 PID 材料上制作的线宽/线距为 5μm 的精细线路，在经过多种可靠性测试后显现出高结合力[19]。如图 8-28 所示，TSMC 开发出 6 层超薄高密度有机 Interposer 技术，该技术以 PI 为介质层，Cu 金属线路最小线宽/线距为 2μm，表面焊盘采用 Cu 柱和焊球形式，最小中心距为 55μm，成功实现 4 颗 SoC 芯片和 2 个 HBM 模块的高密度互连[20]。

细线路基板技术是异质集成技术的基础与支撑。随着芯片的引脚数量越来越多，基板将朝着精细线路、多层数、高密度、轻薄化、高散热性的方向发展，从而实现 3D-SIP 的系统级集成需求，满足未来高性能 CPU、FPGA 和人工智能高端应用的需求。

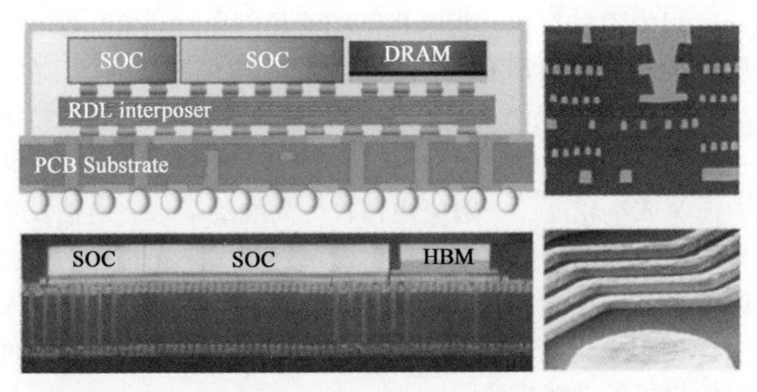

图 8-28　TSMC 高密度有机 Interposer SiP 封装技术[20]

从长远看，线宽/线距小于 5μm 是细线路基板技术的目标。目前，当线宽/线距在 10μm 以下时，采用 SAP 将面临良率和成本方面的问题。良率问题主要体现在精细线路与基板介质间的结合力差，不平坦的介质层表面影响线条精度和稳定性，另外，精细线路的电镀厚度均匀性也是一重大挑战。对于以 ABF 材料为介质的 SAP，低表面粗糙度、与线路间高结合力、极小盲孔（直径小于 10μm）是 ABF 材料应用于高端基板的发展方向，而利用 PID 材料、PI 替代 ABF 材料可缩小盲孔加工孔径（小于 5μm）、提高布线密度，是一类极具前景的基板介质材料。对于新的基板布线技术，从技术上看，ETS、薄膜布线技术（2.1D、有机 Interposer 技术）可显著缩小线路尺寸特征，提高布线密度，满足更高要求的异质集成，但是距离大规模制造应用仍有许多问题需要解决。例如，ETS 中介质层上用于布线的高精度线路凹槽形成方法，多层薄膜布线技术中多层薄膜界面平坦度的控制，精细线路电镀均一性等。

8.3.2　基板埋入技术

随着计算机技术的高速发展和对消费类电子要求的不断提高，电子设备内部需求的元器件数目呈几何级数增长，对其体积的小型化、薄型化、数据传输速度和可靠性提出了更高的要求。为了确保信号的匹配度，对信号完整性也提出了更苛刻的要求。基板埋入技术在基板内部形成无源器件和有源器件，取代在基板表面贴装元器件，因具有微型化、高可靠性和电气信号的优势而急速发展，成为系统级封装的一个新发展趋势。在基板中加入无源元件或有源芯片，形成基板封装模块和具功能化的有机基板、陶瓷基板或转接板，这将对基板产业产生重要影响。目前，常见的基板埋入技术主要有以下三个方面。

1. 共烧结陶瓷基板

20 世纪 80 年代，美国休斯公司开发出低温共烧结陶瓷（Low Temperatrue

Co-fired Ceramic, LTCC）技术，将未烧结的流延陶瓷材料叠层在一起烧成一个集成式陶瓷多层材料（材料内埋有印制互连导体、电路和元件），在表面安装 IC、LSI 裸芯等，组成具有一定系统功能和部件的高密度微电子组件技术，其组件结构图如图 8-29 所示。LTCC 基板介质损耗低、高频性能好、气密性好、可靠性高、散热能力强及成本较高，一般应用在较为高端的毫米波通信及可靠性要求较高的宇航军事领域。其工艺过程为，在生瓷带上利用激光打孔、微孔注浆、精密导体浆料印刷等工艺制出所需要的电路图，并将多个无源器件嵌入其中进行叠压，最后在 1000℃以下进行烧结，在其表面可以贴装 IC 和有源器件，从而形成 LTCC 无源/有源集成的功能模块[21]

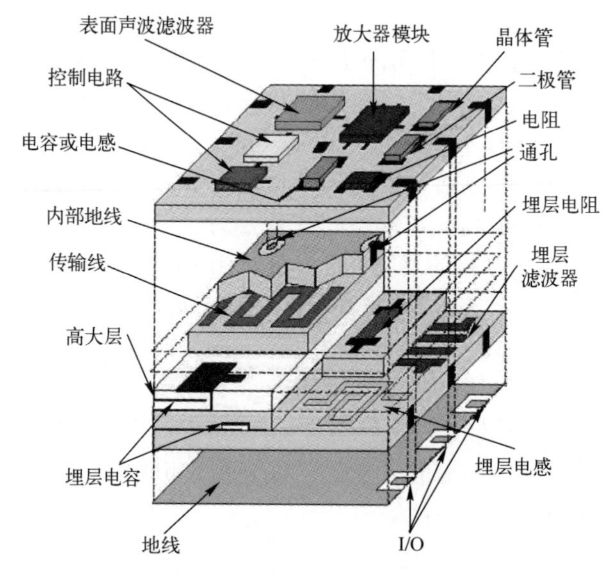

图 8-29 LTCC 组件结构图

低温共烧结陶瓷能够将三大无源器件（电阻、电容、电感）及其他无源器件（如滤波器、变压器等）封装于多层布线基板中，并与有源器件（如功率 MOS、晶体管、IC 模块等）共同集成为完整的电路系统，解决无源器件和基于陶瓷材质的滤波器等无源器件需要高温烧结，无法集成于基板的难题。低温共烧结陶瓷现已成为无源集成的主流技术，广泛应用于消费电子、通信、汽车电子、军工等市场，在日本的村田、京瓷，韩国的三星等均有应用。

目前，LTCC 用陶瓷材料主要有三大类：玻璃/陶瓷复合体系、微晶玻璃体系和非晶玻璃体系，其中，玻璃/陶瓷复合体系是研究的重点。以美国 DUPON 公司的 951 系列陶瓷产品为代表，其主要由 Al_2O_3和硼硅酸铅玻璃组成[22-24]。同时，AlN 的添加对提高基板导热性能有显著作用，其相关性能如表 8-5 所示。

表 8-5　玻璃/陶瓷复合体系材料相关性能

组织机构	材　料	介电常数	介质损耗 /10^{-3}	热导率/ ($W \cdot m^{-1} \cdot K^{-1}$)	热膨胀系数/ ($10^{-6}K^{-1}$)
Dupont	Al_2O_3+硼硅酸铅玻璃	7.8 (10MHz)	1.5 (10MHz)	3.0	5.8
日立	铝·镁硼硅酸玻璃+石英玻璃	3.25~4.55 (1MHz)			3~6.5
旭硝子	Al_2O_3+硼硅酸玻璃+镁橄榄石	6.5 (1MHz)		2.93	6
上海硅酸盐研究所	AlN+硼硅酸铅玻璃	7~9 (1MHz)	1 (1MHz)	11	
清华大学	AlN+SiO_2 B_2O_3 ZnO Bi_2O_3	3.5~4.8 (1GHz)	1.4~4.8	5.1~9.3	2.6~2.8
复旦大学	AlN+硼硅酸铅玻璃	5~7 (1MHz)		10	

然而，LTCC 基板存在热膨胀系数不匹配和散热性能差的问题。由于其是集成度较高的封装系统，因此基板材料的微小变形或位置不匹配可能会对电信号的传输造成严重影响。另外，由于 LTCC 基板的高度集成、多层堆叠，散热问题显得尤为重要。

2. 薄膜式埋入技术

随着电子器件性能的增强，所用无源器件数量呈几何级数增长，然而，与 IC 芯片的微型化相比，无源器件的小型化进展缓慢。目前，常采用的降低单个无源器件体积的唯一技术是薄膜式埋入技术。该技术将三大无源器件以介质薄膜的形式存在。通常以有机多层板为载体，采用刻蚀或丝网印刷技术一次性形成大量无源器件。这样做的优势为：第一，将无源器件以平面模式存在封装体中，实现高密度排布，节约表面空间；第二，与传统 SMT 不同，埋入的无源器件采用电连接，不需要焊接或物理组装，可实现高可靠性；第三，可减小 EMI 和电源平面的噪声影响、降低电源平面的阻抗、提高击穿电容。另外，成本优势也是此技术的核心优势。

在多层板中埋入电阻的三种常用方法是网印电阻油墨、复合合金箔和合金镀层。表 8-6 列出了埋入电阻方法的优缺点。

目前制备埋入型电阻的企业有 Ohmega、Shipley、Gould、Mac Dermid，常用电阻材料为 Ni-P、Pt、Ni-Cr、Ni-Cr-Al-Si，载体一般为 Cu。阻值范围为25~250Ω/m^2，现已开发出 1000Ω/m^2的电阻。

表 8-6 埋入电阻方法的优缺点

方 法	优 点	缺 点
网印电阻油墨	材料成本低，工艺简单等	精度低，温度依赖性高，热稳性低，难以制造微小电阻，噪声水平高，可靠性低等
复合合金箔	精度高，均一性高，温度依赖性低，噪声水平低，可制作微小电阻，可靠性高等	材料价格高，工艺复杂等
合金镀层	材料成本低，温度依赖性低，噪声水平低等	实际应用困难，精度低，阻值范围窄，设备投资大等

埋入电容薄膜器件为埋入型薄膜材料的主要研发方向。该材料将强电介质陶瓷粉末分散到树脂中，以提高材料的介电常数。国际上常见的已经成熟的用于埋入电容薄膜器件的材料体系多为 SiO_2系、强电介质陶瓷和氧化钽等。由于材质的限制，埋入电容都比较小，一般单位是 pF。因此，埋入电容通常用来滤波。在 PCB 设计中，埋入电容面积可依据图 8-30 计算。

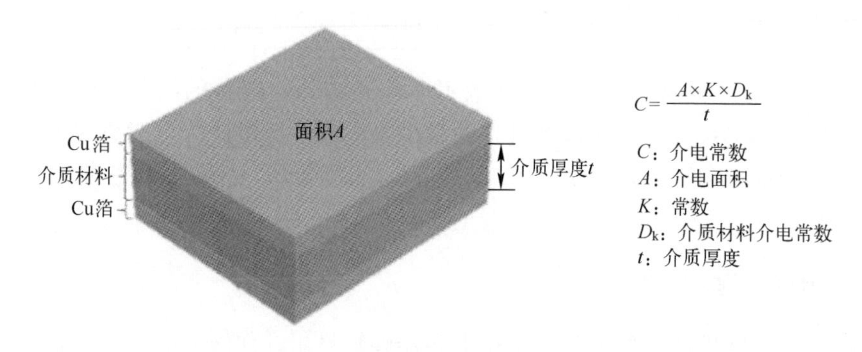

图 8-30 埋入电容面积计算示意图

埋入电感需要具有高电感特性，虽然可以通过使用精细图形技术或在 3 层以上的导体层上重复线圈图形的工艺增加线圈圈数从而获得高电感特性，但会导致加工工艺复杂。目前，推动薄膜型埋入技术主要涉及材料尝试。但还存在相当多的问题，如采用此技术会导致良率降低；一旦损坏将无法维修，从而限制其应用范围。

3. 将无源器件和有源芯片埋入基板

将无源器件和有源芯片埋入基板的封装技术在大功率电源芯片和射频芯片领域有广泛应用。元器件埋入 PCB 技术起源于 20 世纪 60 年代，Philips 美国分公司首次提交有源芯片埋入 PCB 概念的专利，然而，因技术条件限制而未能应用。20 世纪 90 年代中后期，饱受元器件间回路部分产生寄生电感问题困扰的日本和欧洲半导体行业先后投入元器件埋入基板技术的研发，至今已取得长足发展。随着芯片功率的提升，未来发展至100W以下的情况也可采用埋入工艺。

该封装技术将电容、电阻等无源器件，MOSFET和RF等芯片嵌入多层封装基板或PCB，形成单层或多层堆叠。通过摒弃传统的引线或凸点键合，采用基板平面内走线和金属化沉积的方法实现元器件间，元器件与基板间的互连。该封装技术具有以下优势：第一，体积减小，集成度增高。元器件置于封装基板或PCB内部，可以降低传统表面贴装的体积高度，而且其信号连线可以部分或全部埋入基板内部，器件通过微孔与走线互连取代传统的引线或焊球，减少连接点、导线、焊盘和导通孔数量，具有更高的集成度和灵活度。第二，电气性能提高。元器件间的电互连通过无凸点的方式进行，缩短Z轴方向连接的线路长度，降低线路的寄生电感，保证信号传输的完整性和稳定性。另外，数据处理信号可以并列传输，取代高速MPU（Micro Processor Unit）芯片单体传输，在未来5.8GHz带的AHS（Advanced Cruise-Assist High Way System）或防撞电路装置的自动雷达传感等需要70~100GHz的高速器件中有积极应用。第三，可靠性提高。元器件在组装中不需要焊料和后续回流工艺，导致与焊料及回流有关系的缺陷消失；另外，用该工艺完成的板级封装模块在本质上有较高的强度，能够承受更多的冲击和震动。同时，由于埋入基板封装结构较三维堆叠封装结构薄，且在封装背面添加散热孔，在封装外部安装热沉或风冷装置，因此具有较好的散热性能。

华进半导体在射频前端应用埋入基板工艺方面进行了大量研究，首次实现了在Core板上埋入超小01005电容。其中，单板分布180个单元，单元尺寸仅为2mm×2.5mm，每个单元内均埋入5个01005电容。首次实现了将有源器件和无源器件埋入基板的GaAs放大器模块，在不同Z轴高度埋入10个0201被动器件与2个PA/LNA放大器芯片，其中放大器模块尺寸为7.6mm×9mm×0.9mm。和普通表贴封装技术相比，该技术将传统表贴的元器件同时埋入封装体内的不同Z轴高度，封装体积缩小50%以上，同时兼顾散热、信号与电源完整性等关键性能。实现了超小、超薄多剖面GaAs基与Si基芯片异质芯片埋入的SiP封装技术，封装单元尺寸为4mm×6.8mm，同时埋入厚度为85μm，尺寸为887μm×682μm的GaAs基HBT器件；厚度为200μm，尺寸为1060μm×660μm的Si基CMOS器件。采用钼铜贴装工艺解决多剖面同时埋入问题。

另外，华进半导体在高功率密度的MOSFET芯片埋入方面也有研究。通过多种结构设计与工艺开发，实现了3款基于SiC、陶瓷、GaAs等不同器件的埋入产品及全套工艺，完成了产品制备并全部通过了电测试。采用新型光敏介质，利用基板兼容的光刻与层压工艺，实现了SiC芯片与4层布线层的互连。

然而，元器件埋入基板技术目前还存在许多问题，包括设计、工艺实现、热管理和翘曲等。在设计方面，不同部件的热、电或机械协同设计存在很大问题；在工艺实现方面，埋入器件的对准和偏移是该技术要攻克的主要难题；另外，由于埋入的元器件与 PCB 或载板的热膨胀系数不同，导致其出现的翘曲问题也严重制约着有源芯片和无源器件埋入基板的应用发展，还有互连的完整性、可靠性、测试等，都是该技术仍未被大多数制造商批量采用的原因。

8.3.3 基板扇出技术

在移动终端、汽车电子、物联网及医疗等新兴产业应用的驱动下，电子产品在近 20 年逐渐向低成本、高可靠性和高密度集成方向发展。与此同时，I/O 数量快速增多，芯片尺寸日益缩小，将面临芯片表面没有足够空间进行布线层排布及小节距引脚无法与现有 PCB 加工尺寸相匹配的问题。前者通过半导体前道工艺改进得以缓解；针对后者，业界一方面提出了转接板结构，以实现芯片高密度小节距引脚与 PCB 加工尺寸的过渡，另一方面提出了扇出型封装形式，以低成本、高可靠的优势逐步成为主流技术。扇出型封装兴起于以飞思卡尔为代表发明的再布线芯片封装技术（Redistributed Chip Package，RCP）和以英飞凌为代表公布的 eWLB 技术，随后，以台积电公司为首提出了 InFO-WLP 技术。自 2017 年起，板级工艺线宽/线距突破了 10/10μm 的限制，基板扇出技术（Fan Out Panel Level Packaging，FOPLP）应运而生，并以其可支持大尺寸、批量化加工的低成本优势迅速吸引了业界的关注。Yole 发布了扇出型封装近十余年的发展趋势[25]。

基板扇出技术按照不同的加工装配流程可分为 Chip First 和 Chip Last；按照芯片的装配方式可分为 Face Up 和 Face Down。Chip First 工艺需要在原有已知良品芯片的基础上进行多步工艺加工，存在一定的风险，成本较高，且每个产品之间存在独立性，无法实现普适性的工艺固化。因此，从板级加工供应商角度更多采用 Chip Last 工艺，该工艺可根据标准尺度进行板级 RDL 多层线路的先加工，以极细线路为升级导向，进行独立研发，再与芯片实现互连组装，最后将载板层剥离，形成可与焊球进行装配的最外层焊盘，实现 I/O 引出。

基板扇出技术优点众多。

- 电学性能优越。有效缩短或替代了芯片到封装或 PCB 的传输路径，具备低串扰、低插损和良好的信号完整性等优势，可支持 30GHz 及更高射频模块的封装。
- 改善了引线和 I/O 工艺。支持最小线宽/线距小于 10/10μm，缩小了芯片与封装体之间的尺寸差（≤50μm），解决了芯片与 PCB 间的节距尺寸不匹配问题。
- 可实现标准化与高度集成化。
- 具备良好的热机械可靠性。尤其表现在缩小节距后可增加热传输用焊球及其与 PCB 的直接贴装，实现短路径传导散热与低热膨胀系数材料选用等方面。

- 低成本。选用基板工艺，现有成熟可加工基板可达 600mm×600mm，远超 12 英寸晶圆单批次可加工尺寸，在所选工艺及材料成本降低的同时，单批次有效面积增大，可实现成本的急速降低，有利于产业化推广与应用。

目前已有利用基板扇出技术制备的产品投入商业化应用，Yole 报告[25]指出，基于该技术的产品有着广阔的市场需求。以三星为代表的厂商已宣布将在该市场有较大比重的倾斜。投入基板扇出技术的半导体企事业单位有：三星电子、J-DEVICES、FUJIKURA、日月光、DECA Technologies、SPIL、中国科学院微电子研究所等（见表 8-7）。在国内，中国科学院微电子研究所也完成了极细线路的突破，实现了大幅面低翘曲基板扇出工艺加工（见图 8-31）。

表 8-7　基板扇出技术的半导体企事业单位

公　司	封装尺寸（mm）	最小线宽/线距（μm）	基板尺寸（mm）	研发阶段
Amkor/J-DEVICES	12×12	20	320×320	小批量生产
ASE	6. 3×4. 7	15	510×410	设计与研发
DECA Technologies	6×6～12×12	8	ϕ300	设计与研发
FCI/FUJIKURA	6. 5×5. 5	10	250×350	小批量生产
Fraunhofer IZM		20	610×456	设计与研发
SPIL	9×9	≤10	370×470	设计与研发
IMECAS	9×9	10	250×400	设计与研发

图 8-31　大幅面低翘曲基板扇出工艺加工

与此同时，基板扇出封装技术仍存在如下挑战[26]。

- 翘曲问题。在大基板加工与装配中，异质材料的引入将带来因热膨胀系数、模量不匹配造成的各层间胀缩程度不同的问题，进而产生内应力，表现为形变；而大幅面产生的形变为累积效果，该问题更为突出。此外，考虑到最终要实现单面芯片的塑封后再进行单元切分的工艺流程，基板扇出技术也将面临因双面非对称结构导致的翘曲加剧现象。因此，需要结合应用从设计与选材阶段进行合理分析，并以工艺条件与可靠性要求为边界条件进行多能域的协同设计。

- 芯片位移问题。基板扇出技术中的芯片通过贴片机进行表面贴装，有机基板材料胀缩将引起对位与注塑中的芯片位移；此外，在压合过程中，有机材料的流动也将导致芯片位移。因此，在该工艺中，选用对位掩模补偿设计技术及严格控制贴片胶选型和用量成为研究重点。
- 精度和解析度。在小节距细线路的表面进行高精度贴片，一方面对设备要求较高，需要具备全局与局域双对位模式与精准传动和较为复杂的算法等；另一方面需要对工艺与加工环境进行精准控制，以克服板级材料对环境偏差与工艺条件的高依赖性。与此同时，进行材料分析与工艺优化和监控是实现高抗剥极细线路的重要环节。
- 良率控制。该挑战对工艺稳定性提出了要求。通过标准化管理，实现工艺模块化优化学习，加强过程监控与品质控制是每个封装厂商正在逐步完善的目标。
- 低 κ 有机材料应用。针对常规有机材料性能无法实现高性能 RDL 应用方面，射频产品对材料选择倾向于低损耗的低 κ 材料，同时高介电的干膜材料为更薄的介质层结构提供了可能性。结合新材料实现基板扇出技术成为射频应用方面的研究方向之一。

随着集成电路产业的持续发展，器件微缩及性能提升将面临巨大挑战。同时，异质集成封装逐渐成为未来技术开发的重点领域，通过整合芯片设计、制造与封装测试等环节，产业链上下游协作实现最终产品的开发。为了解决三维封装高额成本的问题，先进封装技术越来越依赖先进制造工艺，以及设计与制造企业之间的紧密合作。从台积电的 CoWoS 到 InFO，再到 SoIC，实际上是一个 2.5D、3D 封装，再到真正三维集成电路的技术发展趋势。本章综述了 Si 基转接板及 2.5D/3D 封装技术、晶圆级扇出型封装技术、基板及埋入封装技术发展的基本情况，并对有代表性技术的工艺流程、优势与劣势等方面进行了介绍。未来，三维集成技术将在高端市场占据愈发重要的地位，并朝着更高互连密度、更高集成度方向不断发展。

参考文献

[1] SHOCKEY W. Semiconductive wafer and method of making the same: USA, 3044909 [P]. 1962-7-17.

[2] 董西英, 徐成翔. 基于 TSV 技术的 CIS 芯片晶圆级封装工艺研究 [J]. 微电子学与计算机, 2011, 28 (4): 151-155.

[3] KOYANAGI M, NAKAMURA T, YAMADA Y, et al. Three-dimensional integration technology based on wafer bonding with vertical buried interconnections [J]. IEEE Transactions on Electron Devices, 2006, 53 (11): 2799-2808.

[4] LEE K, NAKAMURA T, ONO T, et al. Three-dimensional shared memory fabricated using wafer stacking technology [C]//IEEE, International Electron Devices Meeting (IEDM), San Francisco, 2000: 165-168.

[5] LEE K W, OHARA Y, KIYOYAMA K, et al. Characterization of chip-level hetero-integration technology for high-speed, highly parallel 3D-stacked image processing system [C]//IEEE, International Electron Devices Meeting (IEDM), San Francisco, 2012: 33. 2. 1-33. 2. 4.

[6] LEE K W, NAKAMURA T, SAKUMA K, et al. Development of three-dimensional integration technology for highly parallel image-processing chip [J]. Japanese Journal of Applied Physics, 2000, 39 (4S): 2473.

[7] KOESTER S J, YOUNG A M, YU R, et al. Wafer-level 3D integration technology [J]. IBM Journal of Research and Development, 2008, 52 (6): 583-597.

[8] DOUGLAS C. Wafer level system integration for SiP [C]//IEEE, International Electron Devices Meeting (IEDM), San Francisco, 2014: 27. 1. 1-27. 1. 4.

[9] LAU J H. The future of interposer for semiconductor IC packaging [J]. Chip Scale Rev, 2014, 18 (1): 32-36.

[10] HOU S, CHEN W C, HU C, et al. Wafer-level integration of an advanced logic-memory system through the second-generation CoWoS technology [J]. IEEE Transactions on Electron Devices, 2017, 64 (10): 4071-4077.

[11] CHEN M F, CHEN F C, CHIOU W C, et al. System on integrated chips (SoIC) for 3D heterogeneous integration [C]//IEEE, Electronic Components and Technology Conference (ECTC), Las Vegas, 2019: 594-599.

[12] HU C, CHEN M, CHIOU W, et al. 3D Multi-chip Integration with System on Integrated Chips (SoIC) [C]//IEEE, Symposium on VLSI Technology (VLSIT), Kyoto, 2019: T20-T21.

[13] PHOMMAHAXAY A, SUHARD S, BEX P, et al. Enabling Ultra-Thin Die to Wafer Hybrid Bonding for Future Heterogeneous Integrated Systems [C]//IEEE, Electronic Components and Technology Conference (ECTC), Las Vegas, 2019: 607-613.

[14] JIN Y, BARATON X, YOON S, et al. Next generation eWLB (embedded wafer level BGA)

packaging [C]//IEEE, 2010 12th Electronics Packaging Technology Conference, Singapore, 2010: 520-526.

[15] YU D. Wafer-level system integration (WLSI) technologies for 2D and 3D system-in-package [J]. SEMIEUROPE, 2014.

[16] MA S, WANG J, ZHENG F, et al. Embedded silicon fan-out (eSiFO): A promising wafer level packaging technology for multi-chip and 3D system integration [C]//IEEE, Electronic Components and Technology Conference (ECTC), San Diego, 2018: 1493-1498.

[17] CHEN Y H, CHENG S L, HU D C, et al. Ultra-thin line embedded substrate manufacturing for 2.1D/2.5D SiP application [C]//IEEE, International Conference on Electronics Packaging (ICEP), Kyoto, 2015: 166-169.

[18] HAYES C O, WANG K, BELL R, et al. Low Loss Photodielectric Materials for 5G HS/HF Applications [J]. International Symposium on Microelectronics, 2019, (1): 000037-000041.

[19] KATAGIRI S, SHIKA S, KUMAZAWA Y, et al. Novel Photosensitive Dielectric Material with Superior Electric Insulation and Warpage Suppression for Organic Interposers in Reliable 2.1D Package [C]//IEEE, Electronic Components and Technology Conference (ECTC), San Francisco, 2020.

[20] LIN Y, YEW M C, CHEN S M, et al. Multilayer RDL Interposer for Heterogeneous Device and Module Integration [C]//IEEE, Electronic Components and Technology Conference (ECTC), Las Vegas, 2019: 931-936.

[21] RAJESH S, JANTUNEN H, LETZ M, et al. Low Temperature Sintering and Dielectric Properties of Alumina-Filled Glass Composites for LTCC Applications [J]. International Journal of Applied Ceramic Technology, 2012, 9 (1): 52-59.

[22] 张晓辉, 郑欣. 低温共烧陶瓷材料的研究进展 [J]. 微纳电子技术, 2019, 509 (10): 32-40.

[23] 王立发. 基于 LTCC 技术微波收发组件关键技术的研究 [D]. 天津: 河北工业大学, 2011.

[24] 蔡积庆. 美国埋入无源元件印制板的现状和动向 [J]. 印制电路信息, 2005, (02): 44-49.

[25] Yole Développement. Fan-Out Packaging: Technologies and market trends [R]. 2016.

[26] KUAH T E, YUAN H J, CHAN C, et al. Challenges of Large Format Packaging and Some of Its Assembly Solutions [J]. International Symposium on Microelectronics, 2017, (1): 000747-000753.